300MW火力发电机组丛书

第二版

2014年版

第一分册

燃煤锅炉机组

张晓梅　主编

中国电力出版社
CHINA ELECTRIC POWER PRESS

内 容 提 要

本书是《300MW 火力发电机组丛书》的第一分册（第二版）。目前，300MW 机组已成为我国火力发电的主力机组。本书扼要叙述了锅炉高效、低污染燃烧和工质流动、传热的基本理论和技术。在此基础上，以 300MW 机组的几种典型锅炉为例，系统地阐述了现代大型电站锅炉主要部件及辅助设备的结构、系统、运行特点及故障防治，同时介绍了本学科技术发展的最新成就。

本书可供从事 300MW 及其他大容量锅炉机组运行、检修和管理方面有关的工程技术人员参考，可用作培训教材，也可供高等院校热能动力类、电力工程类专业师生参考。

图书在版编目（CIP）数据

燃煤锅炉机组. 第 1 分册/张晓梅主编. —2 版. —北京：中国电力出版社，2006.7（2019.3 重印）
（300MW 火力发电机组丛书）
ISBN 978-7-5083-4245-0

Ⅰ. 燃…　Ⅱ. 张…　Ⅲ. 燃煤锅炉－火力发电
Ⅳ. TM621.2

中国版本图书馆 CIP 数据核字（2006）第 039910 号

中国电力出版社出版、发行
（北京市东城区北京站西街 19 号　100005　http://www.cepp.sgcc.com.cn）
三河市百盛印装有限公司印刷
各地新华书店经售
*
1998 年 9 月第一版
2006 年 7 月第二版　　2019 年 3 月北京第十五次印刷
787 毫米×1092 毫米　16 开本　30 印张　737 千字
印数 39081—40080 册　　定价 65.00 元

第二版前言

进入 21 世纪以来，随着我国经济的飞速发展，电力需求急速增长，促使电力工业进入了加快发展的新时期。我国电力工业的电源建设和技术装备水平有了较大的提高，大型火力发电机组有了较快增长，亚临界参数的 300、600MW 机组，甚至超临界的 600～800MW 机组，已经成为我国各大电网的主力机组。

由于引进型 300MW 机组具有调峰性能好、安全可靠性高、经济性好、负荷适应性广及自动化水平高等特点，早已成为我国现有运营的火电机组中的主力机型，对我国电力工业的发展起到了积极的作用。有关工程技术人员、现场生产人员急需了解和掌握这些高参数、大容量机组的结构、系统和运行知识。为此，1998 年前我们在 300MW 火力发电机组培训教材的基础上组织编写了这套《300MW 火力发电机组丛书》。丛书第一版于 1998 年 8 月正式出版发行。

此套丛书面市以来，深受广大读者的厚爱，发行量逐年递增，已达数万套。为了适应当前电力大发展和广大读者日益增长的对大容量火电机组的知识需求，我们又根据制造厂、运行电厂、研究单位多年来对 300MW 等级机组在技术改进、结构完善、系统优化、运行水平提高等方面的新情况，对这套丛书各分册的内容进行了更新修改，并加以充实、提高，使之更适合大容量火电机组的目前状况以及有关工程技术人员、现场生产人员的知识需求和技术培训的要求，并便于高等院校热能动力类和电力工程类专业师生参考。

丛书包括《燃煤锅炉机组》、《汽轮机设备及系统》、《汽轮发电机及电气设备》、《计算机控制系统》四个分册。全套丛书由华中科技大学吴季兰担任总主编。

《燃煤锅炉机组》是《300MW 火力发电机组丛书》的第一分册。全书共分十一章，其内容密切结合我国现有的 300MW 机组锅炉的具体情况，在扼要叙述基本理论的基础上，着重分析了不同类型锅炉的主要系统、各部件的基本结构及其特点。

本书由华中科技大学张晓梅主编。参加编写的人员有张晓梅（前言，第一、五章及第四章第六节），徐明厚（第二章），丘纪华（第三章及第四章第一～五节），郑瑛（第六章），叶涛（第七章），丁学俊（第八章），陈刚（第九、十、十一章）。

本书在编写过程中参阅了各高等院校相关的教材及各大型火电厂、锅炉制造厂、电力设计院及研究所的有关资料、文献，在此表示衷心的感谢。

限于编者水平，书中疏漏和不妥之处在所难免，恳请读者批评指正。

编　者

2005 年 12 月

第 一 版 前 言

为促进社会主义经济建设的发展，我国正大力发展电力工业，新建及在建不少高参数、大容量的火力发电机组，尤以 300MW 机组居多。300MW 机组已成为我国各大电网的主力机组，因此，有关工程技术人员、现场生产人员急需了解和掌握这些高参数、大容量机组的结构、系统及运行知识。为此，我们组织编写了这一套《300MW 火力发电机组丛书》。

丛书包括《燃煤锅炉机组》、《汽轮机设备及系统》、《汽轮发电机及电气设备》、《计算机控制系统》四个分册。全套丛书由华中理工大学吴季兰担任总主编。

丛书可供从事 300MW 火力发电机组设计、安装、调试、运行、检修及管理工作的工程技术人员阅读，或作为培训教材使用，也可供其他高参数、大容量火电机组的有关人员，以及高等院校热能动力类和电力工程类专业师生参考。

《燃煤锅炉机组》是《300MW 火力发电机组丛书》的第一分册。全书共分十四章，其内容密切结合我国现有的 300MW 机组锅炉的具体情况，在扼要叙述了基本理论、基本结构基础上，着重分析其特点。

本书由华中理工大学容銮恩主编。参加编写的人员有容銮恩（前言，第一、二、三、八章），徐明厚（第四章），栾庆富（第五章），张晓梅（第六、七章），叶涛（第九章），丁学俊（第十章），吴胜春（第十一、十二、十三、十四章）。

本书经北京电力科学研究院王建军审阅，提出了许多有益的建议，在此表示感谢。

本书因编写时间仓促，掌握资料有限，加上编者水平所限，错漏之处难免，望读者指正。

编　者

1997 年 6 月

目　录

第一章　300MW 机组燃煤锅炉概况

第一节　大型锅炉机组的作用和要求

300MW 火力发电机组是我国安装得最多的一个容量等级的大型机组，包括国产机组，引进技术国内生产机组以及进口机组。目前 300MW 机组已成为我国火力发电的主力机组。

火力发电厂的生产过程，实际上就是将煤、油及天然气等一次能源转化为二次能源（电力）的能量转换过程。将煤、油及天然气等燃料燃烧或其他热能释放出来的热量，通过金属受热面传递给经过净化的水，并将水或蒸汽加热到一定压力和温度的换热设备，称为锅炉。锅炉是火力发电厂三大主要设备之一。

锅炉炉膛是燃烧燃料的场所，燃料在炉膛内燃烧，燃烧所放出的热量通过辐射传热和对流传热，被水冷壁、过热器、再热器、省煤器等受热面中的工质（水或汽）吸收，工质（水或汽）在这些换热设备中被加热成过热蒸汽，过热蒸汽经管道送至汽轮机推动汽轮机做功，从而带动发电机发电。因此锅炉是进行燃料燃烧、传热和使水汽化三种过程的综合装置。

锅炉中的锅是指在火上加热的盛汽水的压力容器，炉是燃料燃烧的场所，锅炉包括锅和炉两大部分。通常把燃料的燃烧、放热、排渣称为炉内过程；把工质水的流动、传热、热化学等称为锅内过程。

锅炉本体是由汽包（或锅筒）、受热面及连接管道、烟道和风道、燃烧设备、构架（包括平台和扶梯）、炉墙和除渣设备等所组成的整体。锅炉本体要能连续可靠地运行，必须要有连接的烟、风管道以及各种辅助系统和附属设备，组成所谓的锅炉机组。锅炉机组中的辅助系统和附属设备包括：燃料供应系统、煤粉制备系统、给水系统、通风系统、除灰除尘系统、水处理系统、测量及控制系统等。每个辅助系统中都配备有相应的机械设备和仪器仪表。

电力一般是不能贮存的。发电设备的出力要随外界负荷的变化而相应变化，这是发电厂生产的一个重要特点，因此作为火力发电厂三大主要设备之一的锅炉，其运行出力必须适应外界负荷的需要。这就要求锅炉运行中要进行一系列的操作，使其供给的燃料量、空气量和给水量等都作相应的变动，不但要满足外界负荷的需要，而且要使锅炉的运行参数（汽压、汽温、水位等）保持在规定范围内，确保锅炉的安全、经济运行，特别注意要防止发生事故。电业事故对国民经济建设、工农业生产有着极大的危害。发电厂事故停电，不仅使电厂本身遭受损失，而且对企业的生产以及人民生活都有着直接影响。而在火力发电厂的事故中，有相当大的部分是由锅炉事故引起的。据统计，我国大中型火力发电厂中，锅炉事故约占全厂总事故的 70%，而在锅炉机组中常见的事故有四管爆破（即水冷壁、过热器、再热器和省煤器的管子爆破）、结渣、燃烧不稳定、灭火打炮、缺水、满水、回转式空气预热器漏风严重、风机振动，引风机磨损等。在众多的锅炉事故中，尤以四管爆破出现最多，约占锅炉事故的 60%～70%。由此可见，锅炉运行的安全性，对发电厂的安全稳发是非常重要的，因此锅炉运行必须强调安全性。

全世界火力发电量约占总发电量的 70%，中国也占 70%左右，火力发电厂对国民经济发展有重大的影响。而电站锅炉又是耗费一次能源，因此必须重视节约能源，即在保证锅炉安全运行的前提下，提高锅炉运行的经济性。

锅炉燃烧的燃料主要是煤和油，燃烧产生的污染物有粉尘、SO_2、NO_x 等。过去锅炉仅对烟气中的粉尘用电除尘器进行脱除，近年来国家环保部门对控制锅炉烟气中 SO_2 和 NO_x 的排放提出了更高标准。因此炉内燃烧过程的脱硫脱硝或烟气的脱硫脱硝设备也将成为锅炉整体的一部分，并随着社会的进步和人们对环境要求的提高，越来越受到重视。

第二节　电站锅炉的参数、型式及主要技术经济性指标

一、锅炉的参数

电站锅炉的参数包括锅炉容量、蒸汽参数及给水温度。

1. 容量

蒸汽锅炉容量是用来表征锅炉供热能力的指标。

大型电站锅炉的容量，即锅炉蒸发量，分为额定蒸发量和最大连续蒸发量两种，单位是 t/h（或 kg/s）。

额定蒸发量是指在额定蒸汽参数、额定给水温度和使用设计燃料，并保证热效率时所规定的蒸发量。

最大连续蒸发量（B－MCR）表示在额定蒸汽参数、额定给水温度和使用设计燃料，长期连续运行时所能达到的最大蒸发量。最大连续蒸发量通常为额定蒸发量的 1.03～1.2 倍。

2. 参数

电站锅炉参数是表征锅炉供热品位的标志，包括额定蒸汽参数及额定给水温度。前者是指锅炉过热器主汽阀出口处的额定过热蒸汽压力（单位为 MPa）、温度（单位为℃）；后者则为给水进入省煤器入口处的温度（单位为℃）。对于中间再热锅炉还应同时说明再热蒸汽进、出锅炉的流量、压力和温度。

提高机组效率是促使火电机组发展的原动力，其主要途径是提高单机容量，提高蒸汽参数和优化热力系统。

我国 300MW 机组锅炉常采用亚临界参数。表 1－1 是国内已投产部分 300MW 机组锅炉的蒸汽参数与容量。

表 1－1　　　　　　　　我国部分 300MW 级燃煤锅炉的蒸汽参数与容量

参　数			额定蒸发量 （t/h）	最大连续蒸发量/ 额定蒸发量
蒸汽压力 （绝对压力，MPa）	蒸汽温度 （℃）	给水温度 （℃）		
18.1	541/541*	274	918.4	1.116
17.3	541/541*	282	931.8	1.1
18.42	543/543*	257	924	1.026
18.38	540.6/540.6*	278	922.3	1.112
17.46	540/540*	276	925	1.108

*　为再热蒸汽温度。

二、大型锅炉本体布置型式

锅炉本体的布置是指炉膛及炉膛中的辐射受热面、对流烟道及其中的各对流受热面之间的相互关系（及相对位置）。根据锅炉容量参数、燃料种类、燃烧方式、循环方式和厂房布置条件等的不同，可组成各种锅炉本体布置方案，大容量电站锅炉常用的炉型如图1-1所示。

Ⅱ型布置是电站锅炉采用最多的炉型，它由垂直柱体炉膛、水平烟道和下行对流烟道组成，见图1-1（a）。采用这种方案，锅炉高度较低，安装起吊方便；受热面易于布置成逆流传热方式；送风机、引风机、除尘器等笨重设备都可低位布置，减轻了厂房和锅炉构架的负载，可以采用简便的悬吊结构。Ⅱ型布置的主要缺点是占地较大；烟道转弯易引起飞灰对受热面的局部磨损；转弯气室部分难以利用，当燃用发热量低的劣质燃料时，尾部对流受热面可能布置不下。无水平烟道Ⅱ型布置可缩小占地面积，见图1-1（b）；双折焰角Ⅱ型布置则可改善烟气在水平烟道的流动状态，利用转弯烟道的空间，布置更多的受热面，见图1-1（c）。

塔型布置的对流烟道布置在炉膛的上方，锅炉笔直向上发展，取消了不宜布置受热面的转弯室，如图1-1（e）所示。因此采用这种布置的锅炉占地面积小；锅炉对流烟道有自身通风的作用，烟气阻力有所降低（与Ⅱ型方案相比）；烟气在对流受热面中不改变流动方向，故烟气中的飞灰不会因离心力而集中造成受热面的磨损，对于多灰燃料非常有利。但是塔型锅炉的高度很大，过热器、再热器和省煤器都布置得很高，汽、水管道较长；在这种布置中，空气预热器、送风机、引风机、除尘器和烟囱都采用高位布置（布置在锅炉顶部），加重了锅炉构架和厂房的负载，使造价提高。为了减轻转动机械和笨重设备施加给锅炉和厂房的载荷，有时把空气预热器、送风机、引风机、除尘器等布置在地面，构成所谓半塔型布置，见图1-1（f）。

箱型布置如图1-1（d）所示，主要用于容量较大的燃油、燃气锅炉。其特点是除空气预热器外的各个受热面部件都布置在一个箱型炉体中，结构紧凑，占地小，密封性好。缺点是锅炉较高，卧式布置的对流受热面的支吊结构复杂，制造工艺要求高。

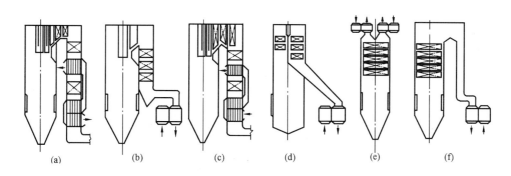

图1-1　锅炉本体布置示意

(a) Ⅱ型；(b) 无水平烟道Ⅱ型；(c) 双折焰角Ⅱ型；(d) 箱型；(e) 塔型；(f) 半塔型

三、锅炉技术、经济性指标

电站锅炉技术、经济性指标包括锅炉效率、运行可靠性、制造成本及有害物质排放等。

1. 锅炉效率

由锅炉热平衡确定的锅炉热效率是指送入锅炉的全部热量被有效利用的百分比，用 η_{gl}（%）表示。它是衡量锅炉运行经济性的主要指标。

为保证锅炉正常运行，锅炉机组本身还要消耗部分蒸汽及电能，如风机、泵、吹灰器及排污等。有效能量中减去这些自用能耗即可得到锅炉的净效率。用 η_j（%）表示。

锅炉的燃烧效率 η_r 则反映燃料燃烧的完全程度，取决于不完全燃烧热损失的大小。

$$\eta_{gl} = \frac{Q_1}{Q_r} \times 100 \qquad (\%) \tag{1-1}$$

$$\eta_j = \frac{Q_1}{Q_r + \Sigma Q_{zy} + \dfrac{b}{B}29270\Sigma P} \times 100\% \tag{1-2}$$

$$\eta_r = 100 - (q_3 + q_4) \qquad (\%) \tag{1-3}$$

式中　Q_1——锅炉有效利用热，kJ/kg；

　　　Q_r——锅炉在单位时间内所消耗燃料的输入热量，kJ/kg；

　　　B——锅炉燃料消耗量，kg/h；

　　　Q_{zy}——锅炉自用热耗；kJ/kg；

　　　ΣP——锅炉辅助设备实际消耗功率，kW；

　　　b——电厂发电标准煤耗量，kg/(kW·h)；

　　　q_3、q_4——锅炉化学、机械未完全燃烧热损失，%。

目前国内大型电站锅炉的热效率一般都在90%以上，国外随着锅炉容量的增加，η_{gl} 是增加的。

2. 钢材使用率

锅炉钢材使用率是衡量锅炉制造成本的重要指标。定义为：锅炉生产 1t/h 蒸汽所用的钢材吨数。钢材使用率与锅炉参数、循环方式、燃料种类及锅炉部件结构有关。电站锅炉的钢材使用率一般约在 2.5～5t/（t·h⁻¹）。

在保证锅炉安全、高效运行的基础上，应尽可能降低锅炉钢耗量。设计锅炉时，要协调这几方面的要求，得到最佳方案。

3. 锅炉的可靠性

锅炉工作的可靠程度是锅炉技术水平的重要标志之一。它实质上也是锅炉工作经济性的一种表现。通常可用年连续运行小时数（锅炉在两次检修之间的运行小时数）、锅炉可用率（除事故停用外锅炉全部可带负荷运行时数占统计期间总时数的百分比）和锅炉事故率（锅炉事故停用总时数占除备用时数外统计总时数的百分比）表示，"统计期间"通常为一年。

目前国内大、中型锅炉机组较好的平均指标是连续运行小时数在 5000h 以上，事故率约为 1%，可用率约为 90%。随着锅炉容量的增加，锅炉可用率下降而事故率上升。300～400MW 锅炉可用率约为 80%～86%。

4. 锅炉烟尘及有害气体排放

锅炉烟尘及有害气体 NO_x、SO_2、CO 等是我国当前主要的大气污染物之一。为了满足环境质量的要求，必须控制锅炉烟气的污染。表 1-2 列出了我国新建燃煤电厂大气污染排放标准。

表 1－2			火力发电厂锅炉烟尘及有害气体最高允许排放浓度	
排放物	粉尘（mg/m³）	SO₂（mg/m³）（在"两控区"内）	NOₓ（以 NO₂ 计）（mg/m³）	
浓　度	50	400	$V_{daf} < 10\%$	1100
			$10\% \leq V_{daf} \leq 20\%$	650
			$V_{daf} > 20\%$	450

注　表中数值适用于：

第三时段火电厂（2004 年 1 月 1 日起新建、扩建和改建火电厂）；

除入炉燃料 $Q_{ar,net} \leq 12550kJ/kg$ 的火电厂及西部非两控区内燃用特低硫煤（$S_{ar} < 0.5\%$）的坑口电厂。

高效电除尘器可降低烟尘排放量，改进燃烧方式、燃烧器结构和燃烧系统可提高燃烧效率，减少 NO_x、SO_2、CO 的生成与排放。

四、国内外电站锅炉发展概况

锅炉是火力发电厂的主要设备之一，技术、经济和社会的快速发展对电力工业提出了更高的要求，也为锅炉的发展明确了方向。锅炉的发展趋势大致可按下述几方面来说明。

1. 加快发展大容量、高参数机组

增大锅炉容量和提高蒸汽参数是锅炉发展的总趋势。这是因为扩大单机容量可使发电总容量迅速增长以适应生产发展的需要，同时可以使基建投资下降，设备费用降低，减少运行费用以及节约金属材料消耗。在其他条件相同时，锅炉容量增大 1 倍，钢材使用率可减少 5%～20%，所需管理人员也可减少。20 世纪 50～70 年代，大容量机组不断出现。美国于1973 年投运了 1300MW 机组，锅炉容量为 4398t/h；前苏联于 1981 年投运一台 1200MW 的超临界压力直流锅炉，锅炉容量为 3950t/h。

由于大机组的可用率相对较低，每年故障和计划检修停机时间都比较长，加之 1000MW以上机组的运行灵活性较差，所以目前机组单机容量达到 1300MW 后不再增大。近 10 年来，国外工业发达国家火力发电主力机组的单机容量一直稳定在 500～800MW。

随着机组容量的增大，提高电厂的热效率就变得更为迫切，提高蒸汽参数和采用蒸汽再热是提高电厂热效率的有效措施。

目前世界主要工业国家大容量锅炉采用的蒸汽压力，一般可分为超高压、亚临界压力和超临界压力三个级别。蒸汽压力由超高压提高到亚临界压力，约可使电厂经济性提高1.7%。单机容量达 800～1000MW 及以上的锅炉，国外多采用超临界压力或超超临界压力。由亚临界压力提高到超临界压力，电厂经济性又可提高 1.8% 左右。国外正在致力于发展超超临界压力机组，以期望提高 2% 的热效率。但是超临界压力及以上机组一般可用率较低，设备费用较高，故应综合考虑。而国外有的认为超临界压力机组可和亚临界压力机组一样具有较高的可用率。

提高蒸汽温度可有效提高电厂循环热效率，但由于汽温提高要求使用更多的昂贵高合金钢材，致使设备的造价大为提高。目前世界主要工业国家的蒸汽温度一般限制在 570℃ 以下，多采用 540℃ 左右。

超高压以上机组多采用蒸汽再热，采用一次再热约可提高循环热效率 4%～6%，二次再热可再提高约 2%。采用蒸汽再热时，管道系统和机组运行均较复杂。因此大机组目前一般采用一次再热，再热蒸汽温度一般与过热蒸汽温度相同。

今后我国要加快发展大容量、高参数机组。新增的主力机组应为 300~600MW，个别在 1000MW 级。研制 300、600MW 空冷机组以及较大容量的 200、300MW 高效供热式机组。加快国内开发、研制超临界压力机组的步伐，通过引进技术或合作制造，逐步实现国产化。同时抓紧对超超临界压力机组关键技术的研究。

2. 强化煤电的环境保护，发展洁净燃煤技术

大容量电站锅炉多燃用劣质煤，煤质多变且耗煤量大，污染严重，因而要求燃煤锅炉对煤种的适应性强，从而也推动了劣质煤燃烧技术的发展。

低污染燃烧技术是近期锅炉发展的一大趋势。为了满足日益严格的环保要求，近二三十年来人们在解决锅炉燃烧生成的硫氧化物和氮气化物的污染问题上取得了很大进展。例如：已开发了选择性催化还原脱氮技术和低氧化氮燃烧器，使氮氧化物的排放得到控制；已有几种烟气脱硫方法在许多锅炉上获得应用；燃烧中脱硫的流化床燃烧锅炉和炉内喷钙也取得了成功。目前全世界已有 500 多台 CFB 锅炉投入运行，单台最大容量已达 300MW。在建并将建立 200~300MW 级循环流化床锅炉的示范性电站；完成 15MW 增压流化床锅炉联合循环 PFBC－CC 中试工程，建设 100MW PFBC－CC 试验机组。人们正在继续寻求更为经济有效的低污染煤炭燃烧技术，如直接燃煤的燃气—蒸汽联合循环、整体煤气化增湿燃气轮机等煤炭清洁燃烧新方案。现在世界上已有多座容量超百万千瓦的联合循环电厂在运行。预计不久的将来，以燃气—蒸汽循环相结合或超临界压力蒸汽循环的燃煤、高效、低污染的新一代火电机组将在电力工业中崭露头角。

3. 提高运行的可靠性和灵活性

发电厂三大主机中，锅炉的事故率较高，直接影响到电厂的安全经济运行。锅炉的可靠性涉及到设计、设备制造、运行维护和生产管理等各个方面。20 世纪 60 年代中期，工业发达国家的电力工业就开始进行可靠性管理工作。1977 年，美国能源部成立以后，主要是结合设备的更新改造和检修来提高可靠性。同时确保锅炉的安全运行，还开发了故障诊断等技术，使机组运行的可靠性日趋完善。

运行灵活性要求大力发展中间负荷机组，适应电网调峰需要，即可以带低负荷，可以两班制运行。世界各国都十分重视开发调峰机组，美国自 80 年代初就规定：凡今后生产的火电机组一律参加调峰运行。日本由于是以核电机组作为基本负荷机组的，火电机组都必须承担调峰负荷。为了使大型锅炉适应变负荷运行需要，国外大型锅炉普遍在高热负荷区采用内螺纹管。螺旋管圈直流锅炉由于具有负荷调节范围大、启动快、调峰速度快以及低负荷时效率高等优点，因而倍受欢迎。

在炉内燃烧方面，由于动力用煤品位的不断下降，锅炉不但要能燃用各种劣质煤，而且要考虑防止因燃用劣质煤带来的不利影响（结渣、积灰、磨损和环境污染等），提高锅炉对煤种的适应性。为了提高锅炉运行的可靠性和灵活性，大容量锅炉一定要提高锅炉的可控性，配备完善的自动化装置。现代锅炉需要监视的信号以及需要操作的阀门和挡板均很多，必须要有完善的检测和控制手段，并具有高度自动化水平。目前已普遍使用计算机实行监控，并用数字技术和模拟技术实现机炉协调控制、锅炉调节控制、炉膛安全监控等，以及实现了许多辅机的顺序控制和就地控制，进一步提高了火电自动化水平，实现了 AGC 及单元机组集控值班。

由此可见，大型锅炉的发展趋势为：

（1）积极开发大容量超临界、超超临界压力机组；

（2）开发大型空冷和热电联供锅炉；

（3）研制能用劣质煤的大型电站锅炉；

（4）开发燃气—蒸汽联合循环锅炉；

（5）研究高效优质辅机，提高电站成套水平；

（6）研制高效自动化装置；

（7）燃烧器由简单的四角布置变化到无双面水冷壁的单炉膛双切圆布置。

第三节 Ⅱ型亚临界参数自然循环锅炉

300MW火力发电机组锅炉的型式很多，锅炉本体的布置形式有Ⅱ型、Γ型、塔型，半塔型以及箱型等多种；而按锅炉蒸发受热面内工质流动方式则有自然循环锅炉、控制循环锅炉、直流锅炉以及复合循环锅炉等。

亚临界参数自然循环锅炉大多采用Ⅱ型布置。

自然循环锅炉是蒸发受热面（水冷壁）内工质依靠下降管中的水与上升管中汽水混合物之间的密度差进行循环的锅炉，水从汽包流向下降管，下降管中的水是饱和水或达不到饱和温度的欠热水。水进入上升管后，因不断受热而达到饱和温度并产生部分蒸汽，成为汽水混合物。由于汽水混合物的密度小于下降管中水的密度，下集箱左右两侧将因密度差而产生压力差，推动上升管中的汽水混合物向上流动，进入汽包，并在汽包中进行汽水分离。分离出的汽由汽包上部送出，分离出的水则和由省煤器来的给水混合后流入下降管，继续循环，由此可知，自然循环的推动力是由下降管的工质柱重和上升管的工质柱重之差产生的。

随着压力的提高，饱和水和饱和汽的密度差逐渐减少，到临界压力，其密度差将为零，自然循环的推动力，即运动压头也随压力提高而逐渐减弱。到达一定压力后，所产生的运动压头就不足以维持水的自然循环，即不能采用自然循环了。如果只单纯依靠汽水的密度差，自然循环只能用于压力小于16MPa的锅炉。但因自然循环的运动压头不但与汽水的密度差有关，而且与循环高度和上升管中汽水混合物的含汽率有关，现代大型煤粉锅炉的高度很大，配300MW发电机组锅炉的循环回路高度可达60m，而且上升管的含汽率也较大，所以在汽包压力为19MPa时仍能保证自然循环的安全性。

自然循环锅炉有以下的特点：

（1）最主要的特点是有一个汽包，锅炉蒸发受热面通常就是由许多管子组成的水冷壁。

（2）汽包是省煤器、过热器和蒸发受热面的分隔容器，所以给水的预热、蒸发和蒸汽过热等各个受热面有明显的分界。汽水流动特性相应比较简单，容易掌握。

（3）汽包中装有汽水分离装置，从水冷壁进入汽包的汽水混合物既在汽包中的汽空间，也在汽水分离装置中进行汽水分离，以减少饱和蒸汽带水。

（4）锅炉的水容量及其相应的蓄热能力较大，因此当负荷变化时，汽包水位及蒸汽压力的变化速度较慢，对机组调节的要求可以低一些。但由于水容量大，加上汽包壁较厚，因此在锅炉受热或冷却时都不易均匀，使锅炉的启、停速度受到限制。

（5）水冷壁管子出口的含汽率相对较低，可以允许稍大的锅水含盐量，而且可以排污，因而对给水品质的要求可以低些。

（6）汽包锅炉的金属消耗量较大，成本较高。

国产引进型的亚临界压力锅炉常用这种型式。

下面以上海锅炉厂生产的 SG－1025/18.1－M 319 型锅炉为例加以说明。这类锅炉是上海锅炉厂在国产 300MW 直流锅炉和从美国燃烧工程公司引进的 300MW 控制循环锅炉的设计、制造和运行经验基础上发展起来的，也是在总结了该厂原生产的 SG－1025/15.7－M 315 型亚临界参数自然循环锅炉的基础上，经过改进设计而成的系列产品之一。

一、锅炉的技术规范

SG－1025/18.1－M 319 型锅炉的主要设计参数列于表 1－3 中，设计燃料是晋东南贫煤和无烟煤的混合煤，混合煤实质属于烟煤中的贫煤。为了扩大锅炉对煤种的适应范围，在锅炉设计时还考虑了 A、B 两种校核煤种，这两种校核煤种均属于无烟煤。设计煤种及校核煤种的特性列于表 1－4 中。

表 1－3 　　　　　　　SG－1025/18.1－M 319 型锅炉的主要设计参数

名　　　称		单　位	锅炉最大连续出力（B－MCR）	锅炉额定出力（100 %）
过热蒸汽	蒸汽流量	t/h	1025	918.4
	出口蒸汽压力	MPa	18.1	17.2
	出口蒸汽温度	℃	541	541
再热蒸汽	蒸汽流量	t/h	834.1	754.4
	蒸汽压力，出口/进口	MPa	3.63/3.83	3.26/3.44
	蒸汽温度，出口/进口	℃	541/321	541/317
给水温度		℃	281	274

表 1－4 　　　　　　　　　　设计及校核燃料成分及特性分析

项　　目		符　号	单　位	设计燃料	校核燃料 A	校核燃料 B
收到基低位发热量		$Q_{ar,net}$	kJ/kg	23405	24703.3	24703.3
工业分析	收到基全水分	M_{ar}	%	6.33	6.10	6.39
	空气干燥基水分	M_{ad}	%	1.67	1.79	1.60
	收到基灰分	A_{ar}	%	22.70	18.97	20.25
	干燥无灰基挥发分	V_{daf}	%	11.87	7.16	9.07
元素分析	收到基碳	C_{ar}	%	63.36	68.03	66.36
	收到基氢	H_{ar}	%	2.55	2.32	2.55
	收到基氧	O_{ar}	%	3.68	3.32	3.08
	收到基氮	N_{ar}	%	0.94	0.94	0.94
	收到基硫	S_{ar}	%	0.44	0.32	0.43
可磨性系数		K		1.08	0.97	1.02

二、锅炉的主要热力特性

在使用设计燃料时，锅炉的主要热力特性列于表 1－5 中。

表 1-5　　　　　　　　　SG-1025/18.1-M 319 型锅炉的主要热力特性

序号	名 称	单 位	定压运行负荷率			滑压运行负荷率			高压加热器切除	
			B-MCR	100%	70%	70%	50%	30%	一台	全切
1	过热蒸汽流量	t/h	1025	918.41	614.51	620.74	442.69	286.54	868.11	781.35
2	过热蒸汽温度	℃	541	541	541	541	541	541	541	541
3	过热蒸汽压力	MPa	18.19	17.26	16.97	13.78	9.91	6.19	17.21	7.11
4	再热蒸汽流量	t/h	834.11	753.36	516.21	522.20	379.19	240.44	767.75	763.73
5	再热蒸汽进口压力	MPa	3.93	3.54	2.46	2.49	1.81	1.13	3.62	3.64
6	再热蒸汽出口压力	MPa	3.73	3.35	2.31	2.35	1.70	1.06	3.4	3.42
7	再热蒸汽进口温度	℃	321	317	288	307	313	305	320	323
8	再热蒸汽出口温度	℃	541	541	541	541	541	541	541	541
9	给水温度	℃	281	274	250	251	233	209	243	170
10	空气预热器进口冷风温度	℃	25	25	25	25	25	25	25	25
11	锅炉计算热效率	%	91.54	91.68	91.15	91.04	89.94	89.06	91.64	91.61
12	计算燃料消耗量	×10³kg/h	120.13	109.61	78.17	78.87	58.92	38.77	110.63	112.65
13	炉膛容积热强度	MJ/(m³·h)	423.98	386.86	275.90	278.35	207.91	136.84	390.46	397.75
14	炉膛断面热强度	MJ/(m²·h)	16.96	15.48	11.04	11.14	8.32	5.48	15.62	15.90
15	炉膛出口烟温	℃	1182	1152	1040	1044	959	840	1154	1161
16	后屏出口烟温	℃	1089	1064	965	969	895	784	1067	1075
17	再热器烟道侧烟气份额	%	0.39	0.42	0.61	0.54	0.51	0.42	0.42	0.38
18	省煤器出口水温	℃	287	277	253	255	239	218	248	180
19	一级喷水减温器喷水量	t/h	3.62	24.49	8.06	35.03	41.54	30.01	52.13	114.4
20	二级喷水减温器喷水量	t/h	1.21	8.16	2.69	11.68	13.85	10.00	17.36	5.7
21	炉膛出口负压	Pa	19.61	19.61	19.61	19.61	19.61	19.61	19.61	19.61
22	锅炉本体阻力	Pa	2901.9	2510.7	1801.4	1721.6	1326.7	809.3	2533.5	2611.6
23	锅炉排烟温度（修正）	℃	132	129	123	124	121	119	130	131
24	空气预热器出口一次风温度	℃	361	359	349	355	354	331	361	362
25	空气预热器出口二次风温度	℃	371	368	354	361	358	333	370	371
26	空气预热器漏风系数		11.77	11.87	13.17	12.29	14.69	17.80	11.50	10.84
27	空气预热器入口一次风量	t/h	302.9	274.9	200.2	201.1	167.9	119.1	273.5	271.8
28	空气预热器入口二次风量	t/h	908.6	831.5	609.5	614.2	534.5	378.7	839.9	856.1
29	空气预热器出口一次风量	t/h	216.7	197.8	146.7	148.0	127.6	92.3	199.6	203.2
30	空气预热器出口二次风量	t/h	881.42	804.25	580.47	585.61	505.49	350.08	811.74	826.60

三、锅炉本体布置及系统

（一）锅炉本体概况

锅炉本体采用单炉膛Ⅱ型布置，一次中间再热，燃烧制粉系统为钢球磨煤机中间贮仓式热风送粉，四角布置切圆燃烧方式，并采用直流式宽调节比摆动燃烧器（简称 WR 燃烧

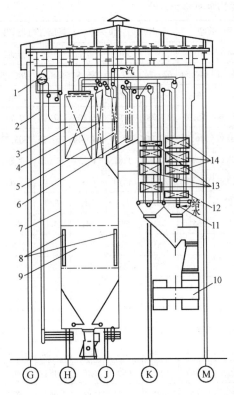

图 1-2　SG-1025/18.1-M
319 锅炉本体布置简图

1—汽包；2—下降管；3—分隔屏；4—后屏；5—高温过热器；6—高温再热器；7—水冷壁；8—燃烧器；9—燃烧带；10—空气预热器；11—省煤器进口集箱；12—省煤器；13—低温再热器；14—低温过热器

器），喷水减温器调节过热蒸汽温度，分隔烟道挡板调节再热蒸汽温度。采用平衡通风，高强度螺栓全钢架悬吊结构，半露天岛式布置，固态机械除渣。

锅炉本体布置简图见图 1-2。炉顶中心标高为59000mm，汽包中心线标高为 63500mm。炉膛断面尺寸为深 12500mm、宽 13260mm，其深宽比为 1：1.06。这样近似正方形的矩形截面为四角布置切圆燃烧方式创造了良好条件，使燃烧室内烟气的充满程度较好，从而使燃烧室四周的水冷壁吸热比较均匀，热偏差较小。

炉膛四周布置了膜式水冷壁。炉膛上部布置了四大片分隔屏过热器，便于消除燃烧室上方出口烟气流的残余旋转，减少进入水平烟道的烟气温度偏差。分隔屏的底部距最上层一次风煤粉喷口中心高度为 21160mm，这对燃用低挥发分的贫煤（该锅炉的设计燃料）有足够的燃尽长度。为使着火和燃烧稳定，除采用 WR 燃烧器外，还在燃烧器四周水冷壁上敷设了适当的燃烧带（或称卫燃带）。在分隔屏之后及炉膛折焰角上方，分别布置有后屏及高温过热器。水平烟道深度为 4500mm，其中布置有高温再热器。水平烟道的底部不是采用水平结构，而是向前倾斜，其优点是可以减轻水平烟道的积灰。

尾部垂直烟道（后烟井）为并联双烟道，亦即分隔成前、后两个烟道、总深度为 12000mm，前烟道深度 5400mm，为低温再热器烟道，后烟道深度6600mm，为低温过热器烟道，在低温过热器下方布置了单级省煤器。

过热蒸汽温度用两级喷水减温器来调节，而再热蒸汽温度的调节是通过烟气挡板开度的改变，调节尾部烟道中前、后两个烟道的烟气量，从而控制在锅炉负荷变动时的再热蒸汽温度。尾部烟道下方设置两台转子直径为 φ10330 的转子转动的三分仓回转式空气预热器，这可使锅炉本体布置紧凑，节省投资。

水冷壁下集箱中心线标高为 7550mm，炉膛冷灰斗下方装有两台碎渣机和机械捞渣机。锅炉构架为全钢高强度螺栓连接钢架，除空气预热器和机械除渣装置以外，所有锅炉部件都悬吊在炉顶钢架上。为方便运行人员操作，在锅炉标高 32200mm，G 排至 K 排柱间放置了燃烧室区域的防雨设施。汽包两端并设有汽包小屋室等露天保护设施，炉顶上装有轻型大屋顶。锅炉设有膨胀中心和零位保护系统，锅炉深度和宽度方向上的膨胀零位设置在炉膛深度和宽度中心线上，通过与水冷壁管相连的钢性梁上的止晃装置，与钢梁相通构成膨胀零点。垂直方向上的膨胀零点则设在炉顶大罩壳上。所有受压部件吊杆均与膨胀零点有联系。对位移最大的吊杆均设置了预进量，以减少锅炉运行时产生的吊杆应力。

锅炉采用一次全密封结构。炉顶、水平烟道和炉膛冷灰斗的底部均采用大罩壳热密封结构，以提高锅炉本体的密封性和美观性。

（二）汽水循环系统

1. 给水和水循环系统

锅炉给水通过汽轮机回热加热系统，从给水泵进入锅炉的给水系统。锅炉给水系统包括100%的主给水和30%的旁路给水两条并联管路，再以单路进入省煤器进口集箱的左端。两条并联给水管路中分别装有主给水电动闸阀、气动主调节阀和旁路电动闸阀、旁路电动调节阀（如图1-3所示）。

给水采用两段调节方案，即以可调速的给水泵调节给水量为主，以主给水调节阀开度调节作为辅助调节手段。

给水经非沸腾式省煤器加热至低于饱和温度，从省煤器出口集箱两端引出，并在省煤器出口连接管道的终端汇总后，分3路进入汽包下部的给水分配管，再进入锅炉的水循环系统。

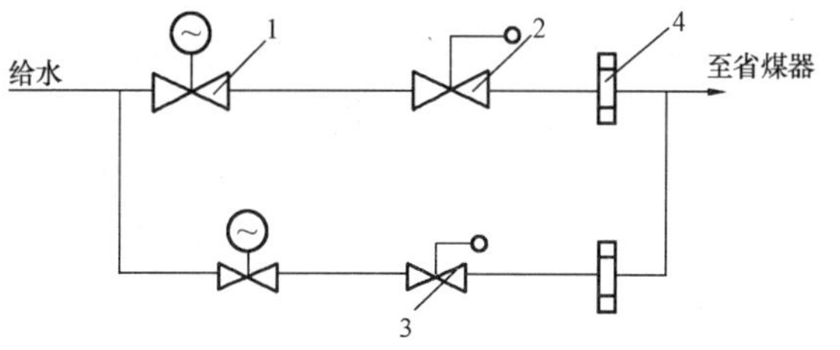

图1-3 锅炉给水系统简图

1—电动闸阀；2—气动主调节阀；3—电动调节阀；4—流量孔板

锅炉的水循环系统包括汽包、大直径下降管、分配器、水冷壁管、引入管和引出管等，如图1-4所示。来自省煤器的未沸腾水，进入汽包内沿汽包长度布置的给水分配管中，分4路直接分别注入4根大直径下降管的管座，使从省煤器来的欠焓水和锅水直接在下降管中混合，可以避免给水与汽包内壁金属接触，改善了该处管接头的应力条件，减少了汽包内外壁和上下壁的温差，对锅炉启动和停炉有利，可以减少相应产生的热应力。

在4根下降管的下端均接有一个分配器，每个分配器分别与24根引入管相连（共96根引入管），引入管把欠焓水分别送入水冷壁四周的下集箱，然后流经四面墙的水冷壁。648根水冷壁按受热情况和几何形状划分成32个循环回路。在炉膛四角处的水冷壁管子设计成大切角，以改善四角切圆燃烧工况，同时改善四角水冷壁回路的受热工况，提高该部分循环回路的稳定性，并利用切角管子设计成燃烧器的水冷套，保证燃烧器喷口免于烧坏。工质随着膜式水冷壁向上流动，不断受热而产生蒸汽，形成汽水混合物，经106根引出管引入汽包中。通过装在汽包中的轴流式旋风分离器和立式波形板汽水进行良好的分离，分离后的锅水再次进入下降管，干饱和蒸汽则被18根连接管引入顶棚过热器进口集箱，从而进入过热蒸汽系统。

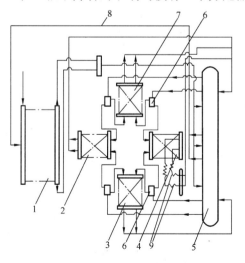

图1-4 锅炉的水循环系统

1—省煤器；2—前墙水冷壁；3—左侧墙水冷壁；4—后墙水冷壁；5—汽包；6—分配器；7—右侧墙水冷壁；8—再循环管；9—后墙悬吊管

为了防止锅炉在启动过程中省煤器管内产生汽化，在汽包和省煤器进口集箱之间设置一条省煤器再循环管（如图 1-4 所示），这条管路上装有两只电动截止阀。当锅炉启动时必须打开这两个阀门，向省煤器提供足够的水流量，以防止省煤器中的水汽化，直到锅炉建立了一定的给水流量后，才能切断这两个阀门。再循环管容量按 5% B-MCR 设计。

2. 过热蒸汽系统

SG-1025/18.1-M 319 型锅炉的过热蒸汽系统示于图 1-5 中。如图所示，饱和蒸汽从汽包引出管到顶棚过热器进口集箱，然后分成两路，绝大部分蒸汽（其流量占 MCR 工况流量的 81.5%）引入至前炉顶管，再进入顶棚过热器出口集箱，其余 18.5% MCR 流量的蒸汽经旁通短路管直接引出顶棚过热器出口集箱。采用这种蒸汽旁通方法后，可使前炉顶管的蒸汽质量流速降低至 1100kg/（m²·s）以内，以减少其阻力损失。蒸汽从顶棚过热器出口集箱出来后分成三路：第一路进入后部烟道前墙包覆管，再引入后烟井环形下集箱的前部；第二路经后炉顶至后烟井后墙包覆管，再进入后烟井环形下集箱的后部；第三路则组成低温再热器的悬吊管，从上而下流至后烟井中间隔墙的下集箱，并经后烟井中间隔墙的管屏汇合至隔墙出口集箱。第一、第二路蒸汽汇合在环形下集箱以后，分别流经水平烟道两侧墙包覆管和后烟井两侧墙包覆管，再汇集在隔墙出口集箱。这样，全部三路蒸汽都汇集在隔墙出口集箱后，再通过两排向下流动的低温过热器悬吊管进入低温过热器的进口集箱。在低温过热器中蒸汽自下而上与烟气作逆向流动传热，加热后至低温过热器出口集箱，经三通混合成一路后通往第一级喷水减温器，并再次分成两路从炉顶左右两侧的连接管道进入分隔屏二个进口集箱。分隔屏每一个进口集箱连接两大片分隔屏，蒸汽在分隔屏中加热后，被引入两只分隔屏出口集箱，由两根连接管引入后屏进口集箱。在 20 片后屏内蒸汽受热后再汇集在后屏出口集箱，经两路通过第二级喷水减温后又汇总成一路，使蒸汽得到充分交叉混合后，进入高温过热器进口集箱。在高温过热器中蒸汽作最后加热，达到额定汽温，从出口集箱通过一根主

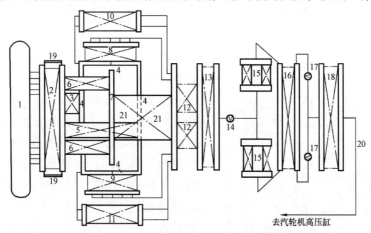

图 1-5　SG-1025/18.1-M 319 锅炉过热蒸汽系统

1—汽包；2—顶棚过热器；3—后烟井前墙包覆管；4—后烟井环形集箱；5—后烟井顶棚及后墙包覆管；6—低温再热器悬吊管；7—后烟井分隔墙下集箱；8—后烟井左侧墙包覆管；9—后烟井右侧墙包覆管；10—水平烟道左侧墙包覆管；11—水平烟道右侧墙包覆管；12—低温过热器悬吊管；13—低温过热器；14—Ⅰ级喷水减温器；15—分隔屏；16—后屏过热器；17—Ⅱ级喷水减温器；18—高温过热器；19—短路管；20—主汽管；21—后烟井分隔墙

蒸汽管道引至汽轮机的高压缸。这样，整个过热器系统经过两次充分混合，可使两侧汽温偏差值降低。布置两级喷水减温装置，也有利于调节左右两侧汽温不同的热偏差，增加运行调节的灵活性。

3. 再热蒸汽系统

SG-1025/18.1-M 319 型锅炉的再热蒸汽系统示于图 1-6 中。从汽轮机高压缸来的蒸汽，在汽轮机高压缸做功后，压力和温度都降低了，这些蒸汽首先通过锅炉两侧的两根管道引入再热器的事故喷水减温器，以防

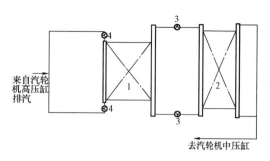

图 1-6　SG-1025/18.1-M 319 锅炉再热蒸汽系统
1—低温再热器；2—高温再热器；3—微量喷水减温器；
4—事故喷水减温器

止从高压缸来的过高温度的排汽进入再热器，使再热器管子过热烧坏。然后蒸汽进入低温再热器的进口集箱，再进入水平布置的低温再热器管系，经加热后向上流动至转弯室上面，进入低温再热器出口集箱，再进入高温再热器入口集箱。在低温再热器出口集箱引出的管道上，装有微量喷水减温器，以调节低温再热器出口蒸汽的左右侧温度偏差，使进入高温再热器的蒸汽温度比较均匀。然后进入高温再热器进口集箱。蒸汽经高温再热器管系加热至额定温度后，引至高温再热器出口集箱，然后分两路引出至汽轮机中压缸，继续做功。

（三）燃烧系统

1. 燃烧设备

燃烧器的布置采用四角布置切圆燃烧方式，在炉室下部四个切角处各布置一组直流式宽调节比摆动式燃烧器（简称 WR 燃烧器）。每组燃烧器由 8 层二次风喷嘴、4 层一次风喷嘴和 2 层三次风喷嘴组成。燃烧器区域切角管形成的水冷套，把整个燃烧器包围成水冷套保护屏，可以有效地防止燃烧器烧坏和结渣，燃烧器的重量通过法兰传递到水冷壁上。

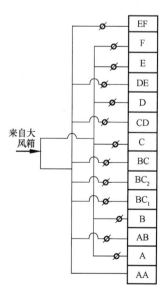

图 1-7　燃烧器喷口布置示意

每一层一次风喷口与二次风喷口作间隔布置，而下面两层一次风及上面二层一次风又相对集中，这样有利于低挥发分煤的燃烧和稳定；两组三次风则集中布置在顶部二次风的下方，其喷嘴向下倾斜 10°而不再摆动。除顶部二次风摆动为手动外，其余喷嘴的摆动均由摆动气缸驱动作整体摆动。一次风摆动的角度为 ±13°，二次风摆动角度为 ±15°，最下层的二次风喷嘴（AA）挡板为手动，经常处于常开位置。

一次风和三次风喷嘴内均设有周界风，其风量大小的控制均以相应的风箱挡板来调节，大风箱和炉腔间的压差 Δp 值与锅炉负荷成函数关系。带油枪的二次风喷嘴在投油运行时，挡板开度应与油压成函数关系。二次风挡板开度调节由电动执行器驱动，如不投油，则该层挡板开度应与其他二次风挡板一样按照维持预定的 Δp 的要求来调节风量。

重油油枪装在 AB，BC，DE 三层二次风喷嘴内，每支重油油枪侧面各布置一个高能点火器。

每个角的燃烧器内装有 5 只火焰监视器，可监视着火和燃

烧状况，并用作炉膛的熄火保护讯号。

燃烧器采用浓淡分离煤粉喷嘴，当锅炉燃用贫煤、无烟煤等低挥发分煤时有利于煤的着火和燃烧，而且在较低负荷时可以稳定燃烧。

燃烧器的喷口布置示意图见图 1-7。图中 A、B、C、D、E、F 为煤粉喷嘴和三次风的周界风挡板，共 24 组，气动；AB、BC_1、BC_2、BC、CD、DE、EF 为二次风挡板，共 28 组，气动；AA 为二次风挡板，气动；A、B、C、D 为一次风煤粉喷嘴；E、F 为三次风喷嘴；AA、BC_1、BC_2、CD、EF 为二次风喷嘴；AB、BC、DE 为带油枪的二次风喷嘴。

2. 点火设备及油系统

锅炉点火方式为两级点火，由高能点火器和蒸汽雾化重油油枪组成。重油油枪为可进退的内混式挠性型油枪，12 根油枪总耗油量为 21t/h，每支油枪的油流量为 1.7t/h。油枪总出力按锅炉 MCR 工况的 30% 计算。

炉前点火油采用 200 号重油（SYB1091-61），其特性见表 1-6。

表 1-6   200 号重油的点火特性

恩氏黏度（100℃时）	13.2°E	恩氏黏度（100℃时）	13.2°E
灰分	≤0.3 %	开口燃点	140℃
含硫量	1.5 %	凝点	25 ℃
机械杂质	0.03 %	密度（20℃时）	0.956kg/cm³
水分	3 %	低位发热值	40823.25kJ/kg
开口闪点	105℃		

为保证重油的顺利着火燃烧，重油的黏度必须控制在 4°E 以下，因此需将重油加热，要有一个炉前点火油系统。炉前点火油系统由油管道、一次仪表、阀门和管道保温元件等组成，其系统示于图 1-8 中。炉前油系统的功能是保证和监视炉前油系统中的介质在正常压力和流量下工作，并实现锅炉炉膛安全监控系统（FSSS）和协调控制系统（CCS）的控制要求。

在炉前油系统图 1-8 中，各测点符号的意义及作用说明如下。

供油管道（按供油方向排列）：

P_{s1}——重油压力开关，为快关阀，其整定值为 0.07MPa。

P_{s2}——重油压力开关，其整定值为：上切换 2.0MPa，下切换 1.9MPa，时间为 2min，作重油泄漏试验用。

P_{s3}——重油压力变送，用作 CCS 系统的压力控制信号。

P_{s4}——重油压力开关，整定值为 0.2MPa，为低压切除用。

P_{s5}——重油压力开关，整定值为 0.28MPa，为低压报警用。

TS——重油温度开关，按燃油品质（200 号重油）的黏度 4°E 所需温度整定。

dP_s——蒸汽、重油差压开关，整定值为 0.08MPa。

蒸汽管道（按进汽方向）：

P_{s6}——蒸汽压力开关，整定值为 1.50MPa，用作高压报警。

P_{s7}——蒸汽压力开关，整定值为 0.25MPa，为低压报警用。

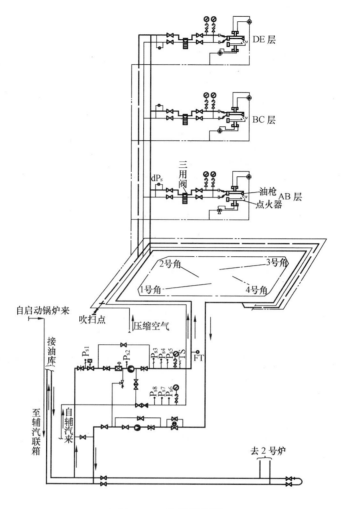

图 1-8 炉前油系统

P_{s8}——蒸汽压力开关，整定值为 0.2MPa，用作低压切除。

弹簧封闭式安全阀的起座压力为 2.30MPa。

（四）烟风系统

锅炉的烟风系统包括空气系统和烟气系统两部分，烟风系统如图 1-9 所示。

1. 空气系统

如图 1-9 所示，锅炉燃烧所需空气大部分由送风机供给，少部分由一次风机供给，送风机和一次风机出来的空气都送至回转式空气预热器。空气预热器为三分仓式。经空气预热器加热后的一次风经一次风管道并与煤粉混合后进入四角直流燃烧器的一次风喷嘴。为了调节煤粉空气混合物的温度，在一次风系统中设一旁路，即从一次风机出口引一旁路通至空气预热器一次风出口管道上。此旁路上设有自动调节风门，改变此风门挡板开度便可调节煤粉管道上的煤粉空气混合物的温度。

从空气预热器出来的二次风分成两路：一路至锅炉的二次风大风箱，再由大风箱将二次风分配到四角燃烧器中的二次风喷嘴，作为燃烧用的辅助风，从大风箱引出的小部分二次风，也同时输送到四角燃烧器中的煤粉喷嘴和三次风喷嘴中，作为这两种喷嘴的周界风；另

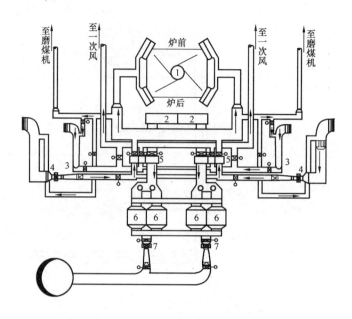

图 1 – 9 烟风系统

1—炉膛；2—后烟道；3——次风机；4—送风机；5—空气预热器；6—电除尘器；7—引风机

一路则输送到制粉系统的磨煤机中，作为干燥风。因为该锅炉的制粉系统采用钢球磨煤机中间贮仓式热风送粉系统，所以输送到制粉系统去的风量是按照制粉系统中磨煤风量和干燥风量的需要而决定的。通过制粉系统后，这股风便成为乏气，用排粉风机将经过风粉分离后的乏气（还含有少量煤粉）送至炉膛，以将乏气中分离不出的约 10% ~ 15% 的细小煤粉送回炉膛燃烧，故这股风便是三次风。三次风送入四角燃烧器的两层三次风喷嘴中。

除上述一、二次风系统外，尚设有供火焰检测器用的冷却风系统和点火用风系统（图 1 – 9 中未示出）。

2. 烟气系统

一、二、三次风经燃烧器送入炉膛后，煤粉和空气混合，在高温条件下很快着火燃烧，生成烟气。高温烟气沿炉膛向上流动。离开炉膛后，经分隔屏、后屏、高温过热器和高温再热器进入尾部烟道（后烟井），在此，烟气被分成两路，一路流经低温过热器和省煤器，另一路则流经低温再热器。分别布置在省煤器和低温再热器后的高温烟道挡板，可以调节进入再热器烟道中的烟气量。尾部烟道中两个分隔烟道的烟气在经调温烟气挡板后混合，进入两台并列的回转式空气预热器进行热交换后，再经两台电除尘器，然后被两台引风机排至一个共同的烟囱，排至大气中。

在每一台空气预热器的进口烟道内都设有远距离操作的烟气挡板，以便当锅炉左、右一侧预热器或辅机出故障时可关闭相应一侧的烟气挡板，降低负荷即继续运行，保护空气预热器。

（五）除渣及除灰系统

锅炉的除渣采用机械除渣。两台机械连续捞渣机对称布置在锅炉冷灰斗下方，炉渣落在捞渣机上部水仓中，链条刮板不断地将这些渣块刮入脱水斜槽。当链条刮板到达斜槽顶部后，又翻转返回捞渣机下部干仓中，在翻转的同时，渣块落入捞渣机出口处的碎渣机中，便被击碎。捞渣机上部水仓和锅炉冷灰斗有着良好的密封。冷却水不断冲洗渣斗，并使捞渣机水仓的水温保持在 60℃ 左右，以保护渣斗和捞渣机。每只渣斗的冷却水量约为 15t/h。

锅炉的除灰则采用气力除灰系统。

（六）调温系统

该锅炉调温分两大系统，过热蒸汽调温系统为喷水减温型式；再热蒸汽调温系统采用烟气调温挡板结构。

1.过热蒸汽调温系统

过热蒸汽温度由喷水减温器进行调节。过热器系统共布置两级喷水减温。第一级喷水减温器布置在低温过热器出口至分隔屏进口的汇总管道上，MCR 工况时的设计喷水量为 26t/h，用于控制进入分隔屏的蒸汽温度；第二级喷水减温器则布置在后屏过热器出口的左右连接管道上，其设计喷水量为 9t/h，用于控制高温过热器的出口蒸汽温度，以获得所需的额定汽温。过热器的喷水减温系统示于图 1-10 中。

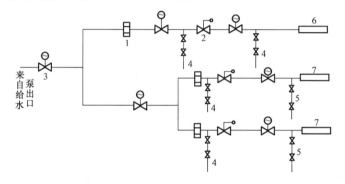

图 1-10 过热器的喷水减温系统
1—流量孔板；2—气动调节阀；3—电动截止阀；4—疏水；5—疏水（反冲洗）；
6—Ⅰ级喷水减温器；7—Ⅱ级喷水减温器

喷水减温器的水源来自省煤器前的给水管道或给水泵出口。若布置在省煤器前的给水管道上，给水调节阀的阻力应满足锅炉在各种负荷下喷水系统管路上阀门及管道的总阻力的要求。在系统中的最大喷水量设计中已考虑了在高压加热器全切情况下锅炉所需的减温水量。

过热器喷水减温系统进口管道上设置了一个总的电动截止阀，然后分成两路，一路至Ⅰ喷水减温器，另一路至Ⅱ喷水减温器。每条喷水管上均设置了气动调节阀、电动调节阀和电动闸阀。在锅炉出现事故的情况下，应关闭总的电动截止阀，以隔绝其后面的气动调节阀；在维修调节阀时应关闭气动调节阀后面的电动截止阀；而在机组总燃料跳闸（MFT）或负荷低于 20% 额定负荷时应自动关闭总管道上的电动截止阀。在电动闸阀和气动调节阀之间设置了一条疏水管路，可以定期地检测电动闸阀在关闭状态下是否泄漏。气动调节阀是进口产品，可满足锅炉各种工况下的需要。

2.再热蒸汽调温系统

为保证火力发电厂热力循环的效率，锅炉再热蒸汽的调节主要用烟气挡板，但也设置了微量喷水减温器和事故喷水减温器。

烟气调温挡板布置在低温再热器烟道及低温过热器、省煤器烟道下方，每一烟道侧的烟气挡板分左右两组，共四组，型式为分隔仓式。挡板的动作通过与连杆相连的气动执行机构操纵。根据不同工况，调节烟气挡板开度，以改变进入低温再热器的烟气流量，从而保证在各种工况下的额定汽温。

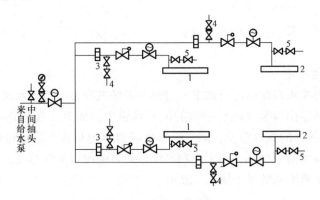

图 1-11　再热器喷水减温系统

1—事故喷水减温器；2—微量喷水减温器；3—流量孔板；

4—疏水；5—疏水（反冲洗）

　　再热器的喷水减温系统示于图 1-11 中，喷水减温用的水源来自给水泵中间抽头，其压力不大于 6.9MPa。在喷水总管道上设置一个电动闸阀，然后分成四个并行回路，其中两路至再热器进口的事故喷水减温器，在机组发生事故时，保护再热器；另外两路则接往低温再热器出口与高温再热器入口间连接管道上的微量喷水减温器，以消除进入高温再热器左右两侧的蒸汽温度偏差。

　　在四个并行回路的管道上，分别装设有流量孔板、气动调节阀和电动闸阀。在流量孔板后装设疏水管道，而在喷水减温器前也装设疏水管道，此疏水管道同时也可作为反冲洗用。

（七）煤粉制备系统

SG-1025/18.1-M 319 型锅炉采用钢球磨煤机中间贮仓式热风送粉的制粉系统，并采用冷一次风机，二次风（乏气）送入炉内燃烧。锅炉的煤粉制备系统见图 1-12。

锅炉装有四台钢球磨煤机，三台运行，一台备用。经过除铁、除木屑、初步破碎的原煤由输煤皮带送到煤仓中，煤仓中的煤靠自重下落，经给煤机送入钢球磨煤机中。煤在钢球磨煤机中被磨制成粉，从出口端进入粗粉分离器，符合煤粉细度要求

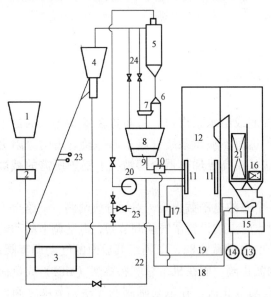

图 1-12　锅炉煤粉制备系统

1—原煤仓；2—给煤机；3—磨煤机；4—粗粉分离器；5—细粉分离器；6—切换挡板；7—刮板式输粉机；8—煤粉仓；9—给粉机；10—风粉混合器；11—燃烧器；12—锅炉；13—送风机；14—一次风机；15—空气预热器；16—省煤器；17—二次风箱；18—二次风管；19—一次风管；20—排粉风机；21—再循环管；22—冷风门；23—锁气器；24—吸潮管

的煤粉随气流上升到细粉分离器中进行气粉分离，较粗的煤粉则由粗粉分离器的回粉管重新引进磨煤机中，再磨制成适合要求的煤粉。可将由细粉分离器中分离出来的煤粉输送到煤粉仓中，也可由刮板式输粉机输送到邻近的煤粉仓中。两台磨煤机共用一个煤粉仓，煤粉仓中的煤粉经由给粉机输送到混合器，与从空气预热器加热后的一次风混合后，进入四角燃烧器中的一次风喷嘴，送入炉内燃烧。在该锅炉的设计中，煤粉空气混合物送入两个角的两层一次风喷嘴中。

从细粉分离器中分离出来的空气中含有 10% ～ 15% 的细煤粉，为避免排掉浪费，将它作为三次风。一台磨煤机相应的三次风经由排粉风机送至相邻两角的各自一个三次风喷嘴中，送入炉内燃烧。

磨煤机的干燥风则由从空气预热器加热出来的二次风管路中的一路，输送到磨煤机入口管道上，作为磨煤干燥风。因为该锅炉的煤粉制备系统采用热风送粉，所以这股干燥风量的大小是由磨煤风量和干燥风量二者综合考虑决定的。通过制粉系统后，这股风便成为三次风。

（八）吹灰系统和烟温探针

1. 吹灰器布置

为保证锅炉安全可靠、经济运行，合理地设置吹灰器是很重要的辅助手段。根据燃煤特性和锅炉各部分的结构特点，设置了不同型号的吹灰器。在炉膛内设置了52只短行程墙式吹灰器，分隔屏下方设置了一对高温伸缩式长行程吹灰器，水平烟道和后烟井的对流受热面区域内设置了36只伸缩式长行程吹灰器，而在每台回转式三分仓空气预热器中则各设置了一只专用的吹灰器。4只烟温探针布置在炉膛出口的右侧墙，在锅炉启动时监测炉膛出口烟温。

2. 吹灰系统简介

锅炉吹灰系统由减压站、吹灰器、吹灰管道和疏水管道组成。减压站包括电动截止阀，气动调节阀和弹簧安全阀等。从Ⅱ级喷水减温器后抽出的蒸汽经气动调节阀，压力减至约2MPa（视工况要求而定）送至各吹灰器，吹灰器前的蒸汽压力约为 1.2 ～ 1.5MPa。吹灰系统减压站示意如图 1－13 所示。

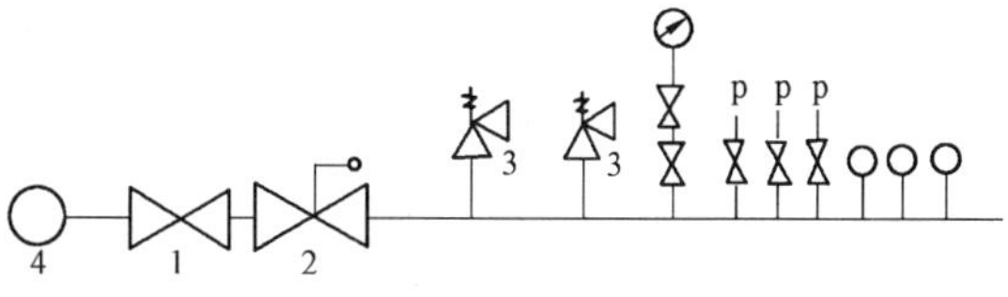

图 1－13　吹灰系统减压站示意
1—电动截止阀；2—气动调节阀；3—安全阀；4—汽源

吹灰器的技术参数见表 1－7。

吹灰器系统的运行采用程序控制系统。吹灰器的程序控制系统采用可编程控制器（PLC）完成。系统可以在控制台进行单独操作、遥控、程序控制和监视，并有报警装置。

表 1－7　　　　　　　　　　　　吹灰器的技术参数

名　　称	型　号	数　量	行程（mm）	蒸汽温度（℃）	蒸汽压力（MPa）
炉膛墙式吹灰器	IR－3	52	267	350	约 1.5
对流受热面长伸缩性吹灰器	IK－525	38	6500	350	约 1.5
空气预热器吹灰器	IK－AH	2	约 1200	350	约 1.5

3. 烟温探针

在炉膛出口（后屏出口）右面布置了一只可伸缩式的烟温探针。在锅炉启动阶段，烟温探针伸入炉内，以监测锅炉在升温升压阶段的炉膛出口烟温。烟温探针的型号为 TP－500 型，其行程为 4500mm，适用于烟温小于或等于 570℃。一般在汽轮机并网前该处烟温应小于 540℃，如果超过 540℃，则可适当降低燃油量。而当汽轮机并网后，烟温大于 540℃，则烟温探针应退出炉外，以防止烧坏。

（九）管路系统

锅炉的管路系统主要由疏水、放水、排污、放气和排汽等管路组成，并配有相应的阀门和管道。

1. 疏水、放水和加药管路

锅炉的疏水、放水管路共有 6 路。第一路为省煤器进口集箱前左侧的疏水管路，第二路是低温过热器进口集箱左右两端的疏水管路，第三路是后烟井下部环形集箱四角的疏水管路。上述三路的疏水管路均接至标高 12.6m 的平台上。第四路为四根大直径下降管下分配器端部各接有一条 DN 65 的放水管路，此管路同时用作锅炉的定期排污管路。第五路为炉顶进口集箱两端的疏水管路，它接至标高 32.3m 的平台上。第六路为汽包上的水位平衡器和水位计的 7 条疏水管路，这些管路均接到标高为 56.2m 的平台上。

由于四根大直径下降管下的分配器端部的放水管路同时作为锅炉的定期排污管路，可取代 32 个水冷壁循环回路的分散疏水管道，因而简化了结构，方便了运行操作。而后烟井环形集箱的四条疏水管路按容量为 5%MCR 设计，因而在锅炉启动时，开大此疏水阀，可加速过热汽温的提高，以缩短锅炉启动时间。

锅炉除上述 6 路疏水放水管路外，还设置了一条事故放水管路，它布置在汽包下左前方，由此引至炉前标高为 12.6m 的平台上，管路上配有 2 只 DN100 的电动截止阀。当汽包水位超过 180mm 水位时，即打开此阀，进行放水，使汽包水位恢复正常。待水位正常后，便可关闭此阀。

加药管路则布置在炉前，从锅炉前下方引入，其管路上配有 2 只串联的截止阀。

2. 放气、取样、充氮管路

从汽包至高温过热器、高温再热器出口共设置有 6 条放气充氮管路，每条管路均配置有 2 只串联的截止阀，而高温过热器出口管道和汽包上的放气充氮管路上的 2 只串联截止阀则为电动截止阀。

锅炉设置充氮管路是为了在锅炉停用较长时间（例如超过一个月）时，锅炉需要用充氮法或其他方法作为停炉保养而设立的。应特别注意的是在充氮时或在充氮保养期间，锅炉四周必须保证有效的自然通风。

锅炉在点火前应注意打开放气阀和疏水阀，待建立起一定压力后，方可关闭放气阀及部分疏水阀。过热器的疏水阀则要直到机组并网后才能关闭，以防止过热器管子过热烧坏。而再热器系统的疏水阀和放气阀则需在汽轮机冷凝器建立真空前关闭。锅炉的取样管路共有四路：即锅水取样、饱和蒸汽取样、过热蒸汽取样和再热蒸汽取样。

锅水取样设在汽包两端的连续排污管道上，而在汽包至炉顶进口集箱的连接管道上均匀布置有 6 个饱和蒸汽取样点。过热蒸汽和再热蒸汽的取样点则设置在过热器和再热器的出口管路上，每只取样器前均配有 2 只串联的截止阀。

3．排污管路

锅炉的排污有连续排污和定期排污两种。

连续排污管路从汽包下方两端引出，汇总成一路，主要用来控制和保持锅水质量，排污量的大小按锅水的化学分析而定。连续排污管路上设有一进口的气动调节阀，在此阀前尚配有一个电动截止阀，以供气动调节阀检修时用。调节阀出口压力为 0.5MPa，锅炉运行中汽水品质的保护一般通过连续排污手段来实现，在新炉或大修后启动期间或由于某种原因连续排污不足以保证汽水品质的情况下，则可通过四根大直径下降管下分配器的疏水管路作为定期排污管路用，间断排出炉内杂质含量多的锅水。在定期排污时，必须严格监视汽包水位，防止因排污时间过长而使水位下降过多。

4．安全阀排汽管道

锅炉受压元件的超压保护是通过在不同部件中布置一定数量的安全阀来实现的。在主蒸汽系统中，汽包上装有 3 只安全阀，过热器出口装有 2 只安全阀和 2 只电磁释放阀（PCV）。再热蒸汽系统则共设置 6 只安全阀，即再热器进口处 4 只，出口处 2 只。安全阀设置了消声器及其排汽管道，安全阀的排汽管道共分 8 路，即汽包 2 路，过热器出口的 2 只安全阀合并成 1 路，2 只电磁释放阀的排汽管道合并成 1 路，再热器进、出口各 2 路。各路排汽管均从各安全阀的疏水盘上通至锅炉屋架上。为避免安全阀承受起跳时的弯矩，所有排汽管均插入疏水盘中，而不直接与排汽弯头焊接。排汽管出口端如接消声器，则与消声器接口直接焊接。如无消声器，则蒸汽通过排汽管直接排入大气。排汽管的重量不可传至疏水盘上，并要保留足够的膨胀间隙。

（十）锅炉的保护设备和系统

1．安全阀

安全阀是锅炉上重要的安全附件，它的作用是保证锅炉在不超过规定的压力下工作。当锅炉内压力超过规定的许可值时，安全阀能自动开启排出蒸汽，使压力下降而避免锅炉发生超压爆炸的危险。

当锅炉超压时，安全阀就自动打开，将蒸汽排入大气，同时发出声响，警告司炉人员立即采取措施，使锅炉压力下降。当压力降到允许值以后，安全阀又自行关闭，使锅炉压力控制在允许的压力范围内。

为了避免各安全阀同时开启而使排气量过大，采取的措施是：如果同时装有两只安全阀，则其中一个为控制安全阀，另一个为工作安全阀。控制安全阀的开启压力为 1.05 倍工作压力，而工作安全阀的开启压力为 1.08 倍工作压力。

为了保证过热器的安全，应使过热器出口的安全阀首先开启，这样可使全部蒸汽流过过热器，以保证过热器的冷却。

对于新安装的锅炉及检修后的安全阀，都应检验安全阀的开启压力、起座压力及回座压力。电磁式安全阀应分别进行机械试验，电气回路试验和远方操作试验。安全阀检验后，其开启压力、起座压力及回座压力等检验结果应记入锅炉技术档案。安全阀经检验后，应加锁或铅封。各安全阀的特性汇总于表 1 - 8 中。

2．压力表

按照规定，锅炉装有与汽包蒸汽空间直接连接的压力表，在给水调节阀前、省煤器出口、过热器出口及再热器进、出口等处安装了压力表，并在控制室内有相应的压力指示。

表 1-8　　　　　　　　　　　　　　　安全阀特性汇总表

装置部位	数量	口径 (mm)	工作压力 (MPa)	工作温度 (℃)	整定压力 (MPa)	回座压力 (MPa)	回座率 (%)	单只排放量 (kg/h)	总排放量 (kg/h)
汽　包	1	75	19.81	饱和	20.59	19.77	4	279710	861220
		75	19.81	饱和	21.0	19.74	6	288500	
		75	19.81	饱和	21.2	19.72	7	293010	
过热器出口	1	75	18.24	541	19.83	18.27	4	171710	351260
过热器出口	1	75	18.24	541	19.60	18.82	4	179550	351260
过热器出口(PCV)	2	65	18.24	541	18.84	18.34	3	108040	216080
再热器进口	2	150	3.93	320.9	4.31	4.14	4	160020	648440
再热器进口	2	150	3.93	320.9	4.42	4.25	4	164200	
再热器出口	2	150	3.74	541	4.23	4.05	4	128470	256940

注　1　过热蒸汽系统安全阀总排放量为1212480kg/h，等于1.18MCR（其中汽包84.2%，过热器出口33.14%）。
　　2　再热蒸汽系统安全阀总排放量为905380kg/h，等于1.076MCR（其中进口77.2%，出口30.59%）。
　　3　电磁释放阀总排放量为216080kg/h，等于0.21MCR，其使用电源DC 220V。

3. 锅炉水位保护

锅炉正常水位位于汽包中心线以下50mm，水位波动范围为±50mm。为监视水位，在汽包上设置有2台双色水位表，并配置水位电视摄像系统。1台双色液位显示器，4对水位平衡容器，分别供就地监视、低读、调节、保护、报警和停炉等用。

水位控制点为：

（1）正常水位：汽包中心线下50mm±50mm。

（2）报警水位：+125mm、-200mm。

（3）事故放水水位：+180mm。

（4）总燃料跳闸水位：+250mm、-350mm。

4. 炉膛安全监控系统（FSSS）

锅炉装有炉膛安全监控系统（FSSS），型号为S-2000。该系统的功能有：

（1）油泄漏试验。在锅炉进行吹扫前检查油管路及其配件是否存在泄漏。

（2）炉膛吹扫。锅炉启动前和停炉后均需有一次吹扫周期。

（3）总燃料跳闸（MFT）。产生危及机组安全的情况时，MFT动作。

（4）火焰检测系统。可对单只油枪和煤粉的火焰分别进行监视。

（5）锅炉快速减负荷（RB）。由于一台主要辅机出现事故等原因需要快速减负荷。

（6）二次风挡板控制。根据锅炉负荷及燃料投切情况对二次风挡板进行控制。

（7）给粉机和一次风门控制。

（8）自动点火。具有程控和遥控、就地点火的功能。

（9）灯光显示。

（10）报警输出。

其中总燃料跳闸的条件为：

（1）手动紧急跳闸（MFT）；

（2）失去所有燃料；

（3）送风量小于30%MCR；

（4）全炉膛失去火焰；

（5）炉膛压力过高或过低，如压力超过 $\pm 2942 \, Pa$（$\pm 300mmH_2O$）；

（6）汽包水位过高，高于 + 250mm；

（7）汽包水位过低，低于 - 350mm；

（8）送风机全停；

（9）引风机全停；

（10）再热器保护丧失；

（11）所有给水泵跳闸；

（12）协调控制系统（CCS）电源丧失；

（13）汽轮机跳闸；

（14）连锁跳闸；

（15）空气预热器全停；

（16）过热蒸汽压力过高，高于18.74MPa。

5.汽包温度控制

由于该锅炉汽包壁较厚，为提高汽包运行的安全性，必须控制锅炉在启动、停炉阶段汽包上、下壁及内、外壁之间的温差，为此制造厂家进行了分析计算，确定了各种工况下汽包壁温差的最大许可值，如表1－9所示。为了监视汽包壁温差，在汽包上、下壁及内、外壁共设置有9对温度计测点插座。

在运行初期，制造厂允许实际运行时的汽包壁温差可比表1－9中所列数值稍大，即启动时最大壁温差不超过 $105^\circ C$。待锅炉正式投运半年后，就应按表列数据进行监督，以免降低汽包的使用寿命。

表1－9　　　　　　　　　　　　　最大许可汽包壁温差

温差部位及运行工况	冷态启动	温态启动	热态启动
内外壁温差（℃）	50	50	45
上下壁温差（℃）	51.8	47.8	51.7
饱和蒸汽最大温升速率（℃/h）	88	123	125

注　表中未列出运行条件，这要在机组实际投运以后确定。

6.过热器和再热器系统保护

锅炉在运行中，由于过热器和再热器的工作条件较为恶劣，因此为保证其安全运行，必须提供必要的监控和保护手段。尤其在锅炉启动和停炉阶段，过热器和再热器所处的条件更为恶劣，因此更需对过热器和再热器进行保护。

（1）过热器系统保护。锅炉在后烟井下集箱设置有一条容量为5%MCR的疏水管路系统，其工作压力为4.1MPa，当锅炉启动时，疏水阀全部打开，以缩短启动时间，提高运行的灵活性。

机组另设有30%MCR容量的高、低压汽轮机旁路，主要用于机组启停和甩负荷时的保护。锅炉在上述工况下所产生的蒸汽不通往汽轮机，而经过过热器后的高压旁路，因此过热器得到足够的冷却保护。

过热器出口管道上装设的安全阀和电磁释放阀（PCV）是过热器的重要保护手段。此处安全阀和电磁释放阀的开启压力低于汽包上安全阀的开启压力，因此当锅炉超压而使安全阀跳动时，能保证全部过热器系统中所有受热面因有足够的蒸汽流过而得到足够的冷却，不致过热。电磁释放阀的排汽量不包括在安全阀的规定排放量中，其开启压力低于过热器安全阀的开启压力，这样可使汽包及过热器的安全阀免于经常起跳而得到保护。在电磁释放阀前设置有一个截止阀，以供电磁释放阀检修时隔绝用。

过热器上装有温度测点，在锅炉启停及运行时，它是对过热蒸汽温度和管子金属壁温进行监控和保护的重要手段。过热器各级受热面出口管段金属壁温报警部位及报警温度列于表1-10中。

表1-10　过热器管壁报警温度

名　称	报警温度（℃）	控制报警温度管子编号
分隔屏	486	1号套管
后屏	562	1号套管
高温过热器	625	1号套管

（2）再热器系统保护。锅炉在启停阶段中，再热器中没有蒸汽流过，工作条件非常恶劣，为此，采用烟温探针，在锅炉启动期间严密监视高温过热器出口烟温不大于750℃，以保护再热器。

在再热器出口管道上设置了安全阀，其整定压力低于再热器进口压力，因此在事故状态时，整个再热器仍得到充分的冷却，有效地保护了再热器。在机组甩负荷等事故状态时，尚有汽轮机低压旁路进行保护，而高压旁路的蒸汽则经过减温减压后进入再热器，而使再热器得到充分的冷却。

在再热器进、出口管道上，均布置有就地和遥控的压力监控仪表和测点，以及热电偶插座等，并在再热器出口管束上装设有壁温测点。

再热器的报警部位及报警温度列于表1-11中。

表1-11　再热器管壁报警温度

名　称	报警温度（℃）	控制报警温度管子号
高温再热器	598	2号套管

四、锅炉的主要受压部件

（一）汽包

汽包横向布置在锅炉前上方，汽包内径为1743mm，壁厚为145mm，筒身长度为20500mm，筒身两端各与半球形封头相接，筒身与封头均用BHW-35钢材制成。

汽包内部下方装有给水分配管，四根大直径下降管则均匀布置在汽包筒身底部。给水分配管上的给水孔正好在下降管管座上方，可以防止汽包壁受到低温给水的影响，使汽包上下壁温比较均匀。下降管入口处装有十字形消涡器，以减少或消除下降管入口产生旋涡带汽，保证水循环安全。汽包内部装有轴流式旋风分离器、波浪形干燥器、连续排污管、事故紧急放水管和加药管等。

四只单室、一只双室水位平衡容器、两只双色水位表、一只双色液位控制装置分别布置在汽包两端封头上，起着就地控制、监视和保护等功能。

三只弹簧式安全阀布置在汽包两端封头上，其总排放量大于B-MCR容量的75%。汽包筒身上还设置了若干只压力测点和一只压力表，作就地或远距离控制和监视压力用，并布置了一只辅助用蒸汽管座。

（二）水冷壁

水冷壁由内螺纹管和光管组成。四周炉墙上共划分为32个独立回路，其中两侧墙各有6个独立回路，前、后墙各有6个回路。最宽的回路有23根管子，它位于前、后墙中部。炉膛四角为大切角，每一切角处的水冷壁形成2个独立小回路，四角共8个独立小回路。切角下部形成燃烧器的水冷套，以保护燃烧室不致烧坏，水冷套与燃烧器一起组装出厂。

前、后墙水冷壁在15253mm标高处折成冷灰斗，以50°落灰角向下倾斜至底部，形成开口为1400mm的出渣口，与机械除渣机及碎渣机相连。后墙至标高39839mm处形成深为3000mm的折焰角，而后墙的22根水冷壁管子拉出，改为$\phi75 \times 18$mm管子，形成后墙悬吊管，以承受后墙水冷壁的重量。折焰角以30°水平夹角向后上方延伸成近5200mm的水平烟道，然后垂直向上形成3排排管至出口集箱。

（三）过热器

SG1025/18.1－M 319型锅炉为亚临界参数锅炉，锅炉工作压力高，过热蒸汽的吸热量比例较大，占锅炉工质总吸热量的36.4%，过热器系统比较复杂和庞大。过热器系统包括顶棚及包覆管过热器、低温对流过热器、分隔屏及后屏过热器、高温对流过热器等。

顶棚及包覆管过热器包括前炉顶、后炉顶、水平烟道两侧墙、后烟井四周和隔墙过热器及低温过热器、低温再热器的悬吊管。低温对流过热器水平布置在尾部烟道隔板的后烟道，逆向对流传热。四大片分隔屏过热器布置在炉膛上方，每片分隔屏由6小片管屏组成，其外形尺寸为高13400mm、宽2×28200mm，分隔屏的横向平均距离为2698mm。20片后屏过热器布置在炉膛出口处，每片后屏由14根U型管组成，位于炉膛内的屏高为14300mm。高温过热器则布置在炉膛折焰角的上方，为顺流对流过热器。

（四）再热器

再热器分成两级，第一级再热器是位于尾部烟道前烟道的低温对流再热器，第二级再热器则位于水平烟道、装在高温过热器后面的高温对流再热器。汽轮机高压缸的排汽，首先进入低温再热器，经加热后由低温再热器出口集箱引入高温再热器，加热后由高温再热器出口集箱分两路送至汽轮机中压缸，继续做功。

（五）省煤器

省煤器为一组水平蛇形管，布置在尾部烟道的后烟道低温过热器的下方，顺列布置，垂直于前墙。

（六）空气预热器

锅炉设置了两台转子直径为10330mm的三分仓回转式空气预热器，它们布置在尾部烟道的下方，用于加热一次风和二次风。预热器在正常情况下，均由主电动机驱动，当冲洗、盘车或主电源发生故障时，则由另一电源的辅助电动机驱动。预热器的径向、周向和轴向均有密封装置，以防止和减少漏风，并装有吹灰器。

（七）减温器

1. 过热器减温器

过热蒸汽温度由喷水减温器进行调节。过热器系统共布置两级喷水减温，第Ⅰ级布置在分隔屏进口的汇总管道上，MCR工况时的设计喷水量为26t/h，用于控制进入分隔屏的蒸汽温度；第Ⅱ级喷水减温器则布置在后屏过热器出口的左右连接管上，其设计喷水量为9t/h，用于控制高温过热器的出口汽温，以获得所需要的过热蒸汽温度。

减温器的喷管型式为水平横置于减温器筒体内的多孔笛型管。喷水方向与蒸汽流动方向一致，喷水经笛型管上的小孔喷出后与蒸汽一同沿着减温器筒体流动并雾化，使蒸汽减温。

2. 再热器减温器

在低温再热器进口管道上设置了事故喷水减温器，以防止过高温度的汽轮机高压缸排汽进入再热器。在低温再热器出口管道上设置了微量喷水减温器，以调节再热器出口的左右温度偏差。

再热器减温器的喷嘴为莫诺克型，与喷水管相焊，水平横置于减温器筒体内，蒸汽与喷水为顺向流动。

五、SG－1025/18.1－M 319 型锅炉的结构特点

（1）该锅炉的本体布置采用 Ⅱ 型布置方式，它是用垂直的方柱形炉膛组成上升烟道，用对流烟道组成水平烟道和下降烟道的锅炉。这种布置方式是国内外大型煤粉炉和直流炉的典型布置方式。采用这种布置方式，锅炉及厂房的高度都较低；转动机械和笨重设备，如送风机、引风机、除尘器和烟囱等均可作低位布置（在地面上），因此可减轻厂房和锅炉构架的负载；在水平烟道中，可以用支吊方式比较简单的悬吊式受热面；在下行对流烟道中，受热面易于布置成逆流传热方式；尾部受热面的检修比较方便。其主要缺点是占地面积较大；烟气从炉膛进入对流烟道要改变流动方向（转弯），从而造成对流烟道中烟气速度场和飞灰浓度场的不均匀性，影响传热性能和造成受热面的局部磨损。

（2）锅炉采用半露天岛式布置，运行层标高 12.6m，设计上已充分考虑了防冻、防雨、防风和防腐蚀等措施。锅炉装设梯形金属外护板。燃烧器顶部在 28m 标高处设置有轻型简易防雨措施，汽包两端设置有封闭司水小室，标高为 62.5m，顶部设大包密封，68.6m 标高以上设大屋顶。

（3）锅炉构架为全钢结构，用高强度螺栓连接，露天独立布置。锅炉构架与主厂房之间无传递荷载，并且按七级地震烈度设防，露天风压值按 392Pa 计算。

锅炉构架除能承受锅炉本体荷载外，还能承受设计院设计的汽水管道、煤粉管道、烟道、风道、吹灰设备及土建荷载如电梯水平荷载和汽轮机房的连接通道荷载等。

（4）各承重梁的相对挠度值如下：

大板梁	1/1000
次梁	1/850
炉顶小梁	1/500
一般梁（平台梁）	1/300
空气预热器支撑梁	1/1000

（5）由于锅炉设置了膨胀中心，炉膛采用气密封式膜式水冷壁，炉顶折焰角等处采用内护板，尾部包覆采用宽鳍片管排结构，各穿墙管均采用内护板或密封膨胀节等，还计算了受压部件的热应力，因而锅炉具有良好的密封性。这些密封技术，都是制造厂家从美国燃烧工程公司引进的新技术，通过在石横电厂二十多年的运行中，证明泄漏极小，并从根本上防止了由于膨胀差而使密封件撕裂的事故。

该锅炉在设计中，燃烧器和水冷壁相对固定，其连接处的漏风近于零。

（6）整台锅炉壳体的刚性是由水平缠绕式刚性梁来保证的。刚性梁通过多层导向装置把锅炉可能受到的炉内烟气压力、风载荷、地震载荷以及各管道的膨胀推力传递在钢架上，防止了锅炉的晃动。这些导向装置（止晃点）处的水冷壁上焊有抗剪板，抗剪板与刚性梁内的绷带相连接，再通过限位装置与锅炉构架相连。这样既传递了载荷，又保证了锅炉膨胀中心的零位原点。各构架膨胀均实现了沿受控方向的相对膨胀。

该锅炉炉膛设计压力为 ±3982Pa。瞬时最大承受压力为 ±6600Pa。

（7）梯子、平台的布置，满足了运行中巡回检查和检修吊装构件的需要。所有平台包括检修平台及通道，其载荷均按 5978Pa 设计，而实际上其中活载荷为 3920Pa，自重为 1176Pa。

主要扶梯从零米至标高 67.5m 集中布置在炉前两侧。扶梯净宽为 760mm，同地面水平夹角不大于 42°。两层平台间最小高度大于 2m，平台通道的最小宽度为 1000mm。在燃烧器区域及汽包小室处的平台宽度不小于 2000mm。汽包平台及其他特殊平台的走道，均采用宽度为 5mm 的花纹钢板，其余平台走道、梯子通道均采用封闭端型的栅格板，栅格板厚度为 30mm，并镀锌。

（8）炉墙上的人孔门布置，已考虑到检修人员进入炉内各受热面时的方便进出。炉顶上，在炉膛部分装有钢丝绳用孔，以备检修时装吊临时升降机用。

（9）吹灰器部位设有专用的检修平台，而且吹灰器和炉墙之间有严密的密封装置。

（10）为了使钢结构便于在工地安装，采用了以下措施：

1）锅炉各部件在运输条件许可情况下，最大限度地在制造厂中组装成完整部件，并做校正和检验。

钢结构共分 6 个安装层，每一层均设有水平支撑的主平面即钢平面，并按表 1 - 12 标高分批制造、发运和安装。

表 1 - 12　　　　　　　　　　　各 层 标 高

层　次	1	2	3	4	5	6
标高（m）	0 ~ 13.6	13.6 ~ 23.4	23.4 ~ 34.2	34.2 ~ 44.2	44.2 ~ 56.2	56.2 ~ 68.6
柱根数	33	27	29	28	25	30

长度超过 20m 的大板梁有 3 根，K 排大板梁最大，其断面尺寸为 H3800 × 1200/30 × 70（单位 mm），长度为 21m，重约 50t。

2）锅炉的梁柱采用同一螺纹直径的扭剪型高强度螺栓连接，螺栓材料为 20MnTiB，螺母材料为 15MnVB，垫圈材料为 45 号钢。

3）锅炉各杆件采用有方向性的杆件编号方法，安装时可对号入座。

（11）锅炉在设计中采取了必要措施，使锅炉主要承压部件寿命在正常运行和良好检修的情况下，可以大于 30 年。燃烧器的检修周期大于 3 年，回转式空气预热器的低温传热元件的使用寿命大于 50000h，省煤器、低温再热器的防磨设施检修周期大于 3 年。

（12）炉膛、水平烟道、尾部竖井均装有必要的开孔和测点，以便安装各种吹灰器，观察燃烧情况，装设 TV 摄像机（为观察炉内火焰用）、火焰扫描装置，以及设置实现燃烧管理、炉膛安全监控的设施和热工试验测点等。

六、SG - 1025/18.1 - M 319 型锅炉的性能特点

（1）锅炉可带基本负荷，也可用于调峰，在保证锅炉热效率的前提下，锅炉不投油的最低稳燃负荷，在使用设计煤种时不大于 65% MCR，在使用校核煤种时不大于（75% ~ 80%）MCR。

（2）锅炉可以采用定压运行，也可以采用定—滑—定方式运行。

（3）锅炉在设计中已考虑了对设计煤种和两种校核煤种的适应性。在燃用设计煤种、负荷为额定蒸发量时，锅炉热效率大于91%。

（4）当回热加热系统中最高一级高压加热器停用时，锅炉的蒸发量仍能满足汽轮发电机组额定出力的要求。

（5）锅炉的大修间隔可达3年，小修间隔可以达到连续运行4000h以上。

（6）锅炉在投产后经过调试运行半年以后的第一年，累计投运时间不低于6000h。

（7）锅炉各主要承压部件的使用寿命大于30年，受烟气磨损作用严重的低温受热面的使用寿命，可达100000h。

锅炉主要承压部件，在使用年限内不同状态的启、停次数如表1-13所示，表中列出了按美国CE技术计算的汽包30年运行的总寿命消耗，此值表明汽包有足够的寿命裕度。

表1-13　　　　　　　　　　　　不同状态下的汽包寿命消耗

工　况	30年出现的总次数		工　况	30年出现的总次数	
	带基本负荷时	调峰运行时工况		带基本负荷时	调峰运行时
冷态启动	100	120	50%负荷变动	—	7500
温态启动	480	1200	水压试验	15	15
热态启动	1000	—	汽包30年总寿命消耗	3.61%	29.3%
两班制	—	7500			

（8）汽包锅炉从点火到带满负荷的时间如下：

冷态启动6~8h

温态启动3~4h

热态启动1.5~2h

（9）锅炉定压运行时，在（70%~100%）MCR负荷内，主蒸汽温度和再热蒸汽温度都能达到额定值。滑压运行时，在60%~100%额定负荷范围内可以达到额定值，其偏差均不超过±5℃。

（10）为提高部件的可靠性和锅炉的可用率，制造厂家在设计、制造和质量保证体系上，采取了一系列措施。

1）采用了成熟、可靠的结构，一切未经论证可靠的新技术、新结构，不在设计中使用。

2）选取稳妥合理的设计指标，如选取较低的容积热强度、断面热强度、足够的火焰行程和较低的烟气流速等。

3）采用了宽调节比（又称WR型）的摆动式煤粉燃烧器和燃烧带，制粉系统采用中间贮仓式热风送粉系统等，以适应本锅炉燃用低挥发分无烟煤及贫煤的燃烧。

4）采用可靠的水循环系统的设计：①汽包容积大，适应超压和负荷变动的需要；②水冷壁采用较多的内螺纹管，提高了安全裕度；③下降管采用直接注水技术，降低了汽包的上下壁温差，并提高了循环的安全性。

5）在调温系统方面，再热器采用烟气挡板调温，并辅以微量喷水减温；而过热器则采用两级喷水减温，摆动式燃烧器又可作为辅助调温手段，这样可以适应锅炉运行的要求。

6）在程控方面，锅炉配有炉膛安全监控系统、锅炉水位电视监测和炉膛火焰电视监察，并有程序吹灰系统，提高了锅炉本体运行的安全性。

7）采用了低消耗寿命的壁厚元件设计，使受压元件具有足够的强度裕度，并且对锅炉主要壁厚部件——汽包进行了各种工况下的疲劳寿命计算，确保锅炉运行的安全。

8）锅炉设置了膨胀中心和零位保证系统，以防止部件因膨胀而破坏，且保持总体的严密性。

9）低温受热面采用大直径、大管距和低烟速的设计，并装有阻流板和防磨罩，以减轻飞灰磨损。

10）设计中采用了有效措施，防止再热器和过热器的高温腐蚀。

11）锅炉负荷调整的速度为：定压运行，5%/min；滑压运行，3%/min。

第四节　Π型亚临界参数控制循环锅炉

强制循环锅炉蒸发受热面内的工质除了依靠水与汽水混合物的密度差以外，主要依靠锅水循环泵的压头进行循环，又称辅助循环锅炉。强制循环锅炉蒸发系统的流程是：水从汽包通过集中下降管后，再经循环泵送进水冷壁下集箱，再进入带有节流圈的膜式水冷壁，受热后的汽水混合物最后进入汽包。

强制循环锅炉是在自然循环锅炉基础上发展起来的，因此在结构和运行特性等许多方面都与自然循环锅炉有相似之处。强制循环锅炉也有汽包，其主要差别是：自然循环主要依靠汽水密度差使蒸发受热面内工质自然循环，随着工作压力的提高，水汽密度差减少，自然循环的可靠性降低；但强制循环锅炉，由于主要依靠锅水循环泵使工质在水冷壁中作强迫流动，不受锅炉工作压力的影响，既能增大流动压头，又能控制各个回路中的工质流量。

强制循环锅炉虽然比自然循环锅炉多用了几个锅水循环泵，给锅炉的结构和运行带来一系列重大的变化。在结构上，蒸发受热面就不一定采用垂直上升的型式；运行上由于在低负荷或启动时可以利用水的强制流动，使各承压部件得到均匀加热，因此可以大大提高启动及升、降负荷时的速度。

由此可以知道，强制循环锅炉有以下特点：

（1）由于装有循环泵，其循环推动力比自然循环大好几倍。自然循环产生的运动压头一般只有 0.05~0.1MPa，而强制循环则可达到 0.25~0.5MPa，因此可用小直径管为作水冷壁管。小直径管在同样压力下所需的管壁较薄，金属消耗量较少。

（2）可任意布置蒸发受热面，管子直立、平放都可以，因此锅炉的形状和受热面都能采用比较好的布置方案。

（3）循环倍率较低。因为循环倍率的大小与水冷壁的冷却有直接关系，循环倍率大安全，但不经济（因会使循环泵流量大，消耗功率大）。由于强制循环锅炉可以使用小直径管子，管壁薄，壁温较低，如果采用较高流速［一般为 1000~1500kg/（m²·s）］，则循环倍率可取得小一些（一般取循环倍率 $K = 3~5$）。

（4）由于循环倍率小，循环水流量较小，可以采用蒸汽负荷较高、阻力较大的旋风分离装置，以减少分离装置的数量和尺寸，从而可采用较小直径的汽包。

（5）蒸发受热面中可以保持足够高的质量流速，而使循环稳定，不会使受热弱的管子发生循环停滞或倒流等循环故障。而且大容量强制循环锅炉的水冷壁管子进口处一般都装有节流圈，这是避免出现水动力的多值性、脉动现象、停滞、倒流或过大的受热偏差的有效措施。

（6）一台强制循环锅炉一般装设循环泵 3～4 台，其中一台备用。运行时循环泵所消耗的功率一般为机组功率的 0.2%～0.25%。

（7）调节控制系统的要求比直流锅炉低。

（8）锅炉能快速启停。由于循环系统的管子金属壁较薄，比热容小，在加热或冷却过程中温度易于趋向均匀，启动时汽包壁温升允许值一般可达 100℃（自然循环锅炉则为 50℃）。而且强制循环锅炉在点火前已开始启动循环泵，建立正常循环系统，所以可以缩短启动时间。启动过程中先循环，后点火，水冷壁膨胀均匀。

（9）熄火后保持循环，蒸发系统得以强制冷却，利于事故处理。强制循环锅炉在熄火停炉后，一台锅炉水循环泵仍保持运行，锅炉水继续循环；同时送、引风机亦继续运行。这样使整台锅炉，特别是蓄热量最大的循环系统得到强制冷却，加速了停炉过程，对事故处理尤为重要。

（10）其缺点是由于循环泵的采用，增加了设备的制造费用，而且循环泵长期在高压、高温（250～300℃）下运行，需用特殊材料，才能保证锅炉运行的安全性。

现代大容量强制循环锅炉多采用控制循环型式，即在强制循环的基础上，在锅炉每根水冷壁上升管入口处加装不同孔径的节流圈，形成所谓控制循环锅炉。装设节流圈的目的是可以调节同一循环回路各并列水冷壁管子中循环流量的分配，使热负荷大、流动阻力也大的上升管配备孔径大些的节流圈，热负荷小而流动阻力也小的上升管则配备孔径小一些的节流圈，从而使进入各根上升管的循环水流量基本上与各管的吸热量成比例，使各管出口蒸汽干度大致相同，这便消除了各并列上升管之间由于热力和水力不均所引起的循环不良现象。此外，装置节流圈还可以避免强制循环锅炉中可能出现的水动力不稳定，管间脉动、水循环停滞和倒流等不正常工况的出现，也可以达到防止水冷壁产生热偏差的目的。

本节介绍根据美国燃烧工程公司（CE）技术专利，配 300MW 火力发电机组的 1025t/h 控制循环锅炉。

一、锅炉的技术规范

1025t/h 控制循环锅炉的主要设计参数列于表 1－14 中。

表 1－14　　　　　　　　　　　1025t/h 控制循环锅炉的主要设计参数

名　　称		单　位	锅炉最大连续出力（MCR）	锅炉额定出力（100%）
过热蒸汽	蒸汽流量	t/h	1025	931.8
	出口蒸汽压力	MPa	18.3	17.3
	出口蒸汽温度	℃	541	541
再热蒸汽	蒸汽流量	t/h	830	762
	蒸汽压力，出口/进口	MPa	3.65/3.86	3.31/3.50
	蒸汽温度，出口/进口	℃	541/323	541/319
	给水温度	℃	282	275.1

1025t/h 控制循环锅炉采用山西雁北烟煤作为设计燃料，并用另一种烟煤作为校核燃料。设计及校核燃料的成分特性见表 1－15。

表 1－15　　　　　　　　　　　1025t/h 控制循环锅炉的设计、校核燃料成分特性

项　目	符　号	单　位	设计燃料	校核燃料
收到基低位发热值	$Q_{ar,net}$	kJ/kg	21659.3	20348.8
收到基全水分	M_{ar}	%	8.0	9.0
收到基灰分	A_{ar}	%	22.39	27.0
干燥无灰基挥发分	V_{daf}	%	38.07	27.31
收到基碳	C_{ar}	%	55.66	53.44
收到基氢	H_{ar}	%	3.69	3.06
收到基氧	O_{ar}	%	8.46	5.84
收到基氮	N_{ar}	%	0.89	0.79
收到基硫	S_{ar}	%	0.91	0.9
可磨性系数	K_{km}	—	1.1	1.15
	HGI	—	53.33	57.64

二、锅炉主要热力特性

在使用设计燃料时，1025t/h 控制循环锅炉的主要蒸汽参数见表 1－16，其主要性能参数见表 1－17。

表 1－16　　　　　　　　　　　　　1025t/h 控制循环锅炉的主要蒸汽参数

锅炉运行工况	定　压			滑　压
锅炉出力	最大连续出力 MCR	额定出力	70% MCR	80% MCR
过热蒸汽流量（t/h）	1025	931.8	714.6	615.4
过热蒸汽出口压力（MPa）	18.3	17.3	17	13.2
过热蒸汽出口温度（℃）	541	541	541	541
再热蒸汽流量（t/h）	830	762	597.7	520.6
再热蒸汽进口压力（MPa）	3.86	3.50	2.77	2.31
再热蒸汽出口压力（MPa）	3.65	3.31	2.61	2.25
再热蒸汽进口温度（℃）	323	319	299	316
再热蒸汽出口温度（℃）	541	541	541	541
省煤器进口给水压力（MPa）	20.2	18.9	18.1	13.9
省煤器进口给水温度（℃）	282	275.1	259.2	251.3
汽包压力（MPa）	19.67	18.48	17.73	13.62

表 1－17　　　　　　　　　　　　1025t/h 控制循环锅炉的主要性能参数

序号	名　称	单　位	MCR	90% MCR	70% MCR	60% MCR
1	锅炉效率	%	92.08	92.22	92.40	93.05
2	排烟温度	℃	135	131	119	112
3	锅炉燃煤量	t/h	131.2	121.7	97.4	84.7

序号	名 称	单 位	MCR	90%MCR	70%MCR	60%MCR
4	空气预热器一次风，出口温度/进口温度	℃	313/23	307/28	294/28	285/28
5	空气预热器二次风，出口温度/进口温度	℃	323/23	316/23	302/23	291/23
6	炉膛过量空气系数		1.25	1.25	1.37	1.25
7	下炉膛出口烟温	℃	1351	1335	1290	1244
8	断面热输出量	W/m²	5.0×10^6	4.64×10^6		
9	断面热负荷	W/m²	4.5×10^6	4.24×10^6		
10	炉膛容积热负荷	W/m³	403×10^3	374×10^3	300×10^3	260×10^3
11	过热器喷水量	t/h	0	26.6	52.6	41.5
12	燃烧器摆动角度		0	0	$+30°$	$+12°$
13	锅炉本体烟气阻力	kPa	2.35	2.08	1.67	1.19
14	空气预热器一次风阻力	kPa	0.67	0.62	0.44	0.37
15	空气预热器二次风阻力	kPa	0.49	0.41	0.35	0.21
16	燃烧器一次风阻力	kPa	0.5	0.5	0.5	0.5
17	燃烧器二次风阻力	kPa	1.0	1.0	1.0	1.0
18	空气预热器出口烟量	t/h	1421	1318	1165.7	946.7
19	空气预热器出口烟气体积	m³/h	1669×10^3	1542×10^3	1280×10^3	1041×10^3
20	空气预热器一次风进口风量	t/h	256.5	254.0	226.8	215.6
21	空气预热器二次风进口风量	t/h	899.4	810.9	718.7	555.7
22	过热器蒸汽阻力	kPa	1086	995	743	650
23	再热器蒸汽阻力	kPa	117	162	127	111
24	省煤器水阻力	kPa	440	403	330	302
25	磨煤机至燃烧器出口阻力（含煤粉管道）	kPa	5.59	5.3	5.56	5.05

三、锅炉总体及系统

（一）锅炉总体概况

1025t/h 控制循环锅炉采用单炉膛Ⅱ型布置，一次中间再热，燃烧制粉系统为中速磨正压冷一次风系统，四角布置切圆燃烧方式，并采用直流宽调节比摆动燃烧器，炉前布置三台锅水循环泵。喷水减温器调节过热蒸汽温度，分隔烟道挡板调节再热蒸汽温度。炉后布置两台三分仓转子转动回转式空气预热器。采用平衡通风，高强度螺栓全钢架悬吊结构，半露天岛式布置，固态机械除渣。

1025t/h 控制循环锅炉的本体布置示于图 1-14 中。该锅炉的钢架为全钢结构，并用高强度螺栓连接的绕带式刚性梁结构。刚性结构中设置了三层导向装置，以满足锅炉的膨胀要求。刚性梁分布为：炉膛部分有 23 层，尾部有 16 层。该台锅炉采用全悬吊结构，炉顶大板梁的高度为 65550mm，汽包中心线标高为 57800mm，燃烧器顶排标高为 25430mm，它与屏式过热器底部距离为 18280mm，省煤器给水进口管路标高 27600mm，再热蒸汽进口管标高 37340mm。

炉膛截面为长方形，深度为 12330mm，宽度为 14022mm。在炉膛上部悬吊着 4 排分隔屏过热器，每排由 6 片屏组成，共 24 个分隔屏。屏间横向节距为 2780mm，管间纵向节距为 60mm，在分隔屏过热器之后，炉膛折焰角上方布置了 20 排后屏过热器。后屏过热器的横向节距为 684mm，纵向节距为 63mm。水平烟道内布置有末级再热器和末级过热器，而低温对流过热器则水平布置在尾部垂直烟道的上部，其后布置了单级省煤器。该炉的再热器由墙式、屏式和末级对流式三组组成。辐射式墙式再热器布置在炉膛上部的前墙和两侧墙上，靠近水冷壁管，将这部分水冷壁管遮挡住。在后屏过热器之后，炉膛后墙折焰角之上布置了 30 排屏式再热器，其横向节距为 456mm，纵向节距为 73mm。60 排末级对流再热器则布置在水平烟道内，它们由 30 排屏式再热器直接连接而成，中间设有集箱。在锅炉尾部烟道的下方布置了两台型号为 Z–29Ⅵ–（T）–1676 的三分仓转子转动回转式空气预热器，其直径为 10330mm，外壳高度为 1778mm，转子受热元件高 1676mm。每台空气预热器配一套风机，即有两台离心式一次风机、两台轴流式送风机和两台轴流式引风机。

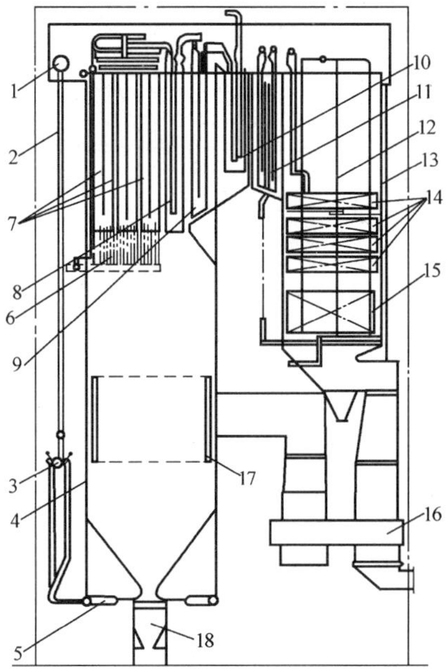

图 1–14　1025t/h 控制循环锅炉本体布置
1—汽包；2—下降管；3—循环泵；4—水冷壁；5—下水包；6—墙式再热器；7—分隔屏过热器；8—后屏过热器；9—屏式再热器；10—末级再热器；11—末级对流过热器；12—省煤器悬吊管；13—尾部烟道后墙包覆管；14—低温对流过热器；15—省煤器；16—回转式空气预热器；17—燃烧器；18—除渣装置

该台锅炉采用四角布置、切圆燃烧摆动式直流燃烧器，沿高度方向分五层布置。每角燃烧器风箱内设有三层启动及暖炉用的油枪，每角燃烧器通过控制杆由气动装置驱动，燃烧器喷嘴能上下摆动各30°燃烧器风箱与水冷壁组装成一体，运行时随水冷壁一起膨胀。

制粉系统采用配 CE 公司技术生产的 RP 中速碗式磨煤机的正压冷一次风直吹式系统。

锅炉采用水力定期出渣方式。水力排渣槽为双 Y 形结构，与水冷壁之间采用水密封。灰渣斗容量能满足炉膛 12h 的排渣量。出渣口布置有碎渣机，碎渣的粒度尺寸为 25mm。因为出渣斗装置的冷却水为海水，所以渣斗装置用不锈钢制造，以防海水腐蚀。

锅炉采用程序吹灰，炉膛布置有 88 只旋转式吹灰器，分成五行排列。对流烟道布置有 36 只长行程伸缩式吹灰器，每台回转式空气预热器的烟气出口处各装有 1 只长行程伸缩式吹灰器。

在炉膛后墙水冷壁折焰角之前装有 2 个温度探枪，以监视炉膛出口（屏式过热器下）的烟温。

锅炉配有炉膛安全监控系统（FSSS）和机组协调控制系统（CCS）。

（二）汽水循环系统

1．给水及水循环系统

图 1–15 为 1025 t/h 控制循环锅炉给水流程。锅炉给水经止回阀、截止阀，通过省煤器进口连接管道，进入省煤器进口集箱，分配到省煤器蛇形管内。加热后至省煤器中间集箱，

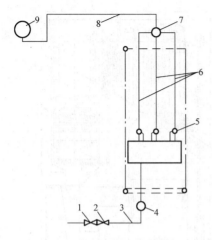

图 1-15　1025t/h 控制循环
锅炉给水流程

1—止回阀；2—截止阀；3—省煤器进口连接
管道；4—省煤器进口集箱；5—省煤器中间集
箱；6—省煤器悬吊管；7—省煤器出口集箱；
8—省煤器出口连接管；9—汽包

再引至省煤器悬吊管，集中到省煤器出口集箱，通过
省煤器出口连接管引入汽包。

1025t/h 控制循环锅炉的水循环系统由汽包、大直
径下降管、循环泵、环形下水包（集箱）、水冷壁、水
冷壁出口集箱和汽水混合物引出管等组成，系统内工
质的流程如图 1-16 所示。

给水通过省煤器进入汽包，通过 4 根大直径下降
管和引入集箱等的连接，锅水流经 3 台循环泵，提高
压头后经出口阀和 6 根出口管，由炉前送至前、后及
两侧组成的环形下集箱，作为水冷壁的进口集箱，以
分配四面墙水冷壁回路的供水。

前墙下环形下集箱的水流经装有节流圈的前墙水
冷壁管子，吸热后进入前墙上集箱，通过前墙引出管
进入汽包。两侧墙下环形下集箱的水流经装有节流圈
的两侧墙水冷壁，吸热后进入两侧墙上集箱，通过两
侧墙上集箱引出管进入汽包。后墙下环形下集箱的水

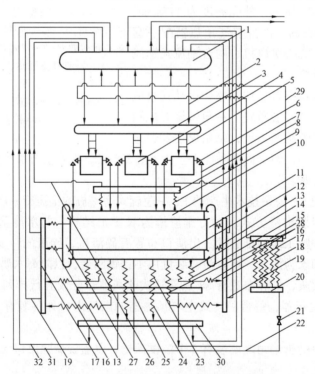

图 1-16　1025t/h 控制循环锅炉水循环系统

1—汽包；2—下降管；3—引入集箱；4—循环泵；5—引入短管；6—出口阀；7—出口管；8—前墙上部集
箱；9—炉膛前墙水冷壁管；10—前墙下环形下集箱；11—侧墙下环形下集箱；12—后墙下环形下集箱；
13—炉膛侧墙水冷壁管；14—炉膛后墙水冷壁管；15—后墙悬吊管；16—炉膛延伸侧墙包覆管；17—侧墙
上集箱；18—省煤器蛇形管；19—侧墙引出管；20—省煤器进口集箱；21—再循环管阀门；22—省煤器
再循环管；23—折焰角底管；24—屏管；25—后墙悬吊管出口集箱；26—前墙引出管；27—侧墙下环形集
箱；28—省煤器出口集箱；29—省煤器出口管道；30—后墙上部集箱；31—后墙悬吊管出口集箱引出管；
32—后墙上集箱引出管

流经装有节流圈的后墙水冷壁管子到后墙悬吊管，进入后墙悬吊管出口集箱，然后分成三路，一路通过后墙悬吊管出口集箱引出管直接进入汽包；第二路通过折焰角底管进入屏管，至后墙上集箱，通过引出管进入汽包；第三路通过炉膛延伸侧墙包覆管至两侧墙上部集箱，通过引出管进入汽包。

这种水循环系统是控制循环锅炉的典型布置和连接方式。

2.过热蒸汽系统

1025t/h 控制循环锅炉的过热器是由顶棚过热器、包覆管过热器、低温对流过热器、分隔屏过热器以及末级高温对流过热器等组成的辐射—对流式多级过热器。

1025t/h 控制循环锅炉的过热蒸汽系统流程如图 1 – 17 所示。汽包送出的饱和蒸汽由连接管引至顶棚过热器进口集箱，经此集箱引出的饱和蒸汽分成两部分，其中约 34% 的蒸汽由旁通管引到尾部烟道两侧包覆管过热器进口集箱，其余 66% 经顶棚过热器管后进入出口集箱。尾部烟道两侧墙包覆管的进、出口集箱内均有隔板，由顶棚过热器出口集箱送至尾部烟道两侧墙包覆管进口集箱的蒸汽分别经尾部烟道两侧的侧前和侧后的管系加热后进入出口集箱。

尾部烟道两侧墙包覆管前半部管的蒸汽经出口集箱的前部进入尾部烟道前墙包覆管的进口集箱，蒸汽在此被分成两部分，一部分经连接管进入水平烟道两侧包覆管的进口集箱，再经水平烟道两侧包覆管，加热后的蒸汽由连接管送至水平烟道两侧包覆管的出口集箱，进入尾部烟道出口集箱；另一部分进入尾部烟道前墙包覆管，然后进入尾部烟道前墙包覆管的出口集箱。在此尾部烟道前墙包覆管出口集箱中集中的蒸汽，经尾部烟道的炉顶过热器，再经尾部烟道后墙上部包覆管进入低温对流过热器的进口集箱。尾部烟道两侧包覆管的后半部管子的蒸汽则经尾部烟道两侧包覆管出口集箱，也送至低温对流过热器的进口集箱。汇合在低温对流过热器进口集箱的蒸汽，进入低温对流过热器管系，经垂直管段进入低温对流过热器出口集箱。

在低温对流过热器和炉膛分隔屏过热器之间布置了喷水减温器，经喷水减温调节后的蒸汽送至分隔屏进口集箱，经分隔屏加热后送至分隔屏出口集箱，经连接管送至后屏过热器的进口集箱。经后屏过热器管系加热后送至后屏出口集箱，再经连接管将蒸汽送至末级高温对

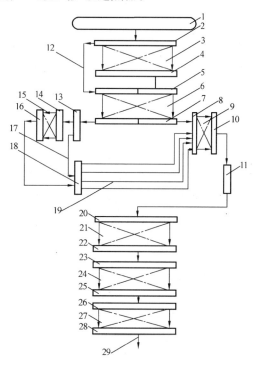

图 1 – 17　1025t/h 控制循环锅炉的
过热蒸汽系统流程

1—汽包；2—顶棚过热器进口集箱；3—顶棚过热器管；4—顶棚过热器出口集箱；5—尾部烟道两侧包覆管进口集箱；6—尾部烟道两侧包覆管；7—尾部烟道两侧包覆管出口集箱；8—低温对流过热器进口集箱；9—低温对流过热器管；10—低温对流过热器出口集箱；11—喷水减温器；12—饱和蒸汽旁通管；13—尾部烟道前墙包覆管进口集箱；14—水平烟道两侧包覆管进口集箱；15—水平烟道两侧包覆管；16—水平烟道两侧包覆管出口集箱；17—尾部烟道前墙包覆管；18—尾部烟道前墙包覆管出口集箱；19—尾部烟道后墙包覆管；20—分隔屏过热器进口集箱；21—分隔屏；22—分隔屏出口集箱；23—后屏过热器进口集箱；24—后屏过热器管；25—后屏过热器出口集箱；26—末级高温过热器进口集箱；27—末级高温过热器管；28—末级高温过热器出口集箱；29—过热蒸汽引出管

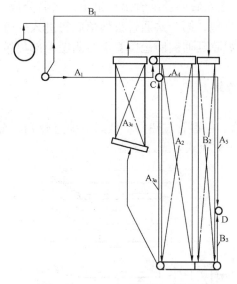

图 1-18　1025t/h 控制循环锅炉顶棚
和包覆管过热器的蒸汽流程

流过热器进口集箱。在末级高温对流过热器管系将蒸汽加热到额定温度，并由出口集箱经过热蒸汽引出管送出去。

从图 1-17 可知，1025t/h 控制循环锅炉的过热蒸汽系统比较复杂，但其中最复杂的是包覆管过热器的蒸汽流程。为清楚起见，将该炉的顶棚过热器和包覆管过热器的蒸汽流程单独表示出来，如图 1-18 所示。

图 1-18 表明尾部烟道两侧墙包覆管的进出口集箱实际上用隔板隔开分成前后两个集箱，进入前部集箱的蒸汽来自炉膛和水平烟道的顶棚过热器 A_1，后部集箱的蒸汽来自饱和蒸汽的旁通管道 B_1，蒸汽分别在前侧包覆管 A_2 和后侧包覆管 B_2 中吸热。A_2 在吸热后，管中蒸汽分成两部分：一部分进入前墙包覆管 A_{3a}。另一部分进入水平烟道的包覆管 A_{3c}，这两部分蒸汽汇合在尾部烟道前墙包覆管的出口集箱 C，然后在经炉顶管 A_4 及后墙上包覆管 A_5 后进入低温过热器进口集箱 D。后侧包覆管 B_2 中的蒸汽则送至后墙下部包覆管 B_3，并进入低温对流过热器的进口集箱 D，各部分蒸汽流量的关系为

$$B_1 = B_2 = B_3$$
$$A_1 = A_2 = A_3 = A_4 = A_5$$

3. 再热蒸汽系统

1025t/h 控制循环锅炉的再热器系统由墙式再热器、屏式再热器和末级对流再热器等三级组成，再热蒸汽系统如图 1-19 所示。

从汽轮机高压缸排出的蒸汽由两根管子分左右两路引至锅炉，经过再热器事故喷水减温器减温，进入墙式再热器进口集箱。经过墙式再热器管加热后，从出口集箱引出，再由连接管送至屏式再热器进口集箱，经屏式再热器管加热后进入末级对流再热器管。加热后的蒸汽进入布置在炉顶的出口集箱，再经连接管送至汽轮机的中压缸继续做功。

（三）燃烧系统

1. 燃烧设备

1025 t/h 控制循环锅炉的燃烧器是美国 CE 公司的宽调节比摆动式直流燃烧器（WR 燃烧器）由风箱、风口油枪点火器、火焰控测器和摆动机构等组成，如图 1-20 所示。

四组如图 1-20 所示的燃烧器分别布置在炉膛的四个边角上，成典型的正四角切圆燃烧方式布置，燃烧器总高度为 8690mm，燃烧器中心线与炉膛对角线的夹角为 6°。

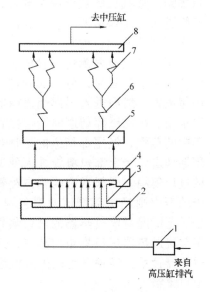

图 1-19　1025t/h 控制循环锅炉的再热蒸汽系统

1—喷水减温器；2—墙式再热器进口集箱；3—墙式再热器管；4—墙式再热器出口集箱；5—屏式再热器进口集箱；6—屏式再热器；7—末级对流再热器管；8—末级对流再热器出口集箱

每台锅炉配有5台RP型碗式中速磨煤机，每台磨煤机各有4根气粉引出管，分别送至四组燃烧器同一层的煤粉喷嘴。每组燃烧器沿高度方向有A、B、C、D、E 5个煤粉喷嘴。供应燃烧用的二次风的风口共6层，与5个一次风煤粉喷嘴均呈均等配风方式的间隔布置，顶部独立布置有二次风口，是为降低烟气中NO_x的含量而设的。每组燃烧器风箱中，还装有油枪、火焰检测器和高能电弧点火器。火焰检测器按其功能又分为油检火焰检测器（共3只）和燃烧火球检测器（共4只）。油检火焰检测器与油枪、高能点火器布置在同一层风室中，共分3层，即布置在AB、BC与DE层的煤粉喷嘴之间，4只燃烧火球检测器则布置在AB、BC和DE之间的风室中，见表1-18。

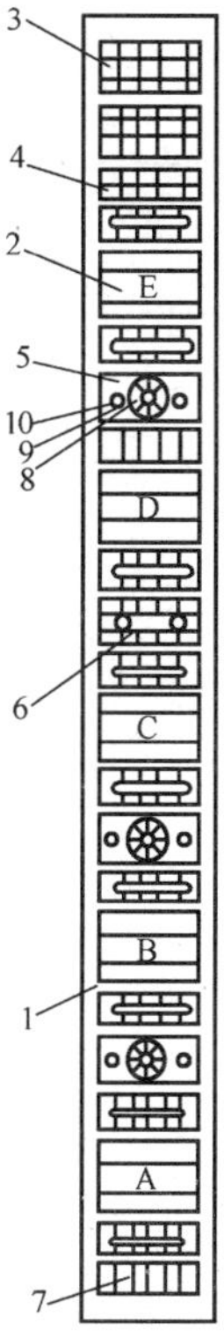

2. 暖炉油系统

1025 t/h控制循环锅炉配置3层共12支暖炉油枪，用于启动暖炉、点燃主燃料以及低负荷时助燃和稳定燃烧用。暖炉油系统由油枪、重油加热器、油枪跳闸阀以及重油雾化蒸汽管路和若干截止阀、调节阀组成，其系统主要流程如图1-21所示。

（四）烟风系统

1. 空气系统

空气流程包括二次风系统、一次风系统、密封风系统及扫描冷却风系统。

1025 t/h控制循环锅炉共配有2台轴流式送风机、2台离心式一次风机、2台轴流式引风机、2台磨煤机密封风机和2台扫描风机。2台轴流式送风机出来的冷风送入三分仓式回转空气预热器的二次风仓区，预热后的热风作为二次风，分左右两侧引至燃烧器前的大风箱。经风箱分配到炉膛四角的燃烧器，进入炉膛供给炉内燃料燃烧用。

一次风则由一次风机从大气中吸入，经过电动控制及手工操作控制的两道关闭挡板进入三分仓回转空气预热器的一次风仓，被加热后的一次风送至磨煤机，作为干燥煤粉和输送煤粉之用。

来自冷一次风道的密封风，进入密封

图1-20 摆动式直流燃烧器组合
1—燃烧器本体；2—一次风口；3—顶部二次风口；4—上部二次风口；5—燃油风口；6—中部二次风口；7—下部二次风口；8—伸缩油枪；9—火焰检测器；10—高能点火器

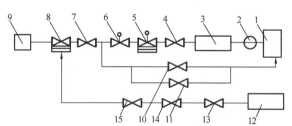

图1-21 1025t/h控制循环锅炉的暖炉油系统主要流程
1—油库；2—油泵；3—重油加热器；4—主油管手动截止阀；5—主油管跳闸阀；6—主油管调节阀；7—油枪重油手动截止阀；8—油枪跳闸阀；9—重油油枪；10—重油再循环阀；11—重油再循环旁通阀；12—雾化蒸汽来源；13—雾化蒸汽手动截止阀；14—重油雾化蒸汽手动截止阀；15—雾化蒸汽止回阀

风机增压后，连续地送至磨煤机的轴向密封、给煤机和一次风系统的上挡板以及送至为保持轴承清洁和其他需要密封的有关设备。

表 1-18　　　　　　　　　　　　燃烧器各层布置情况

层	辅助风	燃料风（周界风）	煤粉喷嘴	油枪	油检火焰检测器	燃烧火球检测器	燃尽风
顶二次风口							✓
上二次风口	✓						
E		✓	✓				
上油风口	✓			✓	✓	✓	
D		✓	✓				
中二次风口	✓						
C		✓	✓				
中油风口	✓			✓	✓	✓	
B		✓	✓				
下油风口	✓			✓	✓	✓	
A		✓	✓				
下二次风口	✓						

扫描风是为了冷却火焰扫描器，扫描风吸自冷二次风或大气，经过关闭挡板进入过滤器，将空气净化，再由扫描增压风机增压后将风送至炉膛四角燃烧器中的火焰扫描器内进行冷却。

2. 烟气系统

炉膛内燃料燃烧后生成的烟气，经过分隔屏过热器、后屏过热器及屏式再热器后，即转入对流烟道，最后进入空气预热器。至此，烟气中的热量已被充分利用，低温烟气再经电除尘器和引风机由烟囱排至大气。

（五）制粉系统

1025t/h 控制循环锅炉的制粉系统采用 CE 公司技术生产的 RP 型中速碗形磨煤机带冷一次风机的正压直吹式制粉系统，如图 1-22 所示。

带冷一次风机的正压直吹式制粉系统的工作流程如图 1-22 所示，具有一定粒度的原煤由原煤仓经煤秤后，由给煤机送进中速磨煤机碾磨，同时由冷一次风机送至三分仓回转式空气预热器后经预热的热风，由一次风热风管道送进中速磨煤机、烘干原煤并携带碾磨过的煤粉到煤粉分离器中进行分离。细度合适的煤粉随干燥气流（一次风）直接经燃烧器一次风口送入锅炉炉膛燃烧，粗煤粉则再返回磨煤机重复碾磨。由于一次风机装在磨煤机之前，所以磨煤机处在一次风机造成

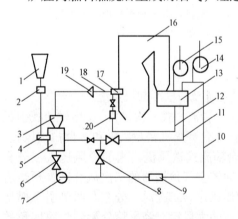

图 1-22　1025t/h 控制循环锅炉的制粉系统
1—原煤仓；2—煤秤；3—煤粉分离器；4—给煤机；5—中速磨煤机；6—磨煤机密封风门；7—密封风机；8—冷风门；9—过滤器；10—一次风冷风管道；11—一次风热风管道；12—二次风热风管道；13—三分仓回转式空气预热器；14——次风机；15—送风机（二次风机）；16—锅炉本体；17—燃烧器；18—煤粉管道；19—煤粉分配器；20—二次风

的正压状态下工作，一次风机输送的是比较洁净的空气，风机叶片不会受煤粉的不断磨损，同时不存在磨煤机漏入冷风的可能，故这种系统的磨煤干燥出力较高，系统运行经济性较好。但由于磨煤机处于正压状态，往往会从磨煤机的不严密处向外冒粉，污染周围环境，因此这种正压制粉系统要采用加装风机、磨煤机的密封措施。该炉密封风机的风源来自一次风机出来的冷空气。

（六）吹灰系统

针对该锅炉燃料灰分较多且易黏结的特点，在锅炉炉膛内装设了 80 只水冷壁吹灰器，吹灰器进退行程为 300mm，可转动 360°。在水平及垂直对流烟道内，装设了 28 只吹灰器，其行程为 7m，可转动 360°。空气预热器出口则装有 1 只伸缩式吹灰器。吹灰器所用工质是从分隔屏出口引出的温度为 460℃，再减压到 1.765MPa 的蒸汽，整个吹灰系统都用程序控制。

（七）启动旁路系统

1025t/h 控制循环锅炉采用 CE 公司推荐的 5% 的启动旁路系统，其目的在于锅炉启动时，作为控制过热蒸汽温度及压力的手段，以缩短启动时间，提高运行的灵活性。这个旁路系统是在锅炉尾部烟道包覆管过热器的下集箱至汽轮机冷凝器之间装设一疏水管道作为蒸汽的旁路，其流量为 5%MCR，温度为 4.119MPa 压力下的饱和温度。

锅炉启动时，因为汽轮机还未冲转，所以锅炉再热器中没有蒸汽通过，再热器的管壁温度接近于该处的烟气温度。为保证再热器的安全，CE 公司规定该炉炉膛出口烟温应低于538℃，并用炉膛内的烟气温度探针来监测。在此条件限制下，通过改变炉膛燃烧率来控制过热蒸汽温度，增加燃烧率，过热汽温提高，以便及早达到对汽轮机冲转的要求。对冲转汽轮机的蒸汽，除要求有一定的过热度外，还有压力的限制，因此采用 5% 旁路阀门的开度来控制过热蒸汽的压力，待汽轮机并网后，关闭疏水管道上的疏水阀。

（八）控制和保护系统

该机组采用的是锅炉—汽轮机协调控制系统（CCS）。虽然锅炉和汽轮机本身有各自的自动调节系统，但在协调控制时应使两个系统作为一个整体控制对象，使机组能更好地适应外界的变化，且把它们的主要参数控制在允许范围内。该机组采用的是汽轮机功率调节与以新蒸汽流量为前馈信号的锅炉跟踪协调控制系统。

锅炉的控制系统可以实现对以下项目的控制：机组负荷，燃料，磨煤机出口风温与风量，一次风量，总风量，一、二次风温，风煤比最大偏差限制，二次风挡板开度，炉膛压力，给水和空气预热器出口风温等。从而保证锅炉运行的安全和经济。

为了正确执行某些与燃烧安全有关的操作和防止燃烧方面的危险事故，该锅炉配置了一套炉膛安全监控系统（FSSS），它能在锅炉正常工作和启、停等各种运行方式下，连续、密切地检测燃烧系统的大量参数和状态，不断地进行逻辑判断和运算，必要时发出动作指令。通过这种连锁装置，使燃烧设备中的有关部件严格按照既定的合理程序完成必要的操作或处理未遂性事故，实际上它是把燃烧系统的安全运行用一套逻辑控制系统来实现。CE 公司对此系统已有较成熟的经验，因而在这台锅炉上取消了国产锅炉上普遍设立的防爆门。

FSSS 系统具有下列保安控制功能：

（1）炉膛吹扫；

（2）锅炉的自动点火；

（3）暖炉油枪的投入和切除控制；

（4）制粉系统的投入和切除控制；

（5）火球检测与单只油枪的火焰控制；

（6）在事故情况下的燃烧跳闸保护。

第五节　亚临界参数直流锅炉

直流锅炉的给水靠给水泵压头在受热面中一次通过，产生蒸汽。

直流锅炉的特点是没有汽包，整台锅炉由许多管子并联，然后用集箱串联连接而成。在给水泵压头的作用下，工质顺序一次通过加热、蒸发和过热受热面，进口工质为水，出口工质是过热蒸汽。由于工质的运动是靠给水泵的压头来推动的，所以在直流锅炉中，一切受热面中工质都是强制流动的。

直流锅炉由于取消了汽包，其工作过程有如下特点：

（1）由于没有汽包进行汽水分离，也就是蒸发受热面和过热器没有中间分隔容器隔开，因此水的加热、蒸发和过热的受热面没有固定的分界；过热汽温往往也随着负荷的变动而波动较大。

（2）由于没有汽包，直流锅炉的水容积及其相应的蓄热能力大为降低，一般约为同参数汽包锅炉的 50% 以下，因此对锅炉负荷变化比较敏感，锅炉工作压力变化速度也比较快。若燃料、给水等供应比例失调，就不能保证产生合乎要求的蒸汽，这就要求直流锅炉有更灵敏的调节手段。

（3）在直流锅炉中，蒸发受热面不构成循环，无汽水分离问题，因此当工作压力增高，汽水密度差减小时，对蒸发系统工质的流动并无影响，所以在超临界压力以上时，直流锅炉仍能可靠地工作。

（4）由于没有汽包，直流锅炉一般不能连续排污，给水带入锅炉的盐类，除了蒸汽带出的一部分外，其余都将沉积在受热面管子中，因此直流锅炉对给水品质的要求很高。

（5）由于没有汽包，热水段、蒸发段和过热段没有固定的分界，同时因为汽、水比体积不同，在直流锅炉蒸发受热面中会出现一些流动不稳定、脉动等问题，直接影响锅炉的安全运行。

（6）在直流锅炉的蒸发受热面中，水从开始沸腾一直到完全蒸发，都是在高压、高含汽率的条件下进行的，锅炉蒸发受热面管内的换热就可能处于膜态沸腾状态下，这时受热面的金属壁温度就会急剧升高，工作不安全，因此防止膜态沸腾，将是直流锅炉设计和运行中必须注意的问题。

（7）在直流锅炉中，蒸发受热面中的汽水流动不像自然循环锅炉那样靠工质压差自然循环，而是完全靠水泵压头推动汽水流动，故要消耗较多的水泵功率。一般汽包锅炉的汽水阻力为 1～2MPa，而直流锅炉则为 3～5MPa。

（8）启动时，自然循环锅炉中的蒸发受热面靠锅炉水的自然循环而得到冷却。在直流锅炉中，则要有专门的系统和启动分离器，以便在启动时有足够的水量通过蒸发受热面，以保护受热面管子不致被烧坏。

(9) 由于没有汽包，又不用或少用下降管，因而可节省钢材 20%～30%（与汽包锅炉相比）。同时直流锅炉的制造工艺比较简单，运输安装也比较方便。

(10) 由于没有厚壁的汽包，在启、停过程中，锅炉各部分的加热和冷却都容易达到均匀，所以启动和停炉的速度都比较快。冷炉点火后约 40～45min 就可供给额定压力和温度的蒸汽，而一般自然循环锅炉升火大约要 2～4h，停炉则需 18～24h。

(11) 由于直流锅炉的工质是强制流动的，因而蒸发受热面可以任意布置，不必受自然循环锅炉必须的上升、下降管直立布置的限制，因而容易满足炉膛结构的要求。

一、半塔式亚临界参数苏尔寿盘旋管直流锅炉

苏尔寿公司开发的直流锅炉有盘旋斜管圈和直管圈两种，而盘旋斜管圈与直管圈相比有许多优点。本节以我国从比利时引进的 924t/h 苏尔寿盘旋管燃煤半塔式布置直流锅炉为例进行介绍。

（一）锅炉的技术规范

锅炉的主要设计数据如下：

额定蒸发量	924 t/h
最大连续蒸发量（MCR）	948.3t/h
过热器出口压力	18.42MPa
过热器出口温度	543℃
再热器进口压力	4.34MPa
再热器进口温度	334.2℃
再热器出口压力	4.07MPa
再热器出口温度	543℃
再热器出口流量	836.4 t/h
给水温度	257℃
冷空气温度	27℃
空气预热器出口风温	304.7℃
排烟温度	129℃
锅炉燃料消耗量	162.0 7 t/h

锅炉设计燃料是平顶山 50%原煤和 50%选煤的混合煤，其成分分析如下：

碳 C_{ar} = 43.5%

氢 H_{ar} = 3.1%

氧 O_{ar} = 6.4%

氮 N_{ar} = 0.7%

硫 S_{ar} = 0.7%

灰 A_{ar} = 37.6%

水 M_{ar} = 8%（最大 12%）

挥发分 V_{daf} = 33 %

低位发热值 $Q_{ar,net}$ = 17088.8kJ/kg

（二）锅炉的主要热力特性

924t/h 苏尔寿盘旋管直流锅炉在不同负荷时的主要热力特性如表 1－19 所示。

表 1－19　　　　　924t/h 苏尔寿盘旋管直流锅炉在不同负荷时的主要热力特性

名　　　称	单　位	锅　炉　负　荷			
		MCR	100%	70%	40%
进炉煤	t/h	166.20	162.07	113.18	69.696
燃烧煤	t/h	162.54	158.50	110.12	67.10
过热蒸汽流量	t/h	948.3	923.8	619.63	356.33
Ⅰ级过热器入口温度	℃	417	417	403	374
Ⅰ级过热器出口温度	℃	493.9	494.8	499.2	494.3
Ⅱ级减温后过热汽温	℃	470.1	470.3	466.6	464.8
Ⅱ级过热器出口汽温	℃	543	543	543	543
Ⅰ级减温器喷水量	t/h	13.03	12.86	7.83	3.99
Ⅱ级减温器喷水量	t/h	36.52	36.25	26.13	10.72
Ⅱ级过热器出口蒸汽压力	MPa	18.42	18.39	14.21	8.33
给水阀到Ⅱ级过热器出口的压力降	MPa	4.68	4.42	2.58	1.48
省煤器入口水温	℃	258.6	257.0	235.9	207.3
省煤器出口水温	℃	316.4	315.0	298.1	287.4
Ⅰ级再热器入口蒸汽量	t/h	844.16	822.16	564.26	328.28
再热蒸汽喷水量	t/h	15.29	14.17	0.983	
Ⅱ级再热器入口蒸汽量	t/h	859.46	836.35	565.25	328.18
Ⅱ级再热器出口蒸汽量	t/h	859.46	836.35	565.23	328.18
高压缸排汽温度	℃	334.2	334.2	330	334
Ⅰ级再热器出口汽温	℃	469	468.8	461.8	469.5
Ⅱ级再热器入口汽温	℃	449	450.1	459.8	469.5
Ⅱ级再热器出口汽温	℃	543	543	543	540.7
再热器入口汽压	MPa	4.34	4.23	2.92	1.70
再热器出口汽压	MPa	4.07	3.98	2.75	1.59
过量空气系数		1.25	1.25	1.32	1.60
标准状态下空气量/煤量	m^3/kg	5.724	5.724	6.045	7.327
标准状态下空气预热器入口空气流量	m^3/s	251.952	243.166	178.164	134.713
标准状态下空气预热器出口空气流量	m^3/s	240.373	231.874	162.751	120.200
标准状态下空气预热器入口空气温度	℃	27	27	41.5	50
标准状态下空气预热器出口空气温度	℃	305.3	304.7	285.0	262.6
标准状态下空气预热器入口烟气量/煤量	m^3/kg	6.042	6.042	6.363	7.645
标准状态下空气预热器入口烟气流量	m^3/s	272.82	266.04	124.67	142.52
标准状态下空气预热量入口空气泄漏量	m^3/s	11.58	11.29	15.41	14.51
标准状态空气预热器出口处烟气量/煤量	m^3/kg	6.299	6.299	6.869	8.424
标准状态下空气预热器出口烟气量	m^3/s	284.41	277.33	210.00	157.03
空气预热器入口烟气中 CO_2	%	14.81	14.81	14.01	11.52

名　　　称	单　位	锅　炉　负　荷			
		MCR	100%	70%	40%
空气预热器出口烟气中 CO_2	%	14.16	14.16	12.91	10.40
炉膛出口温度	℃	1146.6	1140.0	1040.3	900
Ⅰ级过热器出口烟温	℃	959.7	952.9	858.5	743.9
Ⅱ级过热器出口烟温	℃	817.9	811.9	733.4	650.9
再热器出口烟温	℃	522.5	519.3	473.8	455.7
省煤器出口烟温	℃	350.1	347.4	313.8	284.5
空气预热器出口烟温	℃	129	129	125.8	121.2
炉膛出口烟气热量	kW	498361	482733	316129	192829
Ⅰ级过热器出口烟气热量	kW	406430	393166	254253	133969
Ⅱ级过热器出口烟气热量	kW	339308	328151	213070	134166
再热器出口烟气热量	kW	205574	199118	132666	90195
省煤量出口烟气热量	kW	131215	126835	82325	53065
空气预热器出口烟气热量	kW	41706	40732	29616	20807
排烟热损失	%	5.27	5.27	5.4	6.16
未完全燃烧热损失	%	2.20	2.20	2.68	3.64
辐射及其他热损失	%	0.95	0.95	1.05	1.45
总热损失	%	8.42	8.42	9.19	11.25
以低发热值计算的锅炉热效率	%	91.58	91.58	90.81	88.75
燃煤输入的总热量	kW	774722	755454	524954	319857
空气带入炉内的热量	kW	89507	86102.3	56092	37734.4
进入炉子的总热量	kW	864229	841556.3	581046	357591.4
炉膛体积释放热量	kW/m^3	153.995	149.954	103.535	63.718
以有效辐射面为基础的热释放率	kW/m^2	447.78	436.033	301.055	185.278

注　表中 MCR 为预期达到的最大连续蒸发量，等于锅炉额定蒸发量的 103%。

(三) 锅炉总体及系统

1. 锅炉总体概况

锅炉采用半塔式布置，其总体布置如图 1-23 所示。烟道在炉膛上方，炉顶大板梁标高为 79m，前后墙百叶窗底高 79.067m，两侧墙百叶窗底高 78.572m。炉膛横截面为 13.084m 的正方形，在炉膛内布置了 $\phi51 \times 5mm$ 的盘旋管（或称螺旋管）水冷壁。

炉膛四角布置了直流燃烧器，每角燃烧器高 13m，由 7 组喷嘴组成，其中有 5 个煤粉喷嘴和 2 个油喷嘴。油喷嘴只在启动或低负荷时使用，正常运行时不投入。

炉膛出口上方紧接垂直烟道，烟道四壁布置了 $\phi38 \times 5mm$ 的垂直管屏型水冷壁，垂直烟道内，自下而上依次布置了第Ⅰ级过热器、第Ⅱ级过热器、第Ⅱ级再热器、第Ⅰ级再热器、第Ⅱ级省煤器和第Ⅰ级省煤器，这些对流受热面均由 280 根炉内悬吊管支吊。

回转式空气预热器、除尘器和引风机都布置在锅炉尾部垂直下行烟道的下方，烟气从

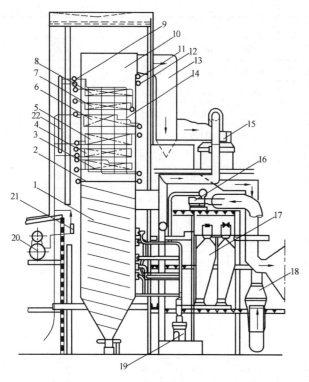

图 1-23 924t/h 苏尔寿盘旋管直流锅炉的总体布置

1—盘旋管水冷壁；2—盘旋管水冷壁出口集箱；3—Ⅰ级过热器；4—Ⅱ级过热器；5—Ⅱ级再热器；6—Ⅰ级再热器；7—Ⅱ级省煤器；8—Ⅰ级省煤器；9—炉内悬吊管出口集箱；10—炉顶烟罩；11—炉外悬吊管进口集箱；12—垂直水冷壁出口集箱；13—垂直下行空烟道；14—悬吊管；15—回转式空气预热器；16—一次风机；17—原煤斗；18—送风机；19—磨煤机；20—除氧器给水箱；21—Ⅱ型热交换器；22—汽水分离器

炉膛出口一路向上流动，直至到第一级省煤器后立即向炉后转弯。从垂直下行空烟道往下行进，流向布置在下部的回转式空气预热器、除尘器及引风机，最后由烟囱排入大气。

锅炉采用敷管炉墙，用矿渣棉作保温材料。锅炉本体采用全悬吊结构，除回转式空气预热器外，全部重量均悬吊在大板梁上，整个受热面均向下自由膨胀。回转式空气预热器则由单独的钢架支撑。

半塔式布置锅炉保留了塔式布置锅炉的优点，即烟气自下而上流过过热器、再热器和省煤器等对流受热面，从而减轻了飞灰对受热面的磨损。

锅炉燃用的河南平顶山混合煤，其含灰量较高（$A_{ar} = 37.6\%$），生产厂家对煤灰进行了显微分析，发现灰中含有坚硬的石英类细粒，极易磨损受热面管子，为减小磨损，故采用半塔式布置。虽然一般锅炉的省煤器，在易磨损部位（迎烟气流动方向的管子弯头处）都装有防磨装置，但这台半塔式苏尔寿盘旋管直流锅炉的省煤器管子上却没有装防磨装置，原因就在于半塔式布置可以使对流管子磨损大大减轻。

据比利时生产厂家介绍，根据苏尔寿公司测定及实际经验证明，上升烟气流中的灰粒在重力作用下，灰粒速度要比烟气速度低 1m/s 左右，现代锅炉省煤器处的平均烟气速度约为 7.25m/s，故半塔式布置锅炉省煤器处的上升烟气流中的灰粒速度只有 6.25m/s，含灰烟气流对对流管壁的磨损有如下关系，即

$$g = k\rho v^{3.5} \tag{1-4}$$

式中　g——含灰烟气流对管壁的磨损量；

　　　k——常数；

　　　ρ——烟气中含灰密度；

　　　v——烟气流中灰粒的速度。

由此可得，半塔式（或塔式）锅炉上升烟气流对省煤器管子的磨损量 g_1 与一般 Ⅱ 型锅炉下降烟气流对省煤器管子磨损量 g_2 之比为

$$\frac{g_1}{g_2} = \frac{v_1^{3.5}}{v_2^{3.5}} = \frac{(6.25^{3.5})}{(7.25^{3.5})} = 0.6 \qquad (1-5)$$

可见半塔式（或塔式）锅炉中省煤器管子的磨损量比一般Ⅱ型锅炉减少了40%，这是一个很可观的数值。而且在计算中还忽略了在Ⅱ型锅炉下行烟气流中灰粒的加速度和烟气含灰密度变化的影响，故上述计算还是比较保守的。

2. 锅炉的汽水系统

（1）主汽水系统。锅炉的主汽水系统见图1-24。水经给水泵通过高压加热器、Ⅱ型热交换器后送至Ⅰ级省煤器，到Ⅱ级省煤器，再送入Ⅱ形的盘旋管水冷壁进口集箱。进入分为两个管带的80根盘旋管，然后进入中间集箱。再进入垂直管屏水冷壁，集中进入启动分离器。由启动分离器引至炉外后侧16根悬吊管，进入炉内280根悬吊管，然后进入炉外前侧16根悬吊管。通过Ⅰ级喷水减温后进入Ⅰ级过热器进口集箱，经过Ⅰ级过热器管加热后至出口集箱。再经过Ⅱ级喷水减温后进入Ⅱ级过热器进口集箱，经过Ⅱ级过热器管加热后至出口集箱。这样，符合额定汽温要求的过热蒸汽便送至汽轮机高压缸做功。

（2）再热蒸汽系统。再热蒸汽流程如图1-25所示。

过热蒸汽在汽轮机高压缸做功后的排汽，分成两路，一路送至电厂自用汽系统；另一路是主要的，送至Ⅰ级再热器，经喷水减温后送至Ⅱ级再热器，再集中送至汽轮机中压缸、低压缸继续做功。

该锅炉汽水系统中装有炉内、炉外悬吊管。除空气预热器外，其余的受热面均为悬吊结构。炉内悬吊管的作用在于悬吊全部对流受热面，而各种受热面的集箱则由炉外悬吊管来支吊。

悬吊管进口集箱位于锅炉后墙顶部，

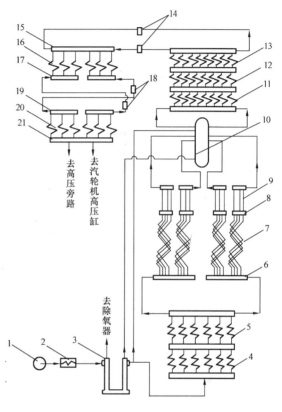

图1-24　924t/h半塔式苏尔寿
盘旋管直流锅炉的主汽水系统

1—给水泵；2—高压加热器；3—Ⅱ型热交换器；4—Ⅰ级省煤器；5—Ⅱ级省煤器；6—盘旋管水冷壁进口集箱；7—盘旋管水冷壁；8—中间集箱；9—垂直管屏水冷壁；10—汽水分离器；11—炉外后侧悬吊管；12—炉内悬吊管；13—炉外前侧悬吊管；14—Ⅰ级喷水减温；15—Ⅰ级过热器进口集箱；16—Ⅰ级过热器；17—Ⅰ级过热器出口集箱；18—Ⅱ级喷水减温；19—Ⅱ级过热器进口集箱；20—Ⅱ级过热器；21—Ⅱ级过热器出口集箱

由此引出16根$\phi88.9 \times 7.1$mm的炉外悬吊管，蒸汽自上而下流进位于Ⅰ级过热器下部的悬吊管下集箱，再分成4排共280根管子进入炉内，形成炉内悬吊管。蒸汽自下而上地汇集到位于炉前墙外侧的上集箱，由此再引出16根炉外前侧悬吊管。

3. 锅炉的燃烧及制粉系统

锅炉采用带中速磨煤机、冷一次风机的直吹式制粉系统，见图1-26。

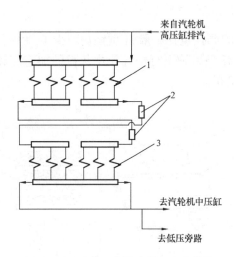

图 1-25　924t/h半塔式苏尔寿盘旋管
直流锅炉的再热蒸汽流程

1—Ⅰ级再热器; 2—喷水减温; 3—Ⅱ级再热器

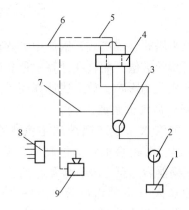

图 1-26　半塔式苏尔寿盘旋管
直流锅炉制粉系统

1—暖风器; 2—送风机; 3———次风机;
4—空气预热器; 5———次风道; 6—二次
风道; 7—冷风道; 8—煤粉分离器;
9—磨煤机

一次风机位于双流道风罩转动回转式空气预热器的前面,因此通过一次风机的是低温空气,且其中不含煤粉,这可使风机在高效条件下工作,节省气力输送的单位电耗,风机叶轮、机壳等部件不易磨损,因此风机使用寿命较长,运行安全可靠,并可节省维修费用。但因磨煤机处于正压工作,为防止煤粉泄漏,每台磨煤机配有一台密封风机。

因为此炉设计煤种是平顶山混合煤,其挥发分 V_{ar} = 33%,属于烟煤,其所用煤粉燃烧器为典型的烟煤燃烧器,即一、二次风口间隔排列的直流燃烧器。该炉有四组直流燃烧器布置在炉膛四角,形成四角切圆燃烧方式。每组燃烧器总高度为13m,有五层一次风煤粉喷口,四层运行,一层备用。每层一次风配有三个二次风喷口,即在一次风喷口上下均有二次风喷口,另有一个中间二次风喷口,能将空气导至一次风喷口周围,形成二次周界风。用二次周界风冷却一次风喷口,以免一次风喷口高温烧坏。由此可见,两个二次风喷口和周界二次风与一次风喷口形成一个小单元,其高度为1.91m,每个小单元间距为0.5m。

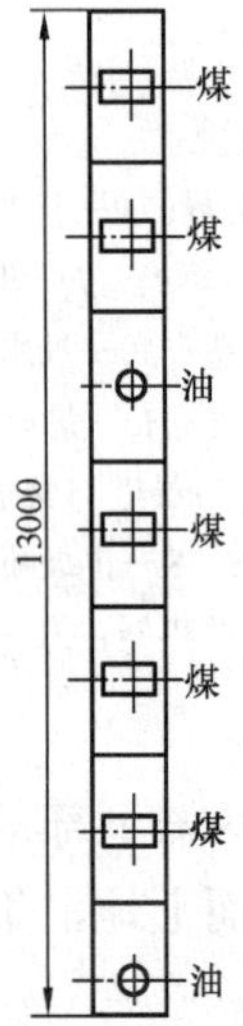

除了五个单元的煤粉燃烧器外,还有两层油燃烧器,布置在第二单元和第五单元煤粉燃烧器的下面,如图1-27所示。

一次风喷口宽度为600mm,采用的一次风速为22m/s,二次风速为45m/s。一次风速比国内设计常用的30m/s低一些。

4. 锅炉的烟风系统

锅炉烟风系统中的主要设备有:

(1) 两台动叶可调 API-20/12 型轴流式送风机,采用立式布置,以节省占地面积。

(2) 每台送风机入口装有一台椭圆形鳍片管蒸汽加热器,也称暖风器。用椭圆形管可以减少空气侧阻力损失,加热工质是蒸汽,可将冷风温度由0℃加热到27℃。在30%负荷燃油时,可将冷风温度加热到90℃。装此暖风

图 1-27　燃烧
器结构

器可以防止锅炉尾部受热面发生低温腐蚀。

（3）两台离心式一次风机。

（4）两台轴流式固定叶片引风机，水平布置，进口的导叶片可调。

（5）两台静电除尘器，理论上除尘效率可高达99.725%。

（6）两台原西德生产的ϕ8500双流道风罩转动回转式空气预热器。

这台锅炉的风系统流程如图1-28所示。

冷风先通过暖风器，加热后的空气进入送风机，此后分成两路，一路进入空气预热器的二次风道，作为二次风送至锅炉燃烧器。另一路送至一次风机，加压后的空气又分成两路，一路送入空气预热器的一次风道，再送至磨煤机；另一路则送至磨煤机的进风道（即调节风道），再与前一路空气汇合，一起送入磨煤机，作为一次风输送煤粉至锅炉的燃烧器。

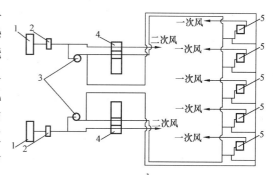

图1-28 半塔式苏尔寿盘旋管
直流锅炉风系统
1—暖风器；2—送风机；3——次风机；
4—空气预热器；5—磨煤机

锅炉的烟气流程可参看图1-23，烟气从省煤器上方的炉顶烟罩排出，通过垂直下行空烟道后分成两路，一路通过双流道风罩转动回转式空气预热器外层静子受热面，另一路通过空气预热器内层静子受热面，然后汇集到一起，送入静电除尘器，最后由引风机送至烟囱排入大气。

5. 吹灰系统

锅炉的吹灰系统包括每侧墙各装有的9个伸缩式吹灰器和9个小行程的多嘴式吹灰器（两侧墙总共36个吹灰器）。此外，在Ⅰ级过热器和Ⅱ级过热器之间，以及Ⅰ级再热器和Ⅱ级再热器之间，安装有18个可伸缩式长吹灰器（也称枪式吹灰器），其布置方式是每侧墙各3层，每层有3个吹灰器，均布置在悬吊管的管排之间；在两级再热器之间及两级省煤器之间，布置有18个多嘴式吹灰器，布置方式也是每侧墙分3层布置，每层有3个吹灰器，均布置在悬吊管管排之间。所有吹灰器都是程序控制的，可以自动操作，也可以手动操作。

6. 调温系统

（1）过热蒸汽调温。过热蒸汽采用两级喷水减温。喷水点分别设在悬吊管出口到Ⅰ级过热器进口集箱之间的连接管道，以及Ⅰ、Ⅱ级过热器之间的连接管道上，而不像一般锅炉的喷水减温器装在过热器系统中，相当于一个中间集箱。喷水减温器装在中间集箱中，其缺点是运行中当减温器内的衬套管损坏时检修不方便。过去认为在减温器集箱中装有衬套，就不至于因喷水直接溅到厚集箱壁上，避免集箱因受热不均、产生过大的热应力而损坏。但运行实践表明，实际上衬套管也易损坏，所以该炉采用了将喷水减温点设在连接管道上，以便于检修。

（2）再热蒸汽调温。再热蒸汽也采用喷水减温。再热蒸汽一般不采用喷水减温作为主要调温方式，只将它作为调温的辅助手段。因为在再热蒸汽中采用喷水减温，就意味着增加汽轮机中、低压缸的发电份额，会导致整个发电机组的热效率降低，影响电厂的经济性。据计算，再热蒸汽中每喷入1%的水，汽轮机的汽耗就要增加0.2%，所以再热机组中一般用烟气侧调温方法作为调节再热汽温的主要手段，喷水仅作为事故或微调时使用。而该炉则在Ⅰ、Ⅱ级再热器之间的连接管道上设有喷水减温点，用喷水减温作为调节再热汽温的主要手段。主要原因是该机组采用滑压运行方式，喷水量不大，对机组效率的影响也不大。特别是本炉运行在70%额定负荷以下时不需喷水，只在70%额定负荷以上时才用喷水减温，以保持出口汽温为额定值，而在70%额定负荷以下则不保持额定汽温，所以在滑压运行机组中，再热蒸汽采用喷水减温被认为是最简单，而又经济可靠的方法。

7. 启动旁路系统

直流锅炉启动旁路系统的主要作用有：

（1）建立启动压力和启动流量，保证给水连续地通过省煤器和水冷壁，尤其是保证水冷壁的足够冷却和水动力的稳定性。

（2）回收锅炉启动初期排出的热水、汽水混合物、饱和蒸汽以及过热度不足的过热蒸汽，以实现工质和热量的回收。

（3）在机组启动过程中，实现锅炉各受热面之间和锅炉与汽轮机之间工质状态的配合。单元机组启动过程初期，汽轮机处于冷态，为了防止温度不高的蒸汽进入汽轮机后凝结成水滴，造成叶片的水击，启动系统应起到固定蒸发受热面终点，实现汽水分离的作用，从而使给水量调节、汽温调节和燃烧量调节相对独立，互不干扰。

（4）根据实际需要，启动系统还可设置保护再热器的汽轮机旁路系统。但近年来为了简化启动系统，实现系统的快速、经济启动，并简化启动操作，有的启动系统不再设置保护再热器的旁路系统，而是通过控制再热器的进口烟温和提高再热器的金属材料的档次，保证再热器的安全运行。

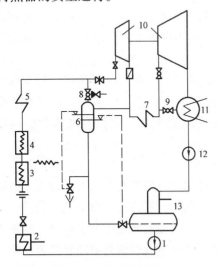

图1-29 启动分离器装在锅炉
出口的启动旁路系统

1—给水泵；2—高压加热器；3—省煤器；4—蒸发受热面；5—过热器；6—启动分离器；7—再热器；8—Ⅰ级旁路；9—Ⅱ级旁路；10—汽轮机；11—凝汽器；12—凝结水泵；13—除氧器

随着各种类型直流锅炉的发展，以及所用机组在电网中带负荷的情况，直流锅炉的启动旁路系统有很多型式，目前国内外直流锅炉机组按照启动分离器在机组的汽水流程中所处的位置来分主要有以下几种型式：

（1）启动分离器装在锅炉出口的系统。启动分离器装在过热器之后，即锅炉出口处，如图1-29所示。启动分离器起扩容作用，并作为减温减压器使用。启动时，从省煤器直至过热器出口都通有启动流量，即在启动一开始过热器内是充满水的，因而也称为过热器充水的启动系统。用启动分离器的进口调节阀（或称"分调"）调节锅炉内压力达到启动压力，以维持蒸发受热面内工质流动的稳定性。蒸发受热面内产生蒸汽后，将过热器内的水及不合格的工质经启动分离器排出，待过热器出口的蒸汽温度达到其相应压力下50℃的过热度时，送入汽轮机暖机。这种系统的优点是在启动过程中过热器可得到充分冷却，但启动分离器前的水容积包括整个锅炉受热面，启动热损失很大，因而较适用于带基本负荷的锅炉。

（2）启动分离器装在蒸发区段与过热区段之间的启动旁路系统。启动分离器接在炉膛水冷壁与过热器之间，如图1-30所示。在启动开始及启动过程中均能避免过热器充水而处于干状态，所以也称为干过热器启动系统。

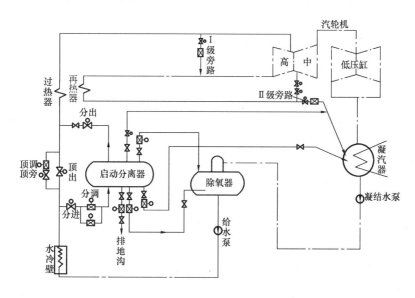

图1-30　启动分离器装在蒸发区段与过热区段之间的启动旁路系统

当锅炉启、停时，工质由炉顶过热器进入启动分离器；分离出来的蒸汽再引入低温对流过热器。然后根据需要和可能将部分蒸汽引至除氧器或凝汽器，并视水质情况将水排至除氧器、凝汽器、回水箱或地沟，这样可回收启动过程中的大部分工质和热量。Ⅰ级旁路使蒸汽旁路汽轮机高压缸直接进入再热器；Ⅱ级旁路使再热器出来的蒸汽由中、低压缸直接进入凝汽器。这样，通过两级旁路回收启动过程中的工质和热量，并保护再热器。

水冷壁内的启动压力由"分调"控制。启动开始时依靠"顶出"和"顶调"将水冷壁和过热器隔开，使水冷壁保持在启动压力而过热器处于低压下。锅炉点火后不久，启动分离器内产生的低压蒸汽送入过热器，逐渐加热到必要的过热度，然后送入汽轮机暖机。该系统很适宜于滑压启动，可缩短启动时间，减少启动损失，适用于启动较频繁的锅炉。

（3）启动分离器装在过热区段中间的启动旁路系统。该系统如图1-31所示。启动分离器装在蒸发与过热区段之间虽可减少启动热损失，但当过热器内工质由分离器切换至由水冷壁出口工质供应时，分离器供给蒸汽的焓值与水冷壁出口工质焓值不易相等，即从启动旁路系统逐步向正常纯直流运行切换时，过热汽温难以控制，容易发生温度下降。致使汽轮机部件内产生很大的热应力。为此将启动分离器设置在低温过热器与高温过热器之间。机组启动时，工质经水冷壁和包覆管后，可通过节流管束和旁路阀进入启动分离器，也可以在低温过热器后进入启动分离器，在分离器中进行汽水分离。汽可送往高温过热器和汽轮机，也可送往高压加热器、凝汽器，还可送往再热器；水可送往除氧器、凝汽器和地沟。使得一级过热器出口的工质焓值与启动分离器的蒸汽焓值相等，避免了汽温的下跌。

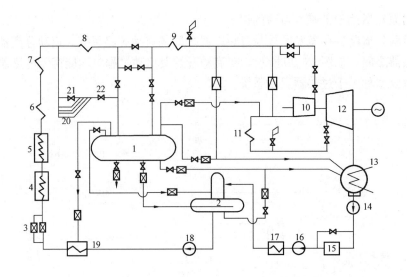

图 1-31 启动分离器装在过热区段中间的启动旁路系统

1—启动分离器；2—除氧器；3—给水操作台；4—省煤器；5—水冷壁；6—顶棚
过热器；7—包覆管；8—低温过热器；9—高温过热器；10—汽轮机高压缸；11—
再热器；12—汽轮机中、低压缸；13—凝汽器；14—凝结水泵；15—除盐设备；
16—凝结水升压泵；17—低压加热器；18—给水泵；19—高压加热器；20—节流
管束；21—节流管束旁路阀；22—启动节流阀

　　半塔式苏尔寿盘旋管直流锅炉启动旁路系统由汽水分离器及其汽侧和水侧的所有连接管道、阀门和汽轮机的Ⅰ级、Ⅱ级旁路（包括减温减压装置）组成。该锅炉的汽水分离器垂直布置在靠近炉前的上方，位于水冷壁与低温过热器之间。

　　汽水分离器上部有四根工质引进管，来自锅炉垂直管屏的四只出口集箱，在锅炉启动或低于40%额定负荷时，汽水混合物切向进入汽水分离器，因发生剧烈旋转而造成汽水分离。蒸汽由分离器顶部引出，由两根管道送往悬吊管进口集箱的两端。蒸汽经炉内外悬吊管后进入Ⅰ级过热器。分离器底部有一根管道将分离器中的饱和水引出，送进炉前的Ⅱ型热交换器（或称炉前加热器）。该Ⅱ型热交换器是一种表面式热交换器，它由外壳和Ｔ型部件组成。外壳每端均用厚管板封闭，由装在内壳中且焊在管板上的管子（共482根）组成的管束，是从汽水分离器到除氧器水箱水的一次回路，管束外侧是从高压加热器到省煤器的水的二次回路。在Ⅱ型热交换器中，利用高压给水冷却汽水分离器送来的饱和水，使饱和水温降到接近除氧器水箱中的水温，以免给水箱中的水发生汽化。Ⅱ型热交换器如图1-32所示。

　　由于汽水分离器只在锅炉启动或负荷低于40%时才有高温饱和水进入Ⅱ型热交换器，而在40%负荷以上时，汽水分离器中无水，所以Ⅱ型热交换器又称启动热交换器。

　　汽水分离器的上部，还有一根来自省煤器入口集箱的管道，用于保持汽水分离器的水位，同时可在停炉后实现自然循环，冷却省煤器和水冷壁。

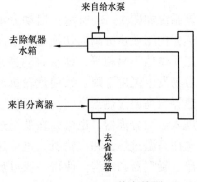

图 1-32　Ⅱ型热交换器

启动时程完成后，汽轮机带上负荷，锅炉在 30％额定负荷以上运行，锅炉则按纯直流运行，此时进入汽水分离器的已不再是汽水混合物，而是微过热的蒸汽，已无需分离，进汽可全部进入悬吊管入口集箱，此时的汽水分离器仅是过热汽流的一个通道而已。故该锅炉的汽水分离器又称启动分离器。

该锅炉从启动到增加负荷正常运行，汽水分离器不需切换操作（汽水混合物进口和蒸汽出口均无阀门），锅炉燃烧率增大，进入汽水分离器的汽水混合物中含汽率增大，当负荷＞30％后，进入锅炉的水全部变成蒸汽，锅炉变为纯直流运行。由于汽侧进出口均无阀门，故纯直流运行时经过分离器的阻力损失也较小。

二、Ⅱ型亚临界参数一次上升管屏直流锅炉

（一）锅炉的主要技术规范

主蒸汽流量　　1025t/h

主蒸汽压力　　16.72MPa

主蒸汽温度　　540℃

再热蒸汽流量　874.85t/h

再热蒸汽进口/出口压力　　3.57MPa/3.34MPa

再热蒸汽进口/出口温度　　323.7℃/540℃

给水温度　262℃

一次风出口温度　　342℃

二次风出口温度　　351.7℃

排烟温度　　130.42℃。

锅炉保证效率　　89.50％

炉膛容积热负荷　　396.78×10³kJ/（m³·h）

炉膛平均面积热负荷　494.96×10²kJ/（m²·h）

炉膛断面热负荷　　18.51×10⁶kJ/（m²·h）

燃料特性见表1-20。

表1-20　　　　　　　　　　　燃　料　特　性

	项　目	符　号	单　位	设计煤种	校核煤种
1	碳	C_{ar}	%	66.35	52.7
2	氢	H_{ar}	%	3.80	3.10
3	氧	O_{ar}	%	5.55	3.95
4	氮	N_{ar}	%	1.10	0.85
5	硫	S_{ar}	%	0.70	0.90
6	挥发分	V_{daf}	%	18.00	28.00
7	灰　分	A_{ar}	%	25	30
8	水　分	M_{ar}	%	7.5	8.5
9	低位发热量	$Q_{ar,net}$	kJ/kg	22307	20440
10	灰熔点	DT ST FT	℃ ℃ ℃	1350 1450 1500	1300 1400 1500

（二）锅炉总体及系统

1. 锅炉总体概况

SG1025t/h 单炉膛直流炉是在第一代 1000t/h 双炉膛直流炉基础上发展起来的。

SG1025t/hUP 型直流炉为亚临界压力再热锅炉。单炉膛 II 型全露天布置、一次上升，三次混合，四角切圆煤粉燃烧，固态排渣，平衡通风。全悬吊结构、炉顶采用大罩壳热密封方式、锅炉整体布置如图 1-33 所示。

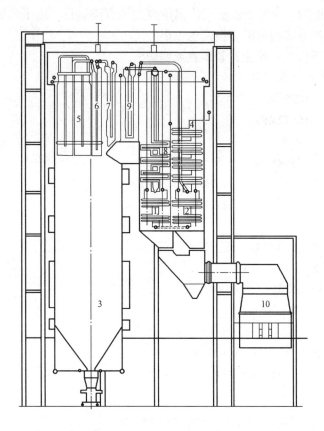

图 1-33　SG1025t/h 一次上升型直流锅炉整体布置
1—低温再热器侧省煤器；2—低温过热器侧省煤器；3—水冷壁；4—低温过热器；5—分割屏；6—后屏；7—高温过热器；8—低温再热器；9—高温再热器；10—容克式空气预热器

除容克式空气预热器外，锅炉受热面全部悬吊在炉顶钢架的四根大板梁上，炉膛顶部的炉顶过热器标高为 58.6m，冷灰斗下集箱标高为 6.5m，炉膛净高度为 52.1m，炉膛断面为带切角的矩形，宽 13.035m，深 12.195m。切角为 45°，斜边长为 980mm。

炉膛上方靠前墙布置有 4 片分割屏过热器，可消除炉膛出口烟气的残余旋转，以减少对流烟道受热面的热偏差。分割屏后部靠近炉膛出口处布置了 18 片后屏过热器。在炉膛出口水平烟道中，依次布置有高温过热器和高温再热器。

水平烟道高度为 10.556m，深为 3.5m。尾部竖井烟道总深度为 12m，被隔墙包覆过热器分成两个相等的平行烟道，深度各为 6m，高度约为 26.5m。

在竖井烟道前部依次布置了低温再热器和省煤器，后部依次布置了低温过热器和省煤器，低温再热器及低温过热器分别由省煤器引出悬吊管支吊。

尾部竖井烟道出口处装有两组烟气调温挡板，用来调节再热器汽温。在烟气调温挡板的出口还布置了两台直径为10.3m的三分仓回转式空气预热器。预热器在锅炉额定负荷下，总漏风系数不大于12.5%。另外在预热器上还配置了热端径向密封间隙自动控制装置LCS（即漏风控制器），以减少漏风系数。

锅炉本体采用全焊接气密封结构，炉膛四周为 $\phi22$（$\phi25$）×5.5mm，20g管子及扁钢所焊成的节距为35mm的膜式水冷壁。水平烟道及尾部竖井烟道用 $\phi32×5$mm的管子与扁钢焊成的节距为60mm的膜式包覆过热器。炉顶过热器前部由 $\phi44.5×5.5$mm，节距为70mm的膜式壁组成；中部在高温过热器，高温再热器穿顶处用 $\phi44.5×5.5$mm的散装鳍片管。后部由 $\phi51×6.5$mm，节距为120mm的五块膜式壁拼装而成。

燃烧器采用四角布置，设计为双切圆燃烧方式，切圆直径分别为 $\phi730$ 和 $\phi886$。燃烧器标高为18～26m。燃烧器型式为直流式，喷口可上下摆动 ±15°，并配备FSSS（炉膛安全监控系统）。

锅炉的辅机系统一般采用轴流式动叶可调送、引风机各2台，离心式静叶调节一次风机2台。

锅炉的制粉系统按煤种的需要，可配置钢球磨中间储仓式，也可采用中速磨直吹式系统。锅炉的除渣方式为固态排渣，配有两台刮板式捞渣机，两台辊式碎渣机，由捞渣机连续出渣，经碎渣机粉碎后进入渣沟，渣水混合物经排浆泵输送至沉灰池或贮灰场。

2. 主汽水系统

给水→省煤器→水冷壁进口集箱→下、中、上辐射区垂直管屏→炉顶过热器→包覆Ⅰ回路→包覆Ⅱ回路→低温过热器→Ⅰ级喷水减温器→分隔屏过热器→后屏过热器→Ⅱ级喷水减温器→高温过热器→汽轮机高压缸。

3. 再热器系统

汽轮机高压缸排汽→事故喷水减温器→低温再热器→微量喷水减温器→高温再热器→汽轮机中压缸。

4. 烟风系统

（1）空气系统。锅炉燃烧所需空气大部分由送风机供给，少部分由一次风机供给，送风机和一次风机出来的空气都送至回转式空气预热器。空气预热器为三分仓式。经空气预热器加热后的一次风经磨煤机及一次风管道并与煤粉混合后进入四角直流燃烧器的一次风喷嘴。

从空气预热器出来的二次风送至锅炉的二次风大风箱，再由大风箱将二次风分配到四角燃烧器中的二次风喷嘴，作为燃烧用的辅助风。为了调节煤粉空气混合物的温度，从大风箱引出的小部分二次风经热风再循环管送入一次风机。

（2）烟气系统。

炉膛燃烧器→分割屏→后屏→高温过热器→第Ⅰ悬吊管→高温再热器→第Ⅱ悬吊管→低温再

┌─ 低温过热器 → 省煤器 → 烟气调温挡板 ─┐

热器垂直管→第Ⅲ悬吊管→　　　　　　　　　　　　　　　　　　　　→空气预热器 →电

└─ 低温再热器 → 省煤器 → 烟气调温挡板 ─┘

除尘器→引风机→烟囱。

5. 启动旁路系统

图 1-34 为 1025t/h 一次上升型直流锅炉配置的启动旁路系统。该系统启动分离器位于低温过热器与高温过热器之间，并在此位置装置过热器隔绝阀。低温过热器进出口各有一管路通至启动分离器，并各有一个节流调节阀，以改善锅炉的启动特性，节流管束只装在低温过热器进口至启动分离器管路上，又称之为过热器两级旁路系统。

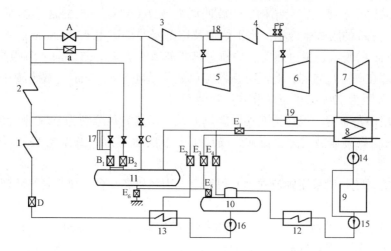

图 1-34　1025t/h 一次上升型直流锅炉单元机组内置式分离器启动系统

1—省煤器与水冷壁；2—低温过热器；3—高温过热器；4—再热器；5—汽轮机高压缸；6—汽轮机中压缸；7—汽轮机低压缸；8—凝汽器；9—凝结水除盐装置；10—除氧器与水箱；11—启动分离器；12—低压加热器；13—高压加热器；14—凝结水泵；15—凝结水提升泵；16—给水泵；17—节流管束；18—Ⅰ级旁路；19—Ⅱ级旁路；A—过热器隔绝阀及旁路调节阀；B₁、B₂—启动分离器进口调节阀；C—启动分离器出口隔绝阀；D—给水调节阀；E—工质、热量回收系统各阀门

进入分离器的汽水混合物在旋风子中产生高速旋转，由于惯性作用而发生汽水分离，汽和水被分别引出启动分离器。

启动分离器的汽侧：通过截止阀和调节阀分别将饱和蒸汽送至高压加热器和除氧器进行热回收，多余的蒸汽排至凝汽器。当分离器压力达一定值后，通过截止—止回阀去冷却过热器，并通过汽轮机高、低压旁路冷却再热器，同时对主蒸汽和再热蒸汽管道加热。

启动分离器的水侧：通过截止阀和调节阀分别将不合格的疏水放地沟，并将热态清洗后水质合格的分离器疏水送入除氧器热回收，不符合进入除氧器的疏水则排至凝汽器。

分离器的压力和水位主要由相应的调节阀控制。为了保证启动分离器的安全可靠，其上部设置两只安全阀。在第一级过热器旁路中，还设有节流管束，节流管束系由三根 $\phi 32 \times 5.5mm$，$L = 3950mm$ 的并联管组成，与截止阀并联，目的是缓和低温流体（小于 150℃）通过调节阀时对阀门产生磨损，并减少噪声。

（三）技术特点

（1）采用单炉膛，水冷壁进口工质欠焓大。无论烧烟煤或贫煤，欠焓均可达到 420kJ/kg 以上，从而可有效地保证水冷壁下辐射进口工质不发生汽化。

炉膛水冷壁采用小管径膜式壁结构，为一次上升三级混合型式，水冷壁沿高度方向分为四段，即冷灰斗、下辐射、中辐射和上辐射。后墙水冷壁上辐射引出管形成锅炉第一悬吊管。在下辐射和中辐射区域采用了内螺纹管，以推迟膜态沸腾的发生。

炉膛断面近似为一正方形，宽13.035m，深12.195m。四角有45°的切角，斜边长0.98m，用以安装燃烧器。炉膛四周共有1396根管子，节距为35mm，材料为20号碳钢、冷灰斗用$\phi22\times5.5$mm的光管，下、中辐射用$\phi22\times5.5$mm内螺纹管，上辐射用$\phi25\times6$mm光管，下辐射四个切角管屏由$\phi25\times7$mm内螺纹管构成，安装在主燃烧器处形成水冷套。四个切角共有$29\times4=116$根管子，前后墙各332根，两侧墙各为308根。在下辐射各管屏进口处设有52个节流阀，作为调整炉膛水动力分配之用。

在锅炉水冷壁四周设置了刚性梁，其作用是防止炉膛受压变形或破坏，并固定锅炉膨胀中心，将地震时产生的载荷和风载传递到钢架上面去。刚性梁之间节距按炉墙受炉膛正压或负压作用下管子强度条件确定，同时还考虑管子内部工质压力和水冷壁自重的影响。1025t/h直流炉炉膛压力按673mm H_2O考虑，刚性梁最大间距为1.9m。

在燃烧器区域，四墙刚性梁通过燃烧器连接体形成一个封闭框架以增强刚性。在水平调道处设有四根垂直刚性梁，减少水平刚性梁的跨度。各层水平刚性梁均装有平衡杆，可消除刚性梁自重在鞍座处产生的弯矩，以利于刚性梁与内绑带的相对膨胀。

沿炉膛高度设有三层导向装置，标高为50，38和14m。通过抗剪件与水冷壁连接在一起，以固定炉膛膨胀中心。

炉膛水冷壁原则性流程如图1-35所示。SG1025t/h直流炉炉膛结构如图1-36所示。

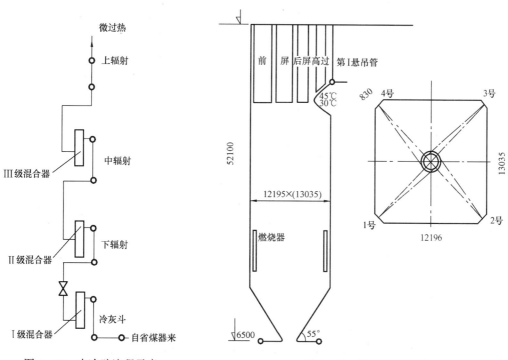

图1-35　水冷壁流程示意　　　　　　　　图1-36　炉膛结构示意

SG1025t/h锅炉水冷壁系统主要有过滤器、节流式、混合器、膜式水冷壁及刚性梁等部分组成。

1）过滤器：在省煤器出口两根$\phi324\times28$mm的大直径下降管底部各装有一个外径为

$\phi426\times45mm$，材料为12CrMoV的过滤器，过滤器的作用是除去水中机械杂质。

2）节流阀：SG1025t/h直流炉在下辐射管屏进口管道上装设了52只DN60的节流阀，在水动力调整试验中可进行流量大小的调节，相当于一个可调节流圈。其作用是纠正管屏的原始阻力偏差，按热负荷分配调节各管屏流量，改善各管屏的水动力特性。

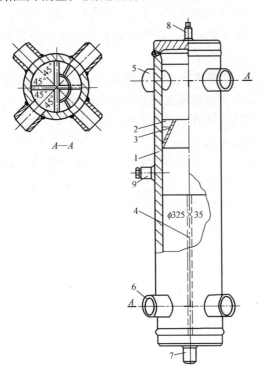

图1-37 混合器结构

1—混合器筒体；2—锥体固定肋；3—锥体；4—十字板；5—混合器进口；6—混合器出口；7—放水孔；8—空气孔；9—温度测点

3）混合器：SG1025t/h直流炉共设有10只混合器，其中Ⅰ级混合器2只，筒体为$\phi406\times50mm$，材料为13CrMo44；Ⅱ级混合器4只，筒体为$\phi324\times40mm$，材料为13CrMo44；Ⅲ级混合器4只，筒体亦为$\phi324\times40mm$，材料为13CrMo44。混合器构造如图1-37所示。工质在混合器筒体上部引入，由于锥体槽的作用，使汽水混合物均匀地流下，为防止流体旋转而引起汽水分离，在混合器下部装有十字形隔板，均匀混合后的汽水混合物由筒体底部引出。混合器的主要作用是使流入的工质得到充分的混合，从而使流出的工质汽水分配均匀。

（2）过热器按辐射对流方式布置，使汽温特性随负荷变化比较平稳。分割屏、后屏串联结构具有在MCR~30%负荷内，汽温平稳。由于采用多级布置使分割屏、后屏的每一级焓增减少，从而减少了热偏差。炉膛上部的分割屏能使旋转的烟气上升到屏区时，分割烟气旋流，达到均流的目的。

为保证屏式过热器的冷却，设计时采用了较高的工质质量流速。

（3）过热器结构设计时，较充分考虑了安全裕量。主要措施有：

对流受热面采用了大口径管子以增强结构刚性，减少飞灰磨损，降低蒸汽流通阻力。

对流受热面的材料选用按管壁金属温度逐根、逐点计算、根据计算壁温选用不同的材料、不同的壁厚。分割屏、后屏、高温过热器等部分材料采用了TP-304H，TP-347H奥氏体不锈钢，以提高过热器的安全可靠运行。

所有过热器管束均采用顺列布置，并在尾部竖井烟道的管束两端设置阻流板及定位管等以消除烟气走廊，降低飞灰磨损。

（4）炉顶过热器进口集箱至低温过热器进口集箱设有一旁路管道。设置此旁路管道的目的在于降低过热器系统阻力，既保证低负荷时炉顶及包覆过热器工质质量流速，又在高负荷时，减少工质在炉顶及包覆过热器的阻力，使一部分蒸汽直接通过旁路进入低温过热器。在满负荷时，此旁路流量为37.6%MCR流量。当锅炉负荷升至65%以上时，旁路阀全开；负荷降至60%以下，旁路阀全关。

（5）再热器汽温采用挡板调温。采用烟道挡板调节再热汽温则比较安全可靠，烟温幅度较大，调节机构简单，运行可靠性较高，维修工作量较小。在启动或事故工况时，关闭挡板可以保护再热器。锅炉点火时，可调节烟道挡板以提高低温过热器的吸热量，缩短锅炉启动时间。

（6）燃烧器喷嘴设计可上下摆动，二次风门挡板参加自动调节。

直吹式制粉系统燃烧器共设有5层煤粉喷嘴，3层重油，1层轻油枪。燃烧器喷嘴可上下摆动±15°，主燃烧器分为两组联动以适应燃烧调整要求。最高层一次风喷嘴可手动调节。每层燃烧器助燃风入口均设有二次风门调节挡板，用伺服气缸推动操作，由锅炉主控室遥控控制。

燃烧器结构设计时，将燃烧器、水冷壁、大风箱、刚性梁一体化考虑，兼顾各方面要求，燃烧器与水冷壁水冷套法兰连接，喷嘴受水冷套保护。

（7）锅炉本体建立膨胀中心。SG1025t/h 直流炉膨胀系统的设计，利用引进技术，采取了固定膨胀中心做法。这既可使各受热面的膨胀关系明确，有利于密封结构的设计，同时也有利于锅炉本体汽水烟风煤管道的结构布置。

锅炉在高度方向上的膨胀零线是大罩壳顶部与炉膛垂直对称轴线的交点。锅炉热态膨胀时，各受热面向下膨胀、水平纵横两个方向以炉膛对称中心为零线向四周膨胀。锅炉沿高度设有三层导向装置，以固定炉膛在垂直方向的膨胀零线。锅炉本体所受到的各种汽水烟风煤管道的热膨胀推力、风力和地震力通过导向装置传递到锅炉钢架上。炉顶大罩壳实现集中热密封，炉顶吊杆以大罩壳顶为基准向下膨胀。

第六节　塔式亚临界参数低循环倍率锅炉

低循环倍率锅炉也称为全负荷复合循环锅炉，常用于亚临界压力，其特点是在省煤器与蒸发系统之间装有再循环泵和立式分离器。再循环泵的设计特性为在各种负荷下，都有一定量的再循环水通过水循环回路。在正常负荷时，循环倍率 $K = 1.25$ ~2.0；负荷愈高，循环倍率愈小。

部分负荷复合循环锅炉则是指其蒸发系统在部分负荷（即低负荷）时，按再循环原理工作，但在高负荷时，则按纯直流原理工作。从纯直流工况切换到再循环工况时的负荷，要根据不同情况而定，一般在额定负荷的 65% ~ 80% 之间，锅炉容量大的可取低值。这种型式多用于超临界压力锅炉。

亚临界压力低循环倍率锅炉的蒸发系统示意见图 1-38。从图 1-38 可看出，亚临界压力低循环倍率锅炉蒸发系统的流程是：给水经省煤器 1 进入混合器 2，与由分离器 8 分离出的锅水混合，经过滤器过滤后，通过循环泵 4，经分配器 5 输送至水冷壁 7 的各个回路中。水冷壁的各个回路管子上都装有节流圈 6，以合理分配各个回路的水量。水冷壁产生的汽水混合物在分离器 8 中进行汽水分离，分离出来的蒸汽送往过热器，分离出来的水则送回混合器，进行再循环。循环泵一般装 2～4 台，其中一台备用。当运行的循环泵发生故障时，备用泵便立即投入。在切换过程中，给水经备用管直

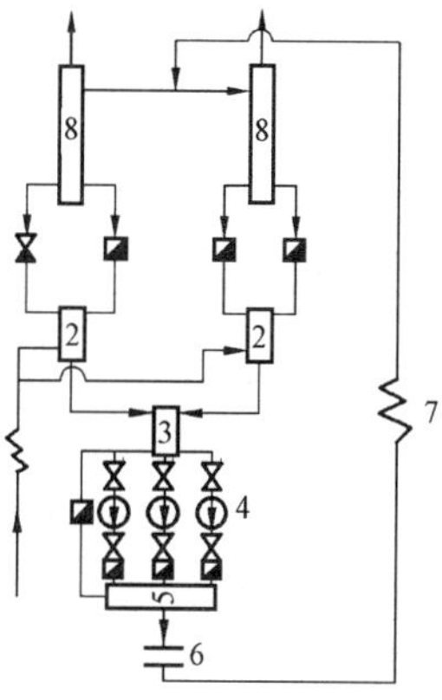

图 1-38　亚临界压力低循环倍率锅炉蒸发系统示意

1—省煤器；2—混合器；3—过滤器；4—循环泵；5—分配器；6—节流圈；7—水冷壁；8—汽水分离器

接进入水冷壁，以确保锅炉的连续安全工作。

给水泵与循环泵可以串联工作，如图 1-38 所示，也可以并联工作，但一般常用串联。因为如果用并联系统，即给水泵与循环泵并联工作，循环泵吸入的是饱和温度的锅水，对循环泵的要求很高，否则会影响工作的安全。而在串联系统中，循环泵吸入的是给水和锅水的混合物，其温度总是低于饱和温度，循环泵的工作比较安全。

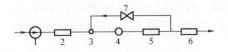

图 1-39　超临界压力低循环
倍率锅炉系统

1—给水泵；2—省煤器；3—混合器；4—循环泵；5—水冷壁；6—过热器；7—止回阀

低循环倍率锅炉也可用于超临界压力，其系统见图 1-39，系统中取消了汽水分离器。

低循环倍率锅炉要求循环泵在各种流量下，其压头变化不大，以便在整个锅炉负荷范围内，蒸发系统的容积流量均接近一常数。

由图 1-40 可知，由于低循环倍率锅炉在各种负荷时水冷壁中工质流量变化不大，所以在额定负荷时，可以采用比直流锅炉低得多的质量流速，一般为 $1100 \sim 1600 \mathrm{kg/(m^2 \cdot s)}$ [直流锅炉的质量流速高达 $2000 \sim 2500 \mathrm{kg/(m^2 \cdot s)}$]。在高负荷时，低循环倍率蒸发系统中的工质质量流速要比直流锅炉低得多，因此流动阻力相应要小得多。而在低负荷时，低循环倍率蒸发系统中的工质质量流速则较大，冷却条件又比直流锅炉好得多。

锅炉负荷变动时，给水流量、循环倍率以及分离器出口的蒸汽湿度均会发生变化。例如当负荷降低时，给水流量减少，但水冷壁管中工质流量减少不多，因而循环倍率增大，进入分离器的工质湿度也增大，但这时进入过热器的蒸汽湿度反而减少。这是因为锅炉负荷降低时，分离器的蒸汽负荷和工作压力相应降低，有利于汽水分离。低循环倍率锅炉分离器出口的蒸汽湿度这种变化，也使其汽温特性与其他型式锅炉不同。在低负荷时进入过热器的蒸汽带水少，对过热器的喷水量就要增加，在某一负荷下，喷水量达到最大值，低于这个负荷时，由于过热器的对流特性起主要作用，喷水量将随负荷的降低而减少。

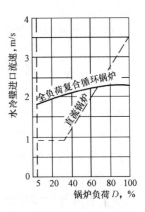

图 1-40　低循环倍率锅炉
与直流锅炉的工质流速随负
荷变化的情况

在运行中，分离器水位波动较大。尽管分离器高度很大，允许水位有较大幅度的波动，但也不能低于规定的最低水位。最大的水位波动发生在给水泵切换过程中，一般切换时间约为 $10 \sim 20 \mathrm{s}$。循环泵的切换时间更短，仅约为 $3 \sim 5 \mathrm{s}$，故对水位影响不大。

低循环倍率锅炉既有直流锅炉的特点，又有强制循环锅炉的特点，但是它没有大直径的汽包，只有小直径的汽水分离器，因此钢材消耗量较少。这种锅炉的循环倍率只有 $1.2 \sim 2.0$，而强制循环锅炉则为 $3 \sim 5$，因此循环泵的功率也较小。

由于有以上特点，低循环倍率锅炉最适合用于容量为 $300 \sim 600 \mathrm{MW}$ 的机组。

低循环倍率锅炉一般都采用塔式和半塔式布置，燃用多水分、多灰分煤种。

亚临界压力低循环倍率锅炉主要有以下特点：

（1）水动力特性好。低循环倍率锅炉由于设有全负荷范围内运行的循环泵，蒸发段中的质量流速不会像直流炉那样随负荷变动有较大变化，一般不会出现膜态沸腾。在启动初期也能保证有较高的质量流速。因此低循环倍率锅炉的水动力特性极为稳定，不会因水动力不稳而产生承压部件的爆破泄漏事故。

（2）与直流炉相比，结构简单。亚临界压力低循环倍率锅炉的蒸发段，可采用无中间混合集箱的一次垂直上升管屏，使结构简单，还可提高地面施工的组合率，便于安装。

（3）亚临界压力低循环倍率锅炉，不需要直流锅炉所必需的启动旁路，简化了系统，减少了启动损失。由于锅炉启动时，可用循环泵来保证蒸发受热面内足够的质量流速，启动流量变化小，锅炉给水量只有最大蒸发量的5%，不用建立启动压力，故启动系统简单，启动热损失及工质损失小，仅为一般型式直流锅炉启动热损失的15%～25%。

（4）亚临界压力低循环倍率锅炉设有循环泵，且在全负荷范围内运行，保证了全负荷范围内水动力的稳定。汽水系统的压降小，与直流锅炉相比，不需高扬程给水泵，从而使启动损失和运行厂用电耗均较直流锅炉少，提高了运行的经济性和安全性。

（5）低循环倍率锅炉也有汽水分离器，但其运行情况与一般直流锅炉不同，因为在低倍率锅炉中，汽水分离器在任何负荷下都有汽水混合物进入，都起着汽水分离作用。

（6）与直流锅炉相比，燃烧、给水与汽温控制简单。直流锅炉的预热、蒸发与过热三段之间无固定分界线，工况变化时，各段分界线也随之变动。因此作为锅炉主要调节对象的燃烧、给水与汽温的控制，特别是汽温控制显得特别复杂。而亚临界压力低循环倍率锅炉，因在蒸发段后设有汽水分离器，从而使蒸发与过热两段之间形成固定分界点。这就使其燃烧、给水与汽温的控制，不像直流锅炉那样关系紧密、调节复杂。

（7）调峰性能好。亚临界压力大型单元机组的低循环倍率塔式锅炉，因其能实现滑压运行，缩短了启动时间，调峰性能好、范围较宽。

（8）与直流锅炉相比，需要增加能长期在高温、高压下工作的循环泵。此外，亚临界压力低循环倍率塔式锅炉还有检修维护工作量少，检修周期长，机组可用率高，制造成本较低等优越性。

亚临界压力低循环倍率塔式锅炉的不足之处主要是锅炉本体过高，布置过于紧凑，不利于安装和检修；对流受热面塌灰，易造成灭火事故；某些辅助设备，如阀门、挡板等较多。

下面以瑞士苏尔寿公司947t/h低循环倍率锅炉为例进行介绍。

一、锅炉主要设计参数

额定功率	300MW
最大连续蒸发量	947t/h
过热蒸汽压力	18.5MPa
过热蒸汽温度	545℃
再热蒸汽流量	847.6t/h
再热蒸汽压力	4.165MPa
再热蒸汽温度	545℃
给水温度	262℃
锅炉热效率	91.4%

二、锅炉结构特点

瑞士苏尔寿公司947t/h低循环倍率锅炉为亚临界参数，最大出力时，循环倍率 $K=1.42$；75%出力时，$K=2.15$；50%出力时，$K=5.85$。燃用元宝山褐煤。炉膛断面为 $14.45m \times 14.45m$ 的正方形，高85.5m（包括烟道）。为减轻受热面磨损，烟道烟气流速较低，为 9~6.6m/s。整个锅炉呈单烟道布置，见图 1-41。炉膛以上自下而上水平布置了末级屏式过热器，Ⅱ级高温再热器，Ⅱ级对流过热器，Ⅰ级低温再热器及省煤器，然后再经过向下的烟道将烟气送入风罩回转式空气预热器。

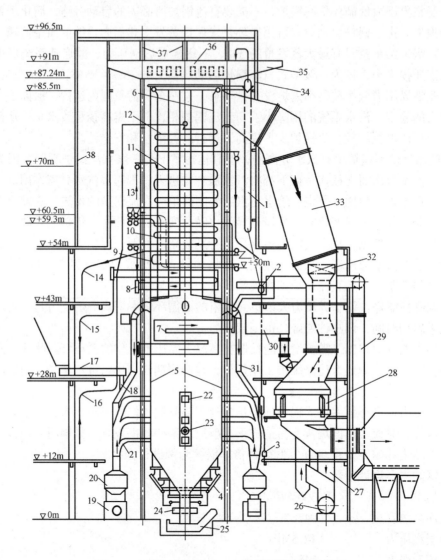

图 1-41　苏尔寿公司 947t/h 低循环倍率锅炉简图

1—汽水分离器；2—混合器；3—循环泵；4—下集箱；5—水冷壁；6—悬吊管；7—墙式辐射过热器；8—屏式过热器；9—高温再热器；10—对流过热器；11—低温再热器；12—省煤器；13—再热蒸汽入口管；14—再热蒸汽出口管；15—过热蒸汽出口管；16—给水管；17—给煤机；18—落煤管；19—风扇磨煤机；20—粗粉分离器；21—一次风管；22——次风口；23—油喷燃器；24—炉排；25—除渣机；26—送风机；27—冷风道；28—空气预热器；29—冷烟道；30—热风道；31—抽烟道；32—暖风器；33—烟道；34—金属罩壳；35—主板梁；36——次梁；37—房架；38—电梯道

为了减小漏风，除四周用膜式壁外，炉顶也用膜式壁，以保持密闭。穿墙管都在前后墙，管子穿墙处设有穿墙密封箱，焊在管子上，箱中装有陶粒材料，既能允许管子自由伸缩，又能起密封作用。

由于褐煤粉颗粒较粗（$R_{90} = 45\% \sim 60\%$），冷灰斗上装有两个旋转炉排，灰渣可以在炉排上继续燃烧。炉排由两侧向中间旋转，燃尽的灰渣落入中间渣斗，由除渣机送出。

三、锅炉主要部件特点

1. 蒸发设备

该锅炉水冷壁为一次垂直上升膜式壁，管径为 $\phi 30 \times 5mm$，间距 46.5mm，管材为 15Mo3。前、后水冷壁到炉膛出口处向炉内弯曲，形成六排管子向上伸延至炉顶，成为炉顶管，送入上集箱。这六排管子形成各对流受热面的悬吊管。各循环回路下集箱的入口管上装有节流圈，其孔径大小决定于回路的质量流速，以不产生膜态沸腾为原则。

工质在水冷壁中被加热到饱和状态，由于是低循环倍率，且为一次垂直上升管，所以蒸发受热面具有一定的自补偿特性，吸热大、产汽多的管子流量相应增加，这对管子安全十分有利。

立式汽水分离器为外置式，布置在炉后烟道外。配有两台循环泵，一台运行，一台备用。

锅水经循环泵提高压头后进入各回路下集箱，水冷壁出口的汽水混合物切向引入立式分离器的上部，在分离器中进行汽水分离，分离出来的汽（携带一定的湿分）送到过热器；而分离出来的水则自分离器下部切向引出（但引出管与汽水混合物引入管的方向相反），进入三通混合器与省煤器出水混合后，再通过过滤器、再循环泵加压后进入蒸发系统。

2. 过热器与再热器

（1）过热器。亚临界压力锅炉的过热器吸热量占整个锅炉吸热量的份额比高压锅炉大得多，相应蒸发热所占份额小，使低循环倍率锅炉炉膛辐射放热量与蒸发受热面吸热之间就会出现余量，为保持一定的炉膛出口烟温，可采用墙式过热器来吸收。

该锅炉过热器共三级，即墙式过热器、屏式过热器和对流过热器。

墙式过热器布置在炉膛出口蒸发段上部，其结构与蒸发段相同，主要通过辐射换热方式接受炉内热量，为辐射式过热器，它与蒸发段的膜式壁相紧靠，呈水平围绕形状，分四组，每组三流道，由于其紧靠膜式壁，可以减少蒸发段上部吸热量，防止其因过热而爆管。分离器来的汽的湿度达 10% 左右，因而不致于超温，同时还装有喷水装置，启动时不必采取保护措施。

从滑压运行工况看，压力升高后，过热器吸热比例增大，这就加剧了辐射式过热器随锅炉负荷的升高而出口汽温下降的趋势。从低负荷定压和滑压阶段看，由于蒸汽流量小，进入辐射过热器的流量小，冷却能力差，也就造成了负荷低时出口汽温高的情况。正是由于辐射过热器的汽温特性和锅炉在启动初期通过辐射过热器的蒸汽量很小，造成辐射过热器受热面吸收的热量远远大于管内蒸汽吸热量。为了解决这个矛盾，在辐射过热器入口设计有一级喷水减温，利用循环泵出口水温比给水水温高的特点，以减少在喷水过程中过热蒸汽和减温水的温差，进而通过增加过热蒸汽的湿度和流量，以达到保护辐射过热器管壁不超温的目的。

辐射过热器材料为 15Mo3 及 10CrMo910。

屏式过热器水平布置在炉膛出口部位，疏水方便，但容易积灰，故装有长杆式吹灰器。屏式过热器为半辐射式过热器，此区域内烟气温度很高，工质温度也较高，所以屏式过热器是该锅炉过热蒸汽系统中工作条件最为恶劣的过热器。该过热器为顺流布置，这样可降低其出口段的金属壁温。受热面为前后对称布置，管排垂直于前后墙。屏式过热器材料为

X20CrMoV121

对流过热器为水平逆流布置，位于Ⅰ级再热器和Ⅱ级再热器之间，主要靠对流方式吸收热量。对流过热器进出口集箱装有Ⅰ、Ⅱ级喷水。对流过热器材料为15Mo3及13CrMo44。

过热器流程为：分离器来汽→Ⅰ级墙式辐射过热器→Ⅱ级对流过热器→末级屏式过热器→汽轮机高压缸。

（2）再热器。该锅炉再热器分两级布置。低温再热器布置在省煤器之下，对流过热器之上，为水平逆流布置，即出口段位于烟温较高区域，入口段位于烟温较低区域；高温再热器布置在对流过热器之下，呈水平错列顺流布置。再热器实际上是一中压过热器，再热蒸汽压力低、比体积大，放热系数比过热蒸汽小得多。如果用提高再热器中蒸汽流速的方法以提高放热系数，则压降会增加很多。如果将再热器布置在燃烧室出口高温区，则管壁容易超温，因而实际上采用低温段、高温段分段布置方式，低温段逆流布置、高温段顺流布置。低温段逆流布置是因为烟气和蒸汽温度都较低，逆流布置可获得较大的传热温差，从而节省大量钢材，减少传热面积；高温段顺流布置，蒸汽温度高的一端处于低烟温区，蒸汽温度低的一端处于高烟温区，这就为避免管壁超温创造了条件。

再热器的汽温特性呈对流特性。进入再热器的蒸汽参数受汽轮机负荷变化的影响，经常处于变化状态，此外再热蒸汽温度还受锅炉运行工况的影响，所以在单元机组中，应将机、炉作为整体考虑，这样有利于再热汽温的调节。再热蒸汽对热偏差较为敏感，虽然垂直上升的烟气温度偏差对于过热器、再热器是相同的，但实际上再热器出口再热汽温的偏差比过热蒸汽大，运行工况变化时，再热汽温反应也比过热汽温快。这是由于再热蒸汽压力比过热蒸汽压力低，其比体积比过热蒸汽比体积大，其比热容则比过热蒸汽的小，在获得相同热量时，再热蒸汽温度变化幅度大。Ⅰ、Ⅱ级再热器间装有喷水减温器。

再热器流程为：汽轮机高压缸来汽→Ⅰ级低温再热器→Ⅱ级高温再热器→汽轮机低压缸Ⅰ级再热器材料为St45.8、15Mo3及13CrMo44、Ⅱ级再热器材料为13CrMo及10CrMo910。

3. 省煤器与空气预热器

省煤器装在主烟道顶部，为了减轻磨损，采用顺列布置。入口集箱装在烟道中，出口集箱在烟道外。省煤器出口的水送往混合器，与分离器来水混合后，送往循环泵入口。省煤器管的材料是的St45.8钢、管径为$\phi 38 \times 5mm$。由于省煤器位于炉内最上方，在停炉时烟气温度最高，静止于省煤器中的水会发生汽化，因此在热态启动时，需加强上水，将蒸汽全部排入分离器。

省煤器内工质流向与烟气流向相反，逆流布置有利于提高传热温差，从而提高经济性。

空气预热器采用风道回转式，每炉两台，直径为10.6m，每台受热面积为34725m^2。由于对受热变形采取了技术措施，漏风量较小，漏风率为6.9%。

4. 构架炉墙

采用悬吊结构，各部件直接悬吊在大板梁和次梁上（不设过渡梁）。采用弹簧吊杆，当梁发生变形时，各吊杆受力仍能保持均匀。

钢结构用高强度螺栓连接，施工方便。

膜式水冷壁外敷有两层厚100mm比重不同的矿渣棉作为保温层，两层间夹有厚0.05 mm的铝箔，外面是金属护板，用螺栓连接在水冷壁上。

5. 燃烧设备

燃用元宝山褐煤，采用风扇磨直吹式制粉系统，干燥介质为热烟（1050℃）、冷烟（130℃）和热空气（297℃）三种介质混合，混合后温度达527℃，以适应褐煤高水分特点。考虑到褐煤灰熔点较低，故采用了较低的炉膛热强度，加大喷燃器总高度以分散火焰，保持低温燃烧，减轻炉膛结渣。

六台磨煤机围绕炉膛布置，燃烧方式为直流燃烧器方炉膛六角布置切圆燃烧。两侧墙中间各布置一组燃烧器，前后墙（靠两侧）各布置两组燃烧器。每组燃烧器有三个一次风口，每个一次风口都配有上、下二次风口，此外，每组燃烧器还配有一个油燃烧器。

第七节　国外大型电站锅炉总体结构特点

国内外大型电站锅炉结构的共同特点是：采用全悬吊结构、膜式水冷壁和回转式空气预热器。

随着锅炉容量的增大和参数的提高，锅炉构件的膨胀量也增大，大型电站锅炉构件的总膨胀量可达 300 ~ 400mm，采用全悬吊结构可使锅炉自由向下膨胀。

膜式水冷壁是目前国内外大型电站锅炉的标准结构型式。因为采用膜式水冷壁后，第一能保证炉膛具有良好的严密性，可以防止漏风，并为正压燃烧创造条件；第二可以采用敷管炉墙，减轻了锅炉的重量；第三水冷壁可以在制造厂内预先组装好才出厂，可以缩短安装周期，并可保证质量。

随着锅炉容量的增大，燃烧需要的空气量也增多，而且电站锅炉多燃用较难燃的煤，要求的预热空气温度也较高，因此要求空气预热器的受热面随之增大。所以国内外大容量锅炉普遍采用结构紧凑、热效率较高的回转式空气预热器。

一、美国大型电站锅炉结构设计特点

目前，国内外大型电站锅炉的总体结构可以以美国三大锅炉制造公司——燃烧工程公司（CE公司）、拔伯葛公司（B&W）和福斯特·惠勒公司（FW）等三家公司为典型代表。它们在锅炉结构设计上都有各自的特点，形成不同的风格，许多国家的锅炉设计都在不同程度上承袭了它们的特点。

这三家公司设计的锅炉除了采用全悬吊结构、膜式水冷壁和回转式空气预热器等共性外，还有各自的特点。

美国燃烧工程公司生产的大容量电站锅炉主要采用控制循环锅炉和复合循环锅炉。一般是在超临界参数时用复合循环锅炉，而在亚临界参数时用控制循环锅炉，并采用四角布置摆动式直流燃烧器，用摆动式燃烧器及其他辅助措施来调节过热汽温和再热汽温。钢架采用全钢结构，高强度螺栓连接，采用内螺纹管水冷壁，以防止膜态沸腾。

1. 美国燃烧工程公司生产的控制循环锅炉的典型结构设计特点

美国燃烧工程公司制造的亚临界参数大容量锅炉大多是控制循环锅炉，它集中反映了当前世界上许多先进技术，而且经过技术经济分析，也比较符合我国的技术经济政策，所以我国选定美国燃烧工程公司生产的亚临界参数控制循环锅炉作为引进技术的考核机组。

美国燃烧工程公司生产的控制循环锅炉的典型结构设计特点简述如下：

（1）循环系统。控制循环锅炉与自然循环锅炉的循环系统相比，所不同的是控制循环锅炉在下降管回路中装设了循环泵，以及在水冷壁入口处采用了节流圈，还有分配水包。由于循环泵的特性，使得控制循环锅炉的水冷壁内工质的质量流速，在各种负荷下可以保持变化不大，这样就可以获得良好的水动力特性，防止循环故障的出现。虽然增加了循环泵的投资，但据美国资料统计，其总投资仍比自然循环锅炉减少 1% ~ 3%。在安全方面，美国燃烧工程公司认为，虽然随着锅炉容量的增大，锅炉的可用率有所下降，循环泵的可用率也下降。但若只考虑循环泵的影响，锅炉总的可用率仍可达到 99.7%。

美国燃烧工程公司以前设计的控制循环锅炉，其炉膛水冷壁入口均采用前、后墙布置的两个分配水包，两侧水冷壁依靠前后墙的分配水包引入。而在新设计的大容量锅炉中，水冷壁入口的分配水包已改为环形分配水包，工质在环形分配水包中可以流通，使水冷壁回路结构比较简单，便于制造和安装。而且分配水包采用较大直径，工人可以进入其中装设水冷壁管子入口的节流圈。

节流圈的设计，是按照沿炉膛高度和宽度方向的热负荷分布和水冷壁的结构数据为依据，分配流量时，使任何部位水冷壁的含汽率均低于炉膛水冷壁各部位不产生膜态沸腾的含汽率。用计算机对每根水冷壁管子进行水动力计算，然后确定各水冷壁管子入口处的节流圈的孔径。

（2）水冷壁。美国燃烧工程公司的大容量锅炉均采用全焊式膜式水冷壁。水冷壁管子有内螺纹管和光管两种，通常在采用光管时，其循环倍率为 4；采用内螺纹管后，由于改善了传热效果，既降低水冷壁管内工质的质量流速，减少循环泵压头，又可保证水冷壁管得到可靠的冷却，因而循环倍率可以降到 1.9。这种采用内螺纹管的控制循环锅炉，称为改良型控制循环锅炉（CC 型）。

目前使用的内螺纹管有四种规格，其外径为 44.45 ~ 76.2mm，壁厚为 4.572 ~ 5.08mm，常用的管子外径是 44.45mm。

虽然内螺纹管比光管阻力系数要大，但对于同容量的锅炉来说，由于循环倍率减少，水冷壁管内流速降低，总的流动阻力反而比光管小，此时循环泵消耗的功率仅为光管水冷壁的 1/3 ~ 1/4，因而可节省厂用电，经济上有明显的收效。所以美国燃烧工程公司从 1977 年以来，就在控制循环锅炉的水冷壁中开始使用内螺纹管。

（3）汽包及汽包内部装置。美国燃烧工程公司的控制循环锅炉，其汽包内径有 1676mm 和 1778mm 两种，从可靠性考虑，它不赞成使用低合金高强度钢制造，因为其焊接工艺性差，工艺不易掌握，因此汽包材料选用强度较低的碳锰钢，壁厚较大。为了减轻汽包重量，汽包筒身采用不等的壁厚，而且汽包内壁设有夹层，使由水冷壁上升管来的汽水混合物从汽包上部引入。由于采用这种夹层结构，有利于汽包上下壁面温度的均匀，可以加快锅炉的启动和停炉速度。汽包内部的汽水分离设备则采用立式蜗壳式分离器。

（4）过热器。美国燃烧工程公司的过热器有以下特点：

1）一般在锅炉上部折焰角标高以上，沿炉膛深度方向布满屏式过热器，大屏片数较少，但节距很大，布置前大屏过热器是与四角布置切圆燃烧相配合的。当炉膛内的燃烧产物旋转上升到屏区时，可以利用大屏来分割烟气流而达到均流的目的。

2）低温过热器的布置根据燃料特性和布置受热面积的大小，有垂直布置在转向室和水平布置在尾部烟道中两种型式。

3）末级高温过热器一般都布置在再热器热段后面，因此过热蒸汽的流程和受热面的布置是基本固定的，而当燃料特性不同时，往往仅变动受热面的面积。

4）为了降低过热器的阻力，减少给水泵的电耗，过热器通常采用直径较大的管子。

5）受热面的管子采用异种钢焊接而成。

6）过热器采用大直径的连接管。

（5）再热器。美国燃烧工程公司设计的再热器有如下特点：

1）为了配合用摆动式燃烧器来调节再热汽温，再热器往往布置在高温区，启动时依靠控制进入再热器受热面处的烟气温度来保护再热器。

2）由于锅炉燃用较差煤种时，要加大炉膛尺寸，因而采用了辐射式再热器。

3）两级再热器之间尽量不用中间集箱，省了大直径连接管，且可减少流动阻力。

4）采用较大管径，使再热器的总阻力控制在 0.2MPa 左右。

（6）省煤器。美国燃烧工程公司的省煤器，根据煤的不同黏结性，采用光管和鳍片管两种。对于非黏结性煤，采用鳍片管，黏结性煤则用光管。

（7）空气预热器。锅炉采用三分仓回转式空气预热器。由于它可以得到较高的一次风温，以满足难燃煤种燃烧的需要，因此尾部受热面均为单级布置。此外，为了使锅炉布置紧凑，将回转式空气预热器布置成内置式，即布置在尾部竖井的下方，这样可使烟道缩短，但却要求尾部受热面不能布置太多，因此美国燃烧工程公司的控制循环锅炉尾部竖井仅布置一级省煤器或一级省煤器和一级低温过热器。

（8）再热蒸汽调温方式。除燃用低挥发分的无烟煤时采用烟气挡板加烟气再循环，以及燃油时采用烟气再循环外，其他燃料一般都采用摆动式燃烧器来调整炉膛中火焰位置，以调节再热汽温。当燃烧器从水平位置向上摆动时，炉膛出口烟温一般可提高 80℃ 左右，而向下摆动 30° 时，炉膛出口烟温下降约 38℃。美国燃烧工程公司认为，采用这种再热汽温调节方式，可以保证在 65%～100% 负荷范围内保持额定的再热汽温。由于利用摆动式燃烧器来调节再热汽温，所以再热器应布置在较高烟温区。

（9）吹灰系统。在燃烧器和冷灰斗之间布置伸缩式蒸汽吹灰器，可以避免冷灰斗拐弯处积灰和结渣。

（10）锅炉点火装置。为了可靠地点火，美国燃烧工程公司为煤粉锅炉选用离子火焰监视器（IFM）和高能电弧点火器（HEA）。

（11）炉膛安全监控系统（FSSS）和协调控制系统（CCS）。

美国燃烧工程公司的炉膛安全监控系统可以实现以下的控制与保护功能：

1）炉膛吹灰；

2）锅炉自动点火；

3）暖炉油枪的投入、切除控制；

4）制粉系统的投入、切除控制；

5）燃烧切圆检测与单只油枪火焰检测；

6）事故时燃料的跳闸保护。

协调控制系统（CCS）是把机炉作为一个整体对象来设计的控制系统，该系统可以实现对以下部分的控制：机组负荷、燃料、磨煤机出口风温与风量、一次风量、锅炉总风量、风煤比最大偏差限制、二次风挡板开度、炉膛压力、给水、过热和再热汽温、空气预热器出口温度等。

（12）制粉系统。美国燃烧工程公司有两种典型的制粉系统：负压系统和正压系统。

为了磨制高水分的燃煤，需要较高的一次风温，因此冷一次风正压系统被广泛采用，采用三分仓回转式空气预热器时，一次风可以得到比二次风较高的温度。

在采用正压系统时，系统要求有良好的密封性，因而采用了密封风机，但却省去易出事故的排粉风机。

2. 拔伯葛公司设计的锅炉的主要特点

（1）超临界参数的锅炉，采用通用压力 UP 型直流锅炉。

（2）亚临界参数及其以下参数的锅炉，采用自然循环，有的也采用 UP 型直流锅炉。

（3）采用前墙或前后墙对冲布置的旋流式燃烧器。

（4）采用烟气再循环来调节再热汽温。

3. 福斯特·惠勒公司生产的锅炉的主要特点

（1）亚临界参数采用自然循环锅炉或 FW 型直流锅炉（即炉膛水冷壁结构为炉膛下部用多次上升管屏，上部则用一次上升管屏）。

（2）采用前墙或前后墙对冲布置的旋流式燃烧器。

（3）采用烟气挡板来控制再热汽温。

（4）水冷壁管子内加装扰流子，以防止膜态沸腾。

二、英国拔伯葛动力有限公司的亚临界自然循环锅炉结构特点

我国湖南某厂进口了两台亚临界参数自然循环锅炉，这两台锅炉由英国拔伯葛动力有限公司生产，配 360MW 燃煤发电机组。该锅炉的最大连续蒸发量为 1160t/h，过热蒸汽压力为

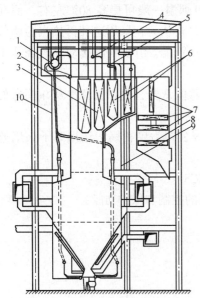

图 1-42　1160t/h 亚临界压力
自然循环锅炉

1—汽包；2—前屏过热器；3—高温过热器；
4—主蒸汽出口集箱；5—再热蒸汽出口集箱；
6—再热器；7—低温过热器；8—省煤器；9—
后墙悬吊管；10—前墙悬吊管

17.5MPa，温度为 543℃，再热蒸汽出口温度为 541℃，燃用 50% 无烟煤和 50% 贫煤的混合煤。锅炉采用 W 型火焰炉膛，燃烧器上方炉膛截面为矩形，燃烧器下方炉膛截面采用八角形。其锅炉整体布置见图 1-42 所示。

这台锅炉有如下的特点：

（1）采用 W 型火焰燃烧方式，并同时采用带旋风子的直流缝隙式燃烧器。对于 W 型火焰燃烧方式来说，不但英国拔伯葛公司常采用，就是美国燃烧工程公司和福斯特·惠勒公司也常采用。主要原因是这种燃烧技术对燃用低挥发分的无烟煤、贫煤的着火和燃尽是很有利的，特别是同时采用了带旋风子的直流缝隙式燃烧器，使煤粉通过离心分离，形成高浓度煤粉燃烧器，加之使用了低速煤粉喷嘴，更有利于无烟煤和贫煤的着火和燃尽。

（2）在燃烧器以下，采用八角形截面的炉膛结构，这样可以改善炉膛边角水冷壁的吸热情况，减少水冷壁的吸热偏差，不会像矩形炉膛那样，因炉膛四角水冷壁的吸热量最小，以致容易产生水循环故障。

（3）在水平烟道以下的炉膛水冷壁采用内螺纹管。

因为水平烟道以下的炉膛是热负荷较高的区域，在此区域中的炉膛水冷壁采用内螺纹管，会使工质流过内螺纹管时产生强烈的扰动，因而把液态工质压向管子壁面，强迫工质中的汽泡脱离壁面而被水带走，从而破坏管内附壁的膜态汽层，使管壁温度大大下降，防止膜态沸腾的产生。

（4）过热器的辐射吸热份额较大。由于该锅炉蒸汽参数较高，过热吸热量增大，工质的蒸发吸热量比例下降，因此为降低炉膛出口烟气温度，本炉在炉膛上方布置了 30 片全大屏式的前屏过热器（前屏过热器基本上是依靠吸收炉膛内的辐射热量，属于辐射式过热器），而在炉膛出口处又布置了 40 片管屏组成的半辐射式高温过热器。这使得本炉过热器的辐射吸热份额增大，有利于保持过热汽温特性的平稳。

（5）再热器单级布置，且布置在烟气温度较高的水平烟道内。这时在 MCR 工况下，再热器入口处的烟温比较高，为 1022℃，从而可减少再热器的受热面积，节省金属，也减少了流动阻力。而且又布置成单级，虽分两段，但没有中间混合集箱，又可进一步减少再热器的流动阻力，因而提高了机组的经济性。虽然再热器单级布置，又无中间混合集箱，会使再热器的热偏差增大，但在 W 型火焰燃烧方式下，沿炉膛宽度及再热器宽度上的烟气温度分布和速度分布比较均匀，热偏差数值通常在允许范围内。

尽管再热器布置在烟温较高的水平烟道内，但在该炉设计时，根据再热器管外烟气温度及管内工质温度的不同，会导致不同壁温的原则，在再热器各区的不同管段上采用了不同的金属材料，从而保证了再热器的安全运行。

（6）采用了自炉底注入热风的方式来调节再热汽温。由于该炉采用了 W 型火焰燃烧方式，燃烧器由炉膛火拱上垂直向下喷射煤粉气流，因此不能像一般水平分层布置燃烧器那样，用改变燃烧器倾角或采用投、停不同层次燃烧器的方式来控制再热汽温。况且在燃用难燃的低挥发分无烟煤时，若采用烟气再循环方式来调节再热汽温，则大量低温烟气进入炉膛，降低了炉膛温度，不利于无烟煤的着火和燃烧。该炉采用热风自炉底注入的方式，在 MCR 工况时，设计的注入调温热风量为零，随着锅炉负荷的降低，逐渐增加注入的热风量，同时相应减少二次风量或三次风量，以保证炉内最佳的过量空气系数，保持炉内温度稳定。这种用热风注入炉底的调温方式，由于炉底热风的注入，抬高了炉膛火焰中心，提高了炉膛出口温度，相应可以增加对流受热面的吸热量。由于再热器布置在靠近炉膛出口、烟气温度较高的地方，再热器调节比较灵敏，调温幅度也较大，因此再热汽温在很大负荷范围内都能保持额定值。

（7）采用了双流道风罩转动回转式空气预热器。该锅炉配备了两台双流道风罩转动回转式空气预热器，其二次风侧静子外径为 10000mm，一次风侧静子直径为 4600mm，一次风流过空气预热器的中央位置，二次风自外围流过。为减少漏风，装设了自动电磁密封系统，在各种工况下，均能保证空气预热器内的径向密封间隙在允许范围内。

（8）采用了双进双出钢球磨煤机的直吹式制粉系统。双进双出钢球磨煤机与一般钢球磨煤机相比，具有电耗低、占地小、结构紧凑、节省钢材等优点，对磨制无烟煤特别有利，能保证燃烧所需的煤粉细度。

钢球磨煤机配直吹式制粉系统，在低负荷及变动负荷运行时，因其电耗较高，被认为是不经济的。但本锅炉的制粉系统却采用了它，而不采用中速磨煤机的直吹式制粉系统，其主要原因有两个。其一是钢球磨煤机适于磨制难磨的无烟煤，而且可获得较细的煤粉，有利于无烟煤的着火和燃烧；其二是钢球磨煤机的研磨部件工作寿命较长，可大大减少磨煤机的维修工作量。一般中速磨煤机的研磨部件在几个月内就会磨损掉，需要更换，而钢球磨煤机的护甲一般可工作四年以上，另一研磨部件——钢球则可随时添加和更换。

　　尽管钢球磨煤机电耗较高，但根据德国赫尔内电厂对钢球磨煤机与中速轮盘磨煤机的运行费用比较可得出：对于要求同样的煤粉细度和浓度而言，钢球磨煤机磨损与维修费用的降低，可以抵消其电耗增加的影响，因此该炉选用钢球磨煤机直吹式制粉系统也是可行的，特别是采用了双进双出钢球磨煤机，就更为合理了。

第二章 燃料、制粉设备及其系统

第一节 煤的成分及主要特性

一、煤的组成特性

1. 煤的元素分析

煤是一种植物化石燃料，它是由于古代森林因地层发生变化，深埋地下，长期在高温、高压及地下水的影响下，经过复杂的化学作用和细菌作用而形成的。

既然煤是由植物变成的，因此植物的成分碳（C）、氢（H）、氧（O）、氮（N）便是煤的主要成分。另外，在煤的形成、开采和运输过程还有其他物质加入。经过分析，煤的成分包括碳、氢、氧、氮、硫、水分和灰分等。除水分和灰分是化合物外，其余都是元素，所以元素分析是指对煤中碳、氢、氧、氮、硫五种元素分析的总称。各种元素成分都用重量百分数来表示。

在这五种元素中，碳、氢、硫为可燃质，碳和氢是煤中主要的可燃元素。碳是煤中含量最多的元素，而且是煤发热量的主要来源。碳的发热量在完全燃烧时为 32700kJ/kg。煤中含碳的一部分与氢、氧、氮等结合成挥发性的有机化合物，其余部分则呈单质状态，称为固定碳。固定碳要在较高温度下才能着火，其燃烧也比较困难，因此煤中固定碳含量越高，就越难燃烧完全。煤中氢的含量较少，但氢的发热量很高，完全燃烧时氢的发热量为 1.2×10^5 kJ/kg，比碳高 3.5 倍，而且氢极易着火和燃烧完全，特别是氢气在燃烧过程中能产生分枝连锁反应，能加快燃烧反应速度。煤中硫虽然能够燃烧放热，但因其发热量较低，在完全燃烧时，其发热量仅为 9040kJ/kg，而且其含量也少，因此其发热量在煤中是无足轻重的。但硫在燃烧过程中生成的 SO_2 和 SO_3，会进一步和水蒸气化合生成硫酸和亚硫酸，腐蚀锅炉金属和污染大气。

氧和氮均是煤中的不可燃成分，其含量也少。氧虽能助燃，但它在煤中的含量与大气中氧含量相比而言，是微不足道的。氮在燃烧时，会或多或少地转化为氮氧化合物（NOx），造成大气污染。所以氧和氮合称为煤中的内部废物。

在锅炉设计、热工实验和燃烧控制等方面都需要掌握煤的元素分析成分组成，元素分析的结果对煤质研究、工业利用和环境评价等都极为有用。

2. 煤的工业分析

各种元素在煤的燃烧过程中，大都不是单质燃烧，而是可燃质与其他元素组成复杂的高分子化合物参与燃烧。在煤的着火和燃烧过程中，煤中各种物质的变化是：首先水分被蒸发出来，接着煤中氢、氧、氮、硫及部分碳组成的有机化合物便进行热分解，变成气体挥发出来，这些气体称为挥发分。挥发分析出后，剩下的是焦炭，焦炭就是固定碳和灰分的组成物。

因此从煤的着火和燃烧过程中生成四种成分：即水分、挥发分、固定碳和灰分。将在一定条件下的煤样，分析出水分、挥发分、固定碳和灰分这四种成分的质量百分数，是煤的工业分析。

煤的工业分析要在一定的条件下进行，才能测定各种成分的质量百分数。按照国家标准（GB/T 211—1996《煤中全水分的测定方法》及 GB/T 212—2001《煤的工业分析方法》）的规定，测定的方法有很多种。在实验室条件下，首先，将风干后的煤样置于 105～110℃的温度下保持 1～1.5h，煤便干燥，失去的重量就是分析水分。分析水分加上风干水分便是全水分 M_{ar}。然后，将失去水分的煤样，在隔绝空气下加热至（900±10）℃，使煤中有机化合物分解而析出挥发分，保持 7min，煤样失去的重量便是挥发分 V_{daf}，剩下的便是焦炭。再将焦炭加热至（815±10）℃，待燃烧完全后失去的重量便是固定碳 FC，剩下的残留物便是灰分 A_{ar}。

3. 煤的成分计算基准

由前述可知，煤由碳、氢、氧、氮、硫五种元素以及水分、灰分等组成，这些成分都以质量百分数含量计算，其总和为 100%。

由于煤中水分和灰分含量易受外界条件的影响而发生变化，水分或灰分的含量变化了，其他元素成分的质量百分数也随之变化。例如，水分含量增加时，其他成分的百分含量便相对地减小；反之，水分含量减小时，其他成分的百分含量便相对地增加。所以不能简单的只用各成分的质量百分数来表示每种成分组成特性。因此煤质分析结果可以不同的基准表示。

常用的基准有：

（1）收到基。以收到状态的煤为基准计算煤中全部成分的组合称为收到基。对进厂原煤或炉前煤都应该按收到基计算各项成分，收到基以下角标 ar 表示。

$$C_{ar} + H_{ar} + O_{ar} + N_{ar} + S_{ar} + A_{ar} + M_{ar} = 100 \tag{2-1}$$

（2）空气干燥基。以与空气温度达到平衡状态的煤为基准，即供分析化验的煤样在实验室一定温度下，自然干燥失去外在水分，其余的成分组合便是空气干燥基，空气干燥基以下角标 ad 表示。

$$C_{ad} + H_{ad} + O_{ad} + N_{ad} + S_{ad} + A_{ad} + M_{ad} = 100 \tag{2-2}$$

（3）干燥基。以假象无水状态的煤为基准，以下角标 d 表示。干燥基中因无水分，故灰分不受水分变动的影响，灰分含量百分数相对比较稳定。

$$C_d + H_d + O_d + S_d + A_d = 100 \tag{2-3}$$

（4）干燥无灰基。以假想无水、无灰状态的煤为基准，以下角标 daf 表示。

$$C_{daf} + H_{daf} + O_{daf} + N_{daf} + S_{daf} = 100 \tag{2-4}$$

（5）干燥无矿物质基。以假想无水、无矿物质状态的煤为基准，以下角标 dmmf 表示。

（6）恒温无矿物质基。以假想含最高水分、无矿物质状态的煤为基准，以下角标 mmf 表示。

4. 工业分析和元素分析基准的换算

由于不同的目的，煤中的各种成分要进行基准之间的换算。换算公式为

$$x = Kx_0 \tag{2-5}$$

式中　　x_0——按原基准计算的某一成分的质量百分数,%；

x ——按新基准计算的同一成分的质量百分数，%；

K ——换算系数。

换算系数 K 可由表 2-1 查出。

表 2-1   不同基准的换算系数

已知煤的基质	待求的煤的基质			
	收到基 ar	空气干燥基 ad	干燥基 d	干燥无灰基 daf
收到基	1	$\dfrac{(100 - M_{ad})}{(100 - M_{ar})}$	$\dfrac{100}{(100 - M_{ar})}$	$\dfrac{100}{(100 - M_{ar} - A_{ar})}$
空气干燥基	$\dfrac{(100 - M_{ar})}{(100 - M_{ad})}$	1	$\dfrac{100}{(100 - M_{ad})}$	$\dfrac{100}{(100 - M_{ad} - A_{ad})}$
干燥基	$\dfrac{(100 - M_{ar})}{100}$	$\dfrac{(100 - M_{ad})}{100}$	1	$\dfrac{100}{(100 - A_{d})}$
干燥无灰基	$\dfrac{(100 - M_{ar} - A_{ar})}{100}$	$\dfrac{(100 - M_{ad} - A_{ad})}{100}$	$\dfrac{(100 - A_{d})}{100}$	1

二、煤的发热量

发热量是燃料一个很重要的热工特性。煤的发热量是指单位质量的煤在完全燃烧时所释放的热量，通常用 Q 表示，其单位为 kJ/kg。煤的发热量有弹筒发热量 Q_b、高位发热量 Q_{gr} 和低位发热量 Q_{net} 三种规定值。

弹筒发热量是在实验室中用氧弹式量热计测定的实测值。高位发热量是指弹筒发热量减去硫和氮生成酸的校正值后所得的热量。高位发热量是燃烧理论上的发热量。实际上在锅炉中所能利用的热量要比高位发热量要低，这是因为煤中有水分，在燃烧过程中要吸收热量变成水蒸气；煤中也有氢，氢燃烧后也生成水，同样也吸收热量变成水蒸气。这些水蒸气吸收了煤燃烧时放出的一部分热量。而在锅炉运行时，为了避免尾部烟道受热面的低温腐蚀，排烟温度常在 110℃以上，高于露点，烟气中的水分不会凝结，水蒸气所吸收的蒸发潜热便被带走排出，没有被利用，因此煤的实际可利用的热量便减少。煤的高位发热量减去煤中水和氢燃烧生成水的蒸汽潜热后所得的热量，称为煤的低位发热量。

因此由弹筒发热量换算成高位发热量的公式为

$$Q_{ad,gr} = Q_{ad,b} - (95S_{ad,b} + \alpha Q_{ad,b}) \tag{2-6}$$

式中 $Q_{ad,gr}$ ——分析试样的高位发热量，kJ/kg；

          $Q_{ad,b}$ ——分析试样的弹筒发热量，kJ/kg；

          $S_{ad,b}$ ——有弹筒洗液测得的含硫量，%；

          α ——硝酸生成热的比例系数。

α 值与 $Q_{ab,b}$ 有关，当 $Q_{ad,b} \leqslant 16700$kJ/kg 时，$\alpha = 0.001$；当 $16700 \text{ kJ/kg} < Q_{ad,b} \leqslant 25100$kJ/kg 时，$\alpha = 0.0012$；当 $Q_{ad,b} > 25100$kJ/kg 时，$\alpha = 0.0016$。

由高位发热量换算为低位发热量的公式为

$$Q_{\mathrm{ar,net}} = Q_{\mathrm{ar,gr}} - \gamma\left(\frac{9\mathrm{H_{ar}}}{100} + \frac{M_{\mathrm{ar}}}{100}\right) = Q_{\mathrm{ar,gr}} - 25.1\left(9\mathrm{H_{ar}} + M_{\mathrm{ar}}\right) \tag{2-7}$$

式中　　$\mathrm{H_{ar}}$——煤中收到基氢的质量百分数，%；

$\quad\quad M_{\mathrm{ar}}$——煤中收到基水分质量百分数，%；

$\quad\quad \gamma$——水的蒸发潜热，通常 γ 取为 2510kJ/kg，kJ/kg。

由空气干燥基高位发热量 $Q_{\mathrm{ad,gr}}$ 换算为收到基高位发热量 $Q_{\mathrm{ar,gr}}$ 的公式为

$$Q_{\mathrm{ar,gr}} = Q_{\mathrm{ad,gr}}\frac{100 - M_{\mathrm{ar}}}{100 - M_{\mathrm{ad}}} \tag{2-8}$$

三、煤的灰熔点

煤或多或少的含有灰分，一般煤，特别是劣质煤的含灰量较多。对于固态排渣的煤粉炉来说，其火焰中心温度较高，灰粒一般呈熔化或软化状态。在锅炉运行中，应使灰粒在接触炉墙、水冷壁、炉膛出口受热面以及落入冷灰斗之前得到充分的冷却，并形成固态或基本上没有黏性，以避免引起灰渣黏附而出现所谓结渣或玷污。受热面结渣和玷污在很大程度上决定于灰分熔化的性质，即灰熔点的高低。

关于灰熔点，目前都是用实验方法测定。我国及前苏联常用的是角锥法，即先将煤灰制成高 20mm，底边长 7mm 的等边三角形锥体，将此锥体放在可以调节温度的、并充满弱还原性（或称半还原性）气体的专用高温炉或灰熔点测定仪中，以规定的速度升温。加热到一定程度后，灰锥在自重的作用下，开始发生变形，随后软化和出现液态，角锥法就是根据目测灰锥在受热过程中形态的变化，根据灰锥的变化情况［见图 2-1（a）］得到关于灰锥不同

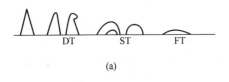

(a)

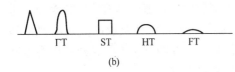

(b)

图 2-1　灰锥变形温度
（a）中国及前苏联所用的角锥法；
（b）美国使用的角锥法

状态的三个温度：变形温度 DT，软化温度 ST 和流动温度 FT。变形温度是指灰锥顶端开始变圆或弯曲时的温度；软化温度 ST 是指灰锥体至灰锥顶触及底板或锥体变成球形或高度小于或等于底长的半球形时所对应的温度；流动温度 FT 是指灰锥体熔化成液体或展开成厚度在 1.5mm 以下的薄层时对应的温度。另一种是美国采用的角锥法，也是在半还原性气氛下进行加热，得到如图 2-1（b）的集中灰分状态变化时的温度，其中 IT 为变形温度，ST 为软化温度（此时灰锥高度等于灰锥底宽），HT 为球形温度（此时灰锥高度等于 1/2 灰锥底宽），FT 为熔化温度。

不同煤种具有不同的灰熔点，即使是同一煤种，其灰熔点也不是固定不变的，这与灰的成分、灰所处的周围气氛有关。灰的成分对灰熔点的影响很大。煤灰成分，按其化学性质可分为酸性氧化物和碱性氧化物两种。酸性氧化物包括 SiO_2，Al_2O_3 和 TiO_3。碱性氧化物则有 Fe_2O_3，CaO，MgO，Na_2O 和 K_2O 等。灰中这些氧化物在纯净状态下，大都灰熔点很高，而且发生相变的温度是恒定不变的，如表 2-2 所示。

表 2-2		常用几种纯净氧化物的熔化温度							
氧化物名称	SiO_2	Al_2O_3	CaO	MgO	Na_2O	K_2O	Fe_3O_4	Fe_2O_3	FeO	TiO_3
熔化温度（℃）	1716	2043	2521	2799	800~1000	800~1000	1597	1566	1377	1838

然而，煤中的矿物质是以多种复合化合物的混合物形式存在的，在燃烧后形成的灰分也往往是多种组合成分结合成的共晶体。这种复合物共晶体的熔化温度要比纯净氧化物低得多，如表 2-3 所示，而且没有明确固定的由固态转变为液态的相变温度。从个别组分开始相变到全部组分完全相变要经历一个或长或短的温度区域，在这个温度区域内，灰的各组分之间也可能互相反应，生成具有更低熔点的共晶体，或有些共晶体也可能进一步受热分解成熔点较高的化合物。而且熔化状态的低熔点共晶体也具有熔化煤灰中其他尚呈固态矿物质的性能，因而使煤灰的某些组分在大大低于它的熔化温度下熔化，使煤灰组分的熔化温度低于表 2-3 所示。

表 2-3		几种复合化合物的熔化温度						
名　称	$Na_2 \cdot SiO_3$	$K_2 \cdot SiO_3$	$Al_2O_3 \cdot Na_2O \cdot 6SiO_2$	$Al_2O_3 \cdot K_2O \cdot 6SiO_2$	$Fe \cdot SiO_3$	$CaO \cdot Fe_2O_3$	$Ca \cdot MgO \cdot 2SiO_3$	$Ca \cdot SiO_3$	$CaO \cdot FeO \cdot SiO_3$
熔化温度（℃）	877	997	1099	1099	1143	1249	1391	1540	1100

一般情况下，灰中酸性成分增加，会使灰熔点升高，当酸性成分超过 80%~85% 时，煤灰往往是难熔的。相反，煤灰中碱性金属氧化物、特别是碱土金属氧化物含量增加，则使煤灰的熔点下降。

灰的熔化温度也随灰中含铁量增加而下降，铁对灰熔点的影响还和周围气氛（炉内烟气）的性质有关。当含铁量很小时（小于 5%），炉内气氛对灰熔点没有明显的影响，但当含铁量较大时，炉内气氛的影响就非常显著。在氧化气氛中，铁可能以 Fe_2O_3 形态存在，这时随含铁量的增加，灰熔点下降得比较少；在还原性或半还原性气氛中，Fe_2O_3 会还原成 FeO，并可能与其他氧化物生成复合化合物（共晶体），这样灰熔点会随灰中含铁量的增加而迅速下降。介质气氛不同，会使灰熔点变化 200~300℃。

四、煤的焦炭特性

煤中挥发分析出后，所余的残留物便是焦炭，焦炭特性随煤种不同而发生变化。根据国家规定，焦炭特性分为 8 类，即：

（1）粉状。焦炭全部为粉状，无相互黏着的颗粒。

（2）黏着。用手指轻碰即为粉状，或基本上是粉状。

（3）弱黏结。用手指轻压即碎成小块。

（4）不熔融黏结。用手指重压才裂成小块，焦炭上表面无光泽，下表面稍有银白光泽。

（5）不膨胀熔融黏结。焦炭为扁平的饼状，炭粒界线不清，表面有明显银白金属光泽，下表面尤为明显。

（6）微膨胀熔融黏结。手指压不碎，焦炭上下表面均有银白色金属光泽，在表面上有较小的膨胀泡。

（7）膨胀熔融黏结。焦炭上下表面均有银白色金属光泽、且明显膨胀，但膨胀高度不超过 15mm。

（8）强膨胀熔融黏结。焦炭上下表面均有银白色金属光泽，焦炭膨胀高度超过 15mm。

五、煤的可磨性和磨损特性

煤的可磨性系数，表示煤被磨碎成煤粉的难易程度。按前全苏热工研究所的定义：在风干状态下，将质量相等的标准燃料与被测燃料由相同粒度磨碎到相同的煤粉细度所消耗的电能之比称为煤的可磨性系数，用 K_{km} 表示。

标准燃料是一种比较难磨的无烟煤，其可磨性系数定为 1。燃料越容易磨，则磨制煤粉耗电就越小，可磨性系数就越大。我国和前苏联广泛采用前全苏热工研究所的测量方法，其煤的可磨性系数表示为

$$K_{km}^{BTU} = 1.988 \left(\ln \frac{100}{R_{90}} \right)^{2/3} \qquad (2-9)$$

大多数欧美国家采用哈德格罗夫（Hardgrove）法测定煤的可磨性系数，按下式确定，即

$$HGI = 13 + 6.93 D_{74} \qquad (2-10)$$

式中　D_{74} 为通过孔径为 $74 \mu m$ 的筛子的煤粉量。

HGI 与 K_{km}^{BTU} 之间的换算关系为

$$K_{km}^{BTU} = 0.0034(HGI)^{1.25} + 0.61 \qquad (2-11)$$

我国原煤的可磨性系数 K_{km}^{BTU} 一般在 0.8 ~ 2.0 范围内。通常认为 $K_{km}^{BTU} < 1.2$ 的煤为难磨的煤，$K_{km}^{BTU} > 1.5$ 的煤为易磨的煤。对于褐煤和油页岩，较易破碎，但由于它们破碎后成纤维状，不易通过筛孔，使实测的 $K_{km}^{BTU} \approx 1.0$，应属极难磨的煤种，这显然不合理，此时必须通过工业试验确定。

煤的可磨性用可磨性指数测定方法（哈德格罗夫法）GB/T 2565—1998 测得的可磨性指数 HGI 或 KM—88 型可磨性指数测定仪 SD 328—1989 测得的可磨性指数 K_{VTI} 为依据。指数 K_{VTI} 用于钢球磨煤机设计计算，指数 HGI 用于除钢球磨煤机以外的其他所有磨煤机的设计计算。为判别煤的可磨性，表 2-4 列出了以哈氏可磨性指数划分的可磨性分级。可磨性指数 HGI 和 K_{VTI} 可近似用下式进行换算，即

$$K_{VTI} = 0.0149 HGI + 0.32 \qquad (2-12)$$

但在进行磨煤机出力计算时，应以实测的可磨性数据为准。

关于混煤的可磨性指数，一般应以实测为准。计算的方法只是在粗略估算或可行性研究时权且应用。关于计算的方法，德国曾提出利用可磨性指数和挥发分的关系曲线进行计算，即先根据质量加权法求得混煤的挥发分，再根据可磨性指数和挥发分的关系曲线查得混煤的可磨性指数。此法与按质量加权法求取混煤的可磨性指数是一致的，而且后者也是经过我国对混煤可磨性的大量试验总结得出的经验公式，即

表 2-4　　煤的可磨性分级（GB/T 7562—1998）

序号	哈氏可磨性指数 HGI	可磨性
1	40 ~ 60	难　磨
2	60 ~ 80	中等可磨
3	>80	易　磨

$$K = \sum_{i=1}^{n} K_i r_i \qquad (2-13)$$

式中　K、K_i ——n 种混煤的可磨性指数和混煤中煤种 i 的可磨性指数；

　　　r_i ——混煤中煤种 i 所占的质量份额。

无论哪种方法（哈德格罗夫法或 BTU 法）测定煤的可磨性指数，都是在常温下利用空

气干燥的样品进行测定。但实际上水分和温度对煤的可磨性都有影响。一般情况下，烟煤、贫煤和无烟煤的可磨性指数随煤的全水分的增加而下降；而褐煤的可磨性随水分增加的变化较为复杂。

关于温度对可磨性的影响：烟煤、贫煤和无烟煤的可磨性指数基本上不随温度的变化而改变；而褐煤的变化则较复杂，在一定的温度区段可磨性指数增高，在另一些区域则又下降，情况还不十分清楚。

但考虑到在磨煤机内，同时进行着煤的干燥过程，煤的水分无论大小最终只能达到接近或低于空气干燥的水分，这与可磨性测定时的煤样相当近似；另一方面除褐煤外的其他煤种的可磨性并未受到温度变化的明显影响，因此直接利用仪器测定的可磨性指数作为评价在磨制无烟煤、贫煤和烟煤时磨煤机的工作过程和计算磨煤机参数的依据，仍然是合适的，不必要进行其他的修正。

煤的磨损指数表示煤种对磨煤机的研磨部件磨损的轻重程度。但是通常用冲刷磨损指数 K_e 作为磨煤机选型时的煤磨损性依据。尽管冲刷式磨损在表面上与除风扇磨煤机外的大多数磨煤机的磨损机理有出入，但大量的运行和试验资料证明，冲刷磨损指数和各种类型磨煤机实际磨损状况有很好的相关性，也积累了大量的数据。冲刷磨损指数 K_e 按 DL/T 465—1992《煤的冲刷磨损指数试验方法》进行测定，必要时还可用 GB/T 15458—1995《煤的磨损指数测定方法》测得的研磨磨损指数 AI 为参考。表 2-5 定性地指出了 K_e 与煤的磨损性的关系。

表 2-5 煤的磨损性和冲刷磨损指数的关系

煤的冲刷磨损指数 K_e	磨 损 性	煤的冲刷磨损指数 K_e	磨 损 性
<1.0	轻 微	3.5~5.0	很 强
1.0~2.0	不 强	>5.0	极 强
2.0~3.5	较 强		

实验研究表明，煤在破碎时对金属的磨损是由煤中所含硬质颗粒对金属表面形成显微切削造成的。煤的磨损性和煤中的石英、黄铁矿的含量有关，两种矿物的磨损性都很强，但石英更甚。因为煤中的石英通常以单粒呈现，且粒粗；而黄铁矿往往混杂在软质黏土和煤中。据原英国中央发电局试验，黄铁矿的磨损性约为石英的 30%，但中国大多数煤中石英的含量均不高，川南、黔西、福建的某些煤田的煤中有较高的石英含量。煤中石英的含量可由 X 射线衍射分析仪来大致确定，也可利用下面的公式估算，即

$$(SiO_2)_q = [SiO_2]_q \times A_{ar}/100 \qquad (2-14)$$

$$(SiO_2)_q = [SiO_2]_t - 1.5[Al_2O_3] \qquad (2-15)$$

式中　$(SiO_2)_q$——煤中石英含量, %;

　　　$[SiO_2]_q$——灰中石英含量, %;

　　　$[SiO_2]_t$——灰中 SiO_2 总量, %;

　　　$[Al_2O_3]$——灰中 Al_2O_3 总量, %;

　　　A_{ar}——煤的收到基灰分, %。

如果灰中 $[SiO_2]_q < 6\% \sim 7\%$, 则煤的磨损性是轻微的。根据对一些英国煤和美国煤的试验结果，若煤中的石英含量低于 0.5%~0.7%，属低磨损性；高于 1.9%~2.4% 则属高磨损

性。

前苏联学者认为，磨损指数与 K_{km} 是有一定关系的，但又有较大的区别。磨损指数主要取决于煤中硬质颗粒的性质和含量，而煤中这些颗粒与煤的总量相比毕竟是少数；可磨性系数决定于煤的机械强度、脆性等因素，而碳和除硬质颗粒以外的灰分占原煤中的绝大部分，是这个主要部分决定了煤的机械强度及脆性等因素，从而影响着 K_{km} 的大小。

六、煤的着火、燃烧特性及其影响

通常，把煤的挥发分、水分、灰分、发热量、灰熔点以及焦炭特性称为煤的常规特性。这些特性表征了煤的基本性质，可以作为分析煤的着火、燃烧特性的依据，也是在进行制粉系统设计时应该具有的基本原始数据。根据煤的常规特性可以初步判定煤的燃烧特性，如表 2-6（GB/T 7562—1998《发电煤粉锅炉用煤技术条件》）所示。在进行制粉系统选择时，应按着火实验炉在特定条件下确定的煤粉气流着火温度（℃）来判断煤的燃烧性能（表 2-7 所示）。

表 2-6　　　　　　　　　　　发电厂煤粉锅炉用煤技术条件

	符号	V_{daf}（%）	$Q_{ar,net}$（MJ/kg）		符号	M_{ar}（%）	V_{daf}（%）
按挥发分（及相应发热量）分类等级	V_1	6.5～10.00	>21.00	按水分分类等级	M_1	≤8.0	≤37.0
	V_2	10.01～20.00	>18.50		M_2	8.1～12.0	≤37.0
	V_3	20.01～28.00	>16.00		M_3	12.1～20.0	>37.0
	V_4	>28.00	>15.50		M_4	>20.0	
	V_5	>37.00	>12.00		符号	$S_{t,d}$（%）	
	符号	$Q_{ar,net}$（MJ/kg）		按硫分分类等级	S_1	≤0.50	
按发热量分类等级	Q_1	>24			S_2	0.51～1.00	
	Q_2	21.01～24.00			S_3	1.01～2.00	
	Q_3	17.01～21.00			S_4	2.01～3.00	
	Q_4	15.51～17.00			符号	ST（℃）	
	Q_5	>12.00		按煤灰熔融性分类	ST_1	1150～1250	
	符号	A_d（%）			ST_2	1260～1350	
按灰分分类等级	A_1	≤20.00			ST_3	1360～1450	
	A_2	20.01～30.00			ST_4	>1450	
	A_3	30.01～40.00					

表 2-7　　　　　　　　　　　煤着火温度与着火性能的关系

着火温度（℃）	着火等级	着火性	着火温度（℃）	着火等级	着火性
>900	A	极难着火	600～700	D	易着火
800～900	B	难着火	<600	E	极易着火
700～800	C	中等着火性			

1. 挥发分及其影响

煤的挥发分是由各种碳氢化合物、一氧化碳、硫化氢等可燃气体、少量的氧气，二氧化碳和氮等不可燃气体组成。煤的挥发分含量与煤的地质年代有密切的关系。地质年代越短，挥发分含量越高。这是因为煤中所含各种气体本身就有挥发性，埋藏时间越短，它受大自然干馏挥发得越少，所以含量便大。而且不同地质年代的煤，开始析出挥发分的温度也是不同的，地质年代较短的煤，不但挥发分含量多，而且在较低温度（一般小于200℃）时便迅速析出，例如褐煤。而且地质年代长，挥发分含量少的无烟煤，则要到400℃左右才开始析出挥发分。

挥发分燃烧时放出的热量多少，取决于挥发分的组成成分。不同燃料的挥发分的发热量的差别很大，低的只有17000kJ/kg，高的可达71000kJ/kg。这与挥发分中氧的含量有关，因而也与地质年代有关。含氧量少的无烟煤的挥发分，其发热量很高，而含氧量多的褐煤，挥发分的发热量则较低。

所以挥发分是煤的重要成分特性，它可以作为煤分类的主要依据。同时，挥发分对煤的着火、燃烧有很大的影响。

挥发分含量越多的煤，越容易着火，燃烧也易于完成。这是因为挥发分是气体可燃物，其着火温度越低，挥发分越多，其着火温度越低，煤易于着火。挥发分多，相对来说煤中难燃的焦炭便少，使煤易于燃烧完全。大量的挥发分析出，着火燃烧时可以放出大量热量，造成炉内高温，有助于焦炭的迅速着火和燃烧，因而挥发分多的煤也较易于燃尽。挥发分是从煤的内部析出的，析出后使煤具有孔隙性，挥发分越多，煤颗粒的孔隙越多，使煤和空气的接触面越大，便于燃烧完全。

此外，煤中挥发分的成分和数量与加热温度和加热速度有关。在现代煤粉炉中，煤粉颗粒很小，且炉内高温，加热速度也高，可达10^4℃/s，挥发分的成分、数量可能与常规的工业分析方法得出的结果不同。

2. 水分的影响

煤的水分对锅炉工作的影响很大。燃煤中水分多，燃烧时放出的有效热量便减少；水分多，会降低炉内燃烧温度，并增加着火热，因而可使着火推迟，甚至会使着火困难。在燃料燃烧后，燃料中水分吸热变成水蒸气并随烟气排入大气，增加了烟气量而使排烟热损失增大，降低锅炉热效率，且使引风机电耗增加；水分多，也给低温受热面的积灰和腐蚀创造了外部条件；水分增大，对过热汽温也有影响，一般是水分每增加1%，过热汽温会升高1.5℃。此外，原煤中过多的水分也会给煤粉制备增加困难，水分增加会造成原煤仓、给煤机和落煤管中黏结堵塞及磨煤机出力下降等不良后果。

3. 灰分的影响

煤中灰分不但不能燃烧，而且降低了燃料的发热量，妨碍可燃物质与氧的接触，使煤着火和燃烧困难，还会增加燃烧损失。燃料中灰分增加，会使火焰传播的速度减慢，影响着火；也会使火焰温度降低，这使用于加热灰分的热量消耗随之增加。煤的发热量越低，灰分和水分含量越大，灰分增加而引起温度下降幅度越大。

高灰分煤由于着火推迟，燃烧温度下降，燃烧的稳定性就较差，因此要求有较高的预热空气温度及其他改善着火条件的措施。灰分含量增加，也使煤粉燃尽度变差，故机械未完全燃烧热损失随之增加；由于燃煤灰分增加时，煤的可燃质组成成分相应减少，虽然会表现在飞灰可燃物含量也随之而略有降低，但总的机械未完全燃烧损失还是增加的；灰分增加时，其灰渣物理热损失也成比例地增加。

燃煤灰分的增减，会对过热汽温产生影响，一般是煤灰分每变化±10%，过热汽温就相应变化 5℃。

从运行安全性来看，燃料灰分越多，受热面的沾污和磨损就越严重。炉膛水冷壁受热面的沾污常引起结渣及过热器超温爆管而威胁锅炉运行的安全性，过热器和再热器的沾污常引起高温黏结灰和高温腐蚀，而尾部受热面的沾污则会导致排烟温度的显著上升而降低运行的经济性。灰分增多，会引起对流受热面，特别是尾部受热面的严重磨损；还会引起尾部受热面的积灰和低温腐蚀，因此在燃用高灰分燃料的锅炉，炉膛及对流受热面都应装有有效的吹灰装置，并定期吹灰。为了减轻受热面的飞灰磨损，必须限制烟气流速及采取有效的防磨措施。此外，燃料中灰分增加，会增加磨制煤粉的困难；灰分还是造成大气和环境污染的根源。

因此对于一般的固态除渣煤粉炉，从燃烧的稳定性和运行的安全性考虑，燃煤灰分不宜超过 40%。

4. 灰的熔化性质的影响

灰的熔化特性即灰熔点，对锅炉的设计和运行有很大的影响，因为它是造成炉膛结渣和高温对流受热面沾污和结渣的主要根源。为避免高温对流受热面的沾污和结渣，通常要控制炉膛出口烟温低于灰的变形温度 DT 50~100℃，或者低于灰的软化温度 ST。炉膛结渣的严重程度则常认为与灰的软化温度 ST 关系更大些。实践表明：对于固态除渣煤粉炉，当灰的软化温度 ST < 1350℃，就有可能造成炉内结渣；ST > 1350℃，造成炉内结渣的可能性就不大。

5. 焦炭特性的影响

焦炭特性不论是粉末状还是动结性较强的，对煤粉炉燃烧的影响都不大，因为在煤粉燃烧中，很小的颗粒分散在煤粉空气流中，煤粉和空气的混合可以通过燃烧器的合理设计和布置而变得非常良好，因而焦炭特性对燃烧的影响很小。

6. 硫分的影响

硫分虽不是煤的常规特性（因为煤中含硫多少对着火和燃烧并无明显的影响），但随着含硫量的增加，煤粉的自燃倾向增大，常会引起煤粉仓内温度自行升高；而当空气进入时，甚至会自燃，因此在燃用高硫煤时，仓内煤粉不宜久存。煤中的硫分还可能造成尾部受热面的低温腐蚀。

第二节 煤粉的基本性质

一、煤粉的一般特性

煤粉是由不规则形状的微细颗粒组成的颗粒群，其尺寸一般为 0~300μm，其中 20~50μm 的颗粒占多数。与其他的颗粒群体不同的是，煤粉由于在制粉系统中被干燥，其水分一般为 $(0.5~1.0)$ M_{ad}，因此干燥的煤粉具有很强的吸附空气的能力。它借助颗粒表面极薄空气层的减阻作用而具有很好的流动性（又称松散性），能够像水一样因自重而由高处向低处自流，像流体一样很容易地在管内输送。

刚刚磨出来的煤粉是松散的，轻轻堆放时，自然倾角为 25°~30°。吸附了空气薄层的煤粉自然堆积密度约为 700kg/m³。在煤粉仓内堆放久了的煤粉，被压紧成块，流动性减少，其堆积密度可增加到 800~900kg/m³。

由于干的煤粉流动性好，它可以通过很小的空隙，因此制粉系统的严密性应予以足够重视。煤粉的自流现象，会给锅炉运行中的调整操作造成困难。

干燥的煤粉也有很强的从周围空气中吸收水分的能力，称为吸湿性。煤粉吸收水分后，会影响它的导电性、自黏性，特别会影响到煤粉的流动性能，影响煤粉的正常气力输送。因此在制粉系统的煤粉仓设计中，要设法去除可能造成煤粉受潮的环境条件。

当煤粉在管道中进行输送及在制粉系统内流动时，煤粉在惯性力的作用下对管道及各种部件的金属表面进行着冲撞和摩擦，以致造成壁面的磨损，这就是煤粉的磨蚀性。在煤粉制备系统中的输送管道转弯处，粗粉分离器的内筒、导向叶片，以及旋风分离器进口气流第一次拐弯处的筒壁、锥体部分，磨损情况特别严重。其中对分离器锥体部分的磨损主要是由于大颗粒的煤粉冲击的结果。这些大颗粒从器壁上反弹而做跳跃式的运动，在很多情况下，它们未落入煤粉仓中，而在锥体部分继续旋转，形成高浓度的粗大煤粉颗粒群对锥体部分的磨损。

煤粉与其他粉尘一样，有结块和黏附在金属器壁上的倾向，这取决于煤粉之间自身的黏结作用（称自黏性）。自黏性是由于静电作用力、分子引力及毛细作用力所引起的，而黏附性则取决于颗粒的性质及其所处的环境条件，同时在很大程度上还取决于器壁的表面状况。

二、煤粉的自燃与爆炸

煤粉（挥发分很低的无烟煤除外）堆积在某一死区里，与空气中的氧长期接触而氧化时，自身热分解释放出挥发分和热量，使温度升高，而温度升高又会加剧煤粉的氧化。若散热不良，会使氧化过程不断加剧，最后使温度达到煤的着火点而引起煤粉的自燃。在制粉系统中，煤粉是由气体来输送的，气体和煤粉混合成云雾状的混合物，它一旦遇到火花就会造成煤粉的爆炸。在封闭系统中，煤粉爆炸时所产生的压力可达 0.35MPa。

影响煤粉爆炸的因素很多，如挥发分含量，煤粉细度，气粉混合物的浓度、流速、温度、湿度和输送煤粉的气体中氧的比例等。着火温度（℃）综合了煤的易燃性和灰分的影响，可大致代表在煤粉水分、细度、浓度、温度、气粉混合物中含氧量相同情况下煤粉的爆炸特性。表 2-8 反映了爆炸特性和着火温度的关系。

表 2-8   煤的爆炸特性

着火温度（℃）	爆炸等级	爆 炸 性	着 火 性
>900	0	极难爆炸	极难着火
800~900	I	难爆炸	难着火
700~800	II	中等爆炸性	中等着火
600~700	III	易爆炸	易着火
<600	IV	极易爆炸	极易着火

表 2-9 煤的挥发分与煤的爆炸性

可燃基挥发分 V_{daf}（%）	爆炸等级	爆 炸 性
<6.5	0	极难爆炸
6.5~10	I	难爆炸
10~25	II	中等爆炸性
25~35	III	易爆性
>35	IV	极易爆炸

注 灰分高于 40% 的煤按其挥发分所定的爆炸性降一个等级。

煤粉的爆炸特性也可用煤的挥发分含量近似判定（表 2-9）。一般说来，挥发分含量 $V_{daf} < 10\%$ 的煤粉（无烟煤）是没有爆炸危险的；$V_{daf} > 20\%$ 的煤粉（烟煤等）很容易自燃，爆炸可能性很大。

煤粉越细，越容易自燃和爆炸。粗煤粉爆炸的可能性较小，例如烟煤粒度大于 0.1mm

时，几乎不会爆炸。对于挥发分高的煤，不允许磨得过细。

煤粉浓度是影响爆炸的重要因素。实践证明，最危险的浓度在$1.2 \sim 2.0 \text{kg/m}^3$，大于或小于该浓度时爆炸可能性都会减小。在实际运行中，一般很难避免上述危险浓度。因此制粉系统的防爆是一个十分重要的问题。

煤粉空气混合物的温度要低于煤粉的着火温度，否则可能自燃而引起爆炸。

制粉系统中煤粉管道应具有一定的倾斜角。气粉混合物在管内的流速应适当：过低易造成煤粉的沉积，过高又会引起静电火花，导致爆炸，故一般应在$16 \sim 30 \text{m/s}$的范围内。

潮湿的煤粉具有较小的爆炸危险性。对于褐煤和烟煤，当煤粉水分稍大于固有水分时，一般没有爆炸危险。煤粉的水分往往反映在磨煤机出口风温上。对不同煤种，应控制适当的出口风温，见表$2-10$。

表$2-10$ 磨煤机出口温度上限值

燃 料	储 仓 式		直 吹 式	
	$M_{ar} < 25\%$	$M_{ar} > 25\%$	非竖井磨	竖井磨
页 岩				80℃
褐 煤	70℃	80℃	80℃	100℃
烟 煤				130℃
贫 煤	130℃	130℃	130℃	—
无烟煤	不限制	不限制	不限制	—

三、煤粉细度

煤粉细度是煤粉最重要的特性之一，它是煤粉颗粒群粗细程度的反映。煤粉细度R_x是指：把一定量的煤粉在筛孔尺寸为$x\mu m$的标准筛上进行筛分、称重，煤粉在筛子上剩余量占总量的质量百分数。即

$$R_x = \frac{a}{a + b} \times 100\% \qquad (2-16)$$

式中　a——筛孔尺寸为x的筛上剩余量；

b——通过筛孔尺寸为x的煤粉量。

对于一定的筛孔尺寸，筛上剩余的煤粉量愈少，则说明煤粉磨得愈细，也就是R_x愈小。我国电站锅炉煤粉细度常用筛孔尺寸为$200\mu m$和$90\mu m$的两种筛子来表示，即R_{200}和R_{90}。

通常还可以用筛孔目数来表示煤粉的粒度。目数表示每平方英寸的面积上有多少个孔，比如常用的100、200目就是表示每平方英寸上有100、200个孔，它们对应得筛孔的孔径为$150\mu m$和$75\mu m$，表$2-11$为部分美国标准的筛号与孔径的对应关系。

表$2-11$ 粒径目数换算表

ASTM NO.	60	70	80	100	120	140	170	200	230	270	325	400
目　数	62	72	83	102	118	144	166	203	235	285	330	374
筛孔（μm）	250	212	180	150	125	106	90	75	63	53	45	38

从燃烧的角度看，煤粉磨得愈细愈好，这样可以适当减少炉内送风量，使排烟热损失降低，同时还可使机械不完全燃烧热损失降低。但从制粉系统的角度，希望煤粉磨得粗些，以便降低磨煤所消耗的能量，并减少磨煤系统的金属消耗，因此锅炉实际采用的煤粉细度应根

据不同煤种的燃烧特性对煤粉细度的要求与磨煤运行费用两个方面进行综合的技术经济比较后确定。我们把 $q_2 + q_4 + q_N + q_M$ 之总和为最小时所对应的 R_x 称为经济细度，如图2-2。

影响煤粉经济细度的因素很多，主要是：

（1）燃料的燃烧特性。一般来说，V_{daf} 高、发热量高、活性强、活化能低的燃料容易燃烧，其 R_{90} 可以大一些，即煤粉可以粗一些，否则应磨细一些。

（2）磨煤机和分离器的性能。不同型式的磨煤机磨制煤粉的均匀性不同。一般情况下，煤粉颗粒度均匀的，即使煤粉粗一些也可能燃烧得比较完全，所以煤粉细度 R_{90} 可以大一点。在各种磨煤机中，竖井磨煤机以及带回转式粗粉分离器的中速磨煤机磨制的煤粉颗粒度比球磨机均匀。

（3）燃烧方式。对燃烧热负荷很高的锅炉如旋风炉，由于燃烧强烈，可以烧粗一些的煤粉，甚至燃用碎煤屑。

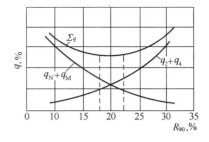

图2-2　煤粉经济细度
q_2—排烟热损失；q_4—机械不完全燃烧损失；q_N—磨煤电能消耗；q_M—制粉设备金属消耗；Σq—q_2、q_4、q_N、q_M 之总和

四、煤粉的均匀性指标

煤粉颗粒群的颗粒分布可以用来说明不同尺寸颗粒的组成。通常有三种组成情况，示于图2-3中。图中横坐标表示相应的筛孔尺寸，纵坐标表示大于或小于某尺寸的颗粒的质量百分数。图中曲线2是一条直线，说明该颗粒群中不同尺寸颗粒是均匀分布的；曲线1是下凹曲线，说明该颗粒群中细小颗粒的数量大；曲线3是上凸曲线，则说明大颗粒占有大的份额。对不同种类的燃料，用不同的粉碎方式磨制，具有不同的分布特性曲线，不少研究者企图用一个统一的公式来表示它，其中最有名的统计经验公式是 Rosin - Rammler - Bennet 方程式和 Rosin - Rammler - Sperling 方程式。两式基本上是一样的，其中前者可写为

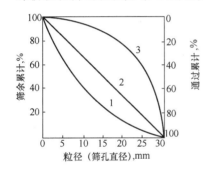

图2-3　颗粒分布的三种情况
1—凹形曲线；2—直线；3—凸形曲线

$$R_x = 100\exp\left[-\left(\frac{x}{x_0}\right)^n\right] \tag{2-17}$$

式中　R_x——煤粉颗粒群中尺寸大于或等于 x 的颗粒质量百分数；

x_0——特征颗粒直径（对某一颗粒群，x_0 为一常数，表示煤粉的粗细程度），μm；

n——煤粉均匀性系数，与煤的种类和磨煤方式有关，n 越大，颗粒愈均匀。

工程实践中，通常采用实测 R_{200} 和 R_{90} 来计算均匀性系数 n，其计算公式如下，即

$$n = \frac{\lg\ln\dfrac{100}{R_{200}} - \lg\ln\dfrac{100}{R_{90}}}{\lg\dfrac{200}{90}} \tag{2-18}$$

各种磨煤设备煤粉均匀性系数的统计范围值如表2-12，可供分析问题时参考。

表 2-12 煤粉均匀性系数 n 的统计值

磨 煤 机	粗粉分离器	均匀性系数 n		前苏联数据
		统 计 值	推 荐 值	
钢球磨煤机	离 心 式	0.80~1.20	0.86	0.7~1.0
	回 转 式	0.95~1.10		
中速磨煤机	离 心 式		0.86	1.1~1.3
	回 转 式	1.20~1.40		
	惯 性 式	0.70~0.80		
风扇磨煤机	离 心 式	0.80~1.30		0.9
	回 转 式	0.80~1.0		
竖井磨煤机	竖 井	1.20~1.50	1.21	1.1~1.5

五、煤粉水分

煤粉水分 M_{mf} 对于供粉的连续性和均匀性、燃烧的经济性、磨煤机的出力及制粉设备工作的安全性等都有着很大的影响。煤粉水分可按下式确定，即

对无烟煤、贫煤 $\qquad M_{mf} \leqslant M_{ad}$

对烟煤 $\qquad M_{mf} = (0.5 \sim 1.0) M_{ad}$ $\qquad\qquad (2-19)$

对褐煤 $\qquad M_{mf} = M_{ad} \sim (M_{ad} + 8)$

第三节　300MW 锅炉机组常用的磨煤机

一、低速磨煤机

（一）钢球磨煤机

钢球磨煤机（简称球磨机）是一种低速磨煤机。其转速为 15~25r/min。它利用低速旋转的滚筒带动筒内钢球运动，通过钢球对原煤的撞击、挤压和研磨实现煤块的破碎和磨制成粉。图 2-4 是钢球磨煤机的结构简图，其磨煤部分是一个直径为 2~4m、长 3~10m 的圆筒。筒内用锰钢护甲做内衬，护甲与筒壁间有一层石棉衬垫，起隔音作用。为了保温，在筒身外包有毛毡，最外层是薄钢板做的外壳。筒内装有占总容积 20%~25%、直径 30~60mm 的钢球。大功率电动机经变速箱带动这个笨重的圆筒运动，筒内的钢球被转动到一定高度后落下，通过钢球对煤块的撞击及钢球之间、钢球与护甲之间的研压，把煤磨碎。原煤和热空气从圆筒一端进入，磨成的煤粉被空气流从圆筒的另一端带出。热空气的速度决定了被带出的煤粉的粗细。过粗的不合格煤粉从球磨机的后部流出，经粗粉分离器而被分离下来，又从回粉管再送至圆筒内重新研磨。热空气除了输送煤粉外，还起到干燥煤的作用，因此热空气在制粉系统里又称为干燥剂。钢球磨煤机最大的优点是能磨制几乎所有的煤种，从最硬的无烟煤一直到褐煤。

1. 影响钢球磨煤机工作的主要因素

（1）钢球磨煤机的临界转速和工作转速。钢球磨煤机筒体转速发生变化时，其中钢球和煤的运转特性也发生变化，如图 2-5 所示。当筒体的转速很低时，随着筒体的转动，钢球被带到一定高度，在筒体内形成向筒体下部倾斜的状态，当这堆钢球的倾角等于或者大于钢

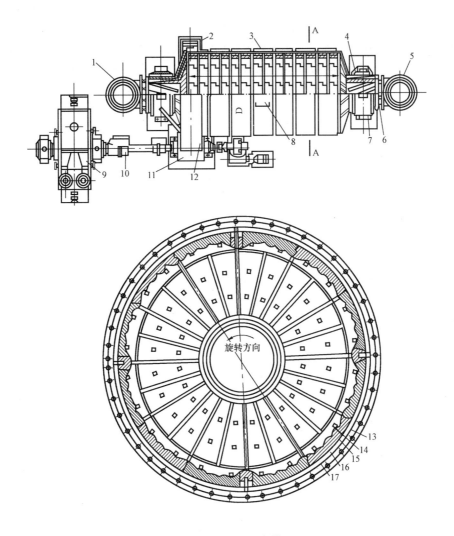

图 2-4　筒式钢球磨煤机

1—进煤连接管；2—齿轮轮缘；3—磨煤机筒体；4—轴承座；5—煤粉出口连接管；6—密封装置；7—轴承座基础；8—检查孔；9—电动机；10—联轴器；11—传动小齿轮；12—传动齿轮外罩；13—筒身；14—护甲；15—石棉垫；16—隔音毛毡；17—外包铁皮

球的自然倾角时，钢球就沿斜面滑下，如图 2-5（a）所示。这时磨煤的作用是微不足道的，而且很难把磨好的煤粉从钢球堆中分离出来，煤将被重复的研磨。

当筒体转速超过一定数值以后，作用在钢球上的离心力很大，以致使钢球和煤附着于筒壁与其一起运动，如图 2-5（c）。产生这种状态的最低转速称为临界转速 n_{cr}，这时煤不再是被打碎而是被研碎，但其磨煤作用仍然很小。

当筒体转速处在上述两种情况之

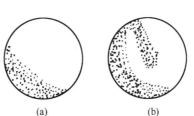
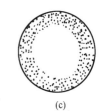

图 2-5　转速对钢球在筒内运动的影响

（a）转速过低；（b）转速适当；（c）转速过快

间时，钢球被筒体带到一定的高度后沿抛物线轨迹落下，产生强烈的撞击磨煤作用。磨煤作用最大时的转速称为最佳转速 n。钢球磨煤机筒体的最佳工作转速 n 与临界转速 n_{cr} 之间具有一定的关系。以贴近筒壁的最外层钢球为例，假定钢球与筒壁之间没有相对滑动，根据在临界状态下钢球所受离心力与重力相等的条件，可得筒体临界转速为

$$n_{cr} = \frac{42.3}{\sqrt{D}} \quad (r/min) \tag{2-20}$$

式中　D——圆筒直径。

可见，在这种理想条件下，临界转速与筒内所装物料性质无关，钢球和煤将同时达到临界状态。实际上，临界转速还与护甲的形状、钢球充满系数 ψ 及磨制燃料的种类有关。

显然，钢球磨煤机的最佳工作转速 n 一定小于临界转速 n_{cr}。实际运行表明，最佳工作转速与钢球直径及其装载量、护甲形状、钢球与护甲之间的摩擦系数等因素有关。根据我国经验，$n \approx (0.75 \sim 0.78) n_{cr}$。

（2）护甲。磨煤机运行中，当更换新的护甲后，磨煤出力显著增加，电耗下降。随着护甲的磨损，磨煤出力逐渐降低。这说明护甲形状对磨煤机的工作有很大影响。在钢球磨煤机的圆筒内，钢球的旋转速度永远小于筒体本身的旋转速度，两者的差值决定于钢球和护甲间的摩擦系数。摩擦系数愈小，筒体和钢球的速度差增大，意味着钢球与护甲间有较大的相对滑动，于是将有较多的能量消耗在钢球与护甲的摩擦上，而未能用来提升钢球；如果护甲的摩擦系数高，就可以在相对比较低的筒体转速下造成钢球的最佳工作条件，也就是说可以在较小的能量消耗下达到最佳的工作条件。因此决定钢球最佳工作条件的因素除了筒体转速外，护甲的结构也相当重要。护甲的结构形状对磨煤出力的影响是用护甲的形状修正系数 K_{hj} 来考虑的。常用的两种护甲如图 2-6 所示。

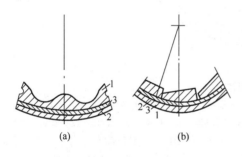

图 2-6　球磨机护甲形状

（a）波浪形；（b）阶梯形
1—护甲；2—筒体；3—石棉垫

（3）钢球充满系数。钢球磨煤机内所装的钢球量通常用钢球容积占筒体容积的百分比来表示，称为钢球充满系数 ψ，用下式计算，即

$$\psi = \frac{G}{\rho_{gq} V} \times 100\% \tag{2-21}$$

$$V = 0.785 D^2 L$$

式中　G——钢球装载量，t；

　　　V——球磨机筒体容积，m^3；

　　　ρ_{gq}——钢球的堆积密度，一般可取为 4.9t/m^3，t/m^3。

当筒体通风量和煤粉细度不变时，在 $\psi = 10\% \sim 35\%$ 范围内，磨煤机出力和消耗的功率与钢球装载量有如下关系，即

$$B_m = a_1 G^{0.6} = c_1 \psi^{0.6} \tag{2-22}$$

$$P_m = a_2 G^{0.9} = c_2 \psi^{0.9} \tag{2-23}$$

从整体上来讲，磨煤出力并不随钢球量 G 成正比增加，而是与 $G^{0.6}$ 成正比。然而对功率消耗起决定作用的仍然是钢球质量，所以总体上来讲，$P = f(G)$ 近似为直线关系。

由式（2-22）和式（2-23）可得磨煤单位电耗 $E_m = P_m / B_m \propto G^{0.3}$，因此运行中当磨煤出力能满足要求时，减少钢球的装载量可以提高球磨机运行的经济性。

试验研究表明，当护甲结构和钢球尺寸不变时，每一个筒体转速下有一个最佳钢球充满系数 ψ_{zj}。

对装有波浪形护甲的球磨机，在 $\psi = 10\% \sim 30\%$ 范围内，有

$$\psi_{zj} = \frac{12}{(n / n_{cr})^{1.75}} \tag{2-24}$$

而对于阶梯形护甲的最佳装载系数也可按下式计算，即

$$\psi_{zj} = 3.9752 - 17.375 \left(\frac{n}{n_{cr}}\right) + 31.520 \left(\frac{n}{n_{cr}}\right)^2 - 27.025 \left(\frac{n}{n_{cr}}\right)^3 + 9.1054 \left(\frac{n}{n_{cr}}\right)^4 \tag{2-25}$$

这里所说的"最佳"是指磨煤电耗最小的工况。为了保证磨煤机最经济地工作，应该以最佳钢球充满系数运行。

根据最佳钢球充满系数，可以确定最佳钢球装载量，即

$$G_{zj} = \rho_{gq} V \psi_{zj} \tag{2-26}$$

钢球磨煤机运行中除了要装载一定数量的钢球外，还要正确选择钢球尺寸，保证钢球的材质，并且要及时地为弥补磨损而补充新的钢球。

（4）钢球磨煤机筒体的通风工况。钢球磨煤机筒体内的通风工况直接影响燃料沿筒体长度方向的分布和磨煤出力。当通风量很小时，燃料大部分集中在筒体的进口端，由于钢球沿筒体长度是近似均匀分布的，因而在筒体的后部分钢球的能量没有被充分利用，很大一部分能量被消耗在金属的磨损和发热上。同时因为筒内风速不变，由筒体带出的仅仅是少量的细煤粉，因而磨煤出力亦低。随着通风的增加，燃料沿筒体长度方向的推进速度增加，改善了沿筒体长度方向燃料对钢球的充满情况，使磨煤出力增加，磨煤电耗降低。然而通风电耗是随通风量增加而增加的；同时，当过分地增加筒体通风时，粗粉分离器的回粉增加，将在系统内造成无益的循环，使输粉消耗的能量也提高。综上可知，在一定的筒体通风量下可以达到磨煤和通风总电耗最小，这个风量称为最佳通风量 V_{tj}^{zj}，它与煤种、分离器后的煤粉细度、钢球充满系数有关。应当指出，筒体的通风和筒体的转速之间是有一定联系的，这两个因素对于燃料在筒体长度方向上的影响是相同的。综合大量试验，钢球磨煤机的最佳通风量可按下面的经验公式计算，即

$$V_{tj}^{zj} = \frac{38V}{n\sqrt{D}} \left(1000 \sqrt[3]{K_{VT1}} + 36 R''_{90} \sqrt{K_{VT1}} \sqrt[3]{\psi}\right) \left(\frac{101.3}{p}\right)^{0.5} \quad (\text{m}^3/\text{h}) \tag{2-27}$$

式中　n ——筒体转速，r/min；

　　　D ——筒体直径，m；

　　　R''_{90} ——粗粉分离器后的煤粉细度；

　　　K_{VT1} ——煤的可磨性系数；

　　　ψ ——钢球充满系数；

　　　p ——当地气压，kPa。

最佳通风量 V_{tj}^{zj} 对应于钢球磨煤机制粉系统的最经济工况，球磨机应在最佳通风量下运行，干燥风量也应该由它来确定。

（5）载煤量。球磨机筒体内的载煤量直接影响磨煤出力。当载煤量较少时，钢球下落的动能只有一部分用于磨煤，另一部分消耗于钢球的空撞磨损；随着载煤量的增加，钢球用于磨煤的能量增大，磨煤出力增大。但如果载煤量过大，由于钢球下落高度减少，钢球间煤层加厚，使部分能量消耗于煤层变形，钢球磨煤能量减小，磨煤出力反而降低，严重时将造成圆筒入口堵塞，磨煤机无法工作。磨煤出力与载煤量的对应关系可以通过试验来确定。对应最大磨煤出力的载煤量称为最佳载煤量。运行中的载煤量可以通过磨煤机进出口压差和磨煤机电流进行控制。

2. 磨煤出力和消耗的电功率计算

由于燃料在磨煤机内被磨成煤粉的同时又进行干燥，所以钢球磨煤机的出力有两个：磨煤出力和干燥出力。磨煤出力 B_m 是指磨煤机在消耗一定能量的条件下，在单位时间内能够磨制符合煤粉细度要求的煤粉量。而干燥出力是指磨煤系统在单位时间内在磨煤过程中将燃料从原有水分干燥到所要求的煤粉水分的煤粉量，因此，要得到一定数量和一定干燥程度的煤粉，就必须使磨煤出力和干燥出力相一致，这可以通过调节进入磨煤机的干燥剂的流量和温度来实现。

球磨机的出力计算有半经验公式可供采用。磨煤出力主要取决于圆筒的直径和长度，但在相同的尺寸下，还与被研磨的燃料特性及磨煤机的运行状况，包括钢球充满系数、通风量和零件磨损程度等因素有关。

对筒体直径小于或等于 4m 的球磨机，其磨煤出力可按下述经验公式计算，即

$$B_m = \frac{0.11 D^{2.4} L n^{0.8} K_{hj} K_e \psi^{0.6} K_{km}^* K_{tf} S_2}{\sqrt{\ln \frac{100}{R''_{90}}}} \qquad (\text{t/h}) \qquad (2-28)$$

式中　　D ——球磨机筒体直径，m；

　　　　L ——球磨机筒体长度，m；

　　　　n ——筒体的转速，r/min；

　　　K_{hj} ——护甲形状修正系数，对未磨损的波浪形和阶梯形护甲，取 $K_{hj} = 1.0$；

　　　　K_e ——考虑运行条件下，由于护甲和钢球的磨损对出力的影响系数，通常取 $K_e = 0.9$；

　　　　ψ ——钢球充满系数；

　　　K_{tf} ——筒体通风对磨煤机出力的影响系数；

　　　　S_2 ——原煤重量换算系数，即将水分为磨煤机筒体内燃料平均水分时的磨煤出力换算到水分为原煤水分的原煤重量的换算系数；

　　　K_{km}^* ——工作燃料的可磨性系数，即考虑了水分变化以及进入磨煤机的原煤粒度的燃料的可磨性系数；

　　　R''_{90} ——粗粉分离器后的煤粉细度。

球磨机消耗的电网功率按下式计算，即

$$P_{dw} = \frac{1}{\eta_{cd} \eta_{dj}} (0.122 D^3 L n \rho_{gq} \psi^{0.9} K_{hj} K_r + 1.86 DLnS) + P_{fj} \qquad (\text{kW}) \qquad (2-29)$$

式中　　η_{cd} ——电动机向磨煤机筒体的传动效率；

　　　　η_{dj} ——电动机的效率；

　　　　ρ_{gq} ——钢球的堆积密度，一般取为 4900kg/m³；

K_r——考虑燃料性质的系数，与燃料种类和钢球充满系数有关；

S——筒体和护甲总的壁厚，可根据制造厂资料选取，一般约为 0.07～0.1m；

P_{fj}——电动机冷却和励磁附加消耗功率（仅在大出力磨煤机计算时考虑）。

根据磨煤机的磨煤出力及其消耗的电网功率，可以计算出磨煤的单位电耗 E_m 为

$$E_m = P_{dw} / B_m \quad (kJ/kg) \tag{2-30}$$

从式（2-30）可知，钢球磨煤机磨煤时的功率消耗与不磨煤（筒内有钢球无煤转动时 $K_r = 1.0$）时的能量消耗相差无几。当磨制无烟煤时，由于筒体内钢球的相对滑动增加（$K_r < 1.0$），磨煤功率消耗甚至还有所降低；当磨制其他煤种时，在正常的钢球充满系数范围内，磨煤功率消耗比起无煤的情况仅仅增加约 5%。主要的原因是由于球磨机的运动部分（带波浪形护甲的筒体和钢球）的重量比起其中的燃料要重好多倍，绝大部分能量都消耗于转动筒体和钢球上。由于磨煤单位电耗实际上反比于磨煤出力，所以球磨机在不满载下工作是不经济的，这是球磨机与其他型式磨煤机的一个很重要的差别。

（二）双进双出球磨机

前述钢球磨煤机系普通的单进单出球磨机，即仅有一个原煤入口、一个煤粉出口。与此不同的是，双进双出球磨机在一个筒体内，同时有两个原煤入口、两个煤粉出口，这也正是其名称之来源。

双进双出球磨机在磨制高灰分、高腐蚀性煤，以及要求煤粉细度较细的情况下，由于其系统简单、维护方便、运行可靠，已在国内外广泛应用，特别是近十几年来其发展十分迅速。

双进双出球磨机在我国电力系统第一个引进并投入运行的是清河发电厂（配套机组容量100MW），在 300MW 以上机组中第一个采用的是华能岳阳电厂（配套机组容量为 362MW）。而第一个引进其制造技术的是沈阳重型机器厂。

1. 双进双出球磨机的结构特点与工作原理

双进双出球磨机的工作原理与一般钢球磨煤机的基本相同，即利用圆筒的滚动，将钢球带到一定的高度，然后落下，通过钢球对煤的撞击以及由于钢球之间、钢球与滚筒材板之间的研压将煤磨碎。对于一般的钢球磨煤机来说，粗煤与热风从磨煤机的一端进入，而细煤粉由热风从磨煤机的另一端带出；对双进双出球磨煤机而言，粗煤和热风则从磨煤机的两端进入，同时，细煤粉又由热风从磨煤机的两端带出。就像在磨煤机的中间有一隔板一样，热风在磨煤机内循环，而不像一般球磨机热风直接通过球磨机。

国外生产的双进双出球磨机大致可以分为两大类型，一类是在球磨机轴颈内带有热风空心圆管，另一类在轴颈内不带热风空心圆管。现分别简述如下。

（1）轴颈内带热风空心圆管的双进双出球磨机。如图 2-7 所示，轴颈内带热风空心圆管的双进双出球磨机的每端进口有一个空心圆管，圆管外围有用弹性固定的螺旋输送器，螺旋输送器和空心圆管随双进双出球磨机筒体一起转动，螺旋输送器将给煤机下落的煤块，由端头部不断地刮向筒体内。螺旋输送器与空心圆管的径向侧有一个固定的圆筒外壳体，该圆筒外壳体与带螺旋的空心圆管之间有一定的间隙，下部间隙用以通过煤块，上部间隙用以通过磨制后的风粉混合物。由于螺旋输送器的螺旋铰刀是采用弹性方式固定在空心圆管上的，允许有一定的位移变形，因此当有硬质杂物通过螺旋输送器时，不容易被卡坏。

对轴颈内带热风空心圆管的双进双出球磨机，其端部出口与粗粉分离器的连接一般有两种方式，一种是粗粉分离器与磨煤机为一个整体，称之为 BBD1 型，如图 2-7 (a) 所示。在 BBD1 型双进双出球磨机系统中，落煤管接入粗粉分离器的下部，煤块从分离器中部直接落到端部螺旋输送器的下半部，磨制后的风粉混合物从磨煤机端部的上半部间隙直接进入粗粉分离器入口。粗粉分离器无回粉管，回粉直接落入磨煤机端部。从外表看磨煤机的端部，只有与粗粉分离器的接口和进入空心圆管的热风接口，布置比较紧凑。

双进双出球磨机端部出口与粗粗分离器连接的另一种方式是将粗粉分离器与球磨机分开布置，称之为 BBD2 型，如图 2-7 (b)。在 BBD2 型双进双出球磨机系统中，分离器与磨煤机之间有一定的垂直高度，一般在煤仓运行层，其落煤管单独连接，分离器有回粉管，本身就有一定的重力分离作用，因此其磨制的煤粉细度 BBD1 型的要好些。此外，因其落煤管是单独连接的，对于水分较大的煤种，布置热风和煤的预干燥混合装置比较有利。

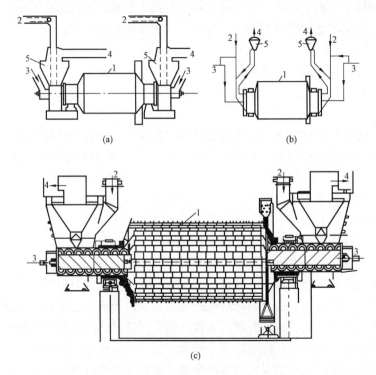

图 2-7 带热风空心圆管的双进双出球磨机

(a) BBD1 型；(b) BBD2 型；(c) 结构图

1—球磨机筒体；2—进煤管；3—热风（干燥剂）进口；

4—煤粉干燥剂出口；5—分离器

(2) 轴颈内不带热风空心圆管的双进双出球磨机。如图 2-8 所示，在轴颈内不带热风空心圆管的双进双出球磨机的筒体两端，各装有一个进出口料斗。料斗从中间隔开，一边用来进煤，另一边用来出粉。空心轴颈内衬有可更换的螺旋管护套，当磨煤机连同空心轴颈旋转时，来自给煤机的原煤经进出口料斗一侧沿护套螺旋管进入磨煤机，磨细的煤粉则随热风经进出口料斗的另一侧进入粗粉分离器。

2. 双进双出球磨机与一般球磨机的主要区别

双进双出球磨机与一般球磨机的主要区别表现在以下几方面：

（1）在结构上，双进双出球磨机两端均有转动的螺旋输送器，一般球磨机则没有。

（2）从风粉混合物的流向来看，双进双出球磨机在正常运行时，磨煤机两端同时进煤，同时出粉，且进煤出粉在同一侧；而一般球磨机只是从一端进煤，在另一端出粉。

（3）在出力相同（近）时，一般球磨机比较大，占地也大。

（4）一般情况下，在出力相同（近）时，一般球磨机电动机容量大些，单位磨煤电耗也较高。

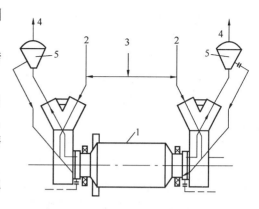

图 2-8　轴颈内不带热风空心
圆管的双进双出球磨机

1—球磨机筒体；2—进煤管；3—热风（干燥剂）进口；
4—煤粉干燥剂出口；5—分离器

（5）双进双出球磨机的热风、原煤分别从磨煤机的端部进入，在磨内混合；而一般球磨机的热风、原煤是在磨煤机入口的落煤管内混合的。

（6）从送粉管的布置上看（尤其是对于大容量锅炉），由于双进双出球磨机从磨煤机两个端部出粉，而一般球磨机只从一个端部出粉，前者一台磨比后者多一倍出粉口。对于配300MW机组的锅炉，按一台炉配四台磨煤机比较，双进双出球磨机有八个出粉口，而一般球磨机只有四个出粉口。因此无论是从煤粉分配上，还是外管道的阻力平衡上，双进双出球磨机比一般球磨机在布置上都更有利。

3．双进双出球磨机的优点

（1）可靠性高，可用率高。国外运行情况表明，包括给煤机在内的双进双出球磨机制粉的年事故率仅为1%，且磨煤机本身几乎无事故发生。据称磨煤机的可靠性高于锅炉本体。

（2）维护简便，维护费用低。与中、高速磨煤机相比，双进双出球磨机维护最简便，维护费用也最低，只需定期更换大牙轮油脂和补充钢球。

（3）出力稳定。能长期保持恒定的容量和要求的煤粉细度，不存在由于磨煤机出力下降的问题。

（4）能有效地磨制坚硬、腐蚀性强的煤。双进双出球磨机能磨制哈氏可磨性系数小于50的煤种或高灰分（>40%）煤种，而这对于中、高速磨煤机是无法适应的。

（5）储粉能力强。与中、高速磨煤机相比，双进双出球磨机的筒体本身就像一个大的储煤罐，有较大的煤粉储备能力，大约相当于磨煤机运行10~15min的出粉量。

（6）在较宽的负荷范围内有快速反应的能力。试验表明，双进双出球磨机直吹式制粉系统对锅炉负荷的响应时间几乎与燃油和燃气炉一样快，其负荷变化率每分钟可以超过20%。双进双出球磨机的自然滞留时间是所有磨煤机中最少的，只有10s左右。

（7）煤种适应能力强。双进双出球磨机对煤中杂物不那么敏感，这已有国内外运行情况的证明。但应当指出，磨煤机两端的螺旋输送器，对于煤中杂物的限制比一般球磨机要严格。

（8）能保持一定的风煤比。在双进双出球磨机中，通过磨煤机的风量与带出的煤粉量呈线性关系。当设计的风煤比一定时，如果要求磨煤机的出力增加，实际上风量也呈比例增加。

（9）低负荷时能增加煤粉细度。在低负荷运行时，由于一次风量减小，相应地风速也减小，带走的只能是更细的煤粉，这对于燃用低挥发分的煤的稳燃有利。

（10）无石子煤泄漏。与中速磨煤机相比，双进双出球磨机省去了石子煤处理系统，节省了投资，布置也得到了改善。

（11）显著的灵活性。对双进双出球磨机而言，当其低负荷运行或在启动时，既可全磨也可半磨运行，被研磨的介质既可以是一种，也可以是几种混合物料。此外，当一台给煤机事故或一端煤仓（或落煤管）堵煤时，磨煤机能照常运行。

总之，双进双出球磨机较一般球磨机有许多无法比拟的优点，在某些情况下比中、高速磨煤机适应性更好，因此它在大容量机组的制粉系统中得到了越来越广泛的应用。

二、中速磨煤机

中速磨煤机是指工作转速为 60～300r/min 的磨煤机械。这种磨煤机具有重量轻、占地少、制粉系统管路简单、投资省、电耗低、噪声小等一系列特点，因此在大容量机组中得到了日益广泛的应用。

目前国内外采用较多的中速磨煤机有如下四种：辊—盘式中速磨，又称平盘磨（Loesche式）；辊—碗式中速磨，又称碗式磨（Raymond 或 RP 式和 HP 式）；辊—环式中速磨，又称MPS 磨、轮式磨；球—环式中速磨，又称中速球磨或 E 型磨。其中前三种均属于辊式中速磨煤机，E 型磨则属于钢球式中速磨煤机。上述几种中速磨的结构示于图 2-9～图 2-11、图 2-13、图 2-14 中。

（一）中速磨煤机的结构特点与工作原理

中速磨煤机的结构各异，但都具有共同的工作原理。它们都有两组相对运动的研磨部件。研磨部件在弹簧力、液压力或其他外力的作用下，将其间的原煤挤压和研磨，最终破碎成煤粉，通过研磨部件的旋转，把破碎的煤粉甩到风环室，流经风环室的热空气流将这些煤粉带到中速磨上部的煤粉分离器，过粗的煤粉被分离下来重新再磨。在这个过程中，还伴随着热风对煤粉的干燥。在磨煤过程中，同时被甩到风环室的还有原煤中夹带的少量石块和铁器等杂物，它们最后落入杂物箱，被定期排出。

1. 中速平盘磨

图 2-9 所示为中速平盘磨，其研磨部件是 2～3个锥形辊子和圆形平盘，辊子轴线与平盘成 15°夹角。磨盘由电动机带动旋转，磨辊绕固定轴在磨盘上滚动，由于磨辊与磨盘存在相对运动，所以煤在磨辊下依靠挤压和研磨两种作用被粉碎。磨辊研压煤的压力一部分靠辊子本身的重量，但主要是靠弹簧的压力。由于磨盘转动时离心力的作用，磨成的煤粉被抛向磨

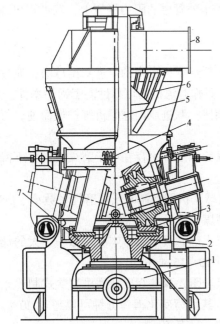

图 2-9 中速平盘磨

1—减速器；2—磨盘；3—磨辊；4—加压弹簧；5—下煤管；6—分离器；7—风环；8—气粉混合物出口管

盘四周的风环处。为了防止原煤在旋转平盘上未经研磨就甩到风环室，在平盘外缘设有挡圈，挡圈还使平盘上保持适当煤层厚度，以提高研磨效果。磨煤干燥用的热空气由风环进入磨煤机，上升的热空气（风环处风速为 50m/s 以上）携带煤粉进入上面的分离器，不合格的粗粉又落回到磨盘重磨，大颗粒的石子、矸石和铁块从风环落到石子煤储存箱内。煤的干燥基本上是在磨盘上方的空间内进行的，在磨盘上的干燥作用不大。因此这种磨煤机对原煤水分的变化比较敏感，水分过多的煤会被压成煤饼而使磨煤出力大幅度下降，所以平盘磨不宜磨 $M_{ar} > 12\%$ 的煤；此外，煤太硬或灰分过多将使磨辊和磨盘磨损过剧，因此平盘磨只宜用来磨制可磨性系数不小于 1.1 和原煤收到基灰分小于 30% 的煤种。

中速平盘磨的特点是钢材耗量少、磨煤电耗小、设备紧凑且噪声小，但其磨煤部件——辊套和磨盘衬板寿命短。

2. 碗式中速磨（RP、HP 磨）

这种磨煤机在国外应用广泛，由于其具有占地小、结构简单、检修方便、单位能量磨制的煤粉数量高等优点，因而近年来在国内大型机组中得到了应用。如北仑电厂 600MW 锅炉（1 号炉）采用 6 台 HP983 型中速磨煤机，石洞口二厂 600MW 的超临界压力锅炉采用 6 台 HP943 型中速磨煤机，而平圩电厂 600MW 的锅炉采用 6 台 RP－1003 型的中速磨煤机。RP 与 HP 磨煤机的主要区别是，RP 的传动装置采用涡轮蜗杆，而 HP 磨采用伞形齿轮传动，HP 传动力矩大；另外 RP 磨辊直径较小，磨辊长度大，而 HP 磨煤机磨辊直径大，磨辊长度小，因此 HP 的磨煤机出力大。采用碗式磨煤机的一大特点是磨煤机的粉碎能力较高，这是因为磨碗的碾磨区是向上倾斜的，煤的重力产生的沿斜面的分力抵消了部分离心力的作用，使煤向磨碗周缘移动的速度变慢，增加了煤在磨碗上的停留时间。型号 HP983，个位上的数表示磨辊的个数为"3"个磨辊；十位上的数为奇数时表示深碗磨，为偶数时表示浅碗磨；百位上的数和十位上的数联合组成的数表示磨碗的含义直径，HP983 表示浅碗磨，其磨碗直径为 98in（2497mm）。一台 600MW 锅炉都采用 6 台磨煤机相配套，分别于锅炉的 6 层煤粉燃烧器相对应。磨煤机的制粉能力按在锅炉最大连续出力下为 5 台磨煤机工作，1 台备用。每台磨煤机的制粉量为按锅炉设计煤种计算制粉能力的 80%，尚有 20% 的制粉能力裕量。

图 2－10 所示为碗式中速磨（RP 磨）。在 RP 磨中，要磨制的煤送入磨煤机转动磨碗的中心进煤管内，其研磨部件为辊筒和碗磨盘。早期制造的 RP 磨的钢碗较深，随着磨煤机出力的提高，现在多采用浅碗形

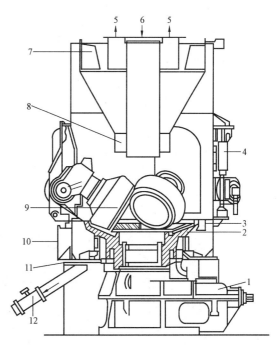

图 2－10 碗式中速磨

1—减速器；2—磨碗；3—风环；4—加压缸；5—气粉混合物出口；6—原煤入口；7—分离器；8—粗粉回粉管；9—磨辊；10—热风进口；11—杂物刮板；12—杂物排放管

或斜盘形碗。当煤送入中心进煤管后，由于离心力的作用，煤通过转动磨碗的磨环和磨辊之间的间隙向磨碗出口作周边运动。为了很好地对煤破碎和研磨，由压力弹簧或液压缸传送给磨辊一定的压力，一部分磨成的煤粉连续不断地经过磨环边缘被带走，带走煤粉的介质是来自送入碗下部的磨侧室内的热空气。热空气通过磨碗流至粗粉分离器，边加热、干燥、边携带煤粉，并流入分离器的内锥体顶部的可调节角度的折流板窗，最后经过文丘里管和多出口通路装置，由气粉管路流至锅炉燃烧器。由于原煤在进入磨辊碾压前就得到一定程度的干燥，使得该型磨煤机对原煤的水分适用性扩大。国外有资料报道，它可以适应 $M_{ar} < 25\%$ 的煤种。

在气流上升过程中，煤粉中约有 15% ~ 25% 的部分是细度合格的，其余大部分较粗的重粉粒，由于撞击分离器壳体壁面以及自身重力的作用将返回到磨碗中进一步磨制。混入煤中的铁块和难以研磨的硬质杂物，脱离空气流而落到磨煤机底部的下侧杂质室（铁块室）内，这里装有连接着磨碗轴体的旋转刮板，将铁块或杂质刮入垃圾排放管。运行中如果发现被磨制的煤亦从杂质口排出，这往往说明由于给煤过多、磨辊压力弹簧压力或液压过低、空气流量（流速）过小或磨煤机出口温度过低、磨煤部件磨损过度或调整不当等原因所致。杂质排放装有阀门，正常运行时其阀门开启而被排放的杂质存放在密封的垃圾斗内，决不能用关阀的方法来防止磨内杂质的排放。如果该阀门的关闭时间较长，这时杂质就会留在磨侧中被刮板、护挡和支撑装置来研磨，从而使上述部件过分磨损，并带来产生静电的危险。为了获取磨煤机所需出力，必须有相应量的热空气送入磨中干燥所磨煤种、必须对磨辊施加适当的压力，同时，为了获得合理的煤粉细度，粗粉分离器折流板叶片的开度位置应该与磨煤机设计的要求相接近。

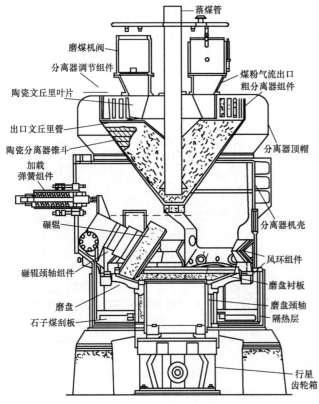

图 2-11 为 HP 磨煤机的结构图，它是一种上部带有分离器的浅碗磨，磨煤机主要由下部磨煤机的机体和上部煤粉分离器两部分组成。磨煤机的机体部件主要有传动装置、磨碗、风环、磨辊和落煤管等。煤粉分离器的部件主要有分离器外壳、内锥体、折向门和出粉管阀门等。

该磨煤机的工作原理与 RP 磨一样，给煤机将煤从磨煤机中心落煤管进入，煤落到旋转的磨碗上，在离心力的作用下向磨碗的周缘移动。三个独立的弹簧加载磨辊按相隔 120°分布安装于磨碗上部，磨辊与磨碗之间保持一定的间隙，两者并无直接的接触。磨辊利用弹簧加压装置施以必要的研磨压力，当煤通过磨碗与磨辊之间时，煤就被磨制成煤粉。这种磨煤机主要

图 2-11 所示标注：
- 落煤管
- 磨煤机阀
- 分离器调节组件
- 陶瓷文丘里叶片
- 出口文丘里管
- 陶瓷分离器锥斗
- 加载弹簧组件
- 碾辊
- 碾辊颈轴组件
- 磨盘
- 石子煤刮板
- 煤粉气流出口
- 粗分离器组件
- 分离器顶帽
- 分离器机壳
- 风环组件
- 磨盘衬板
- 磨盘颈轴
- 隔热层
- 行星齿轮箱

图 2-11 HP 磨煤机结构图

是利用磨辊与磨碗对它们之间的煤的压碎和碾磨两种方法来实现磨煤的。磨制出煤粉由于离心作用继续向外移动，最后沿磨碗周缘溢出。

磨煤干燥用的热空气由磨碗周缘的风环进入磨煤机的磨煤空间。热空气携带煤粉上升，较重的粗粉颗粒脱离气流，返回磨碗重磨，这是煤粉的第1级分离。煤粉气流继续上升，在分离器顶部进入折向门装置，由于碰撞在分离器顶部壳体上和转弯处的离心力作用，又有一部分粗粉颗粒返回磨碗重磨，这是煤粉的第2级分离。较细的煤粉气流通过折向门进入内锥体，折向门叶片使风粉混合物在内锥体内产生旋转，由于离心力的作用，煤粉进一步分离，这是煤粉的第3级分离，如图2－12所示。折向叶片的角度决定旋流的速度，从而决定煤粉的最终细度。细度不合格的煤粉沿着内壁从旋流中分离出来，返回磨碗重磨，而细度合格的煤粉经由出口文丘里管和出粉管阀门离开磨煤机进入煤粉管道系统。

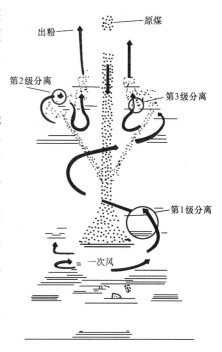

图2－12　煤粉的分离过程

混杂在煤中石子、煤矸石和铁块等杂质从磨碗边缘溢出后，由于较重而从风环处落下。在磨碗下部的热风室内装有可转动（随主轴转动）的石子煤刮板，它把上述杂物刮入石子煤排出口，进入石子煤箱中。石子煤排出口装有阀门，在磨煤机正常运行情况下，阀门保持开启，只有在清理石子煤箱时（石子煤箱出石子煤），才关闭该阀门。平时切记不要关闭此阀门，否则杂物留在机内，被刮板支架和刮板研磨，会造成部件的额外磨损，甚至会使石子煤刮板断裂，并存在潜在的着火隐患。

如果有煤排入石子煤箱，则表明给煤量过多，或磨辊压力过小，或一次风流量太小，或磨煤机出口温度过低。磨煤机部件磨损过多或调整不当也会造成煤的排出。煤的过量溢出表明磨煤机运行不正常，应立即采取措施，加以调整。

磨煤机是在正压下运行，密封空气系统向动静间隙提供清洁空气，用以防止热空气和煤粉逸出而污染传动部件，也向磨煤机磨辊耳轴提供密封空气以免煤粉进入磨辊轴承。

上面介绍的向磨辊传送压力的两种方法——压力弹簧及液压缸技术是两种不同的方法，后者是经过改进的新结构。采用液力轴颈替代机械弹簧轴颈向轴颈辊提供压力的好处是：机械弹簧负载在磨煤时三个弹簧彼此是独立的，而液力系统三个液压缸却是将其相互连接在一个共同压力下，从而作用在转动磨碗的压力，对液力系统而言，其三个磨辊是相同的，而压力弹簧通常难以达到相同，除非具有严格的监视手段。经验表明，各磨辊间压力不同，将导致转动磨辊负载不平衡，会引起传动立轴的疲劳损坏。

3. 轮式中速磨（MPS磨）

图2－13所示的MPS中速磨是一种新型的中速磨煤机。MPS磨得含义是，M表示磨煤机；P表示磨辊为钟摆式结构；S表示磨盘为碗式结构。MPS后面的数字表示磨盘的磨轨中径（磨碗槽道的节圆直径，cm或mm），对于2250mm以下者以cm为单位，以上者以mm为

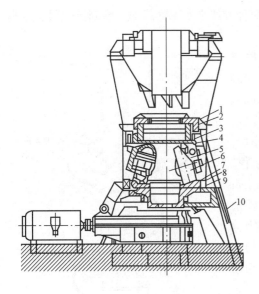

图 2-13 MPS 中速磨

1—弹簧压紧环；2—弹簧；3—压环；4—滚子；
5—压块；6—辊子；7—磨环；8—磨盘；
9—喷嘴环；10—拉紧钢丝绳

单位。例如 MPS—190，表示磨盘的中径为 190cm；MPS—2650，即表示磨盘的中径为 2650mm。MPS 磨的研磨部件是三个凸形辊子和一个具有凹形槽道的磨环，三个磨辊形如钟摆一样相对固定在相距 120°的位置上。辊子的尺寸大，且边缘近于球状；辊子轴线固定，这些都促使其磨煤出力高于其他中速磨。此外，MPS 磨的研磨压力是通过弹簧和三根拉紧钢丝绳直接传递到基础上的，而磨煤机的机体是不受力的，故可以在轻型机壳条件下对研磨部件施加高压，这些独特之处使 MPS 磨更易大型化。

磨辊的辊套采用对称结构，当一侧磨损到一定程度后（磨损不超过对称线），可拆下翻身后继续使用，从而提高磨辊的利用率。与磨盘尺寸相仿的其他中速磨相比，MPS 磨煤机的磨辊直径较大。这样，一方面使磨辊具有较大的碾磨面积，从而使磨辊的碾磨能力，即磨煤机的磨煤出力增大；同时还改善了磨辊的工作条件，使磨辊的磨损比较均匀，提高碾磨元件金属的利用率。磨辊与磨碗之间具有较小的滚动阻力，启动时的阻力矩较小，同时它的空载电耗也较低，这将有助于降低磨煤的能量消耗。MPS 磨煤机同其他中速磨煤机一样，碾磨—干燥这一过程也是借助于热空气流动来完成的，干燥用热空气通过喷嘴环以每秒 70～90m 的高速进入磨碗周围，这些空气不仅用于干燥而且还提供了输送碾磨煤粉到煤粉燃烧器的能量。合格的煤粉被送至一次风煤燃烧器，粗颗粒煤粉从分离器内再落入磨碗上重新碾磨，如果在煤中有较大的杂物（石块、煤矸石、黄铁矿等）则可通过风环落到机壳底座（热风座）上，经石子煤刮板刮到石子煤收集箱中去。

4. 中速球磨（E 型磨）

图 2-14 所示为中速球磨（E 型磨）。这种磨煤机好似一个大型的无保持架的推力轴承，其钢球夹在上、下磨环之间，它们上下配合的剖面图形犹如字母"E"，这也就是其名称之来源。下磨环由垂直的主轴带动旋转，上磨环由导块挡住不转，但能上下垂直移动，并由气缸或弹簧对其施加压力。随着下磨环的转动，钢球也进行滚动。而磨煤工作是由磨盘和在滚道

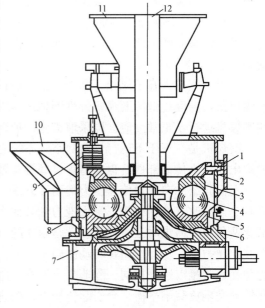

图 2-14 中速球磨

1—导块；2—压紧环；3—上磨环；4—钢球；5—下磨环；6—辊架；7—石子煤箱；8—活门；9—压紧弹簧；10—热风进口；11—煤粉出口；12—原煤进口

上自由滚动的空心铸钢球来进行的。所有钢球依次紧密地在上下磨环滚道内排成一圈，煤由磨煤机中央进煤管落入磨煤机内，在下磨环转动的离心力作用下，被甩到钢球和磨环的间隙中研磨成煤粉，煤粉再由旋转的下磨环甩至磨环的外缘落下。在磨煤机的全周上，干燥用的热空气通过下磨环与外壳之间的风室将落下的煤粉吹起来，在这里进行初步分离和干燥，粗煤粉颗粒掉回滚道内重磨，较细的煤粉则被空气带到分离器去，大颗粒的矸石和铁块下落到石子、铁块储存箱。在分离器中，合格的煤粉通过煤粉管道送至燃烧器。不合格的粗粉被分离出来，通过回粉斗落到磨腔内重磨。在磨煤过程中，处于磨环中间的钢球在回转的同时，也不断改变自身的旋转轴线，因此钢球在整个工作寿命期间始终保持圆球形，从而可以保持磨煤性能不变。为了在长期工作中磨煤出力不致受钢球磨损的影响，E 型磨煤机都采用加载系统，通过上磨环对钢球施加一定压力。对中小容量的 E 型磨，磨煤力由弹簧加载。随着磨煤元件的磨损，弹簧工作长度伸长，载荷减少，直接影响磨煤机的出力。为此，要定期压紧弹簧。随着磨煤机容量的增加，压紧弹簧的劳动强度相应加重，而且要频繁地停机调整，影响磨煤机和锅炉的工作。因此在大出力的 E 型磨上采用了液压—气动加载装置。这种装置可以在研磨部件的使用寿命内自动维持磨环上的压力为定值，而不受钢球磨损的影响，同时在运行中加载和卸载方便而又迅速，这样就可以将研磨部件的磨损对磨煤出力和煤粉细度的影响降低到最小程度。

E 型磨的内部没有磨辊，因此不需要润滑和洁净的工作条件，也没有磨辊穿过机体外壳的问题，对密封要求较低；所以它能够在正压下运行。

(二) 几种中速磨煤机的比较

表 2–13、表 2–14 分别是部分国产、引进国外的中速磨的规格以及原电力部热工研究院对 RP 磨、MPS 磨和 E 型磨的主要特点的比较。从表 2–13、表 2–14 可知，E 型磨适应磨损指数较大的煤种，其研磨件寿命较长，但运行电耗大，且由于其直径较大，向大型化发展受到限制。MPS 磨和 RP 磨的电耗低于 E 型磨，而 MPS 磨的研磨件寿命相对较短。应当指出，当磨制的煤种的磨损指数 K_e 不大于 1.0 时，无论选用哪种中速磨，其研磨部件的寿命都较高。此时如果采用 RP 或 HP 磨，还可享有运行电耗低、检修方便等优越性。除了表 2–14 中所列比较项目之外，对几种中速磨检修工时的比较表明，RP 磨更换一套研磨部件需工时 75～80 个，而 MPS 磨及 E 型磨则均需 100～120 个工时，因此 RP 磨具有检修方便的优势。

表 2–13a   部 分 RP 磨 规 格

型 号	基本出力* (t/h)	磨碗直径 (m)	磨辊数 (只)	磨机输入功率 (kW)	风环及风速
603	16.71	1.524	3	146	
703	26.33	1.778	3	229	
803	39.73	2.032	3	295	
843	45.4	2.134	3	335	
883	51.08	2.235	3	365	斜叶片风环与缝隙
903	54.03	2.286	3	387	式风环相间布置。
923	56.98	2.337	3	408	风速：40～45m/s
983	65.38	2.489	3	468	
1003	68.1	2.540	3	487	
1103	90.1	2.794	3	450	

*   指 HGI = 55，$R_{75} = 30\%$，$M_{ar} = 12\%$（低热值烟煤）或 8%（高热值烟煤）时的出力。

表 2–13b   部 分 MPS 磨 规 格

型　号	磨煤出力*（t/h）		风量（m³/h）	磨煤机轴功率	风环及风速
	A种煤	B种煤	$t_2 = 90℃$ 下	（kW）	（m/s）
MPS – 75K	35**	58185	260	260	斜叶片风环
MPS – 75N	40**	66605	285	285	风速：84
MPS – 75G	45**	74741	308	308	
MPS – 190	52.6	34.0	62375	340	斜叶片风环
MPS – 225	78.6	50.8	92025	510	风速：85
MPS – 255	107.3	69.4	122720	705	

   *   A种煤指 $M_{ar} = 40\%$，HGI = 80，$R_{90} = 16\%$ 的煤；B种煤指 $M_{ar} = 10\%$，HGI = 50，$R_{90} = 20\%$ 的煤。

   **   煤种为 HGI = 50，$R_{90} = 30\%$。

表 2–13c   部 分 E 型 磨 规 格

型　号	磨环直径（m）	钢　球		铭牌出力（t/h）	电动机功率（kW）	风环及风速（m/s）
		直径（m）	数量（只）			
E44	1.12	0.261	12	6.096	125	缝隙式风环
E50	1.27	0.267	14	8.636		
E70	1.78	0.530	9	14.224	160	风速：≈90
7E	2.10	0.533	10	17.272	130	
8.5E	2.55	0.654	10	27.432	220	
10E	3.00	0.768	10	40.64	330	
12E	3.60	0.867	10	64.0		
14E	4.20			93.488		

表 2–14   RP 磨、E 型磨和 MPS 磨特点比较

磨　型　＼　项　目	适用的煤种磨损指数 K_{ms}^*	尺寸比较（以40t/h出力为例）	研磨件寿命	运行电耗（kW·h/t）
RP 磨	≤1.0	2.03m	中　间	较　小
MPS 磨	≤2.0	1.90m	较　短	较　小
E 型磨	≤3.5	2.50m	较　长	较　大

   *   考察适用的煤种磨损指数以 8000h 为限。

（三）辊式中速磨煤机中煤粒尺寸的限制

在辊式中速磨中，磨制的煤粒尺寸是有一定限制的。如果实际磨制的煤块尺寸大于所允许的最大尺寸，则煤块只在磨辊外侧打滑，磨煤机不能维持正常工作。以下对确定该最大尺寸的方法进行说明。

图 2–15 为磨辊对煤块的挤压过程示意。为了研究分析方便，把处在圆弧盘上的辊和煤块简化为处在同一竖直平面上。设煤块为半径等于 r 的球体，受磨盘顺时针方向旋转的带动向左方向运动，磨盘对煤的摩擦力和反力分别为 F_1 和 N。

另外，磨辊受磨盘的带动也作顺时针方向旋转，它对煤的作用力有摩擦力 F_2 和作用力 Q。设磨辊与煤、磨盘与煤的摩擦系数为 f，则煤块被夹持在磨辊和磨盘间挤压破碎的力学临界条件为

$$\left.\begin{array}{l} F_1 + F_2\sin\alpha \geqslant Q\cos\alpha \\ Q\sin\alpha + F_2\cos\alpha \geqslant N \\ F_1 = Nf \\ F_2 = Qf \end{array}\right\} \tag{2-31}$$

联立求解得：

$$\text{tg}\alpha \geqslant \frac{1 - f^2}{2f}$$

$$\alpha \geqslant \text{tg}^{-1}\frac{1 - f^2}{2f}$$

从图 2-15 的几何关系可知：

$$\sin\alpha = \frac{R - r}{R + r} = \frac{1 - \left(\dfrac{r}{R}\right)}{1 + \left(\dfrac{r}{R}\right)} \tag{2-32}$$

通过实验测出摩擦系数 f 后即可计算出磨辊与煤球保持正常夹持和挤压破碎的相关角 α。当磨煤机选定后，磨辊直径 $2R$ 已知，按式（2-32）即可求出允许的煤块最大尺寸 $2r$。

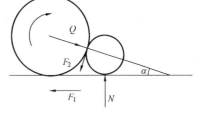

图 2-15　磨辊对煤块挤压示意

（四）影响中速磨工作的主要因素

影响中速磨工作的主要因素有：

（1）转速。中速磨的转速应考虑到最小能量消耗下的最佳磨煤效果及研磨元件的合理使用寿命。转速太高，则因离心力太大，煤来不及磨碎即通过研磨件，使气力输送的电耗增加；而转速过低，煤研磨得过细，又将使磨煤的电耗增大。随着磨煤机容量的增大，为了减轻研磨件的磨损，降低磨煤电耗，转速趋向降低。

（2）通风量。通风量的大小对中速磨出力和煤粉细度影响较大，而且还影响石子煤量的多少，为此要求维持一定的风煤比。风煤比与磨煤出力成线性关系。对 E 形磨，推荐的风煤比为 1.8～2.2kg（风）/kg（煤）；对 RP 磨，推荐的风煤比约为 1.5kg（风）/kg（煤）。

（3）风环气流速度。对中速磨，其风环气流速度应选择一合理数值，以保证研磨区具有良好的空气动力特性，即气流应能托起大部分煤粒，但仅携带少量煤粒进入分离器，其余部分仍返回研磨区，在研磨元件周围形成一定厚度的循环煤层，以便保证一定的磨煤出力，减少石子煤的排放量。风环气流速度过低，不仅会降低磨煤出力，而且煤粉过细，石子煤排放量增加；流速过高，又会使煤粉变粗，阻力增大，通风电耗增加。因此风环气流速度应控制在一定范围，这可以通过控制风环间隙实现。

（4）研磨压力。研磨件上的平均载荷称为研磨压力，它对磨煤机的工作影响较大。压力过大将加快研磨件的磨损，过小将导致磨煤出力降低、煤粉变粗。为了维持稳定的磨煤机运行特性，要求磨煤压力不变。运行中随着研磨件的磨损，研磨件的承载逐渐减弱，因此需要随时调整研磨压力。小型磨煤机是通过人工调整压力弹簧的紧力来实现的，大型磨煤机则一般采用液压气动装置自动加压以维持研磨压力稳定。

（5）燃料性质。中速磨主要靠研压方式磨制煤粉，燃料在磨煤机中扰动不大，干燥过程并不强烈，如果燃料水分过大易压成煤饼，水分过小又易发生滑动，这些都将导致磨煤出力降低，因此中速磨对燃料的水分有一定的限制。一般要求原煤水分 $M_{ar} < 12\%$。对 E 型磨最高允许为 $15\% \sim 20\%$，RP 型、MPS 型磨当热风温度较高时，可磨制 $M_{ar} = 20\% \sim 25\%$ 的原煤。此外，当磨制质硬、磨损指数高的煤种时，将加速研磨部件的磨损，增大磨煤电耗及检修工作量，因此中速磨对煤的磨损指数、灰分含量及成分、可磨性系数都有一定要求，一般以 $A_{ar} < 40\%$、哈氏可磨性系数 HGI 低于 50、磨损指数 $K_e < 3.5$ 的烟煤、贫煤为宜。

总之，中速磨将磨煤机与分离器装配成一体，结构紧凑，占地面积小，金属耗量低，投资小，运行中噪声小，电耗低，特别是空载功率小，运行控制比较灵敏，煤粉的均匀性指数较高。但其结构比较复杂，需严格地定期检修，对煤种有一定的选择性，一般用于磨制烟煤（包括贫煤）。随着锅炉机组容量的增大，中速磨在国内大型机组中也得到了越来越多的应用。

（五）中速磨煤机出力及功率的计算

1. 碗式磨煤机（RP、HP 型）出力及功率计算

碗式磨煤机的碾磨出力按下述公式计算，即

$$B_m = B_{m0}f_Hf_Rf_Mf_Af_gf_e \tag{2-33}$$

式中　　B_{m0}——磨煤机的基本出力（可由表 2-13a 或表 2-15 查得），t/h；

f_H、f_R、f_M、f_A——可磨性指数、煤粉细度、原煤水分、原煤灰分对磨煤机出力的修正系数；

f_g——原煤粒度对磨煤机出力的修正系数，对碗式磨煤机 $f_g = 1.0$；

f_e——碾磨件磨损至中期时出力降低系数，$f_e = 0.9$。

磨煤机的实际出力还可以通过查出基本磨煤机基本出力后乘以基本出力百分数（由图 2-16 查得），再乘以灰分修正系数 f_A 得到。

表 2-15　　　　　　　　　　　　碗式磨煤机系列参数

型　号	磨碗名义直径 (dm)	磨辊名义直径 (dm)	入料粒度 (mm)	基本出力[1] (t/h)	入口最大空气流量[2] (kg/min)	磨碗转速 (r/min)	电机额定功率 (kW)
HP683	19	11	≤38	24.0	601	45.2	225~260
HP703				26.3	658		
HP723				28.6	712		
HP743				31.1	776		
HP763	21	12		33.8	873	41.3	260~300
HP783				36.5	907		
HP803				39.7	989		
HP823	22	13		42.4	1089	38.4	340~380
HP843				45.4	1134		
HP863				48.1	1202		

型 号	磨碗名义直径 （dm）	磨辊名义直径 （dm）	入料粒度 （mm）	基本出力① （t/h）	入口最大空气流量② （kg/min）	磨碗转速 （r/min）	电机额定功率 （kW）
HP883				51.0	1279		
HP903	24	14		54.0	1383	35.0	380 ~ 450
HP923				56.9	1424		
HP943				59.9	1497		
HP963				62.6	1579		
HP983	26	15	≤38	65.3	1633	33.0	450 ~ 515
HP1003				68.0	1701		
HP1023				72.6	1814		
HP1043	28	16		77.1	1928	30.0	525 ~ 685
HP1063				83.9	2098		
HP1103				91.7	2268		

① 表中的出力是指哈氏可磨性指数 HGI = 55，原煤全水分 M_t = 12%（低热值烟煤）或 M_t = 8%（高热值烟煤），原煤收到基灰分 A_{ar} ≤ 20%，煤粉细度 R_{90} = 23% 时的基本出力。
② 磨煤机的最小允许空气流量需通过试验确定。

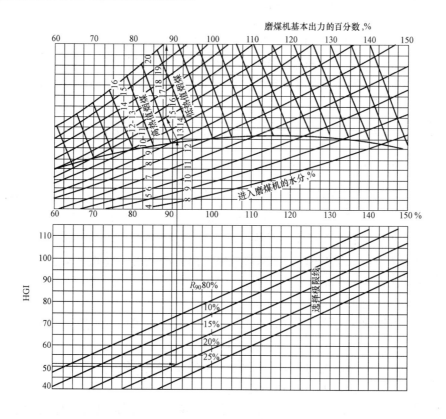

图 2-16 碗式磨煤机出力计算图（未加灰分修正）

同时，出力修正系数也可以由下列公式计算得出，即

$$f_H = \left(\frac{\text{HGI}}{55} \right)^{0.85} \qquad (2-34)$$

$$f_R = \left(\frac{R_{90}}{23} \right)^{0.35} \qquad (2-35)$$

对于低热值煤 $\qquad f_M = 1.0 + (12 - M_t) \times 0.0125 \qquad (2-36)$

$M_{ar} \leqslant 12\%$ 时 $\quad f_M = 1.0$

对于高热值煤 $\qquad f_M = 1.0 + (8 - M_t) \times 0.0125 \qquad (2-37)$

$M_{ar} \leqslant 8\%$ 时 $\quad f_M = 1.0$

$$f_A = 1.0 + (20 - A_{ar}) \times 0.005 \qquad (2-38)$$

$A_{ar} \leqslant 20\%$ 时 $\quad f_A = 1.0$

当煤种属于高热值煤，则在 $M_{ar} \leqslant 8\%$ 时，磨煤机出力不需要修正；反之，出力需要修正。当煤种属于低热值煤时，则在 $M_{ar} \leqslant 12\%$ 时，磨煤机出力不需要修正；反之需要修正。当研磨的煤种属于次烟煤和褐煤时，则在 $M_{ar} \leqslant 30\%$ 时，磨煤机出力不需要修正，在研磨高水分次烟煤和褐煤时，研磨出力最终取决于热平衡计算结果。高、低热值煤的划分界限见表 2-16。含水无矿物基热值和固定碳可按下式计算，即

$$Q = \frac{Q_{ar,net} - 0.1163 S_{ar}}{100 - (1.08 A_{ar} + 0.55 S_{ar})} \times 100 \qquad (\text{MJ/kg}) \qquad (2-39)$$

$$FC_{dmmf} = \frac{FC_{ar} - 0.15 S_{ar}}{100 - (M_{ar} + 1.08 A_{ar} + 0.55 S_{ar})} \times 100 \qquad (2-40)$$

$$FC_{ar} = 100 - (M_{ar} + A_{ar} + V_{ar}) \qquad (2-41)$$

碗式磨煤机磨损后期，当调整磨辊间隙后，其出力约为初期出力的90%。

表 2-16 　　　　　　　　　　　煤　种　分　类

煤　种	含水无矿物基热值 （MJ/kg）	干燥无矿物基固定碳 （%）	煤　种	含水无矿物基热值 （MJ/kg）	干燥无矿物基固定碳 （%）
高热值煤	32.6 ~ 37.2	40 ~ 86	次烟煤	19.3 ~ 25.6	40 ~ 69
低热值煤	25.6 ~ 32.6	40 ~ 69	褐煤	< 19.3	40 ~ 69

在表 2-13a 或表 2-15 中还可以得出磨煤机基本出力时的通风量和磨煤机功率，实际通风量和磨煤机功率还需乘以相应的系数，可由图 2-17 和图 2-18 查得。根据试验，风环速度在任何出力下不得低于40m/s，如磨煤机最低出力按40%、最低通风量按75%考虑，则满负荷时的风环流速应为55m/s以上。

2. 轮式（MPS类型）磨磨煤出力计算

对轮式磨，其磨煤出力可以直接从图 2-19 中查得，也可以按下述公式计算，即

$$B_m = B_{m0} f_H f_R f_M f_A f_g f_e \qquad (\text{t/h}) \qquad (2-42)$$

式中 　　　　B_{m0}——磨煤机的基本出力或铭牌出力，其值和相应的条件可由相应的表查得，如表 2-13b 所示；

f_H、f_R、f_M、f_A、f_g——可磨性指数、煤粉细度、原煤水分、原煤灰分、原煤粒度对磨煤机出力的修正系数；

f_e——碾磨件磨损至中后期时出力降低系数。

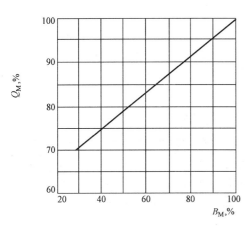

图 2 – 17　碗式磨煤机通风量
随磨煤机出力的变化

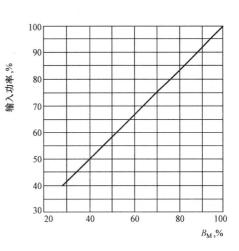

图 2 – 18　碗式磨煤机输入功率随
磨煤机出力的变化

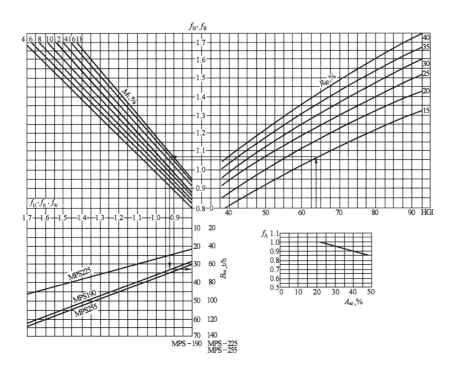

图 2 – 19　轮式磨煤机出力计算图

对轮式磨煤机，取 $f_g = 1.0$，出力修正系数可由图 2 – 20 查得，也可以由下列公式计算得出，即

$$f_H = \left(\frac{HGI}{50}\right)^{0.57} \tag{2 – 43}$$

$$f_R = \left(\frac{R_{90}}{20}\right)^{0.29} \tag{2 – 44}$$

$$f_M = 1.0 + (10 - M_t) \times 0.0114 \tag{2 – 45}$$

$$f_A = 1.0 + (20 - A_{ar}) \times 0.005 \qquad\qquad (2-46)$$

$A_{ar} \leqslant 20\%$ 时　$f_A = 1.0$

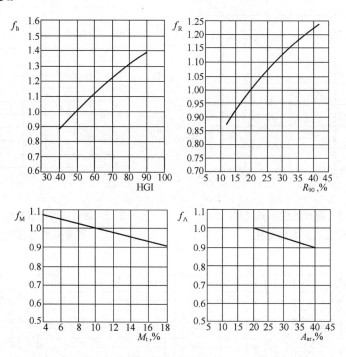

图 2-20　轮式磨煤机出力修正系数

正常设计的轮式磨煤机在碾磨件重量减轻 15% 以内时出力没有变化（见图 2-21），在重量减少约为 22% 时，将加载压力增加 10%（此时可使磨煤机功率相应增加 10%），其出力约为最大出力的 95%。但磨制高水分烟煤和褐煤时，磨煤机出力需要通过试磨来确定。

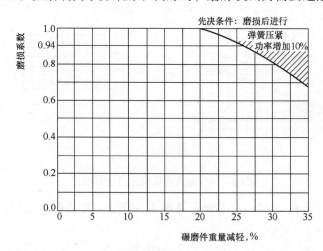

图 2-21　磨煤机出力随碾磨件磨损时的变化

和碗式（RP、HP）磨不同，轮式（MPS）磨的通风量及磨煤机功率不随实际磨煤出力而变化，而是一个固定值（见表 2-13b），其好处在于磨煤机的风环及分离器的设计可以维持不变，可以保证一定的风速和煤粉细度。但另一方面，煤粉浓度不能随煤种而作相应调整，对高挥发分烟煤，煤粉较粗且可磨性系数大，此时较小型号的磨煤机就能满足磨煤出力的要求，但是通风量往往不能适应该煤种对一次风率的要求。

3.E 形磨出力及功率计算

（1）英国 Babcock 公司计算方法。表 2－13c 提供的 E 形磨的磨煤铭牌出力是在 HGI = 50（或 $K_{km} = 1.06$），$M_{ar} \leqslant 10\%$，原煤颗粒尺寸全部小于或等于 19.05mm，煤粉细度 $R_{75} = 30\%$ 条件下的结果。实际运行中，煤的可磨性、水分、颗粒尺寸及磨煤细度等不完全符合上述条件，故实际磨煤出力 B_m 修正如下，即

$$B_m = B_{m0}f_H f_R f_M f_A f_g f_e \qquad (t/h) \qquad (2-47)$$

式中各符号意义与式（2－42）中相同，B_{m0} 为推荐的铭牌出力（见表 2－13c），单位为 t/h；f_H、f_R、f_M、f_A、f_g 可由图 2－22 中相应图查得，$f_e = 1.0$。出力修正系数也可以由下列公式计算，即

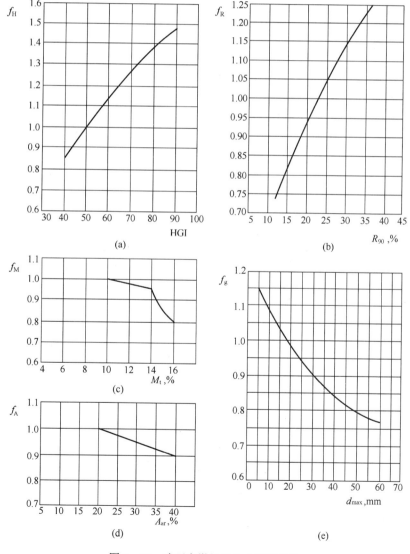

图 2－22　球环磨煤机的出力修正系数

$$f_H = \left(\frac{HGI}{50}\right)^{0.58} \tag{2-48}$$

$$f_R = \left(\frac{R_{90}}{23}\right)^{0.48} \tag{2-49}$$

$M_t = 10\% \sim 14\%$ 时

$$f_M = 1.0 + (10 - M_t) \times 0.0125 \tag{2-50}$$

$M_t < 10\%$ 时 $f_M = 1.0$

$$f_g = \left(\frac{d_{max}}{19}\right)^{-0.23} \tag{2-51}$$

$$f_A = 1.0 + (20 - A_{ar}) \times 0.005 \tag{2-52}$$

$A_{ar} \leqslant 20\%$ 时 $f_A = 1.0$

磨煤通风量按给定的 E 形磨风煤比（见图 2-23）乘以磨煤出力即可求得。磨煤出力的百分数在 100% 以下，风煤比为 1.75kg/kg。一般情况下，风煤比波动 ± 10%，对磨煤机参数性能影响不大。100% 出力下，风环风速取为 75 ~ 90m/s，当风煤比高时取下限，反之取上限。

（2）前苏联的计算公式为

$$B_m = \frac{1.15 \times 10^{-3} K_{km}^g K_{ms}}{\sqrt{\ln(100/R''_{90})}} \rho z d_{gp}^2 v \quad (t/h) \tag{2-53}$$

$$v = \frac{\pi D n}{60} \tag{2-54}$$

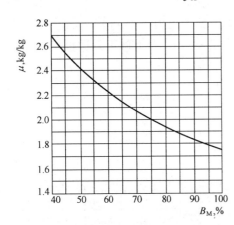

图 2-23 球环磨煤机风煤比随磨煤机出力的变化

式中　K_{km}^g——考虑了水分和粒度修正后的可磨性系数；

　　K_{ms}——考虑到运行条件下，由于护板、钢球的磨损使磨煤机实际出力降低的修正系数，取为 0.9；

　　ρ——煤的堆积密度，kg/m^3；

　　z——钢球数量；

　　d_{gp}——钢球直径，m；

　　v——磨环的圆周速度，m/s；

　　D——磨环直径，m；

　　n——磨环转速，r/min。

（3）E 形磨煤机的功率计算。E 形磨所消耗的总功率包括空载功率 P_k 和磨煤功率 P_m 两部分，即 $P = P_k + P_m$。空载功率可按下式计算，即

$$P_k \approx \frac{1.5 \times 10^{-5} F z v}{\eta_{cd} \eta_{dj}} \quad (kW) \tag{2-55}$$

$$F = 5880 - 1470 K_{km} + 39.2 m$$

式中　z——钢球数量；

　　v——磨环圆周速度，按式（2-54）计算，m/s；

　　η_{cd}——电动机向磨煤机的传动效率，可取为 0.9；

η_{dj}——电动机效率，一般取为 0.92；

　F——每个钢球上所受的压紧力，N；

　m——单个钢球的质量，kg。

磨煤功率按下式计算，即

$$P_m = \frac{6 \times 10^{-5}(F + 9.8m)Zv}{\eta_{cd}\eta_{dj}} \quad (kW) \qquad (2-56)$$

于是总功率为

$$P = P_k + P_m = 6 \times 10^{-5} \times \frac{(1.25F + 9.8m)Zv}{\eta_{cd}\eta_{dj}} \qquad (2-57)$$

单位磨煤电耗 E_m 为

$$E_m = \frac{P}{B_m} = 6 \times 10^{-5} \times \frac{(1.25F + 9.8m)Zv}{B_m\eta_{cd}\eta_{dj}} \quad (kW \cdot h/t) \qquad (2-58)$$

三、高速磨煤机

高速磨煤机有风扇磨煤机和竖井磨煤机两种，后者仅应用于一些小型煤粉锅炉上。以下主要介绍风扇磨煤机。

1. 风扇磨煤机的结构特点

风扇磨煤机的构造类似风机（见图 2-24），带有 8～10 个叶片的叶轮以 500～1500r/min 的速度高速旋转，具有较高的自身通风能力。燃料从磨煤机的轴向或切向进入，在磨煤机中同时完成着干燥、磨煤和输送三个工作过程。进入磨煤机的煤粒受到高速旋转的叶片（又称冲击板）的冲击而破碎，同时又依靠叶片的鼓风作用把用于干燥和输送煤粉的热空气或高温炉烟吸入磨煤机内，一边强烈地进行煤的干燥，一边把合格的煤粉带出磨煤机经燃烧器喷入炉膛内燃烧。风扇磨集磨煤机与鼓风机于一体，并与粗粉分离器连在一起，使制粉系统结构十分紧凑。

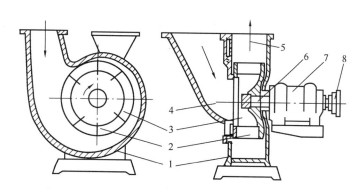

图 2-24　风扇式磨煤机

1—机壳；2—冲击板；3—叶轮；4—燃料进口；5—出口；6—轴；7—轴承箱；8—联轴节

为了提高风扇磨煤机磨制更高水分煤种的适应能力，在磨煤机前装置一个干燥竖井，可以从炉内抽取温度高达 900～1000℃的烟气与热空气混合作为干燥剂，在如此高温和宽大空间的竖井内具有较强烈的干燥作用，因此风扇磨可以磨制其他磨煤机所不能适应的 $M_{ar} > 30\%$ 的高水分褐煤。为了减少叶片的磨损，提高磨煤机的长期连续运行时间，对于含有较多石英砂矿物质的褐煤，可以在磨煤机前装置一组前置式打击锤。据德国 Babcock 公司实践认为，把前置锤与叶轮分轴并反向旋转可以提高煤块和叶轮间的相对速度，提高磨煤出力。通过改变前置锤的转速可以调整磨制煤粉的细度。按前苏联的试验资料，带前置锤的风扇磨可比无前置锤的风扇磨的磨煤出力提高 40%，但磨煤机的提升压头则降低了 15% ~ 30%，故一般在磨制磨损指数高的褐煤和油页岩时才采用带前置锤的风扇磨。当今，几乎所有的褐煤锅炉都采用了具有不同结构的风扇磨制粉设备。国外以前西德和前苏联对风扇磨的试验研究最多，又以前西德生产的风扇磨的系列、规格和品种最齐全。最典型的是 Babcock 公司设计制造的 DGS 型系列和 EVT 公司设计制造的 KSG – N 型（褐煤型）及 KSG – S 型（烟煤型）。表 2 – 17 列举了 EVT 公司制造的部分风扇磨煤机。

表 2 – 17　　　　　　　　　　前西德 EVT 公司部分风扇磨规格

型　号	叶轮外径 (mm)	磨煤出力 (t/h)	转　速 (r/min)	通风量 (m³/h)	电动机功率 (kW)	设 计 煤 种
N60.100	1600	30	1000	60×10^3	280	褐煤：
N80.75	2100	40	750	80×10^3	380	$M_{ar} = 50\% \sim 65\%$
N110.60	2600	55	600	110×10^3	420	$K_{km} = 1.75$
N130.50	3100	65	500	130×10^3	500	$R_{90} = 30\% \sim 35\%$
N200.45	3400	100	450	200×10^3	765	
N220.45	3400	110	450	220×10^3	840	圆周线速度
N240.45	3400	120	450	240×10^3	920	$v = 80 \text{m/s}$
S25.60	2600	25	600		560	烟煤：
S40.50	3400	40	500		880	$M_{ar} = 25\%$
S50.50	3400	50	500		1100	$K_{km} = 1.2$

2. 风扇磨煤机出力及功率计算

（1）风扇磨出力计算。目前，风扇磨煤机磨煤出力的计算方法较多，但都不很完善，都有各自的局限性和使用条件。下面介绍其中的一些主要计算方法，供选择使用。

1）前苏联《热工手册》（1976 年）推荐公式。

当磨制褐煤时，风扇磨出力按下式计算，即

$$B_{m} = C_{jg} K_{km}^g K_{xd} \qquad (\text{kg/s}) \qquad (2-59)$$

$$C_{jg} = 0.032 DvbK_{ms} \qquad (2-59a)$$

$$v = D\pi n / 60$$

式中　　K_{km}^g——考虑了水分和粒度修正后的可磨性系数；

　　　　K_{xd}——考虑磨煤出力与磨煤细度关系的系数；

　　　　C_{jg}——磨煤机结构参数；

　　　　D——转子直径，m；

　　　　v——转子圆周线速度，m/s；

　　　　b——叶片宽度，m；

　　　　K_{ms}——由于磨损使磨煤出力降低的系数，取 0.9；

　　　　n——转速，r/min。

前苏联《煤粉制造设备的计算与设计标准》（1970 年）推荐的不带前置锤的风扇磨出力计算公式与式（2–59）相同，只是其中的出力降低系数 $K_{ms} = 0.85$。对带前置锤的风扇磨，

其出力 $B_{m,c} = 1.1B_m$。

2）杜波夫斯基（пубовский）新经验公式，即

$$B_m = \frac{0.245\alpha^{0.5}\psi K_{km}^g L_{tf} K_{ms}}{1000\left(\ln\dfrac{100}{R''_{90}}\right)^{0.6}\eta_{tf}} \quad (\text{t/h}) \tag{2-60}$$

$$L_{tf} = 2835\phi D^2 v\rho \tag{2-60a}$$

式中　α——与磨煤机进口气体和煤种有关的系数，当进口气温为500℃时，$\alpha = 0.4\sim0.5$，
　　　　　当进口气温为300℃时，$\alpha = 0.85$；

　　　ψ——冷态时的压头系数，取 $\psi = 0.5\sim0.55$；

　　　K_{km}^g——考虑了水分和粒度修正后的可磨性系数；

　　　K_{ms}——考虑磨损造成出力降低的系数，取 $K_{ms} = 0.8\sim0.85$；

　　　η_{tf}——通风效率，取 $\eta_{tf} = 0.35\sim0.40$；

　　　L_{tf}——通风量，kg/h；

　　　ϕ——流量系数，取 $\phi = 0.06\sim0.08$；

　　　D——叶轮外径，m；

　　　v——叶轮圆周线速度，m/s；

　　　ρ——磨煤机出口温度下的空气密度，kg/m³。

3）华北电力设计院经验公式，即

$$B_m = 1.52\times10^{-3}AabZv^2\frac{K_{km}^g K_{ms}}{\sqrt{\ln(100/R''_{90})}} \quad (\text{t/h}) \tag{2-61}$$

式中　A——出力系数，其推荐值为0.798；

　　　a——叶片长度，等于叶轮内、外直径之差的一半，m；

　　　b——叶片宽度，m；

　　　Z——叶片数量；

　　　v——叶轮圆周线速度，m/s；

　　　K_{km}^g——考虑了燃料水分和粒度修正后的可磨性系数；

　　　K_{ms}——考虑由于磨损造成出力降低的系数，取 $K_{ms} = 0.85$。

（2）风扇磨功率计算。与风扇磨出力的计算类似，其功率的计算方法也较多，但不完整。以下介绍其中几种主要的计算公式。

1）上海重型机器厂计算公式。

风扇磨总输入功率 P 包括三个部分，即通风功率 P_{tf}、输粉功率 P_{sf} 及磨煤功率 P_m。用公式表示为

$$P = \frac{P_{tf} + P_{sf} + P_m}{\eta_j} \quad (\text{kW}) \tag{2-62}$$

式中　η_j——机械效率，一般取为0.95。

通风功率按下式计算，即

$$P_{tf} = \frac{V_{tf}p}{360\times10^4\eta_{tf}} \quad (\text{kW}) \tag{2-63}$$

$$V_{tf} = L_{tf}/\rho$$

式中　V_{tf}——通风量，m^3/h；

　　　p——磨煤机在冷态下的提升压头，Pa；

　　　η_{tf}——通风效率，一般小于或等于 0.4。

L_{tf} 计算方法同式（2-60a）。

输粉功率取决于通风功率 P_{tf} 及磨煤机出口的煤粉浓度 μ_m，其计算公式为

$$P_{sf} = P_{tf}\mu_m = P_{tf}\mu K_{xh} \tag{2-64}$$

式中　μ——粗粉分离器出口的煤粉浓度，kg/kg；

　　　K_{xh}——分离器的煤粉循环倍率，即进入分离器的煤粉量与合格煤粉量之比。

磨煤功率可按碰撞和动能定理进行推导得到，即

$$P_m = K_{xh}B_m v^2/1800 \quad (kW) \tag{2-65}$$

根据计算得到的总输入功率 P 选用电动机功率为 $P_{dj} = (1.2 \sim 1.3)P$。最后确定的电动机功率还需满足启动的需要。电机允许的启动时间与电机制造标准有关，一般为 30s。

2）前西德 EVT 公司 KSG 型风扇磨功率计算公式。

对无分离器或装有简单分离器的风扇磨，有

$$P = (1.17 + 0.7\mu^2)P_0 \quad (kW) \tag{2-66}$$

式中　μ——分离器出口的煤粉浓度，kg/kg；

　　　P_0——通风功率，kW。

$$P_0 = \frac{V_{tf}p_r}{360 \times 10^4 \eta_{tf}} \frac{\phi}{\phi_0} \tag{2-66a}$$

式中　p_r——热态送粉情况下的提升压头，Pa；

　　　ϕ、ϕ_0——含粉、纯空气热态下的压头系数。

当采用离心式等类型的分离器时，风扇磨所需功率为

$$P = (1.17 + 0.7\mu_m^2)P_0 \quad (kW) \tag{2-67}$$

式中　μ_m——磨煤机出口的煤粉浓度，kg/kg。

3）前苏联计算公式。

$$P = \left(\frac{1 + 1.9\mu_m}{1 + 1.5\mu_m}\right)P_{tf} \quad (kW) \tag{2-68}$$

$$P_{tf} = \frac{V_{tf}p_r}{360 \times 10^4 \eta_{tf}\eta_{dj}} \quad (kW) \tag{2-68a}$$

式中　η_{tf}——通风效率，取为 0.35~0.40；

　　　η_{dj}——电动机效率，取为 0.92。

前苏联推荐的风扇磨分离器的循环倍率 K_{xh} 见表 2-18。

表 2-18　　　　　　　　　　　　风扇磨煤机的循环倍率 K_{xh} 值

煤　种	贫煤、烟煤	褐煤、油页岩、泥煤
循环倍率 K_{xh}	7	4

3. 风扇磨煤机的运行特点

与中速磨一样，风扇磨的功率消耗随出力的增加而增大，因此它可以比较满意地在低负荷下运行。这一点是球磨机不及的。风扇磨在高于额定出力的负荷下运行时，不仅功率消耗增大，而且更重要的是受到磨煤机内储煤量增加而堵塞以及叶片严重磨损的限制。根据国内外的运行经验，增大圆周速度可以提高击碎能力，减轻堵塞和磨损。国外资料表明，当圆周速度从 60m/s 提高到 80m/s 时，出力和通风能力增大，磨煤电耗和磨损减少，击碎制粉作用增加，底部靠研磨破碎制粉的作用减少，所以磨损反而减轻。因此近年来生产的风扇磨圆周速度均在 80m/s 左右。

第四节　制粉系统及其主要部件

制粉系统的设计和运行是要在保证磨煤单位电耗、设备金属消耗量最经济的情况下，安全可靠地把燃烧所需要的、细度和干燥程度均符合要求的合格煤粉送入锅炉中燃烧，并提供符合锅炉正常稳定燃烧所要求的一定数量的风量和风压。制粉系统中最重要最关键的设备是磨煤机。制粉系统的选择主要应根据所选用磨煤机的工作特性、被磨制燃料的特性以及锅炉负荷特性等因素来确定。

一、煤粉制备系统

煤粉制备系统可分为中间储仓式和直吹式两种。所谓中间储仓式制粉系统，是将磨好的煤粉先储存在煤粉仓中，然后再将煤粉从煤粉仓根据锅炉负荷的需要经过给粉机送入炉膛中燃烧；而直吹式制粉系统，则是将煤经磨煤机磨成煤粉后直接吹入炉膛燃烧。

1. 中间储仓式制粉系统

在中间储仓式制粉系统中，由磨煤机出来的煤粉空气混合物经粗粉分离器后不直接送入锅炉，而先让它经旋风分离器将煤粉从气粉混合物中分离出来，储存在煤粉仓中。进入锅炉的给粉量经给粉机按锅炉负荷来调节，因此磨煤机的出力与锅炉燃料消耗量可以不相等。这样磨煤机就可按其本身的经济出力运行，而不受锅炉负荷的影响，提高了制粉系统的经济性。钢球磨煤机一般都用在中间储仓式制粉系统中。

由于旋风分离器不可能将煤粉全部分离出来，气流中仍含有大约 10% 的细煤粉。为了利用这部分煤粉，一般把它送入炉膛中燃烧。如果它作为一次风使用，即利用含细粉的气流（又称磨煤乏气）输送由给粉机下来的煤粉到主燃烧器喷入炉内燃烧，这种系统称为乏气送粉系统，如图 2-25（a）所示；如果是作为三次风使用，即将携带细煤粉的气流经排粉机送至三次风喷嘴进入炉内燃烧，此时一般利用热空气输送煤粉到主燃烧器，这种系统称为热风送粉系统，如图 2-25（b）所示。上述两种系统中，乏气送粉常适用于原煤水分较小，挥发分较高，易于燃烧的煤种。对于难着火、难燃尽的无烟煤、贫煤及劣质烟煤，由于着火吸热量较大，为稳定着火和燃烧，则采用热风送粉系统。

当磨制水分很高的原煤（如褐煤）时，此时乏气中虽有一定数量的煤粉，但水分很大，如果送入炉内必然严重影响炉内温度水平，对燃烧不利，造成机械不完全燃烧损失及排烟热损失增大，这种情况下常将乏气排入大气，称为开式系统；而前述将乏气作为一次风或三次风的制粉系统则称为闭式系统。很明显，开式系统的采用会损失极少量的煤粉，但从总体上来说是经济的，不过必须采取一定的除尘措施，以免对环境造成污染。

中间储仓式制粉系统的最大优点在于系统可靠性很高，可以在制粉系统发生故障时不影响锅炉的正常运行，因为煤粉仓中储存有足够量的煤粉维持锅炉继续运行一段时间。同时，磨煤机可以长期保持在其最经济的出力下运行。锅炉负荷变化时，通过调节给粉机转速来适应，且延滞性小，反应灵敏。故这种系统在国产300MW机组中得到了广泛应用。其缺点是系统复杂，投资及运行费用较高。

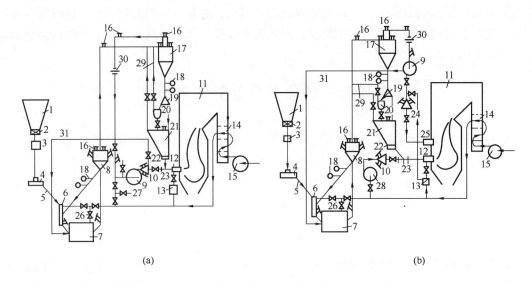

图 2-25　中间储仓式制粉系统

(a) 乏气送粉；(b) 热风送粉

1—原煤仓；2—煤闸门；3—自动磅秤；4—给煤机；5—落煤管；6—下行干燥管；7—球磨机；8—粗粉分离器；9—排粉机；10——次风箱；11—锅炉；12—燃烧器；13—二次风箱；14—空气预热器；15—送风机；16—防爆门；17—细粉分离器；18—锁气器；19—换向阀；20—螺旋输粉机；21—煤粉仓；22—给粉机；23—混合器；24—三次风风箱；25—三次风喷口；26—冷风门；27—大气门；28——次风机；29—吸潮管；30—流量计；31—再循环管

2. 直吹式制粉系统

直吹式制粉系统中，磨煤机磨制的煤粉全部送入炉膛燃烧。当锅炉负荷变化时，磨煤机的制粉量也必须相应变化，因此锅炉正常运行完全依赖于制粉系统的可靠性程度。由于中、高速磨煤机的功率特性，其单位电耗随磨煤出力的增加而增大，反之，随磨煤出力的减少而减小，故它们适应锅炉负荷变化的经济性较好。因此采用中、高速磨煤机的制粉系统一般均为直吹式。同时必须看到，由于双进双出球磨机结构上的特点，它在较宽的负荷范围内对锅炉负荷有快速反应的能力，故也应用于直吹式系统中。

(1) 中速磨煤机直吹式制粉系统。在中速磨直吹式制粉系统中，按磨煤机处的压力条件可将其分为正压系统和负压系统。在负压系统［如图2-26（a）］中，原煤经给煤机进入磨煤机内完成干燥和磨粉两个过程后随气流进入粗粉分离器，合格的煤粉送入炉内燃烧。排粉风机布置在磨煤机和分离器后，故整个系统处在负压下运行；在正压系统［如图2-26(b)、(c)]中，排粉机位于磨煤机前，整个系统处在正压下运行。负压系统中，煤粉不会向外喷冒，制粉系统环境比较干净，但由于全部合格煤粉都要经过排粉机吹入炉膛，故排粉机磨损严重，此时风机效率下降，通风电耗增加，系统工作的可靠性会下降；正压系统按照风机中介质温度又分为冷一次风机系统和热一次风机系统，其中后者因介质温度高，从安全性看不如前者，因此在大容量电厂中一般不被采用。冷一次风机系统中，一般要求回转式空气预热器为三分仓式。

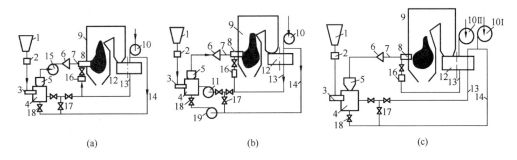

图 2-26　中速磨煤机直吹式制粉系统

(a) 负压系统；(b) 正压系统（带热一次风机）；(c) 正压系统（带冷一次风机）

1—原煤仓；2—自动磅秤；3—给煤机；4—磨煤机；5—煤粉分离器；6—一次风机；7—去燃烧器的煤粉管道；8—燃烧器；9—锅炉；10—送风机；11—高温一次风机（排粉机）；10Ⅰ—冷一次风机；10Ⅱ—二次风机；12—空气预热器；13—热风管道；14—冷风管道；15—排粉机；16—二次风箱；17—冷风门；18—磨煤机密封冷风门；19—密封风机

(2) 风扇磨煤机直吹式制粉系统。在风扇磨直吹式制粉系统中，由于风扇磨本身就代替了排粉机，简化了制粉系统。在我国，用风扇磨磨制烟煤时，基本上都采用热空气作为干燥剂（见图 2-27 (a)）；对高水分的褐煤，考虑到干燥任务很重且褐煤挥发分很高、容易爆炸的特殊性，常从炉内抽取高温炉烟与热空气一起作为干燥剂（见图 2-27 (b)）。

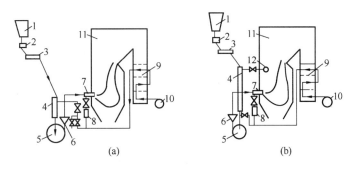

图 2-27　风扇磨煤机直吹式制粉系统

(a) 热风干燥；(b) 热风—炉烟干燥

1—原煤仓；2—自动磅秤；3—给煤机；4—下行干燥管；5—磨煤机；
6—煤粉分离器；7—燃烧器；8—二次风箱；9—空气预热器；10—送风
机；11—锅炉；12—抽烟口

在国外，特别是在前西德，磨制水分特高或水分加灰分特高的褐煤时，常采用如下四种风扇磨直吹式制粉系统：

1) 简单直吹式系统，见图 2-28 (a)。该系统的特点是干燥介质为高温炉烟加热空气再加冷空气，乏气作为一次风送入炉内。这种系统最简单，使用比较普遍，但只适用于（M_{ar}

$+ A_{ar}$ ）不大于70%的褐煤。

2）带乏气分离器的直吹式系统，见图2-28（b）。该系统与简单直吹式系统的差别在于其磨煤机出口侧装有一个乏气分离器设备，煤粉气流经分离器时产生旋转，在惯性离心力作用下使分离器壁面区域煤粉浓度高、气体量少，于是通过分离器分成了两股气粉流：高煤粉浓度、含水分少的气粉混合物可改善着火条件，经主燃烧器送入炉内燃烧；另一部分水分含量大、煤粉量少的气粉混合物经燃烧旺盛区上部的乏气喷口喷入炉内。这种系统特别适用于水分高达70%、但灰分含量较少的褐煤。对于（$A_{ar} + M_{ar}$）<60%~65%的褐煤，则不推荐采用此系统，因为在燃烧器区域将形成很高的温度，如果灰的软化温度较低的话，将导致炉膛和对流受热面产生结焦。

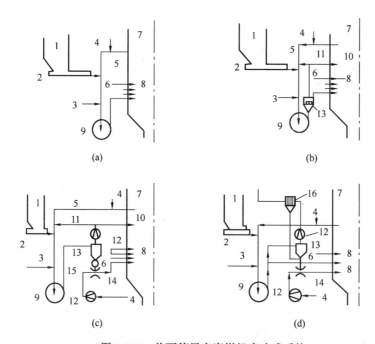

图2-28　前西德风扇磨煤机直吹式系统
(a) 简单系统；(b) 带乏气分离的系统；(c) 闭式半
直吹系统；(d) 开式半直吹系统
1—原煤；2—给煤机；3—冷空气；4—热空气；5—烟气；6—煤粉；7—燃烧室；
8—燃烧器；9—磨煤机；10—乏气燃烧器；11—乏气再循环；12—风机；
13—分离器；14—煤粉空气混合器；15—给粉机；16—电气除尘（分离）器

3）闭式半直吹系统，见图2-28（c）。该系统中用一个离心式分离器把煤粉与制粉系统乏气分离开来。汇集的煤粉用热空气送入炉膛燃烧，被分离开的乏气含有少量煤粉，从乏气喷口喷入炉内。这实质上是热风送粉方案，有利于改善着火和燃烧条件，最适于燃烧低水分、高灰分的硬褐煤。

4）开式半直吹系统，见图2-28（d）。该系统在闭式系统的基础上增加了电气除尘器，从磨煤机出来的气粉混合物一部分直接进入炉内，一部分进入分离器。从离心分离器出来的含有少量煤粉的乏气，经电气除尘器把这些煤粉从乏气中再分离下来，最后这部分乏气排入大气，故称开式。这种系统适合于高水分和高灰分的褐煤，发热量可低到3768kJ/kg。这是由于一部分乏气排入大气，一次风以热风送粉为主，可以调节乏气送粉的比例，使炉膛温度达到很高，对燃烧很有利。

（3）球磨机直吹式制粉系统。如前所述，球磨机一般应用于中间储仓式制粉系统中，但双进双出球磨机却可应用于直吹式制粉系统中（已在国产300MW机组中应用）。图2-29所示为双进双出球磨机正压直吹式制粉系统原理图。在该系统中，球磨机处于正压下工作，为了防止煤粉泄漏，系统中配备了密封风机，用以产生高压空气，送往磨煤机转动部件的轴承。制粉用风由一次风机供给。与国内普遍采用的中速磨直吹式系统相比，该系统具有以下特点：

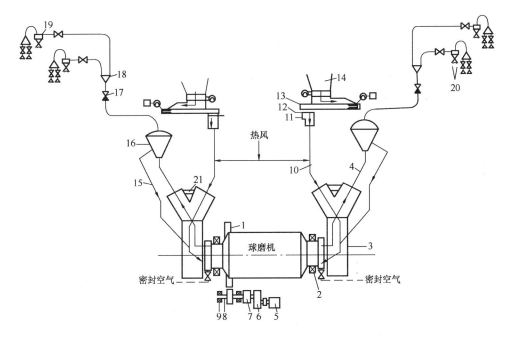

图2-29 双进双出球磨机直吹式制粉系统

1—大齿轮；2—耳轴；3—磨煤机给煤/出粉箱；4—磨煤机至分离器导管；5—电动机；6—齿轮箱；7—气动离合器；8—小齿轮轴；9—小齿轮轴承；10—原煤/热风导管；11—原煤斜槽；12—给煤机关断门；13—给煤机；14—原煤斗；15—回粉管；16—粗粉分离器；17—文丘里管；18—分配器；19—旋风子；20—燃烧器；21—旁通管

1）双进双出球磨机作为磨煤设备可靠性高，可省去备用磨煤机，并可降低维修成本；球磨机可磨制可磨性系数很低的煤种，这是中速磨所不及的；此外，选用球磨机可以充分地满足稳定燃烧所需要的煤粉细度。

2）采用了冷一次风机，可使风机在高效条件下工作。并且提高了风机工作的可靠性。与此相适应，采用了三分仓回转式空气预热器，以分别加热工作压力不同的一次风和二次风。

3. 中间储仓式和直吹式制粉系统的比较

（1）直吹式制粉系统简单，设备部件少，输粉管路阻力小，因而制粉系统输粉电耗较小；储仓式制粉系统中，由于有煤粉仓，磨煤机的运行出力不必与锅炉随时配合，磨煤机可一直维持在经济工况下运行。但由于储仓式制粉系统工作在较高的负压下，漏风量较大，输粉电耗较高。

（2）负压直吹式系统中，燃烧所需要的全部煤粉都要经过排粉机，因而其磨损较快，发生振动和需要检修的可能性较大。而在中间储仓式制粉系统中，只有含少量细粉的冷风流经排粉机，故其磨损较轻，工作较安全。

（3）储仓式制粉系统中，磨煤机的工作对锅炉影响较小，即使磨煤设备发生故障，煤粉仓内的煤粉仍可供锅炉燃烧的需要。同时，各炉之间可用输粉机相互联系，以调剂锅炉间的煤粉要求，从而提高了系统的可靠性，因而磨煤设备的储备容量可小一些。相比之下，直吹式系统需要较大的磨煤设备储备裕量。

（4）储仓式系统部件多，管路长，系统复杂，初投资和系统的建筑尺寸都较直吹式系统大，防爆安全性差。

（5）当锅炉负荷变动时，储仓式系统只要调节给粉机就能适应需要，方便快速。而直吹式系统要从改变给煤量开始，经过整个系统才能改变煤粉量，因而惰性较大，适应锅炉负荷变动的能力较差。

二、制粉系统的选择

1. 磨煤机和制粉系统的选择

在选择磨煤机型式和制粉系统时，应根据煤的燃烧、磨损、爆炸特性、可磨性、磨煤机的制粉特性及煤粉细度的要求，结合锅炉炉膛和燃烧器结构统一考虑，并考虑投资、电厂检修运行水平及设备的配套、备品备件供应以及煤的来源和煤中杂物情况诸因素，以达到磨煤机、制粉系统和燃烧装置匹配合理，保证机组的安全经济运行。

当煤干燥无灰基挥发分大于10%时，制粉系统设计时应考虑防爆要求。煤的磨损性能可以用煤的磨损指数进行判断或通过试磨确定。煤的燃烧性能一般可根据煤的挥发分来判断，但劣质烟煤和贫煤的燃烧性能需进行燃料着火温度的测定，甚至在试验台进行试烧后确定，以作为选择合适的制粉系统型式的依据。根据煤的着火温度选择制粉系统类型的界限可参考表 2 – 19。

表 2 – 19　　　　　　　　制粉系统的选择和燃料着火温度的关系

燃料着火温度（℃）	燃料着火性	燃烧器型式	热风温度（℃）	制　粉　系　统
> 900	极难燃	无烟煤型	> 400	钢球磨贮仓式热风送粉
800 ~ 900	难　燃	无烟煤型	380 ~ 400	钢球磨贮仓式热风送粉或双进双出钢球磨直吹式
700 ~ 800	中等可燃	贫煤型	340 ~ 380	钢球磨贮仓式热风送粉或中速磨及双进双出钢球磨直吹式
600 ~ 700	易　燃	烟煤型	300 ~ 340	钢球磨贮仓式乏气送粉或中速磨直吹式
< 600	极易燃	褐煤型	260 ~ 300	中速磨直吹式或风扇磨直吹式

根据煤的磨损指数选择磨煤机的界限是依据磨煤机碾磨件的寿命近似划分的。中速磨煤机碾磨件的寿命应大于6000h，对 MPS 磨煤机是指辊轮的单面寿命，对 E 型磨煤机为补加钢球前的寿命。风扇磨煤机冲击板寿命应大于1000h。到上述寿命时的碾磨出力不应低于最大

碾磨出力的 90%。

不同煤质条件下磨煤机及制粉系统类型也不相同。表 2-20 显示的是各种磨煤机及制粉系统的适用范围。表中各型磨煤机磨损指数的界限仅是估计范围，最终还应根据寿命计算或试磨结果按规定的碾磨件寿命要求确定。在磨煤机的出力裕量、一次风机裕量较大（在规定的上限）、煤粉较粗（$R_{90} \geqslant 20\%$）时，中速磨煤机对煤磨损性能的适用界限，可以放宽至 $K_e \leqslant 5.0$。

表 2-20　　　　　　　　　　　　　磨煤机及制粉系统的选择

煤种	煤特性参数						磨煤机及制粉系统	机组容量
	V_{daf}（%）	着火温度（℃）	K_e	M_f（%）	R_{90}（%）	R_{75}（%）		
无烟煤	≤10	>900	不限	≤15	~5	~8	钢球磨煤机贮仓式热风送粉	不限
		800~900	不限	≤15	5~10	8~15	钢球磨煤机贮仓式热风送粉或双进双出钢球磨煤机直吹式	不限
贫瘦煤	10~20	800~900	不限	≤15	5~10	8~15	同无烟煤	不限
		700~800	>5.0	≤15	~10	~15	双进双出钢球磨煤机直吹式	不限
		700~800	≤5.0	≤15	~10	~15	中速磨煤机直吹式	不限
烟煤	20~37	700~800	—	≤15	~10	~15	中速磨煤机直吹式或双进双出钢球磨煤机直吹式	
		600~700	≤5.0	≤15	10~15	15~20	中速磨煤机直吹式	不限
		600~700	>5.0	≤15	10~15	15~20	双进双出钢球磨煤机直吹式	不限
		<600	≤5.0	≤15	15~20	20~26	中速磨煤机直吹式	不限
		<600	≤1.5	≤15	~20	~26	风扇磨煤机热风干燥直吹式	50MW 以下
褐煤	>37	<600	≤5.0	≤15	30~35		中速磨煤机直吹式	不限
		<600	≤3.5	>15	45~55		三介质或二介质干燥风扇磨煤机直吹式	不限

在采用碗式磨煤机时应优先选用 HP 磨煤机。蒸发量为 410t/h 及以上燃用烟煤锅炉，当采用切圆燃烧方式时，考虑磨煤机的提升压头有限及煤粉分配问题，不宜采用风扇磨煤机。对蒸发量 220t/h 及以下的燃煤机组锅炉，可以考虑采用风扇磨煤机；但考虑煤粉分配问题，管道流速需在 25m/s 以上。风扇磨煤机的烟气干燥系统，若经验算系统中氧量满足防爆要求时，宜优先考虑采用热烟气和热风二介质干燥系统。

2. 磨煤机的台数、出力裕量及型号的确定

对于中速磨直吹式系统，由于锅炉与制粉系统直接相关，系统运行可靠性较差，故系统的磨煤备用裕度较大。对 300MW 机组，一般应配三台以上的磨煤机，其中一台备用，每台出力为

$$B_m = \frac{0.9B}{Z-1} \qquad (t/h) \qquad (2-69)$$

式中　B——锅炉额定负荷下的燃料消耗量，t/h；

　　　Z——每台锅炉配备的磨煤机台数。

上式表明，当有 3 台以上磨煤机时，一台检修后，锅炉仍能维持在 90％额定负荷下运行。

对于风扇磨直吹式制粉系统，与中速磨情况不同，首先根据锅炉蒸发量的大小及燃烧器的组织情况确定每台锅炉上同时运行的磨煤机数量 Z，另外考虑备用磨 1～2 台。实际磨煤机数量为 $Z+(1\sim 2)$，每台磨煤机出力为

$$B_{m} = B/Z \qquad (t/h) \qquad\qquad (2-70)$$

可见，在风扇磨直吹式系统中，当 1～2 台磨停用或检修时，锅炉仍能保持额定负荷运行。

磨煤机在计算出力时应有备用的裕量。对中、高速磨煤机，在磨制设计煤种时，除备用外的磨煤机总出力应不小于最大连续蒸发量时燃煤消耗量的 110％；在磨制校核煤时，全部磨煤机在检修前的总出力应不小于锅炉最大连续蒸发量时的燃料消耗量。

对双进双出球磨机直吹式制粉系统，由于磨煤机运行安全可靠性高，故一般不考虑备用磨，但每台锅炉装设的磨煤机不宜少于两台。磨煤机总出力在磨制设计煤种时应不小于锅炉最大连续蒸发量时燃煤消耗的 115％；在磨制校核煤种时，应不小于锅炉最大连续蒸发量时的燃煤消耗量，并应验算当其中一台磨煤机单侧运行时，磨煤机的连续总出力应满足汽轮机额定工况时的要求。对 300MW 机组，如果每炉配四台磨煤机，每台磨裕量取 20％，当一台事故时，三台磨总出力还能带 90％的锅炉负荷。

对于中间储仓式制粉系统，由于煤粉仓的储备作用及整个锅炉房中各台锅炉煤粉仓之间可以利用螺旋输粉机相互提供和补充煤粉，此时每台锅炉的磨煤机台数及磨煤出力可以总体考虑，每台锅炉装设的磨煤机台数不少于两台，不设备用；当一台磨煤机停机运行时，其余磨煤机按设计煤种的计算出力应能满足锅炉不投油情况下安全稳定运行的要求，必要时可经输粉机由邻炉来粉。系统中每台磨煤机计算总出力按设计煤种不应小于锅炉最大连续蒸发量时所需耗煤量的 115％，按校核煤种亦应不小于锅炉最大连续蒸发量时所需的耗煤量。每台磨煤机的磨煤出力要求为

$$B_{m} = \frac{1.15\sum_{i=1}^{n} Z_i B_i}{\sum_{j=1}^{n} Z_j} \qquad (t/h) \qquad\qquad (2-71)$$

式中　$\sum\limits_{i=1}^{n} Z_i B_i$——锅炉房中 n 台锅炉在额定负荷下总的燃料消耗量；

　　　$\sum\limits_{j=1}^{n} Z_j$——整个锅炉房中磨煤机总台数；

　　　1.15——储备系数，它表示设计中磨煤出力的总储备能力，即富裕量为总需求量的 15％。

根据以上计算所得的每台磨煤机出力（对于中速磨煤机和风扇磨煤机按磨损中后期出力考虑；对于双进双出钢球磨煤机宜按制造厂推荐的钢球装载量取用），选用适当的磨煤机型号，然后按煤质及磨煤机机型核算其磨煤出力 B_{m}。

三、制粉系统的热力计算

1. 制粉系统热力计算的任务

制粉系统热力计算的任务是：确定磨煤机所需的干燥剂量、干燥剂初温和组成；确定制粉系统终端干燥剂总量、温度、水蒸气含量和露点；对于按惰性气氛设计的制粉系统，还应计算终端干燥剂中氧的容积份额，并且使之符合惰性气氛的规定；验算送风管道中风粉混合物温度是否与采用煤种相适应。

2. 制粉系统热力计算要求

制粉系统热力计算应遵循带入系统的热量与带出系统的热量相等的热平衡原则。

热力计算的起点和终点也有相应的规定。原煤落入口为燃料的计算起点；而引干燥剂入磨煤机的导管断面为干燥剂的计算起点；在负压下运行的设备，排粉机入口为其计算终点，而在正压下运行的设备的计算终点为粗粉分离器出口断面。

热力计算中参数的选择，应首先满足燃料达到所需的干燥程度的条件，并应同时符合以下要求：

（1）制粉系统的终端温度应不高于设备（磨煤机和排风机）轴承允许的温度和防爆要求的温度，但应高于干燥剂中水蒸气的露点。

（2）对于以惰性气氛设计的制粉系统，终端干燥剂中氧的容积份额应符合惰性气氛的规定。

（3）对于直吹式和储仓式干燥剂输粉系统，干燥剂中空气量应在推荐的锅炉一次风量的允许范围内。

（4）系统的通风量应使设备各部件中的流速在推荐值范围内。

3. 不同类型制粉系统的热力计算

（1）钢球磨煤机储仓式制粉系统。

宜采用热风作干燥剂，辅以温风或冷风调节，并采用干燥剂再循环来协调磨煤机的通风量。按磨煤机最佳通风量下的干燥剂量进行热力计算，求出干燥剂的初温度及干燥剂的各成分份额，并应进行湿度及露点的计算。

钢球磨煤机储仓式及负压直吹式制粉系统，应考虑向系统内漏风的影响。

（2）BBD 型双进双出钢球磨煤机直吹式制粉系统。

宜采用热风作干燥剂，辅以冷风调节，并采用旁路风来协调通过磨煤机的风量和对原煤预先干燥。在不同负荷下每公斤原煤所需干燥剂总量（含密封风）根据制造厂提供的数据或曲线是已知的，热力计算主要是求取干燥剂的初温。热力计算应考虑给煤机和磨煤机密封风的影响。

（3）中速磨煤机直吹式制粉系统。

这种系统一般采用热风作干燥剂，压力冷风调节，磨煤机对磨制每公斤原煤的干燥剂量已被磨煤机的通风量所限制，根据制造厂提供的通风量数据或特性曲线可以求得额定负荷及各种负荷下的干燥剂量。热力计算主要是求干燥剂的初温及其组成份额。

负压直吹系统，热力计算应考虑漏风的影响；正压直吹系统，热力计算应考虑密封风的影响。

（4）风扇磨煤机负压直吹系统。

当磨制水分不高的褐煤或者烟煤时，用热风作干燥剂，可不按惰性气氛设计。

对于高水分褐煤，宜采用高（低）温烟气与热风混合的二介质或三介质作干燥剂，并按惰性气氛设计。

干燥剂的数量已为磨煤机通风量所限定，而且与系统布置所形成的阻力有关。通常在热力计算前，根据所选定的磨煤机型号和制造厂提供的该磨煤机的 $Q - \Delta p$ 特征曲线等有关资料，并计（估）算系统阻力，确定磨煤机的通风出力而求得干燥剂量。热力计算主要是确定干燥剂的初温及组成干燥剂的各类介质的份额。各类介质中所含的空气量之总和应满足锅炉对一次风率的要求。

按惰性气氛设计的系统，还应计算设计煤种和校核煤种在可能出现的不利工况下，磨煤机出口气粉混合物中氧的容积份额，使它符合惰性气氛的规定。否则要调整干燥剂的组成，重新计算，直至合格为止。

四、制粉系统的主要部件

制粉系统的主要部件除了前面介绍的磨煤机外，还有原煤仓、煤粉仓、给煤机、给粉机、输粉机、锁气器、煤粉分离器等。

1. 原煤仓

原煤仓应按煤的特性以及煤的水分、黏附性和压实性等进行设计，其任务是满足下列要求：

（1）原煤仓的储煤量应能满足锅炉最大连续蒸发量时 8 ~ 12h 耗煤量的需要（当采用储仓式制粉系统时，应包括煤粉仓的储粉量），对高热值煤或每炉设置两台磨煤机时取上限值；

（2）在控制的煤流量下，保持连续的煤流；

（3）原煤仓内不会出现搭拱和漏斗状现象。

为了保证以上（2）、（3）的要求，应采取如下措施：

（1）煤仓的形状和表面应有利于煤流排出，不易积煤。大容量锅炉的原煤仓宜采用钢结构的圆筒仓型，下接圆锥形或双曲线型出口段，其内壁应光滑耐磨。圆锥形出口段与水平面交角不应小于 60°，矩形斜锥式混凝土煤仓斜面倾角不小于 60°，否则壁面应磨光或内衬光滑贴面；两壁间的交线与水平夹角应不小于 55°；对于褐煤及黏性大或易燃的烟煤，相邻两壁交线与水平面夹角不应小于 65°，且壁面与水平面交角不应小于 70°。相邻壁交角的内侧，应做成圆弧形。

（2）原煤仓下方的金属小煤斗出口截面不应太小。其下部采用双曲线型小煤斗时，截面不应突然收缩。非圆形截面的大煤斗，其壁面倾角应大于 70°。采用碳钢制作的金属煤斗，可内衬高分子材料以防堵煤，金属煤斗外壁宜设振动装置或其他防堵装置。

（3）原煤仓内壁应光滑，不应有任何凹陷和凸出部位和物件。

原煤仓应由非可燃的材料制作，一般为钢结构或钢筋混凝土结构。对于水分大、易黏结的煤，在原煤的出口段可采用不锈钢板制作或内衬不锈钢板。原煤仓应有防止大块煤及其他杂物进入的装置。在煤仓的进煤口处应设置格子栅栏。在严寒地区，钢结构的原煤仓以及靠近厂房外墙或外露的钢筋混凝土原煤仓，其仓壁应有防冻保温措施。原煤仓应设置煤位监测装置，大容量锅炉的钢质原煤仓可设置煤量测量装置。

煤（粉）仓有平壁和双曲线形两种。平壁煤（粉）仓如图 2-30 所示，其容积按下式计算，即

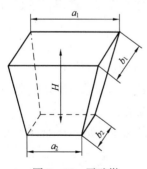

图 2-30　平壁煤（粉）仓尺寸图

$$V = \frac{H'}{b}\left[(2a_1 + a_2)b_1 + (2a_2 + a_1)b_2\right]\ (\mathrm{m}^3) \tag{2-72}$$

式中　H' ——煤（粉）仓计算高度，m。

对于原煤仓　　　　　　　　　　　$H' = H$

对于煤粉仓　　　　　　　　　　　$H' = H - 3$

式中　H ——煤（粉）仓实际高度。

对于双曲线形煤仓，又有对称正方形截面双曲线形煤（粉）仓（图 2 - 31）和对称圆形截面双曲线形煤（粉）仓（图 2 - 32）两种，其容积按表 2 - 21 计算。

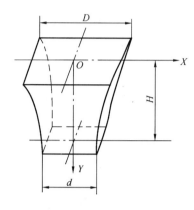

图 2 - 31　对称正方形截面双曲线形煤（粉）仓尺寸图

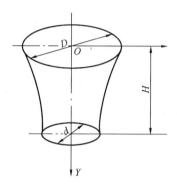

图 2 - 32　对称圆形截面双曲线形煤（粉）仓尺寸图

表 2 - 21a　　　　　　　对称正方形截面双曲线形煤（粉）仓容积计算

名　称	等断面收缩率	递减断面收缩率
形线方程式	$X = \pm\dfrac{D}{2}\mathrm{e}^{-cy/2}$ 收缩率 $C = \dfrac{2}{H}\ln\dfrac{D}{d}$　$(C \leqslant 0.7)$	$X = \pm\dfrac{D}{2}\cdot\dfrac{C}{C+Y}$ 系数 $C = \dfrac{Hd}{D-d}$
容　积	$V = \dfrac{H(D^2 - d^2)}{2\ln\dfrac{D}{d}}$ （计算图 2 - 31）	$V = DdH$

表 2 - 21b　　　　　　　对称圆形截面双曲线形煤（粉）仓容积计算

名　称	等断面收缩率	递减断面收缩率
形线方程式	$X = \pm\dfrac{D}{2}\mathrm{e}^{-cy/2}$ 收缩率 $C = \dfrac{2}{H}\ln\dfrac{D}{d}$　$(C \leqslant 0.7)$	$X = \pm\dfrac{D}{2}\cdot\dfrac{C}{C+Y}$ 系数 $C = \dfrac{Hd}{D-d}$
容　积	$V = \dfrac{\pi H(D^2 - d^2)}{8\ln\dfrac{D}{d}}$ （计算图 2 - 32）	$V = \dfrac{\pi}{4}DdH$

2. 煤粉仓

煤粉仓的作用是使煤粉以一定的流速连续流出，其形状应能保证煤粉从仓内自流干净。

煤粉仓内的储粉量应能满足锅炉最大连续蒸发量时 2 ~ 4h 耗煤量的需求，对高热值煤或每炉设置 2 台磨煤机时宜取上限值。煤粉仓通常有以下的要求：

（1）煤粉仓应用非可燃材料制作，一般为钢筋混凝土结构或者钢结构，并设置有防爆门。煤粉仓内表面平整、光滑、耐磨，无任何能沉积或滞留煤粉的凸出部位；相邻两壁间交线与水平面夹角不小于 60°，且壁面与水平面夹角不小于 65°。相邻壁面交角内侧应做成圆弧形。当采用金属煤粉仓时，为了避免仓壁结露，粉仓外壁应用非可燃材料保温。在严寒地区，靠近厂房外墙或外露的煤粉仓应有防冻保温措施。

（2）煤粉仓应密闭，并减少开孔。任何开孔均须有可靠的密封盖；与煤粉仓相连的管道，如落煤管、给粉管的结构均应严密。

（3）煤粉仓内应装设吸潮管排除仓内的汽、气和粉尘，防止水汽、空气、粉尘和可燃气体在仓内的聚集。煤粉仓中有惰性气体及灭火介质的引入管并接至粉仓的上部，介质流要平行粉仓顶盖，并使气（汽）流分开，防止煤粉飞扬。

（4）煤粉仓内应该设置煤粉温度监测装置，在距拐角 1 ~ 5m 处设置电阻温度计或热电偶，其置入深度距粉仓顶板须不小于 1m。

（5）煤粉仓应有粉位测量装置。大型机组的粉仓应装设电子式粉位计，并有机械式测粉装置作辅助校核用。电子式粉位计测点在高度方向不少于 4 点并应有高度位置信号。

（6）煤粉仓应有能将煤粉放净的设施。

（7）煤粉仓除了有通向本制粉系统的吸潮管外，还应设置通往邻磨或邻炉的吸潮管。

3. 给煤机

给煤机的作用是根据磨煤机负荷的需要调节给煤量，并把原煤均匀连续地送入磨煤机中。给煤机应满足以下要求：

（1）能按锅炉负荷或磨煤机出力连续不断给煤，运行要可靠，不易卡、堵；

（2）调节灵活方便；密封性好、漏风少，正压直吹式系统的给煤机必须具有良好的密封性及承压能力；

（3）在满足上述要求下还要设备简单、轻便。

国内应用较多的给煤机有圆盘式、振动式、刮板式、皮带式等几种。给煤机的型式按原煤的水分、原煤颗粒度、制粉系统和磨煤机型式、制粉设备布置以及对锅炉负荷调节要求，结合给煤机的特性来选用。对采用高速磨煤机的直吹式制粉系统，宜选用可计量的刮板式给煤机。对采用中速磨煤机的直吹式制粉系统，宜选用称重式皮带给煤机。对采用双进双出钢球磨煤机的直吹式系统，可选用刮板式给煤机。对采用钢球磨煤机的储仓式制粉系统，宜选用刮板式给煤机或皮带式给煤机。对小容量机组也可选用振动式给煤机。

给煤机的台数宜与磨煤机的台数相匹配。对于大容量机组，可根据原煤仓的布置、设备情况，经过比较，1 台磨煤机也可配置 2 台给煤机。对于双进双出钢球磨煤机，1 台磨煤机应配 2 台给煤机。振动式给煤机的计算出力应不小于磨煤机计算出力的 120%；其他型式给煤机的计算出力应不小于磨煤机计算出力的 100%。对配用于双进双出钢球磨煤机的给煤机，每台给煤机的出力不应小于磨煤机出力，但不设备用裕量。

在国内，刮板式给煤机和皮带式给煤机在大型机组中应用较多。以下对这两种给煤机作较详细的介绍：

（1）刮板式给煤机。这种给煤机利用煤在自身内摩擦力和刮板链条拖动力的作用下，在箱体内沿着刮板链条的运动方向形成连续的煤层流,不断地从进煤口流到出煤口,实现连续均匀定量的输送任务。刮板式给煤机可以通过煤层厚度调节板调节给煤量,也可用改变链轮转速的方法进行调节。图 2 – 33 为湖北某电厂 300MW 机组采用的 MG – 100 型埋刮板给煤机示意图。其结构合理、系统布置灵活,能满足较长距离的供煤要求;可制成全密封式,故适用于正、负压下运行;速度调节采用电磁调速异步电动机,操作方便并利于集中控制和远控,还可满足过载安全保护的要求;此外,其安装维修方便。不足之处是占地面积较大。

(2) 电子重力皮带式给煤机。这种给煤机的主要部件有壳体、皮带、皮带轮、称重传感器、校正装置、清扫输送带装置、皮带刮板、皮带传感器、出煤口堵塞指示板等。它具有先进的皮带转速测定装置、精确性高的称重机构,防腐性能好,并有良好的过载保护、完善的检测装置,因此具有自动调节和控制的功能,在国内 300MW 及 600MW 机组中均得到了广泛的应用。其工作原理简述如下:

由原煤斗下来的原煤,通过煤闸门和落煤管送入给煤机中。当煤闸门开启向给煤机供煤时,主动轮转速是由给煤机驱动电动机涡流离合器输入与输出之间的电磁滑块位置决定的。如果燃烧系统要求的给煤率与实际给煤不符时,则电磁滑块产生相应的移动,以改变皮带转速快慢使两者保持一致。皮带转速是根据主动轮上的数字测量发出的代表皮带速度信号和称重模块重量指示发出的煤重量信号,这两者相乘而产生的给煤率信号,使煤在皮带上得以称重,从而确定转速的。

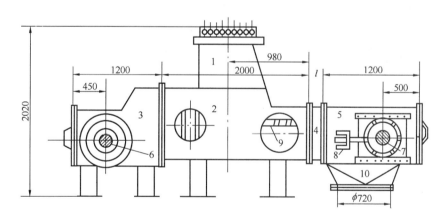

图 2 – 33　MG – 100 型埋刮板给煤机

1—煤进口管;2—进气箱体;3—头部箱体;4—中间箱体;5—出口箱体;
6—主链轮轴;7—从链轮轴;8—拉紧装置;9—刮板链条;10—煤出口管

4. 给粉机

在中间储仓式制粉系统中,煤粉仓中的煤粉是通过给粉机按需要量送入一次风管,再吹入炉膛的。炉膛内燃烧的稳定与否在很大程度上决定于给粉机给粉量的均匀性及它适应负荷变化的调节性能。通过调节给粉机的给粉量来控制锅炉蒸汽温度和压力,从而保证要求的锅炉出力。图 2 – 34 为湖北某电厂 300MW 机组中所采用的 GF – 12 型叶轮给粉机结构示意图。其给粉量的调节靠改变电磁调速异步电动机的转速达到。变速系统由一级蜗轮与蜗杆构成。变速时通过装在同一主轴上的刮板、供给叶轮和测量叶轮实现给粉。

给粉机的台数、最大出力宜按下列要求选择:

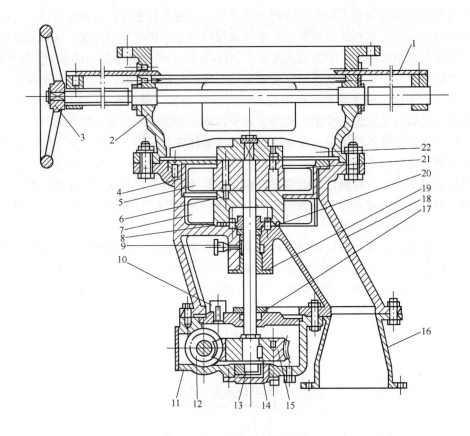

图 2-34 GF-12 型叶轮给粉机

1—闸板；2—上部体；3—手轮；4—壳体；5—供给叶轮；6—传动销；7—测量叶轮；8—圆座；
9—油杯；10—放气塞；11—蜗轮壳；12—蜗杆；13—主轴；14—轴承；15—蜗轮；16—出粉管；
17—减速箱上盖；18—下部体；19—压紧帽；20—油封；21—衬板；22—刮板

（1）给粉机的台数与燃烧器一次风接口数相同；

（2）给粉机的最大出力 $B_{pc,F}$ 不小于与其连接的燃烧器最大出力的 130%，即

$$B_{pc,F} = \frac{1.3 B_{max}}{Z_{Bur}} \frac{Q_{ar,net}}{Q_{ad,net}} \quad (t/h) \tag{2-73}$$

式中 B_{max}——锅炉最大连续蒸发量下的燃煤量，t/h；

Z_{Bur}——燃烧器一次风喷口数（即给煤机台数）；

$Q_{ar,net}$、$Q_{ad,net}$——设计煤种的收到基和干燥基低位发热量，后者近似地代表煤粉的发热
量。

给煤机型号的选择应使其最大出力符合 $B_{pc,F}$。

大、中容量锅炉的给粉机宜采用叶轮式给粉机，其给粉量通过改变给粉机转速来实现。
叶轮给粉机的最大优点是给粉均匀，不易发生煤粉自流，可以防止一次风冲入煤粉仓。缺点
是构造复杂、易被异物堵塞，且给粉机的电耗较大。

5. 锁气器

储仓式系统中，由细粉分离器至煤粉仓的落粉管上应装设锁气器，以防止卸粉时空气漏

入细粉分离器而破坏其正常工作。锁气器的布置应符合下列规定：

（1）落粉管上多用锥型锁气器。锁气器应能连续放粉，其壳体上应设有手孔。

（2）在落粉管上，应串置装设两个锁气器，以保证密封和便于运行中调整和维护。

（3）锥型锁气器应垂直装设。锁气器上部应有足够长的管段作为粉柱密封管段，该管段宜保持垂直或与垂直方向的夹角不大于5°。密封管段以上的管段允许倾斜，但与垂直方向的夹角不应大于30°（见图2-35）。

（4）锥型锁气器上部密封管段的垂直高度 h 按下式确定，即

$$h \geq 0.2p + 100 \, (\text{mm}) \tag{2-74}$$

式中　p——细粉分离器平均负压（进、出口负压的平均值）的绝对值，Pa。

（5）锥型锁气器的结构尺寸宜与落粉管一致，锁气器的单位出力宜为 $25 \sim 35 \text{kg}/$（$\text{cm}^2 \cdot$ h）。

储贮仓式制粉系统中，粗粉分离器至磨煤机的回粉管上也装设有锁气器。锁气器的布置应遵守下述规定。

1）回粉管上应串置装设两个锁气器。装在垂直管道上的应选用锥型锁气器，装在斜管道上的应选用斜板式锁气器。

2）斜板式锁气器与水平面的倾角宜为 $65° \sim 70°$，重锤杆应保持水平。

3）斜板式锁气器上部应有粉柱密封管段。该管段的垂直高度 h 按式（2-74）确定（此时式中的 p 为粗粉分离器入口负压的绝对值），但不得小于800mm。

4）斜板式锁气器出力应满足粗粉分离器分离出的粗粉量需要，其粗粉量与系统的循环倍率有关。

6.煤粉分离器

（1）粗粉分离器。

粗粉分离器是制粉系统中必不可少的分离设备，其任务是对磨煤机带出的煤粉进行分离，把粗大的颗粒分离下来返回磨煤机再磨，合格的煤粉供锅炉燃烧用。此外，它还可以调节煤粉细度，以便在运行中当煤种改变或磨煤出力（或干燥剂量）改变时能保证所要求的煤粉细度。

粗粉在分离器中的分离过程主要是靠重力分离、惯性分离和离心分离三种作用实现的。依靠惯性力进行分离常应用在风扇磨上，而离心分离器在我国电厂应用最普遍，它利用切向叶片的导向作用（见图2-36）使煤粉气流通过

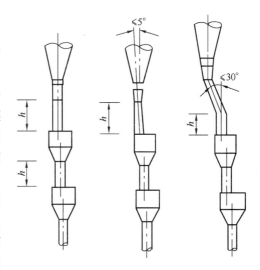

图2-35　锥型锁器的装置方式示意

它时产生旋转。在惯性离心力作用下，粗大颗粒便从主流中分离出来，沿分离器的回粉管返回磨煤机中。

图2-36中的改进Ⅱ型离心分离器采用了缝隙结构，优点在于能在锥体全周向均匀、连续地排出粗粉。

离心式分离器结构较复杂，故阻力也较大。但分离后的煤粉较细，调节幅度宽广，适用

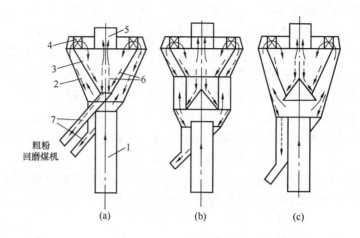

图 2-36 离心式分离器示意

(a) 原用型；(b) 改进Ⅰ型；(c) 改进Ⅱ型

1—分离器入口管；2——次分离粗粉；3—内锥体；4—可调切向挡板；

5—合格煤粉出口；6—二次分离粗粉；7—不合格粗粉回粉管

于无烟煤、贫煤、烟煤和褐煤，可配用各种磨煤机，适应能力强，应用面广。

粗粉分离器性能优劣对磨煤机出力和锅炉燃烧具有重要影响。粗粉分离器应具有最佳的循环倍率、高的煤粉均匀性（煤粉均匀性指数 $n > 1.0$），较低的阻力（$\Delta p < 800Pa$）、好的调节性能和稳定连续的工作性能。为此粗粉分离器通常有以下的规定：

1）粗粉分离器最佳循环倍率推荐值：对钢球磨煤机，无烟煤为 3，贫煤和烟煤为 2.2，褐煤为 1.4；对风扇磨煤机，贫煤为 7，烟煤为 2.5~3.5，褐煤为 2~4。

2）粗粉分离器参数的选择宜以容积强度为指标，对具体的粗粉分离器系列，其值根据要求的煤粉细度来选取。不同型式及系列的分离器，由于其结构型式、系列化参数及性能的差别，容积强度的选取也不相同。

容积强度 q 定义为系统通风量（Q）与分离器容积（V）之比，即

$$q = \frac{Q}{V} \qquad [\text{m}^3/(\text{h}\cdot\text{m}^3)] \qquad (2-75)$$

由于各种型式粗粉分离器的外形尺寸基本按几何相似的原则系列化，其容积 V 可表示为

$$V = kD^3 \qquad (\text{m}^3) \qquad (2-76)$$

式中　D——分离器标称直径，m；

　　　k——分离器的结构系数，与分离器机构型式有关，对轴向型 HW 系列，$k = 0.79$。

粗粉分离器的容积强度值不仅由所要求的煤粉细度决定，还与分离器规格有关。这样才能保持不同规格粗粉分离器的进口速度都处在合理的范围内，从而保证分离器有良好的性能。分离器直径越大，容积强度选择越小。

轴向型粗粉分离器（HW – CB 系列）容积强度按表 2 – 22 所推荐的数值选取。

在选择粗粉分离器时，先根据煤种所要求的煤粉细度和选定的分离器型式，从表 2 – 22 中选取相应的容积强度，再根据系统通风量和式（2 – 75）计算出所需的分离器容积，由式（2 – 76）计算出分离器直径，再选定分离器的规格。最后，还应核算分离器阻力，若阻力过

高（如 $\Delta p > 1000\text{Pa}$ 时），则应重新选取其他型式及规格。

表 2 – 22　　　　　　　轴向型粗粉分离器（HW – CB 系列）容积强度选择

煤粉细度 R_{90} （%）	容积强度 q $[\text{m}^3/(\text{h·m}^3)]$	煤粉细度 R_{90} （%）	容积强度 q $[\text{m}^3/(\text{h·m}^3)]$
4 ~ 6	900 ~ 1100	15 ~ 28	1500 ~ 1850
6 ~ 15	1100 ~ 1500	28 ~ 40	1850 ~ 2200

（2）细粉分离器。

在中间储仓式制粉系统中还有一个重要的煤粉分离设备——细粉分离器，其任务是把煤粉从制粉系统的乏气中分离开来，因它依靠旋转运动实现惯性分离，故又名旋风分离器。对细粉分离器的基本要求是在满足制粉系统通风量的前提下有高的分离效率、低的阻力，且运行可靠、不易磨损、设备紧凑、金属耗量低。

细粉分离器选型原则如下：

1）按细粉分离器的通风量（筒内平均流速）作细粉分离器直径的初选。细粉分离器的直径 D_{c} 按式（2 – 77）确定，即

$$D_{\text{c}} = [Q_{\text{V}}/(2830) u_{\text{c}}]^{1/2} \text{ (m)} \tag{2 – 77}$$

式中　Q_{V} ——制粉系统通风（干燥剂）量，m^3/h；

　　　u_{c} ——细粉分离器筒内平均速度，在 3 ~ 3.5m/s 范围内选用。

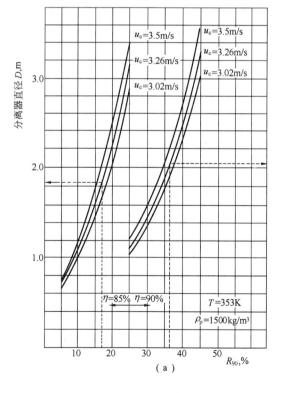
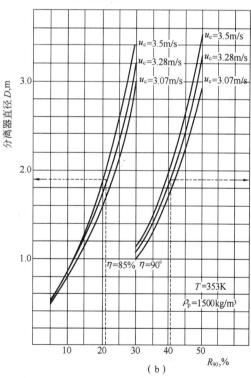

图 2 – 37　细粉分离器选型曲线

（a）适用于 HG – XB(XF)、HW – XB、WG – XB(XF) 等系列；（b）适用于 XS 型

2) 核定细粉分离器效率，若效率满足要求（高于界限值），则进行下一步计算；若效率低于界限值，则可采用适当减小细粉分离器直径（但筒内流速不能超过上限值）或两个更小直径细粉分离器并联的办法重新选定细粉分离器以满足对效率的要求。

3) 计算细粉分离器的阻力；若阻力过高（$\Delta p > 1000\text{Pa}$），则重新选型和计算。

4) 最终确定细粉分离器的型式和规格。

细粉分离器效率可按图 2 – 37（a）[适用于 HG – XB(XF)、HWXB、WG – XB(XF)、XG – LXB(LXF)系列]和图 2 – 37（b）（适用于 XS 型）核定。方法是使图中纵坐标（所选的细粉分离器直径 $D_{c,m}$）和横坐标（煤粉细度）的交点在极限效率曲线的右侧。

极限效率由两组曲线表示，分别代表极限效率为 85% 和 90% 的情况。一般情况下极限效率可选为 90%，当细粉分离器尺寸过大或煤粉过细时可选为 85%。也就是说，计算细粉分离器效率应不低于 85%。为保证细粉分离器效率而采用两台分离器并联时，应采取措施使两台分离器的负荷分配均匀。

除了上面介绍的几种制粉系统部件外，煤粉分配器、混合器等辅助设备的性能对制粉系统正常运行及锅炉燃烧工况的组织也有很重要的作用。

第三章 煤粉燃烧及燃烧设备

燃料是指在燃烧过程中能够产生大量热量的物质。电站锅炉是耗用大量燃料的动力设备，虽然我国燃料资源比较丰富，但为了满足国民经济建设各个方面的需要，合理使用能源，我国的燃料政策规定，电站锅炉以燃煤为主，而且主要烧劣质煤。劣质煤的燃烧是比较困难的，而且会给锅炉运行的安全性和经济性带来重大的影响。对于锅炉运行、管理人员来说，了解和掌握锅炉燃煤的特性是非常重要的，而且要掌握有关的燃烧基本理论和燃烧设备的性能特点，才能提高锅炉的燃烧效率，节约能源消耗，降低电厂成本。也只有这样，才能保证锅炉的安全运行。

第一节　煤粉气流的着火燃烧

一、煤的着火、燃烧特性

（一）煤燃烧过程的四个阶段

煤在燃烧过程中要经历一系列不同的阶段，首先是煤中水分的蒸发使其变成干燥的煤，接着煤中的碳氢化合物以挥发分的形式逐渐析出并着火，然后就是焦炭的着火和燃烧。煤在空气中的燃烧过程，可以分为四个阶段。

1. 热干燥阶段

煤被送入炉膛后，温度逐渐升高。当温度达100℃左右时，煤粒表面及煤粒缝隙间的水被逐渐蒸发出来，煤被干燥。煤的水分越多，干燥所消耗热量越多。在这个阶段中，煤炭不但不能发热，而且要大量吸收热量。

2. 挥发分析出并着火阶段

当煤继续被加热，温度升高到一定值后，煤中的挥发分析出，同时生成焦炭。不同的煤，开始析出挥发分的温度是不同的，见表3-1。加热的温度和加热时间对煤的挥发分产量有明显影响。同一种煤，加热温度愈高，加热时间愈长，其挥发分的产量愈大。随着温度继续提高，挥发分与氧的化学反应速度加快。当达到一定温度时，挥发分就着火燃烧，此时的温度称煤的着火温度。不同煤的着火温度不同，见表3-2。

表3-1　　　　　　　　　　　　挥发分开始析出温度

煤　种	褐　煤	烟　煤	贫　煤	无烟煤
析出温度（℃）	130~170	170~260	>350	380~400

表3-2　　　　　　　　　　　　　　煤的着火温度

煤　种	褐　煤	烟　煤	无烟煤
着火温度（℃）	300~400	400~500	约700

3. 燃烧阶段

此阶段包括挥发分和焦炭的燃烧。从煤中析出的挥发分，包围着焦炭，而且它还很容易燃烧。因此达到着火温度后，挥发分首先燃烧，放出大量的热量，同时加热焦炭，为焦炭燃烧提供温度条件。当挥发分基本燃烧完后，焦炭才能接触到氧气，同时也达到了着火温度，焦炭开始着火，这时需要大量的氧气，以满足焦炭燃烧的需要，这样就能放出大量热量，使温度急剧上升，以保证燃烧反应所需要的温度条件。

挥发分燃烧速度很快。一般煤从干燥、析出挥发分到挥发分基本烧完所用时间，约占煤全部燃烧时间的十分之一。

4. 燃尽阶段

该阶段主要是残余的焦炭最后燃尽，成为灰渣。因为残余的焦炭常被灰分和烟气所包围，氧很难与之接触，故燃尽阶段的燃烧反应进行得十分缓慢，容易造成不完全燃烧损失。

将燃烧过程分为上述四个阶段主要是为了分析问题的方便。实际上，上述各阶段并不是机械的串联进行的，很多阶段是互有交叉的。而且不同燃料在不同条件下，各阶段进行情况也有差异。例如在燃烧阶段，仍不断有挥发分析出，只是析出数量逐渐减少。同时，灰渣也开始形成了。

在上述四个阶段中，最重要的是着火和燃尽这两个阶段。要使燃烧完全，首先要实现迅速而稳定的着火，保证燃烧过程的良好开端。只有实现了迅速而稳定的着火，燃烧和燃尽阶段才可能进行，燃烧效率才有可能提高。只要燃烧及燃尽过程顺利进行，就可以释放大量热量，维持着火燃烧所需要的高温条件，又为着火提供必要的热源。所以着火和燃尽是相辅相成的。但着火是前提，燃尽是目的。

（二）挥发分释放及燃烧

煤被加热到足够高的温度时开始分解，产生煤焦油和被称为挥发分的气体。挥发分是可燃性气体、二氧化碳和水蒸气的混合物。可燃性气体中除了一氧化碳和氢气外，主要是碳氢化合物，还有少量的酚和其他成分。

挥发分释放过程中煤中析出的挥发分总量取决于其加热过程的时间和温度历程，即取决于这样一些因素：升温速度、所达到的最终温度以及在此温度下所经历时间的长短。挥发分的成分同样受到上述因素的影响。

煤粉燃烧时，煤粉颗粒的加热速度很高（$10^4℃/s$ 或更高），总的挥发分释放时间小于 $1s$，而且挥发分很快地由炭粒表面逸出。这种情况称为快速热解过程。

煤的挥发分释放过程的物理描述如下：当煤加热到足够高的温度时，煤先变成塑性状态，失去棱角而使其形状变得更加圆滑，同时开始释放挥发分。挥发分释放的次序大体是：H_2O、CO_2、C_2H_6、C_2H_4、CH_4、焦油、CO、H_2。挥发分释放后留下的是一多孔的炭。挥发分释放过程中还发现，对不同的煤有着不同程度的膨胀。

挥发分从煤颗粒析出后，会与煤粒周围的空气相混合。当混合物的浓度和温度达到一定值后，它就会发生着火燃烧，而着火的发生是从煤颗粒表面附近的混合区开始的。由于挥发分的成分复杂，其释放过程受到加热温度和时间的影响，因此通常只能对挥发分的燃烧时间进行估算。

（三）焦炭的燃烧反应

在煤中焦炭是主要的成分，焦炭的燃烧放热量也最大，约占燃煤总放热量的 60% ~

95%。而且，焦炭的燃烧是多相燃烧，其着火、燃烧和燃尽都比较困难，燃烧的时间也比较长。在氧气充足的条件下，碳与氧的燃烧反应最终生成二氧化碳，但反应过程会因反应温度和氧气浓度不同而变化。碳的燃烧与气化化学反应过程通常如下。

（1）一次反应。在一定温度下，碳和氧的化学反应可能有两种，即

$$C + O_2 \rightarrow CO_2 \tag{3-1}$$

$$2C + O_2 \rightarrow 2CO \tag{3-2}$$

（2）二次反应。一次反应的生成物 CO_2、CO 与初始参加反应的物质碳和氧再次发生反应，其反应方程式为

$$C + CO_2 \rightarrow 2CO \tag{3-3}$$

$$2CO + O_2 \rightarrow 2CO_2 \tag{3-4}$$

上述反应式（3-1）~ 式（3-3）是多相反应，式（3-4）是均相反应。在连续的反应过程中，一次反应和二次反应同时存在，生成同样的生成物 CO_2 和 CO。

碳与氧的燃烧可以生成一氧化碳或二氧化碳，而生成二氧化碳所需要的氧量是生成一氧化碳的两倍，因此碳燃烧时的反应速率可能在两倍的范围内变化。而当碳燃烧生成一氧化碳时，接下的一氧化碳的燃烧是应在碳颗粒边界层以外发生。

对粒状石墨及煤粉焦炭试验测定表明，在 $400 \sim 900 ℃$ 的温度范围内，一氧化碳与二氧化碳的数量比值可表示为

$$CO/CO_2 = 2500\exp(-12400/RT) \tag{3-5}$$

在此实验的最高温度 $900℃$ 下，CO 与 CO_2 的比大约是 $1:2$。如果在更高的温度下这一趋势还延续的话，那么在焦炭颗粒表面上直接生成的二氧化碳可以忽略。

（四）焦炭燃烧的动力学特性

对于气体和焦炭颗粒之间的非均相反应，通常采用如下的假设：

（1）把焦炭颗粒认为是处于无限大的气流中的碳球；

（2）气相反应物首先向焦炭颗粒表面或者向碳粒的气孔内扩散，然后被焦炭颗粒表面吸附，并且与焦炭表面发生反应；

（3）气相生成物从焦炭颗粒表面脱附，并且离开焦炭颗粒表面向外扩散。

在这种反应模型中，限制反应速率的因素可以是化学的（反应物的吸附作用、化学反应本身、或生成物的脱附作用）；也可以是物理扩散的（反应物或生成物向容积气相或颗粒气孔内的气相中的扩散）。研究表明，焦炭的燃烧存在着三个不同的温度区域，每个区域内起控制作用的因素是不同的。在区域Ⅰ内，即发生在低温区内，化学反应决定燃烧反应速率；在区域Ⅱ内，是由化学反应和气相扩散两种因素共同起作用的；在区域Ⅲ，即在高温时，由于化学反应速率的加快，控制焦炭燃烧速率的因素主要是气相扩散。

二、燃烧过程的着火和熄火的热力条件

当各种燃料在温度很低时，尽管和氧接触，但只能缓慢氧化而不能着火燃烧。但是将温度提高到一定值后，燃料和氧的反应就会自动加速，而产生着火和燃烧。由缓慢氧化状态转变到高速燃烧状态的瞬间过程称为着火，转变的瞬间温度称为着火温度。

煤粉与空气组成的可燃混合物的着火、熄火以及燃烧过程是否能稳定地进行，都与燃烧过程的热力条件有关。因为在燃烧过程中，必然同时存在放热和吸热两个过程。这两个互相

矛盾的过程的发展,对燃烧过程可能是有利的,也可能是不利的,它会使燃烧过程发生(着火)或者停止(熄火)。

下面以煤粉空气混合物在燃烧室内的燃烧情况,来分析燃烧过程的热力过程。

燃烧室内煤粉空气混合物燃烧时单位时间的放热量 Q_1 为

$$Q_1 = k_0 e^{-E/RT} V C_{O_2}^n Q_r \tag{3-6}$$

在燃烧过程中单位时间向周围介质的散热量 Q_2 为

$$Q_2 = \alpha A (T - T_b) \tag{3-7}$$

则能量方程可写为

$$\rho_\infty c_P \frac{dT}{dt} = Q_1 - Q_2 = k_0 e^{-E/RT} V C_{O_2}^n Q_r - \alpha F (T - T_b) \tag{3-8}$$

式中　　k_0——反应速度常数;

　　　　E——煤的活化能;

　　　　R——通用气体常数;

　　　　$C_{O_2}^n$——煤粉空气混合物中煤粉反应表面的氧浓度;

　　　　n——燃烧反应式中氧的反应方次;

　　　　V——煤粉空气混合物容积;

　　　　Q_r——煤粉燃烧反应热;

　　　　T——反应系统温度;

　　　　α——燃烧室的综合放热系数,它等于对流放热系数和辐射放热系数之和;

　　　　A——燃烧室壁面面积;

　　　　T_b——燃烧室外部环境温度。

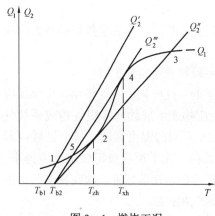

图 3-1　燃烧工况

根据式(3-6)和式(3-7)可画出放热量 Q_1 和散热量 Q_2 随温度的变化情况的曲线,如图 3-1 所示。由图可见,放热曲线是一条指数曲线,散热曲线则为直线。

当燃烧室壁面温度 T_{b1}(亦即煤粉气流的初始温度)很低时,此时的散热曲线为 Q_2',它与放热曲线 Q_1 相交于点 1。由图可知,在点 1 以前的反应初始阶段,由于放热大于散热,反应系统开始升温,到达点 1 达到放热和散热的平衡。而点 1 是一个稳定的平衡点,即反应系统的温度稍微变化(升高或降低),它始终会回复到点 1 稳定下来。但点 1 处的温度很低,煤粉处于低温缓慢氧化状态,这时煤粉只会缓慢氧化而不会着火。

当改变某些条件,如将煤粉气流的初始温度(即壁面温度)提高到 T_{b2},则会有不同情况发生,此时相应的散热曲线为 Q''_2。由图可知,在反应初期,由于放热大于散热,反应系统温度逐步增加,至点 2 达到平衡。但点 2 是一个不稳定的平衡点,因为只要稍稍地增加系统的温度,放热量 Q_1 就大于散热量 Q_2,即反应温度不断升高,一直到点 3 才会稳定下来。

点 3 是一个高温的稳定平衡点，因此只要保证煤粉和空气的不断供应，反应将维持在高速燃烧状态，点 2 对应的温度即为着火温度 T_{zh}。满足这一着火条件即要求放热曲线 Q_1 与散热曲线 Q_2 在点 2 相切，用数学形式表示为

$$Q_1 = Q_2$$

$$\left| \frac{\partial Q_1}{\partial T} \right|_2 = \left| \frac{\partial Q_2}{\partial T} \right|_2 \tag{3 - 9}$$

对于处在高温燃烧状态下的反应系统，如果散热加大了，反应系统的温度便随之下降，散热曲线变为 Q'''_2，它与放热曲线 Q_1 线相交于点 4。由于点 4 前后都是散热大于放热，所以反应系统状态很快便从点 3 变为点 4，点 4 是一个不稳定的平衡点。只要反应系统温度稍微降低，便会由于散热大于放热，而使反应系统温度自动急剧地下降，一直到点 5 的地方才稳定下来。但点 5 处的温度已很低，此处煤粉只能产生缓慢地氧化，而不能着火和燃烧，从而使燃烧过程中止（熄火）。因此只要到达了点 4 状态，燃烧过程即会自动中断，点 4 状态对应的温度即为熄火温度 T_{xh}。由图可知，熄火温度 T_{xh} 是大于着火温度 T_{zh}，但此时的熄火温度状态已不与着火时的热力条件相同，不可同一而语。从研究分析和实际燃烧设备情况来看，熄火过程都是带有滞后性，即着火时的工况参数与熄火时的工况参数不同，熄火要在比着火时的条件更差的条件下才能发生，这就是所谓"滞后"，这种滞后现象的发生是由于在高温下的化学反应条件与常温下的化学反应之条件不同所造成的。

由上述分析可得出：散热曲线和放热曲线的切点 2 和 4，分别对应于反应系统的着火温度和熄火温度。然而点 2 和点 4 的位置是随着反应系统的热力条件（散热和放热）的变化而变化的。因此着火温度和熄火温度也是随着热力条件的变化而变化的，并不是一个物理常数，只是在一定条件下得出的相对特征值。

在相同的测试条件下，不同燃料的着火、熄火温度不同，而对同一种燃料而言，不同的测试条件也会得出不同的着火温度。但仅就煤而言，反应能力愈强（V_{daf} 越高，焦炭活化能越小）的煤，其着火温度越低，越容易着火；反之，反应能力越低的煤，例如无烟煤，其着火温度越高，越难于着火。

从上面的分析可知，要加快着火，可以从加强放热和减少散热两方面着手。在散热条件不变的情况下，可以增加可燃混合物的浓度和压力，增加可燃混合物的初温，使放热加强；在放热条件不变时，则可采用增加燃烧室保温、减少放热措施来实现。

三、煤粉的着火

长期以来，人们根据煤块的燃烧，认为煤的燃烧过程如下：煤被加热和干燥，然后挥发分开始分解析出；如果炉内有足够高的温度，并且有氧气存在，则挥发分着火燃烧，形成火焰；这时氧气消耗于挥发分的燃烧，不能到达焦炭的表面，而挥发分在焦炭周围燃烧，将焦炭加热，当挥发分接近燃尽时，氧气到达焦炭表面，焦炭立即剧烈燃烧。因此挥发分能促进焦炭的燃烧，但挥发分和焦炭的燃烧基本上是分阶段进行的。

试验研究表明，煤粉的燃烧过程和上述概念大不相同。煤粉在炉中燃烧的实际情况是，煤粉进入炉膛后被迅速加热，很快达到足够高的温度，在挥发物还没有明显分解析出前，氧气已和炭表面直接接触，煤粉就可能直接着火燃烧。如图 3 - 2 所示试验结果，挥发分只析出一部分即开始着火，以后挥发分和焦炭的燃烧是同时进行的，直到温度已很高，挥发分的

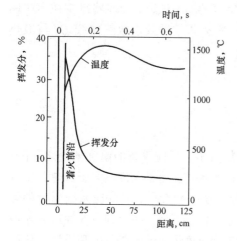

图 3－2　煤粉火焰中挥发分的析出曲线

析出仍未完成。

虽然如此，由于挥发分高的燃料着火温度比较低，在着火以后，挥发分的燃烧速度也比焦炭快。挥发分越高，着火越容易，这一基本概念仍然是正确的。

要使煤粉着火，必须有热源将煤粉加热到足够高的温度。这个热源主要是：煤粉气流卷吸回流的高温烟气；火焰、炉墙等对煤粉的辐射；燃料进行化学反应释放出的热量。在着火前，燃料进行化学反应释放出的热量可以略去不计。为了简化，假定煤粉的温度在整个容积内是均匀上升的。煤粉越细，这个假定越准确。这样，可以写出煤粉的加热方程式，即

$$\frac{4}{3}\pi r^3 \rho_m c \frac{dT_m}{d\tau} = 4\pi r^2 \alpha (T_y - T_m) + 4\pi r^2 \varepsilon \sigma_0 (T_h^4 - T_m^4) \tag{3-10}$$

式中　　r——煤粉半径，m；

ρ_m——煤粉密度，kg/m^3；

c——煤粉比热容，J/（kg·K）；

T_m——煤粉气流温度，K；

T_h——火焰温度，K；

T_y——回流烟气温度，K；

τ——煤粉加热时间，s；

α——烟气对煤粉的对流放热系数，$W/(m^2·K)$；

ε——煤粉和周围介质的系统黑度；

σ_0——辐射常数，等于 $5.67 \times 10^{-8} W/(m^2·K^4)$。

准确地求解上述方程式是比较难的，以下讨论两种特殊情况。

（1）煤粉靠高温回流烟气的对流而加热，辐射可以略去不计，则

$$\frac{4}{3}\pi r^3 \rho_m c \frac{dT_m}{d\tau} = 4\pi r^2 \alpha (T_y - T_m) \tag{3-11}$$

设喷入炉内的煤粉空气温度为 T_0，把煤粉加热到着火温度 T_{zh} 所需时间为 τ_z，则式（3－10）变为

$$\int_0^{\tau_z} d\tau = \frac{r\rho_m c}{3\alpha} \int_{T_0}^{T_{zh}} \frac{dT_m}{T_y - T_m}$$

$$\tau_z = \frac{r\rho_m c}{3\alpha} \ln \frac{T_y - T_0}{T_y - T_{zh}} \tag{3-12}$$

（2）火焰、炉墙等对煤粉的辐射为主要热源，烟气的对流加热可以略去不计。此外，取系统黑度 $\varepsilon \approx 1$，着火前 $T_m^4 \ll T_h^4$，前者可以略去不计，则式（3－10）变为

$$\frac{4}{3}\pi r^3 \rho_m c \frac{dT_m}{d\tau} = 4\pi r^2 \varepsilon \sigma_0 (T_h^4 - T_m^4) \tag{3-13}$$

解之得
$$\tau_z = \frac{r\rho_m c}{3\sigma_0 T_h^4}(T_{zh} - T_0) \tag{3-14}$$

图 3 - 3 是根据式（3 - 12）和式（3 -
14）计算得到的煤粉温度变化情况。当烟气
温度为 1000℃，曲线 1 考虑对流加热，曲线
2 考虑辐射加热。在辐射加热时，煤粉周围
的介质温度比较低，煤粉接受辐射热后，还
将把一部分热量传给周围介质，曲线 3 考虑
了这一影响。由图可见，细煤粉的温度升高
比粗煤粉快得多，因此着火先从细煤粉开
始，对于细煤粉，对流加热的作用比辐射加
热快得多。此外，在煤粉气流中，只有表面
一层煤粉可以接受到辐射加热，考虑这一影
响，更说明了煤粉气流的着火主要是靠高温
回流烟气的加热。

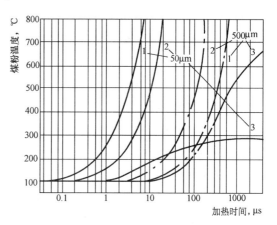

图 3 - 3　煤粉颗粒的加热曲线

四、煤粉气流的着火及影响因素

由以上分析可知，煤粉的着火主要是靠高温回流烟气的加热。为了使煤粉气流更快加热
到煤粉颗粒的着火温度，不是把煤粉燃烧所需的全部空气都与煤粉混合来输送煤粉，而只是
用其中一部分来输送煤粉。这部分空气称为一次风，其余的空气称为二次风和三次风。

在锅炉燃烧中，一般希望煤粉气流在离开燃烧器喷口约 0.3 ~ 0.5m 开始着火，如果着火
过早，可能使燃烧器喷口因过热被烧坏，也易使喷口附近结渣；如果着火太迟，就会引起炉
内燃烧不稳定，炉膛负压波动较大，另外着火太迟还会推迟整个燃烧过程，导致煤粉来不及
烧完就离开炉膛，增大机械不完全燃烧损失。

煤粉气流着火后就开始燃烧，形成火炬，着火以前是吸热阶段，需要从周围介质中吸收
一定的热量来提高煤粉气流的温度，着火以后才是放热过程。将煤粉气流加热到着火温度所
需的热量称为着火热。它包括加热煤粉及空气（一次风），并使煤粉中水分蒸发、过热所需
要的热量。由于实际炉膛内煤粉气流的温度场、浓度场非常复杂，为了便于分析，通常假定
煤粉气流主要是靠对流加热并且是均匀加热的，并将它作为一维系统来研究。

煤粉气流的着火热 Q_{zh} 用下式来计算（对于热风送粉），即

$$Q_{zh} = B_r\left(V^0 \alpha_r r_1 c_{1K} \frac{100 - q_4}{100} + c_d \frac{100 - M_{ar}}{100}\right) \times (T_{zh} - T_0)$$

$$+ B_r\left\{\frac{M_{ar}}{100}\left[2510 + c_q(T_{zh} - 100)\right] - \frac{M_{ar} - M_{mf}}{100 - M_{mf}}\left[2510 + c_q(T_0 - 100)\right]\right\} \tag{3-15}$$

式中　B_r——每台燃烧器的燃料消耗量，kg/h；

　　　V^0——理论空气量，m^3/kg；

　　　α_r——燃烧器送入炉内的空气所对应的过量空气系数；

　　　r_1——一次风所占份额；

　　　c_{1K}——一次风比热容，$J/(m^3 \cdot K)$（标准状态）；

q_4——锅炉的机械不完全燃烧热损失，%；

c_d——煤的干燥基比热容，J/(kg·K)；

M_{ar}——煤的收到基水分，%；

T_{zh}——着火温度，K；

T_0——煤粉一次风气流初温，K；

c_q——蒸汽的比热容，J/(kg·K)；

M_{mf}——煤粉的水分，%。

由上式可见，着火热随燃料性质（着火温度，燃料水分、灰分、煤粉细度）和运行工况（煤粉气流初温、一次风率和风速）的变化而变化，此外，也与燃烧器结构特性及锅炉负荷等有关。以下分析影响煤粉气流着火的主要因素。

（一）燃料的性质

燃料性质中对着火过程影响最大的是挥发分含量 V_{daf}，煤粉的着火温度随 V_{daf} 的变化规律如图 3-4 所示。挥发分 V_{daf} 降低时，煤粉气流的着火温度显著提高，着火热也随之增大，这就是说，必须将煤粉气流加热到更高的温度才能着火。因此低挥发分的煤着火更困难，着火所需时间更长，而着火点离开燃烧器喷口的距离也增大。

原煤水分增大时，着火热也随之增大，同时水分的加热、汽化、过热都要吸收炉内的热量，致使炉内温度水平降低，从而使煤粉气流卷吸的烟气温度以及火焰对煤粉气流的辐射热也相应降低，这对着火显然是更加不利的。采用热风送粉时，在制粉系统中煤的水分蒸发形成的水蒸气不随同煤粉一起进入炉膛，可使着火热减少，从而有利于着火。

原煤灰分在燃烧过程中不但不能放热，而且还要吸热。当燃用高灰分的劣质煤时，由于燃料本身发热量低，燃料的消耗量增大，大量灰分在着火和燃烧过程中要吸收更多热量，因而使得炉内烟气温度降低，同样使煤粉气流的着火推迟，且也影响了着火的稳定性。

煤粉气流的着火温度也随煤粉的细度而变化，煤粉愈细，着火愈容易。这是因为在同样的煤粉浓度下，煤粉愈细，进行燃烧反应的表面积就会越大，而煤粉本身的热阻却减小，因而在加热时，细煤粉的温升速度要比粗煤粉快，这样就可以加快化学反应速度，更快地达到着火。所以在燃烧时总是细煤粉首先着火燃烧。由此可见，对于难着火的低挥发分煤，将煤粉磨得更加细一些，无疑会加速它的着火过程。

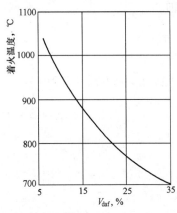

图 3-4　煤粉着火温度与 V_{daf} 的关系

（二）炉内散热条件

从煤粉气流着火的热力条件可知，如果放热曲线不变，减少炉内散热，即图 3-1 中的散热曲线将向右移，有利于着火。因此在实践中为了加快和稳定低挥发分煤的着火，常在燃烧器区域用耐火材料将部分水冷壁遮盖起来，构成所谓卫燃带。其目的是减少水冷壁吸热量，也就是减少燃烧过程的散热，以提高燃烧器区域的温度水平，从而改善煤粉气流的着火条件。实际表明敷设卫燃带是稳定低挥发分煤着火的有效措施。

（三）煤粉气流的初温

由式（3-15）可知，提高初温 T_0 可减少着火热。因此在实践中燃用低挥发分煤时，常采用高温的预热空气作为一次风来输送煤粉，即采用热风送粉系统。

（四）一次风量和一次风速

由式（3-15）可知，增大煤粉空气混合物中的一次风量 $V^0\alpha_r r_1$，便相应增大着火热，将使着火延迟；减小一次风量，会使着火热显著降低，但是一次风量又不能过低，否则会由于煤粉着火燃烧初期得不到足够的氧气，而使化学反应速度减慢，阻碍着火燃烧的继续扩展。通常一次风量的选取以满足煤粉着火初期所需要的氧量为准，对于容易着火的煤，一次风量要大，对于不易着火的煤，一次风量要小。另外，一次风量还必须满足输粉的要求，否则会造成煤粉管道堵塞。

一次风速对着火过程也有一定的影响。若一次风速过高，通过单位截面积的流量增大，将降低煤粉气流的加热速度，使着火距离加长。但一次风速过低，会引起燃烧器喷口被烧坏，以及煤粉管道堵塞等故障，故有一个最适宜的一次风速，它与煤种及燃烧器型式有关。

（五）燃烧器结构特性

影响着火快慢的燃烧器结构特性，主要是指一、二次风混合的情况。如果一、二次风混合过早，在煤粉气流着火前就混合，就等于增大了一次风，相应使着火热增大，推迟着火过程。因此燃用低挥发分煤种时，应使一、二次风的混合点适当地推迟。

燃烧器的尺寸也影响着火的稳定性。燃烧器出口截面积愈大，煤粉气流着火时离开喷口的距离就愈远，着火过程拉得愈长。从这一点来看，采用尺寸较小的小功率燃烧器代替大功率燃烧器是合理的。因为小尺寸燃烧器既增加了煤粉气流着火的表面积，同时也缩短了着火扩展到整个气流截面所需要的时间。

（六）锅炉负荷

锅炉负荷降低时，送进炉内的燃料消耗量相应减少，而水冷壁总的吸热量虽然也减少，但减少的幅度较小，相对于每公斤燃料来说，水冷壁的吸热量反而增加了，致使炉膛平均烟温下降，燃烧器区域的烟温也降低，因而对煤粉气流的着火是不利的。当锅炉负荷降到一定程度时，就会危及着火的稳定性，甚至可能引起熄火。因此着火稳定性条件常常限制了煤粉锅炉的调节范围。一般在没有其他稳燃措施的条件下，固态排渣炉只能在高于70%额定负荷下运行。

五、燃烧完全的条件

要组织良好的燃烧过程，其标志就是尽量接近完全燃烧，也就是在炉内不结渣的前提下，快速的燃烧而且燃烧完全，得到最高的燃烧效率。燃烧效率可用下式表示，即

$$\eta_r = 100 - (q_3 + q_4) \tag{3-16}$$

式中　q_3——化学不完全燃烧热损失，%；

　　　q_4——机械不完全燃烧热损失，%。

要做到完全燃烧，其原则性条件为：

（一）供应充足而又合适的空气量

这是燃料完全燃烧的必要条件。空气量常用过量空气系数来表示，直接影响燃烧过程的是炉膛出口过量空气系数 α_1''，α_1'' 要恰当，如果 α_1'' 过小，即空气量供应不足，会增大不完全燃烧热损失 q_3 和 q_4，使燃烧效率降低；但 α_1'' 过大，会降低炉温，增加不完全燃烧热损失，同时还会增大排烟损失 q_2。因此有一个最佳的 α_1'' 值使得（$q_2 + q_3 + q_4$）之和为最小值，通

常对于煤粉炉 α'' 取值约在 $1.2 \sim 1.25$。

（二）适当高的炉温

根据阿累尼乌斯定律，燃烧反应速度与温度成指数关系，因此炉温对燃烧过程有着极其显著的影响。炉温高，着火快，燃烧速度快，燃烧过程便进行得猛烈，燃烧也易于趋向完全。但是炉温也不能过分地提高，因为过高的炉温不但会引起炉内结渣，也会引起水冷壁的膜态沸腾。通过试验证明，锅炉的炉温在 $1000 \sim 2000\,℃$ 内比较适宜。在保证炉内不结渣的前提下，炉温可以尽量高一些。

（三）空气和煤粉的良好混合

煤粉燃烧是多相燃烧，燃烧反应主要在煤粉表面进行。燃烧反应速度主要取决于煤粉的化学反应速度和氧气扩散到煤粉表面的扩散速度。因而，要做到完全燃烧，除保证足够高的炉温和供应充足而又合适的空气外，还必须使煤粉和空气充分扰动混合，及时将空气送到煤粉的燃烧表面去，煤粉和空气接触才能发生燃烧反应。要做到这一点，就要求燃烧器的结构特性优良，一、二次风配合良好，并有良好的炉内空气动力场。煤粉和空气不仅要在着火、燃烧阶段充分混合，而且在燃尽阶段也要加强扰动混合。因为在燃尽阶段中，可燃质和氧的数量已经很少，而且煤粉表面可能被一层灰分包裹着，妨碍空气与煤粉可燃质的接触，所以此时加强扰动混合，可破坏煤粉表面的灰层，增加煤粉和空气的接触机会，有利于燃烧完全。

（四）炉内要有足够的停留时间

在一定的炉温下，一定细度的煤粉需要一定的时间才能燃尽。煤粉在炉内的停留时间，是从煤粉自燃烧器出口一直到炉膛出口这段行程所经历的时间。在这段行程中，煤粉要从着火一直到燃尽，才能完成燃烧过程。如果在炉膛出口处煤粉还没有烧完，经炉膛出口后烟气温度下降，燃烧基本停止，因此燃烧热损失将增大；同时还可能引起炉膛出口烟气温度过高，使过热器结渣和过热器超温，导致炉内掉焦灭火或过热器爆管等不安全事故发生。煤粉在炉内的停留时间主要取决于炉膛容积、炉膛截面积、炉膛高度及烟气在炉内的流动速度，这都与炉膛容积热负荷和炉膛截面热负荷有关，即要在锅炉设计中选择合适的数据，而在锅炉运行时切不可超负荷运行。

第二节　煤粉炉的炉膛及燃烧器

一、煤粉炉的炉膛

煤粉炉的炉膛是燃料燃烧的场所，它的四周护墙上布满了蒸发受热面（水冷壁），有时也敷设有墙式过热器和墙式再热器，因而炉膛也是热交换（主要是辐射能交换）的场所，所以炉膛是锅炉重要的部件之一。

煤粉炉炉膛的作用就是既要保证燃料的燃尽，又要合理组织炉内热交换、布置合适的受热面来满足锅炉容量的要求，并使烟气到达炉膛出口时被冷却到使其后的对流受热面不结渣和安全工作所允许的温度，炉膛出口的 NO_x 和 SO_x 排放量应符合环保要求。

（一）炉膛设计基本要求

（1）炉膛要有足够的空间，保证燃料完全燃烧。

（2）合理布置燃烧器，使燃料能迅速着火，并有良好的炉内空气动力场，使各壁面热负荷均匀，即要使火焰在炉膛内的充满程度好，减少气流的死滞区和旋涡区，且要避免火焰冲墙刷壁，避免结渣。

（3）合理选择炉膛出口烟温，保证炉膛出口后的对流受热面不结渣和安全工作。

（4）能够布置合适的蒸发受热面，以满足锅炉容量的需要。

（5）炉膛的辐射受热面应具有可靠的水动力特性，保证其工作的安全。

（6）生成的 NO_x 和 SO_x 排放量应符合环保要求。

（7）炉膛结构紧凑，金属及其他材料用量少；便于制造、安装、检修和运行。

（二）影响锅炉炉膛设计的主要因素

1. 燃料特性

燃料特性主要指煤的挥发分、发热量、水分、灰分、碳含量以及煤灰成分、熔融性和黏结特性等。它们与挥发分的释放特性，着火、燃烧、焦炭的燃尽特性，结渣和沾污特性以及 NO_x、SO_x、粉尘排放量密切相关。煤的挥发分反映煤在燃烧过程中的化学活性；水分高、灰分高、发热量较低的劣质煤难于着火、燃烧和燃尽；碳化程度较高的无烟煤化学反应能力较差，挥发分析出的温度也较高，着火和燃尽较困难；高水分、低发热量、低灰熔点的褐煤，着火稳定性较差，还容易结渣。煤粉细度、颗粒特性、表面积和孔隙结构对煤粉着火和燃烧都有较大影响。燃料中的 N 生成的 NO_x 和空气中的 N 在高温下与氧反应生成的 NO_x 以及高硫煤燃烧时生成的 SO_x 对锅炉的高、低温腐蚀和大气污染都密切相关。对结渣和沾污较严重的燃料，炉膛截面热负荷、容积热负荷、燃烧器区域壁面热负荷等都应选取较低值，炉膛必需布置有吹灰器和打焦孔。炉膛设计随煤种而异：烟煤可采用角置式切圆燃烧炉膛或前墙布置、前后墙对冲布置燃烧器炉膛；褐煤和多灰分劣质烟煤可采用塔式炉膛；低挥发分无烟煤可采用 U 型、W 型炉膛；灰熔点和灰黏度较低的煤可采用液态排渣炉膛。

2. 燃烧方式和排渣方式

炉膛型式与燃烧方式和排渣方式有关。煤粉炉膛的分类及燃烧方式见图 3 - 5 和表 3 - 3。我国的电站锅炉主要采用直流式燃烧器切向燃烧方式的正方形炉膛，炉膛的宽深比小于 1.2。

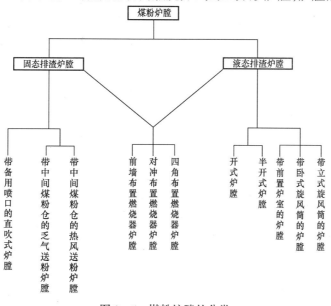

图 3 - 5　煤粉炉膛的分类

采用旋流式燃烧器的前墙（或前后墙）布置的炉膛通常为长方形炉膛。切向燃烧方式的优点是炉膛四面水冷壁的热负荷比较均匀，改善了风粉混合状况，相邻火焰可以相互点燃，燃烧较稳定，对燃料的适应性较好，直流式燃烧器阻力较小，易于操作和调整。若采用摆动燃烧器，还可以调节炉膛中火焰中心位置。但四角切向燃烧的风粉管道布置较复杂，出口处的烟温因气流旋转未完全消失可能会使一侧烟温偏高。前墙布置或前后墙对冲布置燃烧器的优点是沿炉膛宽度方向的烟气温度和速度分布比较均匀，可使过热蒸汽温度偏差较小。当锅炉容量增大时，只需沿炉宽方向相应增加燃烧器只数，炉膛深度变化不大，易于实现锅炉系列化。

表 3-3　　　　　　　　　　　　　　炉膛形式及燃烧方式和排渣方式

炉膛及燃烧器布置方式	Γ 型炉切向燃烧	半开式 Γ 型炉切向燃烧	Γ 型炉对冲（交错）燃烧	Γ 型炉前墙燃烧	W 型炉W 燃烧
图例					
排渣方式	固态	液态	固态	固态	固态
燃烧器型式	直流式	直流式	旋流式	旋流式	旋流式、直流式

W 型炉膛是为燃用低挥发分的无烟煤和贫煤设计。该炉在炉顶拱部布置燃烧器，炉顶拱下面的水冷壁上敷设卫燃带，形成着火的高温区，以利于着火。煤粉从顶拱的燃烧器送入，先向下流动着火燃烧，随后折转 180°向上流动，燃烧生成的高温烟气进入上部的辐射炉膛，直至炉膛出口。

二、燃烧器

锅炉燃烧过程要组织得好，除了从燃烧机理和热力条件加以保证，使煤粉气流能迅速着火和稳定燃烧外，还要使煤粉与空气均匀地混合，燃料与氧化剂要及时接触，才能使燃烧猛烈，燃烧强度大，并能以最小的过量空气系数达到完全燃烧，提高燃烧效率，保证锅炉的安全、经济运行。在煤粉炉中，这一切都与燃烧器的结构、布置及其流体动力特性有关，即要有性能良好并能合理组织炉内气流的燃烧器。因此燃烧器是煤粉锅炉的主要燃烧设备，其作用是将燃料与燃烧所需空气按一定的比例、速度和混合方式经燃烧器喷口送入炉膛，保证燃料在进入炉膛后能与空气充分混合、及时着火、稳定燃烧和燃尽。

为达到上述目的，送入煤粉炉燃烧器的空气不是一次集中送进的，而是按对着火、燃烧有利而合理组织，分批送入的，按送入空气的作用不同，可将送入燃烧器的空气分为三种，即一次风、二次风和三次风。

一次风即携带煤粉送入燃烧器的空气，主要作用是输送煤粉和满足燃烧初期对氧气的需要，一次风数量一般较少。

待煤粉气流着火后再送入的空气称为二次风。二次风补充煤粉继续燃烧所需要的空气，并起着组织炉内气流运动和混合的重要作用。

当煤粉制备系统采用中间储仓式热风送粉时，在磨煤机内干燥原煤后排出的乏气，因其中含有10%~15%的细小煤粉需要充分利用，故将这股乏气由单独的喷口送入炉膛燃烧，这股乏气称为三次风。

对煤粉炉燃烧器的基本要求是：

(1) 燃烧器出口燃料分配均匀，配风合理；

(2) 能形成良好的炉内空气动力场，火焰在炉内的充满程度好，且不会冲墙贴壁，避免结渣；

(3) 能使煤粉气流稳定地着火燃烧，确保较高的燃烧效率；

(4) 有较好的燃料适应性和负荷调节范围；

(5) 流动阻力较小；

(6) 能减少 NO_x 的生成，减少对环境的污染。

煤粉燃烧器按其出口气流特性可分为两大类：一类为直流燃烧器，其出口气流为直流射流或直流射流组的燃烧器；另一类为旋流燃烧器，其出口气流为旋转射流的燃烧器。

第三节 直流式燃烧器及其布置

直流式燃烧器是由一组矩形或圆形的喷口组成，喷出的一、二次风都是不旋转的直流射流。直流燃烧器布置在炉膛四角，形成四角布置切圆燃烧方式。在我国的燃煤电站锅炉中，应用最广的是四角布置切圆燃烧方式。

一、直流射流的空气动力学特性

直流式燃烧器各个喷口的射流一般均具有比较高的 R_e（$R_e \geq 10^5$），射流射入的炉膛空间尺寸总是大于喷口的尺寸。这样，射流离开喷口后就不再受到任何固体壁面的限制，故称为湍流自由射流。根据流体力学理论可知：湍流射流沿着轴线方向运动，不断与周围介质进行湍流混合，射流不断扩展，断面一路增大，射流轴心线速度在初始段中保持与出口速度相同，在基本段中轴心速度也一路减小。射流中各断面上的轴向速度从轴心线上的最大值降低到射流外边界处的零。射流的结构及速度分布如图3-6所示。

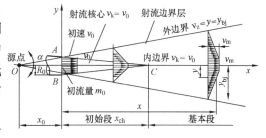

图3-6　等温自由射流的结构特性及速度分布

射流自喷口喷出后，由于仅在边界层处有周围气体被卷吸进来，而在射流中心尚未被周围气体混入的地方，仍然保持初速 v_0，这个保持初速为 v_0 的三角形区域称为射流核心区。在核心区维持初速 v_0 的边界称为内边界，射流与周围气体的边界（此处流速 $v_x \rightarrow 0$）称为射流的外边界。内外边界间就是湍流边界层，湍流边界层内的流体是射流本身的流体以及卷吸进来的周围气体。从喷口喷出来的射流到一定距离，核心区便消失，只在射流中心轴线上某点处尚保持初速 v_0，此处对应的截面称为射流的转折截面。在转折截面前的射流段称为初始段，在转折截面以后的射流称为基本段，基本段中射流的轴心速度开始逐步衰减。

射流的内、外边界都可近似地认为是一条直线，射流外边界线相交之点称为源点，其交角称为扩展角。扩展角的大小与射流喷口的截面形状和喷口出口速度分布情况有关。因为射流的初始段很短，仅为喷口直径的 2~4 倍，这段距离在煤粉炉中尚处于着火准备阶段。因此在实际锅炉工作中，主要研究基本段的射流特性。

试验表明，射流在基本段中各截面的速度分布是相似的，无论对于喷口是矩形或圆形截面的直流射流，都可用下面的半经验公式加以描述，即

$$\frac{v_x}{v_m} = \left[1 - \left(\frac{y}{R_m} \right)^{3/2} \right]^2 \tag{3-17}$$

式中 v_x——在距喷口 x 处与轴线垂直的截面上任意点的轴向速度，m/s；

v_m——上述截面上轴线的速度，m/s；

y——任意点到射流轴线的距离，m；

R_m——该截面的半宽度，即是轴线与外边界的距离，m。

式（3-17）说明，在基本段内的速度是相似的。在基本段内，在轴线上的轴向速度 v_m 沿射流流动方向上的变化规律为

对于圆形喷口

$$\frac{v_m}{v_0} = \frac{0.96}{\frac{ax}{R_0} + 0.29} \tag{3-18}$$

对于矩形喷口

$$\frac{v_m}{v_0} = \frac{1.20}{\left(\frac{2ax}{b_0} + 0.41 \right)^{0.5}} \tag{3-19}$$

式中 v_0——射流的初始速度，m/s；

a——湍流系数，对于圆形喷口，$a = 0.066 \sim 0.076$，对于矩形喷口，$a = 0.10 \sim 0.12$；

R_0——圆形喷口直径，m；

b_0——矩形喷口两边中的短边长度，m；

x——计算截面距喷口的距离，m。

直流射流的卷吸量是沿着射流运动方向不断增加的，对于射流的基本段，射流的流量变化情况是：

对于圆形喷口

$$\frac{q_V}{q_{V0}} = 2.22 \left(\frac{ax}{R_0} + 0.29 \right) \tag{3-20}$$

对于矩形喷口

$$\frac{q_V}{q_{V0}} = 1.2 \left(\frac{ax}{b_0} + 0.41 \right)^{1/2} \tag{3-21}$$

式中 q_V——距喷口为 x 的基本段截面的射流流量，m³/s；

q_{V0}——射流的初始流量，m^3/s。

射流的另一特性为射流的衰减。所谓衰减是指射流某一截面上的轴向速度 v_m 与射流初始速度 v_0 的比值沿射流方向降低的程度，它可以反映射流对周围气体的穿透能力。不同高宽比的矩形出口截面的射流速度衰减不同（见图 3-7）。射流的衰减较快，表明射流卷吸周围气体较多。

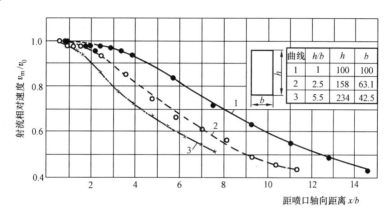

图 3-7　不同高宽比的矩形喷口截面的射流速度衰减情况

在实际的炉膛中射流为不等温受限射流，但受限射流和自由射流轴心速度衰减规律基本上是相同的，只是在 x/d 很大的情况下，受限射流轴心速度小于自由射流。

射流的扩展角决定了射流的外边界线，也就是决定了射流的形状。直流射流的扩展角用下列公式计算，即

对于圆形喷口

$$\text{tg}\,\frac{\theta}{2} = 3.4a \tag{3-22}$$

对于矩形喷口

$$\text{tg}\,\frac{\theta}{2} = 2.4a \tag{3-23}$$

当射流的温度和成分与周围气体的温度及成分不同，而温差又不太大时，射流的浓度和温度变化的规律，基本上也与速度变化的规律相类似。基本段上的变化规律，可用下列公式表示，即

$$\frac{T - T_w}{T_0 - T_w} = \frac{c - c_w}{c_0 - c_w} = 1 - \left(\frac{y}{R_m}\right)^{3/2} \tag{3-24}$$

当喷口为圆形时，沿轴线的变化规律为

$$\frac{T_m - T_w}{T_0 - T_w} = \frac{c_m - c_w}{c_0 - c_w} = \frac{0.7}{\dfrac{ax}{R_0} + 0.29} \tag{3-25}$$

当喷口为矩形时，沿轴线的变化规律为

$$\frac{T_m - T_w}{T_0 - T_w} = \frac{c_m - c_w}{c_0 - c_w} = \frac{1.04}{\left(\dfrac{ax}{b_0} + 0.41\right)^{0.5}} \tag{3-26}$$

式中　T、c——距喷口距离为 x 的截面上、距轴线距离为 y 处的温度和浓度；

　　T_0、c_0——射流在喷口出口处的温度和浓度；

　　T_w、c_w——周围气体的温度及浓度；

　　T_m、c_m——射流基本段内距喷口某一距离轴线上的温度和浓度。

在实际炉膛中往往使用的不是一个燃烧器，而是一列相互平行的射流组。假设各喷嘴的截面及出口速度均相同，各射流等距离布置，两相邻射流的中心距为 $2B_0$，各股平面射流宽度为 $2b_0$。试验表明，平面射流的各射流在混合以前的初始段比一般的自由射流缩短了。由于射流之间有较强的旋涡区，其湍流脉动比自由射流大，其边界层增厚也比较快。但平行射流组的无因次速度场仍服从自由射流的速度分布规律（见图 3 – 8），即

$$\Delta v = \frac{v - v_{\min}}{v_{\max} - v_{\min}} = \left[1 - \left(\frac{\overline{y}}{2.27} \right)^{3/2} \right]^2 \tag{3 – 27}$$

$$\overline{y} = \frac{y}{y_{0.5}}$$

式中　y——从射流轴线算起的横向坐标；

　　$y_{0.5}$——从射流轴线算起至相应于纵向速度 $\Delta v = 0.5$ 处的距离；

　　$v_{\max}$——喷嘴中心线处的速度最大值；

　　$v_{\min}$——喷嘴之间位置处的速度最小值。

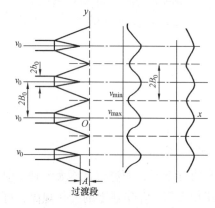 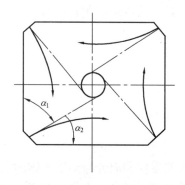

图 3 – 8　射流组的流动过程

图 3 – 9　四角切圆锅炉炉内
气流流动方向

二、直流燃烧器四角布置炉膛

直流燃烧器通常布置在炉膛四角，每个角的燃烧器出口气流的几何轴线均切于炉膛中心的假想圆，故称四角布置切圆燃烧方式。这种燃烧方式，由于四角的射流在炉内组成旋转的空气动力场，上游的火焰点燃下游煤粉，在炉内形成稳定的燃烧火球，有利于煤粉的稳定着火和强化燃烧，而且火焰在炉内的充满程度较好。图 3 – 9 给出了四角切圆锅炉炉内气流运动方向。

（一）配风方式

根据燃煤特性不同，切圆燃烧的直流燃烧器一、二次风喷口的排列方式，可以分为均等配风和分级配风两种，如图 3 – 10 所示。

1. 均等配风

喷口的布置如图 3-10 (a) 所示,其布置特点是:一、二次风喷口相间布置,即在两个一次风喷口之间均等布置 1~2 个二次风喷口;沿高度间隔排列的各个二次风喷口的风量分配接近均匀,仅最上层二次风的风量较大。这样布置有利于一、二次风的较早混合,使一次风煤粉气流着火后就能迅速获得足够的空气补充,充分的燃烧。这种布置方式,在国内外燃用高挥发分的烟煤和褐煤锅炉上应用较多,故常称为烟煤、褐煤型配风方式。

2. 分级配风方式 (或集中布置方式)

其一、二次风喷口排列方式如图 3-10 (b) 所示。它的特点是:一次风喷口相对集中布置,并靠近燃烧器的下部;二次风喷口则分层布置,且一、二次风喷口边缘保持较大的距离,目的是推迟一、二次风的混合,以保证在混合前的一次风煤粉气流有较好的着火条件。这种配风方式适合于低挥发分的无烟煤和贫煤的燃烧要求。对于燃用劣质烟煤,为了稳定着火和燃烧,也常用这种配风方式。

3. 直流式燃烧器各层二次风的作用

下二次风的作用主要是防止煤粉离析,托住火焰不致过分下冲,避免未燃烧的煤粉直接落入灰斗。在固态排渣炉的二次风分配中它所占百分比较小。

中二次风是煤粉燃烧阶段所需氧气和湍流扰动的主要风源。在均等配风方式中它所占百分比较大。

上二次风的作用是提供适量的空气保证煤粉燃尽。在分级配风方式中它所占百分比最高,是煤粉燃烧和燃尽的主要风源。

燃尽风 (Over fire air)。对于大容量锅炉,为减少炉内 NO_x 生成量,整组燃烧器的最上部 (在三次风喷口之上) 设置有燃尽风喷口,将 15% 的理论空气量从燃尽风喷口送入燃烧器顶部,将其余大约 85% 的理论空气量从下部燃烧器喷口送入炉膛,使下部炉膛风量小于煤粉完全燃烧所需风量 (即富燃料燃烧),从而抑制燃烧区段温度,达到分级燃烧目的。运行时可根据工况需要从 0~15% 范围内调整燃尽风量。

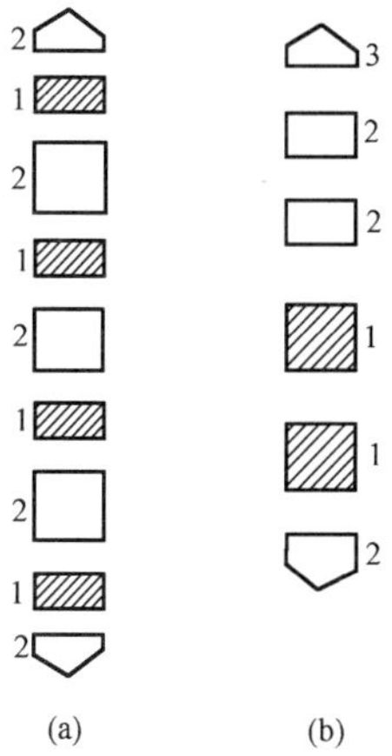

周界风在锅炉燃烧器上也是常见的,它装在一次风喷口的四周,周界风的风层薄风量小,约为二次风总量的 10% 左右;但风速却较高,约为 30~45m/s。周界风的主要作用是防止喷口被烧坏,并适应煤质变化。此外,依据不同的目的可布置的二次风还有侧二次风、边缘风、中心十字二次风和夹心风等。

图 3-10 切圆燃烧方式直流燃烧器喷口的布置
(a) 均等配风;
(b) 分级配风

(二) 切圆燃烧方式直流燃烧器的布置

切圆燃烧时,射流在炉膛中央形成一个大的旋转气流,理想的炉内空气动力工况,要求这个旋转气流中心不偏离炉膛中央,也不贴壁冲墙,热负荷分布均匀,火焰充满度好。

设计要求:

(1) 炉膛截面最好是正方形,尽可能保持宽深比 $A/B \leq 1.2$。

(2) 假想切圆的直径 d_{JX} 与炉膛的周界 U 之比的范围 $d_{JX}/(U/4) = 0.05~0.139$。固态排渣炉燃用高熔点劣质烟煤时,$d_{JX}$ 取较大值以利于着火;燃用低灰熔点煤时,d_{JX} 取较小值以防结渣。

切圆燃烧方式直流燃烧器的布置有多种形式，如图3-11所示。煤粉炉最常用的是正四角布置［见图3-11（a）］，这种布置方式的炉膛截面为正方形或接近正方形的矩形，直流燃烧器布置在四个角上，共同切于炉膛中心的一个直径不大的假想切圆，这样可使燃烧器喷口的几何轴线与炉膛两侧墙的夹角接近相等，因而射流两侧的补气条件差异很小，气流向壁面的偏斜较小，故煤粉火炬在炉膛的充满程度较好，炉内的热负荷也比较均匀，而且煤粉管道也可以对称布置。正八角布置［见图3-11（b）］也有同样的特点。

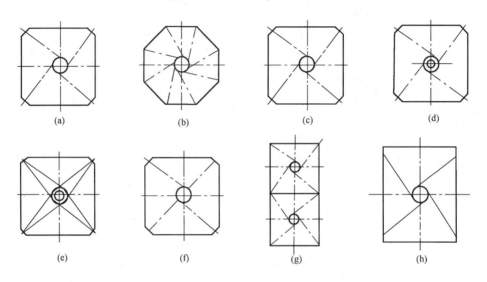

图3-11　四角切圆燃烧方式直流式燃烧器的布置方式
（a）正四角布置；（b）正八角布置；（c）大切角正四角布置；（d）同向大小双切圆方式；
（e）正反双切圆方式；（f）两角相切，两角对冲方式；（g）双炉膛切圆方式；（h）两侧墙布置方式

现代大容量锅炉常采用大切角正四角布置［见图3-11（c）］，它是把炉膛四角切去，在四个切角上安装燃烧器。这种布置是因为大容量锅炉的燃烧器喷口层数较多，整组的燃烧器高宽比较大，容易导致射流背火面补气不足，使煤粉气流冲刷水冷壁引起水冷壁的结焦、磨损或高温腐蚀。采用大切角的正四角布置，增大了燃烧器喷口两侧的空间，使两侧补气条件的差异更小，射流不易偏斜。

同向大小双切圆方式［见图3-11（d）］和两侧墙布置方式［见图3-11（h）］适用于截面深宽之比较大的炉膛或由于炉膛四角有柱子，而不能作正四角布置的炉膛，燃烧器只能布置在两侧墙靠角的位置。该燃烧器喷口中的几何轴线和两侧墙间的夹角差异很大，射流的补气条件也有较大的差异，布置成大小切圆方式，可以改变气流的偏斜，并可防止实际切圆的椭圆度过大。

正反双切圆方式［见图3-11（e）］是指在整组燃烧器中，部分二次风喷口的假想切圆与其他喷口假想切圆的大小和旋转方向相反。而由于这部分二次风的动量较大，使得炉内形成的气流随这部分二次风旋转。正反双切圆的作用是让一次风煤粉的着火过程不受二次风的影响，而在着火后，一次风气流随二次风气流旋转，在炉内形成风包粉的火球，即二次风气流在外侧靠近水冷壁，一次风在炉膛中心燃烧。这种燃烧方式有利于劣质煤的着火，并可以减轻水冷壁的高温腐蚀和磨损。

两角相切、两角对冲方式［见图 3-11（f）］可以减小气流相切时的实际切圆的直径，减低气流的旋转强度，防止气流的过分偏斜，避免炉膛水冷壁结渣，降低烟气出口残余旋转，减少过热器热偏差，但可能会使燃烧后期的混合扰动情况变差，影响燃尽过程。

一些大容量的煤粉锅炉有时设计成双室炉膛切圆方式［见图 3-11（g）］，此时两个并排的炉膛中间用双面水冷壁隔开，使每个炉膛截面都成为正方形或接近正方形的矩形，在各自的炉膛的四角布置直流燃烧器，形成切圆燃烧方式。双室炉膛的布置方式有正四角布置的特点，但是由于中间四组燃烧器的布置较为困难，只能布置为靠近角上，因而使燃烧器喷口的几何轴线与两侧墙的夹角相差较大，燃烧器出口射流两侧的补气条件差异也较大，因而气流容易偏斜。

（三）切圆燃烧方式直流燃烧器的主要热力参数

切圆燃烧方式直流燃烧器的一次风喷口一般都是多层布置，对于 300MW 机组的锅炉，一次风喷口的层数为 4~6 层。

直流燃烧器的一、二次风率主要是根据燃煤的 V_{daf} 值和着火条件而决定的，同时也考虑制粉系统的采用情况。表 3-4 列出了不同燃煤的直流燃烧器一次风率 r_1 及选取相应热风温度 t_{RF} 的推荐值。一次风率确定后，每个一次风喷口的风量通常是平均分配的。

表 3-4　　　　直流燃烧器的一次风率 r_1（%）及热风温度 t_{RF}（℃）

煤　种		无烟煤	贫　煤	烟　煤		劣质烟煤		褐　煤
				$20\% < V_{daf} \leqslant 30\%$	$V_{daf} > 30\%$	$V_{daf} \leqslant 30\%$	$V_{daf} > 30\%$	
风率	乏气送粉	—	—	20~30	25~35	—	25	20~45
	热风送粉	20~25	20~30	25~40	—	20~25	25~30	20~25
热风温度		380~430	330~380	280~350		330~380		300~380

表 3-5 是固态排渣煤粉炉采用直流燃烧器时的一、二次风速的推荐值。一次风速 v_1 主要取决于煤粉的着火性能。对直吹式制粉系统或用乏气送粉的中间储仓式制粉系统取下限，热风送粉可取上限。二次风速 v_2 主要考虑气流的射程，以保证煤粉空气在燃烧后期混合良好并使之完全燃烧。一次风与二次风的速度比 v_2/v_1 约为 1.1~2.3。三次风的风速一般选用得较高，主要使三次风有较大的穿透深度，能较好地与炉内火焰混合，以利其中少量煤粉的燃尽。三次风喷口一般放在燃烧器的最上层（有顶部二次风的除外），通常设计成向下倾斜5°~15°。

表 3-5　　　　固态排渣煤粉炉直流燃烧器的一、二次风速推荐值

煤　　种	无烟煤	贫　煤	烟　煤	褐　煤
一次风出口速度（m/s）	20~24	20~24	22~35	18~25
二次风出口速度（m/s）	35~50	35~50	40~55	40~55
三次风出口速度（m/s）	40~60	40~60	40~55	—

三、WR 煤粉燃烧器

煤粉气流的着火、稳燃和燃尽，是一个十分复杂的过程。我国电站锅炉多燃用低挥发分的无烟煤和贫煤，这些煤的着火温度高，需要的着火热大，会使着火推迟，火焰传播速度降低，同时降低炉内温度，缩短焦炭的燃烧时间。因此对无烟煤和贫煤来说，强化着火是首要

环节。

强化着火的措施很多，通常是采用增强烟气回流和提高一次风煤粉浓度的办法，达到强化煤粉着火燃烧的目的。这也是被国内外普遍认为最易于实现的可行措施。因此国内外许多大型锅炉的燃烧器采用这两种技术，如 WR 燃烧器。

WR 燃烧器是美国燃烧工程公司技术设计的直流式宽调节比摆动式燃烧器（简称 WR 燃烧器）。其结构如图 3 - 12 所示，它被广泛地应用到 1025t/h 四角布置切圆燃烧方式的亚临界自然循环锅炉和控制循环锅炉。

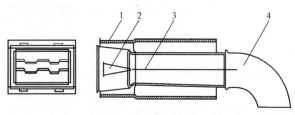

图 3 - 12　WR 煤粉燃烧器

1—喷口；2—波纹扩流锥；3—水平隔板；4—弯管分离

WR 燃烧器的结构简单，主要由喷嘴的前端板、中间波纹扩流锥和喷嘴整体套装而成。燃烧器主要的技术特点如下：

（1）在煤粉气流通过波形扩锥时，在扩锥的下游形成一个稳定的回流区，使高温烟气不断稳定回流，以维持煤粉的稳定着火。在波形扩锥前端有一细长的阻挡块，当煤粉气流流动速度发生变化时，有利于回流区的稳定。出口扩锥是波浪形，可以吸收它在高温下的热膨胀，而且波形扩锥放在煤粉喷嘴内，不直接接触炉内高温火焰，且有煤粉空气流的冷却，故不易损坏。

（2）煤粉气流通过煤粉管道与燃烧器连接前的最后一个弯头时，由于离心力的作用，大部分煤粉紧贴着弯头的外侧进入煤粉喷管，而放置在 WR 燃烧器中间的水平隔板，将煤粉气流分成浓淡两股，上部为高浓度煤粉流，下部则为低浓度煤粉流，并将其保持到离开喷嘴以后的一段距离，从而提高了喷嘴出口处上部煤粉气流中的煤粉浓度。波纹扩流锥与中间分隔板一起将煤粉气流经转弯所分成的浓淡两股粉流分隔开来，形成煤粉浓淡偏差燃烧，浓侧煤粉首先点燃，然后再点燃淡侧煤粉。

（3）一次风喷嘴设有周界风，其风率为 0 ~ 9%，它可以避免一次风喷口烧坏。同时，由于周界风和一次风先混合，可以调节一次风煤粉浓度，以适应煤种变化。

（4）WR 燃烧器的一、二次风喷嘴设计为可上下摆动约 20°，方便调节炉膛火焰中心高度位置，保证主蒸汽参数达到设计值。

第四节　旋流燃烧器及其布置

在旋流燃烧器中，携带煤粉的一次风和不携带煤粉的二次风是分别用不同的管道与燃烧器连接的。在燃烧器中，一、二次风的通道也是隔开的。二次风射流都是旋转射流，一次风射流可以是旋转射流或不旋转的直流射流，但燃烧器总的出口气流都是一股绕燃烧器轴线旋转的旋转射流。

一、旋流式燃烧器的分类

旋流式燃烧器的气流经过旋流器后一边旋转一边向前，作螺旋式的运动。这股旋转气流从燃烧器喷口喷入炉膛空间自由扩展，形成带旋转的扩展气流。一、二次风通过旋流器形成的旋转射流，主要依靠中心回流区的内卷吸作用吸收炉内高温烟气热量把煤粉气流加热至着火。此外，二次风与一次风间的早期湍流混合强烈，并向一次风中的煤粉燃烧提供氧气。

根据旋流器的结构不同，旋流燃烧器分蜗壳型和叶片型两大类。前者因采用蜗壳作旋流器，后者用叶片作旋流器。

二、旋转射流空气动力特性

无论是蜗壳型或叶片型旋流式燃烧器都可使出口射流产生螺旋运动，见图3－13。

（一）旋转射流空气动力特性

旋转射流从燃烧器喷口喷入炉膛大空间，因不再受燃烧器通道壁面的约束而自由扩展，其扩展后的气流形状及结构决定于气流旋转的强烈程度。通常有三种情况。

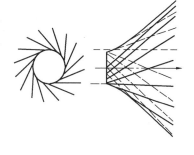

1．封闭式气流

当旋转较弱时，射流中心回流区较小，其中的负压低于周围环境的压力，主射流受到压缩而成封闭状，其特点是回流区很小而被包围在主射流中，如图3－14（a）。

2．开放式气流

图3－13　旋转射流流线

当旋转增强，射流内、外侧的压力差很小时，旋转射流运动的衰减较慢，中心回流区延长到速度很低处，气流不再封闭而形成开放式的结构，如图3－14（b）。

3．全扩散（全开式）气流

随着射流旋转强烈程度增加，扩展角足够大时，主射流与炉墙间的外卷吸作用十分强烈，使外侧压力小于中心回流区的压力，整个射流向外全部张开，形成充分扩展的全扩散贴墙气流，如图3－14（c）。形成全扩散气流后，外侧回流区全部消失，内侧面全部暴露在高温炉膛中，形成最大的中心回流区。

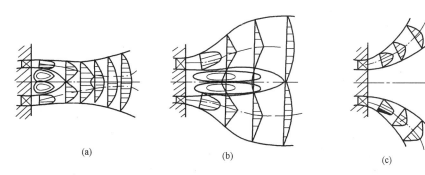

| (a) | (b) | (c) |

图3－14　旋转射流的流动状态
（a）封闭气流；（b）开放气流；（c）全扩散气流

从燃烧上的要求，回流区对着火和火焰的稳定有很重要的意义。封闭式和全开式气流并不是理想的气流结构，前者回流区小，对着火和稳燃的作用很小；后者虽然回流区很大，但回流速度很低，卷吸高温烟气量并不最多，且火焰贴墙燃烧很容易烧坏喷口，导致结渣。尤其是燃用高挥发分、高热值的烟煤时，如果采用带大扩口角的喷口，或者在圆柱形喷口的出口处带有较大的曲率半径圆角时，很容易形成全开式的充分扩展气流，使燃烧器喷口烧坏。

根据试验研究结果，旋转射流有如下特征：

（1）旋流射流具有比直流式射流大得多的扩展角。射流中心形成回流区，其轴向速度为负值（即反流）。旋转愈强烈的气流，初始切向速度也愈大，相应的衰减就愈快，气流的旋转很快消失。以后射流基本上沿着轴向运动，而轴向最大速度相应衰减也愈快，故射流行程较短，后期湍流强度微弱。

（2）从燃烧器喷出的气流具有很高的切向速度和足够大的轴向速度，故早期湍动混合强烈。

（二）旋流强度的概念

决定旋转气流旋转强烈程度的特征参数是旋流强度 n，它是气流旋转动量矩 M 与轴向动量矩 pL 的比值。按此定义，则

$$n = \frac{M}{pL} \tag{3-28}$$

$$M = \rho q_V v_q r \tag{3-29}$$

$$p = \rho q_V v_x \tag{3-30}$$

式中　　ρ ——气流的密度，kg/m^3；

$\qquad q_V$ ——气流的体积流量，m^3/s；

$\quad v_q$、v_x ——气流平均的切向和轴向速度，m/s；

$\qquad r$ ——气流旋转半径，m；

$\qquad L$ ——定性尺寸，m。

$\qquad M$ ——旋转动量矩；

$\qquad p$ ——轴向动量。

不同的定性尺寸可以得到不同的旋流强度值，通常用燃烧器喷口直径的倍数来表示。

显然，旋转愈强烈，旋流强度 n 就愈大。把式（3-29）、式（3-30）代入式（3-28）可得到：

$$n = \frac{v_q r}{v_x L} \tag{3-31}$$

从式（3-31）可知，旋流强度是出口气流切向速度 v_q 与轴向速度 v_x 比值的反映。如果取定性尺寸 $L = 0.5$，$d = r$ 时，n 就是切向速度和轴向速度的比值。

三、常用的旋流燃烧器

使气流发生旋转变成旋转射流的方法，一是将气流切向引入一个圆柱形导管（蜗壳），二是利用气流在轴向或切向流动中加装导向叶片。不同的燃烧器使用的方法是不同的。常见的旋流燃烧器有以下几种。

1．单蜗壳旋流燃烧器

这种燃烧器也称直流蜗壳式扩锥型旋流燃烧器（见图 3-15）。它的二次风气流通过蜗壳旋流器产生旋转，成为旋转射流。一次风则经中心管直流射出，不旋转。一次风中心管出口处有一个扩流锥，使一次风气流扩展开来，并在一次风出口中心处形成回流区，回流高温烟气，使煤粉气流着火、燃烧稳定。扩流锥可以用手轮通过螺杆来调节气流的扩展角。扩展角愈大，形成的回流区愈大。一、二次风两股气流平行向外扩展，由于二次风的动量较大，

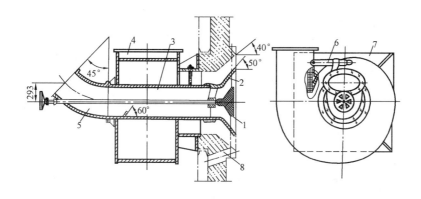

图 3-15　单蜗壳旋流燃烧器

1—扩流锥；2——次风扩散管口；3——次风管；4—二次风蜗壳；5——次风连接管；
6—二次风舌形挡板；7—连接法兰；8—点火孔

故可与一次风混合，共同形成一股旋转射流。这种燃烧器的特点是一次风阻力小，射程远，初期混合扰动不如双蜗壳旋流燃烧器强，但后期扰动比双蜗壳燃烧器好，故对煤种的适应性较双蜗壳旋流燃烧器好，可以燃用较差的煤，但其扩流锥容易磨损烧坏。

2. 双蜗壳旋流燃烧器

该燃烧器的一、二次风都是通过各自的蜗壳而形成旋转射流的，如图 3-16 所示。双蜗壳旋流燃烧器的一、二次风旋转的方向通常是相同的，因为这有利于气流的混合。燃烧器中心设有一根中心管，可以装置点火用油枪。在一、二次风蜗壳的入口处装有舌形挡板，可以调节气流的旋流强度。

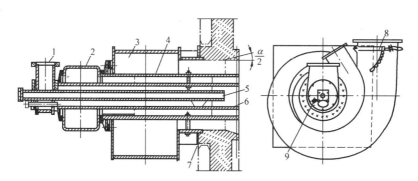

图 3-16　双蜗壳旋流燃烧器

1—中心风管；2——次风蜗壳；3—二次风蜗壳；4——次风通道；5—油枪管；
6——次风管；7—连接法兰；8—舌形挡板；9—火焰观察孔

这种燃烧器由于出口气流前期混合很强烈，且其结构简单，对于燃用挥发分较高的烟煤和褐煤有良好的效果，也能用于燃烧贫煤，所以我国的小型煤粉炉常采用它。

双蜗壳旋流燃烧器的舌形挡板调节性能不很好，调节幅度不大，故对燃料的适应范围不广。同时其阻力较大，特别是一次风阻力大，不宜用于直吹式制粉系统。蜗壳旋流燃烧器的速度沿圆周分布的不均匀性导致燃烧火焰向一侧偏斜，容易造成局部火焰冲墙和结渣，所以在燃用低挥发分煤的现代大、中型锅炉很少采用。

3．切向叶片旋流燃烧器

切向叶片旋流燃烧器的一次风一般是直流或弱旋流，二次风通过切向叶片旋流器产生旋转，见图 3 – 17。切向叶片做成可调的，改变叶片的切向倾角可以调节气流的旋流强度，从而调节中心回流区的形状和大小。当叶片开度太大时，气流旋流强度下降，中心回流区几乎不再存在，中心区的温度急剧下降。煤粉气流在一次风口直径两倍的范围内难以实现着火。

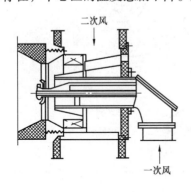

图 3 – 17　切向叶片旋流燃烧器

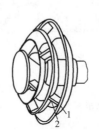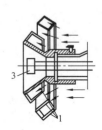

图 3 – 18　稳焰器
1—锥形圈；2—定位片；3—油喷嘴

在该燃烧器一次风口处装置了一个多层盘式稳焰器，见图 3 – 18，锥角约 75°，部分一次风通过它后产生弱旋转，并形成一个回流区卷吸炉膛内高温烟气，以稳定火焰，故名稳焰器。一次风通过稳焰器后的旋转流动有利于把煤粉气流引入二次风中，使煤粉分布均匀，并改善了煤粉与空气的混合。

该型燃烧器一、二次风阻力比较小，主要适用于燃用 $V_{daf} > 25\%$ 的烟煤。

4．轴向叶片旋流燃烧器

利用轴向叶片使气流产生旋转的燃烧器称为轴向叶片式旋流燃烧器。这种燃烧器的二次风是通过轴向叶片的导向，形成旋转气流进入炉膛的。燃烧器中的轴向叶片可以是固定的，

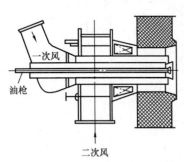

图 3 – 19　轴向叶片旋流燃烧器

也可以是移动可调的。而一次风也有不旋转和旋转的两种，因而有不同的结构。图 3 – 19 所示是一次风不旋转，在出口处装有扩流锥以增大回流区，二次风为轴向可动叶片形成旋转气流的轴向可动叶片旋流式燃烧器。

二次风通过轴向叶片产生较强的旋转，其旋流强度用改变叶片的轴向位置来加以调节。可动叶片的外环与锥形风道的锥度相同，一般锥角为 30° ~ 40°。当叶片向外轴向拉出时，叶片与风道壳体形成间隙，于是部分空气不再通过叶片旋流器而从间隙直流通过，在叶片后部再与流经叶片而旋转的气流汇合，这样总的旋流强度下降。叶片的轴向位移调节，对回流区的影响非常明显。

在一、二次风口的配合方面，对于高 V_{daf} 的煤，可以把一次风口缩向燃烧器内，留有预混合段 100 ~ 200mm。但预混段过长，则一、二次风混合早，回流区较小。

轴向叶片旋流燃烧器具有较好的调节性能和低的一次风阻力，近年来在我国得到了一些发展。但其对煤种的适应性不如蜗壳燃烧器，且叶片制造较麻烦。目前主要用于燃烧 $V_{daf} > 25\%$、$Q_{ar,net} \geqslant 16800kJ/kg$ 的烟煤和褐煤。

5. 双调风旋流燃烧器

图 3-20 是双调风旋流燃烧器的示意图。二次风分由两个通道进入燃烧器，内二次风采用轴向叶片产生旋流，外二次风由切向叶片产生旋流。调节内二次风的叶片，可以调整内外二次风量的分配比例。一次风通常设计为直流，在其出口布置有稳焰器。双调风旋流燃烧器可以说是切向叶片旋流燃烧器与轴向叶片旋流燃烧器的组合，它的作用是在煤粉稳定着火燃烧的前提下，将二次风分两部分送入，在燃烧区域形成分级燃烧，可以达到降低 NO_x 的目的。

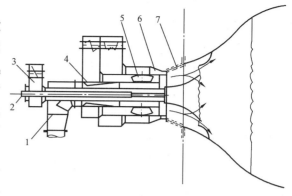

图 3-20　双调风旋流燃烧器

1——一次风；2——点火燃烧器；3——中心风；4——文丘里管；
5——内层二次风；6——外层二次风；7——燃烧器出口

四、旋流燃烧器的布置方式和要求

旋流燃烧器的布置方式，对炉内的空气动力场有很大的影响。在选择旋流燃烧器的布置时，应尽量使火焰在炉膛内有良好的充满程度，烟气不冲墙贴壁。旋流燃烧器的布置方式有多种，常用的是前墙布置，前、后墙对冲或交错布置。另外，还有两侧墙对冲、交错布置和炉顶布置等，如图3-21所示。

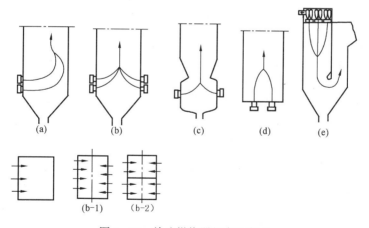

图 3-21　旋流燃烧器的布置方式

（a）前墙布置；（b）两面墙对冲或交错布置；（b-1）两面墙交错布置；
（b-2）两面墙对冲布置；（c）半开式炉膛对冲布置；（d）炉底布置；（e）炉顶布置

旋流燃烧器布置在前墙时，可不受炉膛截面宽、深比的限制，布置方便，特别适宜与磨煤机煤粉管道的连接，但其炉内空气动力场却在主气流上下两端形成两个非常明显的停滞旋涡区，炉膛火焰的充满程度较差，而且炉内火焰的扰动较差，燃烧后期的扰动混合不够理想。

燃烧器布置在前后墙或两侧墙时，两面墙上的燃烧器喷出的火炬在炉膛中央互相撞击后，火焰大部分向炉膛上方运动，炉内的火焰充满程度较好，扰动性也较强。如果对冲的两个燃烧器负荷不相同，则炉内高温核心区将向一侧偏移，会形成一侧结渣。

旋流燃烧器布置在炉顶时，煤粉火炬可沿炉膛高度自由向下发展，炉内火焰充满程度较好。但缺点是引向燃烧器的煤粉及空气管道特别长，故实际应用不多，只在采用 W 火焰燃烧技术的较矮的下炉膛中才应用。

对于单只旋流煤粉燃烧器的结构，应能满足燃烧器出口气动力特性的要求，即出口气流的旋流强度应与燃料特性和燃烧要求相适应；出口气流有较大的扩散角及中心回流区，保证煤粉的着火和燃烧稳定；风粉射出喷口时，沿圆周分布均匀，火焰应能自由扩展，保证风粉均匀混合并尽量减少阻力。

各只燃烧器应尽可能都有单独的二次风道，便于调整风量。相邻燃烧器的气流不相互干扰，当炉墙上布置两个以上的旋流式燃烧器时，相邻燃烧器出口主气流的旋转方向彼此对称，反向旋转（见图 3 – 22）。

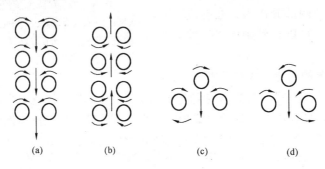

图 3 – 22　燃烧器旋转方向对火焰位置的影响
(a) 火焰向下；(b) 火焰向上；(c) 火焰向左；(d) 火焰向右

五、旋流燃烧器的运行参数

旋流燃烧器的性能除由燃烧器的形式和结构特性决定外，还与它的运行参数有关。旋流燃烧器的主要运行参数是一次风率 r_1 及一次风速 v_1，二次风率 r_2 及二次风速 v_2，一、二次风速比 v_2/v_1 和热风温度等。

一次风率 r_1 直接影响到煤粉气流着火的快慢，特别是对燃用低挥发分的煤时，为加快着火，应限制一次风率，使煤粉空气混合物能较快地加热到煤粉气流的着火温度。同样减低一次风速度，可以使煤粉着火的稳定性较好。在热风送粉的中间储仓式制粉系统中，热风温度也因燃煤种类不同而异。

旋流燃烧器一次风 r_1、一次风和二次风速、以及热风温度的选取，可参见表 3 – 6。由表中可看出，煤种不同，旋流燃烧器所采用的一次风率、一、二次风速和热风温度也不同。

表 3–6　　　　　　　　　旋流燃烧器一次风率、一、二次风速和热风温度

煤　种	无烟煤	贫　煤	烟　煤	褐　煤
一次风率 r_1（%）	15 ~ 20	15 ~ 25	25 ~ 30	50 ~ 60
一次风速 v_1（m/s）	12 ~ 15	16 ~ 20	20 ~ 26	20 ~ 26
二次风速 v_2（m/s）	15 ~ 22	20 ~ 25	30 ~ 40	25 ~ 35
热风温度 t_{RF}（℃）	380 ~ 430	330 ~ 380	280 ~ 350	300 ~ 380

第五节 W型火焰燃烧方式

一、W火焰锅炉燃烧原理及特点

W型火焰锅炉的结构与常规燃煤锅炉不同,其炉膛由下部的燃烧室和上部的燃尽室组成,见图3-23。燃烧室的深度比燃尽室大80%~120%,突出部分的顶部构成拱体,煤粉气流和二次风喷嘴装设在拱体上,下喷的煤粉气流着火后向下伸展,在燃烧室下部与三次风相遇后折转向上,沿炉室中轴线上升,从而形成W型火焰,燃烧产物气流上升进入燃尽室。W型火焰煤粉炉能稳定燃烧$V_{daf}=6\%\sim20\%$的无烟煤和贫煤,与普通的四角切向燃烧锅炉相比具有下列优点:

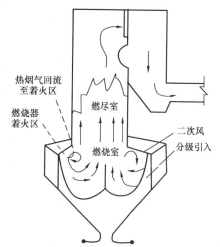

图3-23 W型火焰锅炉示意

(1)煤粉着火后向下自由伸展,在距一次风口数米处才开始转弯向上流动,这样不易产生煤粉分离现象,并且火焰行程较长,炉内充满度好,延长了煤粉在炉内的停留时间,符合无烟煤燃烧速度较慢的特点,有利于煤粉的燃尽。

(2)着火区风量小,避免了温度的明显下降,使煤粉气流较多的接触到高温回流烟气,提高了火焰根部的温度水平,着火条件好,稳定性好,燃烧效率高,这对劣质煤,特别是低挥发分无烟煤的着火特别有利。

(3)可根据燃煤的不同挥发分含量调节一次风煤粉浓度、热风温度和煤粉细度,并可改变配风,因而具有较大的煤种适应性。

(4)前后拱将燃烧室与燃尽室屏蔽起来,负荷变化对燃烧室温度影响不大,有利于稳定燃烧和低负荷运行。

(5)火焰在炉膛下部转弯180°,使烟气中的部分粗灰粒分离,减轻了对流受热面的飞灰磨损。

(6)锅炉结构与燃烧器的布置对称,烟气通过喉口后充分混合,不存在残余旋转,所以炉膛出口处的烟气温度场和速度场比较均匀,减小了过热器和再热器的热偏差。

W型火焰锅炉的主要缺点有:

(1)当W型火焰锅炉配风不当时火焰容易短路,并易引起拱部区域结渣,火焰直接进入燃尽室,造成飞灰含碳量高,降低了煤粉燃尽率。

(2)空气和煤粉的后期混合较差,影响燃尽。

(3)尽管采用了分级燃烧,但由于燃烧无烟煤的需要,炉膛内的温度水平较高,导致NO_x的生成量较大,高于国内四角切圆燃烧锅炉的一般水平。

(4)由于炉膛下部断面约为水平燃烧方式的两倍,为防止火焰温度降低而使可燃物损失增加,必须敷设卫燃带,这就增加了结渣的可能性。

(5)锅炉结构比较复杂,炉拱的设计安装困难,燃烧器风粉管道布置困难,整体体积大,钢耗量大,制造工作量大,周期长,造价高,调试复杂。

二、W 火焰锅炉所用燃烧器

1. 旋风分离式燃烧器（图 3 - 24）

旋风分离式燃烧器如图 3 - 24 所示，它的工作原理是：煤粉空气混合物经过分配箱分成两路，各进入一个旋风分离器。在旋风分离器内由于离心力的作用将煤粉与空气进行分离，而被分成高浓度煤粉气流和低浓度煤粉气流。大约有 50% 的空气和少量（约占 10% ~ 20%）的煤粉组成的低浓度煤粉气流，从旋风分离器上部的抽气管通过三次风燃烧器送入炉膛，其余 50% 的空气连同大部分煤粉（煤粉浓度约 1.5 ~ 2.0kg/kg）形成的高浓度煤粉气流从旋风分离器下部流出，然后垂直向下通过旋流燃烧器旋转进入炉膛。主燃烧器的两侧有高速的二次风气流同时喷入。该燃烧器的特点为：

（1）燃料以较低的一次风速（$v_1 \approx 15m/s$）和较低的一次风率（$r_1 = 5\% ~ 18\%$）从上向下送进炉膛，提高了火焰根部温度。

（2）二次风沿火焰行程根据燃烧

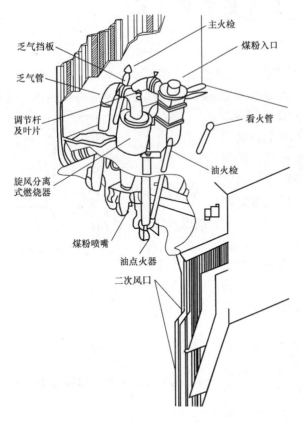

图 3 - 24　旋风分离式燃烧器

各阶段的不同需要逐步分级送入。

（3）采用旋风分离器进行风粉混合物分离后，提高一次风中的煤粉浓度，有利于着火。三次风率和风速可根据 V_{daf} 的大小、煤粉水分以及磨煤机出力大小用乏气挡板开度调节，V_{daf} 愈低，该挡板的开度应愈大，使抽出的乏气量增加。三次风口距主火嘴有一定距离，使其不干扰主气流，从上向下平行于主气流送入炉膛。

（4）前后拱及炉膛下部两侧水冷壁大都敷设卫燃带使之成为高温区，增强煤粉着火和燃烧的稳定性。

2. 一次风更换型旋流式燃烧器

一次风更换型旋流式燃烧器简称 PAX 燃烧器，见图 3-25。PAX 燃烧器是一种煤粉浓淡分离的高浓度煤粉燃烧器，它的工作原理是：一次风煤粉气流通过燃烧器入口弯管时，在惯性力作用下大部分颗粒煤粉被浓缩到一次风管外侧，与经过增压风机送来的热风均匀混合，可将煤粉从 90℃ 加热到 170℃ 以上，然后喷入炉膛。另一部分经分离后被抽出的冷一次风携带，该气流中含有约 10% 的煤粉，从燃烧器下方以一定倾角射入炉膛，并补充着火后期所需空气量。

3. 直流隙式燃烧器

图3 - 26所示为W型火焰锅炉带旋风分离浓缩器的直流缝隙式燃烧器。在每个一次风

（图中标注：乏气挡板、乏气管、调节杆及叶片、旋风分离式燃烧器、煤粉喷嘴、油点火器、二次风口、主火检、煤粉入口、看火管、油火检）

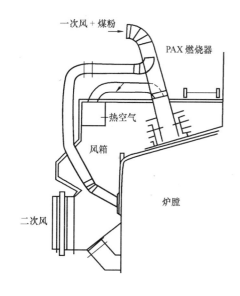

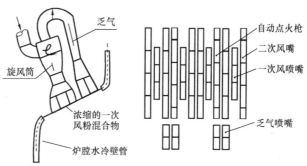

图 3 - 26　直流缝隙式燃烧器的示意

喷口两侧，都有一个二次风喷口，一、二次风喷口交错布置，喷口为长方形，喷出来的同样是扁平状气流，其较大的周界比有利于着火。三次风喷口距主燃烧器一定距离，平行于主气流从上向下送入炉膛。另有一部分二次风从前后墙送入炉膛。

图 3 - 25　PAX 燃烧器的结构示意

第六节　低 NO$_x$ 燃烧技术

一、NO$_x$ 的生成途径

煤燃烧过程中所生成的氮氧化物主要是 NO 和 NO$_2$，通常把这两种氮氧化物合称为 NO$_x$。其中 NO 约占 95% 以上。煤燃烧过程中因 NO$_x$ 的生成机理不同可分为热力 NO$_x$、燃料 NO$_x$ 和快速 NO$_x$。热力 NO$_x$ 是燃烧用空气中的 N$_2$ 在高温下氧化而生成的氮氧化物，燃料 NO$_x$ 是燃料中的有机氮化合物在燃烧过程中氧化形成的氮氧化物，快速 NO$_x$ 是碳氢化合物在燃烧时分解的中间产物与 N$_2$ 反应得到。在煤粉的燃烧过程中，燃料 NO$_x$ 约占 70% ~ 90%，热力 NO$_x$ 约占 10% ~ 30%，快速 NO$_x$ 所占比例 <5%，通常被忽略。

1. 影响热力 NO$_x$ 生成的主要因素

热力 NO$_x$ 起源于空气中的 N$_2$，主要是在 1800K 以上的高温区产生，其化学反应为

$$N_2 + O = NO + N \tag{3 - 32}$$

$$N + O_2 = NO + O \tag{3 - 33}$$

反应（3 - 32）和（3 - 33）在高温下的特点是正反应速度比逆反应速度快，且与反应温度、反应时间和 O$_2$ 的浓度成正比，因此影响热力 NO$_x$ 生成的因素主要有：

（1）温度。在燃烧过程中，温度越高，生成的 NO$_x$ 量越大。煤粉锅炉中的燃烧温度通常高于 1530℃，因此易产生较多的 NO$_x$。

（2）过量空气系数。由于 O$_2$ 的浓度对热力 NO$_x$ 有直接的影响，因此过量空气系数 α 对 NO$_x$ 有着明显的影响。在煤粉锅炉燃烧过程中，当 $\alpha = 1.1 ~ 1.2$ 范围时，NO$_x$ 的生成量最大，而偏离这个范围时，NO$_x$ 的生成量会明显减少。

（3）时间。当 N 和 O 处于高温区的时间越长，N 和 O 的反应越充分，则生成的 NO$_x$ 越多。

155

2. 影响燃料 NO_x 生成的主要因素

煤中的含氮量约在 $0.4\% \sim 3\%$，这些氮在燃烧中被分解后释放，形成 NH_i、HCN 等中间产物，通过与 OH 离子、O、O_2 等进行反应，一部分转换为 NO，其余的还原成 N_2。因此，燃煤中的含 N 量越高，燃烧过程中煤中 N 转化为 NO_x 也就越多。由于燃料氮在较低的温度下分解，所以燃料 NO_x 的生成对温度的依赖性比较低。研究表明，当燃料过浓时，即当量比 ϕ 较大时，燃料氮向 NO 的转化率减小，在 $\phi = 1.4$ 时达到最小值。

二、低 NO_x 的燃烧技术

1. 分级燃烧

分级燃烧的原理如图 3－27 所示。将燃烧用的空气分两阶段送入，先将理论空气量的 80% 左右从燃烧器送入，使燃料在缺氧富燃条件下燃烧，燃料燃烧速度和燃烧温度降低，抑制了燃烧过程中 NO_x 的生成。然后，将燃烧所需空气的剩下部分以二次风形式送入，使燃料进入空气过剩区域（作为第二级）燃尽。虽然这时空气量多，但由于火焰温度较低，所以，在第二级内不会生成较多的 NO_x，因而总的 NO_x 生成量是降低的。

图 3－27　燃烧室分级燃烧

（a）不分级燃烧；（b）分级燃烧

分级燃烧有两类，一类是燃烧室中的分级燃烧；另一类是单个燃烧器的分级燃烧。

图 3－28 表示燃烧室中的分级燃烧情况。燃烧室中的分级燃烧方法通常是在主燃烧器上部装设 OFA 空气喷口（Over Fire of Air）。这样，在燃烧器内供入大约 80% 的燃烧空气量，使燃烧器区处于富燃状态；剩下的空气则从 OFA 喷口供入，使燃料燃尽。因而在燃烧室内沿高度分成两个区域，即燃烧器附近的富燃区和 OFA 喷口附近的燃尽区。在富燃区，过量，空气系数约为 $\alpha_1 = 0.8$，其 NO_x 生成量比一般燃烧工况约降低 50%，而这时燃烧仍很稳定。在燃尽区因温度和氧浓度较低，生成的 NO_x 也较少。

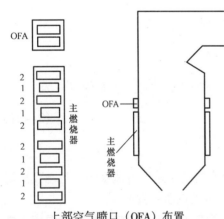

上部空气喷口（OFA）布置

图 3－28　燃烧室分级燃烧

燃烧器分级燃烧时是将二次风分成两部分送入，见图 3－29，一部分的二次风在一次风煤粉着火后及时送入，补充燃烧时需要的氧气，但此时燃烧火焰仍处于富燃区；另一部分二次风稍迟送入，形成了燃尽区，促进煤粉燃尽。燃烧器分级燃烧时，在火焰根部形成富燃区，抑制了燃料 NO_x 的生成；由于二次风延迟与燃料混合，燃烧速度降低，使火焰温度降低，故也抑制了热力 NO_x 的生成。

2. 再燃烧法

再燃烧法原理，如图 3－30 所示，其特点是将燃烧分成三个区域：一次燃烧区是氧化性

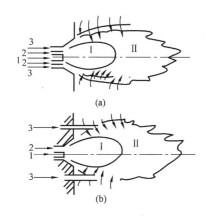

图 3-29 单个燃烧器的分级燃烧

(a) 内部分混合；(b) 外中分级混合

Ⅰ—富燃区；Ⅱ—燃尽区

1—一次风；2—内二次风；3—外二次风

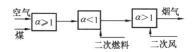

图 3-30 再燃烧法原理图

或稍还原性气氛（$\alpha \geqslant 1$）；在第二燃烧区，将二次燃料送入还原性气氛（$\alpha < 1$），因而生成碳氢化合物基团，这些基团与一次燃烧区内生成的 NO_x 反应，最终生成 N_2，这个区域通常称为再燃烧区。二次燃料称为再燃燃料；最后再送入二次风（$\alpha > 1$），使燃料燃烧完全，称为燃尽区。

煤粉燃烧时，二次燃料通常采用天然气或甲烷，由炉子上部引入。二次燃料量约占总输入热量的 10% ～ 20%，还原区内过量，空气系数为 $\alpha = 0.7 \sim 1.0$。为了保证还原反应正常进行，需要一定的温度和停留时间。根据试验，二次燃料送入处的烟温要求在 1200℃ 以上，还原区内燃料停留时间为 0.4 ～ 1.5s。最后送入的顶部燃尽风，应很快与还原区的烟气混合，停留时间为 0.7 ～ 0.9s，以保证燃尽。采用再燃法可使 NO_x 减少 50% 或更低。

3. 浓淡偏差燃烧

浓淡偏差燃烧是基于上述过量空气系数 α 对 NO_x 的变化关系，使部分燃烧在空气不足下进行，即燃料过浓燃烧；另一部分燃烧在空气过剩下进行，即燃料过淡燃烧。无论是过浓燃烧或过淡燃烧，燃烧时 α 都不等于 1，前者 $\alpha < 1$，而后者 $\alpha \gg 1$，故又称非化学当量比燃烧或偏差燃烧。

燃烧过浓部分，因氧气不足，燃烧温度也不高，所以产生的燃料 NO_x 和热力 NO_x 都不高。燃烧过淡部分，因空气量很大，燃烧温度降低，使热力 NO_x 降低。因此这种方法只要在总风量不变时，调整上下喷口的燃料与空气的比例，然后保证浓淡两部分燃料和空气充分混合并燃尽，NO_x 可显著减少。

4. 低 NO_x 燃烧器

（1）PM 燃烧器。

日本三菱重工株式会社（MHI）开发的 PM 燃烧器是用于四角切向燃烧锅炉的直流燃烧器，其最关键技术是浓淡燃烧。PM 燃烧器主要由浓粉喷嘴、淡粉喷嘴和浓淡分离器组成，见图 3-31，它利用弯头的转弯及一定的管内流速进行煤粉浓度的重新分配，实现浓淡偏差燃烧的目的，其浓侧煤粉与淡侧之比可达 9:1。浓粉喷嘴因氧气不足，使燃料 NO_x 降低，且因燃烧温度不高，热力 NO_x 也相应减少；而淡粉喷嘴相应空气量较多，燃烧温度也不高，因而热力 NO_x 的生成量降低。PM 型燃烧器的一次风喷口加设了周界风，其目的是增加一次风的刚性，以增强其抗偏转的能力。PM 燃烧器总的 NO_x 生成量要比普通直流燃烧器低许多，并还具有明显的低负荷稳燃性能。

（2）DRB 燃烧器。

美国 B&W 公司开发的 DRB 型双调风燃烧器是一种低 NO_x 燃烧器，见图 3-32，主要特

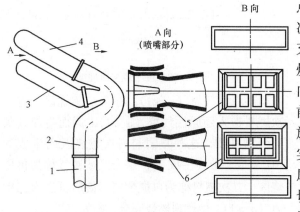

图 3 – 31 PM 燃烧器

1—煤粉管；2—浓淡分离器；3—淡输粉管；4—浓输粉管；
5—浓粉喷嘴；6—淡粉喷嘴；7—二次风口

点是二次风分为内外两个部分。内层二次风作引燃煤粉用，外层二次风用来补充已燃烧煤粉所需的空气，使之完全燃烧。该燃烧器内、外层二次风的旋转方向是一致的，燃烧器对冲布置在炉膛的前后墙上。内层二次风经轴向叶片形成旋转射流，通过改变轴向叶片的角度可实现内层二次风道的关闭以及内层二次风的旋转强度的调节。外层二次风流经切向叶片形成旋流强度很高的外层二次风射流，外层二次风的旋流强度可通过调节切向叶片的角度得到改变。内、外层二次风的风量比例约为 6:4。调整内层二次风的旋转强度，可以将炉膛内的高温烟气卷吸到煤粉着火区，使得煤粉得到点燃和稳定燃烧，而调整外层二次风的旋转强度，可以控制外层二次风与已燃煤粉气流的混合过程，在炉膛内实施分级送风燃烧，既保证了煤粉的燃尽，也降低了 NO_x 的生成。

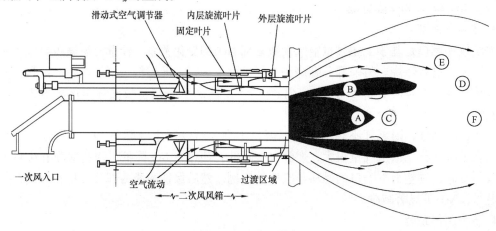

图 3 – 32 DBR 燃烧器

A—富燃区挥发分释放；B—产物再循环；C—NO_x 还原区；
D—高温火焰面；E—外层二次风混合控制区；F—燃尽区。

第四章 蒸发设备及蒸汽净化

第一节 锅炉水动力学基础

一、概述

锅炉的蒸发系统可以分为自然循环、直流和强制循环三种。自然循环是靠下降管组和上升管组之间的工质密度差来推动水循环的蒸发系统。直流是靠给水泵的压头使水和汽水混合物在管内进行一次性强制流动的蒸发系统。控制循环是在循环回路内装设再循环泵以辅助锅炉进行循环的蒸发系统，它是依靠下降和上升管组之间的工质密度差加上再循环泵压头来克服循环系统阻力进行循环的。

锅炉蒸发受热面正常和可靠运行，在很大程度上取决于受热管子的冷却情况，为保证可靠的管壁冷却，必须使蒸发管内壁有一层连续的水膜流过，使管壁温度保持在允许范围内。若管壁温度超过管子材料的极限允许温度，管子就可能损坏。若壁温有周期性的波动，即使管壁温度低于极限允许温度，管子也有可能受交变温度应力而产生疲劳破坏。

对于蒸发受热面，在一定热负荷下，管子外壁温度主要取决于工质的放热系数。由于沸腾水的放热系数很大，其管壁温度只比饱和温度略高，管壁不会超温。但当管内汽水混合物流动不良使水不能连续地冲刷管子内壁时，工质的放热系数将显著降低，从而导致管壁超温。

二、管内汽液两相流体的流动结构和传热

在锅炉上升管中流动的工质为汽水混合物，在其受热过程中，汽相与液相的数量也在不断变化。由于汽相与液相间的相对运动，使管内汽液两相流体的流动比单相流体的流动要复杂得多，且由于汽相与液相在传热过程中的性质和作用不同，因此汽液两相流的流动结构对传热过程有较大影响。

（一）管内汽液两相流体的流动结构

管内汽液两相流体的流动特性决定于两相流体的流动结构，而两相流体的流动结构与汽水混合物速度、容积含汽量、压力及流动的方向等有关。蒸汽密度比水小，在上升管中，在相同压力作用下，汽流速度比水速快，水在管中流动的速度分布是中间大，两边小。如果汽在靠近管边处，汽水相对速度大，阻力大；汽在管中间，阻力小。汽泡总是往阻力小的地方运动，所以汽泡都往中间运动，这个现象称作汽泡趋中效应。

随着压力的增加，汽与水的密度差减小，汽水间的相对速度相应减小。

根据试验观察，当汽水混合物在垂直管中作上升运动时，大致可以有四种流动结构，如图 4-1 所示，即泡状、弹状、环状及雾状流动结构。

区域 A 中的水温低于饱和温度，为单相水的对流传热，金属壁温度稍高于水温。在 B 区内，紧贴壁面的虽到达饱和温度并产生汽泡，但管子中心的大量水仍处于欠热状态，生成

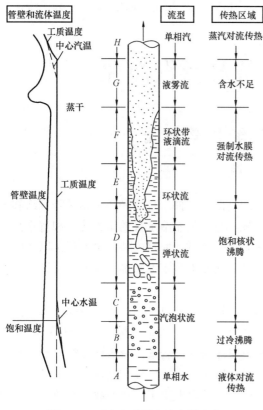

图 4-1　垂直上升管中汽水混合物
流动结构与传热区域

图左侧标注（从上到下）：

管壁和流体温度
工质温度
中心汽温
蒸干
工质温度
管壁温度
中心水温
饱和温度

流型（从上到下）：单相汽、液雾流、环状带液滴流、环状流、弹状流、汽泡状流、单相水

传热区域（从上到下）：蒸汽对流传热、含水不足、强制水膜对流传热、饱和核状沸腾、过冷沸腾、液体对流传热

区域标注：H、G、F、E、D、C、B、A

的汽泡脱离壁面后与水混合，又凝结将水加热。该区域的壁温高于饱和温度，进行着过冷核态沸腾传热。当水进入 C 区，全部到达饱和温度，传热转变为饱和核态沸腾方式，此后生成的汽不再凝结，含汽率逐渐增大，汽泡分散在水中，这种流型称为泡状流动。在 D 区内，汽泡增多，小汽泡在管子中心聚成大汽弹，形成弹状流动。汽弹与汽弹之间有水层。当汽量增多、汽弹相互连接时，形成中心为汽而周围有一圈水膜的环状流动（E 区）。环状流型的后期中心蒸汽量很大，其中带有小水滴，同时周围的水环逐渐变薄，即为带液滴的环状流型（F 区）。环状水膜减薄后的导热能力很强，可能不再发生核态沸腾而成为强制水膜对流传热，热量由管壁经强制对流水膜传到水膜同中心汽流之间的表面上，并在此表面上蒸发。当壁面上的水膜完全被蒸干后就形成雾状流型（G 区）。这时汽流中虽有一些水滴，但对管壁的冷却不够，传热恶化，管壁温度会突然升高。此后随汽流中水滴的蒸发，蒸汽流速增大，壁温又逐渐下降。最后在蒸汽过热区域（H 区）中，由于汽温逐渐上升，管壁温度又逐渐升高。

当沸腾管中的汽水流动状态为汽泡流型、弹状流型和环状流型时，其传热区域属于核态沸腾，此时管子的内壁不断被水膜冲刷，工质的放热系数很大，通常在 $58.15kW/（m^2 \cdot ℃）$ 以上，管子温度比饱和温度一般只高出 25℃ 以下，管子工作是安全的。

当汽水混合物在水平管中流动时，在流速高时，流动结构与垂直上升管中相类似，但由于水重汽轻，在浮力的作用下，管子上部蒸汽偏多，形成不对称的流动结构。随着流速减小，流动结构的不对称性增加，当流速小到一定程度时，将形成分层流动，如图 4-2 所示。此时蒸汽在管子上部流动，水在管子下部流动。在产生汽水分层时，管子上部将与蒸汽相接触，使管壁温度升高，可能过热损坏；在汽水分层的交界面处，由于汽水波动，可能产生疲劳损坏。因此在正常工作条件下，应避免出现汽水分层流动结构。

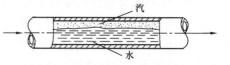

图 4-2　水平管中汽水分层流动

汽水混合物流速、蒸汽含量、压力和管子内径对于形成汽水分层均有影响。流速愈大，则愈不易发生分层；蒸汽含量增加，容易发生分层；压力增加，汽水分层的范围扩大；管子内径愈大，愈易发生分层。在直流锅炉中，一般都是用提高流速的方法来防止汽水分层，在自然循环锅炉中，则应避免采用水平管。增加管子的倾角 θ，将使分层流动的范围缩小，一般当 $\theta > 10° \sim 15°$，分层流动就很少发生。在自然循环锅炉中，对于顶部强烈受热的管子，

一般建议管子倾角应大于30°，以防止发生分层流动。

（二）管内汽液两相流的传热

锅炉受热面的金属在机械强度上都有一定的裕量，不应产生氧化皮，且金属温度不应波动过大。管壁金属温度取决于管中流动工质的温度、内壁换热、水垢和局部热负荷等因素。受热管中工质的温度变化不大，但工质的流速和流型结构对管内放热系数的影响却很大。这样，受热管壁金属温度就取决于某些参数的组合，如压力、质量流速、热负荷、含汽率和管径等。

当沿管长均匀受热时，随蒸发过程的进行两相流型将发生变化，传热情况因而改变，管内壁上的放热系数 α_2 也就发生变化。图 4-3 中示出了不同负荷下管内壁的放热系数 α_2 与含汽率 x 的关系。

图中曲线 1~曲线 7 分别代表由小到大的 7 种热负荷。曲线 1 的 AB 段为单相水的对流传热段，其放热系数基本不变，只是随水温的升高水的物性改变，放热系数稍有增加。BC 段为过冷核态沸腾段，沿管长随过冷沸腾核心数目的增多，放热系数成直线增大。CD 段为饱和核态沸腾段，放热系数保持不变。DE 为强制水膜对流传热段，沿管长随液膜的减薄，放热系数不断增大。E 点为"蒸干"点，由于液膜消失传热改变为接近于由管壁至干饱和蒸汽的

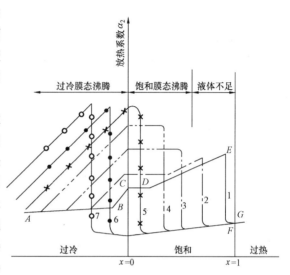

图 4-3　不同负荷时放热系数 α_2 与含汽率 ε 的关系

对流传热，放热系数突然下降，而管壁温差突增，即出现所谓传热恶化。FG 段为液体不足段，管壁上没有水膜但汽流中仍有水滴，随 x 的增大放热系数略有增大。G 点以后为过热段，其中的放热系数对应于单相过热蒸汽。

热负荷增大时，放热系数的变化如图中曲线 2 所示，过冷沸腾提前出现，在过冷和饱和核态沸腾区中的放热系数增大，两相强迫对流区中的放热系数基本不变，蒸干点出现在更低的 x 处。热负荷再大，过冷沸腾出现更早，并且当 x 达到某一数值时，将不经两相强迫对流区而直接由核态沸腾转入传热恶化区，如曲线 3 所示。热负荷很大时，过冷沸腾出现更早，可能在 x 很低处甚至即使热负荷不太高时也会出现传热恶化，只不过热负荷低时壁温升高较少而已。

在高参数大容量锅炉炉膛高热负荷区域的沸腾管中，有时会遇到膜态沸腾问题。产生膜态沸腾时，沸腾管内壁与蒸汽接触导致传热恶化，此时工质的放热系数急剧下降使壁温陡然升高，远远超过工质的饱和温度，管子很容易损坏。传热恶化有两类。

第一类传热恶化发生在含汽率较小和受热面热负荷特别大的区域。由于热负荷高，使管子内壁的整个面积都产生蒸汽，流速又低，蒸汽来不及被水流带走，使管子内壁面覆盖一层汽膜，形成了管子中间是水、四周是汽的流动状态，即发生第一类传热恶化。发生第一类传热恶化的主要决定因素是受热面热负荷。对于电站锅炉，要达到临界热负荷一般可能性不

大。就是说，第一类传热恶化在电站锅炉中发生的可能性是比较小的。

第二类传热恶化发生在比较高的热负荷下雾状流动结构区域。当含汽率比较大时，环状流动的水膜被撕破或被蒸干而产生膜态沸腾，从而导致第二类传热恶化。发生第二类传热恶化的热负荷不像第一类传热恶化时那么高，其放热方式为强迫对流，蒸汽流速快，又有水滴撞击和冷却管壁，工质的放热系数比第一类传热恶化时要高，所以壁温上升值没有第一类传热恶化时那样大。但当有一定热负荷时，壁温也可能会超过允许值而使管子被烧坏。电站锅炉常见的传热恶化较多的属于此类。

第二节　自然循环锅炉蒸发受热面的特性

一、自然循环的特征参数

(一) 循环速度

自然循环工作可靠性要求所有的上升管要保证得到足够的冷却，因此必须保证管内有连续的水膜冲刷管壁并保持一定的循环速度，以防止管壁超温。

在循环回路中，饱和水在上升管入口处的流速称为循环速度，以 v_0 表示，即

$$v_0 = \frac{q_m}{\rho' F} \qquad\qquad (4-1)$$

式中　q_m——饱和水质量流量，kg/s；

F——上升管内截面面积，m^2；

ρ'——饱和水的密度，kg/m^3。

在某台锅炉中，循环回路高度和阻力系数是一定的，这时运动压头决定于上升管中含汽率。含汽率越大，汽水混合物的平均密度越小，运动压头将增加。但随含汽率的增加，由于汽的比体积大于水的比体积，上升管汽水混合物容积流量增加，流速提高，使上升管流动阻力增加。所以当含汽率增加后，一方面运动压头增加，一方面上升管流动阻力也随之增加。循环速度如何变化，要看这两个方面中哪个方面增加得多。通常情况下，运动压头往往增加得多些。所以在锅炉负荷增加时，含汽率高，循环速度增加。

循环速度的大小，直接反映了管内流动的水将管外传入的热量及所产生汽泡带走的能力，它是判断水循环好坏的重要指标之一。循环速度范围一般为 0.5～1.5m/s。

(二) 循环倍率

循环速度只表示进入上升管中的水量，虽然它也反映了流经整个管子的水流快慢，但它是按入口水量进行计算的，对于热负荷不同的管子，即使循环速度相同，但由于产汽量不同，其上升管出口处水的流量也就不同。对于热负荷高的管子，产汽量多，管子出口处的水量就少，在管内壁上有可能维持不住连续流动的水膜。同时管内蒸汽比例大时，有可能在高速汽流冲刷下，将很薄的水膜撕破，造成传热恶化，管壁结垢金属超温。因此引入另一个说明水循环好坏的重要指标——循环倍率。

循环水在上升管中受热，其中一部分生成蒸汽。设 q_m 表示循环水流量，D_0 表示上升管出口的蒸汽流量。q_m 与 D_0 之比称为循环倍率，以 K 表示，即

$$K = \frac{q_m}{D_0} \qquad\qquad (4-2)$$

循环倍率的倒数称为上升管质量含汽率，以 x 表示，即

$$x = \frac{D_0}{q_m} = \frac{1}{K} \qquad (4-3)$$

循环倍率的意义是在上升管中每产生 1kg 蒸汽需要在上升管入口处送进多少公斤水，或者说 1kg 水在循环回路中经过多少次循环才能全部变成蒸汽。K 越大，则 x 越小，即表示上升管出口端汽水混合物中水的份额大，水循环安全。循环倍率是一个非常重要的水循环特性参数，自然循环锅炉往往用它表示循环的安全性。

（三）自然循环自补偿能力

一个循环回路中的循环速度常常随热负荷变化而不同。当受热强时，产生的蒸汽量多，运动压头增加，使循环流量增大，故循环速度增大。反之，循环速度减小。在一定的循环倍率范围内，循环速度（或循环水量）随热负荷增加而增大的特性称为自然循环自补偿能力。这个特性是自然循环的一大优点。合理的自然循环系统应是在上升管吸热变化时，锅炉始终工作在自补偿特性区域内。

对应最大循环速度时的上升管出口质量含汽率称为界限含汽率，记为 x_{jx}。与界限含汽率相对应的循环倍率称为界限循环倍率，记为 K_{jx}。当 $K > K_{jx}$ 时，若运行中负荷变化，则水循环具有自补偿能力。反之，水循环将失去自补偿能力，随热负荷增加，循环速度反而减小。

为了保证蒸发管能得到良好的冷却，避免出现不稳定流动和传热恶化，循环倍率不应过小。为了安全，推荐的循环倍率应比界限循环倍率要大。对于配 300MW 机组的亚临界压力自然循环锅炉，其界限循环倍率大于 2.5，而推荐的循环倍率，燃煤锅炉为 4~6，燃油锅炉为 3.5~5。

（四）上升管单位流通截面蒸发量

在研究循环速度与循环倍率的内在关系中，引出了上升管单位流通截面蒸发量 D_{ss}/F_{ss} $[t/(m^2 \cdot h)]$（D_{ss}、F_{ss} 分别为上升管的产汽量和流通截面积），D_{ss}/F_{ss} 与 K、v_0 的关系为

$$D_{ss}/F_{ss} = 3.6 \frac{v_0 \rho'}{K} \qquad (4-4)$$

由式（4-4）可知，当汽包压力与 D_{ss}/F_{ss} 一定时，v_0 与 K 成正比。若 D_{ss}/F_{ss} 越大时，K 越小，而 v_0 值一般越大。但 D_{ss}/F_{ss} 增加到某一数值时，反而使 v_0 下降。因为 D_{ss}/F_{ss} 增加，说明上升管含汽率增加，运动压头增加，流动阻力也增加。最初是运动压头较流动阻力增加得快，所以 v_0 增加；后来则是由于流动阻力增加比运动压头增加得快，故 v_0 降低，因此对 D_{ss}/F_{ss} 来说也存在一个相应的界限值。当 D_{ss}/F_{ss} 小于界限值时，水循环具有自补偿能力；反之则失去自补偿能力，使循环可靠性受到影响。对于配 300MW 机组的亚临界压力自然循环锅炉，其 D_{ss}/F_{ss} 推荐值为 650~800t/(m^2 \cdot h)，界限值是 1300t/(m^2 \cdot h)。

二、亚临界压力自然循环锅炉汽水循环系统与水冷壁

（一）循环回路

为了提高水循环可靠性，循环回路的合理划分与布置是非常重要的。并列管受热不均常常是造成循环故障的基本原因。由于炉内温度沿炉膛宽度和深度分布是不均匀的，故水冷壁各部位的吸热也是不均匀的，而且悬殊很大。对四角布置燃烧器锅炉来说，水冷壁中间部位的热负荷较两边要高，尤其是燃烧器区域附近的热负荷最大，而炉膛四角和下部受热最弱。

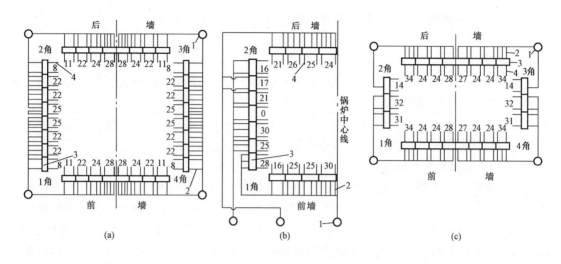

图 4-4 循环回路布置示意

(a) SG-1025/18.1-M319 锅炉; (b) DG-1000/16.7-1 锅炉; (c) 引进英国的 1160/17.5 锅炉

1—集中下降管; 2—供水管; 3—水冷壁下集箱; 4—水冷壁管

为了提高自然循环的可靠性,需要将水冷壁受热面按其受热情况和结构划分成独立的循环回路;炉膛截面设计成八角形,炉角管单独形成循环回路,以减少受热不均。

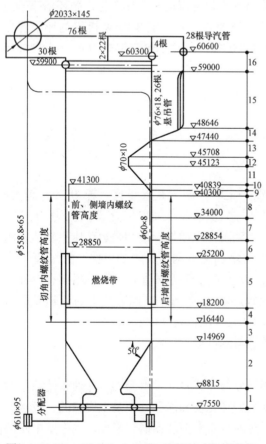

图 4-5 SG-1025/18.1-M391 型锅炉水冷壁系统

将每面墙水冷壁分成若干组,同一组水冷壁管结构和受热情况尽可能接近,单独同上、下集箱连接,形成独立循环回路,以避免热负荷不同的管子并列在一起。显然,划分循环回路数越多,每个循环回路中并列的管子数就越少,受热就越均匀,对水循环有利,但循环系统复杂了。按此原则,SG-1025/18.1-M319 和 DG-1000/16.7-Ⅰ型锅炉各划分 32 个循环回路。引进英国的 1160/17.5 锅炉划分 22 个循环回路。图 4-4 为它们的循环回路布置示意,图中标有的数字是对应各下集箱所接出的水冷壁数目。

(二)汽水循环系统

亚临界压力自然循环系统通常是由汽包、大直径集中下降管、分配器、供水管、下集箱、前墙后墙侧墙水冷壁、后墙水冷壁悬吊管、后墙排管、上集箱、导汽管等部件组成的。SG-1025/18.1-M319 锅炉汽水循环系统如图 4-5,来自省煤器的未沸腾水经布置在汽包内给水分配管分 4 路分别进入 4 根大直径集中下降管。在 4 根集中下降管的下端均接一个分配器,并与 96 根供水管相连，供水管把欠焓水送入水冷壁的下集箱，然后经 648 根膜式水冷壁管向上流动，水被加热并逐渐形成汽水混合物，通过 106 根导汽管被引入汽包中，并由轴流式旋风分离器和立式波形板将汽水进行分离，饱和蒸汽由 18 根连接管引入顶棚过热器进口集箱。

DG – 1000/16.7 – Ⅰ型锅炉的汽水循环系统与 SG – 1025/18.1 – M319 锅炉基本相同。集中下降管有 6 根，水冷壁管有 698 根。

引进英国的 1160/17.5 锅炉也是类似的汽水循环系统，其汽水流程线路框图如下：

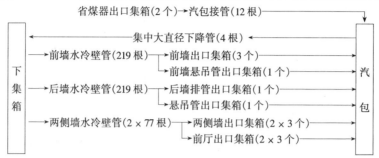

（三）水冷壁结构

水冷壁是辐射蒸发受热面，热负荷很高，一般为 $233 \sim 350 kW/m^2$，水冷壁可以减小锅炉受热面积，节省金属。

水冷壁类型可分为光管式水冷壁和膜式水冷壁两种。锅炉型式和参数不同，采用的水冷壁型式也不一样。对于亚临界压力自然循环锅炉均采用膜式水冷壁。

1. 膜式水冷壁主要优点

（1）膜式水冷壁能保证炉膛具有良好的严密性，对负压炉膛可以显著降低炉膛的漏风系数，改善炉内燃烧工况。

（2）它能使有效辐射受热面积增加，从而节约钢耗。

（3）它对炉墙的保护最为彻底，采用敷管式炉墙，只要保温材料而不需耐火材料，不但可大大减轻炉墙重量，又可减少钢架的金属耗量。同时，由于炉墙蓄热量减少 3/4 ~ 4/5，使锅炉启动和停炉时间可以缩短。

（4）可增加管子刚性，若偶然燃烧不正常而发生事故，膜式水冷壁可承受冲击压力，不致引起破坏。

（5）能提高炉墙紧固件的使用寿命。因为紧固件不受炉膛热烟气冲刷，可防止烧坏和腐蚀。

（6）在工厂可成片预制，大大减少了安装工作量。

2. 膜式水冷壁结构

按其结构，膜式水冷壁主要有两种型式（见图 4 – 6）：

（1）由光管加焊扁钢制成，工艺简单，但焊接量大。

（2）由轧制的肋片管拼焊制成，工艺复杂，成本高。

在选择水冷壁管径和管间距时，除了从循环安全角度考虑要有合适的流通

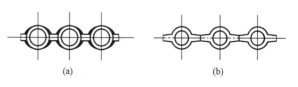

图 4 – 6　膜式水冷壁结构

（a）光管焊成的膜式水冷壁；（b）肋片管焊成的膜式水冷壁

截面外，还应从肋片或扁钢工作的安全性和投资的经济性考虑。从经济角度看，最好采用尽可能大的管间距，即采用尽可能宽的肋片或扁钢，这样可以降低水冷壁重量，减少金属耗量。但肋片或扁钢过宽，一方面在同样炉膛截面情况下，水冷壁流通截面减小，对水循环不利；另一方面在同样向火面热负荷下，肋片或扁钢金属温度就会增加，当超过极限允许温度时，肋片或扁钢可能被烧坏。对亚临界压力锅炉水冷壁相对管间距 s/d 通常在 $1.2 \sim 1.4$ 范围。肋片或扁钢的厚度也要适当，否则向火面和背火面温差大，会引起过大的热应力。一般应根据管径大小选取适当的肋片或扁钢的宽度与厚度。

SG1025/18.1－M319 锅炉采用全焊式膜式水冷壁，如图 4－7 所示。它由 $\phi 60 \times 8mm$ 的光管与 $\phi 16 \times 6mm$ 的扁钢焊接而成，管间距 $s = 76mm$，相对管间距 $s/d = 1.27$。

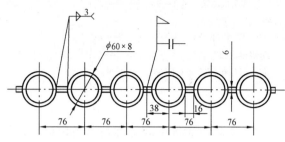

图 4－7　膜式水冷壁管屏及管屏间焊接

DG1000/16.7－Ⅰ型锅炉的水冷壁也是全焊膜式壁，管径 $\phi 63.5 \times 7.5mm$，管间距 $s = 76.2mm$，相对管间距 $s/d = 1.2$。

引进英国的 1160/17.5 锅炉的水冷壁采用肋片管式，管径为 $\phi 66.7 \times 7.1mm$，管间距 $s = 92mm$，相对管间距 $s/d = 1.38$。

（四）水冷壁布置

SG1025/18.1－M319 锅炉炉膛宽度 13.26m，深度 12.5m。水冷壁接受热情况和几何形状分成 32 个循环回路 ［见图 4－4（a）］，其中前、后墙各 6 个回路，两侧墙各 6 个回路，四个炉角每角各 2 个回路。水冷壁系统主要部件尺寸、数量和材料见表 4－1。

表 4－1　　　　SG1025/18.1－M319 锅炉水冷壁循环系统主要部件尺寸、数量和材料

名称	规格 外径×壁厚 (mm)	数量 (个)	材　料	名称	规格 外径×壁厚 (mm)	数量 (个)	材　料
水冷壁管	$\phi 60 \times 8$	648	20G	下集箱	$\phi 356 \times 55$	32	SA－106B
集中下降管	$\phi 558.8 \times 65$	4	SA－106B	上集箱	$\phi 356 \times 55$	26	SA－106B
下降管分配器	$\phi 610 \times 95$	4	SA－106B	导汽管	$\phi 159 \times 22$	102	20G
水冷壁供水管	$\phi 133 \times 16$	16	20G		$\phi 133 \times 16$	4	20G
	$\phi 159 \times 22$	80	20G				

SG1025/18.1－M319 型锅炉全焊式膜式水冷壁管共 648 根，材质 20G。集中下降管 4 根，管径为 $\phi 558.8 \times 65mm$，材质 SA－106B。每根集中下降管配置一个直径为 $\phi 610 \times 95mm$、材质为 SA－106B 的分配器，通过供水管负责向一个角区域水冷壁供水。供水管 96 根，其中 80 根为 $\phi 159 \times 22mm$，材质 20G，其余 16 根为四个切角供水管，管径为 $\phi 133 \times 16mm$，材质 20G。下集箱 32 个，每面墙各 8 个，直径为 $\phi 356 \times 55mm$，材质 SA－106B。上集箱 26 个，同下集箱一样，直径为 $\phi 356 \times 55mm$，材质 SA－106B。导汽管 106 根，其中 102 根管径为 $\phi 159 \times 22mm$，另外后墙悬吊管上集箱有 4 根导汽管，管径为 $\phi 133 \times 16mm$，导汽管材质均为 20G。

为了减少燃烧器区域水冷壁吸热，提高该区温度，以利于低挥发分燃料的着火与燃烧，自标高 18.2m 至标高 25.2m 间 7m 高的燃烧器区域布置卫燃带。

为了防止膜态沸腾，提高锅炉水循环的安全性，该锅炉炉膛水冷壁在高热负荷区段采用

了内螺纹管，图 4-8 为内螺纹管及端部加工详图。前墙和侧墙在标高 28.5m 至标高 41.3m 区段内，后墙和四个切角在标高 16.44m 至 40.3m 区段内，采用了直径为 $\phi60\times8$mm 的内螺纹管。

前墙水冷壁有 170 根管子。供水管 24 根，其中两个炉角各有 2 根 $\phi133\times16$mm 供水管，其余 20 根为 $\phi159\times22$mm 供水管。下集箱 $\phi356\times55$mm 有 8 个。上集箱 $\phi356\times22$mm 有 8 个，其中两个炉角部位的上集箱为前墙与侧墙切角上水冷壁所共用。导汽管 30 根，直径为 $\phi159\times22$mm，其中切角部位各有 3 根。

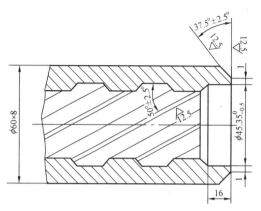

图 4-8 内螺纹管及端部加工详图举例

侧墙水冷壁各有 154 根，两侧墙共 308 根。供水管各有 24 根，两侧墙共 48 根，其中侧墙炉角部每角 2 根，共 8 根，管径为 $\phi133\times16$mm；另外 40 根供水管，管径为 $\phi159\times22$mm，管径为 $\phi356\times55$mm 的下集箱有 16 个，每面侧墙有 8 个。上集箱管径为 $\phi356\times22$mm，每面侧墙有 7 个，共 14 个。导汽管管径为 $\phi159\times22$mm，每面侧墙 22 根，共 44 根。

后墙水冷壁同前墙一样有 170 根管子，从标高 40.3m 开始用大小头连接 26 根 $\phi76\times18$mm 悬吊管和 144 根中 $\phi70\times10$mm 形成折焰角的鳍片管。后墙水冷壁每隔 7 根管子抽出 1 根作为悬吊管，共 26 根，管间距为 456mm，各 13 根悬吊管分别引入沿炉膛宽度布置的 2 个上集箱。每个上集箱有 2 根 $\phi133\times16$mm 的导汽管。144 根后墙水冷壁管拉稀后（管间距由 76mm 变为 91.2mm）形成折焰角。折焰角管子在标高 47.44m 处沿水平烟道底部向后延伸，在高温再热器后垂直向上形成后墙排管（即对流管束），并引入沿炉膛宽度布置的两个上集箱。每个上集箱有 14 根管径为 $\phi158\times22$mm 的导汽管，共 24 根。后墙排管横向间距 $s_1 = 226$mm，纵向间距 $s_2 = 125$mm，管径为 $\phi70\times10$mm。

在炉膛四角燃烧器部位，由前墙两角上各 11 根水冷壁管，侧墙两角上各 8 根水冷壁管和后墙两角上各 11 根水冷壁管构成燃烧器区域的水冷套，见图 4-9。

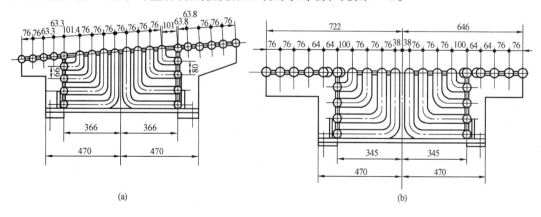

(a)   (b)

图 4-9 SG-1025/18.1-M319 型锅炉燃烧器区域水冷壁
(a) 1、3 角部；(b) 2、4 角部

水冷壁采用悬吊式,在所有水冷壁的上集箱均焊有吊耳,通过悬吊杆悬吊在炉顶的钢架上。以锅炉顶部为零点,使整个水冷壁箱体在运行期间向下膨胀。在额定工况下,水冷壁箱体向下膨胀量为280mm。由前、后墙水冷壁在炉膛底部(标高14.96m处)向内弯成倾斜50°角的冷灰斗,向下倾斜至标高8m处形成宽1.4m的出渣口并与渣斗装置相接。所有下集箱均悬吊在水冷壁上,随水冷壁同样向下膨胀。

DG1000/16.7 – Ⅰ型锅炉水冷壁循环系统也分为32个循环回路〔见图4 – 4(b)〕,其水冷壁布置,包括炉膛四角燃烧器区域水冷套管形式、折焰角结构和后墙排管等与SG1025/18.1 – M319锅炉基本相同,这里不再赘述。

三、亚临界压力自然循环特性

(一)影响亚临界压力自然循环可靠性的主要因素

1. 循环倍率

亚临界压力自然循环可靠性的主要矛盾是循环倍率较低的问题,必须给以重视。循环倍率的选取应首先考虑使锅炉具有良好的循环特性,即当锅炉负荷变动时,应始终保持较高的循环水量,使水冷壁得到充分地冷却。而当热负荷增加时,各循环回路的循环水量也能随之增加,也就是自补偿能力要好,即要保证循环倍率 K 要大于界限循环倍率 K_{jx},否则自然循环将失去自补偿能力,使水循环破坏。另一方面,循环倍率过低,则水冷壁管内蒸汽质量含汽率增加,在亚临界压力下,当热负荷高时,就有可能发生传热恶化,也就是安全性差的管子将是受热最强的管子。一般配300MW及以上容量机组的自然循环锅炉,水冷壁内的质量流速都接近或超过1000kg/($m^2 \cdot s$),而最大热负荷一般不超过524kW/m^2,如能保持上升管出口质量含汽率不大于0.4,即循环倍率不小于2.5,则水冷壁中工质由于膜态沸腾而导致传热恶化是可以避免的。所以,控制适当的循环倍率,即可保证锅炉具有良好的循环特性,随热负的高低能自动调节循环水量,又可防止传热恶化。影响循环倍率大小有以下几个主要因素。

(1)上升管单位流通截面蒸发量 D_{ss}/F_{ss}。

D_{ss}/F_{ss} 不仅是衡量 K 值大小的主要指标,也是衡量循环速度 v_0 值大小的主要指标。由图4 – 10可看出,在 D_{ss}/F_{ss} 一定时,锅炉参数越高,K 值越小;在锅炉参数一定时,D_{ss}/F_{ss} 越大,即锅炉容量越大,则 K 值越小。

为了保证水循环可靠,对 D_{ss}/F_{ss} 应有限制。D_{ss}/F_{ss} 过小时,K 过大,循环减弱减甚;D_{ss}/F_{ss} 过高时,K 过小,容易产生膜态沸腾,使传热恶化。

当锅炉容量一定时,要限制 D_{ss}/F_{ss} 值,必须对水冷壁的流通截面积有所限制。锅炉容量增加,水冷壁流通截面也必须相应增加,而炉膛周界相对长度并不成正比增加,尤其是四角布置燃烧器的炉膛其周界相对长度增加更慢些。因此为了使 D_{ss}/F_{ss} 不致过高,当锅炉容量增加时,必须采用双面水冷壁或加大水冷壁管径。

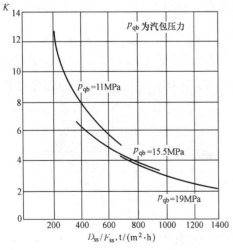

图4 – 10 D_{ss}/F_{ss} 与 K 的关系曲线

另外，对于大容量亚临界压力自然循环锅炉，由于取用 D_{ss}/F_{ss} 较大，其循环速度也较高，一般可达 1.5~2.0m/s 以上，因而出现循环停滞和循环倒流的可能性很小，认为有上集箱的水冷壁不需要校核循环停滞和循环倒流问题。

对于亚临界压力自然循环锅炉，只有在保持 D_{ss}/F_{ss} 一定的条件下，增加水冷壁高度才是有利的。如保持热负荷不变，在水冷壁管径一定情况下，增加水冷壁高度，必然使水冷壁的流通截面积减小，D_{ss}/F_{ss} 增大，循环倍率降低。因此对应于一定的水冷壁管径和热负荷，水冷壁高度有一个极限值。

D_{ss}/F_{ss} 是影响亚临界压力自然循环锅炉可靠性的主要因素，它直接受到循环倍率的限制，D_{ss}/F_{ss} 一般不超过 1000t/（m²·h）。

（2）导汽管与上升管的截面比 F_{yc}/F_{ss}。

F_{yc}/F_{ss} 对 K 也有较大的影响。随 F_{yc}/F_{ss} 的增加，由于循环回路的流动阻力减小，故循环倍率增加。但随着 F_{yc}/F_{ss} 的增大，K 增加的幅度逐渐减小，在 F_{yc}/F_{ss} 超过 0.7~0.8 以后，再增加，K 的得益就不大了。

（3）影响循环倍率的其他因素。

影响循环倍率的其他因素还有下降管与上升管截面比 F_{xj}/F_{ss}、导汽管与上升管的长度比 L_{yc}/L_{ss}、炉膛高度 H 以及上升管内径等。F_{xj}/F_{ss} 与 F_{yc}/F_{ss} 对 K 有类似的影响，对于亚临界压力锅炉，其 F_{xj}/F_{ss} 不易小于 0.5~0.6。其他因素的变化都可以概括在 D_{ss}/F_{ss} 的变化内。

综上分析，为了使亚临界压力自然循环锅炉的循环倍率达到一定值，一般为 4 左右，根据国内外实践经验，可采用以下措施：

1）按热负荷分布情况合理划分循环回路。

2）采用大直径下降管，但又不过于集中，以避免过分复杂的循环回路。

3）采用较大直径的水冷壁。

4）F_{xj}/F_{ss} 采用 0.6 以上，F_{yc}/F_{ss} 采用 0.65 以上。

亚临界压力自然循环锅炉具有相当良好的自补偿能力，对炉内热偏差能进行有效补偿，从而提高了水冷壁工作的可靠性，这是一个很大特点。循环倍率即使降到 2~2.5，锅炉的自补偿能力仍能维持。因此亚临界压力自然循环锅炉的界限循环倍率 K_{jx} 并不取决于自补偿能力，而是由膜态沸腾决定的。对燃煤的亚临界压力自然循环锅炉，水冷壁管内的质量流速一般都接近或超过 1000kg/（m²·s），最大热负荷一般不超过 524kW/m²，只要能维持所有上升管出口质量含汽率不高于 0.4，则膜态沸腾是可以防止的。

尽管亚临界压力自然循环锅炉具有良好的自补偿能力，但对吸热较强的管子其循环倍率仍然是下降的，因而对受热强的管子吸热不均匀性仍有必要的限制，要尽量减少热偏差，这对亚临界压力自然循环锅炉是非常必要的，在划分循环回路和运行中应予以注意。

2. 大量蒸汽在汽包内或下降管内的凝结

亚临界压力自然循环锅炉在采用旋风汽水分离器、大直径下降管条件下，由于锅水一般有较大的欠焓，加上汽水密度差小，这样会有大量蒸汽在汽包内或下降管内冷凝下来，因而水冷壁出口蒸汽量要比从汽包引出的蒸汽量大得多，一般要高出 20%~25%。如果循环倍率以 4~5 考虑，折算到锅水欠焓为零时下降管带汽截面含汽率约为 0.18，显然对水循环的可靠性是有一定影响的。

3. 运动压头

压力从超高压升到亚临界压力，对运动压头的影响并不很大。在亚临界压力下，循环回路仍有足够的运动压头。由理论计算和试验研究得知，在一般情况下，越是高参数大容量锅炉，其循环速度越高，这可从汽水密度差、循环回路高度和循环回路阻力得到解释。

(1) 汽水密度差。亚临界压力汽水密度差减小，这个因素是减弱水循环的。但是亚临界压力自然循环锅炉省煤器出口工质为有一定欠焓的未饱和水，下降管内往往也是未饱和水，而上升管中含汽量又多，使上升管内工质平均密度减小，这两个因素是加强水循环的。所以运动压头不会降低很多。

(2) 回路高度。炉膛高度决定了循环回路高度，炉膛高度主要是根据燃料品质和燃烧要求决定的。在管内含汽量不变的条件下，增加循环回路高度，运动压头是增加的，但由于管路加长，阻力增加，所以用加大高度来加强循环，其得益是有限的。

(3) 循环回路阻力。在亚临界压力条件下，上升管内含汽量多使流动阻力增加。但随着压力的增加，蒸汽比体积相对减小，容积流量减少，因而又使流动阻力减小。又由于循环倍率比较小，循环系统总流量相对较小，所以流动阻力小。因此亚临界压力自然循环锅炉的循环系统总阻力相对较小。

综上分析，亚临界压力自然循环锅炉上升管含汽量比较大，循环得到加强。管内含汽量可以比较确切地用 D_{ss}/F_{ss} 来表示。D_{ss}/F_{ss} 增加，则循环速度增大，同时上升管出口含汽率也增加，亦即循环倍率减小。

4. 亚临界压力下采用内螺纹管可提高循环可靠性

在炉膛高热负荷区域的水冷壁采用内螺纹管可显著地提高循环的可靠性。工质在内螺纹管内流动时将产生强烈扰动，将水压向壁面并强迫汽泡脱离壁面被带走，从而破坏了膜态汽层，管子内壁得到充分冷却，防止膜态沸腾发生，使管壁温度降低。

水冷壁工作的可靠性可以用最大允许含汽率 x_{max} 与燃烧器区域水冷壁的最大预期含汽率 x 之间的差值来表示，即用含汽率允许变动范围 Δx 表示。表 4-2 给出了光管与内螺纹管中含汽率允许变动范围。

表 4-2　　　　　　　　　　　光管与内螺纹管中含汽率允许变动范围

汽 包 压 力 （MPa）	内 螺 纹 管		光　　管	
	16.9 19.7	18.5 21.1	16.9 19.7	18.5 21.1
最大允许含汽率 x_{max}	0.940 0.875	0.915 0.780	0.485 0.185	0.385 0.185
燃烧器区域最大预期含汽率 x	0.155 0.185	0.165 0.233	0.155 0.185	0.165 —
含汽率允许变动范围 Δx	0.785 0.690	0.750 0.547	0.330 0	0.220 —

由表 4-2 可知，采用内螺纹管，即使汽包压力达到 21.1MPa 时，仍能避免出现膜态沸腾，锅炉的水循环仍具有一定裕度。采用光管，当汽包压力高于 18.5MPa 时，含汽率允许变动范围则显著降低；当汽包压力达到 19.7MPa 时，其含汽率允许变动范围为零，这是不允许

的。因此采用光管设计，汽包压力不宜高于 18.5MPa。采用内螺纹管，即使在异常工况下或循环倍率 K 值降低（降低到 2.5），也会使循环的安全裕度比光管来得大。因此采用内螺纹管的自然循环锅炉，在亚临界压力下其循环也会保持相当大的安全裕度。

5. 下降管带汽

下降管内水中含有蒸汽会使下降管的重位压头减小。同时，由于蒸汽密度较小，有向上流动的趋势，因而增加了下降管的阻力。显然，下降管水中带汽会降低循环回路的压差，使运动压头减小，对水循环不利。

下降水中含汽随水往下流动时，由于压力升高，蒸汽会逐步凝结。如果在进入下集箱之前蒸汽能全部凝结下来，则对水循环影响较小；若蒸汽带入下集箱，则可能使上升管汽量分配不均，从而导致上升管流量分配不均。

下降管带汽的原因有：下降管进口处由于流动阻力和水的加速而造成的自沸腾；下降管进口截面上部形成旋涡斗，使蒸汽被吸入下降管；汽包水室（水空间）含汽，使蒸汽被带入下降管。对于亚临界压力自然循环锅炉，下降管带汽主要是水室带汽和旋涡斗造成的。

（1）旋涡斗。汽包内的水在流入下降管的过程中，由于流动方向和流动速度的突然变化，造成下降管口四周速度分布不均匀，阻力损失不等，由于压力不平衡，在下降管进口处就产生了旋转的涡流，涡流的中心区是一个低压区，形成了空心的旋涡斗。如果斗底很深，一直进入下降管，则蒸汽就会由旋涡斗中心被吸入到下降管中。

下降管入口截面上部水柱的高度、下降管入口流速、下降管管径及汽包内水的流速等都影响旋涡斗的形成。水位越低、下降管入口流速越高、下降管管径越大，则越容易形成旋涡斗。亚临界压力自然循环锅炉，由于普遍采用大直径集中下降管，且工质流速又高，形成旋涡斗的可能性是比较大的。

（2）水室带汽。汽包水空间总是含有蒸汽，而且蒸汽很可能被带入下降管，这是下降管带汽中最普遍存在的问题。水室带汽量的大小与很多因素有关，诸如锅炉压力、锅水欠焓、汽包内水速、下降管水速、水位高度、锅水含盐量及汽水分离器形式等因素。

对于亚临界压力自然循环锅炉，由于压力高，汽水分离困难，在汽水分离器中出来的水含有汽，蒸汽在水中的上浮速度小，大直径集中下降管入口流速又高，这样就使下降管带汽是很难避免。当然，由于锅水有一定的欠焓，部分蒸汽会被凝结，会使下降管带汽有所减少。

为防止或减少下降管带汽，一般应满足下列条件：

1）控制下降管流速，对高压和超高压自然循环锅炉下降管流速 $v_{xj} < 3.5\text{m/s}$；对亚临界压力锅炉 $v_{xj} < 4\text{m/s}$。

2）当省煤器出口水温度低于饱和温度时，最好将部分或全部给水送到下降管进口附近。尤其对亚临界压力自然循环锅炉，应在汽包内部装设下降管注水装置，将来自省煤器的全部给水直接送入下降管入口处。

3）在下降管入口截面上部加格栅或在下降管入口部位装设十字板，将下降管入口截面分割成许多小截面，用以破坏旋转涡流，防止形成旋涡斗。

4）下降管应尽可能从汽包最下部位置引出。

5）汽包内下降管管口与汽水混合物引入管管口之间的距离应不小于 250 ~ 300mm。

6）运行时应维持正常的汽包水位，防止汽压和负荷的突变。

7）当下降管含有蒸汽并可能带到下集箱时，可将部分下降管对准受热弱的上升管，以增加这部分上升管的含汽量，改善水循环。

（二）SG1025/18.1－M319锅炉自然循环可靠性分析

该锅炉炉膛后墙中部水冷壁受热最强，膜态沸腾等水循环问题比较突出。根据后墙水冷壁结构和受热情况，沿高度分成16个计算区段（见图4－5）进行水循环计算。表4－3～表4－5分别为后墙中部循环回路MCR工况水循环计算结果、MCR工况水循环系统特性汇总和膜态沸腾安全裕度。

表4－3　　　　　　　　　后墙中部循环回路MCR工况下水循环计算结果

项　目	单　位	水 循 环 计 算 区 段							
		1	2	3	4	5	6	7	8
水冷壁管规格	mm	$\phi60\times8$	$\phi60\times8$	$\phi60\times8$	$\phi60\times8$	$\phi60\times8$	$\phi60\times8$	$\phi60\times8$	$\phi60\times8$
水冷壁管类别		光　管	光　管	光　管	内螺纹管	内螺纹管	内螺纹管	内螺纹管	内螺纹管
受热面积	m²	0.7622	0.6102	0.1118	0.1338	0.532	0.2777	0.3911	0.4788
长　度	m	3.45	8.029	1.471	1.76	7.0	3.654	5.146	6.30
高　度	m	1.265	6.154	1.471	1.76	7.0	3.654	5.146	6.30
吸热量	kW	0	95.83	24.8	30.5	39.9	66.4	88.27	92.2
上升管阻力	MPa	0.012	0.039	0.009	0.01	0.042	0.21	0.027	0.031
热负荷	kW/m²	0	263.2	365.8	376.7	123.3	393.3	372.4	270
出口含汽率		0	0	0	0	0	0.045	0.129	0.216
界限含汽率（光　管）		1.0	0.469	0.324	0.309	0.292	0.288	0.317	0.456
项　目	单　位	水 循 环 计 算 区 段							
		9	10	11	12	13	14	15	16
水冷壁管规格	mm	$\phi60\times8$	$\phi60\times8$	$\phi70\times10$	$\phi70\times10$	$\phi70\times10$	$\phi70\times10$	$\phi70\times10$	$\phi70\times10$
水冷壁管类别		内螺纹管	内螺纹管	内螺纹管	内螺纹管	内螺纹管	光　管	光　管	光　管
受热面积	m²	0.041	0.0428	0.3548	0.4446	0.2622	0.345	0.7967	0.1205
长　度	m	0.539	0.563	4.668	0.585	3.45	4.54	10.483	1.586
高　度	m	0.539	0.461	3.825	0.585	1.732	1.206	10.354	1.60
吸热量	kW	8.37	8.61	66.64	1.40	14.2	13.1	77.6	0
上升管阻力	MPa	0.003	0.003	0.017	0.003	0.009	0.007	0.042	0.009
热负荷	kW/m²	237.8	232.9	239.9	43.3	76.6	53.7	53.7	0
出口含汽率		0.225	0.233	0.274	0.296	0.309	0.322	0.393	0.393
界限含汽率（光　管）		0.499	0.506	0.419	0.672	0.627	0.656	0.650	1.0

表4－4　　　　　　　　　MCR工况下水循环系统特性汇总

蒸汽压力	汽包蒸发量	水冷壁蒸发量	循环水流量	循环倍率	锅水欠焓	省煤器出口工质焓	汽包凝率
MPa	t/h	t/h	t/h		kJ/kg	kJ/kg	
19.66	1004.6	1196.4	3834.8	3.21	27.54	299.3	0.05

表 4 – 5 膜态沸腾安全裕度（内螺纹管）

工　　况	质量含汽率	界限含汽率	含汽率裕度
MCR	0.3	0.87	0.57

根据循环回路结构和水循环计算来看，SG1025/18.1 – M319 锅炉水循环安全性是有保障的。

（1）循环倍率的选取充分考虑了使锅炉具有良好的水循环特性。在锅炉负荷变动时，始终保持较高的循环水量，使水冷壁管得到充分冷却，而且当热负荷增加时，各循环回路的循环水量也随之增加。在 MCR 工况下锅炉循环倍率为 3.21，大于界限循环倍率（$K_{jx} = 2.5$）；各工况下循环倍率均在安全范围内；由于具有合理的循环倍率，即使在超压 5% MCR 工况下水循环仍是可靠的（见表 4 – 4）。

（2）在炉膛高热负荷区域，亚临界压力下运行的水冷壁管存在产生膜态沸腾的可能性，因此必须重点考虑避免发生膜态沸腾的问题。该锅炉由于在前墙、两侧墙水冷壁的中部和后墙水冷壁几乎全部采用了内螺纹管（见图 4 – 5），这样可大大提高了防止产生膜态沸腾的安全裕度，从表 4 – 5 可知，在 MCR 工况下含汽率裕度为 0.57，即含汽率与界限含汽率相差较大，膜态沸腾的安全裕度大，锅炉在各种工况下不会产生膜态沸腾现象。本锅炉水冷壁所采用的内螺纹管结构型式如图 4 – 8 所示。

（3）随着锅炉容量的增大，炉膛周界的相对长度减小，使 1t/h 蒸发量所能布置的水冷壁管子数目也减少，但水冷壁管的高度却增加。也就是说，随锅炉容量的增加，每根水冷壁管必须产生更多的蒸汽。这就说明了为什么大容量锅炉水冷壁出口的含汽率 x 和循环速度 v_0 都比较高。从循环安全方面考虑，为保证水冷壁管长期安全工作，应维持足够大的循环速度 v_0 和不太高的出口含汽率 x，因此合理地选取水冷壁管径是很重要的。

循环速度 v_0 和出口含汽率 x 之积与管径有如下关系，即

$$v_0 x = \frac{4\beta}{\pi} \frac{l}{d_n} \frac{q}{\rho' \gamma} \tag{4 – 5}$$

式中　β——d_w 与 d_n 之比；

d_w、d_n——管子外径与内径；

　　l——管子长度；

　　q——单位面积热负荷；

　　ρ'——饱和水密度；

　　γ——汽化潜热。

从式（4 – 5）可以看出，在一定负荷和工作压力下随 l/d_n 的增大，$v_0 x$ 值升高。这时如不能增大循环速度 v_0，管子出口的含汽率必然要增大，也就是循环倍率减小。还可看出，随工作压力升高，$v_0 x$ 值因饱和水密度 ρ' 和汽化潜热 γ 的减小而增大。这说明对于高参数、大容量锅炉水冷壁管不应采用过小的管径，以避免出口含汽率过高。

我国锅炉行业推荐亚临界压力自然循环锅炉（压力为 17～19MPa，蒸发量大于 850t/h）水冷壁管内径为 40～60mm，管子的壁厚决定于工作压力和所用钢材。该锅炉水冷壁采用 $\phi 60 \times 8$mm 管子是适宜的。

（4）亚临界压力自然循环锅炉的最小循环速度应不小于 0.4m/s。该锅炉即使在 30% 额

定负荷时，其最小循环速度远大于 0.4m/s，锅炉在各种工况下不会发生循环停滞现象。随着锅炉负荷的增加，循环速度也增加，即循环水量增加，锅炉水循环不会丧失自补偿能力。

（5）上升管单位流通截面蒸发量 D_{ss}/F_{ss} 是影响水循环特性一个主要因素，当锅炉压力一定时，锅炉水循环是否具有自补偿能力，主要取决于 D_{ss}/F_{ss} 值。该锅炉在 100% 工况和 MCR 工况 D_{ss}/F_{ss} 值分别为 1072t/（m²·h）和 1214t/（m²·h），均小于亚临界压力自然循环锅炉 D_{ss}/F_{ss} 的界限值 1300t/（m²·h）。

（6）下降管与上升管截面比和导汽管与上升管截面比对水循环的可靠性是有较大影响的。本锅炉采用的数值均比较大，分别为 $F_{xj}/F_{ss}=0.586$，$F_{yc}/F_{ss}=1.205$，对水循环有利。

（7）本锅炉在炉膛四角处的水冷壁管形成大切角，改善了炉角处水冷壁管受热工况，提高该部分水冷壁管水循环的可靠性。同时利用切角形成燃烧器的水冷套，以保护燃烧器喷口免于烧坏。

（8）本锅炉在集中下降管管座入口处装设有防旋格板和十字板，将下降管入口截面分割成许多细小截面，避免产生旋涡斗，防止下降管带汽，提高了水循环的安全性。

（9）由省煤器来的未饱和水经汽包内底部的给水分配管，再通过在下降管管座上方的四根给水注入管，将给水直接送入下降管中，对水循环有利。同时避免了给水与汽包壁的接触，使汽包得到保护。

（10）对亚临界压力自然循环锅炉汽包水位的设定尤为重要，既要保证汽包具有足够大的蒸汽空间，也要充分考虑在低水位时防止下降管带汽。本锅炉采用直径较大的汽包（$\phi2033 \times 145mm$），正常水位设定在汽包中心线下 50mm 处，高、低水位距正常水位各为 50mm。即使在低水位运行时，距下降管入口处也有充足的水柱高度，以防止下降管带汽，保证水循环的稳定性。

（11）水冷壁四周下集箱设有蒸汽加热装置，锅炉在点火前，邻炉的蒸汽分四路进入 32 只水冷壁下集箱，可加快锅炉启动速度。

四、不稳定工况对锅炉水循环的影响

锅炉参数和负荷保持不变的工况称为稳定工况。实际上，在锅炉运行中，经常由于内部或外部的扰动而使稳定工况遭到破坏，导致汽包压力和水位的急剧波动。现代锅炉，特别是亚临界压力自然循环锅炉，相对水容量和金属质量均比较小，蓄热能力小，所以在不稳定工况下，压力变化速度较大，而压力的快速变化必将引起水循环特性的变化。

电站锅炉在正常启停和运行中，负荷及参数经常发生变化，严格地讲，这都属于不稳定工况。但这种经常发生的工况变动，速度比较缓慢，一般不会影响水循环的安全性。从水循环安全性角度来看，最严重的不稳定工况是发生在事故停炉、甩负荷或某些特殊生产过程所引起的工况急剧变化等情况，它们都会使锅炉负荷大幅度快速变化，导致汽包压力和水位剧烈波动。这种波动都会影响水循环特性，在某些情况下会使水循环破坏而发生危害。

（一）升压过程

当汽包压力由初值以一定的速度升高并稳定在另一数值时，锅水的饱和温度随压力升高也相应地升高。由于水冷壁下集箱中水的压力大于汽包压力，因此即使汽包内的水已经沸腾了，而下集箱中的水仍有一定的欠焓，当压力升高时，下集箱中水的欠焓增加。而且当锅炉升压时，上升管和汽包中水的温升总比下降管中水的温升要超前一段时间，从而使上升管的加热水区段高度增加，运动压头下降，循环速度也相应地降低。

在升压时，上升管的吸热量用于三个方面：①增加管内水的焓；②提高管壁金属温度；③产生蒸汽。前两项属蓄热热量，后一项为有效热量。

蒸汽的蓄热与水和金属相比一般很小。上升管中的蓄热量与管中的水量有关，受热弱的管子产汽量少，而水量相对就多，因而蓄热量就较大，有效热量就较小。所以在升压时，受热弱的管子比受热强的管子产汽量的减少幅度大。也就是说，锅炉在升压过程中，循环回路的热负荷及受热不均性要增加。因此当升压速度大到一定程度时，这个热偏差将使受热弱的管子有可能出现循环停滞或循环倒流。

（二）降压过程

当压力降低时，水的饱和温度也随之相应降低，所以金属和水将放出蓄热量，对水循环的影响可分为三种情况来说明：

（1）当锅水欠焓较大时，一般情况下下降管不会产生蒸汽，放出的蓄热量使水冷壁下部的加热水段高度减小。受热弱的管子中水量多，放出的蓄热量也多，其结果可弥补循环回路热负荷的不足和减少受热不均匀性的差值，对水循环是有利的。

（2）当锅水欠焓很小时，下降管中可能产生蒸汽。如果下降管中工质流速较大，即使下降管中产生一些蒸汽，也无太大影响，只是会使下降管的流动阻力增加和工质的平均密度减小而水循环减弱些。如果压降速度过大，受热弱的管子有可能发生循环停滞或循环倒流现象。

（3）当锅水欠焓很小，下降管中流速又很低（小于0.6m/s）时，下降管中产生蒸汽后，就会使下降管中工质流速更低，出现循环停滞或循环倒流，直接影响水循环的安全性。

（三）负荷变动过程

在锅炉负荷变动时，如果没有加剧管间热量分配的不均匀性，对水循环的安全性是没有什么影响的。但负荷波动时一定要注意水位的稳定，不能超出允许变动范围。否则会使水循环的安全性受到影响。

对于燃煤锅炉在炉内结渣严重时，各管间的受热不均匀性会增加，因此负荷变动较大和过快时，可能会使受热不均匀性增大，严重时就可能破坏水循环的安全性，运行中要特别注意这个问题。

第三节　强制流动锅炉蒸发受热面的水动力特性及传热恶化

一、概述

锅炉按工质在蒸发受热面中的流动方式不同分为自然循环锅炉和强制流动锅炉两大类。在自然循环锅炉的蒸发受热面中，工质的循环流动是靠水和汽的密度差推动的；而在强制流动锅炉中，工质的流动是借助于水泵的压头。强制流动锅炉又分为直流锅炉、控制循环锅炉和复合锅炉（见第一章）。

在锅炉加热水和过热蒸汽受热面中，工质均为单相流体，单相流体的水动力学问题比较简单，因为工质与烟气的热交换过程中工质只有温度的变化而无状态的变化。在蒸发受热面中工质则为汽水混合物两相流体，它的水动力学问题就比较复杂，因为热交换过程的同时，还伴随着工质状态的变化。

强制流动锅炉与自然循环锅炉的主要区别在于蒸发受热面中工质是强制流动的，因而其水动力特性和自然循环锅炉的蒸发受热面有很大的不同。

强制流动锅炉任何结构形式和系统的蒸发受热面水动力工况应能保证：水动力特性是单值的；流体不发生脉动；不发生流体的停滞和倒流；各受热管子处于正常的温度工况；并列管子无过大的热偏差；防止传热恶化；当系统有循环泵时，泵内不发生汽化等。

水动力特性是研究在一定热负荷下，强制流动蒸发受热面中工质流量与流动阻力之间的关系。流动过程的阻力即为蒸发受热面进出口两端的压降，因而水动力特性是指蒸发受热面进出口两端的压降 Δp 与流经蒸发管中流量 q_m（或质量流速 ρv）之间的关系，其函数式为 $\Delta p = f(q_m)$ 或 $\Delta p = f(\rho v)$。此关系可能是单值的，也可能是多值的。如果是单值函数关系，则对应一个压降只有一个流量，这样的流动是稳定的（见图 4-11 中的曲线 1）；如果是多值函数关系则对应一个压降可能有二个甚至三个流量，这样的水动力特性是不稳定的（图 4-11 中的曲线 2）。

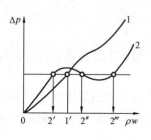

图 4-11　水动力特性曲线
1—单值特性曲线；
2—多值特性曲线

二、水平布置蒸发受热面中的水动力特性

蒸发受热面管圈进出口之间的压降 Δp 可用下式表示，即

$$\Delta p = \Delta p_{lz} + \Delta p_{zw} + \Delta p_{js} \qquad (4-6)$$

式中　Δp_{lz}——流动阻力损失，并等于摩擦阻力损失 Δp_m 和局部阻力损失 Δp_{js} 之和，Pa；

Δp_{zw}——重位压头损失，Pa；

Δp_{js}——加速度压力损失，Pa。

在平置和微斜管子的蒸发受热面中，每根管子的长度很长，管子弯头又多，故流动阻力损失 Δp_{lz} 很大，但管子的高度比起长度要小得多，所以在总压降中重位压头 Δp_{zw} 所占比例相对很小。在一般情况下，尤其在压力很高时，加速度压力损失 Δp_{js} 也很小。因此对于平置和微斜管的蒸发受热面，Δp_{zw} 和 Δp_{js} 可忽略不计，这样式（4-6）简化为

$$\Delta p = \Delta p_{lz} \qquad (4-7)$$

蒸发受热面进出口两端的压降与流量的关系即为流动阻力与流量的关系。

把管圈简化成图 4-12 那样的水平管，如管子进口为未饱和水，并假定沿管子长度的热负荷均匀分布且保持不变，则当进入管圈的流量增加时，由于加热水区段长度 l_{rs} 增加，蒸发段长度 $(l - l_{rs})$

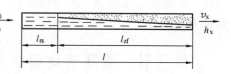

图 4-12　水平布置蒸发管简图

减少，因此蒸汽产量下降，并使管圈中汽水混合物平均比体积减小。可见，在流量增加的同时引起了工质平均比体积的减小。

带热水段的蒸发管中的压力损失由两部分组成，计算公式为

$$\Delta p = \frac{\zeta}{2d}(\rho v)^2 \, \overline{v}_{rs} l_{rs} + \frac{\zeta}{2d}(\rho v)^2 \, \overline{v}_{zf}(l - l_{rs}) \qquad (4-8)$$

式中　ζ——阻力系数；

d——管子内径，m；

$\overline{v}_{rs}、\overline{v}_{zf}$——热水段水的平均比体积和蒸发段汽水混合物的平均比体积，m^3/kg；

l——管子长度，m；

l_{rs}——热水段长度，m。

式（4-8）的关系，通过试验可用图4-13表示。图中上部所示为水动力特性曲线，下部为相应各流量时管圈出口质量含汽率 x 的变化曲线。由图4-13可见：

在 $o-a$ 段中，工质流量较小，管子出口为过热蒸汽。此时流量的增加对管内蒸汽产量的影响不大，即平均比体积变化不大，因此压降 Δp 总是随流量的增加而增加。

在 $a-b$ 段，当流量继续增加时，由于热负荷未变化，蒸汽产量因蒸发段长度减小而下降，平均比体积随之减小，这样压降 Δp 的增加就逐渐缓慢一些。

在 $b-c$ 段，流量已相当大，随着流量的增加，管内蒸汽量更小，逐渐趋于零，平均比体积急剧减小，这时比体积的影响比流量的影响要大，压降 Δp 反而下降。

在 c 点以后，流量的增加对比体积已无多大影响，因而压降 Δp 又随流量的增加而增加。

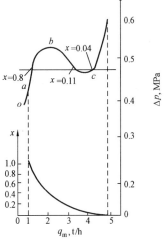

图4-13 水平管圈的水动力不稳定曲线

水动力特性曲线 $oabc$ 表明，即使管圈的热负荷不变，在强制流动锅炉蒸发受热面中，当进口为未饱和水时，在同一个压降 Δp 下，各并联工作的管子的流量可能有三个值，出口工质含汽率也相应不同。这种水动力特性的不稳定显然对受热面的安全工作是十分不利的。

通过对式（4-8）理论计算和整理，最后可得到如下的水动力特性方程式，即

$$\Delta p = A(\rho v)^3 - B(\rho v)^2 + C(\rho v) \qquad (4-9)$$

$$A = \frac{\zeta(v''-v')\Delta h^2 f}{4dq_1\gamma} \qquad (4-10)$$

$$B = \frac{l\zeta}{2d}\left[\frac{\Delta h}{\gamma}(v''-v')-v'\right] \qquad (4-11)$$

$$C = \frac{\zeta(v''-v')lq_1}{4fd\gamma} \qquad (4-12)$$

式中　v'、v''——饱和水比体积和饱和蒸汽比体积，m^3/kg；

　　　Δh——进口水欠焓，kJ/kg；

　　　f——管子流通截面积，m^2；

　　　q_1——管子的热负荷，kW/m；

　　　γ——汽化潜热，kJ/kg。

当管子进口水没有欠焓（$\Delta h=0$）时，系数 A 为零，这时式（4-9）为

$$\Delta p = B(\rho v)^2 + C(\rho v) \qquad (4-13)$$

式（4-13）为二次方的式子，说明压降 Δp 与质量流速 ρv 的关系是单值性的。

当进口水的欠焓 $\Delta h>0$ 时，蒸发管带有热水段，压降公式（4-9）是三次方的式子，其解可能有一个实根和两个虚根或三个实根。在第一种情况下，函数式 $\Delta p = f(\rho v)$ 无最大值，如图4-11的曲线1，每一压降 Δp 只对应一个质量流速 ρv。在第二种情况下压降为三次方程式，曲线有转折点和两个极点，一个压降对应三个不同的质量流速（见图4-11的曲

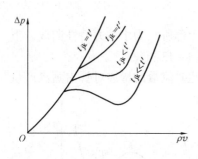

图 4-14 进口水的欠焓对水动
力特性的影响

线 2）。这就是流动的多值性，也称不稳定性。当发生流动不稳定时，蒸发管将周期性送出含汽率不同的汽水混合物。含汽率过大而受热又强烈时，可能造成管子过热。

产生多值性不稳定流动的根本原因是蒸汽和水的比体积不同。当水平管因只有单相水或单相汽或管圈进口水为饱和水时，水动力特性都是单值性稳定流动。

进口水的欠焓 Δh 越小，即进口水温 t_{jk} 越接近饱和温度 t'，水动力特性就越稳定，如图 4-14 所示。因为在热负荷一定时，如 $\Delta h = 0$，则蒸汽产量不随流量变化而改变，故压降 Δp 随流量 q_m（或 ρv）增加而呈单值性。

要使水动力特性稳定，必须使特性曲线无极点存在，故将式（4-9）进行求导，并使它等于 0，得

$$\frac{\mathrm{d}\Delta p}{\mathrm{d}(\rho v)} = 3A(\rho v)^2 + 2B(\rho v) + C = 0$$

解得

$$\rho v = \frac{B \pm \sqrt{B^2 - 3AC}}{3A}$$

因此单值性条件为

$$B \leqslant \sqrt{3AC} \qquad (4-14)$$

把 A、B、C 代入上式，整理得

$$\Delta h \leqslant \frac{7.46\gamma}{\dfrac{v''}{v'} - 1}$$

或

$$\Delta h \leqslant \frac{7.46\gamma}{\dfrac{\rho'}{\rho''} - 1} \qquad (4-15)$$

$$\Delta h_{jx} \leqslant \frac{7.46\gamma}{\dfrac{\rho'}{\rho''} - 1}$$

Δh_{jx} 为达到水动力特性稳定的极限欠焓。

如果管圈进口工质欠焓大于极限值 Δh_{jx}，则水动力特性不稳定；反之水动力特性稳定。为了使特性曲线不仅呈单值性，而且具有足够陡度以保证其安全裕度，即对式（4-15）再加安全裕度 a 值作修正，得式（4-16），即

$$\Delta h \leqslant \frac{7.46\gamma}{a\left(\dfrac{\rho'}{\rho''} - 1\right)} \qquad (4-16)$$

为计算方便，将式（4-16）直接绘成图4-15。只要管圈的工质进口欠焓 Δh 小于图中的 Δh_{jx} 值，水动力特性单值就具有足够陡度的稳定性。

压力提高时，由于汽和水的比体积差减小，即密度差减小，流量增加对工质平均比体积变化的影

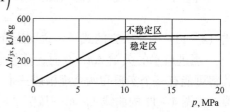

图 4-15 水动力特性稳定条件

响减小，因而水动力特性趋于稳定，如图4-16所示。由此也可推知，锅炉压力增加可使允许的进口水欠焓增加。由式（4-9）中的系数 A、C 值可看到：压力增加，A、C 值均减小，到达临界压力时，则 A、C 值等于零。因此从水动力特性观点看，直流锅炉更适宜在高压下工作，压力愈高，工作愈稳定。

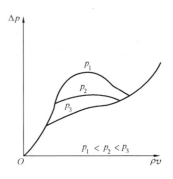

图4-16　压力对水动力特性的影响

在一定条件下，热负荷增加，水动力特性趋于稳定。这是因为热负荷增加时，缩短了加热水区段的长度，即相当于减小了进口水欠焓的影响，而且管圈中产生的蒸汽量多，因而流动阻力上升也快。

在进口水欠焓 Δh 相同的情况下，增加加热水区段的阻力，可减少平均比体积变化对水动力不稳定性的影响，因而常在强制流锅炉蒸发受热面加热水区段进口加装节流圈（见图4-17）。用节流圈消除水动力不稳定可从图4-18看出，曲线1表示原有的不稳定特性，曲线2是节流圈的阻力特性，将曲线1和2按同质量流速 ρv 下的压头相加，便可得加装节流圈后的水动力特性曲线3，此时对应一个压降 Δp 只有一个质量流速 ρv。可见加节流圈后虽然使总的水阻力增加，但能使水动力特性稳定。

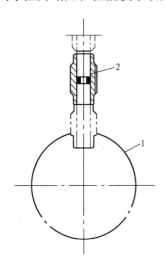

图4-17　节流圈的装置位置
1—集箱；2—节流圈

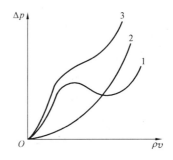

图4-18　用节流圈稳定水动力特性
1—未加节流圈时的水动力特性；
2—节流圈阻力特性；
3—加节流圈后的水动力特性

三、垂直布置蒸发面中的水动力特性

在垂直布置的蒸发受热面中，重位压头损失 Δp_{zw} 对水动力稳定性的影响很大，必须考虑。因此蒸发受热面进出口两端的压降 Δp 应由流动阻力损 Δp_{lz} 和重位压头损失 Δp_{zw} 两项组成，即

$$\Delta p = \Delta p_{lz} + \Delta p_{zw} \qquad (4-17)$$

垂直布置的蒸发受热面型式较多，其中有一次垂直上升型、一次垂直下降型、Ⅱ型、U型等。

在一次垂直上升管屏中，其水动力特性曲线如图4-19（a）所示。由图示曲线可见，不计重位压头损失时的水动力特性是单值的，考虑重位压头后的水动力特性也是单值的。

图4-19（b）为一次垂直下降管屏的水动力特性曲线。由图示曲线可见，虽然流动阻力曲线是单值的，但考虑重位压头后的曲线已变为多值曲线。所以垂直下降流动时，重位压头使水动力不稳定性加强。

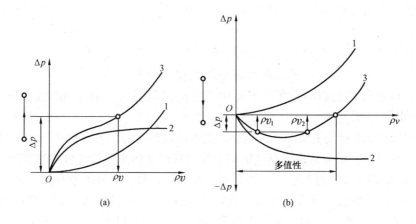

图4-19　一次垂直上升和一次垂直下降管屏的水动力特性曲线
（a）一次垂直上升；（b）一次垂直下降
1—流动阻力曲线；2—重位压头曲线；3—总的水动力曲线

图4-20（a）为Ⅱ型管屏的水动力特性曲线。由图示曲线可见，在这种管屏中重位压头 Δp_{zw} 和质量流速 ρv 的关系曲线不是单值的，因而即使总流动阻力曲线是单值的，加上重位压头后的总的水动力特性曲线也会是多值的。减小进口水的欠焓，可以改善水动力的不稳定性，当进口水的欠焓接近于零时，有可能得到稳定的水动力特性曲线。

图4-20（b）为U型管屏的水动力特性曲线。在这种管屏中，工质先流经下降管段，下降管段的重位压头因工质密度较大而大于上升管段的重位压头，因而总的重位压头曲线是在第四象限而且是多值的。由图示曲线可见，虽然流动阻力曲线为单值的，考虑重位压头后，水动力特性是多值的。

如上所述，在上升流动中重位压头会改善水动力特性，相反，在下降流动中重位压头使流动特性恶化。

对于N型管屏，进口集箱在下面，出口集箱在上面，它有一个下降管段和两个上升管段，其水动力特性要好些。如不计重位压头时的水动力特性曲线是单值的，考虑重位压头后，当进口水的欠焓 Δh 较低时，总的水动力特性曲线是单值的，当 Δh 较高时就成为多值了。

随着垂直回带管屏回程数增加，重位压头在压降中所占份额下降，而流动阻力所占份额增大，因此重位压头对多值性的影响减小。当回程数大于10时，其水动力特性接近于水平蒸发管。

四、蒸发受热面中流体的脉动

在蒸发管屏中发生周期性的流量波动，称为脉动。不论平置或立置管屏，均会发生脉动现象，而且在锅炉启动和低负荷运行时更易发生。脉动现象有三种表现形式：管间脉动、管屏（管带）间脉动和整体（全炉）脉动，而以管间脉动居多。

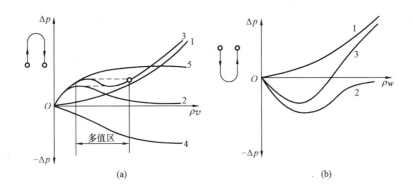

图 4 – 20　Ⅱ型和 U 型管屏的水动力特性曲线

(a) Ⅱ型；(b) U 型

1—总流动阻力曲线；2—总重位压头曲线；3—总的水动力特性曲线；

4—下降管段的重位压头曲线；5—上升管段的重位压头曲线

脉动结果将会引起管壁温度周期性的变化，产生交变热应力，最终使管子损坏。因此，脉动是一种不能允许的水动力异常工况。

管间脉动的特点是在蒸发管屏（管带）进出口集箱的压力和总流量不变的情况下，管子中的工质流量呈时大时小的周期性变化，即一些管子流量大时，另一些管子的流量却减小，反之亦然。如此反复地不衰减的波动，形成管间的流量脉动，如图 4 – 21 所示。当脉动幅度较大时，管子中的最小流量可能比正常流量小好多倍，甚至出现负流量。在这种周期性脉动过程中，虽然整个管屏中总流量不变，但管间却发生了流量的脉动。对某根管子来说，进口的水流量和出口的蒸汽量的脉动存在 180°的相位差。由图 4 – 21 可看出，水流量最大时，则蒸汽流量最小；反之水流量最小时，则蒸汽流量最大。当脉动发生时，虽然管屏进出口集箱之间的压降基本不变，但蒸发管中工质的压力分布将发生变化。因为在脉动时蒸发管的热水段和蒸发段阻力要发

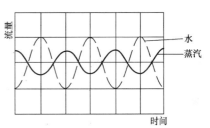

图 4 – 21　蒸发管内脉动时蒸汽
和水流量的变化

生相应的变化，当进水量减小时，热水段阻力减小，而蒸发段阻力却增加，反之亦然。显然，管内工质流量的波动必将引起管子出口处工质温度或热力状态发生相应的波动。脉动一旦发生便能自动地以一定的频率继续下去，频率的大小与管子受热、结构以及工质参数有关。脉动周期为几十秒至几分钟。

在立置管屏中重位压头对脉动有较大影响，尤其在低负荷时影响更大。热水段高度是随流量而改变的，因此重位压头也随流量脉动而脉动。重位压头脉动幅度较大，而且比流量脉动落后一个相位角，因而立置管屏的脉动比平置管圈要严重些。

关于管间脉动的机理目前尚未彻底研究清楚，但已知道，工作压力、质量流速、热水段阻力、蒸发段阻力和热负荷均对管间脉动有影响。前三个因素数值增加，脉动不易发生；后两个因素数值增加会促使产生脉动。

在各并联管屏（管带）之间也会产生与管间脉动相似的现象。这时进出口总的流量以及

总的压降并无显著变化，但在各管屏之间有流量的脉动。

整体（全炉）脉动是全部并联蒸发管中流量同时发生周期性波动。这种脉动的产生一般是由于工作特性曲线较平坦的离心式水泵所致。如果水泵的工作特性曲线比较陡峭，就可减轻或消除整体脉动。采用活塞式水泵时，整体脉动是不会发生的。

任何形式的脉动，尤其是管间和管屏间脉动，都会给锅炉造成严重危害。进水量、产汽量和送出蒸汽温度的周期波动，会使热水、蒸发和过热各段的长度不断变动，从而各区段交界处的管壁经常与不同状态的工质接触，管壁金属的温度作周期性波动，必然会使管子发生疲劳破裂。此外，出现脉动时，并联各管会出现较大的热偏差，容易引起管子金属超温。

消除脉动最有效的办法是在热水段进口加装节流圈，增加热水段阻力，使进口压力提高，这时在起沸点处产生的局部压力升高远小于进口压力，因而使流量的波动减小，直至消除。节流圈孔径选择要同时满足消除脉动和水动力不稳定性，如果热偏差大，还应满足降低热偏差的要求。节流圈的装置位置见图 4-17。

防止脉动的另一有效措施是在蒸发段含汽率 $x = 0.15 \sim 0.20$ 处加装呼吸箱。呼吸箱（见图 4-22）用以把各蒸发管连接通，借以平衡各蒸发管内的压力波动，达到消除脉动的目的。

图 4-22 呼吸箱示意
1—入口集箱；2—呼吸箱；3—出口集箱

提高进口工质的质量流速和加热水区段采用小管径也是防止脉动的有效方法。

五、蒸发管中的热偏差

强制流动锅炉蒸发受热面是由许多并联管子组成的，其中个别管子内工质的焓增与整个管组工质的平均焓增之比称为热偏差。同过热器一样，蒸发受热面的热偏差来自各方面的因素：热力不均匀、流量不均匀及结构不均匀。如管组并联各管的受热面相等，则热偏差没有结构不均匀的影响，只由热力不均匀和流量不均匀引起的。蒸发受热面管屏热力不均匀系数可按表 4-6 选用。表中下限值适用分组数目较多或布置在炉膛上部的管屏，上限值适用于分组数目较少或布置在炉膛下部的管屏。

表 4-6　　　　　　　　　　各种管屏热力不均匀系数

水平围绕管圈	垂直上升管屏	回带管屏
$1.1 \sim 1.6$	$1.2 \sim 2.0$	$1.1 \sim 2.0$

蒸发受热面热力不均是由于炉内温度场分布不均和烟气介质成分不同使水冷壁具有不同的热流强度造成的。在炉膛内各炉墙水冷壁之间，同一炉墙水冷壁各管屏之间，管屏内各管子之间，以及同一管子沿高度都存在受热不均匀性，受热不均既与受热面结构有关，也与运行工况有关。例如，管子的吸热常因炉内结渣或火焰中心偏斜而发生变化。在锅炉设计和运行中，不仅要尽量减少受热面的受热不均，诸如尽量使炉内速度场和温度场分布比较均匀，防止结渣和火焰偏斜等；还要根据炉内实际热负荷分配情况来正确选择受热面的系统和结构，恰当分配工质流量，尽可能减小热偏差。

在垂直上升蒸发受热面中，重位压头对并联管子工作有较大的影响。如各管子阻力系数和高度相同，且不计集箱压力变化的影响，则流量不均匀系数 η_G 可按式（4-18）计算，即

$$\eta_{\mathrm{G}} = \sqrt{\frac{\overline{v}}{v_{\mathrm{P}}} \left[1 + \frac{hg\, (\overline{\rho} - \rho_{\mathrm{P}})}{K\, \overline{q_m}} \right]} \qquad (4-18)$$

式中　　v_{P}——偏差管中工质比体积，$\mathrm{m^3/kg}$；

　　　　$\overline{v}$——管屏中工质的平均比体积，$\mathrm{m^3/kg}$；

　　　　h——管屏高度，m；

　　　　$\overline{q_m}$——管屏中工质平均质量流量，$\mathrm{kg/s}$；

　　　　ρ_{P}——偏差管中工质密度，$\mathrm{kg/m^3}$；

　　　　$\overline{\rho}$——管屏中工质平均密度，$\mathrm{kg/m^3}$；

　　　　g——重力加速度，$\mathrm{m/s^2}$；

　　　　K——各管阻力系数的函数。

式（4-18）中，根号内的第一项为受热不均匀引起的流量不均匀影响，根号内的第二项为重位压头引起的影响。如管屏高度 h 很小，第二项数值很小，可忽略不计，即为水平管圈的情况。

在垂直上升管屏中，如流动阻力损失相当大（锅炉负荷高时），则热负荷偏高的偏差管中将因工质平均比体积增大而引起流动阻力增大，并促使流量降低。但与此同时，因偏差管中工质密度减小会使上升力增加，可促使流量回升。因此在垂直上升管屏中，重位压头有助于减少流量偏差。但是，如果管屏总压降中流动阻力所占比例比较小（低负荷时），而重位压头占总压降的主要部分，则受热弱的偏差管中将因工质平均密度增加使重位压头增大，致使该管中可能出现停滞甚至倒流工况。

强制流动锅炉蒸发受热面的允许热偏差应根据钢材的强度条件定出最大允许壁温，从而定出偏差管中最大允许工质出口温度和焓增。对膜式水冷壁，允许热偏差应保证相邻两管中工质温度差不大于 50℃。

减轻和防止热偏差的方法之一是在各并联管进口加装节流圈，对热负荷高、阻力系数大的管子用较大孔径的节流圈；对热负荷小、阻力系数小的管子用较小孔径的节流圈。这样就会使热负荷高的管子中有较大的质量流速，热负荷小的管子中有较小的质量流速，使各管工质出口焓值相近。也可采用其他方法如增加中间混合集箱，使前段管屏的热偏差在混合集箱中消除。

此外，减小管屏或管带的宽度，即减少管屏中并联管子数目也可减少热偏差。在锅炉结构上应使各并联管的长度、弯头、管径等结构因素尽量一致，燃烧器布置和燃烧工况应考虑使炉膛受热负荷均匀，以利于减小热偏差。

六、传热恶化及其防止

在强制流动锅炉中，影响蒸发受热面安全工作的另一个问题是管内传热恶化。一旦发生传热恶化，会使管壁温度急剧升高导致管子烧坏。

蒸发管内传热恶化分为第一类传热恶化和第二类传热恶化（见本章第一节）。当管子均匀受热时，沿管长工质含汽率逐渐增大，管子内壁上的环状水膜逐渐变薄。当水膜被蒸汽撕破及蒸干时，管壁得不到足够的冷却，因为此时的放热系数急剧下降，壁温开始飞升，发生传热恶化。开始发生传热恶化时的含汽率称为界限含汽率。由于蒸干发生的传热恶化一般称为第二类传热恶化。当热负荷很高时，在含汽率较小时也会发生传热恶化现象，此时主要由于热负荷高，汽化核心连成汽膜造成膜态沸腾所致，这种传热恶化称为第一类传热恶化。

蒸发管发生传热恶化主要与工质质量流速、工作压力和热负荷等因素有关，并常以界限含汽率作为判断传热恶化出现的界限。压力提高，饱和水密度和表面张力减小，水膜易于撕破，在较低含汽率下也会发生传热恶化。工质质量流速减小虽可减少扰动使水膜稳定性增加，但由于不易带走贴壁汽泡并将水挤向管壁而使传热恶化易于发生。因而当压力增高、热负荷增大和质量流速减小时界限含汽率降低。

目前，常采用如下措施防止蒸发受热面传热恶化：

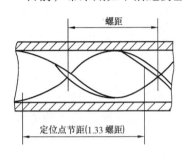

图 4-23　扰流子

（1）采用内螺纹管（见图 4-8）和加装扰流子（见图 4-23)使工质在管内产生旋转流动，以破坏壁面汽膜边界层。

内螺纹管是在管子内壁开出单头或多头螺旋形槽道的管子，工质在管内流动中发生强烈扰动，将水压向壁面并迫使汽泡脱离壁面而被水带走，从而破坏汽膜的形成，使管内壁温度降低。

在蒸发管内加装扰流子也可减少传热恶化时的管壁温度。扰流子是塞在管中的螺旋状金属薄片，为避免积垢，扰流子边缘与管壁之间留有一定的间隙，扰流子两端固定在管壁上，每隔一段长度留有定位凸缘。在推迟传热恶化和降低壁温方面扰流子起到与内螺纹管相类似的作用。

（2）提高工质质量流速是防止或推迟传热恶化的有效措施，可使管子壁温显著降低。

（3）降低受热面热负荷。传热恶化区管壁温度的峰值同该处受热面的热负荷有直接关系，热负荷越高，则壁温峰值越大。因此应合理组织燃烧工况，采用烟气再循环，使炉膛热负荷分布均匀以及降低最高局部热负荷等方法，也可降低传热恶化时的管壁温度。

第四节　直流锅炉蒸发受热面

一、直流锅炉类型

直流锅炉是没有汽包的锅炉，在给水泵的压头作用下，工质按顺序一次通过预热、蒸发和过热受热面。工质在锅炉内强制流动，并不进行水循环。直流锅炉的特点是适用于各种压力，蒸发受热面的布置也比较自由。直流锅炉启停迅速、调节灵敏。但是，直流锅炉的给水品质及自动调节要求较高，蒸发受热面阻力较大，给水泵耗电也较大。

直流锅炉的型式与构造的不同主要反映在水冷壁的结构与布置方式上。目前国内外直流锅炉可分为五种类型（见表 4-7）。

1. 水平围绕管圈型（拉姆辛型）

水冷壁由许多根并联的微倾斜或部分微倾斜、部分水平的管子，沿整个炉膛周壁盘旋上升，不需下降管。盘旋的方式可分为在一面墙上倾斜，三面墙上水平；或两面墙上水平，另两面墙上倾斜；或所有水冷壁管沿炉墙四周倾斜盘旋上升，后者即螺旋式水冷壁。由于管子长度比上升高度大得多，汽水摩擦阻力远大于重位压头，因此后者常略去不计。该管圈的主要优点是：没有中间集箱，金属耗量少，便于滑压运行，各管屏受热均匀，相邻管带外侧两根相邻管子间的壁温差较小，宜于整焊膜式壁结构。主要缺点是：安装组合率低，现场焊接工作量大，水冷壁支吊结构复杂。

表 4-7　　　　　　　　　　　　　直流锅炉的几种管屏

水平围绕管圈	多次垂直上升管屏	回带管屏	一次垂直上升管屏	下部水平围绕管圈 上部一次垂直上升管屏
		水平回带 升降回带		

2．多次垂直上升管屏型（FW 型）

水冷壁由许多垂直管屏组成，每个管屏宽 1.2～2m，并均有进出口集箱，各管屏间用 2～3 根不受热的下降管连接，将它们串联起来，工质在管屏内多次上升流动。它的优点是：便于在制造厂装配成组件，工地安装方便，支吊结构简单。其缺点是：金属耗量大，相邻管屏外侧两根相邻管子间的管壁温差大，不利于采用膜式壁（膜式壁相邻管壁温差一般要求不大于 50℃），由于压力变动时中间集箱中工质状态发生变化会引起汽水分配不均，故不适应于滑压运行要求。目前往往只在炉膛下辐射区做成几次串联，以减少每屏的焓增，从而减小相邻管屏外侧两根相邻管子间的壁温差，同时可保证较小容量锅炉管内工质足够的质量流速以避免流动异常和传热恶化。而炉膛上部则做成一次垂直上升管屏，这时工质常为过热蒸汽，比体积大，可保证足够的工质流速，炉膛上部热负荷也较低，同样可以适应整焊膜式壁的要求。

3．回带管屏型（苏尔寿型）

水冷壁由许多根平行并列的管子组成多弯道垂直升降型管屏，或多弯头水平弯曲型管屏围绕炉膛连续上升下降迂回而成。即管屏可分为水平回带和垂直升降回带两种。升降回带又可分成 U 形、N 形和多弯道形等，通常无炉外下降管。在大容量锅炉中，各管屏之间可以有连接管。该管圈型式的主要优点是：能适应复杂的炉膛形状，如在炉底用水平迂回管屏，燃烧器区域用立式迂回管屏，中间集箱少用，甚至取消，金属耗量较少。它的缺点是：两集箱间管子特别长，热偏差大，不利于管子自由膨胀，管屏每一弯道的两行程之间相邻管子内工质流向总是相反的，所以温差大，对膜式壁结构特别不利。

4．一次垂直上升管屏（UP 型）

蒸发受热面采用一次垂直上升管屏，垂直上升的相邻管屏之间没有串联，仅在上升过程中作几次混合。该管屏主要优点是：金属消耗量少，结构简单，流动阻力小，相邻垂直管屏外侧管间壁温差较其他垂直上升管屏水冷壁小，适宜采用整焊膜式结构，且水力特性较为稳定。在大容量锅炉中得到广泛应用。其缺点是：工质一次上升，只有容量足够大，周界相对小时，才能保证管内工质的质量流速足够大以避免出现传热恶化，但负荷调节性能差。300MW 机组锅炉采用 $\phi 22 \times 5.5mm$ 的带内螺纹小管子以增加流速，才刚满足水冷壁可靠运行的要求。采用小管径可以减小壁厚，但影响水冷壁刚度，且对管子内径偏差、管屏制造、安装要求高，否则易造成水力偏差。

5. 下部水平围绕管圈、上部一次垂直上升管屏

炉膛下部回路为水平倾斜、围绕着炉膛盘旋上升的螺旋管圈组成膜式水冷壁，以保证必要的工质质量流速和受热均匀性，炉膛上部通过中间集箱或分叉管过渡成垂直上升管。该结构具有以下特点：

（1）布置与选择管径灵活，易于获得足够的质量流速。与一次垂直上升管屏相比，在满足同样的流通断面以获得一定质量流速条件下，该型水冷壁所需管子根数和管径，可通过改变管子水平倾斜角度来调整。管子根数大大减少，使之获得合理的设计值，以确保锅炉安全运行与水冷壁自身的刚性。

（2）管间吸热偏差小。螺旋管在盘旋上升的过程中，管子绕过炉膛整个周界，途经宽度方向上不同热负荷区域。因此螺旋管的各管，从整个长度而言吸热偏差很小。

（3）抗燃烧干扰能力强。当切圆燃烧的火焰中心发生较大偏斜时，各管吸热偏差与出口温度偏差仍能保持较小值，与一次垂直上升管屏相比，要有利得多。

（4）可不设置水冷壁进口节流圈。一次垂直上升管屏为了减小热偏差的影响，必须在水冷壁进口按照沿宽度上的热负荷分布曲线设计配置流量分配节流圈，甚至节流阀。这一方面增加了水冷壁的阻力，另一方面针对某一锅炉负荷和预定的热负荷分布而设置的节流圈，在锅炉负荷发生变化或热负荷偏离预定曲线时会部分地失去作用。而采用螺旋管圈，由于吸热偏差很小，设计上使各根管子的长度与弯头尽量接近，因此已无需设置节流圈，从而减少了阻力。

（5）适应锅炉变压运行要求。低负荷时易于保证质量流速以及工质从螺旋管圈进入中间混合集箱时的干度已足够高，当转入垂直管屏时不难解决汽水分配不均的特点，使该型锅炉易于适应变压运行。

（6）支吊系统与过渡区结构复杂。螺旋管圈的承重能力弱，需附加炉室悬吊系统，最终通过过渡区结构使之下部重量传递到上部垂直管屏上，整个结构均比较复杂。

（7）设计、制造和安装复杂。螺旋管圈本身及其复杂的支吊系统，增加了设计与制造的难度和工作量。螺旋管圈四角均需焊接以及吊装次数的增加，给工地安装增加了难度与工作量。

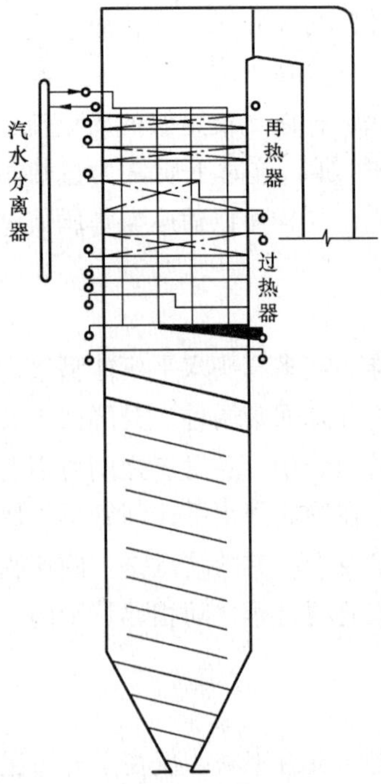

二、300MW 苏尔寿直流锅炉蒸发系统

某电厂 300MW 锅炉为典型的下部为苏尔寿型倾斜围绕管圈，在标高大约 42m 处通过中间集箱转为垂直管屏的直流锅炉。图 4-24 示出了该炉纵剖面示意。

图 4-24　300MW 苏尔寿直流锅炉

该锅炉的蒸发系统如图 4-25 所示。锅炉给水经省煤器加热后，由两根管子分别引至盘旋水冷壁两个进口集箱，再分配到 80 根平行并列水冷壁管中。水冷壁分成两个管屏，每个管屏各有 40 根管子。水冷壁管以 5°32′倾角向上盘旋至垂直管屏。垂直管屏布置在炉膛出口上方垂直烟道的四壁上。工质流经垂直管屏后切向进入汽水分离器，蒸汽通过布置在炉膛内外的悬吊管引入过热器。

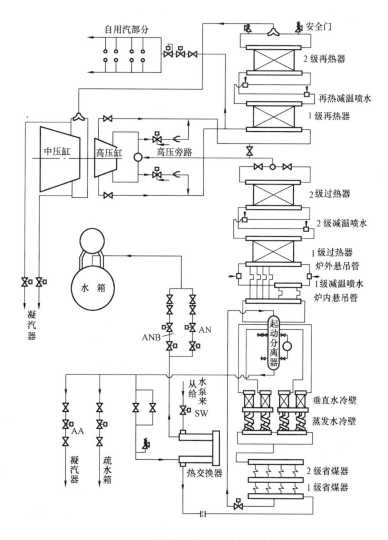

图 4-25　苏尔寿直流锅炉的汽水系统

在额定负荷运行时，垂直管屏中的工质已是微过热的过热蒸汽，垂直管屏起了包覆管过热器的作用。当锅炉在低于 40% 额定负荷运行时，垂直管屏中的工质是汽水混合物，经汽水分离器分离后，蒸汽从上部蒸汽管引出并经悬吊管进入过热器。分离出来的水从分离器下部的出水管引出，经 Ⅱ 型热交换器后进入除氧器，与补充水混合后经给水泵又送回水冷壁中，如图 4-26（a）所示。

从图 4-26（b）可知，锅炉在低于 40% 额定负荷运行时，蒸发受热面中已建立了循环流量，这时给水泵送出的流量为锅炉蒸发量与再循环流量之和。锅炉在额定负荷下运行时，

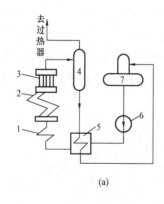
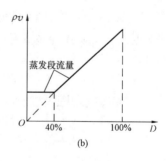

(a)　　　　　　　　　　　　(b)

图 4-26　循环系统及蒸发量与蒸发区工质流量的关系

（a）循环系统；（b）蒸发量与工质流量的关系

1—省煤器；2—盘旋水冷壁；3—垂直管屏；

4—汽水分离器；5—换热器；6—给水泵；7—除氧器

水冷壁中的工质流量等于蒸发量，即为纯直流运行。这时汽水分离器仅仅是蒸汽流过的一个容器。

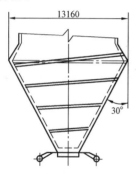

图 4-27　冷灰斗管屏

该锅炉炉膛内盘旋管水冷壁及布置在烟道四壁的垂直管屏均为由管子与矩形鳍片焊接成的膜式壁。矩形鳍片尺寸为 12mm×5mm，材料为 15Mo3 及 13CrMo44。不同部位的膜式壁，其结构布置和所用的材料均有区别。

1. 盘旋管水冷壁

（1）冷灰斗管屏。冷灰斗的形状和布置如图 4-27 所示。来自省煤器的未饱和水从锅炉甲侧引入呈 Π 型水冷壁进口集箱（ϕ323.9×28mm）。在前后墙进口集箱各引出 40 根 ϕ51×5.6mm 材料为 15Mo3 的管子，进入盘旋区时管子改为 ϕ51×7.1mm。两组管子按顺时针方向盘旋组成冷灰斗。冷灰斗两侧为垂直墙，前后墙与水平面成 60°倾斜。在标高 14.182m 处，即冷灰斗起点截面为正方形。长方形排渣口尺寸为 13160mm×1042 mm。

引入连接管的排列，在锅炉前墙靠乙侧及后墙靠甲侧的布管较密，有 24 根，管子节距为 109mm，其余连接管的节距一般为 719mm，因此进入盘旋区之后布管较密，其盘旋上升角度较大，最大的有 35°32′，其余管子为 5°32′。

（2）前后墙及两侧墙盘旋水冷壁管屏。盘旋水冷壁从冷灰斗起点开始采用 ϕ51×5mm、材料为 13CrMo44 的钢管；在冷灰斗管屏与炉膛四周盘旋水冷壁管屏之间的转弯管段，用 ϕ15、材料为 13CrMo44 圆钢代替鳍片，以便于制造和工地进行组合。炉膛炉角处管屏的弯曲半径为 150mm，并在鳍片间焊 ϕ15 圆钢加强。

炉室的盘旋水冷壁管屏如图 4-28 所示。前后墙和两侧墙每面由 10 片管屏组成，管子节距为 63.5mm，全部采用焊接鳍片管，盘旋角为 5°32′。

由于盘旋管很长，不可能组装好出厂，每面墙管屏都分成几段在现场组合安装，对焊接质量要求严格。

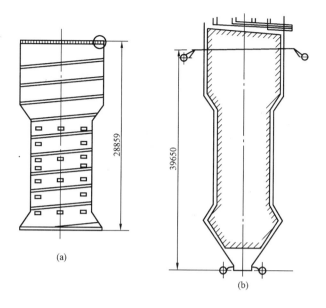

图 4-28 炉室盘旋水冷壁管屏

(a) 前、后墙；(b) 两侧墙

（3）燃烧器区墙角管屏。炉膛四角燃烧器处的水冷壁布管如图 4-29 所示。在水冷壁管自下而上盘旋的过程中，当碰到布置在炉膛四角的燃烧器喷口时，管子即向喷口内转，未碰到喷口的管子则直通过去。从图 4-29 看出，转进二次风口的管子有 8 根，转进一次风口的管子只有 4 根。水冷壁进入喷口后，沿长度方向行至一半时又转弯向前，然后沿喷口上、下方盘绕，最后从喷口的另一侧面引出。由于一、二次风口的高度和长度相同，所以管子在一、二次风口上、下方的绕法相同。

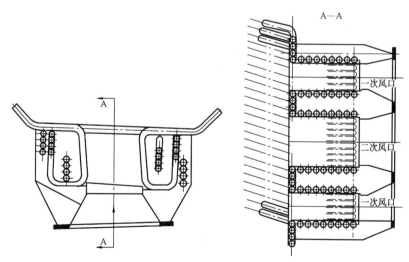

图 4-29 燃烧器处水冷壁管布置示意

（4）盘旋水冷壁转变区管屏。炉膛内水冷壁盘旋至 42.35m 标高处即结束盘旋布管，开始垂直布管，每面墙有 20 根盘旋管，宽度为 638mm，管端焊有带鳍片的弯头引出墙外，它通过连接管与盘旋水冷壁出口集箱相接。盘旋水冷壁管屏通过与垂直管屏的连接结构将其重量吊在垂直管屏上，而垂直管屏通过吊杆直接吊挂在炉顶大梁上。

2. 盘旋水冷壁管屏

烟道四周的水冷壁采用垂直布管的形式，垂直水冷壁管屏从标高44.6m开始至65.5m止组成上升烟道包覆墙。烟道截面为边长为13.16m的正方形。垂直水冷壁管屏分上下两段，采用两种管径和节距，中间用带鳍的变径三通连接。每面墙上每段各有5片管屏。

（1）下段垂直水冷壁管屏。每片管屏由56根 $\phi 25 \times 4.5$mm 的焊接鳍片管组成，节距为47mm，管子和鳍片材料均为13CrMo44。每片管屏长度为7998mm，宽度为2632mm。在管屏的上端焊有三通管，三通管下端管径为 $\phi 25 \times 4.5$mm，上端管径为 $\phi 38 \times 4.5$mm。通过异径鳍片三通管将上下垂直水冷壁连接起来。

（2）上段垂直水冷壁管屏，每片管屏由28根 $\phi 38 \times 5$mm 焊接鳍片管组成，节距为94mm，管子和鳍片材料均为15Mo3。每片管屏长度为14097mm，宽度为2632mm。管屏下端与异径鳍片三通管焊接，使上下垂直管屏连成一体。垂直水冷壁管屏4个出口集箱水平布置烟道四周，每个出口集箱用一根 $\phi 244 \times 16$mm 的连接管将工质从端部引出并切向引入汽水分离器。

前墙管屏鳍片间开有省煤器、再热器管穿墙孔，后墙留有低温再热器出口和高温再热器入口蛇形管穿墙孔，两侧墙开有装设吹灰器的 $\phi 100$ 吹灰孔和4个 $\phi 492$ 的人孔。

该锅炉采用刚性梁来增加水冷壁的结构刚度和抗压强度，可防止变形和提高抗爆能力。

水冷壁刚性梁布置有34层。在冷灰斗部位布置9层，从冷灰斗起点到水冷壁出口集箱下边布置25层，其中燃烧区布置10层，燃烧区上部盘旋管屏有5层刚性梁。

刚性梁与水冷壁的固定方式有三种：

（1）垂直水冷壁管屏固定方式为 II 型支架形式。

（2）有外荷载的刚性梁采用流动支架形式。

（3）盘旋水冷壁管屏采用框形支架形式。

该锅炉盘旋管水冷壁没有采用内螺纹管，也未装设节流圈、呼吸箱和扰流子，而采用了以下措施保证蒸发受热面安全可靠工作。

（1）锅炉在各种负荷下，保证盘旋管水冷壁进口水的欠焓 Δh 均小于极限欠焓 Δh_{jx}，防止水冷壁内产生不稳定流动。例如，在70%负荷时，$\Delta h = 249$kJ/kg，$\Delta h_{jx} = 444$kJ/kg；在40%负荷时，$\Delta h = 42$kJ/kg，$\Delta h_{jx} = 221$kJ/kg。

（2）保证盘旋水冷壁管内有足够高的质量流速 ρv，这是防止发生脉动现象的有效措施。为保证 ρv，一方面采用适当的盘旋角，另一方面，在低于40%负荷运行和启动时，利用汽水分离器使水冷壁内加入再循环流量。一般情况下，当 $\rho v > 1000$kg/$(m^2 \cdot s)$ 时，不会发生脉动现象。

（3）水冷壁基于下述特点使热偏差大为减轻：

1）水冷壁为螺旋型，对炉内热力不均匀的影响不敏感。

2）在各种负荷下都能保证水冷壁管内有足够大的 ρv。

3）水冷壁管没有容易产生汽水分层的水平部分。

（4）由于在各种负荷下有足够高的 ρv，可防止传热恶化的产生，即使有可能发生第二类传热恶化，也会推迟到热负荷较低的上辐射区，可保证水冷壁管安全运行。

三、300MW 一次垂直上升（UP）直流锅炉蒸发系统

在国内的 UP 锅炉有单炉膛和双炉膛形式两种，图 4-30 给出了某电厂 300MW 的 UP 锅炉炉膛布置。该炉炉膛由下自上分为炉膛底部、下辐射区、中辐射区、上辐射区 4 段，每段之间设有混合器，以控制每段的焓增，减少热偏差。在下、中辐射区域因需要防止膜态沸腾，使用内螺纹水冷壁管。该炉蒸发系统为：省煤器→过滤器→水冷壁（冷灰斗）→Ⅰ级混合器→节流调节阀（52 只）→水冷壁下辐射区→Ⅱ级混合器→中辐射区→Ⅲ级混合器→上辐射区。图 4-31 给出了该锅炉的汽水系统流程。

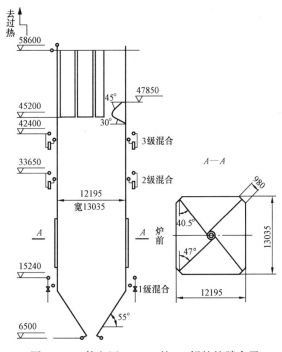

图 4-30　某电厂 300MW 的 UP 锅炉炉膛布置

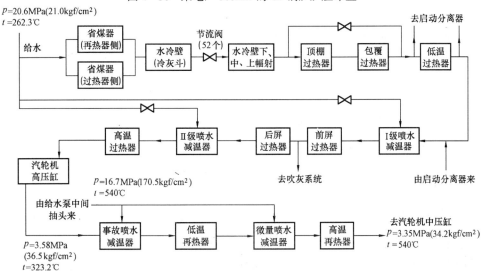

图 4-31　某电厂 300MW 的 UP 锅炉汽水系统流程

第五节　控制循环锅炉蒸发受热面

一、概述

控制循环锅炉也有汽包，立式水冷壁结构与自然循环锅炉基本类同，它与自然循环锅炉主要区别在于控制循环锅炉是依靠循环泵使工质在蒸发受热面中作强制流动的。由于采用了循环泵，既能增加流动压头，又便于控制循环回路中的工质流量。循环倍率一般可控制在 3～5，质量流速 ρv 约在 $1000\sim1500\mathrm{kg/(m^2\cdot s)}$ 范围内，以保证蒸发受热面得到足够的冷却，还可使循环稳定，不致使受热弱的管子发生循环停滞或倒流。

控制循环锅炉蒸发受热面管子进口装有节流圈，以避免出现水动力不稳定性、流体的脉动、循环停滞和倒流和过大的热偏差。

控制循环锅炉最根本的特点是在循环回路中接有循环泵。一般大容量锅炉配有 3～4 台循环泵，其中一台备用，其备用储量为 20%～30%。循环泵垂直布置，装在集中下降管的汇总管道（汇集箱）上。循环泵布置位置（离汽包的高度距离）和引进管尺寸很重要，因为如运行中压力变化速度过大，下降管中工质会产生汽化，使循环泵的效率降低，甚至不能正常工作。每台循环泵进口装有截止阀，出口装有止回阀和截止阀，这样，当循环泵停用时可与锅炉循环系统切断。

在立式水冷壁循环系统中，除了由汽水密度差所形成的运动压头外，还有循环泵提供的压头。自然循环所产生的运动压头只有 0.05～0.1MPa，而循环泵可提供的压头约在 0.25～0.5MPa 之间。显而易见，控制循环锅炉的循环推动力要比自然循环大得多，因此可采用小管径管子并能更自由布置水冷壁受热面。这样既可使管壁减薄，整个水冷壁重量减轻，又可使工质质量流速增加，管壁温度和热应力降低，增加了水冷壁工作的可靠性。

控制循环锅炉由于循环倍率小，循环压头高，汽水混合物流速大，故可采用尺寸较小的高效汽水分离装置，汽包直径比自然循环锅炉要小些。

在亚临界压力范围内，自然循环锅炉要做到循环可靠不太容易，直流锅炉则易在蒸发管中产生膜态沸腾，使传热恶化，而控制循环锅炉则可用循环泵保证循环可靠，并具有一定的循环倍率以避免膜态沸腾的产生。

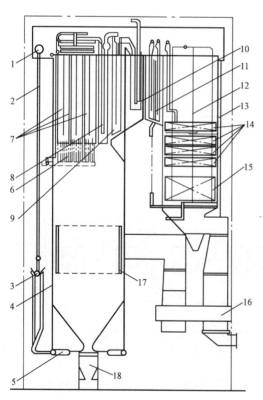

图 4-32　1025t/h 控制循环锅炉总图

1—汽包；2—下降管；3—循环泵；4—水冷壁；5—下水包；6—墙式再热器；7—分隔屏过热器；8—后屏过热器；9—屏式再热器；10—末级再热器；11—末级对流过热器；12—省煤器悬吊管；13—尾部烟道后墙包覆管；14—低温对流过热器；15—省煤器；16—空预器；17—燃烧器；18—除渣装置

因此，压力在 16~19MPa 范围内，尤其是大容量锅炉，采用控制循环将更为有利。

循环泵一般采用离心泵，并由感应电动机拖动。由于循环泵工作介质是高温高压的锅水，泵的轴封的严密性就成为一个严重问题。目前已有三种解决方法：

(1) 采用普通电动机，而循环泵轴端上用水力轴封；

(2) 采用湿式电动机拖动循环泵；

(3) 采用屏蔽式电动机拖动循环泵。

现今世界上许多国家。尤其是美国，都有这种型式的锅炉。我国引进意大利的 1050t/h 亚临界压力锅炉和用引进 CE 技术设计制造的 1025t/h 亚临界压力锅炉等均是控制循环锅炉。

二、1025t/h CE 控制循环锅炉蒸发受热面

(一) 循环系统及其工质流程

该锅炉的循环系统如图 4-32 所示，系统中的部件包括一个汽包、4 根大直径下降管、一个下降管出口汇集箱、3 台循环泵、一个环形下水包（由前、后、左、右四侧水包组成）、890 根上升管（即水冷壁管）、5 个上集箱和 48 根导汽管。

前墙一个上集箱，连接 245 根水冷壁，用 13 根导汽管将汽水混合物引入汽包。后墙有两个上集箱，一个为 25 根悬吊管的出口集箱，由两根导汽管将汽水混合物送入汽包；另一个为后墙排管（对流管束）的出口集箱，连接 160 根后墙排管和 11 根导汽管。两侧墙各有一个上集箱，每个集箱都连接 200 根水冷壁管和 11 根导汽管。

该锅炉水循环系统工质流程线路框图如下：

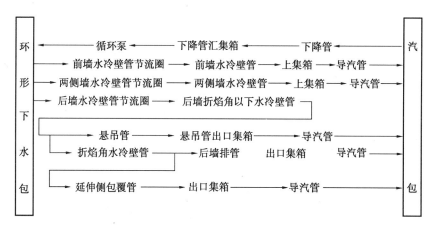

省煤器再循环管（$\phi76\times11mm$）两端分别与环形下水包和省煤器进口集箱相连接，在锅炉启动时，开启再循环阀以实现工质如下循环：汽包→下降管→循环泵→下水包→再循环管→省煤器进口集箱→省煤器→汽包。

该锅炉装有三台 CE-KSB 低压循环泵，其技术数据见表 4-8。

表 4-8　　　　　　　　　　　循环泵技术参数

工　况	MCR	60%MCR	工　况	MCR	60%MCR
泵运行台数（台）	2	1	泵吸入压力（MPa）	19.8	17.84
每台泵流量（m³/h）	2168	2816	泵入口水温（℃）	365	365
泵的压头（MPa）	0.1715	0.145			

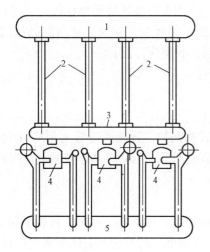

图 4-33　下降管及循环泵布置示意
1—汽包；2—下降管；3—下降管汇集箱；
4—循环泵；5—前下水包

从表 4-8 可知，用两台循环泵即可满足锅炉最大连续蒸发量（MCR）的要求，另一台备用。当两台泵同时发生故障时，一台泵运行仍可以维持锅炉的负荷为 60%MCR。

下降管及循环泵的布置如图 4-33 所示。4 根 $\phi368\times42mm$ 的下降管从汽包底部引出并与汇集箱（$\phi406\times45mm$）连接，循环泵通过吸入短管与汇集箱相接，每台泵通过两根出水管（$\phi273\times32mm$）和前下水包相连接。

循环泵台数与下降管根数不等，下降管汇集箱可起到两者的连接作用。同时，下降管中的水通过汇集箱分配到各循环泵，可均衡循环泵的入口流量，有利于提高循环泵运行的可靠性。在汇集箱的下部装有吊耳，可通过吊杆将循环泵悬吊在汇集箱上。

下水包为前后左右相通的环形水包，四侧水包之间用直角大弯头连接，共 4 个弯头，每个弯头上设置一个人孔，供检修用。环形下水包直径为 $\phi914\times100mm$，材料为 SA-299。

在前后下水包上，各有 245 个水冷壁入口管接头，后下水包还有一个接省煤器再循环管的管接头。两侧下水包上，各有 200 个水冷壁入口管接头。

下水包内每根水冷壁管入口均装有节流圈。节流圈最大孔径为 $\phi17.48$，最小孔径为 $\phi11.13$。节流圈材料为 SUS321。

表 4-9 列出上集箱和导汽管的设计数据。

表 4-9　　　　　　　　　　　上集箱和导汽管的设计数据

名　　　称	数量（个）	外径×壁厚（mm）	材　　料	设计温度（℃）	设计压力（MPa）
前墙水冷壁上集箱	1	$\phi273\times50$	SA-106B	369	20.62
前墙水冷壁导汽管	13	$\phi159\times18$	20G	369	20.62
悬吊管出口集箱	1	$\phi273\times50$	SA-106B	369	20.62
悬吊管出口集箱导汽管	2	$\phi159\times18$	20G	369	20.62
后墙排管出口集箱	1	$\phi273\times50$	SA-106B	369	20.62
后墙排管出口集箱导汽管	11	$\phi159\times18$	20G	369	20.62
侧墙水冷壁上集箱	2	$\phi273\times50$	SA-106B	369	20.62
侧墙水冷壁导汽管	22	$\phi159\times18$	20G	369	20.62

本锅炉的设计循环倍率为 2.371，真实循环倍率为 1.816，水冷壁管内质量流速 ρv 接近 1000kg/（$m^2\cdot s$）。

（二）循环回路的划分和分析

划分循环回路的目的，是防止由于水冷壁管间存在较大热偏差而使受热弱的管子发生循环停滞或倒流现象。所以，划分循环回路的依据是水冷壁的热负荷。在自然循环锅炉中，通常将热负荷基本相同的水冷壁管连接在同一个下集箱中，与相应的下降管组成一个循环回路。循环系统中下集箱的个数与循环回路的个数一致。本锅炉控制循环系统中，以环形下水包取代了分散和独立的下集箱，锅水在环形下水包中可以流通，因此控制循环系统中循环回路的划分方法与自然循环锅炉不同，它是根据电脑的精确计算，890 根水冷壁管中共有 55种热负荷，本锅炉整个水冷壁系统被划分成 55 个循环回路。

本锅炉的循环回路是以精确的水冷壁热负荷划分的。由于炉内燃烧工况及水冷壁管结构的差异，即使处在同一区段的管子，热负荷也不一定相同，因此编在同一循环回路的管子可能相距较近，也可能相距较远。不同的循环回路采用不同孔径的节流圈。热负荷高的管子采用较大孔径的节流圈；反之，则采用较小孔径的节流圈。利用节流圈来调节各循环回路的流量，防止水冷壁管产生热偏差。

本锅炉水循环可靠性较高，这可从下述几个方面分析：

(1) 水冷壁管内不会出现循环停滞和倒流现象。由于整个水冷壁管内的工质均在运动压头和循环泵压头共同作用下流动，推动力大，即使在受热弱的管子中，工质在泵的压头推动下也只能向上流动。试验测定的结果也表明，上升管中的工质始终是向上流动的。

(2) 水冷壁管间热偏差小，启动或运行中管间胀差小。可从两方面分析：一方面，由于每根上升管入口均装有节流圈，可根据管子的热负荷调节循环流量；另一方面，不需装循环推动器（即水冷壁的蒸汽加热器），可在点火前先启动循环泵，使水在水冷壁内连续向上流动，因此在点火后水冷壁能得到均匀冷却。

(3) 在循环泵与下水包之间有压差指示装置，用它来判断水冷壁内的结垢情况，从而确定水冷壁的清洗计划。在锅炉进行酸洗时，可直接用循环泵进行，不需要另外加装酸洗系统。

(三) 水冷壁管节流圈孔径分布特点

在 55 个循环回路中共有 890 个节流圈，其节流圈孔径只有 16 种：前墙有 9 个回路，245根水冷壁管有 6 种孔径的节流圈；后墙有 18 个回路，245 根水冷壁管有 13 种孔径的节流圈；两侧墙各 14 个循环回路，每面各 200 根水冷壁管各有 6 种孔径的节流圈。

节流圈孔径的选择主要根据水冷壁管受热强弱程度和水冷壁管几何特性（管径、管子长度、弯头数目等）。节流圈孔径大小决定了节流圈阻力的大小。控制循环锅炉通常要求节流圈阻力等于或大于上升管的阻力，以保证在各种运行工况下流量的合理分配。

本锅炉所采用的 16 种规格节流圈在四侧水冷壁的布置位置和孔径大小的分布有以下特点：

(1) 后墙水冷壁节流圈的孔径比前墙及两侧墙相应位置上的水冷壁节流圈的孔径都要大一些，而较大孔径的节流圈（$\phi14$ 以上）都集中后墙水冷壁管上。前墙水冷壁管没有 $\phi14$ 以上孔径的节流圈。两侧墙只有一个 $\phi14.68$ 的节流圈，其余都在 $\phi13.11$ 以下。后墙水冷壁管采用较大孔径的节流圈是由于结构上的原因，后墙水冷壁上部有折焰角，而且折焰角向后延伸形成两部分：一部分管子形成延伸侧墙水冷壁，另一部分管子延伸到水平烟道形成后墙排管。在折焰角下方的后墙水冷壁中有 23 根管子，管径由 $\phi44.5$ 变成 $\phi63.5$ 组成悬吊管，因此后墙水冷壁的结构复杂，管子长，阻力大，所以用较大孔径的节流圈，以保证水冷壁管内有较大的流量。

(2) 两侧墙水冷壁的上部靠前布置了墙式再热器，遮盖了这部分水冷壁，热负荷小，采用较小孔径的节流圈。而未被再热器遮挡的侧墙水冷壁热负荷高，所以节流圈的孔径较大。前墙上部沿炉腔宽度布置了墙式再热器，所以前墙水冷壁热负荷要比其他墙水冷壁低，故前墙水冷壁节流圈的孔径比其他墙水冷壁要小些。

（3）对于同一循环回路，无论水冷壁管处于哪一区段，也不管回路有多少水冷壁管，均用一种孔径的节流圈。但一种节流圈又可用于不同的循环回路。可见，节流圈的选择是同时考虑了水冷壁的热力特性和结构特性的。在结构相同的水冷壁管中，热负荷高的管子采用孔径较大的节流圈；反之，采用孔径较小的节流圈。

本锅炉水冷壁管节流圈布置合理，使循环回路运行的可靠性得到充分保证。

（四）水冷壁结构与布置

本锅炉水冷壁采用光管加扁钢焊接而成的膜式壁。

水冷壁管的构造，从管内壁来区分又有光管和内螺纹管两种。本锅炉水冷壁管是内螺纹管（见图4-34），只有局部区域是光管。由于工质在内螺纹管中产生强烈的扰动，提高了对管壁的冷却效果，可使循环倍率和管内工质的质量流速降低，与光管相比有诸多优点：有效地防止膜态沸腾；减小循环泵压头和台数，泵的电耗显著降低；能缩短锅炉的启动和停炉时间；当水冷壁发生爆管时，能减少工质的泄出量等。

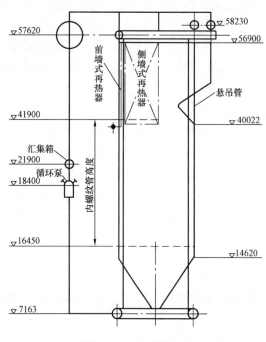

图4-34　水冷壁布置

水冷壁的规格见表4-10，水冷壁的布置如图4-34所示。

表4-10　　　　　　　　　　　　　　水冷壁规格

水冷壁部位	管子外径×壁厚（mm）	节距（mm）	材　　料	管子型式
炉膛水冷壁	$\phi44.5\times5.08$	57	SA-178	内螺纹管和光管
炉底部分	$\phi44.5\times5.5$	57	SA-178	光管
折焰角	$\phi51\times5.6$	63.5	SA-178	内螺纹管
折焰角延伸底	$\phi51\times6.5$	127	20A	光管
延伸两侧墙	$\phi51\times5.5$	114	20A	光管
后墙悬吊管	$\phi63.5\times14$	570	SA-2100	内螺纹管
后墙排管	$\phi51\times6.5$	228.6		光管

本锅炉水冷壁由890根管子组成，前后墙各245根，两侧墙各有200根。两侧墙水冷壁管从上到下均在同平面上，而前后墙水冷壁在炉膛下部形成V形炉底组成冷灰斗，倾角为50°。后墙水冷壁的折焰角下部倾角为55°，上部倾角为30°。

前墙水冷壁的上部及两侧墙水冷壁上部的前侧，布置了墙式再热器，所以，此处的管子热负荷较低，水冷壁管可用光管而不需要用内螺纹管。在冷灰斗处，因要承受炉渣重量，所以水冷壁管壁厚些。前墙上部和两侧墙上部的前侧被墙式再热器遮盖部分的水冷壁管用

$\phi 44.5 \times 5.08$mm 的光管，炉室部分用 $\phi 44.5 \times 5.08$mm 的内螺纹管，冷灰斗部分用 $\phi 44.5 \times 5.5$mm 的光管。

后墙水冷壁的结构较为复杂。后墙水冷壁包括炉膛膜式壁、折焰角、悬吊管、折焰角延伸底及两侧延伸水冷壁和由折焰角延伸而成的后墙管束，相应的管子规格也有多种。

后墙炉室部位水冷壁采用 $\phi 44.5 \times 5.08$mm 的内螺纹管。悬吊管由于悬吊后墙水冷壁重量，所以它由 $\phi 44.5 \times 5.08$mm 水冷壁管变管径为 $\phi 63.5 \times 14$mm，又因炉膛出口处热负荷较高，管内含汽率高，故仍需采用内螺纹管，管数为 25 根。

后墙水冷壁到折焰处形成拱形管，管径为 $\phi 51.5 \times 5.6$mm。折焰角后的管子变成三部分：一部分延伸组成水平烟道前底包覆管，管径为 $\phi 51 \times 6.5$mm；另一部分管子（76 根）是水平烟道两侧水冷壁管，实际上它是拱后底管向上弯曲而形成的，管径仍为 $\phi 51 \times 6.5$mm；再一部分是由折焰角延伸而成的水平烟道中的后墙排管（160 根），管径为 $\phi 51 \times 6.5$mm。折焰角后的延伸管热负荷较低，所以均采用光管。

折焰角、水平烟道底包覆管、两侧延伸水冷壁管和后墙排管的管径均大于炉室水冷壁管径，主要是考虑到这些管子比较长，管内含汽率高，汽水混合物比体积增加，流动阻力增加。为此，需将管径增大以减少工质的流动阻力。另外，在水平烟道由于烟气温度不太高，热负荷较低，可以采用较小的质量流速，可选用较大的管径。

在炉膛四角布置了直流燃烧器，其截面尺寸为 8618mm × 674mm。为让出喷口的位置，要将水冷壁绕开，形成燃烧器区域的水冷套。本锅炉燃烧器区域水冷壁的让管方式和结构与 SG1025/18.1－M319 锅炉相同，只是让管的管数和具体尺寸有所差异，这里不再赘述，参看图 4－9。

本锅炉采用全悬吊结构，在所有水冷壁的上集箱上焊有吊耳，通过吊杆将整个水冷壁悬吊在悬吊钢架的炉顶梁上。在水冷壁的外侧，沿高度每隔 1.5～2m 装设一根刚性梁，使四面水冷壁成为刚性整体，并能承受炉膛压力波动或爆燃所产生的额外压力，防止水冷壁鼓肚。刚性梁的重量由水冷壁承担。

本锅炉以炉顶为零点，使整个水冷壁的箱体在运行期间向下膨胀。在额定负荷下，前后墙水冷壁向下膨胀量都大于 250mm。环形下水包由水冷壁悬吊，随水冷壁一起向下膨胀。

（五）水冷壁工作的可靠性

综上所述，本锅炉蒸发系统的设计、水冷壁的结构和布置是合理的。为减轻水冷壁热偏差、防止水动力特性不稳定、脉动和传热恶化采取了相应的有效措施，从而保证了水冷壁安全可靠的运行。

（1）为防止水冷壁产生过大的热偏差，采取如下措施：

1）在环形下水包内水冷壁管入口装节流圈；

2）水冷壁管内采用较高的质量流速；

3）炉膛热负荷力求均匀。

燃烧器四角布置切圆燃烧，四角的喷口均为多层布置，调节灵敏度大，火焰和烟气在炉内充满度较好，热负荷分布较均匀，有利于减小水冷壁管间的热力不均匀。为减少喷口左右的烟气偏差，二次风口与一次风口之间偏斜 25°角。每角有三层二次风口中装有油枪，在锅炉低负荷运行时起稳燃作用。

（2）水冷壁为一次垂直上升管屏，重位压头影响很大，而且工作压力高，工质的平均比体积变化较小,因此水冷壁管内不会产生多值性的水动力特性。另外,水冷壁管入口均装有节流圈,使水动力特性更加稳定。

(3)由于以下原因,水冷壁不易出现管间脉动现象:

1)水冷壁管入口处装有节流圈,增大了热水段与蒸发段的阻力比值。

2)采用的水冷壁管径较小,保持较高的工质质量流速。

3)工作压力高,汽水密度差小。

但由于这种锅炉的蒸发系统是一个振荡的闭合系统,如果给水调节系统处理不当,将可能出现整体(全炉)脉动。不过,因为有汽包,产生整体脉动时,只是引起汽包水位的波动,对锅炉的安全运行没有多大的影响。

(4)防止水冷壁管传热恶化的主要措施:

1)水冷壁采用内螺纹管,破坏汽膜,增强传热,降低壁温。

2)水冷壁管入口装节流圈,以保证热负荷高的管子有较大的流量,即保证有较高的质量流速。

3)采用燃烧器四角布置切圆燃烧,使炉膛内热负荷分布较均匀以降低局部热负荷的峰值。

第六节 汽包及汽包内部装置

一、汽包

汽包是自然循环锅炉及强制循环锅炉最重要的受压元件,无汽包则不存在循环回路。汽包的作用主要有:

(1)汽包是工质加热、蒸发、过热三个过程的连接枢纽,用它来保证锅炉正常的水循环。

(2)汽包内部装有汽水分离装置及连续排污装置,用以保证蒸汽品质。

(3)汽包中存有一定的水量,因而具有蓄热能力。锅炉或机组工况变化时,可缓和汽压的变化速度,有利于锅炉运行调节。

(4)汽包上装有压力表、水位表、事故放水门、安全阀等附属设备,用以控制汽包压力、监视汽包水位,以保证锅炉安全工作。

汽包的几何尺寸(内径、长度与壁厚)与锅炉的循环方式(自然循环或强制循环)、容量、压力以及内部装置的形式及材质有关。强制循环锅炉由于安装了循环泵,压力大、循环倍率小、分离水量少,可采用高效、体积小但阻力大的分离元件,且可减少分离装置的数量。因此汽包尺寸相对同容量、同参数的自然循环锅炉要小。

由于汽包壁很厚,汽包启动应力很大,在大型锅炉中尤为突出,必须引起足够的重视并采取相应的措施。汽包启动应力是指锅炉启动、停运与变负荷过程中汽包壁的应力。它主要由工质压力引起的机械应力,汽包壁温度不均匀引起的热应力及汽包与内部介质重量等引起的附加应力组成。其中热应力包括汽包上、下侧温差和汽包内、外壁温产生的热应力。

锅炉给水一般采用从除氧器来的热水,在进水的过程中,因汽包壁热阻很大,壁内加热很慢,该汽包金属内壁温升比外壁迅速,内壁温度因此高于外壁。在汽包壁厚范围内,温度成抛物线分布,见图4-35。由试验可知,汽包内外壁的温差 Δt 可用下式计算,即

$$\Delta t = \frac{w}{2a}x^2 \tag{4-19}$$

$$a = \frac{\lambda}{c\rho}$$

式中　w——加热介质的温升速度，$w = \dfrac{\mathrm{d}t}{\mathrm{d}\tau}$；

$\quad\quad a$——热扩散率；

$\quad\quad \lambda$——汽包导热系数，kW/（m·℃）；

$\quad\quad c$——汽包金属比热容，kJ/（kg·℃）；

$\quad\quad \rho$——汽包金属密度，kg/m³。

因此在图 4-35 中，当 $x = \delta$（壁厚）时，$\Delta t = \dfrac{w}{2a}\delta^2$。

可见，汽包内、外壁温差是与锅水温升速度 w 成正比的，且汽包壁厚 δ 越大，Δt 亦越大。

汽包内壁温度较高，力图膨胀，而外壁因温度较低阻止发生膨胀。于是内壁产生压缩应力，外壁产生拉伸应力。如冷水进入锅炉，汽包进行冷却，则与之相反，即内壁温度低于外壁温度，故内壁产生拉伸应力，外壁产生压缩应力。经计算，此应力可以达到很大数值。而且内壁的压缩应力为外壁拉伸应力的两倍。

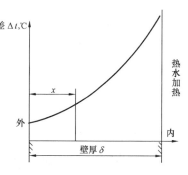

图 4-35　汽包壁温度场

此外，在锅炉启动过程中，汽包的汽空间与水空间的壁温是不一样的。汽包上部汽空间金属壁温高于下部水空间的壁温，可达 2~3 倍。严重时，这种上下温差将使汽包产生拱背形状的变形。但是与汽包连接的许多管子不允许它自由变形，这样就必然产生热应力。上部金属壁受轴向压应力，下部金属壁受轴向拉应力。根据近似计算，其附加应力为

$$\sigma = \alpha E \Delta t \tag{4-20}$$

$$\Delta t = （t_{上} - t_{下}）/2$$

式中　α——钢的膨胀系数；

$\quad\quad E$——钢的弹性模数；

$\quad\quad \Delta t$——汽包上、下壁平均温差。

由此可见，上、下壁温差 Δt 越大，则热应力越大。

一般规定，汽包上、下壁金属温差 $\Delta t \leqslant 50℃$。

为了保证汽包的安全运行，必须采取以下措施：

（1）严格控制汽包温差，防止内、外壁温度差过高而引起过大的温度应力。为此，锅炉进水水温应小于 90℃，同时严格控制一定的温升速度，平均不应超过 1.5~2℃/min 或 100℃/h。

（2）汽包采用环形夹套结构。整个汽包或仅汽包下部采用内夹套结构，见图 4-36。

由图可见，汽水混合物由汽包上部进入，沿着汽包两侧流下，进入用挡板形成的狭环夹套中。该挡板夹套与汽包筒体是同心的，其中充满具有足够流速的汽水混合物。夹套把锅水、省煤器来水与汽包内壁分隔开，其内壁均与汽水混合物接触，从而使汽包上、下壁面温度均匀。在锅炉启、停过程中，不再需要汽包上、下壁温差的监视，可加快启、停时间，确

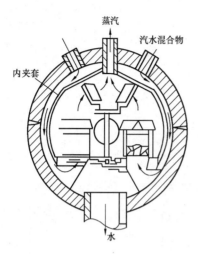

图 4 – 36　环形夹套汽包结构

保汽包安全运行。

（3）锅炉启、停初期，采用炉底蒸汽加热系统，即在下集箱通过加热蒸汽引入管，借助邻机抽汽或启动锅炉产生的蒸汽加热锅水，使整个水冷壁及汽包加热，以减少其热应力；同时适当地进水与放水，促进锅内水循环的建立，保证汽包及各受热面受热均匀，避免管壁超温。炉膛点火时，燃烧器投入对称且均匀，使炉内温度场尽量均匀。

维持汽包正常和平稳的水位是自然循环锅炉安全运行的重要措施之一。汽包水位值的选取应该是既要保证高水位时汽包具有足够的蒸汽空间，避免蒸汽带水，保证蒸汽品质；也要保证低水位时距下降管入口有充分的高度，避免下降管带汽，保证水循环的安全性。

300MW 单元机组的锅炉，汽包中存水量相对较小，容许变动的水量就更少。汽包水位在运行中必须严密监视，同时也要求给水系统和给水调整必须十分可靠。因此大型锅炉汽包上通常设置几种不同功能的水位监控仪表。如 SG1025t/h 亚临界自然循环锅炉汽包水位的就地监视，是用两只分设在汽包两端封头上的双色水位计（俗称牛眼式水位计）。水位计的可见高度为 454mm，每只水位表前均配有一台电视监控器，可以用切换装置交错监视两端汽包水位。水位表上的水位窗口朝炉前方向。因此相应的监控器布置在炉前的汽包平台上。汽包右端封头上设置的一只电接点水位计作水位监控报警用，当水位超过警戒值时，锅炉自动解列，见表 4 – 11。四只单室水位平衡容器分别布置在汽包两端封头上，供运行检测、保护和调节等用。

表 4 – 11　　　　　　　　　　　　　电接点水位表热控测点

水位（mm）	+ 125	+ 180	+ 250	– 200	– 300	– 350	汽包中心线下 50	± 50
热控连锁测点	声报警	事故放水	解列	声报警	停上部一组给粉机	解列	正常水位	允许水位

此外，大型锅炉（设计压力 > 16.7MPa）的汽包中通常还设有液面取样器，以便在高压运行时测出汽包内的真实水位，以此对水位表和远方水位指示装置所指示的水位进行校核。取样器通常安置在受下降管和分离器影响较小的汽包端。取样器是一只两头封闭的圆筒，其外侧均布若干只取样管，内侧上下各开一孔与汽包汽水侧相通，使具有一定的阻尼作用，保证筒内水位平稳。测量真实水位是通过所采得水样的导电度来判断的，其精确值在 50mm 以内。

直流锅炉没有汽包，但一般都装有汽水分离器，并设有专门的启动旁路系统，以排除启动过程中最初排出的热水、汽水混合物、饱和蒸汽以及过热度不足的过热蒸汽，回收利用工质和热量，提高发电厂的效率。同时可为锅炉过热器和再热器提供充分的冷却保护，改善启动条件，以满足锅炉启动和低负荷运行的需要。

直流锅炉的汽水分离器（或称启动分离器）有内置式和外置式两种。

外置式分离器只是在机组启动及停运过程中使用，正常运行时与系统隔绝，处于备用状态。启动分离器在启动旁路系统中作为扩容和分离蒸汽之用，相当于一个低、中压汽包，不同之处在于它产生的蒸汽除了通往过热器外，还可通往凝汽器、除氧器、高压加热器或再热器等。

图 4-37 为简化的外置式分离器启动系统。启动分离器位于蒸发受热面与过热器之间。启动过程过热器进口隔绝阀 A 关闭，启动分离器出口隔绝阀 C 开、进口调节阀 B 进行节流调节，节流管束 J 用来减小 B 阀的压力降，改善阀门的工作条件。蒸发受热面工质通过 B 阀节流减压后进入启动分离器，在启动分离器中扩容、产汽和汽水分离，蒸汽通过 C 阀进入过热器，其余的汽和水可分别

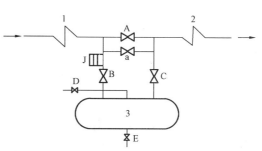

图 4-37　外置式启动分离器启动系统简图
1—省煤器与水冷壁；2—过热器；3—启动分离器；A—过热器进口隔绝阀；B—启动分离器进口节流调节阀；C—启动分离器蒸汽出口隔绝阀；D—汽回收阀；E—水回收阀；J—节流管束

回收。这样，蒸发受热面可保持较高的启动压力，启动分离器处于低压或中压状态，其压力根据汽轮机的进汽参数要求和工质排放能力确定。启动分离器使蒸发受热面与过热器受热面之间的界限固定下来了，与汽包锅炉类似，故具有汽包锅炉的汽温特性。启动进行到一定阶段，启动分离器要从系统中分离出来，工质直接通过 A 阀进入过热器，锅炉转入纯直流运行方式，称为"切除启动分离器"，简称"切分"。

外置式分离器启动系统在启停过程中要有切除启动分离器和投运启动分离器的操作，增加了启停复杂性，但是启动分离器的优点明显，能充分地回收热量和工质，且能解决机、炉之间的蒸汽流量和参数要求不一致的矛盾，与内置式分离器比较，启动分离器的压力低，设计、制造方便，运行要求也较低。其工作参数（压力和温度）要求可以比较低，但控制阀门要求较高。

内置式分离器在启动完毕后，并不从系统中切除，而是串联在锅炉汽水流程内，分离器与水冷壁、过热器之间的连接无任何阀门。一般在（35%～37%）MCR 负荷以下，由水冷壁进入分离器的为汽水混合物，在分离器内进行汽水分离，分离器出口蒸汽直接送入过热器，疏水通过疏水系统回收工质和热量或排放到大气、地沟。当负荷大于（35%～37%）MCR 时，由水冷壁进入分离器的工质为干蒸汽，分离器只起集箱的作用，蒸汽通过分离器直接进入过热器。因此它的工作参数（压力和温度）要求比较高，但控制阀门可以简化。

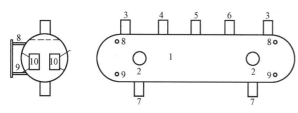

图 4-38　启动分离器一般结构
1—筒体；2—工质入口；3—蒸汽出口（至过热器）；4—安全阀接口；5—蒸汽回收（至除氧器和凝汽器）；6—向空排汽；7—水回收（至除氧器、凝汽器或地沟）；8—水位计汽连通管；9—水位计水连通管；10—旋风分离器

启动分离器的一般结构见图 4-38。

SG1025t/h 一次上升型直流锅炉配置内置式分离器启动系统。该系统启动分离器位于低温过热器与高温过热器之间，该直流锅炉的汽水分离器内置 12 只直径为 219mm 的旋风分离器。分离器内径为 1400mm，长 6800mm，设计压力为 4.41MPa，其结构如图 4-39 所示。在锅炉启动过程中，流过炉顶及包覆管过热器及低温对流过热器的工质是汽水混合物。汽水混

和物进入分离器后在旋风分离器的作用下高速旋转，由于惯性作用发生汽水分离，分离后汽、水被分别引出启动分离器。

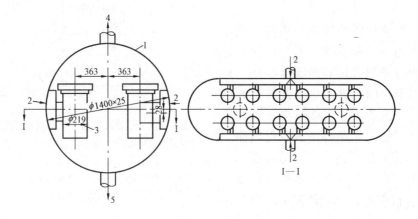

图 4 – 39 SG1025t/hUP 型直流炉启动分离器示意
1—启动分离器；2—汽水混合物引入管；3—旋风分离器；4—蒸汽引入管；5—水引出管

苏尔寿 924t/h 亚临界参数直流锅炉配置外置式分离器启动旁路系统。该锅炉的汽水分离器位于水冷壁与低温过热器之间，是一个直径为 600mm，壁厚为 45mm 的长直圆筒，垂直布置在靠近炉前的上方，在锅炉启动或低于 40% 额定负荷时，进入汽水分离器的是汽水混合物。经分离后，蒸汽由顶部两根管子引出，送入悬吊管进口集箱，水则经炉前热交换器送往除氧器给水箱。为了保持汽水分离器的水位，在进省煤器前有一路水直接进入汽水分离器。在正常负荷下运行时，进入分离器的是蒸汽，故分离器内无水。这时分离器只是一个系统中流过蒸汽的容器，所以可以认为汽水分离器实际上是启动分离器，没有排污或清洗作用。

937t/h 亚临界压力低倍率复合循环锅炉汽水系统装有立式分离器，总高为 29.7m，内径为 800mm，筒内无任何分离元件。因此蒸发受热面与过热器之间有固定的分界点，在自动调节和动态特性方面都带有汽包锅炉的特点。但立式分离器的作用与锅炉汽包有很大差别，其汽水分离的作用较差，在高负荷下，分离器出口蒸汽的湿分约为 10% ~ 12%，但由于给水品质很好，蒸汽虽携带较多的湿分也不会影响到过热器的安全运行，只是直接影响到过热汽温的调节特性和过热器受热面的布置，因此在布置过热器受热面及确定调温手段时，应考虑到分离器出口湿度的变化幅度。同时分离器底部排水中的带汽率也比汽包锅炉大得多，但在混合器中与省煤器来的过冷水混合时，蒸汽即迅速凝结放热，加热给水，一般在循环泵入口处的循环水仍有一定的过冷度，因此排水中带汽只是使水冷壁的实际循环倍率降低、下降系统流动阻力增加，一般不会影响到循环的安全性。对于低倍率复合循环锅炉来说，为防止受热面出现膜态沸腾，仍应给予足够重视。

二、蒸汽净化及汽包内部装置

（一）蒸汽的净化

锅炉的任务是提供一定数量和质量的蒸汽。蒸汽的质量包括压力、温度和品质。所谓蒸汽品质是指蒸汽中杂质含量的多少。

经过炉外水处理后送入锅炉汽包的给水，仍然带有微量的盐分和杂质。因此由汽包送出的饱和蒸汽中也会携带和溶解一些杂质。这些杂质主要是钠盐、硅酸、CO_2和NH_3等。含有杂质的蒸汽通过过热器，部分杂质沉积在管子内壁上，形成盐垢，使蒸汽流通截面变小，流动阻力增加。同时影响传热，造成管壁温度升高，加速钢材蠕变，甚至产生裂变而爆破。如杂质沉积在蒸汽管道的阀门处，可能引起阀门动作失灵、漏汽；沉积在汽轮机通流部分的杂质将改变汽轮机叶片的型线，减少蒸汽流通面积，增加阻力，使汽轮机出力及效率降低，严重时，可能造成调速机构卡涩、轴向力增大，甚至破坏转子两端的止推轴承。如叶片结盐垢严重，还可能影响转子的平衡而造成重大事故。由此可知，合格的蒸汽品质是保证锅炉和汽轮机安全经济运行的重要条件。

对于高参数、大容量机组，随着蒸汽压力的提高，比体积相应减小，汽轮机通流部分面积随之减小，即容量越大，单位时间流经汽轮机叶片上的蒸汽量越多。这样，在相同的蒸汽品质条件下，将使汽轮机叶片上的杂质沉积量增大。此外，高参数、大容量锅炉中的过热器受热面以及蒸汽管道上的阀门等部件处在更为恶劣的工作条件下，盐垢层对它们的安全工作会带来更大的威胁。因此对现代大型锅炉蒸汽品质的要求相应更高。一般说来，承担基本负荷的高压机组对蒸汽洁净度的要求高，承担尖峰负荷的机组，因经常启停，每次启停均有湿蒸汽通过，实际上起了清洗汽轮机的作用，因此对蒸汽品质要求稍低。

自然循环及强制循环锅炉由于有汽包，锅水中盐分排出和蒸汽净化都能在汽包中实现。

直流锅炉与低倍率复合循环锅炉都没有汽包，因此对水质的要求很高。过去由于受到水处理技术的限制，为了保证直流锅炉安全运行，采用过渡区或汽水分离器。随着水处理技术的发展，给水品质得以保证。同时在实际运行中，对全部汽轮机凝结水均进行除盐，可以保证锅炉及汽轮机中均无盐垢，因此现代直流锅炉都不采用过渡区，但有的锅炉带有汽水分离器。

目前，电站锅炉蒸汽品质按 GB/T 12145—1999《火力发电机组及蒸汽动力设备水汽质量》中规定的标准执行，见表4－12。

表4－12 　　　　　　　　电站锅炉饱和蒸汽和过热蒸汽品质监督标准

炉型 项目	压力，MPa	汽包炉			直流炉			
		3.8~5.8	5.9~18.3		5.9~18.3		18.4~25	
		标准值	标准值	期望值	标准值	期望值	标准值	期望值
钠，$\mu g/kg$	磷酸盐处理	≤15	≤10	—	≤10	≤5	<5	<3
	挥发性处理		≤10	≤5				
二氧化硅，$\mu g/kg$		≤20	≤20		≤20		<15	<10

（二）蒸汽被污染的原因

蒸汽中含有杂质称为蒸汽污染。蒸汽被污染的原因有两个：一是饱和蒸汽携带锅水水滴，而锅水中含有杂质；二是饱和蒸汽溶解携带某些杂质，而这些杂质是随给水进入锅炉的。因此蒸汽被污染的根本原因在于锅炉的给水中含有杂质。含有杂质的给水进入锅炉后，由于不断蒸发而浓缩，使锅水的含盐浓度比给水大得多，蒸汽携带这种锅水水滴而被污染。这是中、低压锅炉蒸汽污染的主要原因。随着压力的升高，蒸汽溶解盐的能力增加。因此高压以上的大型锅炉蒸汽的污染是由蒸汽带水和溶盐两个原因造成的。

1. 饱和蒸汽的机械携带

饱和蒸汽携带锅水水滴称为蒸汽的机械携带。机械携带量的多少取决于携带水滴的多少及锅水含盐浓度的大小。显然，蒸汽携带的锅水水滴越多，锅水含盐浓度越大，蒸汽机械携带量就越大。蒸汽的带水量是以蒸汽湿度表示的，即蒸汽含水量占湿蒸汽重量的百分比。通常可以认为蒸汽带出水滴的含盐浓度与锅水的含盐浓度相同。这样，由于机械携带，蒸汽的含盐量为

$$S_q^s = \frac{\omega}{100} S_{ls} \tag{4-21}$$

式中　S_{ls}——锅水含盐量，mg/kg；

　　　ω——蒸汽携带的水分，kg。

由式（4-21）可知，由于机械携带，蒸汽带盐量取决于携带水分的多少（ω）及锅水含盐量的大小（S_{ls}）。在自然循环锅炉中，汽水混合物从水位以下引入时，蒸汽通常在汽包的水容积中上升，当汽泡穿出蒸发面时，将蒸发面撕裂，由于水膜的破裂形成许多大小不等的水滴；当汽水混合物从汽包的蒸汽空间进入时，也可能由于汽水混合物撞击汽包内部装置或蒸发面，或汽流的相互冲击而形成许多水滴并向不同方向飞溅。质量较大的水滴具有较大的动能，溅起的高度亦较大，如蒸汽空间高度不够大，就可能被蒸汽带走。细小水滴的动能小，飞溅不高，但因其质量轻，若汽流速度较大时，仍有可能被汽流卷起带走。

锅炉运行时，影响蒸汽带水的主要因素为锅炉负荷、锅炉工作压力、汽包蒸汽空间高度、锅水含盐量及汽包内部装置等。

（1）锅炉负荷。在锅炉设计中，常用蒸发面负荷 R_s 和蒸汽空间负荷 R_v 来表示汽包内蒸汽负荷的大小。用得最多的是 R_s。

所谓蒸汽面负荷指的是单位时间内通过汽包单位蒸发面的蒸汽流量，可以表示为

$$R_s = Dv''/A \tag{4-22}$$

式中　D——锅炉蒸发量，t/h；

　　　A——汽包蒸发面面积，m²；

　　　v''——饱和蒸汽比体积，m³/kg。

显然，蒸发面负荷增加，水空间含汽量增大，使汽包水位提高，相应降低了汽空间高度；同时，由于通过蒸发面的汽泡增多，汽泡破裂时形成的水滴数量也增多，蒸汽上升的速度增大，对水滴的携带作用加强，从而使蒸汽带水量增加，即蒸汽湿度增大。若锅水含盐量 S_{ls} 一定，蒸汽湿度 ω 与负荷 D 的关系可用式（4-23）及图4-40表示。其关系式为

$$\omega = AD^n \tag{4-23}$$

式中　A——与压力和汽水分离装置有关的系数；

　　　n——与负荷 D 有关的系数。

由图4-40可见，在不同的负荷区域，随着负荷 D 的增加，蒸汽湿度 ω 增大的程度是不一样的。现代电站锅炉，蒸汽湿度 ω 一般不允许超过 0.01%～0.03%，因此应在第Ⅱ负荷范围内工作。蒸汽负荷 D_2 叫做临界蒸汽负荷，可由电厂热化学试验确定。

（2）工作压力。水和蒸汽的物理性质是随着压力的变化而变化的。压力越高，饱和水的表面张力越小，水膜越容易被破碎为细小的水滴；压力越高，饱和蒸汽与水的密度差越小，汽水分离越困难；压力越高，蒸汽的密度越大，携带水滴的能力增强，蒸汽越容易带水。所有这些都说明，工作压力越高，蒸汽越容易带水。因此对于高压以上的大型锅炉，为了保证蒸汽品质，必须采用高效的汽水分离装置。

此外，对于运行中的锅炉，工作压力的急剧变化还可能造成汽水共腾，使蒸汽大量带水，品质恶化。

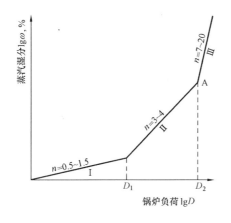

图4-40　蒸汽湿度 ω 与负荷 D 的关系

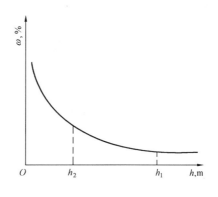

图4-41　蒸汽湿度 ω 与蒸汽空间
高度 h 的关系

（3）汽包水位。汽包水位的高低影响到蒸汽空间的实际高度，因而也影响蒸汽的带水。当水位降低而使蒸汽空间高度增大时，蒸汽不易带水；反之，蒸汽容易带水。这是因为当汽包蒸汽空间足够大时，大部分水滴上升到一定高度后会由于其自身动能的消耗而返回汽包水容积，不至于被蒸汽带出，从而使蒸汽湿度减少。此时，再增加蒸汽空间高度，蒸汽湿度的降低则减小，超过一定高度后则不再降低了，如图4-41所示。所以采用过大的汽包尺寸对减少蒸汽带水量并无必要。而且汽包水位也不应太低，否则将会影响水循环的安全。由此可见，增加汽包空间高度对降低蒸汽带水量的效果是有一定的限度的。为了保证汽包有足够的蒸汽空间高度，通常汽包的正常水位应在汽包中心线以下 100～200mm。同时运行人员必须严格监视水位。

（4）锅水含盐量。锅水含盐量的大小影响水的表面张力和动力黏度，因而也影响蒸汽带水量。

锅水含盐量增加，水的表面张力减小而其黏度增加。因此，汽泡直径随之减小，汽泡液膜强度相应增大。直径小的汽泡对水的相对速度减慢，使汽包水容积中含汽量增加，水位上升。同时，在汽包蒸发面上形成泡沫层，从而使蒸汽空间高度减小，增加了蒸汽的带水量。同时，汽泡直径越小，内部过剩压力增加，破裂时抛出的水滴也越小、数量越多。而汽泡液膜强度增大，使汽泡只能在液膜很薄时才会破裂。液膜越薄，破裂时生成的水滴就越微小，这些水滴都更容易被蒸汽带走。

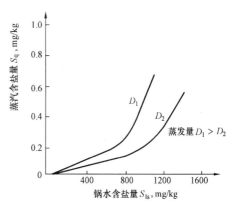

图4-42　蒸汽含盐量与锅水含盐量的关系

由此可见，随着锅水含盐量的增大，蒸汽的机械携带是增加的。图4-42表示蒸汽含盐量与锅水含盐量的关系。

由图可见，当锅水含盐量增大到某值后，蒸汽含盐量突然急剧增加。说明此时汽包蒸汽空间高度显著减小，且微小水滴增多，从而使蒸汽带水量增大。其对应的锅水含盐量称为临

界含盐量 S_{ls}^{lj}。临界锅水含盐量的数值与蒸汽压力、负荷、锅水中杂质成分、蒸汽空间高度以及汽水分离装置等因素有关。通常是在额定工况下，通过电厂热化学试验得出的。为保证蒸汽品质，运行中锅水含盐量应远低于锅水临界含盐量，最高不得超过 S_{ls}^{lj} 的 75%。

2. 蒸汽溶盐及选择性携带

在高压和超高压锅炉中，饱和蒸汽和水一样有直接溶解盐分的能力，这就是所谓的蒸汽溶盐。由于蒸汽对不同杂质的溶解能力不同，即蒸汽的溶盐具有选择性，故又称为选择性携带。

蒸汽对某种物质的溶解量用分配系数 a 来表示。所谓分配系数是指某物质溶解于蒸汽中的量 S_q^R (mg/kg) 与该物质溶解于锅水中的量 S_{ls} (mg/kg) 之比，即

$$a = \frac{S_q^R}{S_{ls}} \times 100\% \qquad (4-24)$$

或

$$S_q^R = \frac{a}{100} \times S_{ls} \qquad (4-25)$$

对高压和超高压以上的锅炉，蒸汽污染是由蒸汽带水和溶盐两种原因引起的，即蒸汽既携带锅水又溶解盐类，此时蒸汽中所含某物质的总量为

$$S_q = S_q^s + S_q^R = \frac{\omega + a}{100} \times S_{ls} \qquad (4-26)$$

$$S_q = \frac{k}{100} \times S_{ls} \qquad (4-27)$$

式中 k——蒸汽的携带系数，$k = \omega + a$，%。

蒸汽溶盐具有以下特点：

（1）饱和蒸汽和过热蒸汽均可溶解盐类。凡能溶于饱和蒸汽的盐类也能溶于过热蒸汽。

（2）蒸汽的溶盐能力随压力升高而增大。

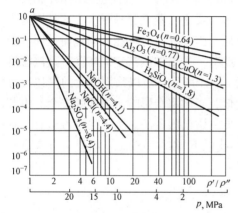

图 4-43 不同物质的分配系数和压力的关系

图 4-43 给出了不同盐类的试验数据。由图可见，压力升高，各种盐分的分配系数迅速增大，蒸汽溶盐量亦增大。这是因为压力升高，水的密度 ρ' 减少而饱和蒸汽的密度 ρ'' 增加，使饱和蒸汽的性质逐渐接近于水的性质，所以 a 随之增加。其关系可近似用下式表示，即

$$a = \left(\frac{\rho''}{\rho'}\right)^n \qquad (4-28)$$

式中 n——某种盐类的溶解指数，取决于该盐类的性质。

（3）蒸汽对不同盐类的溶解是有选择性的，与盐类性质有关。在相同条件下，不同盐类在蒸汽中的溶解度相差很大。根据饱和蒸汽的溶盐能力，可将锅水中常见的几种盐分分为三类：

第一类物质为硅酸 (H_2SiO_3)，分配系数最大。

第二类物质为 $NaOH$、$NaCl$ 和 $CaCl_2$。这类物质在蒸汽中的溶解度比硅酸低得多。

第三类物质是 Na_2SO_4、Na_2SiO_3、Na_3PO_4、$Ca_3(PO_4)_2$、$CaSO_4$ 和 $MgSO_4$ 等。这类物质的溶解度很低，压力在 20MPa 以下时，对自然循环锅炉可以不考虑它们在蒸汽中的溶解。

蒸汽中硅酸的溶解度大，而且它们沉积在汽轮机叶片上不易被水清洗掉，所以危害最大。在锅水中一般同时存在硅酸和硅酸盐。提高锅水碱度（增大 pH 值），XOH^- 离子浓度增大，有利于硅酸转变为难溶于蒸汽的硅酸盐，从而使蒸汽中的硅酸含量减少，减少蒸汽的溶解性携带。但碱度增高，锅水易生泡沫，使蒸汽的机械携带剧增，同时还会引起金属的碱腐蚀。

（三）汽包内部装置

电厂对蒸汽品质的要求很高。对于汽包锅炉，饱和蒸汽的洁净度也就是过热蒸汽的洁净度，取决于锅水的含盐浓度、蒸汽的机械携带和蒸汽对各种盐分的溶解能力，即决定于给水品质、运行方式和蒸汽净化装置的设计。

汽包内部装置是布置在汽包内部，用于净化蒸汽、分配给水、排污和加药等装置的总称。

1. 汽水分离设备

采用汽水分离装置可以显著地减少饱和蒸汽机械携带水分，提高蒸汽品质。

汽水分离装置主要利用水和汽的密度差以及离心分离作用实现汽和水的分离。汽水分离装置包括挡板、孔板（包括水下孔板和集汽孔板）、百叶窗分离器（波形板分离器）、旋风分离器。挡板分离装置见图 4 - 44，孔板分离装置见图 4 - 45。

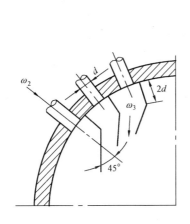

图 4 - 44　挡板分离装置

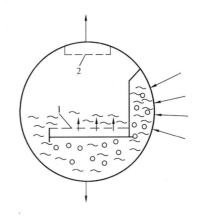

图 4 - 45　孔板分离装置

1—水下孔板；2—集汽孔板

现代大型锅炉汽包顶部大都采用 V 型或 W 型百叶窗分离器，如图 4 - 46 所示。百叶窗分离器是比较有效的二次分离元件，由很多平行波纹板组成，带有部分水滴的蒸汽在波形板缝隙中流动，由于多次改变其流动方向，依靠惯性力将水滴分离出来，并吸附在波形板面上形成水膜，流到板下方的水空间。百叶窗分离器有卧式和立式两种布置。卧式百叶窗分离器中，蒸汽与水平行反向流动，即蒸汽向上流动，水则向下流动，如图 4 - 46（a）所示。这种百叶窗分离器只有在进入波形板的蒸汽流速很低的情况下工作，否则会把水膜撕破，形成二次携带。立式百叶窗的蒸汽流向与水膜流动方向

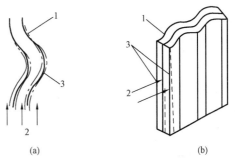

图 4 - 46　百叶窗分离装置

（a）卧式百叶窗；（b）立式百叶窗

1—波形板；2—蒸汽流向；3—水膜流向

垂直，能适应较高的入口蒸汽流速。所以汽水分离效果较卧式好，但它在汽包中要占据较大的蒸汽空间，如图4-46（b）所示。

旋风分离器是一种高效的一次分离装置。汽包内的旋风分离器主要有涡轮式、立式和卧式三种，卧式旋风分离器由于蒸汽空间高度小，分离效果不及前两种。

旋风分离器由筒体、筒底和顶帽三部分组成，有柱形筒体和锥形筒体两种。

柱形旋风分离器的结构如图4-47所示。汽水混合物以一定的速度沿切线方向进入筒体，产生旋转运动。水滴由于离心力作用被抛向筒壁，并沿筒壁流下，蒸汽则由中心上升。为防止贴筒水膜层被上升汽流撕破重新使蒸汽带水，在筒的顶部装有溢流环，使上升水膜能完整地溢流出筒体。同时为防止水向下排出时把蒸汽带出，筒底中心部分有一圆形底板，水只能由底板周围的环形通道排出，通道内装有倾斜导叶，使水稳定地流入汽包水容积中。分离器的顶部还装有波形板组成的顶帽（即波形板百叶窗分离器），既能均匀上升蒸汽的流速，又能再次使汽水分离，以保证高品质的蒸汽进入汽包的蒸汽空间。

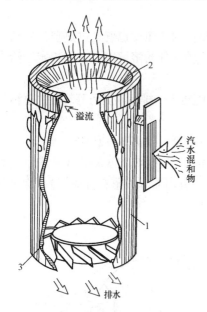

图4-47　柱形筒体立式旋风分离器
1—筒体；2—溢流环；3—筒底导叶

近年来，导流式立式旋风分离器得到推广使用，如DG1000t/h锅炉的旋风分离器，这种分离器在筒体内汽水混合物入口引管的上半部加装导流板，导流板向筒内延伸135°，形成导流式筒体，借此延长汽水混合物的流程和在筒体内停留的时间，强化离心作用，从而提高分离效果，增大旋风分离器的允许负荷，见图4-48。

锥形筒体立式旋风分离器（也称为拔伯葛型旋风分离器）的筒体采用内翻边缘，见图4-49。这样，可避免开式溢流环往筒外甩水，但边缘的溢水有时会破坏水膜沿筒体内壁的流动。引进机组850t/h锅炉采用了这种旋风分离器。

涡轮式旋风分离器（又称为轴流式旋风分离器）由外筒、内筒、与内筒相连的集汽短管、螺旋导叶装置和百叶窗顶帽等组成，见图4-50。汽水混合物由分离器底部轴向进入，借助于固定式导向叶片产生的离心力作用，使汽水混合物产生强烈的旋转而分离，水被抛到内筒壁，并依靠汽水混合物的冲力向上作螺旋运动，通过集汽短管与内筒之间的环形截面流入内外筒间的疏水夹层折向下，进入汽包水容积。蒸汽则由筒体的中心部分上升经波形板分离器进入汽包蒸汽空间。这是一种高效的分离器，而且体积小。

旋风分离器的流动阻力属循环回路中上升管侧总阻力的一部分。汽水混合物进口流速愈高，汽水分离效果愈好。但旋风分离器的阻力将大大增加，对水循环不利。一般通过旋风分离器的阻力为5000~20000Pa，涡轮式旋风分离器的阻力则更大，在水循环计算中必须加以考虑。因此这种分离器通常用于强制循环锅炉。

美国燃烧工程公司生产的强制循环锅炉，汽包内均采用涡轮式旋风分离器。这除了因有循环泵能克服更大的阻力外，还与该炉的汽包内壁结构有关。CE型锅炉的汽包内壁上部装有弧形衬套，它一直延伸到汽包下部的水空间。从汽包顶部引入的汽水混合物沿着衬套与汽包壁之间的环形通道向下流，到通道的出口再拐向分离器，从下部轴向流入分离器。可见，与弧形衬套结构相配合的多采用轴流式旋风分离器。

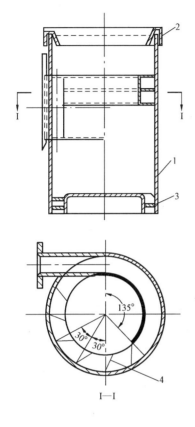

图4-48　旋风分离器的导流式筒体
1—筒体；2—溢流环；
3—筒底导叶；4—导流板

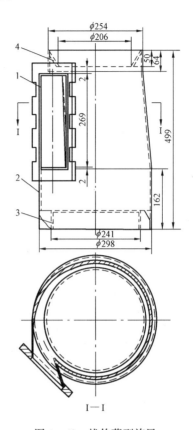

图4-49　拔伯葛型旋风
分离器的锥型筒体
1—汽水混合物入口引管；2—锥形筒体；
3—排水导叶盘；4—内翻式边缘

2. 蒸汽清洗

如前所述，在较高压力下，溶解性携带是蒸汽污染的主要原因。这样，仅靠机械分离元件已不能保证良好的蒸汽品质，还需采用蒸汽清洗。所谓蒸汽清洗就是使蒸汽通过洁净的清洗水（一般采用给水作为清洗水），利用清洗水与锅水的含盐浓度差别来降低蒸汽溶解携带的盐分。同时，蒸汽清洗也可减少由于蒸汽的机械携带而带出的盐量。因为经清洗的蒸汽带出的水为含盐浓度较低的清洁水，而不是锅水。

蒸汽清洗方式主要有三种，即：雨淋式、水膜式和起泡穿层式。按蒸汽清洗的级数来分，有单级清洗和多级清洗。

雨淋式蒸汽清洗方式是在锅筒顶部装一排清洗水喷嘴，通过蒸汽空间把水喷到一次分离元件上，当清洗水量为蒸汽流量的6%～20%时，能把蒸汽中的硅酸清除掉约30%。由于喷嘴喷出的清洗水滴穿过密度较大的蒸汽层时，在很短的距离（几十毫米）内，其初速度就完全消失掉。因此虽然喷出的许多小水滴能形成较大的接触面，但它在蒸汽空间分配不均匀而且扰动很小，不仅清洗效果不高，还有可能被带到二次分离元件中去。

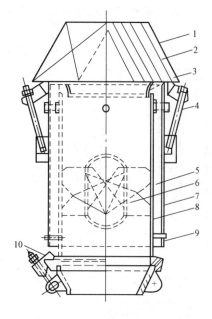

图 4-50　涡轮式旋风分离器

1—梯形顶帽；2—百叶窗板；3—集汽短管；
4—钩头；5—固定式导向叶片；6—芯子；7—
外筒；8—内筒；9—疏水夹层；10—支撑螺栓

水膜式百叶窗清洗装置见图 4-51。在旋风分离器上部的百叶窗上装设清洗水管，百叶窗上方有一个分配清洗水的豁口，清洗水由此分配到百叶窗上，由于水的表面张力和向上流动的蒸汽的浮力，足以把清洗水保持在百叶窗上而形成湿膜。为了使旋风筒出口的蒸汽分布均匀，在旋风筒与百叶窗之间装有均汽板。百叶窗一般为倾斜布置，与水平方向成 15° 角。由于蒸汽与清洗水的接触面积太小，而且旋风筒与湿式百叶窗的距离很小，蒸汽中携带的湿分使清洗水受到污染，使清洗效果降低，清洗效率只有 25%～35%。

起泡穿层式（亦称泡吹式）清洗装置是使蒸汽通过水层进行清洗。当此过程中，由于使清洗水层起泡，故称为起泡穿层式。其主要型式有钟罩式和平孔板式两种，见图 4-52。

图 4-52（a）所示的清洗装置的每一组件系由底盘和孔板顶罩组成。相邻两块底盘拼接成缝隙通道，孔板顶罩盖在底盘上面。在清洗装置的两端（沿锅筒长度方向）装有封板，以防止蒸汽不穿过清洗水层而"短路"。给水由配水装置均匀分配到底盘的一侧，然后流到另一侧，通过"门槛"流到水室（即单侧溢水）；蒸汽则通过缝隙通道、沿着底盘与孔板顶罩之间的通道进入清洗水层。由于孔板顶罩上孔板的阻力迫使蒸汽均匀通过水层，进行泡吹清洗。

图 4-52（b）所示的平孔板式清洗装置是由一块块的平孔板组成。为了保持孔板平整，孔板带有翻边，相邻两块孔板的翻边上装有 U 型卡，以防止未经清洗的蒸汽走"短路"。清洗装置两端的封板与平孔板间可加装角铁，组成可靠的水封。给水均匀地分配到孔板上，然后通过溢水"门槛"溢流到锅筒水室。蒸汽自下而上通过孔板，穿过清洗水层进行清洗。一般用 50% 的给水作为清洗水，孔板上的清洗水层靠蒸汽穿孔的阻力所造成的孔板前、后的压差来托住。

平孔板式清洗装置的布置方式和结构见图 4-53。该型清洗装置的结构简单，便于制造和安装。当清洗装置的总面积相同时，平孔板式清洗装置的有效清洗面积比钟罩式的多三分之一。孔板前后的蒸汽负荷较为均匀，阻力也较小。平孔板式清洗装置在我国和原苏联得到广泛的采用。

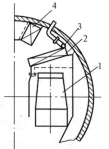

图 4-51　湿式百叶窗清洗装置示意

1—旋风分离器；2—旋风筒上部的倾斜百叶窗；3—清洗水分配管；4—顶部百叶窗分离器

起泡穿层式清洗装置的清洗效率一般为 60%～70%。现代大型电站锅炉多采用平孔板式清洗装置。

为了提高清洗效率，拔柏葛—威尔考克斯公司研制了三级逆流清洗装置，见图 4-54。此种装置系由两块多孔板组成，并在其间填充不锈钢丝网，清洗水引入管装在孔板的上面。由旋风分离器出来的蒸汽自下而上依次通过下孔板、钢丝网和上孔板这三级清洗装置，然后

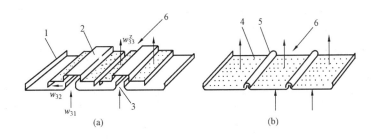

图 4-52 起泡穿层式清洗装置结构示意

(a) 钟罩式清洗装置；(b) 平孔板式清洗装置

1—底盘；2—孔板顶罩；3—缝隙通道；4—平孔板；5—U形卡；6—清洗水

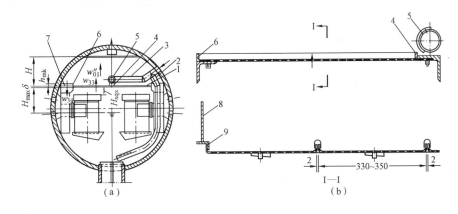

图 4-53 平孔板式清洗装置的布置方式和结构

(a) 布置方式；(b) 结构

1—清洗孔板；2—旁路水管；3—清洗水管；4—配水门槛；5—清洗水配水装置；

6—溢水门槛；7—溢水斗；8—端部封板；9—角铁（密封用）

通过顶部百叶窗进行细分离；清洗水则自上而下的流动，因而组成逆流清洗。

由于锅筒内能用来装设清洗装置的空间是有限的，三级逆流清洗装置所占的空间也不应大于单级清洗。因此其中每一级的清洗时间与接触面积都比单级的少。当分配系数很小时，采用多级清洗的效果并不显著；但是当分配系数很大时，采用多级逆流清洗可以比单级清洗的效率高得多。在三级清洗的一般工作条件下（级效率为 35%、清洗水比例为 5%），蒸汽压力为 6.86 ~ 10.3MPa 时，清除蒸汽中硅酸的效率为 65% ~ 70%；蒸汽压力为 13.7 ~ 17.2MPa 的锅炉上试验结果表明，硅酸的清除效率为 40% ~ 55%，而蒸汽含钠量的清洗效率却高达 90% ~ 95%。

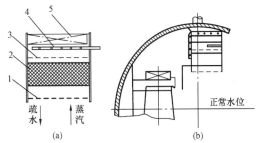

图 4-54 三级逆流清洗装置

(a) 结构示意；(b) 布置方式

1—下孔板；2—不锈钢丝网；3—上孔板；

4—清洗水管；5—百叶窗分离器

随着机组容量和参数的提高，汽包的相对长度减少，加装清洗装置有困难。这时，如果运行情况正常，凝汽器不泄漏，水质符合现行水汽监督规程规定，不装设清洗装置一般也能保证蒸汽品质，且可简化汽包内部的蒸汽净化装置。

此外，随着参数的提高，由于蒸汽溶解硅酸的分配系数随之增大，使清洗装置效率明显下降。因此我国《电站锅炉汽包内部装置设计方法》中建议：亚临界压力汽包炉，主要靠改善给水条件来保证蒸汽品质，推荐采用单段蒸发系统，以旋风分离器作为一次元件，可不采用蒸汽清洗装置。

值得提醒的是，为防止凝汽器泄漏造成的污染，大容量高参数锅炉除给水作除盐处理外，凝结水也需进行除盐处理，以达到规定的给水品质。

3. 排污

饱和蒸汽的品质在很大程度上决定于锅水的含盐浓度。锅炉给水的杂质含量一般很低，但在锅炉运行中，由于水的不断蒸发而浓缩。这些杂质只有少部分被蒸汽带走，绝大部分被留在锅水中，使锅水的含盐浓度不断增大。为了保证获得符合要求的蒸汽品质，锅水的含盐浓度应维持在容许的范围内。因此必须从锅炉中排出部分含盐浓度较大的锅水，代之以比较纯净的给水，这就是锅炉排污。

锅炉排污包括连续排污和定期排污两种。连续排污是连续不断地排出部分含盐浓度大的锅水，使锅水的含盐量和碱度保持在规定值内。因此连续排污应从锅水含盐量最大的部位（通常是汽包水容积靠近蒸发面处）引出。

定期排污用以排除水中的沉渣、铁锈，以防这些杂质在水冷壁管中结垢和堵塞。所以，定期排污应从沉淀物积聚最多的地方（循环回路的最低位置，如水冷壁下部集箱或大直径下降管底部）引出，间断进行。

排污量 D_{pw} 与额定蒸发量之比称为排污率 p。对凝汽式发电厂，$p = 1\% \sim 2\%$；对热电厂，$p = 2\% \sim 5\%$。

锅炉所需排污量可以根据锅炉的盐平衡确定。

直流锅炉没有汽包，所有的水全部蒸发，不可能组织排污。根据杂质在水中和汽中的溶解度，有些沉积在受热面上，有些随蒸汽带走。如果在直流锅炉某些区域中积存的为易溶盐，可以在启动或停炉期间用水洗去，对于难溶的沉积物，要在停炉时由化学清洗来去除。因此直流锅炉对给水品质要求较高。

此外，随着锅炉参数的提高，溶解性携带影响增大，此时，单靠排污来控制锅水品质以达到蒸汽净化的目的，其效果不显著，有时甚至是不可能的，必须考虑提高给水的品质。

三、300MW 机组锅炉典型的汽包与汽包内部装置

美国燃烧工程公司（CE公司）亚临界参数控制循环锅炉作为我国 300MW 引进技术考核机组的锅炉。近年来，国内同容量的亚临界参数自然循环锅炉借鉴了该类锅炉多项技术。CE 公司亚临界参数控制循环锅炉汽包具有以下特点：

（1）CE 公司汽包材质选用强度较低的 SA-299 碳素钢，焊接工艺易于掌握，从而避免因为焊接或热处理带来的质量问题。为了减少汽包自重，降低金属耗量，汽包采取了不等壁厚的技术措施。由于循环泵提供了较大压头，汽水混合物导管可由汽包顶部引入。故上半部汽包开孔较下半部为多，在汽包下部设置有大直径下降管，而所有水冷壁上集箱与汽包导汽管，以及所有饱和蒸汽引出管，均布置在汽包顶部。为了保证强度相同，上半部壁厚大于下半部的壁厚。

（2）汽包采用了环形夹套结构。强制循环锅炉的锅水循环泵能提供较自然循环高出 5～10 倍的循环压头，其数值能达到 0.25～0.55MPa。从水冷壁来的汽水混合物，均经导管从汽包上部引入，沿着夹层空间均匀从汽包前后两侧流下，使汽包上壁、侧壁及下壁都能得到相同温度及状态的介质，几乎在同一传热方式下均匀加热，减少了汽包的上下壁温差，这样就克服了一般自然循环锅炉在启动过程中，从水冷壁来的汽水混合物，由汽包两侧引入而造成的汽包上下壁温差，使整个锅炉在启停过程中的速度能够不受汽包上下壁温差的限制而得以加快。

（3）汽包内布置了涡轮式旋风分离器加 V 型或 W 型百叶窗三级汽水分离装置，一次汽水分离装置选用的是涡轮式旋风分离器，由于循环泵提供了较大的压头，可采用分离蒸汽负荷大，分离效率高的汽水分离器，该类型汽水分离器的分离能力可达 26t/h，比目前自然循环锅炉常用的切向引入的旋风式分离器的出力高得多。

（4）锅炉给水采用直接注水式，即给水直接注入下降管入口端，从而增大了下降管入口水的欠焓，可防止锅水循环泵入口汽化，确保锅水循环泵的安全。

（5）CE 公司生产的强制循环锅炉的工作水位较一般自然循环锅炉低，可运行水位范围可达 300mm，这是自然循环锅炉所不能允许的。这是因为这类锅炉省煤器出口的欠焓给水都靠近下降管入口喷入，可避免水位过低时，下降管入口发生汽化，保证锅水泵的安全运行。另外，由于汽侧空间高度加大，蒸汽自然分离效果趋好，蒸汽品质不易因水位变化而受干扰。

（6）该汽包内设置有真实水位取样装置，称为水位取样缸，用于汽包的就地水位表和远传水位计的水位指示值进行校核。取样缸安置在受下降管和分离器影响较小的汽包端部，取样缸是一只直径约为 110mm、长约为 550mm 两头封闭的圆筒，其外侧均布 10 只取样管，内侧上下各开一只直径为 414mm 的孔与汽包汽水侧相通，使具有一定的阻尼作用，保证筒内水位平稳。测量真实水位是通过所采得水样的导电度来判断的，其精确值在 50mm 以内。

（7）锅炉一般采用单段蒸发，不设蒸汽清洗装置。

例如，SG1025.7t/h 亚临界参数强制循环锅炉汽包金属材料选用 SA－299 碳素钢。汽包内径为 1778mm，筒身直段长度为 13106mm，汽包容积约为 35m³，球形封头。为减少汽包的金属耗量，采用了上、下不等厚壁结构。上半部壁厚为 201.6mm，下半部壁厚为 166.7mm，制造工艺较为复杂，如图 4－55 所示。

SG1025t/h 亚临界参数强制循环锅炉汽包亦选用 SA－299 碳钢，但为了简化制造工艺，采用了上、下等厚壁结构，壁厚均为 203mm。汽包其他结构与 SG1025.7t/h 锅炉相同。

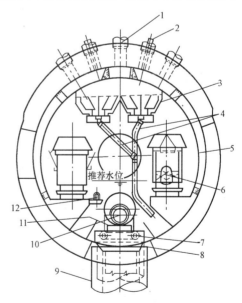

图 4－55　SG1025.7t/h 强制循环锅炉汽包及内部装置
1—蒸汽引出管座；2—汽水混合物引入管座；3—波形板干燥器；4—疏水管；5—弧形衬套；6—涡轮分离器；7—下降管进口集箱；8—焊接十字架；9—下降管短管；10—给水管；11—给水管支架；12—连续排污管

SG1025.7t/h 强制循环锅炉汽包内壁采用了弧形内套结构，见图 4 - 55。它是由沿汽包长度延伸的挡板形成的。上升管均连接到汽包的上部，从 870 根上升管来的汽水混合物通过汽包壁与弧形内套形成的环形通道向下流动，均匀加热汽包壁，并与分布在汽包前、后两排轴向旋风分离器座架共同构成与汽包内汽水空间的分隔。在锅炉启动、停止过程中，该通道内的工质为汽水混合物，整个汽包壁只与汽水混合物一种工质相接触，无汽包上、下壁温差，因此在启动过程中，不需进行汽包上、下壁温差的监视，可加快锅炉的启停速度。此外，在正常运行中，也能经受较大的压力与负荷的变动，从而大大提高了锅炉运行的灵活性。

汽包底部焊有 5 根下降管管接头（其中一个只作试验用），下降管安装在汽包最底部，其目的是使下降管入口的上部有最大的水层高度，有利于防止下降管进口处工质汽化而导致下降管带汽。此外，在下降管入口处装有十字架，用于消除大直径下降管进口处由于水的旋转而产生漏斗形水位面，防止水面以上的蒸汽从旋涡斗深入到下降管，保证锅炉水循环的安全。

汽包上部焊有 18 个饱和蒸汽引出管接头，48 个汽水混合物接入管接头。汽包筒身的下部还焊有 3 个给水管管接头，一个连续排污管管接头和给水调节器管座。

由省煤器来的给水分三路进入位于锅筒底部的给水分配管。给水分配管沿汽包长度方向布置，由 U 形螺杆固定在支架上，支架再固定在汽包的内壁上。给水管穿过汽包壁处采用套管结构，如将给水管直接焊在汽包壁上，则因给水温度的不均匀，会使金属壁产生较大的热应力。给水沿着注水管以较短的路程进入下降管中心，有利于防止下降管进口汽化的发生。

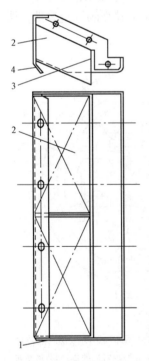

图 4 - 56　波形板干燥器
1—钢板；2—波形板箱；
3—折板；4—盖板

汽包筒身上还装有三个安全阀管座（DN80），四个放气阀和四个清洗阀管座（DN50），高、低水位表管座，以及锅水、饱和蒸汽取样管接头等。

该锅炉运行中的标准水位在汽包中心线以下 228.6mm。高、低位警报线分别为 + 127mm 和 - 177.8mm；高、低水位跳闸线分别为 + 254mm 和 - 381mm。水位允许波动范围达 300mm，变动幅度比相应的自然循环锅炉大得多。

从上升管来的汽水混合物经过 48 根引入管由上部进入汽包，沿着汽包内壁与弧形衬板形成的狭窄通道向前后两侧流下，在汽包下部分别进入沿着汽包长度方向均匀放置的 112 只涡轮式旋风分离器，分离器在汽包内分两排对称布置，见图 4 - 55。它的直径为 254mm，每只分离器能分离的最大蒸汽流量为 18.6t/h，分离器间的节距为 457mm。分离器顶部配置立式波形板（又称顶帽），汽水混合物在涡轮式旋风分离器筒体作一次粗分离后进入立式波形板进一步分离，即第二次分离。经涡轮式旋风分离器分离后的蒸汽中仍带有许多细小的水滴，这些水滴重量轻，难以用重力和离心力将其从蒸汽中分离出来。因此，在汽包顶部沿长度方向对称布置了 72 只立式 "V" 形波形板分离器，呈 "W" 形。为了区别于旋风分离器顶部的波形板分离器，CE 型锅炉将此波形板分离器称为波形板干燥器，作为第三次分离元件，见图 4 - 56。该锅炉的波形板干燥器分前后两组（每组两排，对称布置），呈鸟翼状倾斜。它由许多平行布置的波形板组成，每块波形板由钢板压制成圆角波浪形。波形板干燥器下装有疏水盘和疏水管。在波形板上形成的水膜沿板下流，集中在疏水盘里，再经疏水管引至汽包水容积，从而可避免锅水水滴的飞溅。蒸汽经三次分离，最后通过顶部布置的多孔板进行均流，然后由18根饱和蒸汽引出管将蒸汽引至炉顶过热器。

这种锅炉汽包内部采用单段蒸发系统，并且不设蒸汽清洗装置。因此为确保锅炉蒸汽品质，必须严格控制锅炉给水品质。锅炉给水、锅水和蒸汽质量要求按 GB/T 12145—1999《火力发电机组及蒸汽动力设备水汽质量》标准的规定。这种锅炉对给水品质的要求为：

总硬度 $< 50\mu g/L$；铁量 $< 10\mu g/L$；铜量 $< 10\mu g/L$；

硅量 $< 20\mu g/L$；氧量 $< 5\mu g/L$；联氨量 $< 10 \sim 20\mu g/L$；

pH 值为 $8.8 \sim 9.2$（铜合金设备）；$9.2 \sim 9.4$（无铜设备）。

SG1025t/h、DG1000t/h、1160t/h 拔伯葛亚临界参数自然循环锅炉汽包及汽包内部装置部分采用了上述技术。主要特点是：

（1）汽包内部一般不设置蒸汽清洗装置。

（2）汽包体积相对减小。

（3）为了减小汽包的热应力，汽包下半部设置汽水混合物夹层，将省煤器给水、炉水与汽包壁隔开，尽量减小汽包上下壁温差。为避免夹层内水层停滞过冷，必须使夹层内汽水混合物处于流动状态。

SG1025t/h 自然循环锅炉汽包及汽包展开图见图 4-57 及图 4-58。

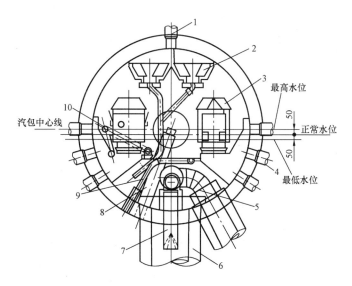

图 4-57　SG1025t/h 自然循环锅炉汽包及内部装置

1—蒸汽引出管座；2—波形板干燥器；3—涡轮式分离器；4—汽水混合物引入管座；5—给水分配管；6—下降管座；7—给水注入管；8—事故放水管；9—加药管；10—排污管

该锅炉由于选用了 BHW-35 碳锰钢，壁厚 145mm，相对较小，故采用上、下等壁厚且内壁不设夹套的汽包结构。

汽包筒身顶部焊有 18 根饱和蒸汽引出管，从汽包中心线每隔 $16°30'$沿长度方向焊有三

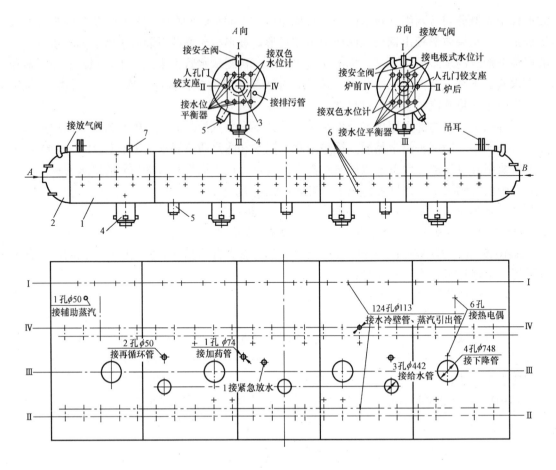

图 4-58　SG1025t/h 自然循环锅炉汽包展开图

1—汽包筒节；2—封头；3—人孔门接头；4—下降管管接头；5—给水
管管接头；6—水冷壁管管接头；7—饱和蒸汽引出管管座

排共 106 根汽水混合物引入管。锅筒下部还焊有由 BHW-35 板材制成的 4 个大直径下降管座及 3 根来自省煤器的给水管座。

汽包筒身上还设有 2 只省煤器再循环管座，1 只事故紧急放水管座和 1 只加药管座。在筒身两端下部各设 1 只下降管的连通管，以消除锅筒两端的"死角"。辅助蒸汽管座设在汽包一侧。

由于该锅炉汽包内壁未设环形夹套等减少汽包上、下壁温差的结构，故沿着汽包长度方向分三个断面均匀布置了上、中、下共 9 对内、外壁测温管座，供锅炉启停时监控汽包壁温差，保证锅炉启停过程中，汽包内、外、上、下壁温差小于 50℃，饱和温度平均升温速率小于 88℃/h，以免产生过大的温差应力。

锅炉汽包上还布置了 6 个压力测点，其中之一作压力就地监视，其余 5 点接至一次阀门，可按检测、保护、调节等不同要求引至各处。汽包两端封头上布置了三只安全阀阀座（左侧一只，右侧二只）。三只安全阀口径为 7mm，工作压力为 19.8MPa，排放量分别为279710kg/h、288500kg/h、293010kg/h。汽包一端还设有连续排污接口。

DG1000t/h 自然循环锅炉汽包选用 BHW-35 碳锰钢，采用上、下等壁厚结构。该锅炉一次分离元件为直径为315mm的切向导流式旋风分离器，共108只。二次分离元件为立式V形波形板分离器，前后两排对称布置，共104只，与水平方向呈5°角鸟翼状倾斜。见图4-59。

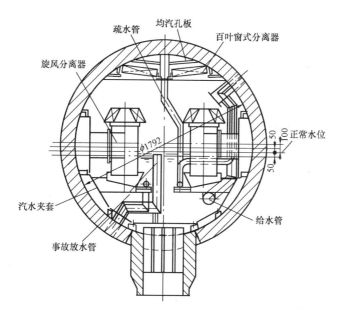

图4-59 DG1000t/h自然循环锅炉的汽包装置

从上升管来的汽水混合物由导汽管分别引入汽包前后的旋风分离器入口连通箱内。由于汽包下部装设了与旋风分离器入口连通箱相连的密封夹层，且汽包后半部导汽管的产汽量比前半部大（0.65:0.35），所以一部分汽水混合物由后半部沿夹层流入前半部的旋风分离器入口。

拔伯葛型锅炉的锅内设备是由锥形筒体旋风分离器与V型布置的二次分离配百叶窗组合而成。

1160t/h亚临界参数自然循环拔伯葛型锅炉汽包金属材料为BS1501-271B，汽包内径为1830mm，壁厚为115mm，采用上、下等壁厚结构。

该锅炉汽包一次分离元件为切向式旋风分离器，共115只。汽包下部采用内夹层结构，即与旋风分离器入口连通箱相连的密封夹层。夹层内充满了来自导汽管的汽水混合物，将炉水和汽包内壁分隔开，使得汽包壳体上下壁温尽量保持一致。二次分离元件为波形板分离器。

该锅炉采用了两级清洗装置，其布置见图4-60。一级清洗器采用了水膜式清洗的方法，它是将旋风分离器顶部的波形板分离器斜置。给水从波形板上端送入，蒸汽流过波形板时与波形板壁面水膜接触起清洗作用。二级复式清洗器布置在饱和蒸汽管的入口处，用于进一步提高蒸汽品质。

图4-61是FW1025t/h亚临界参数自然循环锅炉的汽包装置。汽包内径为1792mm，壁厚为145mm，全长26690mm，筒体材质为13MnNiMo4，内装190只卧式分离器和69个二次分离元件。卧式分离器为曲线型体。由水冷壁来的汽水混合物引到锅筒内的汇流箱，旋风分离器与汇流箱相连接，沿锅筒长度方向共设两排。旋风分离器的蒸汽出口距水面较远，以免引

起水位波动而影响蒸汽品质。由于旋风分离器的排水可能带汽，故在水面附近装一层孔板，以便均匀引出水室中的蒸汽。在锅筒顶部，沿长度方向，布置多组 V 型百叶窗，作为二次分离元件。这种布置方式，可增加百叶窗入口截面而降低蒸汽入口速度。除上述设备外，还有给水分配管、排污管及加药管等。

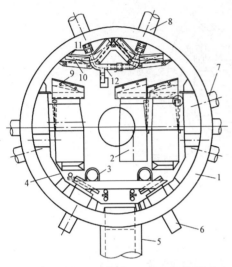

图 4-60　拔伯葛 1160t/h 自然循环
锅炉汽包及汽包内部装置

1—汽包壁；2—旋风分离器；3—给水分配集箱；4—环形夹套；5—下降管管座；6—给水引入管管座；7—导汽管管座；8—饱和蒸汽引出管管座；9— 一级清洗器（3 排）；10—二级清洗器；11—清洗器顶部穿孔板；12—疏水管

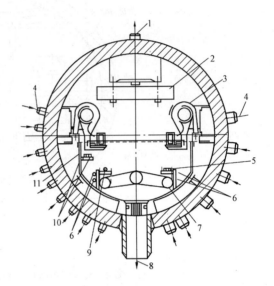

图 4-61　FW1025t/h 自然循环锅炉的汽包装置

1—饱和蒸汽；2—干燥箱；3—卧式分离器；4—汽水混合物；5—加药管；6—水位均衡管；7—给水管；8—循环水；9—事故放水管；10—连续排污管；11—汽水夹套

第五章 过热器与再热器

第一节 概 述

蒸汽过热器是锅炉的重要组成部分，它的作用是将饱和蒸汽加热成为具有一定温度的过热蒸汽，并要求在锅炉负荷或其他工况变动时，保证过热汽温的波动处在允许的范围内。

为了提高电厂循环热效率，蒸汽的初参数不断提高，蒸汽压力的提高要求相应提高过热蒸汽的温度，否则会使蒸汽在汽轮机内膨胀终止时的湿度过高，影响汽轮机运行的经济性与安全性。但过热蒸汽温度的提高又受到合金钢材高温强度性能的限制。目前，300MW机组过热蒸汽温度多数为540℃左右，且均采用中间再热系统。其中蒸汽再加热的部件就是再热器。

随着蒸汽参数的提高，过热蒸汽及再热蒸汽的吸热量份额增加，见表5-1。由表可见，在高参数锅炉中，过热器和再热器的吸热量将占工质总吸热量的50%以上。因此过热器、再热器受热面在锅炉总受热面中占了很大比例，锅炉过热器受热面积约为9000m²，必须从水平烟道前伸到炉膛内，从而形成了复杂的辐射—对流式多级布置系统。另外，过热器及再热器又是锅炉中工质温度最高的部件，而过热蒸汽、特别是再热蒸汽的吸热能力（即冷却管子的能力）较差，这就使它们成为锅炉受热面中工作条件最恶劣的部件。其工作可靠性与金属材料的高温性能有关。

另一方面，为降低锅炉成本，尽量避免采用高等级钢材，设计过热器和再热器时，选用的管子金属几乎都处于其温度极限值，因此，如何保证管子金属长期安全工作就成为过热器和再热器设计与运行中必须考虑的重要问题。

表 5-1   **不同参数下工质吸热分配份额**

过热蒸汽压力（MPa）	给水温度（℃）	过热蒸汽温度（℃）	再热蒸汽温度（℃）	工质吸热分配份额			
				加热份额 γ_{jr}	蒸发份额 γ_{zf}	过热份额 γ_{gr}	再热份额 γ_{zr}
3.83	150	450		0.163	0.640	0.197	
9.82	215	540		0.193	0.535	0.272	
13.74	240	555	555	0.213	0.314	0.299	0.174
16.69	260	555	335/555	0.229	0.264	0.349	0.158

过热器所用材料决定于工作温度，见表5-2。由表可知，当金属管壁温度不超过500℃时可采用碳钢，金属管壁温度更高时，必须采用合金钢或奥氏体高合金钢。

值得注意的是，再热器中蒸汽的压力低、密度小、流量大、汽温高，这就使它的工作条件比过热器更为恶劣，必须引起足够的重视。

再热器的工作特点主要有以下几点：

（1）再热蒸汽的放热系数比过热蒸汽小，对管壁的冷却能力差。同时，为了减少再热器中蒸汽的流动阻力，提高热力系统效率，再热器常采用较小的质量流速 $[\rho v = 150 \sim 400\text{kg}/(\text{m}^2 \cdot \text{s})]$，因此再热器管壁冷却条件差。

（2）再热蒸汽压力低、比热容小，对汽温偏差比较敏感。即在同样的热偏差条件下，其出口汽温偏差要比过热蒸汽大。

（3）再热器进口蒸汽温度随负荷变化而变化，因此其汽温调节幅度比过热器大。

（4）在锅炉启动、停炉及汽轮机甩负荷时，再热器中无蒸汽流过，可能被烧坏，因此在过热器和再热器以及再热器和凝汽器之间分别装有高、低压旁路及快速动作的减温、减压阀。在启、停和汽轮机甩负荷时，将高压过热蒸汽减温、减压后送入再热器进行冷却。再热器出口的蒸汽再经减温、减压后排入凝汽器或大气。

（5）再热器系统阻力对机组热效率有很大影响。由于再热器串接在汽轮机高、中压缸之间，故再热器系统阻力会使蒸汽在汽轮机内做功的有效压降相应减小，从而使机组汽耗和热耗都增加，因此再热器系统应力求简单，多采用一次中间再热。结构上通常采用管径较大、并列管较多的蛇形管束，以减小流动阻力，一般整个再热器的压降不应超过再热器进口压力的10%。

表 5-2   过热器用钢材的允许温度

钢 号	受热面管子允许壁温（℃）	集箱及导管允许壁温（℃）	钢 号	受热面管子允许壁温（℃）	集箱及导管允许壁温（℃）
20 号碳钢	500	450	Cr6SiMo		800
12CrMo，15MnV	540	510	4Cr9Si2		800
15CrMo，2MnMoV	550	510	25Mn18A15SiMoTi		800
12Cr1MoV	580	540	Cr18Mn11Si2N		900
12MoVWBSiRe（无铬 8 号钢）	580	540	Cr20Ni14Si2		1100
12Cr2MoWVB（钢研 102）	600 ~ 620	600	Cr20Mn9Ni2Si2N		1100
12Cr3MoVSiTiB（Ⅱ11 钢）	600 ~ 620	600	TP - 347H	704	
Cr5Mo		650	TP - 304H	704	

为保证锅炉安全运行，其受压元件必须有超压保护功能，它是通过在不同部位布置一定数量的安全阀来实现的。

SG1025t/h 亚临界参数自然循环锅炉过热蒸汽系统共设置 2 只安全阀，另有 2 只电磁释放阀（PCV）。再热器系统设置 6 只安全阀。另外，根据用户要求，还布置了消声器及其排汽管道。其主要特性见表 5-3。

表 5-3   过热器和再热器系统安全阀特性汇总

装设部位	数目（只）	口 径（mm）	工作压力（MPa）	工作温度（℃）	排放量 kg/（h·只）
过热器出口	1	75	18.24	541	171710
过热器出口	1	75	18.24	541	179550
过热器出口（PCV）	2	65	18.24	541	198040
再热器进口	2	150	3.93	320.9	160020
再热器进口	2	150	3.93	320.9	164200
再热器出口	2	150	3.74	541	1264700

注 此表中不包括汽包上装设的安全阀。

第二节　300MW 机组锅炉过热器、再热器结构特点

300MW 机组锅炉的过热器、再热器系统较为复杂，过热器一般都采用辐射—对流多级布置系统。受热面管子则根据管内工质温度和所处区域热负荷的大小分别采用不同的材料和壁厚。

根据不同的传热方式，过热器和再热器可以分为对流式、辐射式和半辐射式。

一、对流式受热面

在大型锅炉中，采用复杂的过热器及再热器系统，但对流受热面仍然是其中的主要组成部分。

对流受热面布置在锅炉的对流烟道中，主要依靠对流传热从烟气中吸收热量。对流受热面由进、出口集箱及许多并列布置的蛇形管组组成。蛇形管束通常由外径为 $\phi38 \sim \phi57$ 的无缝钢管弯制而成。为了提高刚性，减少工质流动阻力，300MW 机组锅炉对流受热面常采用较大直径，如 $\phi60$、$\phi63$。对流受热面管子的壁厚由强度计算确定，多为 $5 \sim 10mm$。管材的选用则取决于管壁温度。见表 5 - 2。

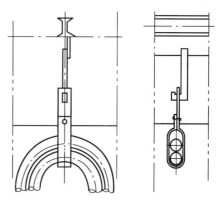

图 5 - 1　立式对流过热器管子的支吊结构

根据管子的布置方式，对流式过热器可分为立式和卧式两种。蛇形管垂直放置的立式过热器通常布置在"Π"型锅炉炉膛出口的水平烟道中，其优点是支吊结构简单，可用吊钩把蛇形管的上弯头吊挂在锅炉钢架上，且不易积灰，故得到广泛应用，见图 5 - 1。缺点是停炉时管内凝结水不易排出，增加了停炉期间的腐蚀；升炉时则由于管内存积部分水及空气，在工质流量不大时，可能形成气塞将管子烧坏，因此在升炉时应控制过热器的热负荷，在空气未排净前，热负荷不应过大。

布置在 Π 型和 T 形锅炉尾部烟道中的对流过热器以及在塔式或半塔式锅炉中的对流过热器，通常采用蛇形管水平放置方式。其优点是易于疏水排气。但管子上易积灰且支吊比较困难。对处于高烟温区的大量支吊件，为防止它们过热烧坏，需采用高合金钢制作，因此常采用有水或蒸汽冷却的受热面管子作为它的悬吊管，以节省优质钢材，见图 5 - 2。过热器的重量通过悬吊管支撑在炉顶的过渡梁上。

对流受热面的蛇形管可做成单管圈、双管圈和多管圈，这主要取决于锅炉的容量及管内的蒸汽流速。

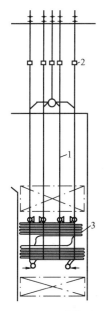

图 5 - 2　卧式对流过热器管子的吊挂结构

1—悬吊管；2—过渡梁；3—过热器

为了保证过热器管子金属得到足够的冷却，管内工质应保证一定的质量流速，速度越高，管子的冷却条件越好，但工质的压力损失越大。整个过热器的压降一般不应超过其工作压力的 10%，因此建议高温过热器最末级的质量流速采用 $\rho v = 800 \sim 1100 kg/（m^2 \cdot s）$。300MW 锅炉对流受热面的蛇形管一般采用多管圈结构。

对流受热面中的烟气流速则应在保证一定的传热系数前提下，根据既减少磨损，又不易积灰的原则，通过技术经济比较确定。对于燃煤锅炉，炉膛出口水平烟道内，烟气流速常采用 10～12m/s。

根据烟气和管内蒸汽的相对流向，对流受热面而分为逆流、顺流和混合流三种流动方式。为了保证受热面安全经济运行，其高温段常采用顺流或混合流布置；低温段则采用逆流布置。根据管子的排列方式，对流受热面可分为顺列和错列两种。在条件相同的情况下（烟气流速等），错列横向冲刷受热面时的传热系数比顺列高，但积灰难于吹扫。一般高温水平烟道采用受热面顺列布置，而在尾部烟道采用受热面错列布置。

SG1025t/h 亚临界参数自然循环锅炉的对流过热器包括低温对流过热器和高温对流过热器。低温对流过热器布置在尾部双烟道的后烟道内，采用卧式布置、逆向流动。由三段蛇形管组和一垂直管段及进、出口集箱组成，每段间留有 900mm 的检修高度，见图 5-3。平行于侧墙布置，可增加管子的刚度，便于支吊。低温过热器蛇形管直径分别为 $\phi 57 \times 6.5$mm 和 $\phi 57 \times 7$mm，呈顺列排列，三管圈，沿烟道宽度方向有 114 排，故低温过热器共有并列蛇形管 342 根。根据各区段不同的管壁温度，低温过热器蛇形管采用了不同的钢材，分别为 20G、15CrMo、12Cr1MoV，见图 5-3。高温过热器布置在炉膛折焰角上方的水平烟道中，采用立式布置，顺流流动，由进、出口集箱及蛇形管束组成，见图 5-4。

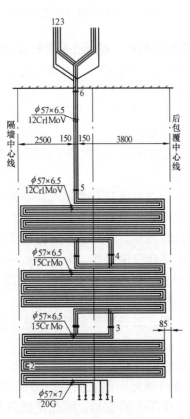

图 5-3　SG1025t/h 自然循环锅炉
低温过热器结构示意

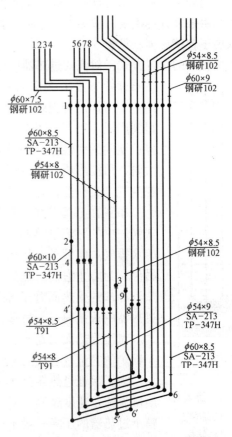

图 5-4　SG1025t/h 自然循环锅炉
高温过热器结构示意

高温过热器布置在炉膛折焰角上方的水平烟道中，高温过热器呈顺列排列、八管圈。外圈管子直径为 $\phi60$，壁厚为 7.5~10mm。其余管圈管径为 $\phi54$，壁厚为 8~9mm。沿烟道宽度方向有 38 片，故高温过热器共有并列蛇形管 304 根。各蛇形管不同区域的壁温不同，采用的管材亦不同，分别为 SA-213、钢研 102、T91、TP-347H。

SG1025t/h 亚临界参数自然循环锅炉对流再热器亦为高温再热器和低温再热器二级布置。低温再热器布置在尾部双烟道的前烟道内，采用卧式布置方式。由四段蛇形管组和一垂直管段及进、出口集箱组成。每段间留有 1000mm 检修高度，采用平行侧墙布置。低温再热器蛇形管管径为 $\phi63\times4mm$、四管圈，呈顺列排列、逆向流动。沿烟道宽度方向有 57 排，故低温再热器共有并列管 456 根。金属管材按受热不同，分别采用了 20G、15CrMo 及 12Cr1MoV。高温再热器布置在水平烟道内，采用立式布置方式，由进、出口集箱及蛇形管组成。高温再热器蛇形管管径为 $\phi57\times4mm$，八管圈，呈顺列排列，顺流。沿烟道宽度方向有 57 排蛇形管束，故高温再热器共有并列蛇形管 456 根。金属材料按受热不同，分别采用了 T91 及钢研 102。

SG1025t/h 亚临界参数自然循环锅炉、亚临界参数强制循环锅炉及 DG1000t/h 亚临界自然循环锅炉等对流受热面结构的共同特点是：

(1) 采用了较大的连接管和蛇形管管径。蛇形管圈管径多采用 $\phi57$、$\phi60$、$\phi63$ 等，增加了管子的刚性，降低了受热面的阻力。

(2) 受热面采用了多种直径、壁厚和异种钢材。为了节约钢材，尤其是优质钢材，减少成本，对处于不同热负荷区域的对流受热面蛇形管均采用了异种钢焊接和变管径、壁厚，提高了锅炉运行的安全性和经济性。

(3) 各级对流受热面蛇形管均采用了顺列排列。因顺列管束的外表积灰很易被吹灰器清除，可有效防止受热面污染。虽然顺列管束金属耗量较大，但由于受热面采用了异种钢焊接管，每级对流受热面只需在其出口段使用少量高合金钢等优质钢材，其余部分则可以采用合金钢或低合金钢，因而最大限度地发挥了材料的效能，总的来说还是经济的。

(4) 对流受热面蛇形管均采用了较大的横向节距。如 SG1025t/h 自然循环锅炉对流受热面横向节距：高温过热器为 342mm，低温过热器为 114mm，高温再热器为 225mm，低温再热器为 114mm，从而降低了烟气流速，减少了飞灰磨损。上述各对流受面中烟气流速分别为 8.53、9.61、9.68、9.96m/s。

(5) 低温过热器布置有两种型式：①卧式布置在尾部竖井中；②垂直段布置在转向室前部。

1160t/h 拔伯葛亚临界参数自然循环锅炉低温对流过热器布置在竖井烟道上部，它由蛇形管及其进、出口集箱组成。蛇形管沿竖井高度分成三段，见图 5-5。入口段和中段呈水平布置，出口段位于转向室，为增强传热效果，采用立式布置。

该锅炉再热器为单级布置的立式对流受热面，布置在水平烟道内。再热器由进、出口集箱及后厅、前厅蛇形管组成。中间没有集箱，系统简单，大大减少了蒸汽的流动阻力，结构见图 5-6。

再热器呈顺列布置，六管圈，沿烟道宽度方向 87 排，共有 522 根并列管，管子横向节距为 230mm。每隔两根顶棚管布置一排蛇形管。管子纵向节距在后厅回路和前厅入口段为 79 mm，在前厅倒转回路和出口段为 71.1mm。管材均为 BS 3059，但采用了不同的等级，见

表 5-4。从而使昂贵的耐热合金钢材得到经济合理的利用。

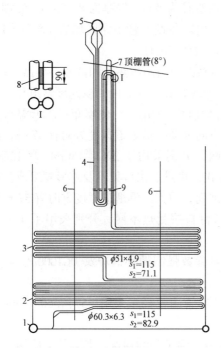

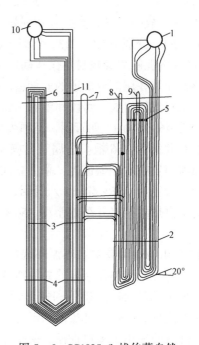

图 5-5　1160t/h 伯葛自然循环
锅炉低温过热器结构

1—环形集箱；2—入口段；3—中间段；4—垂
直段；5—出口集箱；6—悬吊管；7—密封板；
8—连接板；9—管夹

图 5-6　SG1025t/h 拔伯葛自然
循环锅炉再热器结构

1—进口集箱；2、3、4—管夹；5、6—连
接板；7、8、9—密封片；10—出口集箱；
11—焊点

表 5-4　　　　　　　　　　　　1160t/h 锅炉再热器集箱、管子规格

名　称	数　量	规格（mm）	材　料
再热器进口集箱	1	$\phi 623 \times 4.5$	BS3602 - 440 - Nb - HFS
后厅入口回路	87	$\phi 57 \times 4.9$	BS3059 - 440 - S2
后厅前回路	87	$\phi 57 \times 4.9$	BS3059 - 243 - S2
前厅入口段	87	$\phi 57 \times 4.9$	BS3059 - 243 - S2
前厅倒转回路	87	$\phi 51 \times 5.4$	BS3059 - 622 - 490 - S2
前厅出口段	87	$\phi 51 \times 5.4$	BS3059 - 762 - S2
再热器出口集箱	1	$\phi 669 \times 7.8$	BS3602 - 622 - HFS

　　924t/h 苏尔寿亚临界参数直流锅炉系半塔式布置。其过热器为两级布置的对流过热器。蛇形管水平布置在炉膛出口上方的垂直烟道内，垂直于前、后墙。烟气从炉膛出来，依次流过Ⅰ、Ⅱ级过热器。过热器采用顺流布置，其结构见图 5-7。

　　Ⅰ级过热器为 7 管圈，沿烟道宽度方向 34 排，故Ⅰ级过热器共有并列管 238 根。过热器分段采用了不同的管径及金属材料；$\phi 44.5 \times 5.6$mm 管子采用 13CrMo44；$\phi 44.5 \times 7.1$mm 管子采用 10CrMo910；$\phi 44.5 \times 7.1$mm 管子采用 X20CrMoV121。

　　Ⅰ级过热器布置在炉膛出口处，烟气温度高，横向节距大，可以认为该过热器是一种水

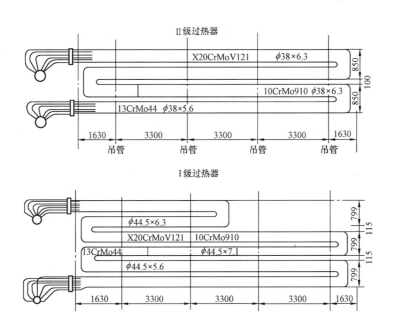

图 5-7 924t/h 苏尔寿亚临界参数直流锅炉过热器结构示意

平布置的屏式过热器，具有半辐射特性，既吸收烟气对流热，又吸收部分炉膛和屏间气室的辐射热，因此具有较好的汽温调节特性。

Ⅱ级过热器为 6 管圈，沿烟道宽度方向 68 排，故Ⅱ级过热器共有并列管 408 根。过热器所处区域烟温已降低，且过热器蛇形管横向节距较小，故为该锅炉的低温对流式过热器。根据不同的管壁温度，过热器分段采用不同的管径及管材：$\phi 38 \times 5.6$mm 管子采用 13CrMo44；$\phi 38 \times 6.3$mm 管子采用 10CrMo910；$\phi 38 \times 6.3$mm 管子采用 X20CrMoV121。

924t/h 苏尔寿直流锅炉的再热器为两级布置的对流式受热面，烟气依次流过Ⅰ、Ⅱ级再热器，逆流布置。其结构与上述过热器相似。

二、辐射式受热面

直接吸收炉膛辐射热的受热面称之为辐射式受热面。辐射式受热面常设置在炉膛内壁上，称为墙式受热面；或布置在炉顶，称为顶棚式受热面；也可以悬挂在炉膛上部靠近前墙处，称为前屏受热面。

由于炉膛内热负荷很高，这种受热面是在恶劣的条件下工作的。尤其在启动和低负荷运行时，问题更为突出。为了改善其工作条件，常采用的措施是：

（1）辐射式受热面常布置在远离火焰中心的炉膛上部，这里的热负荷较低，管壁温度亦可相应降低。对于墙式辐射受热面，将使这面墙上的水冷壁蒸发管的高度缩短，影响水循环的安全，设计时应引起注意。

（2）根据运行经验，在正常的工作条件下，辐射式过热器中最大的管壁温度可能比管内工质温度高出约 100~200℃。为了保证受热面运行的安全性，常将辐射式受热面作为低温受热面。

（3）采用较高的质量流速，使受热面金属管壁得到足够的冷却。一般 $\rho v = 1100 \sim 1500$kg/（$m^2 \cdot s$），为此，需尽量减少受热面并列管子的数目，将受热面分组布置，增加工质的流动速度。

辐射式受热面可满足因蒸汽参数提高，蒸汽过热和再热吸热份额增加的需要，同时可改善锅炉的汽温特性，节省金属消耗。

SG1025t/h亚临界参数自然循环锅炉采用了前屏过热器。4大片屏式受热面纵向布置在靠近炉膛前墙的上部，对炉膛出口烟气起阻尼和分割导流作用，有助于消除气流的残余旋转，减少沿烟道宽度的热偏差，故又称为分隔屏过热器。可有效吸收部分炉膛辐射热量，降低炉膛出口烟温，改善高温过热器管壁温度工况，避免结渣。前屏结构见图5-8。

为了减少前屏每片屏最里圈和最外圈的流量偏差，从而减少每片管屏的热偏差，每片分隔屏由六小片管屏组成，其中每三小片管屏组成一组。制造厂共分为八组屏出厂。每小片管屏由八根U形管子组成，四片屏共192根管子，管径为$\phi 51 \times 6$mm、$\phi 51 \times 6.5$mm。管间节距为60mm，屏间平均节距为2972mm。分隔屏两只进口集箱布置在炉顶左右两侧，每一集箱接两大片分隔屏，蒸汽在管圈内作"Π"型流动加热后，被引入两只分隔屏出口集箱。经计算，本台锅炉分隔屏最外圈底部及最内圈向外绕管子底部管壁温度最高，约为511℃。为确保安全，这部分管子金属材料为T91、12Cr1MoV，其他管子材料为15CrMo。

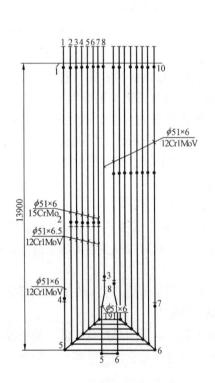

图5-8 1025t/h自然循环锅炉
分隔屏结构示意

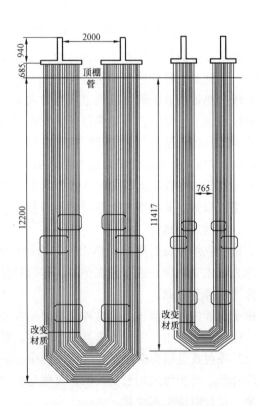

图5-9 1160t/h拔伯葛自然循环锅炉
前屏及末级过热器结构示意

1160t/h拔伯葛亚临界参数自然循环锅炉的前屏过热器由两个进口集箱、两个出口集箱及30片管屏所组成，其结构见图5-9。

该炉前屏过热器纵向布置在炉膛的上部靠近前墙处。由于炉膛不均匀的温度场，沿炉膛宽度方向的不同位置采用了不同的横向节距，以减少过热器热偏差。见图 5 - 10。每片屏有并列管 23 根，管径为 $\phi 38 \times 6.8mm$。前屏入口管段材料为 BS3059 - 622 - 490 - S2，出口段管材为 BS3059 - 762 - S2。并列管管间节距 $s_2 = 42.5\ mm$。入口段和出口段之间的空档便于吹灰器的伸入和拔出，以确保受热面在工作过程中保持清洁状态。两段之间的距离为 948mm。

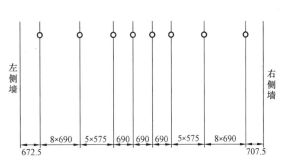

图 5 - 10　1160t/h 拔伯葛自然循环锅炉前屏过热器变横向节距示意

前屏过热器底部的一些水平管子采用鳍片管（自外圈管起的第 1 根至第 12 根管子），以防止屏底积灰后结焦并挂在屏底。

前屏过热器的进、出口集箱呈纵向平行布置在炉膛顶部。进口集箱直径为 $\phi 408.5 \times 41.55mm$，出口集箱直径为 $\phi 510.2 \times 90mm$。前屏进出口集箱分别与 30 片管屏的进出口短管箱相连，进口短管直径为 $\phi 168.3 \times 28mm$，接管直径 $\phi 139.7 \times 15mm$，出口短管箱直径为 $\phi 193.7 \times 34mm$，接管直径为 $\phi 168.3 \times 22mm$。

直流锅炉的水冷壁出口一般均处于微过热状态，因此炉膛上部部分水冷壁实际上可视为辐射式过热器。

924t/h 苏尔寿直流锅炉为半塔式布置，炉膛上部是对流烟道，没有顶棚过热器及前屏过热器。

亚临界参数 300MW 机组锅炉的再热器一般采用高温布置，即采用了墙式再热器及屏式再热器，以辐射换热为主。这是近年来由于锅炉燃用较差的煤质放大炉膛尺寸的一个措施。可同时改善受热面的汽温特性及机组对负荷的适应性。

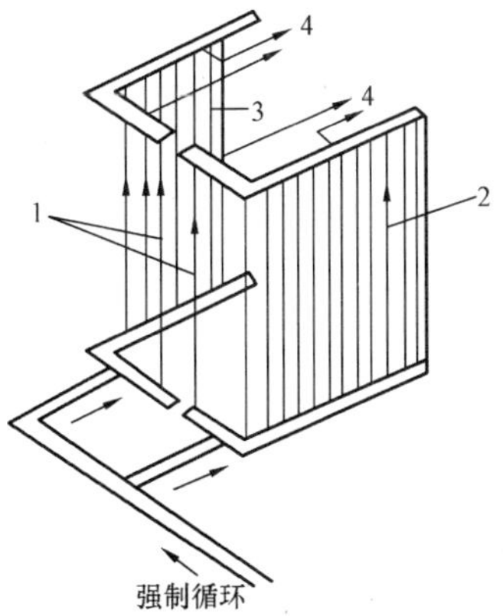

SG1025 t/h 强制循环锅炉的墙式再热器布置在炉膛上部的前墙和两侧墙前部，紧靠在水冷壁之前，将水冷壁遮盖。水冷壁被遮盖部分按不吸热考虑。墙式再热器管都是穿过水冷壁管进入炉膛的，所以这部分水冷壁管必须拉稀。墙式再热器结构型式及系统如图 5 - 11 所示。

该锅炉墙式再热器的进、出口集箱均呈 L 形。前墙再热器管共有 212 根，位于前墙标高 41020mm 处，沿宽度方向布满前墙。前墙再热器紧靠水冷壁管，将部分水冷壁遮挡住。两侧墙再热器管共有 198（2×99）根管子，与前墙再热器管同在一个高度，但只占两侧墙的前部分，紧靠水冷壁管布置。墙式再热器的管径均为 $\phi 54 \times 5mm$。管子间的节距为 57mm，管子的材料全部用 15CrMo，墙式再热器的蒸汽由 4 根 $\phi 457 \times 16mm$ 的大管子分别从上部两个 L 形出口集箱引出，见图 5 - 11，并进入屏式再热器的进口集箱。

图 5 - 11　SG1025t/h 强制循环锅炉墙式再热器结构示意

1—前墙再热器管；2、3—侧墙再热器管；4—墙式再热器引出管

三、半辐射式受热面

既吸收烟气的对流传热、又吸收炉内高温烟气及管间烟气辐射传热的过热器称为半辐射式过热器，又称为屏式过热器，对同时具有前屏过热器的锅炉，则称之为后屏过热器。后屏过热器在300MW锅炉中得到广泛应用。这是因为受热面辐射吸热比例的增大，改善了过热汽温的调节特性和机组对负荷变化的适应性。同时，由于屏式过热器布置在炉膛出口，热负荷相当高，从而可减少受热面的金属耗量，并可有效地降低炉膛出口烟气温度，防止密集对流受热面的结渣。但另一方面，因屏式过热器中各管圈的结构和受热条件差别较大，使其热偏差增大，为了保证受热面安全运行，屏式过热器通常亦作为低温级过热器，且采用较高的质量流速 $[\rho v = 700 \sim 1200 \mathrm{kg/(m^2 \cdot s)},]$ 使其管壁能够得到足够的冷却。

亚临界参数300MW机组锅炉的后屏过热器一般悬吊在炉膛出口处。SG1025 t/h自然循环锅炉的后屏过热器共有20片管屏，每片屏由14根U形管组成，共280根管子。根据各区段管子不同的工作条件和管壁温度，分别采用了不同的管径、壁厚和金属材料，见图5-12。后屏过热器最外圈管子的底部及最内圈向外绕管子底部因直接受到炉膛的热辐射，壁温最高，可达610℃左右。为确保安全，此两段材料采用TP347H不锈钢，其他部分金属材料分别为SA-213，12Cr1MoV，钢研102，T91。受热面管径则分别为 $\phi 54$、$\phi 60$，壁厚为8~9mm。

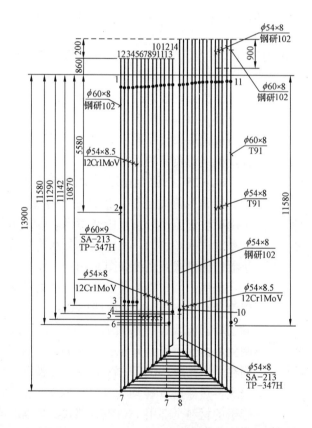

图5-12　SG1025t/h自然循环锅炉后屏过热器结构

1160t/h拔伯葛亚临界参数自然循环锅炉的屏式过热器是末级过热器，末级屏式过热器纵向布置在炉膛出口处。为了减少过热器沿炉膛宽度的热偏差，不同位置的屏采用了不同的横向节距，$s_1 = 460/575mm$。屏管直径为 $\phi 44.5 \times 10mm$，纵向节距的 $s_2 = 62.3mm$。

该锅炉的末级屏式受热器由入口段管屏和出口段管屏组成，入口段、出口段管屏均在制造厂焊接而成。入口段、出口段管材分别为 BS3059 – 622 – 490 – S2 和 BS3059 – 762 – S2，两段管屏内圈管中心线之间的距离为 765 mm，作为吹灰器的运行空间。

末级屏式过热器下部水平段管子也采用鳍片管（在第一根至第八根管子之间），以防止过热器底部积灰，进而发展成挂渣。末级屏式过热器有两个进口集箱，直径为 $\phi 424.2 \times 47mm$。它经 40 个直径为 $\phi 193.7 \times 42mm$ 的入口短管分别与 40 个入口短管箱连接，其出口短管箱由直径为 $\phi 193.7 \times 27mm$ 的出口短管与出口集箱相连，出口集箱直径为 $\phi 465.6 \times 55mm$。

924t/h 苏尔寿直流锅炉半辐射受热面是布置在炉膛出口的卧式受热面，见图 5 – 7。

四、炉顶和包覆管过热器

亚临界参数 300MW 机组的锅炉为了采用悬吊结构和敷管式炉墙，防止漏风，通常在炉顶布置炉顶过热器，在水平烟道和后部竖井的内壁，像水冷壁那样布置过热器管，称为炉顶及包覆管过热器。这样，可将炉顶、水平烟道和后部竖井的炉墙直接敷设在包覆管上，形成敷管炉墙，从而可减轻炉墙的重量，简化炉墙结构，采用比较简单的全悬吊锅炉构架。

炉顶及包覆管紧靠炉墙，此处烟气温度较低，辐射吸热量小，主要受烟气的单面冲刷，但烟速较低，而且由于炉膛上部、水平及尾部烟道中布置了较多的受热面，因此这些炉顶过热器及包覆管过热器传热效果较差，吸热量很小，蒸汽焓增也不大。

此外，300MW 机组蒸汽参数高，锅炉的过热蒸汽系统尤其是包覆管过热器的蒸汽流程较为复杂。

SG1025 t/h 强制循环锅炉按设计值，炉顶过热器进口集箱内饱和蒸汽温度为 369℃，经炉膛和水平烟道炉顶管加热后进入出口集箱的蒸汽温度只有 378℃，温升仅 10℃左右，故前炉顶管的管材可用 15CrMo，后炉顶管只需用 20G 钢。而经全部包覆管加热后的蒸汽温升只有 17℃，所以包覆管的管材全部采用 20G 钢。

该锅炉炉顶及包覆管过热器结构特性及布置见表 5 – 5 及图 5 – 13。

由图 5 – 13 可见，该锅炉尾部烟道侧包覆管的上、下集箱分为前、后集箱。前集箱蒸汽来自水平烟道炉顶过热器管，后集箱蒸汽来自顶棚旁路管。蒸汽分别在前侧墙包覆管和后侧墙包覆管中吸热后，前侧墙包覆管出口蒸汽分成两部分。一部分进入前墙包覆管，另一部分进入 60 根水平烟道包覆管，其中 30 根管子从水平烟道底部绕到左侧水平烟道，构成水平烟道的底包覆管和左侧墙包覆管，其余 30 根管子在右墙直接上升，构成右侧包覆管。这两部分蒸汽汇合在尾部烟道前墙包覆管上集箱，然后经尾部烟道炉顶管及后墙上包覆管进入低温过热器进口集箱。后侧墙包覆管出口蒸汽则送至后墙下包覆管，也

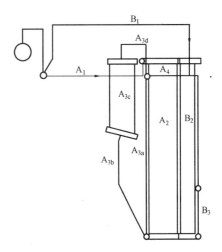

图 5 – 13　强制循环锅炉炉顶和
包覆管过热器系统布置

A_1—水平烟道炉顶管；A_2—尾部烟道前侧墙包覆管；A_{3a}—前墙包覆管；A_{3c}—水平烟道包覆管；A_4—后炉顶管及后墙上包覆管；A_{3b}、A_{3d}—蒸汽连接管；B_1—顶棚旁路管；B_2—尾部烟道后侧墙包覆管；B_3—后墙下包覆管

进入低温过热器进口集箱。

表 5 – 5　　　　　　SG1025t/h 强制循环锅炉炉顶及包覆管过热器结构特性

名　称	数量	外径 （mm）	内径及壁厚 （mm）	材料	温度 （℃）	节距 （mm）	附　注
饱和蒸汽引出管	18	159	18	20G	369		
炉顶进口集箱	1	273	173	SA – 106B	369		
炉顶过热器管（炉膛段前）	122	51	6	15CrMo	397	114	分段鳍片
炉顶过热器管（炉膛段后）	122	51	6	20G	392	144	分段鳍片
炉顶过热器管出口集箱	1	324	214	SA – 106B	378		
炉顶过热器管（尾部烟道）	100	51	6	20G	392	140	鳍片焊接管
顶棚旁路管	4	159	18	20G	369		
尾部烟道侧包覆上集箱	2	324	214	SA – 106B	378		B324 × 324
前侧墙包覆管（两侧）	114	51	6	20G	392	114	鳍片焊接管
后侧墙包覆管（两侧）	38	51	6	20G	392	114	鳍片焊接管
侧包覆管下集箱	2	324	204	SA – 106B	385		B324 × 324
尾部烟道后墙包覆下集箱	1	324	204	SA – 106B	385		
后墙下包覆管	96	38	5.5	20G	395	145	鳍片焊接管
后墙上包覆管	100	51	6	20G	392	140	鳍片焊接管
尾部烟道前墙包覆下集箱	1	324	204	SA – 106B	385		T324 × 324 × 324
前墙下包覆管	92	44.5	5.5	20G	395	152	鳍片焊接管
前墙上包覆管	92	44.5	5.5	20G	395	152	鳍片焊接管
前墙包覆上集箱	1	273	173	SA – 106B	395		T273 × 273 × 273
水平烟道包覆进口连接管	1	324	244	SA – 106B	378		
水平烟道包覆进口集箱	1	273	173	SA – 106B	395		
水平烟道包覆管	60	51	6.5	20G	395	102	鳍片焊接管
水平烟道包覆出口集箱	2	273	173	SA – 106B	378		
水平烟道包覆出口管道	4	159	18	20G	378		

　　1160t/h 拔伯葛亚临界自然循环锅炉的顶棚过热器由进出口集箱及 176 根并列管所组成。管子外径为 $\phi63.5$，平均节距 $s = 115mm$。顶棚管自顶棚过热器进口集箱引出，从炉膛前墙顶部呈水平方向并列延伸至再热器之后的顶棚过热器出口集箱，即包覆管过热器进口集箱。

　　为提高炉顶的严密性，顶棚管间隙处均装有盖板，盖板由双头螺栓固定。顶棚管系之上则铺有罩板，盖板双头螺栓和罩板之间的空隙处充填耐火材料。此外，在顶棚管与炉膛和锅炉侧墙管接合处，将耐火材料浇灌在盖板螺栓上，一直到顶棚管上表面，形成一个密封层。过热器和再热器管的穿顶棚处，也采用了各种不同型式的密封装置。

　　该锅炉包覆管过热器由进、出口集箱以及转向室顶部包覆管，尾部烟道前、后墙包覆管及两侧墙包覆管组成。包覆管外径均为 $\phi44.5$，节距为 115mm。

　　包覆管过热器进口集箱横卧在转向室顶部的入口部位。其出口的部分蒸汽引入 87 根单排对流管束，成为水平烟道和尾部烟道的结合面。对流管束外径为 $\phi44.5$，管节距为 $s =$

230mm。对流管束在到达尾部烟道前墙时，每根管子分叉为两根管，构成了175根前墙包覆管。

尾部烟道后墙包覆管过热器是由转向室顶部包覆管延伸，并在后墙处改变方向而成，所以管子的数目、节距及管径均与转向室顶部包覆管相同。蒸汽由包覆管过热器进口集箱引入。

尾部烟道两侧墙包覆管共2×66根管。蒸汽来源于包覆管过热器进口集箱两端六个进口短管箱（这些短管箱位于烟道之外，高出进口集箱700mm），即为两侧墙包覆管进口集箱。由上可知，该锅炉尾部烟道四周共有483根包覆过热器管。

924t/h苏尔寿直流锅炉没有炉顶管过热器。该锅炉的垂直管水冷壁布置在炉膛出口到省煤器的竖直烟道内，这种垂直水冷壁实际上就是包覆管过热器。其管内是微过热蒸汽，因此属于过热受热面。由于这种受热面布置在烟道的四壁，烟温低，烟气流速低，传热差，故垂直水冷壁中蒸汽温升只有5℃。依靠垂直水冷壁将盘旋水冷壁支吊起来。在垂直水冷壁上敷设炉墙，可使炉墙又简又轻，形成敷管炉墙。

垂直管屏采用两种管径和节距，管屏分上、下两段，中间用带鳍片的变径三通连接。每面墙上的各段均由五片管屏，在工地进行组合焊接而成。

1. 下段垂直水冷壁管屏

下段垂直水冷壁每面墙有280根管子，每片管屏有56根$\phi 25 \times 4.5$mm的焊接鳍片管焊接组成。管子横向节距为47mm，管子和鳍片均为13CrMo44合金钢。

下段垂直水冷壁前墙管屏留有Ⅰ、Ⅱ级过热器蛇形管穿墙孔，后墙留有炉内悬吊管穿墙孔。两侧墙留有蒸汽吹灰器穿墙孔，下部开有四个测量孔。

2. 上段垂直水冷壁管屏

上段垂直水冷壁每面墙仍由五片管屏组成膜式结构水冷壁，共有140根管子。每片管屏由28根$\phi 38 \times 5$mm焊接鳍片管组成，材料均为15Mo3合金钢。

上段垂直水冷壁前墙管屏鳍片间开有省煤器、再热器穿墙管孔，后墙留有低温再热器出口和高温再热器进口的穿墙管孔，两侧墙开有蒸汽吹灰器管孔和4个$\phi 492$人孔门。

垂直水冷壁的出口集箱水平布置在炉墙四周，四根直径为$\phi 244.5 \times 16$mm，由15MiCu1Nb5材料制成的连接管，切向引入炉前立式布置的汽水分离器内。

五、过热器、再热器的支持结构与防磨保护装置

蒸汽管道的支持结构是过热器及再热器结构设计的一个重要组成部分。支持结构应能支撑过热器及再热器的重量，保证蛇形管圈平面的平整并能保持平行连接的各蛇形管之间的横向节距与纵向节距，保持管屏间的相对位置并增加屏的刚性，防止运行中管屏摆动，减少热偏差。同时使蒸汽管道按一定方向膨胀，保证锅炉安全运行。

设计合理的防磨保护装置可避免受热面过大的磨损，提高管子的使用寿命。

SG1025t/h自然循环锅炉的分隔屏过热器、后屏过热器及高温过热器的管间纵向定位采用耐热不锈钢制成的滑动连接件（见图5-14）。它包括一块凸形和两块凹形滑动块，分别焊在两相

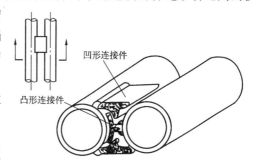

图5-14 SG1025t/h自然循环
锅炉滑动连接件示意

邻的管子上。连接件既限制了管子的横向位移又能保证管子在轴向相对滑动，以适应相邻管子的膨胀差。将短小的动滑块装设在管间，可少受高温烟气辐射。而且因滑动件直接与管子壳壁相焊，导热好，壁温较低，因此滑动连接件冷却良好，适应受热面高温工作环境的需要。连接件沿管屏高度方向布置了4处。

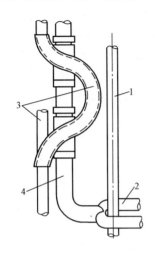

图 5-15　SG1025t/h 自然循环
锅炉分隔屏横向定位装置
1—分隔屏管；2—水平夹持管；
3—前水冷壁管；4—前定位管

这些过热器管屏底部水平管间的定位是将 U 形管带最里圈管抽出来作为夹持管，也即在屏的底部将该管拉至管屏两侧，并将底部屏管夹紧，而让弯头绕过最下面一根水平管子，向屏的平面外突出，于是就构成了两道垂直的夹持管。

分隔屏过热器的横向间距很大，每片管屏在炉膛内的高度达 13.9mm，宽达 5.64m，因而无法采用一般的横向定位装置。为了保证管屏间的相对位置，保持同屏管面的整齐一致，防止运行中管屏的摆动，同时，使分隔屏的管子按一定方向膨胀，除了炉顶上用梳形板加以固定外，还在沿炉膛深度方向采用了流体冷却的分隔屏定位管。从分隔屏两个进口集箱各引出一根 $\phi 60 \times 9mm$、管材为 12Cr1MoV 的管子，绕至分隔屏最前侧，自上而下经三通接头将一根管分成两根，弯至水平方向，麻花交叉构成二道夹持管，将分隔屏和后屏一起夹持定位。然后由分叉管汇成一根 $\phi 60 \times 9mm$，管材为 SA213，TP-347H 的垂直管与后屏管并列向上，直接短路进入后屏出口集箱。

该定位管的前部与水冷壁管夹持定位，见图 5-15，其后部与后屏相连，形成既刚又柔的横向定位装置。为保证运行的可靠性，分隔屏、后屏沿炉宽方向有四组汽冷定位夹紧管与前水冷壁间装设了这种导向定位装置。

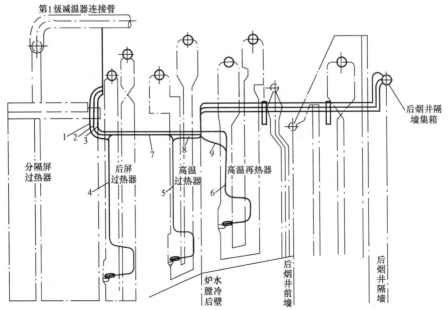

图 5-16　SG1025t/h 自然循环锅炉流体冷却定位管系统
1、2、3—管子；4、5、6—定位管；7、8、9—管子

由上可知，整个分隔屏过热器的管组完全被纵、横交叉的，由夹持管与定位装置组成的管子网络所限位，从而保证了纵、横节距的均匀与固定，这对减少屏的热偏差是至关重要的。

后屏过热器、高温过热器及高温再热器管子间的横向定位均采用流体冷却定位管。流体冷却定位管中的蒸汽从后烟井隔墙出口集箱成三路引出，其中一路进后屏过热器的横向定位管，见图5-16。带有定位块的管子从后屏的第一及第二根管子间成水平方向横向穿越，插入管屏上的支撑块中，使每片管屏保持所需的横向节距（见图5-17）。蒸汽由该定位管被引出至Ⅰ级减温器后的管道内，其他两路分别作高温过热器及高温再热器的横向冷却定位管，见图5-16。

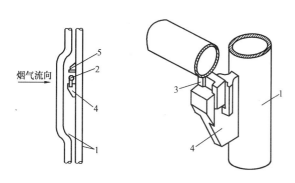

图5-17　SG25t/h自然循环锅炉流体冷却定位管示意
1—管屏；2—定位管；3—定位块；4—支撑块；5—扇形限位块

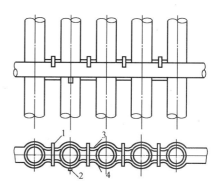

图5-18　高温再热器的纵向定位
1—卡板；2—托板；3、4—管夹

高温再热器的纵向定位采用管夹式板型结构，固定管夹由两块波形钢材对焊而成，沿蛇形管束长度方向共设三道，U形管两侧各设一道，见图5-18。

高温再热器为了防止产生局部的飞灰磨损，在每片蛇形管束迎烟侧最外圈的直管上，固定管夹附近设有三块防磨盖板，见图5-19。

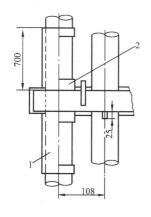

图5-19　SG1025t/h自然循环锅炉高温再热器防磨盖板
1—防磨盖板；2—固定环

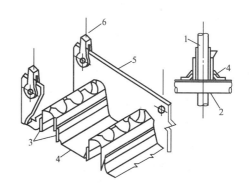

图5-20　SG1025t/h自然循环锅炉高冠密封支持系统示意
1—管屏；2—炉顶管；3—高冠板；4—内护板；5—端板；6—至支撑梁的吊杆

该锅炉分隔屏过热器、后屏过热器、高温过热器及高温再热器均采用高冠密封支撑系统结构，通过炉顶管将重量支撑到钢梁上，见图 5–20。

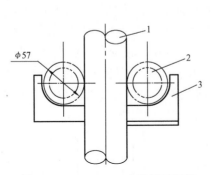

图 5–21　SG1025t/h 自然循环锅炉
低温过热器管的支撑

1—悬吊管；2—低温过热器；3—托块

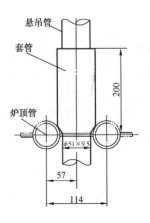

图 5–22　悬吊管的密封

低温过热器则通过悬吊装置将重量支撑在钢梁上。悬吊管沿后烟道宽度方向有 57 排（横向节距为 $s_1 = 22$ mm）。每排沿后烟道深度有 2 根管子。共有过热器悬吊管 114 根。每排

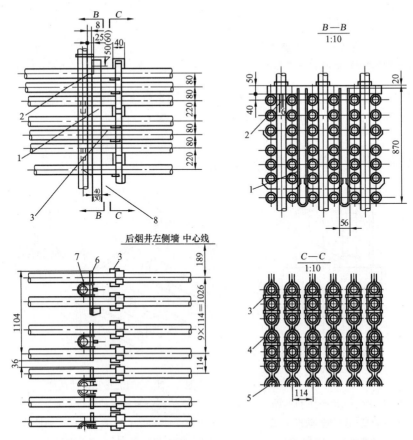

图 5–23　SG1025t/h 自然循环锅炉低温过热器水平管段定位装置

1—U 形管；2—钢板；3—卡板；4、5—管夹；6—钢板；7—U 形杆；8—悬吊管

悬吊管通过托块承吊两排蛇形管，见图 5 – 21，悬吊管穿出炉膛时，利用套管与炉顶管之间进行密封，见图 5 – 22。

低温过热器卧式蛇形管通过卡板、U 形杆、U 形板等结构与悬吊管连接构成了管排间的横向定位装置，见图 5 – 23。为了保持蛇形管圈平面的平整及纵向节距的固定，对每片蛇形管用管夹和卡板加以固定，管夹由两块波形钢板对焊而成，为确保管夹在高温下有足够的强度，材料采用 1Cr18Ni9Ti 耐热钢。固定管夹沿竖井深度方向设有两道，沿长度方向设有三道，位于悬吊管支吊点附近。

低温过热器的垂直段为顺列排列，其管径、横向节距与卧式蛇形管相同，纵向节距为 150mm。为保持纵向节距固定及管束平面的平整，在管束上装设了三道管夹。管夹亦是由两块波形钢板对焊而成。采用 1Cr18Ni9Ti 耐热钢。见图 5 – 24。

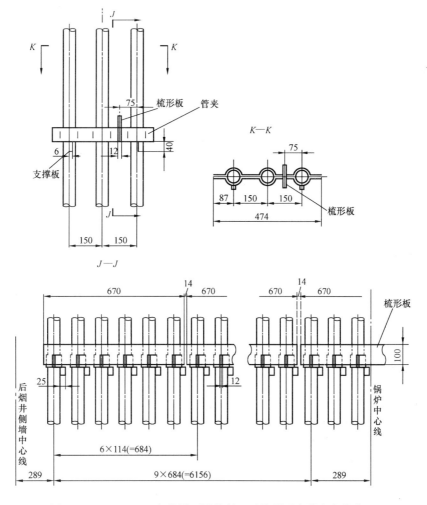

图 5 – 24　SG1025t/h 自然循环锅炉低温过热器垂直管段定位装置

低温过热器每个水平管组上方两端弯头上均设有防磨盖板（见图 5 – 25），断面为半圆形，材料为 1Cr18Ni9Ti，以防止产生局部的飞灰磨损。此外，还在竖井后墙的包覆管上焊有阻流板，位于每组蛇形管弯头上面，目的是消除该处的"烟气走廊"，以免局部高速烟气流对弯头造成严重的磨损。由图 5 – 25 还可看出，低温过热器每组蛇形管上方两端弯头，均用拉板与后烟井隔墙及后墙连接在一起，随锅炉的膨胀方向一同向炉后膨胀。低温再热器的支持结构及防磨装置与低温过热器相似。

1160t/h拔伯葛自然循环锅炉前屏过热器及末级屏式过热器为了保证同屏管面的平整及纵、横向节距的固定，防止在运行中摆动，在结构上采取了以下措施：

（1）在过热器入口段和出口段管屏的不同高度上，由若干根管弯成环绕管。环绕管贴紧管屏表面的横向管，将管屏两侧压紧，从而可保持管屏面的整齐。典型结构见图5－26。环绕管的上行管和下行管，则由一根直径为16mm，长度为75mm的连杆焊接在一起。

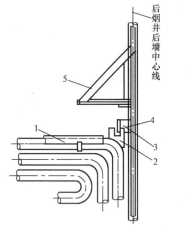

图5－25 SG1025t/h自然循环锅炉低温过热器的防磨装置

1—防磨盖板；2—拉板；3—钢板；4—拉板；5—阻流板

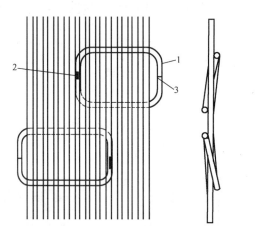

图5－26 1160t/h拔伯葛自然循环锅炉管屏典型环绕管结构

1—环绕管；2—连杆；3—焊接点

（2）为保持管屏的纵向节距，在前屏过热器入口段和出口段管屏靠近下部的位置上，管子的左侧或右侧焊有100mm长的隔片套板，隔片套板切自管径为$\phi44.5\times3$mm的管子，管材为BS3059－310，见图5－27。

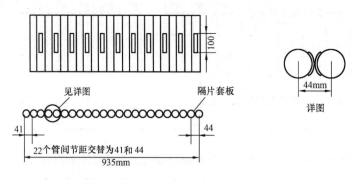

图5－27 1160t/h拔伯葛自然循环锅炉管屏入口（出口）段的隔片套板

末级屏式过热器则在各环绕管位于管屏右侧的水平管上，按管子节距为间隔，焊有数量不等的指状定位杆，插于各并行管之间。其结构见图5－28。

（3）为保持管屏之间的横向节距，将进口端管屏外圈管和出口端管屏内圈管与相邻管拉开，其间插入连接管。将 40 片管屏连接在一起，以避免运行中管屏因烟气流的冲击而左右摆动。其结构见图 5-29。

（4）管屏入口和出口接管上分别焊有吊耳，管屏的重量由连接在吊耳和锅炉上部横梁间的吊杆承受。

该锅炉顶棚管系及敷设炉墙的重量由进、出口集箱及设置于管段中间的两排吊杆来承受，经吊耳及与之相连的吊杆将顶棚过热器的重量传至锅炉横梁上。

转向室顶部包覆管及前后墙包覆管的重量则由包覆管过热器进口联箱处及后墙包覆管入口弯头处连接的吊杆传递到锅炉顶梁上。而两侧墙包覆管是靠其入口短管箱上连接的吊杆将重量传递到炉顶横梁上，每个联箱及所连接的管子由两根吊杆悬吊。

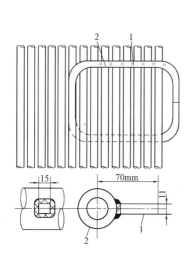

图 5-28　1160t/h 拔伯葛自然循环锅炉末级屏
式过热器纵向节距的固定及定位杆
1—指状定位杆；2—水平管

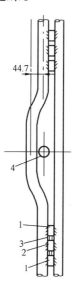

图 5-29　1160t/h 拔伯葛自然循环锅
炉末级过热器扭曲管组详图
1—端部套圈；2—中间套圈；
3—销；4—连接管

第三节　影响汽温变化的因素

影响汽温变化的因素很多，主要有锅炉负荷、炉膛过量空气系数、给水温度、燃料性质，受热面污染情况和燃烧器的运行方式，这些因素还可能互相制约。下面分别阐述各个因素对汽温的影响。

一、锅炉负荷

过热器和再热器出口蒸汽温度与锅炉负荷之间的关系称之为汽温特性。采用不同传热方式的过热器与再热器，其汽温变化特性是不同的，见图 5-30。

随着锅炉负荷的增加，辐射式过热器中工质的流量和锅炉的燃料耗量按比例增加，但炉内火焰温度升高不多，故炉内辐射热并不按比例增多，从而使辐射式过热器中单位工质的辐射吸热量减少，蒸汽的焓增相对减少，出口蒸汽的温度下降（图 5-30 中曲线 1）。

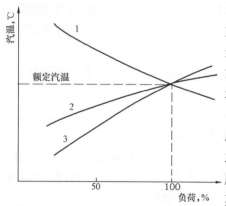

图 5－30　过热器的汽温特性
1—辐射式过热器；2、3—对流
式过热器 $\theta_2 > \theta_3$

对流式过热器的汽温变化特性与辐射式过热器正好相反。当锅炉负荷增加时，燃料耗量随之增多，流经过热器的烟速和烟温提高，使其中的工质焓增升高，故对流式过热器出口蒸汽温度是随锅炉负荷的提高而增加的（图 5－30 中曲线 2）。

屏式受热面因为同时吸收炉内辐射热量和烟气冲刷的对流热量，故它的汽温特性介于辐射式与对流式之间，汽温随锅炉负荷的变化是比较小的。而远离炉膛出口处的对流受热面，则由于辐射吸热比例减小，其汽温随锅炉负荷提高而增加的趋势较为明显（图 5－30 中曲线 3）。

特别需要指出的是，因为负荷降低时，再热器入口汽温（汽轮机高压缸的排汽温度）相应降低，这就使得再热器出口蒸汽温度的下降比过热蒸汽要严重得多。

300MW 机组的锅炉通常采用辐射—对流式过热器和再热器系统，且最大限度地增加了受热面的辐射性。如采用了分隔屏过热器、墙式再热器及屏式再热器等，因此可获得较为平坦的汽温变化特性。

良好的汽温特性可使汽温的调节幅度减小，相应地对燃烧器摆动角度的要求就不会过高。从而可提高机组对负荷变化的适应性。

二、过量空气系数

当送入炉膛的过量空气量增加时，炉膛温度水平降低，辐射传热减弱，辐射过热器出口汽温降低；对于对流过热器，则由于燃烧生成的烟气量增多，烟气流速增大，对流传热加强，导致出口过热汽温升高。风量减小时则相反。

三、给水温度

给水温度升高，产生一定蒸汽量所需的燃料量减少，燃烧产物的容积也随之减少，烟气流速下降，同时炉膛出口烟温降低。从而使过热汽温下降。在电厂运行中，如果高压加热器出现故障不能投入时，给水温度下降，会使过热器出口汽温显著升高。

四、燃料性质

燃煤中的水分和灰分增加时，燃煤的发热量降低。为了保证锅炉蒸发量，必须增加燃煤耗量，增大了烟气容积。同时，水分的蒸发和灰分本身温度的提高均需吸收炉内热量，使炉内温度水平降低，辐射传热量减少。此外，水分增加也使烟气容积增大，烟速提高，对流传热量增加，从而使出口汽温升高。

煤粉变粗时，煤粉在炉内的燃尽时间增长，火焰中心上移，炉膛出口烟温升高。过热器吸热量增加，最终导致汽温升高。

五、受热面污染情况

过热器之前的受热面发生积灰或结渣时，会使炉内辐射传热量减少，进入过热器区域的烟温增高，因而使过热汽温上升；过热器本身严重积灰、结渣或管内结垢时，将导致汽温下降。

六、燃烧器的运行方式

燃烧器运行方式改变，例如摆动燃烧器喷嘴向下倾斜或是多排燃烧器从上排喷嘴切换至下排时，由于火焰中心下移，会使汽温下降。反之，汽温则会升高。

应当指出的是，由于再热器的对流特性比过热器强，而且由于再热蒸汽的温度高、压力低，因而再热蒸汽的比热容较过热蒸汽要小。这样，等量的蒸汽在获得相同热量时，再热蒸汽的温度变化幅度要比主蒸汽更大。此外，再热汽温不仅受锅炉方面因素变化的影响，而且汽轮机工况的改变对它也有较大影响。在过热器中，进口蒸汽温度始终等于汽包压力下的饱和温度，而在再热器中，进口蒸汽温度则随汽轮机负荷的增加而升高，随汽轮机负荷的减小而降低。所以在单元机组定压运行时，再热蒸汽温度受工况变动的影响要比过热蒸汽温度更敏感，再热蒸汽温度的波动也比主蒸汽温度大。

直流锅炉无汽包，加热、蒸发和过热各区段之间无固定界限，是随工况的变化而变化的。在稳定工况下直流锅炉的蒸发量 D 等于给水量 G。因此直流锅炉过热汽温变化比较复杂，而且在某种程度上与汽包炉中的过热汽温的变化刚好相反。

在锅炉热负荷和其他条件都不变时，若给水量增加，直流锅炉的蒸发量增加，加热段和蒸发段的长度增加，过热汽温则因过热段的长度缩短而降低；反之，给水量减少，过热汽温上升。同样可分析，在给水量和其他条件都不变时，增加燃料量，蒸发量不变，过热汽温上升；减少燃料量则过热汽温下降。由此可见，燃料量与给水量的比值，即燃水比（B/G）变化时，直流锅炉过热器出口汽温发生显著变动。因此在运行中热负荷与给水量必须很好地配合，也就是要保持准确的燃水比。只要保持适当的燃水比，直流锅炉就可以在任何负荷、任何工况下维持一定的过热汽温。这一特性与自然循环锅炉有明显的区别，汽包锅炉过热汽温的变化与给水量无直接关系，给水量是根据汽包水位变化来调节的。

直流锅炉当负荷增加时，若燃料量与给水量按同一百分比增加，即燃水比 B/G 不变，则工质在辐射区少吸收的热量可由对流区多吸收的热量来补偿，过热器出口蒸汽的温度可近似不变。

负荷不变而给水温度变化也会对直流锅炉过热汽温产生很大的影响，给水温度降低时，加热段的长度加长，蒸发段的长度几乎不变，使过热段的长度缩短，过热汽温下降。此时必须改变原有的燃水比，增加燃料量，也即采用较高的燃水比（B/G），才能维持过热汽温为额定值。

过量空气系数增大时，因排烟损失增加，锅炉效率降低，这时，如给水温度和燃水比不变，则过热器出口过热汽温是下降的。

燃煤中的水分和灰分增加，燃料在炉内总放热量减小，在其他参数不变的情况下，过热段缩短，直流锅炉过热汽温将下降。

直流锅炉炉内火焰中心下移，炉膛水冷壁多吸收的热量被对流受热面吸热量减少所补偿，过热汽温可近乎不变；若炉膛水冷壁与过热器受热面结焦或积灰，受热面减少，均使过热汽温下降。

第四节　蒸汽温度的调节

为了保证机组安全经济运行，必须维持稳定的蒸汽温度，汽温过高会使金属的许用应力下降，危及机组的安全运行。如对于 12Cr1MoV 钢，在 585℃时，有 10 万 h 的持久强度，而在 595℃时，3 万 h 之后就会丧失其强度；而汽温下降则会降低机组的循环热效率。当再热汽温变化过于剧烈时，还会引起汽轮机中压缸的转子与汽缸之间的相对胀差变化，使汽轮机激烈振动，同样危及机组安全。据计算，过热器在超温 10～20℃ 的状态下长期运行，其寿命会缩短一半以上，而汽温每下降 10℃，会使循环热效率相应降低 0.5%。为此，运行中一般规定汽温偏离额定值的波动不能超过 −10～+5℃。

过热蒸汽温度和再热蒸汽温度在锅炉运行中受多种因素的影响，其波动是不可避免的。为保证机组安全、经济运行，必须装设可靠的汽温调节装置，以修正运行因素对汽温波动的影响。

汽包锅炉具有汽包，过热器受热面固定不变，给水量的调节和汽温调节互不相关，调节较简单。直流锅炉受热面加热、蒸发和过热各区段之间无固定界限，一种扰动会对各种被调参数起作用，使得汽温、汽压和蒸发量的调节相互关联；同时直流锅炉没有汽包，储热能力差，工况变动时汽压和汽温变动剧烈，参数调节和自动调节系统要比汽包锅炉复杂。

300MW 机组的锅炉由于负荷变动较大，要求具有更大的运行灵活性，维持额定汽温的负荷范围应扩大。一般对燃煤汽包炉为 60%～100% 额定负荷；直流锅炉则为 30%～100% 额定负荷。

汽温调节装置要求锅炉在上述负荷变动范围内能维持过热汽温及再热汽温的额定值。并且调节灵敏，惯性小，对电厂热效率影响小。同时，结构简单，金属耗量小。

蒸汽温度的调节方法通常分为两类，蒸汽侧的调节和烟气侧的调节。

蒸汽侧的调节是指通过改变蒸汽热焓来调节汽温，主要采用喷水式减温器、表面式减温器；烟气侧的调节则是通过改变锅炉内辐射受热面和对流受热面的吸热量分配比例的方法（如调节燃烧器的倾角；采用烟气再循环等）或改变流经过热器、再热器的烟气量的方法（如烟气挡板）来调节汽温。

一、喷水减温装置

随着近代给水处理技术的发展，给水品质已相当高。故 300MW 机组锅炉通常采用以给水作为减温水的喷水减温装置。喷水减温装置通常都安装在过热器连接管道或联箱中。

300MW 机组锅炉的过热器分为很多级，因此常采用多次减温方式。即在整个过热器系统上，装设两级或三级喷水减温器。通常过热器的低温段，由于蒸汽温度较低，可以不装减温器。在屏式过热器前设置第一级减温器，以保护屏式过热器不超温，作为过热汽温的粗调节。在末级高温对流过热器前装设第二级减温器作为微调。这样，既可以保证高温过热器的安全，同时可减小迟滞，提高调节的灵敏度。减温器设计的喷水量约为锅炉容量的 3%～5%。

喷水减温器的结构型式很多。按喷水方式有喷头式（单喷头、双喷头）减温器、文丘里管式减温器，旋涡式喷嘴减温器和多孔喷管式减温器（又称笛形管式减温器）。见图 5–31。

1. 喷头式减温器

在过热器的连接管道或联箱中插入一根或两根喷嘴，水从喷嘴中几个 $\phi3$ 的小孔中喷出，直接与蒸汽混合。为了避免喷入的水滴与管壁接触引起热应力，在喷水处装有长约 3～4m 的保护套管或称混合管，使水与蒸汽混合。这种减温器结构简单，制造方便。但由于其喷孔数量受到限制，喷孔阻力大，而且这种喷嘴悬挂在减温器中成为一悬臂，受高速汽流冲刷易产生振动，甚至发生断裂损坏，从而使其在大容量锅炉中的应用受到一定的限制。

2. 文丘里管式减温器

文丘里管式减温器（又称水室式减温器）是由文丘里喷管，水室及混合管组成的，见图5-31（a）。

文丘里喷管喉口处布置有多排 $\phi3$ 小孔，减温水首先引入喉口处的环形水室，再由其中的喷孔喷入汽流，喷孔水速约 1m/s 左右，喉口处蒸汽流速为 70～120m/s。

采用文丘里喷管可以增大喷水与蒸汽的压差，改善混合。

这种减温器结构较复杂、变截面多、焊缝多，喷射给水时温差较大，在喷水量多变的情况下产生较大的温差应力，易引起水室裂纹等损坏事故，应予以特别注意。

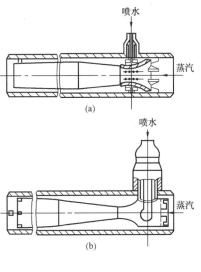

3. 旋涡式喷嘴减温器

该减温器由旋涡式喷嘴、文丘里喷管和混合管组成，见图5-31（b）。

该减温器喷水进入减温器后顺汽流方向流动，由旋涡式喷嘴中喷出的减温水雾化质量较好，故减温幅度较大，能适应减温水频繁变化的工作条件，因而是一种较好的结构型式。

旋涡式喷嘴也是以悬臂的方法悬挂在减温器中，因此在设计中应采取必要的措施，使其避开共振区，保证喷嘴的安全工作。

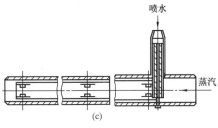

图 5-31 喷水减温器
(a) 水室式；(b) 旋涡式；(c) 多孔喷管式

4. 多孔喷管式减温器

多孔喷管式减温器由多孔喷管和直混合管组成，见图5-31（c）。

多孔喷管的直径一般为 $\phi60\times8mm$，在背向汽流方向一侧开有若干喷水孔，喷孔直径通常为 $\phi5\sim\phi7$，喷水速度为 3～5m/s。喷水方向与汽流方向一致。

为了防止悬臂振动，喷管采用上下两端固定，故其稳定性较好。

多孔喷管减温器结构简单，制造安装方便，在 300MW 及其更大容量机组的锅炉中得到广泛应用。

再热器一般不宜采用喷水减温。因为再热器喷入的水转化为压力较低的蒸汽，使工质做功能力下降，降低了机组的循环热效率。此外，机组定压运行时，因再热器调温幅度较大，为保证低负荷下的汽温，高负荷时，需投入大量减温水，在超高压机组中，每增加1%喷水量，降低效率0.1%～0.2%。因此再热器常采用烟气侧调节法作为汽温调节的主要手段，而用喷水减温器作为辅助调节方法。再热器事故喷水减温器装设在再热器进口管道中。当出现事故工况，再热器入口汽温超过允许值，可能出现超温损坏时，事故喷水减温器立即投入运行，借以保护再热器。在正常运行情况下，只有当积极采用其他温度调节方法尚不能完全满足要求时，再热器微量喷水减温器才投入微量喷水，作为再热汽温的辅助调节。

但在滑压运行的机组中，可用喷水减温作为再热汽温的主调手段。如引进机组 924t/h 苏尔寿直流锅炉系采用滑压运行，再热汽温的主要调节手段即为喷水减温。这是因为滑压运

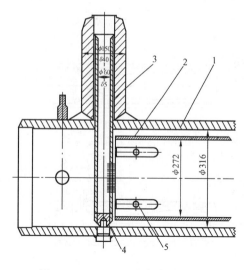

图 5 - 32   SG1025t/h 自然循环锅炉
第二级多孔喷管式减温器

行的机组中，高压缸的排汽温度几乎不随机组功率而变，不像定压运行那样，随负荷的降低而减小。因此锅炉在低负荷时均能维持额定再热汽温。在锅炉运行中，再热器喷水量比较少，对机组效率影响不大。该炉在 100% 额定负荷时，再热器喷水量只有 14.172t/h；在 70% 额定负荷时，仅有 0.98t/h。因此可以认为，当锅炉采用滑压运行时，喷水减温是较经济而又可靠的调温方式，在结构上又是最简单的一种。

SG1025t/h 亚临界参数自然循环锅炉采用两级多孔喷管式减温器。图 5 - 32 是该锅炉第二级减温器结构图。

该减温器多孔喷嘴的直径为 $\phi 60 \times 5mm$，在背向汽流方向一侧共开有 40 个直径为 $\phi 5$ 的喷水孔，共四排，每排 10 个，见图 5 - 33。这是根据额定工况下该锅炉第二级减温水量 $D = 8.16t/h$ 计算确定的。

为避免筒壁直接与喷管相焊后，在连接处因减温水与蒸汽的温差以及减温水量变化所引起的温差应力，在喷管和筒体壁之间加接了保护套筒。

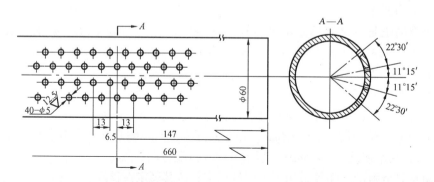

图 5 - 33   SG1025t/h 自然循环锅炉第二级减温器的多孔喷头

第一级减温器的结构与第二级相似。其多孔喷头直径为 $\phi 76 \times 7mm$，126 个直径为 $\phi 7$ 的喷水孔分六排布置在喷嘴背向汽流方向，每排 21 个。

再热器系统采用两个微量喷水减温器和两个事故喷水减温器作为再热汽温的辅助调节方法。均为多孔喷管式减温器。

图 5 - 34 是该锅炉再热器事故喷水减温器结构图。由图可见，它主要由喷水装置和直混合管组成。喷水装置的喷水管直径为 $\phi 57 \times 6mm$。在喷水管背向汽流方向一侧焊有两只 $\phi 38$ 的莫诺克喷头，见图 5 - 35。喷水装置与减温器筒体间的衬套可以避免因减温水与蒸汽间的温差和减温水量变化引起的温差应力。

再热器微量喷水减温器的结构与事故喷水减温器相似。该喷水装置的喷水管直径为 $\phi 51 \times 6mm$，在背向汽流方向一侧焊有两只 $\phi 32$ 的莫诺克喷头。

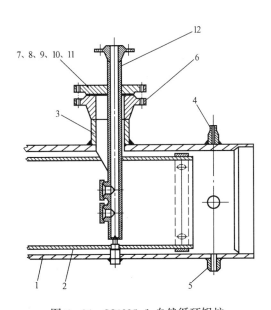

图 5 - 34   SG1025t/h 自然循环锅炉
再热器事故喷水减温器

1—筒体；2—衬套；3、4、5—管接头；6—法兰；
7—法兰盖；8—垫片；9—双头螺栓；10—螺母；
11—垫回；12—喷水装置

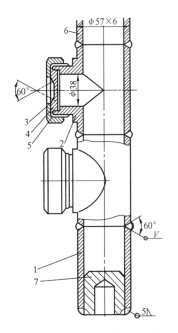

图 5 - 35   SG1025t/h 自然循环锅炉
再热器事故喷水减温器喷水装置

1—管子；2—莫诺克喷头；3—压盖螺母；
4—雾化片；5—垫圈；6—管子；7—端盖

二、分隔烟道挡板

图 5 - 36 为分隔烟道挡板调温法受热面的布置方式。

由图可见，对流后烟道分隔成两个并联烟道。其一布置再热器，另一个布置过热器。在两个烟道受热面后的出口处布置可调的烟气挡板，利用调节挡板开度，改变流经两烟道的烟气量来调节再热汽温。

图 5 - 37 表示负荷变化时，由于挡板的调节使流经两个烟道的烟气量变化的情况。

在额定负荷时，烟道挡板全开。流经每一烟道的烟气量约占 50%（图中水平虚线所示）。负荷降低时，关小过热器烟道挡板，使较多的烟气流经再热器，以维持额定的再热汽温。

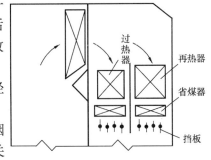

图 5 - 36   分隔烟道挡板调节
法受热面布置方式

图 5 - 38 表示挡板调节时，过热蒸汽和再热蒸汽温度的变化情况。图中曲线 A 表示两组烟道挡板全开时的汽温特性。低负荷时，再热汽温偏低较多，只有在额定负荷下方可维持额定汽温，而过热蒸汽在额定负荷下超温以保证部分负荷下能够维持额定汽温。曲线 B 表示挡板调节后的汽温特性。由图可见，在 70% ～ 100% 负荷范围内，再热汽温可维持额定值，而过热汽温仍稍偏高，但可启用喷水减温器维持过热汽温的额定值。

这种调节方法结构简单，操作方便，但挡板宜布置在

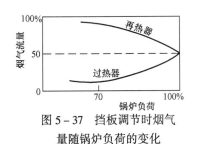

图 5 - 37   挡板调节时烟气
量随锅炉负荷的变化

243

烟温低于400℃的区域，以免产生热变形，并注意尽量减少烟气对挡板的磨损。平行烟道的隔墙要注意密封，最好采用膜式壁结构，以防止烟气泄漏。当再热器与过热器并列布置时，过热器的辐射特性应在设计时给予增大，这样过热器与再热器两者汽温变化的配合较好。

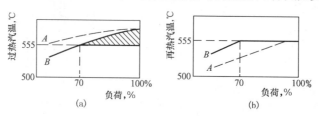

图5-38 挡板调节时汽温随负荷的变化

(a) 过热蒸汽；(b) 再热蒸汽

A—挡板全开时汽温特性；B—挡板调节后汽温特性

SG1025t/h自然循环锅炉及SG1025t/hUP型直流锅炉均采用烟气调温挡板作为再热蒸汽温度调节的主要手段，而以微量喷水作为辅助调节。在正常运行时，如关闭低温再热器侧挡板仍不能维持低温再热器出口汽温，则应投入微量喷水减温。

上述SG1025t/h锅炉烟气调温挡板布置在低温再热器烟道和低温过热器烟道下方。每一烟道各布置左右两组烟气挡板，共4组，型式为分隔仓式。每组挡板由15块挡板组成，通过连杆成一组，为避免磨损，连杆布置在挡板的上方。挡板的动作通过与连杆相连的气动执行机构操纵。

三、烟气再循环

烟气再循环的工作原理是采用再循环风机从锅炉尾部低温烟道中（一般为省煤器后）抽出一部分温度为250~350℃的烟气，由炉子底部（如冷灰斗下部）送回到炉膛，用以改变锅炉内辐射和对流受热面的吸热量分配，从而达到调节汽温的目的。

由于低温再循环烟气的掺入，炉膛温度降低，炉内辐射吸热量随之减少。而炉膛出口烟温一般变化不大。这时，在对流受热面中，因为烟气量增加使其对流吸热量增加，而且受热面离炉膛越远，对流吸热量的增加就越显著。

采用烟气再循环后，各受热面的吸热量的变化（即热力持性）与再循环烟气量、烟气抽出位置及送入炉膛的位置有关。一般每增加1%的再循环烟气量，可使再热汽温升高约2℃。如再循环率为20%~25%，则可调温40~50℃。由此可知，烟气再循环调温幅度大、迟滞小，与喷水调节比较可节省受热面金属耗量，且调节灵敏。在近代大型锅炉中，还常用来减少大气污染，因此得到广泛使用。

四、炉底注入热风

1160t/h拔伯葛亚临界参数自然循环锅炉则是通过在炉膛底部注入热风调节蒸汽温度的。

这种调节方式与烟气再循环的形式相似，但机理却不尽一致。烟气再循环是借着调整对流受热面处的烟气流量来调节汽温的。而自炉底注入热风，并随着锅炉负荷的改变相应改变炉底热风量，相应调整燃烧器中二次风或三次风的数量，则可使炉内过量空气系数尽量维持最佳值。也就是说，当自炉底注入热风的时候，通过适当的调节，可使炉内生成的烟气量不变或变化不大，但却改变了炉膛温度，而再热蒸汽温度的调节主要是靠由炉底注入的这股热风抬高炉膛火焰中心的位置，从而改变炉膛出口烟气温度来实现的。在锅炉最大负荷时，调温空气量为零。随着锅炉负荷的降低，相应增加调温空气量，可使再热汽温维持在额定值。为增大调温幅度，本台再热器布置在靠近炉膛出口处的水平烟道内。

五、改变火焰中心位置

调节摆动式燃烧器喷嘴上下倾角，改变火焰中心沿炉膛高度的位置，从而改变炉膛出口烟气温度，调节锅炉辐射和对流受热面吸热量的比例，可用来调节过热及再热汽温。

摆动式燃烧器多用于四角布置的炉子中。在高负荷时，燃烧器向下倾斜某一角度；而在低负荷时，燃烧器向上倾斜某一角度，使火焰中心位置改变。一般燃烧器上下摆动 ±20°～30°时，炉膛出口烟温变化约 110～140℃，调温幅度 40～60℃。燃烧器的倾角不宜过大，过大的上倾角会增加燃料的未完全燃烧损失；下倾角过大又会造成冷灰斗的结渣。

SG1025t/h 及 SG1025.7t/h 亚临界参数强制循环锅炉采用这种调温方法调节再热蒸汽温度。燃烧器倾角的调节范围为 ±30°，为保证炉内温度场均匀分布，四组燃烧器的倾角同时动作。当燃烧器 -30°再热蒸汽温度仍然高于额定值时，再热器事故喷水减温器则自动投入运行。

采用多层燃烧器的锅炉（如 4～5 层），改变燃烧器的运行方式。这种方式是将不同高度的燃烧器喷口投入或停止运行，或将几组燃烧器切换运行，以此来改变炉膛火焰中心的位置高低，实现调节汽温的目的。当负荷降低时，首先停用下排燃烧器，使火焰中心抬高，能起到一定的调温作用，但其调温幅度较小，一般应与其他调温方式配合使用。

改变配风工况。在总风量不变的前提下，可用改变上、下二次风量分配比例的办法改变炉膛火焰中心位置的高低，改变进入过热器区域的烟温，实现调节汽温的目的。当汽温偏高时，可加大上二次风量，减小下二次风量，降低火焰中心；当汽温较低时，则减少上二次风量，增加下二次风量，抬高炉膛火焰中心。

直流锅炉的汽温调节与自然循环锅炉不同。直流锅炉在稳定工况下，过热蒸汽出口的热焓 h''_{gr} 可用下式表示：

$$h''_{gr} = h_{gs} + \frac{B}{G} Q_{ar.net} \eta_{gl} \tag{5-1}$$

式中　h''_{gr}、h_{gs} ——过热器出口和给水的热焓，kJ/kg；

　　　　B，G ——燃料量和给水量，kg；

　　　　$Q_{ar.net}$ ——燃料低位发热量，kJ/kg；

　　　　η_{gl} ——锅炉效率，%。

如 h_{gs}、$Q_{ar.net}$、η_{gl} 在一定负荷变化范围内保持不变，则过热蒸汽温度（热焓）只取决于燃料量和给水量的比例 $\frac{B}{G}$，如果比值 $\frac{B}{G}$ 保持不变，则 h''_{gr} 或 t''_{gr} 可保持不变。即比值 $\frac{B}{G}$ 变化是造成过热蒸汽温度变化的基本原因。因此在直流锅炉中，过热汽温的调节主要是通过给水量与燃料量的调整来实现的。考虑到实际运行中锅炉负荷的变化，给水温度、燃料品质、炉膛过量空气系数以及受热面结渣等因素的变化，对过热汽温变化均有影响，因此保持 $\frac{B}{G}$ 的精确值不易做到，特别是燃煤锅炉，控制燃料量较为粗糙，且对 t_{gr} 的调节惯性较大，不能保证良好的调节品质。故直流锅炉一般采用与喷水调节相结合的调节方法，即比值 $\frac{B}{G}$ 作为粗调节，蒸汽通道上的喷水减温器作为细调节（校正）。

对于带固定负荷的直流锅炉，蒸汽参数调节的主要任务是调节汽温，因而在燃料量与给水量比例确定后，操作中应尽量减少燃料量的改变。在实际调节中，燃料量的调节精度受到燃料性质变动等影响，因此为进一步校正燃料量与给水量的比例，就借助于喷水调温。喷水调温的惰性小，且无过调现象，特别是以喷水点后汽温作为调节信号进行喷水调节时，从喷水量开始变化只须经过几秒钟时间，很容易实现细调节。所以以直流锅炉在带不变负荷时，蒸汽参数的调节是借助喷水调节汽温而尽可能稳住燃料量。但喷水量变化只能维持过热汽温的暂时稳定，过热汽温稳定的关键是调节燃水比 $\dfrac{B}{G}$。这是因为直

图 5-39　直流锅炉喷水减温

流炉的给水量 G 等于蒸发量 D，若燃料量 B 增加、热负荷增加，而给水量 G 未变，则过热汽温必然升高，喷水量 d 增加；进口水量（$G-d$）相应减少，反过来又会使过热汽温上升，同时影响机组效率，还会引起喷水点前金属和工质温度升高，不利于安全运行（见图 5-39）。

　　直流锅炉由于不稳定动态过程中交变区内工质的变化以及过热器管壁金属储热的影响，过热汽温有比较大的延迟，而且越靠近过热器出口，延迟越大。若以过热器出口汽温作为调节信号，则调节过迟，为了维持锅炉过热蒸汽温度的稳定，按照时滞小、反应明显、工况变化时便于测量等条件，通常在过热区段中取一温度测点，将它固定在相应的数值上，即中间点温度。用中间点汽温作为超前信号，使调节操作提前，以得到稳定的汽温。实际上将中间点至过热器出口之间的过热区段固定，相当于汽包炉固定过热器区段情况。在过热汽温调节中，中间点温度与锅炉负荷存在一定的函数关系，因此锅炉的燃水比 $\dfrac{B}{G}$ 可按中间点温度来调整，而中间点至过热器出口区段的过热汽温变化主要依靠喷水来调节。中间点的位置越靠近过热器入口，即过热蒸汽点离工质开始过热点越近，则汽温调节的灵敏度越高，但应保持中间点的工质状态在 70% ~ 100% 负荷内都是微过热蒸汽（过热度约为 20℃ 的过热蒸汽），因而不易过于提前。在亚临界压力及以下的直流锅炉中，中间点都选择在过热器的起始段（如国产 300MW 的 UP 单炉膛直流锅炉，它的中间点选择在包覆过热器出口），即中间点工质状态总处于过热区，而不会处于蒸发区，否则中间点将失去调节信号的作用。

　　低循环倍率锅炉采用了具有循环泵的蒸发系统，并在蒸发受热面出口处装有汽水分离器，它的运行调节具有一系列特点。

　　与汽包锅炉相比，虽然两者的蒸发区段和过热区段都有固定的分界点，但对给水调节提出了不同的要求。在汽包锅炉中，给水量的变化对于汽包中水的潜热影响不大且汽包中又装有汽水分离装置，因此其给水调节主要是调节汽包水位，而与蒸发量及过热汽温无直接关系。在低循环倍率锅炉中，给水流量与循环流量（从分离器进入混合器的饱和水流量）在相反方向变化，因此给水流量改变时，进入水冷壁的水的潜热变化较大，将影响到蒸发受热面出口蒸汽流量并进而影响过热蒸汽温度。因此低循环倍率锅炉给水调节不仅为了保持分离器水位变化不太大，还与锅炉蒸发量及过热汽温有直接关系。

　　由于汽水分离器的存在，低循环倍率锅炉的参数调节又和直流锅炉不同。在直流锅炉中，给水调节、燃烧调节和汽温调节密切相关，如保持 $\dfrac{B}{G}$ 的比例就可粗调汽温，而减轻汽

温调节的困难。在低循环倍率锅炉中，由于循环倍率小，接近于直流锅炉，亦要求随时维持燃料量与给水量之间的比例，以保持分离器中水位变化不太大。但低循环倍率锅炉的分离器的汽水分离效果较差（主要是容积小，汽水分离装置较简单），因此虽然分离器固定了蒸发区段和过热区段的界限，却不能保证饱和蒸汽的湿度。额定负荷时分离器出口蒸汽带水可达10%以上，低负荷时带水很少，因而当锅炉负荷变动时，饱和蒸汽湿度变化亦很大，严重影响过热汽温。因而在低循环倍率锅炉中，虽然要求给水调节与燃烧调节相配合，但并不减少汽温调节的任务。如 300MW 低循环倍率锅炉，在额定负荷时过热器喷水量为 7.1%，50% 负荷时达 27.7%，由于喷水量大，在给水调节系统中就要考虑对给水量进行修正。

由上可知，低循环倍率锅炉的给水调节过程虽以分离器的水位作为一个信号，但不像汽包锅炉那样可以因此与燃烧调节分开；而以给水调节配合燃烧调节这一点虽与直流锅炉相似，但又不能像直流锅炉那样可以因此粗调过热汽温，这是低循环倍率锅炉运行调节的主要特点。

第五节 过热器的热偏差

锅炉受热面管子长期安全工作的首要条件是必须保证它的金属工作温度不超过该金属的最高允许温度。

过热器和再热器管段金属壁面平均温度 t_b 可以用式（5－2）进行计算，即

$$t_b = t_g + \Delta t_p + \beta \mu q_{max}\left(\frac{1}{\alpha_2} + \frac{1}{1+\beta}\frac{\delta}{\lambda}\right) \qquad (5-2)$$

式中　t_g——管段内工质温度，℃；

　　　Δt_p——考虑管间工质温度偏离平均值的偏差，℃；

　　　β——管段外径与内径之比；

　　　μ——考虑管子周界方向的热传递系数；

　　　q_{max}——在热负荷最大的管子上，热流密度的最大值，kW/m²；

　　　α_2——工质放热系数，kW/（m²·℃）；

　　　δ——管壁厚度，m；

　　　λ——管段金属的导热系数，kW/（m·℃）。

由式（5－2）可见，管内工质温度 t_g 和受热面的热负荷 q 越高，管壁温度 t_b 就越高；而放热系数 α_2 提高可使金属壁温 t_b 降低。放热系数的大小与管内工质的质量流速 ρv 有关，提高蒸汽的质量流速可以加强对管壁的冷却作用，使壁温降低，但将增大压力损失。

由于过热器和再热器中工质的温度最高，同时受热面的热负荷也相当高，而蒸汽的放热系数却较小，故过热器（或再热器）是锅炉各受热面中金属工作温度最高、工作条件最差的受热面，其管壁温度已接近管子钢材的最高允许温度。因此必须避免个别管子由于设计不良或运行不当超温损坏。

过热器是由许多并列管子组成的管组。管组中各根管子的结构尺寸、内部阻力系数和热负荷可能各不相同。因此每根管子中的蒸汽焓增 Δh 也就不同，工质温度也不同。这种现象叫做过热器的热偏差。焓增大于管组平均值的那些管子叫偏差管。

过热器管组热偏差的程度可用热偏差系数 φ 表示，即

$$\varphi = \frac{\Delta h_{\mathrm{p}}}{\Delta h_{\mathrm{pj}}} \qquad (5-3)$$

$$\Delta h_{\mathrm{p}} = q_{\mathrm{p}} F_{\mathrm{p}} / G_{\mathrm{p}}$$

$$\Delta h_{\mathrm{pj}} = q_0 F_0 / G_0$$

式中 Δh_{p}——偏差管焓增；

Δh_{pj}——管组平均焓增；

q_{p}、F_{p}、G_{p}——偏差管管外壁热负荷、受热面积、工质流量；

q_0、F_0、G_0——管组管外壁平均热负荷，受热面积、工质流量。

于是

$$\varphi = \frac{q_{\mathrm{p}}}{q_0} \frac{F_{\mathrm{p}}}{F_0} \frac{1}{\dfrac{G_{\mathrm{p}}}{G_0}} = \frac{\eta_{\mathrm{q}} \eta_{\mathrm{F}}}{\eta_{\mathrm{G}}} \qquad (5-4)$$

$$\eta_{\mathrm{q}} = \frac{q_{\mathrm{p}}}{q_0}; \eta_{\mathrm{F}} = \frac{F_{\mathrm{p}}}{F_0}; \eta_{\mathrm{G}} = \frac{G_{\mathrm{p}}}{G_0}$$

式中 η_{q}——吸热不均匀系数；

η_{F}——结构不均匀系数；

η_{G}——流量不均匀系数。

显然，热偏差系数 φ 越大，管组的热偏差越严重。偏差管段内工质温度与管组工质温度平均值的偏差 Δt_{p} 越大，该管段金属管壁平均温度就越高［见式（5-2）］，因此必须使过热器（再热器）管组中最大的热偏差系数 $\varphi_{\max}$ 小于最大允许的热偏差系数，即管壁金属温度到达最高允许值时的热偏差。否则将会使管子因过热而损坏。

随着电站锅炉容量的增大及蒸汽参数的提高，在锅炉中越来越多地采用屏式过热器，同时由于锅炉相对宽度的减小，对流过热器每片蛇形管束所采用的管圈数也相应增多。可见，对于整个管组，不仅存在屏（片）间热偏差，且同时还存在同屏（片）热偏差。由于屏式过热器位于炉膛内或炉膛出口处的高温区，受热面的热负荷很高，如屏间和同屏热偏差过大，必将导致局部管子发生过热损坏。根据国内有关文献介绍，同屏热偏差是影响屏可靠工作的最主要因素，必须予以足够的重视。

由于过热器并列工作的管子之间受热面积差异不大，根据式（5-4），产生热偏差的基本原因主要是烟气侧的吸热不均和蒸汽侧的流量不均。显然，对于过热器来说，最危险的将是热负荷较大而蒸汽流量又较小，因而其汽温又较高的那些管子。

一、烟气侧热力不均（吸热不均）

过热器管组的各并列管是沿着炉膛宽度方向均匀布置的，因此锅炉炉膛中沿宽度方向烟气的温度场和速度场的分布不均匀，是造成过热器并列管组热力不均匀的主要原因。而这些原因的产生可能是由于结构特点引起的，也可能是由于运行工况的改变引起的。

由于炉膛四壁布有水冷壁，因此靠近炉壁的烟气温度远比火焰中心温度低，流速也较小。炉膛中四面炉壁的热负荷各不相同，对于某一壁面，沿其宽度和高度的热负荷差别也较大。同时，当燃烧工况组织不良，炉膛火焰充满度不好，火焰中心偏斜，燃烧器负荷不一致，四角粉风分配不好，风粉不均，炉膛部分水冷壁严重结渣，炉膛上部或过热器局部地区发生煤粉再燃烧时，均会造成炉内烟气温度不均，并将不同程度地在对流烟道中延续下去，从而引起过热器的吸热不均。

四角布置切圆燃烧方式所产生的旋转气流在对流烟道中的残余扭转造成烟道两侧的烟温及烟气流速分布不均，使布置在烟道内的过热器和再热器受热面热负荷不均。以逆时针旋转为例，在无气流旋转时，沿烟道宽度方向烟气速度分布呈抛物线型，与旋转气流的速度分布迭加后，烟道右侧的流速大大高于左侧，大量烟气从右侧流走；如果气流旋转方向为顺时针，则刚好相反。

由于设计、安装及运行等因素造成的过热器管子节距不同，使个别管排之间有较大的烟气流通截面，形成烟气走廊。该处由于烟气流通阻力较小，烟速加快，对流传热增强。同时，由于烟气走廊具有较厚的辐射层厚度，又使辐射吸热增加，而其他部分管子吸热相对减少，造成热力不均。

此外，受热面污染亦会造成并列工作管子吸热的严重不均。显然，结渣和积灰较多的管子吸热减少；对流烟道部分堵灰结渣时，其余截面因烟速增大，因而吸热增加。

还应指出的是，吸热多的管子由于蒸汽温度高，比体积大，流动阻力增加，使工质流量减少，更加大了热偏差。

现代大容量电站锅炉均采用辐射—对流组合式蒸汽系统，除对流式过热器外，还采用了较多的屏式过热器。

1. 屏式过热器的同屏吸热不均

屏式过热器通常其外圈管子比较长，因此它的受热面积和吸热量相应要比其他管圈大。且因其阻力系数较大，管内的蒸汽流量比其他各管要小。在接受炉膛（或屏间烟气）辐射中，屏式过热器同屏各管由于角系数各不相同，面对炉膛（或屏前烟气）直接接受火焰辐射的第一排管圈，因其角系数 X 最大，相应的辐射面积也最大，吸收辐射热量就最多，往往可达各排管圈平均吸热量的几倍。对于这种曝光程度较高的管子，不仅吸收辐射热量大，而且由于烟气冲刷面积也大，使对流吸热量也大。因此最外圈管吸热量为最大。

在传统的屏结构中，上述诸多原因都会使外圈管的焓增和温升比其他各管大，从而造成很大的同屏热偏差和汽温偏差，使之管壁温度升高，可靠性降低。

2. 对流过热器和再热器的同片吸热不均

现代大容量电站锅炉的对流过热器、再热器的同一片管屏都是采用多管圈的结构。从实际运行及试验中发现对流过热器、再热器都存在同片各管之间的热偏差，有的热偏差相当大（达 1.3~1.4），由此引起管壁超温。

对于布置在水平烟道中的高温对流过热器和再热器（悬吊直立式管），造成同片热偏差的主要原因有管束前后烟气空间对各排管子辐射热量不均匀，面向烟气空间第一排管子的角系数最大，吸热量最多，以后各排迅速递减；同片各管接受管束间烟气辐射热量不均匀；同片各管吸收对流热量不均匀。

对于布置在后部烟道（竖井烟道）的低温再热器或低温过热器（水平管圈），产生同片热偏差的主要原因有后竖井中沿烟道深度的烟温偏差；低温再热器或低温过热器的引出段布置在转弯烟室中，其引出管前后烟气空间对同片各管的辐射热量不均匀，而且还有管束间烟气的辐射和对流吸热不均匀；同片各管受热长度不同，长度大，阻力大，蒸汽流量较小，焓增就会增大。

二、工质侧水力不均匀（流量不均）

在并列工作的过热器蛇形管中，流经每根管子的蒸汽流量主要取决于该管子的流动阻力系数、管子进出口之间的压力差以及管中蒸汽的比体积。

并列蛇形管一般均与进、出口集箱相连接，称之为分配联箱和汇集联箱，各管进、出口之间的压差与沿联箱长度的压力分布特性有关，而后者取决于过热器的连接方式，见图5-40。下面以过热器Z形连接方式为例加以说明，见图5-40（a）。蒸汽由分配联箱左端引入，并从汇集联箱右端导出。在分配联箱中，沿联箱长度方向工质流量因逐渐分配给蛇形管而不断减少。在其右端，蒸汽流量下降到最小值。其动能 $\frac{\rho v^2}{2}$ 逐渐转变为压力能，即动能沿联箱长度方向逐渐降低而静压逐渐升高。见图5-40（a）上中的 p_1 曲线。与此相反，在汇集联箱中，静压沿联箱流动方向则逐渐降低。如图5-40（a）中 p_2 曲线。由此可知，在Z形连接管组中，管圈两端的压差 Δp 有很大差异，因而在过热器的并列蛇形管中导致了较大的流量不均。两联箱左端的压力差最小，故左端蛇形管中的工质流量最小，右端联箱间的压力差最大，故右端蛇形管中工质流量最大，中间蛇形管中流量介于两者之间。

在U形连接管组中［见图5-40（b）］，两个集箱内静压变化方向相同，因此各并列蛇形管两端的压差 Δp 相差较小，使管组的流量不均得到改善。

显然，采用多管均匀引入和导出的连接方式可以更好地消除过热器蛇形管间的流量不均，但是要增加联箱的并列开孔，见图5-41。

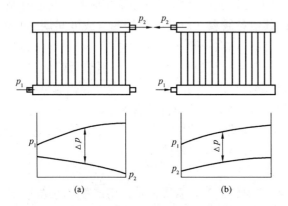

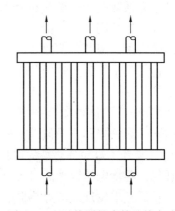

图5-40　过热器的Z形连接和U形连接方式
(a) Z形；(b) U形

图5-41　过热器的多管连接方式

实际运用中多采取从集箱端部引入或引出，以及从联箱中间经向单管或双管引入和引出的连接系统。其原因在于这样的布置具有管道系统简单，蒸汽混合均匀和便于装设喷水减温器等优点。

实际上，即使沿集联长度各点的静压相同，也就是各并列管圈两端的压差 Δp 相等，也会产生流量不均。在这种情况下，对整个管组的平均工况有

$$\Delta p_0 = \left(\lambda \frac{l}{d_{\mathrm{n}}} + \Sigma \xi \right) \frac{w^2}{2 \upsilon_0} + \frac{h}{\upsilon_0} g = k_0 G_0^2 \upsilon_0 + \frac{h}{\upsilon_0} g \qquad (5-5)$$

$$k_0 = \left(\lambda \frac{L}{d_{\mathrm{n}}} + \Sigma \xi \right) \frac{1}{2 A^2}$$

$$G = Aw/\upsilon$$

式中　ξ、λ、k——管子的局部阻力系数、摩擦阻力系数和折算阻力系数；

$\quad\quad$ G、υ、w——管内蒸汽流量、平均比体积和平均流速；

$\quad\quad$ d、A、l——管子的内径、流通截面和长度；

$\quad\quad\quad$ h——进出口集箱之间的高度差；

$\quad\quad$ "0"——表示整个管组的平均值。

对于某一特定管（以角标"p"表示）则有

$$\Delta p_\mathrm{p} = k_\mathrm{p} G_\mathrm{p}^2 \upsilon_\mathrm{p} + \frac{h}{\upsilon_\mathrm{p}} g \qquad\qquad (5-6)$$

如果不考虑沿联箱长度静压的变化，则各并列管圈的压差应当相等，即

$$\Delta p_0 = \Delta p_\mathrm{p} = \Delta p$$

$$k_0 G_0^2 \upsilon_0 + \frac{h}{\upsilon_0} g = k_\mathrm{p} G_\mathrm{p}^2 \upsilon_\mathrm{p} + \frac{h}{\upsilon_\mathrm{p}} g \qquad\qquad (5-7)$$

对于过热蒸汽，式（5–5）和式（5–6）中的重位压头 $\dfrac{h}{\upsilon} g$ 所占的压差份额是很小的，可不予考虑。在这种情况下，公式（5–7）将变成 $k_0 G_0^2 \upsilon_0 = k_\mathrm{p} G_\mathrm{p}^2 \upsilon_\mathrm{p}$

或
$$\eta_\mathrm{G} = \frac{G_\mathrm{p}}{G_0} = \sqrt{\frac{k_0 \upsilon_0}{K_\mathrm{p} \upsilon_\mathrm{p}}} \qquad\qquad (5-8)$$

由式（5–8）看出，即使管圈之间的阻力系数完全相同，即各平行管子的长度、内径、粗糙度相同，$k_0 = k_\mathrm{p}$，由于吸热不均引起工质比体积的差别也会导致流量的不均。而在吸热均匀的情况下，过热器各并列管内工质流动的阻力不等，各根管子的流量就不相同，阻力较小的管子蒸汽流量大，阻力大的管子蒸汽流量则小，流量小的管子蒸汽温度高，比体积大，流动阻力进一步增大，使流动不均更为严重。

由此可见，过热器并列管中吸热量大的管子其热负荷较高（$\eta_\mathrm{g} > 1$），工质流量又较小（$\eta_\mathrm{G} < 1$），因此工质焓增大，管子出口工质温度和壁温也相应提高，更加大了并列蛇形管间的热偏差。

由于锅炉实际工作的复杂性，要完全消除热偏差是不可能的。特别是在近代大型锅炉中，由于锅炉尺寸很大，烟温分布不易均匀，炉膛出口处烟温偏差可达 200 ~ 300℃，而蒸汽在过热器中的焓增又很大，致使个别管圈的汽温偏差可达 50 ~ 70℃，严重时可达 100 ~ 150℃以上。但是必须尽量减小热偏差来保证过热器和再过热器的安全运行。

除了在锅炉设计中应使并联各蛇形管的长度、管径、节距等几何尺寸按照受热的情况合理的分配，燃烧器的布置尽量均匀；在运行操作中确保燃烧稳定，烟气均匀并充满炉膛空间，沿炉膛宽度方向烟气的温度场、速度场尽量均匀，控制左右侧烟温差不过大；根据受热面的污染情况，适时投入吹灰器减少积灰和结渣外，目前减少热偏差的主要方法有以下几种：

沿烟气流动方向，将过热器受热面分成若干级，级间有联箱使蒸汽充分混合。对某一级来说把受热不同的管子引入同一联箱，再进入另一联箱，蒸汽在经过引出管时（或在联箱

内）就会混合起来，并消除前面产生的热偏差，使各级的热偏差不会迭加及累积。

在同样的热偏差 φ 的情况下，偏差管中焓的增量超出平均焓增的大小为

$$\delta(\Delta h)_p = \Delta h_p - \Delta h_0 = (\varphi - 1)\Delta h_0 \qquad (5-9)$$

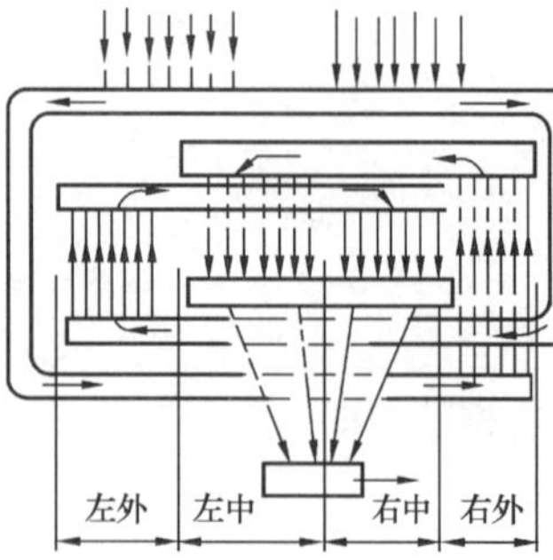

分级以后，由于每一级中工质的平均焓增 Δh_0 减小，从而使焓增偏差的绝对值 $\delta(\Delta h)_p$ 减小，并列蛇形管中的热偏差相应减小。显然，级分得越多，热偏差就越小。一般参数越高的锅炉过热器的级数越多。根据经验，将过热器分级后，每一级中工质的焓增量一般不超过 250～400kJ/kg，则可使热偏差减小到允许范围。

图 5-42 过热器烟道分段示意

在蒸汽过热过程中，随着蒸汽温度增加，其比热容不断下降，因而在最末级过热器中，蒸汽比热容最小，使得在同样热偏差的条件下，其温度偏差最大。同时，考虑到末级过热器中蒸汽温度又最高，工作条件最差，因而末级过热器的焓增更要小些，一般不宜超过 125～200kJ/kg。这样，对减小末级过热器汽温调节的迟滞性也有好处。

再热蒸汽由于压力低，比热容更小，故各级再热器焓增亦不宜过大。尤其是布置在炉膛和靠近炉膛高热负荷区的再热器或高温对流再热器，否则将产生比过热器更大的汽温偏差。

其次，为了减轻因中间烟温高、流速快，两侧烟温低、流速慢所造成的过热器热偏差，通常沿烟道宽度方向进行分级，即将受热面布置成并联混流方式。如图 5-42 所示。把烟道横向分成四段，这样，如果总的沿宽度上的烟气偏差较大，在分为四段后，每段的热偏差就小了。

"交叉"的方法是过热器分级后用以消除烟道左右侧温度不均的有效方法，见图 5-43。如果某一级左侧烟气温度高，左侧受热面吸热强，则可以在蒸汽离开这一级过热器时，使之左右交叉。即使原来吸热较强的左侧蒸汽流到吸热较弱的右侧，而原来吸热较弱的右侧的蒸汽流到吸热较强的左侧。在两级焓增相差不多时，即可将热偏差抵消。

此外，采用定距装置，保证屏间距离及蛇形管片的横向节距相等，可以消除蛇形管间的"烟气走廊"，从而避免其相邻的蛇形管由于局部烟速过高及管间辐射层厚度增加引起的吸热量大于其他管子的热力不均现象。

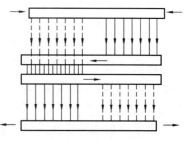

图 5-43 过热器中蒸汽流动"交叉"示意

亚临界参数 300MW 机组锅炉过热器、再热器减少热偏差的主要措施有：

（1）沿着烟气流动方向将整个过热器及再热器分级。过热器根据吸热及结构特点分成顶棚及包覆管过热器、低温过热器、分隔屏过热器、后屏及高温过热器；再热器则分为墙式再热器、屏式再热器及末级再热器三级或高温及低温再热器两级。级间有联箱使蒸汽充分混合，并采用蒸汽的交叉流动。如有的锅炉同一级过热器、再热器分两组，中间无集箱，上一组外圈管至下一组为内圈管，以均衡各管的吸热量（即内、外圈管交叉布置）。但在再热器系统中一般不宜采用左右交叉，以减少系统的流动阻力，提高再热蒸汽的做功能力。

（2）采用各种定距装置。锅炉最大限度地采用了蒸汽冷却定位管，各种型式的夹紧管及其他定距装置（见本章第二节有关部分），用以保证屏间的横向节距及管间的纵向节距，并防止在运行中的摆动，可有效地消除管、屏间的"烟气走廊"，减少热力不均现象。

此外，由于沿炉膛宽度方向烟气温度的分布不均匀，中间温度高而两侧温度低，故位于炉膛中间的屏辐射吸热量较大，而且由于传热温压大，对流吸热量也较大，故屏间热偏差较高。为改善各屏受热面之间的吸热不均，有的锅炉屏式受热面采用了沿炉膛宽度方向的不等距布置。如 1160t/h 拔伯葛自然循环锅炉前屏过热器的横向节距 $s_1 = 575/690mm$，见图 5 - 10。同样，末级屏式过热器的横向节距 $s_1 = 460/575mm$。

（3）采用合理的蒸汽引入和引出方式。末级对流过热器和后屏过热器的进、出口集箱多采用中间进汽的连接方式，可改善管间的流量不均。分隔屏过热器则常采用如图 5 - 44 所示的连接方式，这种连接方式使最长的和热负荷最强的管中具有最大的静压差，同时将每片分隔屏分成 6 小片管屏。从而可使锅炉的高温过热器出口流量不均匀性小于 6%；低温过热器出口流量不均匀性小于 12%。

（4）适当均衡并列各管的长度和吸热量，增大部分管段的管径，减少其阻力。过热器按受热条件、壁温工况采用不同材料、不同管径和不同壁厚的蛇形管管圈，取得与热负荷相适应的蒸汽流量。以分隔屏为例，由于外圈所处热负荷高，而且管圈又长，故采用薄壁（内径大）的管圈，且采用比其他管圈大的外径或设

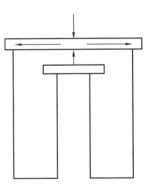

图 5 - 44 SG1025t/h 强制循环锅炉分配屏蒸汽引入和引出方式

法缩短管圈长度，减少蒸汽的流动阻力，使外管圈中的流量增大。对于内侧管圈，由于热负荷小、管圈短，采用厚壁（内径小）的管圈，使流量小一些。其中最内侧的一根管圈，因为要向外绕，会受到辐射热，则用了薄壁使其流量大一些。

（5）减少屏前或管束前烟气空间尺寸，减少屏间、片间烟气空间的差异。受热面前烟气空间深度越小，烟气空间对同屏、同片各管辐射传热的偏差也越小。

（6）采用燃烧器四角布置及多层燃烧器结构。燃烧器四角布置的炉内火焰充满度较好，炉膛温度场分布比较均匀。采用多层燃烧器喷嘴的均等配风方式，可使炉膛内燃烧稳定、火焰减少偏斜。

（7）设计合理的折焰角。屏式过热器是半辐射式过热器，它既受到炉膛火焰的辐射热，而且也与烟气进行对流换热。而对流换热量的大小与烟气流动均匀性及烟气混合良好与否有关。C - E 型锅炉的折焰角是通过模拟试验确定的，设计比较合理，能使烟气均匀地冲刷屏式过热器，从而减少了烟道左右、上下的流动偏差，亦有利于减少高温对流过热器的热偏差。

（8）减少炉膛出口烟气残余扭转，以减少炉膛出口及水平烟道的左右烟温偏差，减少过热蒸汽、再热蒸汽的左右汽温偏差，防止过热器、再热器超温爆管。其主要措施有：

1）在炉膛上部加装分隔屏（前屏）过热器，以减少炉膛出口烟气残余旋转的旋转能量，从而使烟气均流，以减少水平烟道受热面（包括折焰角上部受热面）的左右流动偏差和左右烟温偏差。

2）部分二次风反切，以减少炉膛出口烟气的旋转能量。目前 300MW 机组四角切圆燃烧

的锅炉采用较为广泛。

（9）运行方面的主要措施。在设备投产或大修后，必须做好炉内冷态空气动力场试验和热态燃烧调整试验。在正常运行时，应根据锅炉出力要求，合理投运燃烧器，调整好炉内燃烧。烟气要均匀充满炉膛空间，避免产生偏斜和冲刷屏式过热器。尽量使沿炉宽方向烟气流量和温度分布比较均匀，控制水平烟道左右烟温偏差不能过大。及时吹灰，防止因结渣和积灰而引起受热不均。

第六章　省煤器和空气预热器

第一节　尾部受热面概述

省煤器和空气预热器通常布置在锅炉对流烟道的尾部，进入这些受热面的烟气温度已较低，因此常把这两个受热面称为尾部受热面或低温受热面。

省煤器是利用锅炉尾部烟气的热量来加热给水的一种热交换装置。它可以降低排烟温度，提高锅炉效率，节省燃料。在现代大型锅炉中，一般都利用汽轮机抽汽来加热给水，而且随着工质参数的提高，常采用多级给水加热器。对于亚临界压力锅炉，给水温度已达到250～280℃，给水温度的提高对电站总经济性的提高非常有利。

由于给水进入锅炉蒸发受热面之前，先在省煤器中加热，这样就减少了水在蒸发受热面内的吸热量，因此采用省煤器可以取代部分蒸发受热面。由于省煤器中的工质是给水，其温度要比给水压力下的饱和温度低得多，而且工质在省煤器中是强制流动，逆流传热，与蒸发受热面相比，在同样烟气温度的条件下，其传热温差更大，传热系数更高。因此在吸收同样热量的情况下，省煤器可以节省金属材料。在对流受热面的一般烟温范围内，降低同样数值的烟气温度，所需的省煤器受热面差不多仅为蒸发受热面的一半。同时，省煤器的结构比蒸发受热面简单，造价也就较低。因此电厂锅炉中常用管径较小、管壁较薄、传热温差较大、价格较低的省煤器代替部分造价较高的蒸发受热面。此外，给水通过省煤器后，可使进入汽包的给水温度提高，减少了给水与汽包壁之间的温差，从而降低了汽包的热应力。因此现代大型锅炉的省煤器的作用已不再单纯是为了降低排烟温度。事实上，省煤器已成为现代锅炉中不可缺少的组成部件。

空气预热器不仅能吸收排烟中的热量，降低排烟温度，从而提高锅炉效率；而且由于空气的预热，改善了燃料的着火条件，强化了燃烧过程，减少了不完全燃烧热损失，这对于燃用难着火的无烟煤及劣质煤尤为重要。使用预热空气，可使炉膛温度提高，强化炉膛辐射热交换，使吸收同样辐射热的水冷壁受热面可以减少。较高温度的预热空气送到制粉系统作为干燥剂，在磨制高水分的劣质煤时更为重要。因此空气预热器也成为现代大型锅炉机组中必不可少的组成部件。

综上所述，省煤器和空气预热器的应用，主要是为了降低排烟温度，提高锅炉效率，节省燃料。同时，也为了减少价格较贵的蒸发受热面及改善燃烧与传热效果。

省煤器和空气预热在锅炉尾部可以单级布置，也可以双级布置。但在300MW以上的锅炉机组中，由于普遍采用了回转式空气预热器，再加上对流烟道中要布置较多的过热器和再热器受热面，显然比较拥挤。所以通常尾部受热面都采用单级布置。

在尾部受热面中，由于受热面工质温度和烟气温度都比较低，管子金属的工作条件不像过热器和再热器那样恶劣，因此不易烧坏。

在锅炉机组所有受热面中，空气预热器金属温度最低。由于受热面金属温度低，烟气中的水蒸气和硫酸蒸气可能在管壁上凝结，导致金属的低温腐蚀。在低温受热面中，夹带大量温度较低因而较硬的灰粒的烟气，以一定速度冲刷受热面时，也会造成受热面的飞灰磨损，也有可能造成积灰。因此低温腐蚀、积灰和磨损就成为低温受热面运行中的突出问题。

第二节 省 煤 器

一、省煤器的型式和布置

按照省煤器出口工质状态的不同，可以分成沸腾式和非沸腾式两种。出口水温低于该压力下的饱和温度的省煤器，称为非沸腾式省煤器，而水在省煤器内被加热至饱和温度并产生部分蒸汽的，称为沸腾式省煤器。沸腾式和非沸腾式这两种省煤器并不表示结构上的不同，而只是表示省煤器热力特性的不同。在现代大容量锅炉中，由于参数高，水的汽化潜热所占比例减少，预热所占比例增大，因此总是采用非沸腾式省煤器，而且为了保证安全，省煤器出口的水都有较大的欠焓。

省煤器按所用材料不同，又可分为钢管省煤器和铸铁省煤器两种。铸铁省煤器耐磨损，耐腐蚀，但不能承受高压，更不能忍受冲击，因此只能用于低压的非沸腾式省煤器。而钢管省煤器则可用于任何压力、容量及任何形状的烟道的锅炉中。它的优点是体积小，重量轻，布置自由，价格低廉。所以现代大、中型锅炉常用它；其缺点是钢管容易受氧腐蚀，故给水必须除氧。

钢管省煤器由许多并列的 $\phi28 \sim \phi51$ 的蛇形管组成。为使省煤器结构紧凑，一般总是力求减少管间距离（节距）。错列布置时，蛇形管束的纵向节距 s_2 就是管子的弯曲半径，所以减少节距 s_2 就是减少管子的弯曲半径。而当管子弯曲时，弯头的外侧管壁将减薄。弯曲半径越小，外壁就越薄，管壁强度降低就越厉害。因此管子的弯曲半径一般不小于 $(1.5 \sim 2.0)\, d$，即省煤器纵向节距 $s_2 > (1.5 \sim 2.0)\, d$，其中 d 为蛇形管的外径。

省煤器蛇形管可以错列布置或顺列布置。错列布置可使结构紧凑，管壁上不易积灰，但一旦积灰后吹灰比较困难，磨损也比较严重。顺列布置时的情况正好相反。

省煤器都布置在对流烟道中，蛇形管束大都水平布置，以便在停炉时能放尽管内存水，减少停炉期间的腐蚀。在蛇形管内，一般多保持水流由下向上流动，以便排除水中的气体，避免造成管内的局部氧腐蚀。烟气一般自上而下流动，既有自身吹灰作用，又能保持烟气相对于水的逆向流动，以增大传热温差。因此省煤器通常是布置在烟气下行的对流烟道中。

省煤器蛇形管在对流烟道中的布置，可以垂直于锅炉前墙，也可以与前墙平行，如图6-1所示。

当布置省煤器的烟道尺寸和省煤器管子节距一定时，蛇形管布置方式不同，则管子的数目和水的流通截面积就不同，因而管内水流速度也不一样。通常，省煤器的尾部烟道的宽度较大而深度较小。当蛇形管垂直于前墙布置时，管子短，但并列管数较多，因而水流速度较小。蛇形管的支吊比较简单，这是因为深度较小，在弯头两端附近支吊已经足够。在Π型布置和Γ型布置的锅炉中，省煤器蛇形管垂直于前墙布置方式的主要缺点是：当烟气从水平烟道向下转入尾部烟道时，烟气流要转弯90°。由于离心力的作用，烟气中的灰粒大多集中于靠后墙一侧，此处的飞灰浓度大，磨损便较严重，结果所有蛇形管靠近后墙侧的弯头附近都会受到飞灰的严重磨损。当蛇形管平行前墙布置时，情况就不同了，只有靠近后墙侧附近的几根蛇形管磨损较为严重，磨损后只需更换少数几根蛇形管就可以了。但蛇形管平行前墙布置，其支吊复杂些，而且由于并列的蛇形管管数相对较少，因而管内水流速度较高。为减低水流速度，可采用图6－1（c）、（d）的双面进水方式。

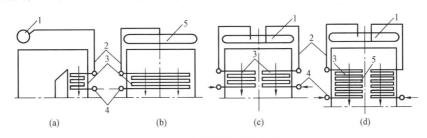

图6－1 省煤器蛇形管的布置

（a）垂直前墙布置；（b）平行前墙布置；（c）、（d）双面进水平行前墙布置

1—汽包；2—水连通管；3—省煤器蛇形管；4—进口集箱；5—交混连通管

省煤器蛇形管中的水流速度，对管子金属的温度工况和管内腐蚀有一定的影响。当给水除氧不良时，进入省煤器的给水，在受热后就会放出氧气，这时如果水流速度很低，氧气就会附在管子内壁上，造成金属的局部氧腐蚀。运行经验证明，对于水平布置的非沸腾式省煤器，当水的流速大于0.5m/s时，就可以避免金属的局部氧腐蚀。而对于沸腾式省煤器的后段，管内是汽水混合物，这时如果水平管中水流速度较低，就容易发生汽水分层，即水在管子下部流动，而蒸汽在管子上部流动。同蒸汽接触的那部分受热面传热较差，金属温度较高，甚至可能超温。在汽水分界面附近的金属，由于水面的上下波动，温度时高时低，容易引起金属疲劳破裂。因此对沸腾式省煤器蛇形管的进口水流速度不得低于1m/s。

钢管省煤器的蛇形管可以采用光管，也可以采用鳍片管、肋片管和膜式受热面，它们的结构示意见图6－2。光管结构简单，加工方便，烟气流过时的阻力小。而鳍片管则可强化烟气侧的热交换，使省煤器结构更加紧凑，在同样的金属消耗量和通风电耗的情况下，焊接鳍片管［图6－2（a）］所占空间比光管约可减少20%～25%，而采用轧制鳍片管［图6－2（b）］，可使省煤器的外形尺寸比光管减少40%～50%，膜式省煤器［图6－2（c）］也具有同样的优点。

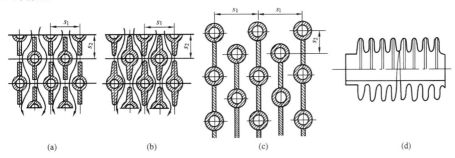

图6－2 省煤器的管子

（a）焊接鳍片管省煤器；（b）轧制鳍片管省煤器；（c）膜式省煤器；（d）肋片式省煤器

鳍片管和膜式省煤器还能减轻磨损。这是因为它们比光管占有的空间小，因此在烟道截面不变的情况下，可以采用较大的横向节距，从而使烟气流通截面增大，烟气流速下降，磨

损大为减轻。

肋片式省煤器［图6-2（d）］的主要特点是热交换面积明显增大，比光管约大4~5倍，这对缩小省煤器的体积，减少材料消耗很有意义。例如，上海某电厂由日本生产的1160t/h亚临界控制循环锅炉采用了螺旋型肋片管（也称鳍片管）省煤器；湖南某电厂由英国拔伯葛动力有限公司生产的1160t/h亚临界自然循环锅炉采用了肋片管省煤器。

为了便于检修，省煤器管组的高度是有限制的。当管子紧密布置（$s_2/d \leqslant 1.5$）时，管组高度不得大于1m；布置较稀时，则不得大于1.5m。如果省煤器受热面较多，沿烟气行程的高度较大时，就应把它分成几个管组，管组之间留有高度不小于600~800mm的空间，以便进行检修和清除受热面上的积灰。

二、配300MW机组的1025t/h亚临界自然循环锅炉的省煤器

1025t/h亚临界自然循环锅炉采用烟气挡板来调节再热汽温，其尾部烟道为并联双烟道，前烟道为低温再热器烟道，后烟道为低温过热器和省煤器烟道。在低温过热器下面布置了单级省煤器。省煤器由一组水平蛇形管组成，顺列布置，垂直于前墙，省煤器的布置结构如图6-3所示。

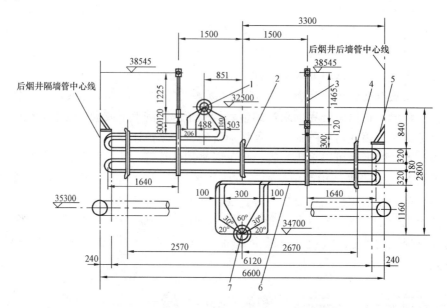

图6-3 1025t/h亚临界自然循环锅炉的省煤器
1—出口集箱；2—防磨罩；3—吊杆；4—定位管；
5—阻流板；6—省煤器蛇形管；7—进口集箱

1025t/h亚临界自然循环锅炉的省煤器蛇形管组是由$\phi51 \times 6$mm的无缝光钢管制成。沿锅炉宽度方向共有110排，每排两根并联，即使用双管圈。每排用5个定位装置定位，以保证蛇形管在烟道内的相对位置及管间的排列均匀。

省煤器支吊方式有支撑结构和悬吊结构两种。1025t/h亚临界自然循环锅炉的省煤器采用悬吊结构，每排由两根悬吊杆悬吊在低温过热器的悬吊管上。

省煤器有进口集箱（$\phi406 \times 65$mm）和出口集箱（$\phi365 \times 55$mm）各一个，均用材料SA-106B制成。集箱放在尾部烟道内，其左端支在后部烟道的左侧墙上。集箱放在烟道内的最

大好处是大大减少了因管子穿墙而造成的漏风，但却给检修工作带来困难。

1025t/h亚临界自然循环锅炉省煤器的特性见表6－1。

表6－1 　　　　　　　　　　　**1025t/h亚临界自然循环锅炉省煤器的特性**

名　称	单　位	数　值	备　注	名　称	单　位	数　值	备　注
管经及壁厚	mm	$\phi51\times6$		进口烟温	℃	437	
横向节距	mm	120		出口烟温	℃	409	
纵向节距	mm	114.3		进口水温	℃	274	在额定负荷下
管子排数	排	110		出口水温	℃	277	在额定负荷下
材　料		20G		平均烟速	m/s	7.3	在额定负荷下
受热面积	m²	821.2		平均水速	m/s	1.14	在额定负荷下

给水由省煤器下集箱的左侧进入，水由下而上流动，这样便于排除其中的空气和汽泡，避免引起局部氧腐蚀。烟气从上而下流动，既有自身吹灰作用，又使得烟气相对于水来说是逆向流动，增大了传热温压。在省煤器中加热了的水，由省煤器出口集箱的两端引出，经连接管道引入汽包。

省煤器的引出管与汽包连接处装有套管，这是因为省煤器出口水温低于汽包中水的温度较多，如果省煤器出口引出管直接与汽包相连接，会在汽包金属壁上造成附加的热应力。特别是在锅炉工况变动时，省煤器出口温度可能变化较大，这就容易使汽包金属因受较大的热应力而产生裂纹。装上套管后，就可以避免温差较大的两种金属的直接接触。保护汽包不受损伤。

省煤器在锅炉启动时，常常是不连续进水的。但如果省煤器中水不流动，就可能使管壁温度超温，而使管子损坏。因此1025t/h亚临界自然循环锅炉在省煤器进口与汽包之间装有再循环管，如图6－4所示。

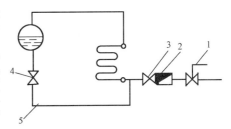

图6－4　省煤器的再循环管
1—自动调节阀；2—止回阀；3—进口阀；
4—再循环阀；5—再循环管

再循环管装在炉外，是不受热的。在锅炉启动时，省煤器便开始受热，因而就在汽包—再循环管—省煤器—汽包之间，形成自然循环。省煤器内有水流动，管子受到冷却，就不会烧坏。但要注意，在锅炉汽包上水时，再循环阀门应关闭，否则给水将由再循环管短路进入汽包，省煤器又会因失水而得不到冷却。上完水以后，就可关闭给水阀，打开再循环阀。

三、1025t/h亚临界控制循环锅炉的省煤器

1025t/h亚临界控制循环锅炉为单炉腔Ⅱ型布置，省煤器装在尾部烟道内低温过热器的下方。

这种锅炉的省煤器蛇形管组为顺列布置，垂直于前墙。沿锅炉宽度方向共布置145排，每排由2根光钢管组成。因此蛇形管的总数目为290根。蛇形管的管径和壁厚为$\phi42\times5.5$mm，管材为20G，横向节距$s_1=190$mm，纵向节距$s_2=90$mm，如图6－5所示。

整个省煤器蛇形管组可分成两段，第一段高度为1530mm，第二段高度为1710mm，两段中间留有840mm的空间作为检修空间。通过第一段加热后的290根蛇形管进入3个中间集箱

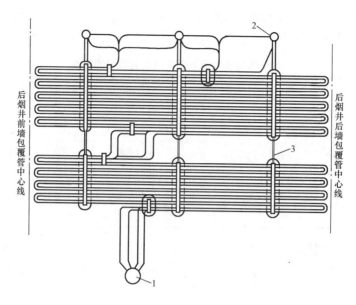

图 6－5　1025t/h 亚临界控制循环锅炉的省煤器
1—进口集箱；2—中间集箱；3—悬吊管

后，每个中间集箱引出一排垂直管段，作为省煤器及低温过热器的悬吊管，每排悬吊管为50根，总数150根。悬吊管的管径及壁厚为 $\phi60\times10$mm，管材为20G。

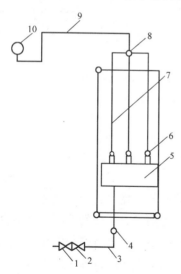

图 6－6　省煤器的流程
1—止回阀；2—截止阀；3—进口管道；
4—进口集箱；5—蛇形管；6—中间集箱；7—悬吊管；8—出口集箱；9—出口连接管；10—汽包

省煤器的进口集箱只有一个，其上要连接 290 根蛇形管，因而尺寸较大，其外径为 406mm，内径为 256mm，壁厚 75mm。中间集箱因有 3 个，其尺寸则相对较小，外径为 219mm，内径为 139mm，壁厚只有 40mm。出口集箱也只有一个，外径为 273mm，壁厚为 50mm。因为从出口集箱要引出 3 根大直径（$\phi219\times25$mm）的连接管，所以，其管径及壁厚均应大于中间集箱。所有集箱材料均采用美国的碳钢 SA－106B。

这种锅炉省煤器的流程如图 6－6 所示。

在省煤器进口管道与水冷壁后墙下环形集箱之间连接了一根再循环管，直径及壁厚为 $\phi76\times11$mm，管材为 20G。再循环管设计流量为 4%MCR。

在锅炉燃用设计煤种时，省煤器的性能数据见表 6－2。这种锅炉的省煤器有如下特点。

（1）蛇形管束采用了较大管径、较厚的管壁以及采用顺列布置。这种锅炉针对设计煤种含灰分较高和灰易黏结的特点，采用了大节距顺列布置蛇形管束，这不仅使蛇形管支吊方便，而且可减轻磨损，也减少堵灰的可能性，即使堵灰，也便于用吹灰器除去。所用蛇形管的管径及壁厚为 $\phi42\times5.5$mm，较大的管径和较厚的管壁不仅可减少省煤器磨损的相对值而使耐磨性提高，而且大直径、厚管壁可以增强刚性，有利于减轻省煤器受热面在运行时发生的振动。

表 6－2　　　　　　　　　　　1025t/h 亚临界控制循环锅炉省煤器的性能数据

名　　称	单　位	定 压 运 行			滑压运行
		MCR	额定负荷	70％MCR	60％MCR
省煤器给水量	t/h	1025	906.3	659.7	574.2
省煤器给水温度	℃	282	275.7	259.2	251.3
省煤器出水温度	℃	308	303	295	282
省煤器水阻力（包括位差）	kPa	440	403	330	302
省煤器烟速	m/s	10.4	9.5	8.2	6.3

（2）选用了蛇形管束垂直于前墙的布置。这种锅炉容量大，流经省煤器的水流量大，且为非沸腾式省煤器，蛇形管垂直前墙布置，也容易满足入口流速大于 0.5m/s 的避免金属局部腐蚀的要求，而且便于省煤器的支吊。虽然这种蛇形管垂直前墙布置的方式，使每根蛇形管都会受到飞灰局部磨损的威胁，但可采取措施解决。这种锅炉在尾部烟道低温过热器下部的后墙包覆管上焊有烟气阻流挡板，避免其下的省煤器烟道形成烟气走廊。同时，其上的低温过热器管束亦能起到对烟气的均流作用，避免了烟气中灰粒的过分不均分布，这都是减轻局部磨损的有效措施。此外，省煤器采用大节距顺列布置方式，也是减轻管子磨损的措施。

（3）选用了合理的烟速。为了避免省煤器烟道堵灰，要求受热面处的烟速，在额定负荷时不能低于 6m/s。这种锅炉在 MCR 工况时，省煤器区段的烟气速度为 10.4m/s，额定负荷时为 9.5m/s，都远远大于 6m/s。虽然烟速过大会引起飞灰磨损的加重，而且这种锅炉的设计煤种含灰量较大，每 4190kJ 对应的收到基灰分为 4.33％，已属高灰分煤，但美国燃烧工程公司根据该公司同类锅炉的运行经验认为：在良好的吹灰和堵塞漏风的高质量运行和维护条件下，对于采用较大管径、较大节距、顺列布置的省煤器蛇形管束的这种锅炉，在各种负荷下，省煤器这段的烟气流速采用表 6-2 所列的数据是合理的。

（4）省煤器的悬吊结构合理。在美国燃烧工程公司设计的同类型锅炉中，省煤器都是由低温过热器悬吊管悬吊。这种锅炉有三个中间集箱，引出三排悬吊管，既悬吊了省煤器本身，又同时悬吊了低温过热器，从而使尾部烟道的受热面布置及悬吊简化。

（5）再循环管的连接方式更有利于提高省煤器工作的安全可靠性。这种锅炉在炉膛下部的环形集箱和省煤器进口集箱之间装有再循环管，借助锅水循环泵的压头，强迫省煤器中的水在再循环管、省煤器和汽包之间流动，如图 6-7 所示。这比自然循环锅炉采用的汽包和省煤器之间的再循环管系统，有更大的循环推动力，对省煤器的保护作用更有效。通常在锅炉启动阶段连续进水开始之前，再循环管上的阀门应一直保持开启状态。为防止给水泵与锅水循环泵之间的相互影响，在实际操作中采用锅炉进水时关闭再循环阀，停止进水时开启再循环阀的办法，这既不影响循环泵的工作，又有利于保护省煤器。

（6）省煤器设计为非沸腾式，且有较大的欠焓。对于强制循环锅炉，省煤器出口的水必须有较大的欠焓，才能保证循环泵工

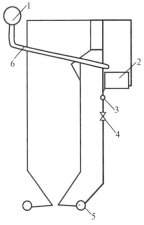

图 6-7　1025t/h 控制循环锅炉的再循环管连接系统
1—汽包；2—省煤器蛇形管；3—省煤器进口集箱；4—省煤器再循环管；5—锅炉下部环形集箱；6—连接管

作时不会发生汽化。所以这种锅炉的省煤器出口处的水温约有 $\Delta t = 60℃$ 左右的欠焓，保证了循环泵工作的安全。

四、英国拔伯葛动力有限公司的 1160t/h 亚临界自然循环锅炉的省煤器

英国拔伯葛动力有限公司生产的 1160t/h 亚临界自然循环锅炉，其炉膛采用 W 型火焰炉膛，Ⅱ 型布置，省煤器装在尾部垂直烟道的最下面，单级布置，如图 1-42 所示。

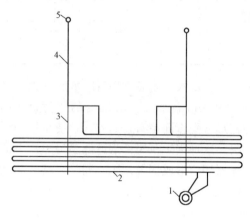

这种锅炉的单级省煤器采用了易于吹灰的顺列布置方式。省煤器由 174 根并列蛇形管组成，蛇形管的直径及壁厚为 $\phi 51 \times 5.4mm$，管材为 BS3069-440-S2，管子横向节距为 $s_1 = 115mm$，纵向节距 $s_2 = 127mm$。横向节距的选取，主要决定于通过受热面的允许烟速，而烟气速度又直接影响灰粒对管子的磨损；纵向节距主要考虑采用了鳍片蛇形管以及弯头加工时允许的弯曲半径。

省煤器蛇形管水平放置，以便于停炉时能放尽存水，减少停炉期间的腐蚀。水流沿蛇形管组由下而上流动，以便排除管内气体，避免造成局部氧腐蚀。

为了强化烟气侧的热交换和使省煤器结构更加紧凑，省煤器采用了鳍片管。这种锅炉省煤器的结构如图 6-8 所示。

图 6-8 英国 1160t/h 亚临界
自然循环锅炉的省煤器
1—省煤器进口集箱；2—省煤器蛇形管；3—省煤器吊杆；4—省煤器悬吊管；5—省煤器出口集箱

省煤器蛇形管垂直于前墙布置，这样由于烟道深度较小，管子支吊较为容易，但全部蛇形管都要经过尾部烟道靠近后墙的高飞灰浓度区，若不采取措施，所有各排蛇形管都会受到飞灰的严重局部磨损。加之这种锅炉为了增强传热效果，采用了较高的烟气流速，在 MCR 工况时，省煤器中烟气流速为 11.2m/s，因此会加重磨损。为了减轻飞灰对省煤器管子的磨损，保证锅炉的使用寿命，这种锅炉的省煤器采用了两个防磨措施：一是在省煤器蛇形管弯头和箱体之间加装折流板，如图 6-9 所示，以使烟道中的烟气流速均匀，防止出现烟气走廊，避免管子的局部严重磨损；二是在蛇形管靠近后墙的弯头附近覆盖了防磨盖板。

省煤器 6 个进口集箱沿烟道宽度方向布置在烟道内。省煤器采用 6 个进口集箱，主要是考虑省煤器进口水温较低时，热、冷水不混合而产生上、下壁温差，引起集箱的弯曲变形，而采用较多集箱，其变形可减至允许程度。集箱由省煤器吊杆悬吊，如图 6-10 所示。

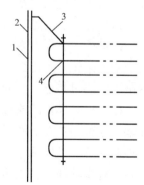

图 6-9 省煤器
与箱体的连接
1—箱体侧边；2—角钢带；3—折流板；4—双孔板

五、配 300MW 机组的 924t/h 苏尔寿盘旋管直流锅炉的省煤器

924t/h 苏尔寿盘旋管直流锅炉采用半塔式布置，在炉膛出口上方接有垂直烟道。省煤器布置在垂直烟道的最高处，吸收烟气的对流放热而将给水加热，省煤器为非沸腾式钢管省煤器，分为两级。Ⅰ、Ⅱ级省煤器蛇形管均为顺列布置。

给水进入锅炉房，先经过 Ⅱ 型热交换器的加热，由连接管引入前墙外垂直烟道顶部的

省煤器进口集箱,然后进入 I 级省煤器。I 级省煤器由 138 根双管圈的蛇形管组成,蛇形管的直径和壁厚为 $\phi 38 \times 4mm$,管材为 st45.8,纵向节距 $s_2 = 76mm$,$s_2/d = 2$,横向节距 $s_1 = 94mm$,$s_1/d > 2$,均符合管子弯曲的加工条件。

给水在 I 级省煤器中自上而下流动,而烟气则由下而上流动,二者成逆向流动,因此 I 级省煤器属于逆向传热。给水在 I 级省煤器加热后,进入中间集箱,为避免管道过多地穿墙而过而造成漏风过大,这种锅炉的中间集箱布置在垂直烟道内,外包绝缘材料。由中间集箱引出的 138 根双管圈蛇形管组成 II 级省煤器,II 级省煤器的蛇形管直径及壁厚为 $\phi 38 \times 4.5mm$,管材亦为 st45.8,横向节距 $s_1 = 94mm$,纵向节距 $s_2 = 76mm$。

在 II 级省煤器中,给水自下而上流动,烟气也同样自下而上流动,属顺流传热,给水经 II 级省煤器蛇形管加热后,进入前墙外的省煤器出口集箱。

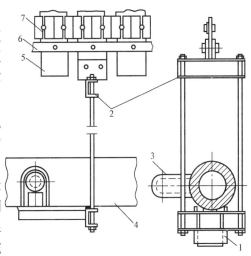

图 6-10 省煤器进口集箱的悬吊结构
1—与进口集箱的连接管;2—集箱吊架;
3—检查水门;4—集箱;5—蛇形管吊架;
6—蛇形管吊架连接管;7—蛇形管

924t/h 苏尔寿盘旋管直流锅炉的 I、II 级省煤器布置情况如图 6-11 所示。

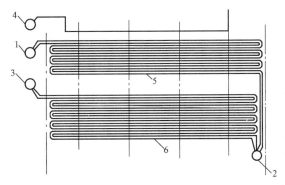

图 6-11 924t/h 苏尔寿盘旋管直流锅炉的省煤器
1—I 级省煤器进口集箱;2—中间集箱;
3—II 级省煤器出口集箱;4—悬吊管入口
集箱;5—I 级省煤器;6—II 级省煤器

I、II 级省煤器的蛇形管连接在前墙外的两个进、出口集箱之间,因此每根蛇形管要两次穿过炉墙。垂直烟道四周炉墙内都装有垂直管屏,蛇形管同样要穿过它。因此前墙上部蛇形管穿墙处,垂直管屏中的鳍片被切断,以利蛇形管穿过。在炉墙外,沿着省煤器蛇形管轴线装有 3mm 厚的钢板外匣,每个匣子可包裹 5 根管子,匣高 200mm,长 150mm。所有外匣均满焊在垂直管屏上,匣内填有耐火材料,可允许管子纵向膨胀,但却密封了管子穿墙处,使此处炉烟不致冒出或避免空气漏入。这种锅炉炉墙上其他穿管处,也都用这种方法密封。

I、II 级省煤器的管组高度分别为 1.6m 和 2.2m。在 I、II 级省煤器间和 II 级省煤器与其下的再热器之间,均留有 1m 高的空间,以便检修。通常管组高度应在 1.5m 以内,但这种锅炉的 I 级省煤器管组高度超过规定较多,会给检修带来困难。

这种锅炉的省煤器为非沸腾式钢管省煤器。在额定负荷时,省煤器入口水温为 257℃,出口水温为 315℃,出口水压力为 22.81MPa。由水蒸气表查得,省煤器出口水约有 380kJ/kg 的欠焓,这对给水进入水冷壁管子时的流量分配是有利的。而且,不仅在额定负荷,就是在其他各种负荷下,这种锅炉的省煤器出口水温均有一定的欠焓,这不但有利于流量分配,而且省煤器蛇形管内各处均是未饱和水,不会产生蒸汽,使省煤器内工质的流动阻力较

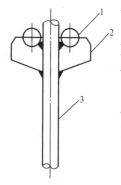

图 6－12 支吊省
煤器蛇形管的悬
吊管及托架
1—省煤器蛇形
管；2—托架；
3—炉内悬吊管

小。

在Ⅰ级省煤器上部空间及Ⅰ、Ⅱ级省煤器之间均布置有 3 只多嘴吹灰器，可对省煤器进行定期吹灰，以防止烟道受热面上积灰，从而提高传热效果。

省煤器的炉外集箱由炉外悬吊管悬吊。在炉外悬吊管与刚性梁间架一钢梁，集箱则通过吊环支吊在此钢梁上，而省煤器蛇形管则由炉内悬吊管支吊，悬吊管上有小托架，可将蛇形管托起，如图 6－12 所示。

这种锅炉的省煤器有以下特点：

（1）省煤器采用双级布置，受热面较多。Ⅰ级省煤器受热面为 5210m^2，Ⅱ级省煤器受热面为 5943m^2，两级受热面总计为 11153m^2。Ⅰ、Ⅱ两级相邻，中间只用一个中间集箱相连接，中间集箱放在垂直烟道内，这样可以减少省煤器中的水阻力，并可减少省煤器蛇形管穿墙而过的次数，可以减少漏风。

（2）Ⅰ级省煤器为逆向传热，Ⅱ级省煤器为顺向传热。这是因为Ⅰ级省煤器处烟温较低，逆向传热可以提高传热温差，节省受热面；同时可以提高Ⅰ级省煤器出口水温和降低出口烟温，从而提高锅炉热效率。而Ⅱ级省煤器处烟温较高，采用顺流布置，可使高温水出口管段处于较低温度的烟气中，这样管壁温度不致太高，蛇形管材料采用碳素钢就能保证安全。可见，布置省煤器受热面时，应从经济性和安全性的角度出发，决定受热面顺流还是逆流布置，同时也要考虑合理选用管子材料。

（3）Ⅰ级省煤器中水流向下，虽然不利于将水中的气体排出，但因Ⅰ级省煤器中水温较低，不可能汽化，水中因除氧不完善而排出的气体也很少，而且只要采用较大的水速，也对局部氧腐蚀的影响较少。由此可见，省煤器中水流方向是否一定是自下而上流动，还要视具体情况具体分析。

（4）省煤器蛇形管垂直于前墙布置，这种布置若在一般Π型布置锅炉上，会使全部蛇形管靠近后墙的弯头附近都受到较严重的局部飞灰磨损，因而要采取相应的防磨措施。但由于这种锅炉是半塔式布置，烟气垂直向上流动，经过省煤器以后才转弯，故后墙附近的省煤器管段的局部加剧磨损问题已不明显，不管蛇形管是平行或垂直于前墙布置，其磨损情况基本相同。而且这种锅炉的垂直烟道截面与炉膛截面相同，都是正方形，蛇形管不管平行或垂直于前墙，其布置的管子数目都是一样的，也不影响管内的水流速度。支吊问题亦基本相同。

（5）省煤器并没有任何防磨装置。这是因为这种锅炉是半塔式布置，在省煤器区域中烟气是向上流动的，烟气中的灰粒在重力作用下，其流速要比烟气流速低约 1m/s 左右，故灰粒对受热面的磨损作用大为减弱。据估计，其磨损量仅为同速度下烟气向下流动时的 60% 左右。而且烟气流经省煤器时尚未转弯，烟气中的灰粒分布相对比较均匀，受热面局部加剧磨损的问题也不存在，所以不必采用装防磨罩及烟气阻流挡板等防磨措施。

第三节 空气预热器

一、空气预热器的形式

按照传热方式，可将空气预热器分为两大类：传热式和蓄热式（或称再生式）。在传热式空气预热器中，热量连续地通过传热面由烟气传给空气，烟气和空气各有自己的通道；在蓄热式空气预热器中，烟气和空气交替地通过受热面，当烟气流过受热面时，热量由烟气传给受热面金属，并被金属积蓄起来，然后空气通过受热面，受热面金属就将积蓄的热量传给空气，依靠这样连续不断地循环将空气预热。

在电站锅炉中，常用的传热式空气预热器是管式空气预热器，蓄热式空气预热器则是回转式空气预热器。

随着电站锅炉蒸汽参数的提高和容量的增大，管式空气预热器由于受热面增大而使其体积和高度显著增大，给锅炉尾部受热面的布置带来很大困难。因而，只在200MW以下的锅炉机组中使用，而配300MW及更大容量的锅炉，通常都采用结构紧凑、重量较轻的回转式空气预热器。

与管式空气预热器相比较，回转式空气预热器有以下特点：

（1）回转式空气预热器由于其传热面密度高达$500m^2/m^3$，因而结构紧凑，占地面积小，其体积约为同容量的管式空气预热器的1/10。

（2）重量轻。因管式空气预热器的管子壁厚为1.5mm，而回转式空气预热器的蓄热板为比管式管壁更薄的波形钢板，其厚度不过0.5~1.25mm，而且蓄热板布置更为紧凑，故回转式空气预热器金属耗量约为同容量管式空气预热器的1/3。

（3）回转式空气预热器布置灵活方便，使锅炉本体容易得到合理的布置方案。

（4）在同样的外界条件下，回转式空气预热器因其受热面金属温度较高，而且可以采用耐腐蚀材料，因此与管式空气预热器相比较，低温腐蚀的危险相对较轻。

（5）回转式空气预热器的漏风量比较大。一般管式空气预热器的漏风量不超过5%，而回转式空气预热器的漏风量，在状态良好时为8%~10%，密封不良时常达20%~30%。

（6）回转式空气预热器的结构比较复杂，制造工艺要求高，运行维护工作较多，检修也较复杂。

回转式空气预热器有两种布置形式：垂直轴和水平轴布置。国外常用垂直轴布置。垂直轴布置形式的回转式空气预热器又分为受热面转动和风罩转动两种形式，通常使用的受热面转动的是容克式回转空气预热器，而风罩转动的则是罗特缪勒（Rothemuhle）式回转空气预热器。这两种回转式空气预热器都被广泛应用，而采用受热面转动的回转式空气预热器则更多些。

二、受热面转动的回转式空气预热器

容克式回转空气预热器是回转式空气预热器中最主要的一种，如图6-13所示，一般是二分仓的。它由圆筒形的转子和固定的圆筒形外壳、烟风道以及传动装置所组成。圆筒形外壳和烟风道均不转动，而内部的圆筒形转子是转动的，受热面装于可转动的圆筒形转子之中，

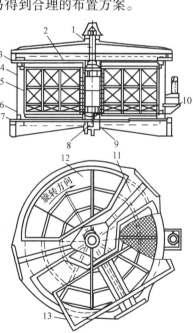

图6-13 受热面转动
的回转式空气预热

1—上轴承；2—径向密封；3—上端板；4—外壳；5—转子；6—环向密封；7—下端板；8—下轴承；9—主轴；10—传动装置；11—三叉梁；12—空气出口；13—烟气进口

转子被分成若干个扇形仓格,每个仓格内装满了由波浪形金属薄板制成的作为受热面的传热元件(蓄热板)。圆筒形外壳的顶部和底部上、下对应地分隔成烟气流通区、空气流通区和密封区(过渡区)三部分。烟气流通区与烟道相连,空气流通区与风道相连,密封区中既不流通烟气,也不流通空气,因而烟气与空气不会相混。装有受热面的转子由电机通过传动装置带动,以 2 ~ 4r/min 的转速转动。因此受热面不断地交替通过烟气流通区和空气流通区。当受热面转到烟气流通区时,烟气自上而下流过受热面,从而将热量传给受热面(蓄热板)。当它转到空气流通区时,受热面又把积蓄的热量传给自下而上流过的空气,这样循环下去,转子每转动一周,就完成一个热交换过程。由于烟气的容积流量比空气大,故烟气流通面积占有转子总截面的 50% 左右,空气流通面积仅占 30% ~ 40%,其余部分为两者的密封区。我国生产的受热面转动的回转式空气预热器,在转子全周的 360° 中,烟气流通截面占 165°,空气流通截面占 135°,而密封区则占 2 × 30°。

回转式空气预热器的转子一般支撑在上部的主轴承上,而主轴承则可直接固定在与锅炉构架相连的横梁上,或是固定在顶板上,然后外壳将转子的重量传到外壳的支撑横梁,横梁又与锅炉构架相连。由于转子重量全部由上部轴承承受,为了运转可靠,应采用平面滚柱轴承,而不应用滚珠轴承。此外,为了防止转子由于空气侧和烟气侧的压力差发生偏斜,可在下轴端部装设径向滚珠轴承来加以限制。

回转式空气预热器的外壳,由外壳圆筒、顶板及底板组成。转子是由中心轴、径向隔板、横向隔板及转子外围所组成。中心轴和转子外围均由钢板卷制而成,两者之间依靠径向隔板连接成一个整体。径向隔板的数量决定于密封区的大小和转子的直径。密封区越小和转子直径越大,则分隔的数目也就越多。因此通常一个转子安装 12 块径向隔板,划分为 12 个扇形空间,每一个扇形空间的中心角为 30°,其中密封区占 60°。当转子直径增大时,例如 300MW 锅炉所配用的受热面转动的回转式空气预热器,转子内径为 10.33m,转子分成 24 个扇形空间,每一扇形空间为 15°。为了增加转子的刚性,以及便于传热元件的安装,在每个扇形空间内再焊接横向隔板,以分隔成许多扇形仓格。传热元件预先组装成扇形组合件,安装时逐一放在转子的扇形仓格内,并由转子下端的支撑杆来支撑。采用这种安装方法,当传热元件受到严重腐蚀或磨损需要更换时,很方便。

转子扇形仓格内安装的传热元件——蓄热板,是由厚度为 0.5 ~ 1.25mm 的薄钢板轧制成的波形板和定位板组成的,如图 6 - 14 所示。波形板与定位板相间放置。波形板的波纹为有规则的斜波纹,定位板则为垂直波纹与斜波纹相间。波形板和定位板的斜波纹与气流方向成 30° 的夹角,目的是为了增强气流扰动,改善传热效果。定位板不仅起受热面作用,而且将波形板相互固定在一定的距离,保证气流有一定的流通截面。传热元件的板型对于热交换情况,气流阻力和受热面

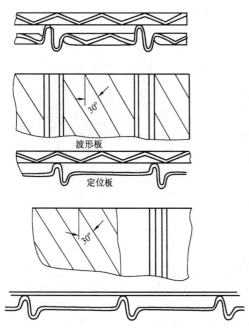

图 6 - 14　回转式空气预热器的蓄热板

的污染程度都有一定的影响。为抵抗低温腐蚀，低温段的传热元件要用较厚的钢板或用耐腐蚀的低合金钢制成。

二分仓式回转空气预热器，空气只有一个通道，出口热空气具有相同的温度和压力，因此供燃烧用的二次风与供送粉、干燥和燃烧用的一次风也是温度和压力相同的空气。但现代电站锅炉根据燃烧的需要，对一、二次风要求的风量、风温及压力是不同的，因此出现了三分仓的受热面转动回转式空气预热器，它有两股空气进入预热器，分别流过被烟气加热的波形板受热面，以得到不同温度的热风。三分仓回转式空气预热器适用于燃煤锅炉常采用的冷一次风机系统上。

三分仓受热面转动回转式空气预热器将空气通道一分为二，用径向扇形密封件和轴向密封件将它隔开，成为各自单独的一次风通道和二次风通道。这两个通道的大小，根据锅炉燃烧系统的需要而定。烟气通道则与二分仓的相同。在转子全周360°中，一次风通道截面所占角度可随燃煤的需要而定，目前我国的标准化角度为35°和50°。武汉某电厂的300MW亚临界自然循环锅炉的三分仓回转式空气预热器的一次风通道所占角度为35°，二次风通道所占角度为115°，烟气通道所占角度为165°，其余区域为密封区，密封区分为三个，每个密封区所占角度为15°，如图6-15所示。

图6-15 空气预热器的三分仓圆周角度分配

三分仓回转式空气预热的传热元件和二分仓预热器一样，按烟气流动方向，传热元件分为热端层、中层和冷端层。武汉某电厂的三分仓预热器，其热端层高1067mm，中层高711mm，均采用0.6mm厚的普通碳钢制成，使用寿命一般为7~10年，调换时，从热端烟、风道处进行。而冷端层高305mm。采用1.2mm厚的CORTEN钢制成。当运行至冷端层传热元件的钢板减薄至原厚度的1/3时，可将扇形仓格内的传热元件组合件翻转倒置使用，以延长其使用寿命。至于调换，则要视具体情况而定，由于采用了CORTEN钢，一般寿命为2~4年。

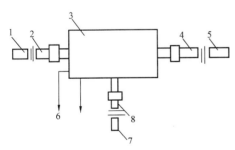

图6-16 转子传动系统示意
1—主电动机；2—液力耦合器；3—减速箱；4—液力变矩器；5—辅助电动机；6—润滑油出口；7—应急电动机；8—小减速器

传动装置是驱动转子转动的组件，由电动机、液力耦合器、减速器、传动齿轮、传动装置支撑等组成。在转子圆筒外围的圆周上装有传动用的围带销链（齿条），此销链与减速箱输出轴端的小齿轮相互啮合，而小齿轮则由电动机通过减速箱齿轮而传动，并通过与销链的啮合而使预热器的转子转动。

为确保转子运转的可靠性，预热器配置了三台按不同要求工作的转子传动装置，如图6-16所示，分别称为主传动系统、备用传动系统、应急传动系统。

（1）主传动系统。配置功率为18.5kW、1500r/min的电动机，采用280DT型液力耦合器连接，减速箱减速比为130.7:1，出轴转速为11.5r/min。在主传动装置带动时，预热器转速为1.17r/min，用于空气预热器的长期正常运行，能很好地满足空气预热器的高启动负荷、大转动惯量等特定技术要求。

（2）备用传动系统，又称辅助传动系统。辅助电动机功率为 5.5kW，它与减速箱的连接有两种方式，一是用液力耦合器，二是采用液力变矩器（TVA 型）。前者可使转子转速达到 0.31r/min，后者可实现转子无级变速，在 0.25～1.23r/min 范围内选择控制转速。

备用传动系统的功能，一是作为主传动系统的备用，当主传动机构检修或出现故障时，可自动或手动将其投入；二是用于启动或进行慢速传动，为转子吹灰、水冲洗以及事故运行工况，或者在检修时作精确的密封间隙的调整。如果采用液力变矩器连接方式时，还可根据不同的锅炉负荷需要进行调速。

（3）应急传动系统。一般都是由应急电动机（风机电动机）与小减速器组成。经减速后，转子的转速为 0.25r/min，它的主要作用是在空气预热器主电源中断（事故）情况下驱动预热器的转子低速旋转，但不能使转子在静止状态下启动。风动电动机以压缩空气作为动力源。

在任何情况下，当失去主传动时，辅助电动机都能自动地提供驱动力。

整个转子传动装置具有电气连锁、自动切换功能。三个传动系统在减速之前是各自独立的，在减速箱中则合为一体，通过减速以后带动转子。在减速器高速输入轴上装有楔块或超越离合器，保证各系统之间互不干扰而独立工作。减速器的结构十分特殊，共有三个相互垂直的输入轴，一个向下的输出轴，保证在任何情况下都只有一套系统工作。当正在工作的系统出了故障时，立即投入另一系统，以保证锅炉正常运行。这种传动装置安全系数高，总体布置新颖。

在转子的下端轴处还装有转子停转传感元件，转子一旦停转，即会发出警报，并传送给密封自动控制系统。

图 6-17 为三分仓受热面转动的回转式空气预热器简图。

表 6-3 为 1025t/h 亚临界自然循环锅炉配用的三分仓受热面转动的回转式空气预热器的性能参数。

表 6-3 三分仓回转式空气预热器的性能参数

项 目	名 称	单 位	锅炉最大连续出力（MCR）	锅炉额定出力（100%）
烟气量	预热器入口烟气量	t/h	1338.29	1221.12
	预热器出口烟气量	t/h	1451.69	1325.45
风 量	预热器入口一次风量	t/h	302.92	274.88
	预热器入口二次风量	t/h	908.63	831.46
	预热器出口一次风量	t/h	216.74	197.77
	预热器出口二次风量	t/h	881.42	804.25
温 度	预热器入口烟温	℃	408	403
	锅炉排烟温度（未修正）	℃	141	139
	锅炉排烟温度（修正）	℃	132	129
	预热器出口一次风温度	℃	361	359
	预热器出口二次风温度	℃	371	368
	预热器进口冷风温度	℃	25	25
阻 力	预热器一次风阻力	Pa	560.47	473.29
	预热器二次风阻力	Pa	722.20	660.11
	烟气侧阻力	Pa	1096.03	934.12

项　目	名　　　称	单　位	锅炉最大连续出力（MCR）	锅炉额定出力（100%）
漏风量	空气侧至烟气侧	t/h	113.40	104.33
	一次风至二次风	t/h	6.8	4.08
	二次风至烟气	t/h	34.02	31.30
	一次风至烟气	t/h	79.38	73.03
	空气侧至烟气侧的漏风系数	%	11.77	11.87
	空气侧至烟气侧的漏风率	%	8.47	8.54

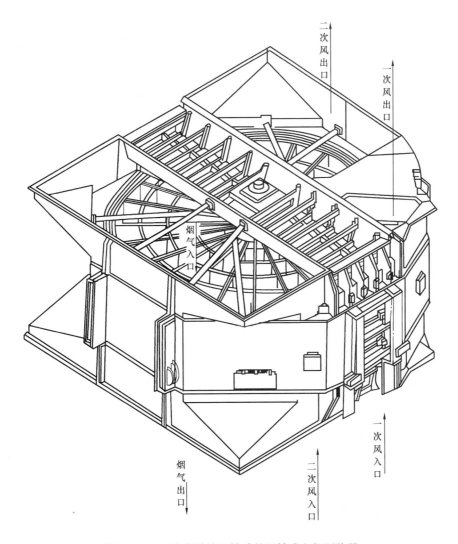

图 6 - 17　三分仓受热面转动的回转式空气预热器

三、风罩转动的回转式空气预热器

　　受热面转动的回转式空气预热器，由于转子直径较大，转子的质量相当大，例如配300MW 机组的空气预热器转子质量达 200~300t。为了减少转动部件的质量，减轻支撑轴承的负载，便出现了风罩转动的结构。图 6 - 18 所示为一般单流道的风罩转动的回转式空气预

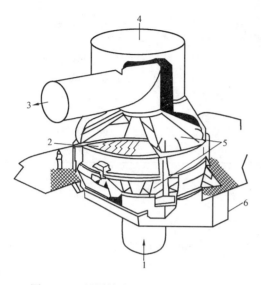

图 6-18　风罩转动的回转式空气预热器
1—冷空气入口；2—静子；3—热空气出口；
4—烟气进口；5—转动的上下风罩；6—烟气出口

比受热面转动式要慢一些。

　　与三分仓受热面转动回转式空气预热器相同，为了得到不同温度的一、二次风，现代大型电站锅炉多采用双流道风罩转动回转式空气预热器。例如，湖南某电厂的1160t/h自然循环锅炉及河南某电厂的924t/h苏尔寿盘旋管直流锅炉都采用了双流道风罩转动的回转式空气预热器。

　　双流道风罩转动的回转式空气预热器由静子、风罩、烟罩和传动装置等组成，如图6-19所示。

　　图6-19所示的双流道风罩转动回转式空气预热器是在河南某电厂配300MW的924t/h苏尔寿盘旋管直流锅炉中使用的预热器。它的静子不动，内装波纹形蓄热板受热面，由外壳的4个支座支撑在45m标高的运转层上，上、下两烟罩分别位于静子的上、下部，与静子外壳相连接。静子的上、下两端装有可转动的上、下风罩，由静子中心筒的主轴连接，上风罩搁置在主轴上部，下风罩支吊在主轴下端。

热器。它由静子，上、下烟罩，上、下风罩及传动装置等组成。静子部分的结构和受热面转动回转式空气预热器的转子相似，但它却是不动的，故称静子或定子。上、下烟罩与静子外壳相连，静子的上、下两端装有可转动的上、下风罩。上、下风罩用中心轴相连，电动机通过传动装置带动下风罩旋转，而上风罩也跟着同步旋转。上、下风罩的空气通道是同心相对的"8"字形，它将静子截面分为三部分：烟气流通区、空气流通区和密封区。冷空气经下部固定的冷风道进入旋转的下风罩，自下而上流过静子受热面而被加热，加热后的空气由旋转的上风罩流往固定的热风道，烟气则自上而下流过静子，加热其中的受热面。这样，当风罩转动一周，静子中的受热面进行两次吸热和放热。因此风罩转动回转式空气预热器的转速要

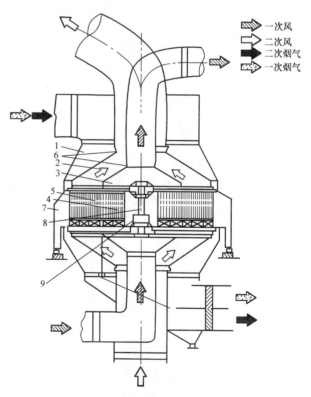

图6-19　双流道风罩转动回转式空气预热器
1—烟罩；2—二次风风罩；3——次风风罩；4—二次风蓄热板；
5——次风蓄热板；6—密封环；7—支座；8—轴；9—轴承

270

风罩的重量由静子的中心筒内的轴承座承受，每台空气预热器高度为18.8m，外形尺寸为10.36m×10.36m，总质量为207t。

预热器的上、下风罩分内外两层，内层是一次风罩，外层是二次风罩。上、下风罩中的一次风和二次风通道是同心相对的"8"字形，如图6-20所示，它将静子的截面分为以下几个区域：一次风流通区域、二次风流通区域、一次烟气流通区域、二次烟气流通区域和密封区。在密封区内没有空气或烟气流过，其截面被径向密封面所遮盖，以免空气和烟气混合。当风罩转动一周时，静子中的受热面进行两次吸热和放热。

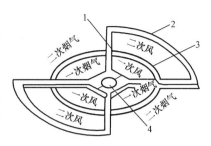

图6-20　下风罩与静子结合面

1—径向密封面；2—二次风外
环向密封面；3—一次风环向
密封面；4—中心环向密封面

以河南某电厂的924t/h苏尔寿盘旋管直流锅炉所用的双流道风罩转动回转式空气预热器为例，将这种空气预热器的结构情况介绍如下。

1. 静子

预热器的静子由一次风静子和二次风静子组成，如图6-21所示。一次风静子位于二次风静子的中心部位。一次风静子外径为4600mm，二次风静子外径为8500mm。一次风静子支撑在位于二次风静子里面的滑动支座上，使得一次风静子与二次风静子之间可以自由地相对膨胀。

一、二次风静子径向用隔板各分成40个扇形仓格，每个扇形仓格占圆周角9°。一次风静子每个扇形仓格再用一层横向隔板将扇形仓格分成两格，形成80个小仓格，二次风静子

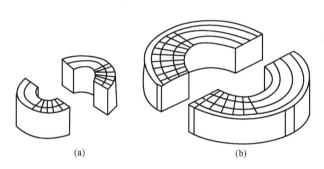

图6-21　双流道风罩转动
回转式空气预热器的静子

(a) 一次风静子；(b) 二次风静子

在每个扇形仓格中再用两层横向隔板将扇形仓格分成三格，形成120个小仓格。为了便于运输，一次风静子和二次风静子都是分成两个组件，在现场组装。传热元件则预先组装成扇形组合件，安装时只需将它逐一地放到静子仓格中，非常方便。

传热元件——波形蓄热板组合件分上、中、下三层安放在扇形仓格的框架上，如图6-22所示。由于上层蓄热板在运行中容易磨损，因此蓄热板选用1mm厚的耐热钢材马丁钢制成，其高度为300mm，磨损后，从上部更换很方便。下层蓄热板会受到较严重的低温腐蚀，故选用耐腐蚀低合金钢材CORTEN钢制成，厚度亦为1mm，高度为300mm。底部框架可以拆除，便于下部受热面的检修和更换。一次风静子中的中层蓄热板高

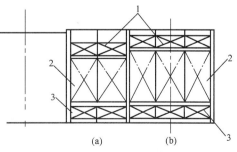

图6-22　双流道风罩转动回转
式空气预热器的静子纵剖面图

(a) 一次风部分；(b) 二次风部分

1—上层蓄热板；2—中层蓄热板；3—下层蓄热板

度为1100mm，二次风静子的中层蓄热板高度为1200mm，厚度均为0.5mm，钢材均是马丁钢。一次风静子中的受热面面积为4397m²，二次风静子中的受热面面积为14565m²。在额定工况下，能使烟气温度从347℃冷却到129℃，而将空气从27℃加热到304.7℃。

2. 风罩和烟罩

预热器的上、下风罩都是用钢板焊制成的双翼形风罩，内部用桁架支撑。风罩上分别有供一、二次风通过的一、二次风风罩。一次风风罩完全封闭在二次风风罩中，两个风罩是同步转动的。上风罩中的一次风风罩和二次风风罩是固结在一起的，而上烟罩则与静子外壳固定在一起；下风罩不仅一、二次风风罩固结在一起，而且也与下烟罩固结在一起，即下烟罩是与下风罩一起旋转的。下烟罩分两层，中心部分让加热一次风静子蓄热板的一次烟气通过，外周部分让加热二次风静子蓄热板的二次烟气通过。图6-23为预热器上、下风罩简图，下风罩与静子的结合面见图6-20。

上、下风罩的最大外圆直径都是9180mm，高度为2405mm。上、下风罩各分成两个组件，在现场组装。

风罩与静子接合处装有密封框架，以减少动、静部件间隙处的漏风。

3. 主轴和轴承

预热器主轴安装在静子中心的心孔中，它的两端分别与上、下风罩相连。主轴长3492mm，上部空心，下部实心，是一条中部为$\phi360$，两端为$\phi350$的阶梯轴。主轴中有三个轴承，上、下轴承均为导向轴承，中部轴承为止推轴承。上、下轴承安装固定在静子上、下端面处钢结构的轴承套内。上、下导向轴承可以承受径向推力，限制轴的径向摆动，从而使风罩避免晃动，保证密封效果。中部的止推轴承安装在下部导向轴承的上部，止推轴承座固定在静子的钢结构上。止推轴承可以承受上、下风罩及主轴的全部重量。各个轴承都配有专门的润滑油系统。

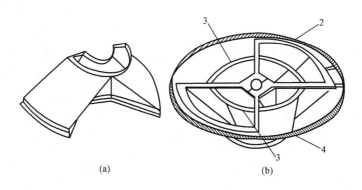

(a) (b)

图6-23 双流道风罩转动回转式空气预热器的风罩
(a) 上风罩（一半）；(b) 下风罩
1—一次风罩；2—二次风罩；3—旋转烟气罩；4—销轴

4. 传动机构

预热器风罩的转动是通过下风罩的传动围带来进行的。在下风罩的传动底盘的横槽型大圆环上设置一圈传动销轴，构成传动围带。预热器的传动装置设在静子外侧，传动马达经减速箱使大齿轮与下风罩传动围带的销轴啮合，驱动下风罩及旋转烟罩以0.75r/min的速度旋转，并经过主轴带动上风罩同步转动。驱动电动机轴上带有超速离合器和慢速盘车电动机。

停炉时慢速盘车电动机可就地手动投入，以便使预热器静子均匀冷却。

此外，还安装了一套旋转风罩的备用驱动装置。主传动装置故障时，除发信号给控制室外，备用驱动装置可以自动投入。备用驱动电源与主传动装置电源分开，以确保锅炉正常运行。若30s后备用驱动装置不能投入运行，则需停炉。

5. 吹灰器

回转式空气预热器的传热元件布置很紧凑，气流通道狭窄而又曲折，烟气中的飞灰容易沉积在传热元件中，造成堵塞，使气流阻力增大，引风机电耗增加，受热面腐蚀加剧，也影响传热效果，使热风温度降低，排烟温度升高。堵灰严重时，甚至会将传热元件中的气体流通截面完全堵死，影响预热器的安全运行。因此，在预热器中，必须装吹灰器。这种空气预热器装有2套吹灰装置，如图6-24所示。

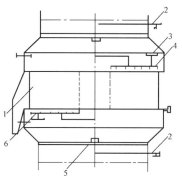

图6-24 预热器的吹灰装置
1—静子；2—蒸汽管；3—曲柄连杆装置；4—上部吹灰器；5—密封装置；6—下部吹灰器

吹灰器的蒸汽管道从上下固定风道中垂直接入风罩，再穿过风罩壁伸向烟气区域，在烟气区域内沿径向布置一根吹灰管，吹灰管上装有7个喷嘴，吹灰器随同风罩一起转动。由于吹灰器装设了曲柄连杆装置，可移动吹扫预热器受热面所有圆周部位。

吹灰器使用的工质为取自Ⅰ、Ⅱ级再热器之间、喷水减温前的蒸汽，其压力为4.3MPa，温度为468.8℃，再经减压至固定压力1.5MPa，再减压至0.8MPa。

吹灰器实用的蒸汽设计值为：吹灰耗汽量为2800kg/h，吹灰蒸汽压力为0.7MPa，吹灰蒸汽温度为400℃，吹扫时间为2×30min。

预热器的吹灰操作可以单独进行，也可以由锅炉吹灰顺控系统控制，与锅炉其他吹灰器一起进行。在进行锅炉受热面吹灰前，应首先吹扫预热器，然后再按烟气流程顺序对锅炉各受热面进行吹灰，最后再次对预热器进行吹灰。

6. 水清洗和消防装置

为了使空气预热器的受热面保持一定的清洁度，保证良好的传热效果，以维持锅炉的连续出力，空气预热器的清洗维护必不可少。除在带负荷运行时定期投入吹灰器外，还应在无负荷情况下对预热器受热面进行清洗，因此在其冷、热端设有冲洗水管，以清除吹灰器所不能清除的污垢。另外，还设有消防水管。一旦预热器内发生二次燃烧事故，必须投入消防水。空气预热器的水清洗管和消防水管共用一套装置，装置分空气侧和烟气侧。空气侧的水清洗管和消防水管随同风罩一起转动，烟气侧水管装在上烟罩内侧，是固定不动的。

清洗水量在烟气侧为166m³/h，在空气侧为83m³/h，清洗水的最大压力为0.7MPa，正常水温为20～80℃，最适宜的水温为60℃。

清洗后受热面必须进行彻底干燥，否则会比不清洗更为有害。一般可将烟道挡板打开，利用锅炉的余热进行干燥。干燥至少应进行4～6h，随后仔细检查干燥情况。如果清洗后，锅炉没有余热，又不立即点火，建议用送风机通过暖风器加热过的空气，吹送到燃烧器，然后进入锅炉，再通过预热器的烟气侧向烟囱排出。保持这样的循环直至送入的热风温度与排出的空气温度基本接近，此时整个锅炉设备亦已吹干，清洗后的转子和传热元件也已干燥，水冲洗工作基本结束。

7. 运行监控设备

为防止空气预热器的燃烧,现代大型电站的空气预热器都装设有红外线测温探头,对空气预热器的运行状况进行监视。红外线测温探头安装在空气预热器冷端二次风进口处,由曲臂转动,转动方位约180°,一个测量周期约需13min。

空气预热器的大面积着火往往由局部的着火引起,而局部的过热点是由于沉积在换热面上的未完全燃烧的可燃物着火引起的。一般而言,如果过热点的温度升到704~760℃,将会导致其他受热面着火。

红外线测温系统设计为:当局部过热点的温度为482~538℃时,发出报警,此时,运行人员应立即对空气预热器进行仔细检查,如果报警继续存在,且温度继续升高或已着火,应立即停用引风机,同时投入消防水。

红外线测温系统还有其他报警功能:受热面积灰、堵塞、温度过低、大面积着火、温度过高等。另外,系统还有每天一次的自检功能,以确保系统工作的安全、可靠。

为防止探头过热损坏,探头采用水冷却,水冷却管道中设有一个流量调节开关,以调节和监视冷却水流量。当冷却水中断时,发出报警。另外,每个探头还设有一个温控开关,当温度达到60℃时,发出报警,以免自身被损坏。为维持探头清洁,设置一套压缩空气自动吹扫系统,该系统每隔30min吹扫探头5~10s。

四、回转式空气预热器的漏风及密封装置

1. 漏风原因

回转式空气预热器的主要问题是漏风较严重。由于在空气预热器中空气的压力大于烟气,故所谓的漏风,主要是指空气漏入烟气中。当然,也有少量的烟气会进入空气中。漏风量增加将使送风机和引风机的电耗增大,增加排烟热损失,从而使锅炉热效率降低。如果漏风过大,还会使送入炉膛的风量不足,导致锅炉的机械未完全燃烧热损失和化学未完全燃烧热损失增加,进一步影响锅炉的出力和效率,并且可能引起炉膛结渣。因此漏风对锅炉的经济安全运行有很大影响,需要引起足够重视。空气预热器的漏风包括两个方面:

(1) 携带漏风。是因为受热面或风罩转动时,将留存在受热元件气体流通截面内的一些空气带入烟气中,或将留存的一些烟气带入空气中。携带漏风量可按式(6-1)计算,即

$$Q = \frac{1}{60} \times \frac{\pi}{4} D^2 hn (1 - y) \qquad (6-1)$$

式中 Q——携带漏风量,m^3/s;

  D——转子直径,m;

  h——转子高度,m;

  n——转速,r/min;

  y——蓄热板金属和灰污所占转子容积的份额。

转子旋转越快,携带漏风量越大。但总的来说,携带漏风量是不大的,一般不超过1%。

(2) 密封漏风。回转式空气预热器是一种转动机械,无论是受热面转动还是风罩转动,在预热器的动、静部件之间,总要留有一定的间隙,以便转动部件运动。流经预热器的空气是正压,烟气是负压。空气会在这种压差的作用下,通过这些间隙漏到烟气中去。尽管这些

间隙中有密封装置，但也不可能将这些间隙密封堵死，因而就造成密封漏风。密封漏风的大小和这些间隙的大小以及两侧的压力差的平方根成正比。如果是转子或风罩制造不良，或者受热后变形，或者是运行磨损后未经调整，都会使漏风的间隙增大，也就使漏风量增大。锅炉燃烧器的阻力越大，要求的热空气压力就越高，也会使预热器的漏风量增大。设计制造良好的回转式空气预热器，其漏风量一般为8%～10%，质量不佳者可达20%～30%。

2. 三分仓受热面转动回转式空气预热器的密封装置

为了减少漏风，通常要在回转式空气预热器内加装密封装置。

三分仓受热面转动的回转式空气预热器的密封系统，通常包括轴向密封、径向密封和环向（周向）密封装置三部分。

轴向密封装置主要由轴向密封片和轴向密封板构成。轴向密封片安装在转子外表面，它由螺栓与各扇形仓格径向隔板的外缘相连接，并沿整个转子的轴向高度布置，且与轴平行，随转子一起转动。轴向密封板主要由两块弧形板和调整装置组成，两块弧形板对称地装在转子密封区的外侧，它通过支架、折角板和调整装置固定在转子壳体上，并通过外部的螺栓来调整转子轴向密封片的间隙。它的作用是防止空气从密封区（过渡区）转子外侧漏入烟气区。

径向密封装置主要由扇形板与径向密封片组成。径向密封片是用螺栓固定在转子的上、下隔板的端部，沿半径方向分成数段，也随转子一起转动。径向密封片可上下适当调整，与扇形板构成整个径向密封装置。它用于阻止转子上、下端面与扇形板动、静部件之间因压力不同而造成的漏风。

环向密封装置设在转子外壳上、下端面的整个外侧圆周上，它主要由旁路密封片与"T"形钢构成。"T"形钢与转子外圆周上的角钢相连接，也随转子一起转动。旁路密封片则沿转子外圆布置。环向密封装置是为了防止气流不经过预热器受热面，而直接从转子一端跑到另一端（即从转子外表面与外壳内表面之间的动、静部件的间隙通过）。

除上述密封装置外，三分仓受热面转动的回转式空气预热器通常还装有转子中心筒密封、静密封片和补隙片，这些都有助于减少漏风。此外，还采用了转子热端可弯曲的扇形密封板结构，以减少热态时转子蘑菇状变形时的间隙。并装置了密封自动控制系统。另外，热态运行时，其径向、轴向密封片都可以在空气预热器的外部进行调整。

回转式空气预热器在冷态时，风罩与接触的转子端面为一间隙极小的平面，但在热态运行中，由于烟气自上而下流动，烟气温度逐渐降低；而空气自下而上流动，空气温度逐渐升高，这就使转子的上端金属温度高于下端金属温度，转子上端的径向膨胀量大于下端的径向膨胀量，再加上转子重量的影响，结果使转子产生了如图6-25所示的蘑菇状变形。显然，热态时转子外侧有向下弯曲的倾向。这种蘑菇状变形与负荷有关，负荷越大，则烟温越高，变形越严重。转子变形以后，就会使风、烟罩与转子两动静部件之间间隙增大，加重漏风。

转子受热后产生"蘑菇状"变形，给安装、检修时密封间隙的调整带来一些困难。如果在冷态时将径向密封间隙（径向密封片与扇形板密封面之间

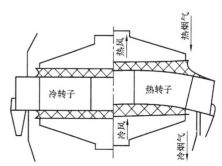

图6-25 预热器转子的蘑菇状变形

间隙）沿径向都调整到相同的数值，则运行时必然会造成一些区段的间隙变大，另一些区段的间隙变小，甚至可能发生严重的碰撞。为此，在冷态调整时应充分考虑到转子热变形的影响，沿径向预留不同的间隙量。在热态时通过密封自动控制系统来控制密封间隙。

装置密封自动控制系统的目的，就是要能在各种工况运行时，将密封间隙控制在最小值，从而控制漏风量为最小值。

密封自动控制系统主要由可弯曲扇形板、传感器机械传动和电气控制等部分组成。

（1）可弯曲扇形板。可弯曲扇形板由扇形板本身及支撑梁两部分组成，如图6-26所示。

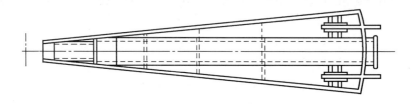

图6-26　可弯曲扇形板

可弯曲扇形板轴端吊在导向轴承的外套筒上，因而当受热后就能自由地向轴的一侧膨胀，这就避免了将此板固定时因受热膨胀而造成的弯曲变形，以及所导致的密封板与径向密封片之间间隔增大的现象。考虑到转子热态时的蘑菇状变形规律，所以将转子热端的径向扇形板设计成可弯曲变形的。在热端受热后即如施加了压力一般，使可弯曲扇形板产生的变形曲线与转子的热态变形的蘑菇状曲线非常接近，如图6-27所示，从而有效地减少径向密封间隙，一般可控制其平均间隙在1mm之内，最大间隙不超过3.5mm。

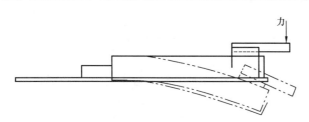

图6-27　扇形板在外力作用下的变形
——扇形板冷态时的形状；
---扇形板在外力作用下的变形

支撑梁的左面内侧通过滚柱支撑在预热器中心的固定密封盘上，该固定密封盘由四根吊杆与导向轴承相连接。由于靠近预热器中心部位，弯曲变形很小，所以这部分密封面是固定的。扇形板的右面部分装有可弯曲扇形板作为密封面。这个密封面的动作就像悬臂梁一样，内侧端与支撑梁的框架相连接，外侧端焊着两根悬臂梁，分别在扇形密封面的两侧，穿过预热器热端连接板。这两根悬臂梁端部有销孔，以便与传动连接装置相连接，支撑梁如图6-28所示。

图6-29是传动连接装置。该装置的下部有销孔，可与可弯曲扇形板的两根悬臂梁的外侧销孔对准后用销子相连，

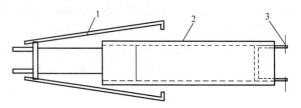

图6-28　可弯曲扇形板的支撑梁
1—框架；2—支撑梁；3—外侧销

往上通过一连接板后，再与千斤顶相连。这样，由千斤顶往下施加外力，密封面就可以弯曲，形成近似于转子下垂时的形状相一致的曲面。

扇形板可弯曲面的外端与转子热端连接法兰之间，有一弹性密封装置，即在可弯曲面外

缘，紧靠着一块弧形密封钢板，以堵住可弯曲面与连接法兰之间的泄漏间隙。但该钢板要确保可弯曲面能上下活动自如。故在此钢板后面装有一套弹簧装置。装配它时要仔细调整，使顶紧力大小合适，并且必须定期调整，若此密封钢板未调整到位，与可弯曲面之间留有 20～30mm 的间隙，则会造成较严重的漏风。

（2）传动部分。每块扇形板配一套传动装置。每套装置采用两台电动机，如图 6-30 所示。其中一台为工作电动机，另一台为备用电动机。

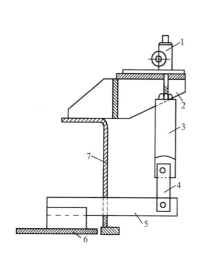

图 6-29　传动连接装置

1—螺丝千斤顶；2—千斤顶支撑；

3—调节杆；4—连接杆；5—悬臂梁；

6—可弯曲面；7—连接板

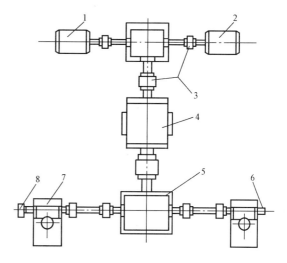

图 6-30　可弯曲扇形板传动部件平面布置

1—工作电动机；2—备用电动机；3—联轴器；

4—齿轮减速箱；5—三通齿轮箱；6—手柄位置；

7—螺丝千斤顶；8—转动限位开关位置

电动机通过三通齿轮箱换向和减速器降速后，与两只螺丝千斤顶相连接，千斤顶中装有机械间隙调整装置，保证系统的灵敏度，使千斤顶螺杆准时上下运动，施力于扇形板可弯曲面的外侧。为了使两只千斤顶同步调节，保证扇形板始终处在水平位置，采取一个齿轮箱同时控制两只千斤顶的布置方式。

（3）机械传感器。可弯曲扇形板的变形由机械传感器来控制，传感器的结构见图 6-31。在安装传感器时，要将扇形板和限位开关预先调整好。

密封间隙控制系统由单独微机控制器控制和监视，其工作方式根据锅炉运行状况而定。在锅炉启动过程中，由于转子随温度升高而外侧下垂时，驱动电机以较高的频率（每小时一次）启动，并以每分钟 1.5mm 的速度带动可弯曲扇形板向下移动，机械传感器跟着下伸。当传感器上的硬化触头与转子的"T"形钢上的凸块相接触时（即扇形板与径向密封片接触），通过导杆使装在顶部的主限位开关闭合，驱动电机停转 2s，随后驱动电机反转，扇形板向上移动少许，直到保持预定的间隙为止（扇形板和径向密封片之间的平均间隙保持 3.2mm 左右）。这种动作一小时重复一次。当转子达到最大的下垂量（完全变形）时，限位开关发出信号，使扇形板驱动机构上的计时器由一小时一次改为每日一次地跟踪动作。如主限位开关故障不能闭合，由于电机继续推进扇形板，而使辅助限位开关动作，此时扇形板将被回到预定的"完全退回位置"以保护扇形板不受损坏，并发出报警。当锅炉负荷下降而使转子外侧上翘时,"T"形凸块与探头接触,使扇形板向上移动。密封自动控制系统除可以通过主控盘对各扇形板进行集中控制外,还可以通过位于扇形板驱动系统旁的驱动盘进行单独控制。

3.双流道风罩转动回转式空气预热器的密封装置

预热器风罩与静子接触处装有密封框架,以减少动、静部件间隙处的漏风。密封结构除上风罩二次风环向密封面外,均采用图6-32所示的密封装置;铸铁密封块固定在密封框架上,密封框架由U形密封片(伸缩节)与风罩的底盘连成一体。风罩转动时,带动密封框架一起转动。弹簧除了平衡重量之外,还能使密封结构在运行中按照风罩与静子接触面之间间隙的变化而上下移动,这样可减少风罩振动时对密封间隙的影响。U形密封片能承受密封结构与风罩间的相对移动,并起密封作用。

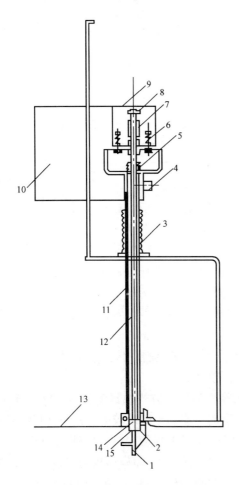

图6-31 转子下垂信号传感器

1—转子"T"形钢;2—旁路密封;3—波纹管密封件;4—冷空气入口中心线;5—波纹管密封件;6—弹簧组件;7—电器开关;8—开关触板;9—罩壳;10—信号头组件;11—套管组件;12—推杆组件;13—扇形板表面;14—信号凸块;15—硬化触头

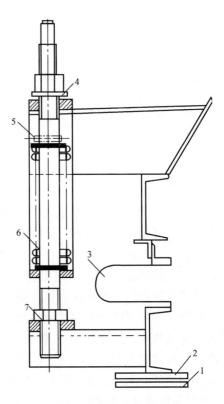

图6-32 风罩与静子间的密封装置

1—静子端面;2—铸铁密封块;3—U形密封片;4—预留间隙;5—销子;6—弹簧;7—螺帽

上风罩二次风环向密封面则采用图6-33所示的自动膨胀密封间隙调整装置。这种密封装置比前一种密封装置增加了一套自动调节装置，其作用是当锅炉负荷变化而造成烟气温度变化时，能自动调节环向密封间隙，使预热器环向漏风不致过大。这种密封装置的工作原理是：主轴通过轴承固定在静子上，而上下风罩又固定在主轴两端，当受热后，静子沿轴向膨胀，将会使密封间隙略为减少，这可用冷态时预留间隙来调节（如图6-32）。静子的轴向膨胀与沿径向的膨胀是不同的。因为静子在受热后会产生蘑菇状变形，这就使得上风罩与静子间的密封间隙沿半径方向逐渐增大，而下风罩与静子间的密封间隙则沿半径方向逐渐减小。静子的蘑菇状变形情况直接影响密封间隙的大小。静子的蘑菇状变形与锅炉负荷有关，负荷越大，烟温越高，则变形越甚，密封间隙也变得越大。当到达最大负荷时，上风罩与静子间的密封间隙变为最大，故此时漏风也就最严重。

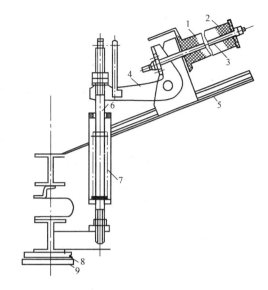

图6-33 自动膨胀密封间隙装置
1—管子；2—保温材料；3—压杆；
4—传动件；5—上风罩钢架；
6—螺杆；7—弹簧；8—密
封块；9—静子端面

在热态时，调整环向密封间隙要依靠自动膨胀密封间隙装置。例如，当负荷增加时，进入空气预热器的烟气温度增大，造成静子蘑菇状变形增大，上风罩与静子端面沿半径方向的间隙增大，这时自动膨胀密封装置中的管子和压杆都因烟温升高而受热膨胀，但压杆膨胀系数比管子大，压杆比管子的伸长量大些，再加上弹簧的收缩，就使得螺杆下移，即可减少密封块与静子端面之间隙，从而使两者之间的间隙基本保持不变，当负荷降低时，烟温降低，则静子蘑菇状变形减少，这时自动膨胀密封装置中，管子和压杆都因烟温下降而收缩，但压杆收缩量比管子大些，压杆相对于管子来说是收缩了，通过传动杆使螺杆上升，而增大密封块与静子端面之间隙，结果使静子与风罩之间的间隙也基本保持不变。

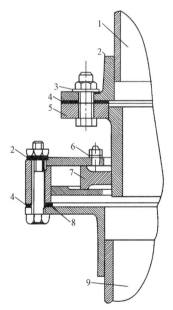

图6-34 风罩颈部的密封装置
1—转动风罩；2—连接环；3—防松垫圈；4—石棉绳；5—环；6—弹簧垫圈；7—密封块；8—连接环；9—固定风道

从图6-33可以看出，压杆放在管子内，管子内又填满了保温材料，它的作用是使调节发生迟延，以使得压杆对间隙的调整与静子蘑菇状变形同时进行。由于自动膨胀密封间隙装置装在上风罩烟气侧，当进入空气预热器的烟温变化时，调整装置的温度首先变化，而静子的蘑菇状变形则要经过一段时间（使静子升温必须多吸热，增加蓄热才成，而蓄热过程也需要一段时间）才会变化，将压杆用保温材料保温，就使得调整装置的动作推迟，这样正好与静子蘑菇状变形相配合，从而保证了接触面的良好密封。

上、下风罩中的一次风罩和二次风罩分别与固定风道中的一次风道和二次风道也是动、静部件的连接，其密封结构如图 6－34 所示，利用密封块（扁形分段铸铁滑环）来保持风罩颈部动、静部分之间的密封。

第四节　尾部受热面的积灰

一、尾部受热面积灰的形态

在锅炉尾部低温受热面中，积灰的形态有干松灰和低温黏结灰两种。

（1）干松灰。干松灰是粒度小于 $30\mu m$ 的灰的物理沉积，呈干松状，易清除。在燃用固体燃料时，在对流受热面、省煤器和空气预热器上都会有干松灰的沉积。实际上，干松灰也不是绝对的干松，只不过其黏结性较小而已。

（2）低温黏结。这种形态的灰常会在空气预热器冷端形成。低温黏结灰的形成有两种原因：一是积灰与冷凝在管壁上的硫酸形成以硫酸钙为主的水泥状物质，二是吹灰用的蒸汽冷凝成的水或省煤器的漏水，渗到积灰层也会产生水泥状物质。这两种原因引起积灰的"水泥化"，便是低温黏结灰。低温黏结灰呈硬结状，会把管子或管间堵死，清除低温黏结灰也很困难。它对锅炉工作的影响很大，在燃用多硫、多灰、多水的燃料时，要特别注意防止低温黏结灰的形成。这种灰的形成与 SO_3 的生成和结露有关。

二、积灰对锅炉运行的影响

（1）受热面积灰后，使传热恶化，排烟温度升高，排烟热损失增大，降低锅炉热效率。

（2）积灰堵塞烟道，轻则增加对流烟道的流动阻力，增加电耗，降低出力；严重时会堵塞烟道流通截面，阻碍烟气的正常流动，不但会降低锅炉出力，甚至可能被迫停炉来清灰。

（3）积灰后会促使受热面金属产生低温腐蚀。

三、受热面积灰（干松灰）的机理

烟气中携带的飞灰由各种大小不同的颗粒组成。但大都小于 $200\mu m$，而以 $10\sim30\mu m$ 的居多。当含灰的气流冲刷受热面时，背风面产生旋涡区，大颗粒由于惯性大，不易被旋进去，进入涡流区的大部分为小于 $30\mu m$ 的颗粒。对锅炉对流受热面的干松灰进行观察，得到图 6－35 所示的形状。可以看到，积灰主要在背风面形成，迎风面较少。当烟气流速增大时，积灰减少，迎风面甚至没有积灰。因此积灰的程度与烟气流速有关，到一定时间后，积灰不再增长。无论是下降气流还是上升气流都得到类似情况。

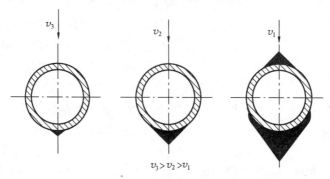

图 6－35　干松灰的沉积

飞灰的粒径对其沉积特性有重要影响。飞灰的沉积机理可包括以下几个方面：

（1）当含灰气流冲刷受热面管束时，管子的背风面产生旋涡，大颗粒由于惯性大，不易被卷进去，而小颗粒，特别是小于 $10\mu m$ 的微小灰粒，很易被卷进去，碰上管壁便沉积下来。

（2）对较小粒径的飞灰颗粒，其单位质量具有较大的表面积，亦即具有较大的表面能。当灰粒与管壁接触时，微小灰粒与金属表面间有很大的分子引力（吸附力），靠分子引力吸附在壁面上，形成积灰。灰粒尺寸越小，其引力越大。对直径 d_p 小于 $3 \sim 5\mu m$ 的灰粒，其分子引力比本身质量还要大，附上了就不能靠重力掉下，形成积灰，如图6-36所示。对于小于 $0.2\mu m$ 的灰粒甚至可穿过钢管氧化层而与管壁金属接触。

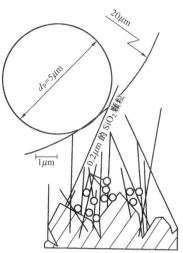

图6-36　管壁表面灰粒的沉积

（3）烟气流动时，烟气中的灰粒会发生静电感应，灰粒带电荷。当小于 $20 \sim 30\mu m$，特别是小于 $10\mu m$ 的灰粒碰到金属壁面时，灰粒的静电引力足以克服它本身的重力而吸附在金属壁面上，形成积灰。

（4）金属壁面具有粗糙度，$3 \sim 5\mu m$ 的灰粒可靠机械作用停留在粗糙的金属壁面上，形成积灰。

灰粒就是靠上述几种作用沉积在管壁上。但是烟气流中含有各种组分的颗粒，大颗粒不仅不易沉积，而且有冲磨管壁的作用，因此沿管壁两侧面及迎风面就不易积灰。当背风面达到一定厚度，而能为气流中大灰粒所冲刷时，该处积灰层也不再增加而达到动平衡的状态。这时，一方面仍有细灰沉积，另一方面烟气中的大灰粒又把沉积的细灰粒冲刷带走。当然这只是指干松灰而言，如果灰粒遇水或冷凝的硫酸，形成低温黏结灰，则灰粒不易被冲刷带走，积灰将逐渐加剧。

四、影响积灰的因素

（1）飞灰颗粒粒径的影响。烟气中的微小颗粒容易沉积，但大颗粒不仅不易沉积，且有冲刷受热面金属壁面的作用。因此沿管壁两侧面及迎风面不易积灰，背风面积灰层达到一定厚度后也不再增加，达到动平衡。若飞灰中大颗粒少而细灰多，则因冲刷作用减弱而使积灰较多。

（2）飞灰浓度的影响。烟气中飞灰的浓度对稳定时积灰层的形状和大小没影响，只是影响达到稳定积灰层的时间。因此即使燃用含灰量较少的燃料，吹灰仍具有和燃用含灰量多的燃料同样的重要性。

（3）烟气流动工况的影响。烟气流动工况是受对流受热面的布置方式及结构特性决定的，对积灰也有较大的影响。

对于错列布置的管束，如果管子排列很稀，冲刷工况与单管相似。当管子排列很密时，由于邻近管子的影响，烟气曲折运动，气流扰动大，气流对管子的冲刷作用增加，既可吹掉松散的干灰，又可使冲刷区域增大，减少背风面的旋涡区，因而可减少积灰。不同管束节距下，受热面污染系数和烟气速度的关系如图6-37所示。从图中可以看到，在 $s_1/d = 2$ 时，增大 s_2/d，受热面的污染系数 ε 也随着增大。对错列管束来说，在 $s_1/d = 2 \sim 3$ 下，s_2/d 由

2.0下降到1.0时，受热面的污染系数 ε 上升4.5倍，而对顺列管束，s_2/d 的影响则不大。当条件相同时，错列比顺列的 ε 低约2倍，所以，顺列的尾部停滞区使头、尾部积灰严重。因此对烧易积灰的煤应采用错列布置。另外，对错列布置来说，当 $s_1/d = 2 \sim 2.5$ 时，由于受热面的自吹灰作用，受热面的污染系数 ε 会随 s_2/d 的下降而下降。

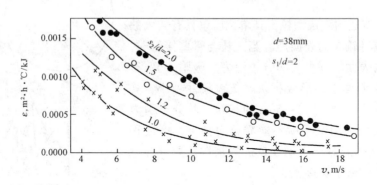

图6-37　管束节距对受热面污染系数的影响

在管束顺列布置时，除第一排管子烟气可冲刷到正面及侧面90°范围外，从第二排开始，烟气冲刷不到管子的正面及背面，只冲刷到侧面，因此管子迎风面（正面）及背面都处于旋涡区，会严重积灰。

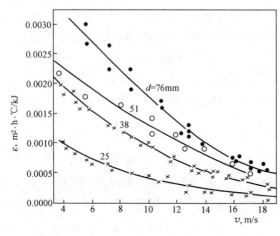

图6-38　管子直径对受热面污染
系数的影响（错列管束）

（4）管子直径的影响。图6-38所示为管子直径对锅炉受热面污染系数的影响。从图中可见，随着管子直径的增大，污染系数 ε 也相应增大，对错列管束直径 d 从76mm降低到25mm时，污染系数 ε 降低4倍；对顺列管束，直径 d 由38mm降低到25mm时，污染系数 ε 降低2.5倍。

（5）烟速的影响。由静电引力沉积的细灰量与烟速的一次方成正比，其沉积量较小。而冲刷掉的灰量与烟速的三次方成正比，烟速大，冲刷作用大。因此烟速越大，积灰越少。

对燃用固体燃料的锅炉，若烟速小于 $2.5 \sim 3m/s$，则管子的迎风面容易积灰；若烟速大于 $8 \sim 10m/s$，则不会积灰。因此在设计时，额定负荷下，尾部受热面的烟速应不小于6m/s，这样，在低负荷时，烟速也不致低于 $2.5 \sim 3m/s$。

（6）受热面金属温度的影响。若此温度太低，则会使烟气中的水蒸气或硫酸蒸气在受热面上凝结，将使飞灰黏结在受热面上，或者形成低温黏结灰。因此该处温度不能低于酸露点。

五、减轻和防止积灰的措施

（1）设计时采用足够高的烟速，在额定负荷时烟速不低于6m/s，但也不能过高，否则会使磨损加剧。

（2）正确设计和布置吹灰装置，并制订合理的吹灰间隔时间和连续时间，尽量利用压缩空气吹灰。

（3）防止省煤器泄漏。

第五节 低温受热面的飞灰磨损

进入尾部烟道的飞灰颗粒由于温度较低，具有一定的硬度，这些飞灰颗粒在高速烟气带动下，冲刷对流受热面时，使管壁表面受到磨损，管子变薄，强度下降，造成管子的损坏。特别是省煤器，进口烟气温度已降低至450℃左右，飞灰颗粒较硬，且采用小直径薄壁碳钢管，因此更易受到磨损损坏。所以，在锅炉设计及运行中，必须了解飞灰磨损的规律，采取有效措施，防止或减轻飞灰的磨损。

一、磨损机理

对固态排渣煤粉炉而言，烟气中的飞灰量一般约占煤灰总量的85%～90%，因此当燃用劣质煤时，烟气中的飞灰浓度将达到很高的数值。例如燃用发热量为14470kJ/kg、灰分为47.05%的劣质煤时，其粉尘浓度高达83.2g/m³。

煤粉灰尘中含有各种不同硬度的颗粒，通常以尖角形的 SiO_2 石英粒为最多，数量在80%以上，它们的维氏硬度在 $500kg/mm^2$ 以上，而一般锅炉的用钢维氏硬度多在 $200kg/mm^2$ 左右，所以灰粒会磨损金属。

烟气中的飞灰随着烟气流动，具有一定的功能。烟气冲刷受热面时，飞灰粒子就不断冲击管壁，每冲击一次，就从金属管子上削去极其微小的一块金属屑，这就是磨损。时间一长，管壁即因此而变薄，强度降低，结果造成管子爆破损坏。

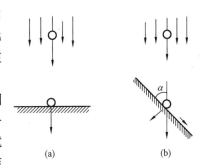

图6-39　灰粒对管子表面的冲击
(a) 垂直冲击；(b) 斜向冲击

气流对管子的冲击有垂直冲击和斜向冲击两种。气流方向与管子表面切线方向之间的夹角为90°时称为垂直冲击，小于90°时称为斜向冲击，如图6-39所示。

垂直冲击时，灰粒作用于管子表面的法线方向。这时，管子表面上一个很小而又极薄的一层受到冲击的作用而变成凹坑，当冲击力超过其强度极限时，这个薄层就被破坏而脱落，这就是冲击磨损。

斜向冲击时，灰粒作用于管壁的冲击力可分为两个分力，一个是法线方向的冲击力，它引起管壁的冲击磨损；另一个是切线方向的切削力，它会引起切削磨损。切削磨损是切削力所产生的剪应力超过极限强度时，管壁表面被刮去极微小的一块金属屑的结果。由于管子是圆形的，因而管子表面更多的是受灰粒的斜向冲击，所以切削磨损所占的比例较大。

二、影响飞灰磨损的因素

管子金属被灰粒磨去量与飞灰动能及冲击次数有关，飞粒动能越大，冲击次数越多，则磨损越严重。灰粒的动能与烟速的平方成正比，考虑到运行时间，于是可得到下式，即

$$T \propto \frac{q_{\mathrm{m}} v^2}{2g} \tau \qquad (6-2)$$

$$q_m = \rho v$$

式中 　T ——管壁单位表面积的磨损量，g/m^2；

　　　τ ——时间，h；

　　　g ——重力加速度，为 $9.81 m/s^2$；

　　　v ——飞灰流速，可认为等于烟气流速，m/s；

　　　q_m ——飞灰质量流量，即每秒钟内通过每平方米烟道截面的飞灰量，$g/(m^2 \cdot s)$；

　　　ρ ——烟气中的飞灰浓度，g/m^3。

　　如果考虑到飞灰撞击率 η ，则得

$$T \propto \frac{\eta(\mu v) v^2}{2g} \tau \qquad (6-3)$$

可写成

$$T = c \eta \mu v^3 \tau \qquad (6-4)$$

式中 　c ——考虑飞灰磨损性的系数，与飞灰性质和管速的结构特性有关。

　　为了判断省煤器管磨损比较方便，通常用磨损厚度来表示磨损量，则

$$\delta = \frac{T}{\rho_{\mathrm{js}}} = \frac{c}{\rho_{\mathrm{js}}} \eta \mu v^3 \tau \qquad (6-5)$$

式中 　δ ——磨损厚度，mm；

　　　ρ_{js} ——金属的密度，g/m^3。

　　由式（6-4）可以看出影响磨损的因素如下。

　　（1）飞灰速度。由式（6-4）可知，管壁磨损量与飞灰速度的三次方成正比，所以控制烟气流速对减轻磨损是非常有效的。

　　但是，烟气流速降低，会使对流放热系数降低，当省煤器吸热量一定时，就要求布置更多的受热面。而且，烟气流速降低，还会增加受热面上的积灰和堵灰。因此省煤器的最佳烟速应由全面的技术经济比较来确定。

　　（2）飞灰浓度。飞灰浓度增大，灰粒冲击管壁的次数增多，因而磨损加剧。所以，燃用多灰分的煤时，磨损严重。烟气走廊等局部地方的烟气浓度也较高，磨损也严重。我国目前多采用 Ⅱ 型锅炉，省煤器管通常装在尾部竖井烟道下部。当烟气由水平烟道转向竖井烟道流动时，因灰粒的质量大于烟气而具有较大的离心力，所以大都被甩向外侧，使该区域灰浓度较大，因而省煤器外侧管的磨损严重。

　　（3）管束的排列与冲刷方式。当烟气横向冲刷管束时：① 错列和顺列布置时，第一排管子因为正迎着气流，所以磨损最严重的地方在迎风面两侧 30°～50°处，因此处受灰粒的冲击力和切向力二者之和最大；② 错列布置时以第二排磨损最严重，因为此处气流速度增大，管子受到更大的撞击。磨损最严重处在主气流两侧 25°～35°处。第二排以后，磨损减轻；③ 顺列布置时，磨损最严重处在主气流方向两侧 60°处，以第五排最为严重。当烟气纵向冲刷受热面时，磨损情况则较轻，一般只在进口处 150～200mm 处磨损较为严重，因为此处气流不稳定，气流经过收缩和膨胀，灰粒多次撞击受热面，以后气流稳定了，磨损就较轻。

　　（4）运行中的因素。

1）锅炉超负荷运行时，燃料消耗量和供应的空气量都增大，烟气速度增大，烟气中的飞灰浓度也会增加，因而会加剧飞灰磨损。

2）烟道漏风。漏风增加，必然增大烟速，增加磨损。例如在高温省煤器处漏风系数增加 0.1，会使金属的磨损增大 25%。

三、减轻和防止磨损的措施

（1）降低烟气流速。省煤器区域设计的最高烟速可根据其允许的最大磨损量由式（6-5）导出，或者按式（6-6）计算。式（6-6）为锅炉在铭牌负荷下，管组间入口处的收缩断面最大允许的烟速，即

$$v_{\max} = \frac{2.85 k_0}{k_w R_{90}^{0.2}} \left(\frac{\delta_{\max}}{aM\tau\rho k_\mu} \right)^{0.3} \left(\frac{s_1}{s_1 - e} \right)^{0.6} \qquad (6-6)$$

式中　　$v_{\max}$——烟气允许最大流速，m/s；

k_0——额定负荷与平均运行负荷下烟速的比值，取 $k_0 = 1.15$；

k_w——烟气流速不均匀分布系数，取 $k_w = 1.2$；

k_μ——飞灰浓度不均匀分布系数，取 $k_\mu = 1.25$；

$\delta_{\max}$——管壁允许最大磨损量，mm；

a——烟气中飞灰磨蚀系数，取 $a = 14 \times 10^{-9}$；

M——管材抗磨系数，碳钢 $M = 1$，合金钢 $M = 0.7$；

τ——管子设计运行小时数，h；

ρ——烟气中飞灰浓度，g/m³；

s_1——管子间横向节距，mm；

e——错列管斜向节距，mm。

省煤器管的使用寿命一般定为 10 年，每年的磨损量应不大于 0.2mm。国外推荐省煤器管束间最大允许烟气流速如表 6-4 所示。为了防止对流受热面的堵灰，烟气流速在额定负荷也不得小于 6m/s。

表 6-4　　　　　　　　　　　　省煤器允许的最大烟气流速

燃煤矿的折算灰分 $A_{ar,zs}$（%）	< 5	6 ~ 7	9 ~ 10	30
允许的最大烟速 $v_{\max}$（m/s）	13	10	9	7

对于高参数的 300MW 单元机组，因过热热量和再热热量占锅炉吸热量的比例相当大，所以需要布置相当多的受热面积。尽管在设计时将其中一部分受热面布置到炉膛上部，但仍需有相当一部分面积要布置到竖井中才能满足要求。这样，实际上留给省煤器的布置空间是有限的。为了保障省煤器的吸热量，提高锅炉效率，同时又能降低烟气流速，减小飞灰磨损，可采用下列方法：

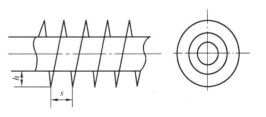

图 6-40　螺纹肋片管省煤器

1）采用肋片式、鳍片式或膜式省煤器。结构如图 6-40 所示。

管子加肋片后，换热面积增加很多，面积增加的程度常用肋化系数 ε_f 表征，即

$$\varepsilon_f = \frac{\text{肋片管(束)外表面总面积} \Sigma A}{\text{相同直径光管(束)表面积} A} \qquad (6-7)$$

采用较高的肋片 h 或较小的肋片节距 s 可以明显地增加肋化系数。缺点是增加了流动阻力，s 较小时，气流较难深入肋片根部使这一区域换热较差，且易造成积灰。

鳍片管（翅片管）是在管外烟气迎风侧和背风侧沿管轴线平行加上两个鳍片，鳍片管的肋化系数一般为 2~3。膜式管速省煤器是鳍片管的进一步发展，其整体性较好。

上述各种管外扩展表面均可增加传热能力。在保证省煤器传热一定时，可以增加省煤器横向节距 s_1，减少管排 Z，达到降减烟速的目的。同时，由于扩展表面可避免烟气横向冲刷管束，并改变了飞灰的速度场、浓度场和粒度分布，因此可大大地降低省煤器的磨损速度。

2) 避免局部烟速过高，消除烟气走廊。300MW 的锅炉省煤器，通常采用平行前墙分左、右两边布置的方式。为了防止左右两组管速弯头处留有间隙形成烟气走廊，带来弯头处的局部磨损，应采用左右两组管圈相互交错的布置方式，消除中间走廊。为了防止省煤器边排管产生烟气走廊带来的局部磨损，可在边墙埋入盲管或采用阻流板方法。为了避免中间管排节距不均匀产生烟气走廊带来的磨损，可采用梳形定位板，保持管排节距均匀。为了减少管子弯头部分的磨损，应采用方弯头，少用圆弯头等。

（2）在省煤器弯头易磨损的部位加装防磨保护装置，如图 6-41 所示。这时受磨损的不是受热面管子，而是保护部件，检修时只要更换这些防磨保护部件即可。

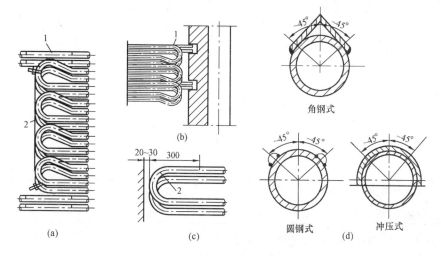

图 6-41　省煤器的防磨保护装置

（a）弯头整体保护；（b）、（c）单个弯头保护；（d）局部防磨装置

1—保护瓦；2—保护帘

省煤器管子的防磨保护装置有多种形式，图 6-41（a）是省煤器整组弯头的整体保护，即在省煤器管子的最上层和最下层直管段（靠近炉墙处）焊上保护瓦，并在各弯头顶端焊上护帘。这样不但使烟气分布比较均匀，而且可以防止烟气走廊的出现。也可在单个弯头上焊上保护瓦 [见图 6-41（b）、（c）]。另外，如发现某直管段有严重的局部磨损，可以在磨损管段焊上如图 6-41（d）的不同形式的局部防磨装置，都可以取得防磨的效果。

省煤器的直接防磨保护措施通常有：单根管上装置护瓦或钢条，弯头装护瓦，整组管子装置护帘等。

（3）回转式空气预热器的上层蓄热板容易受烟气中的飞灰磨损，因此上层蓄热板用耐热、耐磨的钢材制造，且厚度较大，一概选用1mm。上层蓄热板总高度为200～300mm，而且要便于拆除更换。

（4）运行控制。

1）控制燃煤。锅炉的燃用煤应尽量接近设计煤种，以免使飞灰浓度和烟气流速增加过多。

2）锅炉出力。保持锅炉在额定负荷下运行，尽量避免超负荷。

3）煤粉细度。运行时应控制煤粉细度，R_{90}不能过大，以免使飞灰颗粒增大，飞灰浓度增加，颗粒变硬。

4）燃烧调整。调整好燃烧，可以控制飞灰可燃物的大小及飞灰浓度。应将飞灰可燃物控制在许可的范围内。

5）减少漏风。锅炉的漏风不但使锅炉效率降低，而且使烟速提高，对减少磨损不利。为了堵住漏风，除提高炉墙的施工、检修质量，加内护板和采用全焊气密性炉膛外，在运行中应控制炉膛负压不能过大，关好各处门、孔，防止冷风漏入炉内。

第六节　空气预热器的低温腐蚀与堵灰

一、空气预热器烟气侧腐蚀的原因及危害

煤燃烧产生的烟气中含有水蒸气和极少量的硫酸蒸气，当烟气进入低温受热面后，由于烟气温度降低或接触到温度较低的受热面金属时，水蒸气或硫酸蒸气可能凝结（温度低于露点时）。水蒸气在受热面上的凝结，会造成金属的氧腐蚀，而硫酸蒸气在受热面上凝结，将使金属产生严重的酸腐蚀。

大容量高参数锅炉由于给水温度高，省煤器壁温高，所以省煤器不会产生结露和腐蚀。强烈的低温腐蚀通常发生在回转式空气预热器的冷端，因为此处空气及烟气的温度最低。锅炉启动过程中，由于排烟温度和给水温度低使省煤器壁温低，可发生低温腐蚀。此外，锅炉点火及30%MCR以下负荷时燃烧重油，一般燃油含硫量高，烟气露点温度高，易发生低温腐蚀。

低温腐蚀将使传热元件表面的金属被锈蚀掉，造成空气预热器受热面金属的破裂穿孔，使空气大量泄漏至烟气中，致使送风不足，炉内燃烧恶化，从而降低锅炉热效率；同时低温腐蚀将造成传热元件表面粗糙不平，且覆盖着疏松的腐蚀产物也会加重积灰，从而引起传热元件与烟气、空气之间的传热恶化，导致空气预热不足，排烟温度升高，同时使烟道阻力增大，送、引风机电耗增加，严重影响锅炉的安全、经济运行。

二、烟气的露点

水蒸气或硫酸蒸气开始凝结的温度叫做露点。烟气中水蒸气的露点称为水露点；烟气中硫酸蒸气的露点称为烟气露点（或酸露点）。

水蒸气的露点等于烟气中水蒸气分压力所对应的饱和温度，根据烟气所含水蒸气的多少，一般约为30～60℃。烟气中水蒸气的分压力p_{H_2O}为

$$p_{H_2O} = \frac{V_{H_2O}}{V_{gy} + V_{H_2O}} p \tag{6-8}$$

式中　　V_{H_2O}——烟气中水蒸气的实际体积，m^3/kg；

　　　　V_{gy}——烟气中干烟气实际体积，m^3/kg；

　　　　p——炉膛压力，MPa。

根据 p_{H_2O} 可在水蒸气表上查出相应的饱和温度，即为水蒸气的露点。即使燃料中水分很高，H_{ar}含量也很大，烟气中水蒸气的露点也不会超过66℃。但是，由于烟气中含有硫酸蒸气，而硫酸蒸气的凝结温度比水高得多，因此烟气中只要含有极少量的硫酸蒸气，都会使烟气的酸露点显著增高。烟气中的硫酸蒸气来源于燃料中含有的硫分 S_{ar}，硫分在燃烧后生成SO_2，其中有少量的SO_2又会进一步氧化生成SO_3，而SO_3再与水蒸气结合为硫酸蒸气。当烟气中SO_3浓度为5ppm以上时，空气预热器腐蚀严重，同时也形成较多的酸性黏结灰。此外，在空气预热器的烟气入口段，除了酸性黏结灰的黏结和腐蚀外，还会被从炉内和过热器区域带来的烧结灰碎片和渣粒所堵塞，影响空气预热器的正常运行。如果吹灰器泄漏或省煤器破裂漏水，则灰润湿，在表面张力作用下黏结成团，将引起空气预热器堵死。

烟气露点决定了排烟温度的高低，也直接影响着锅炉的热效率，因此烟气露点对锅炉的设计非常重要。对运行而言，掌握了烟气露点后，可以根据锅炉的实际排烟温度，粗略地估计低温腐蚀是否严重。烟气露点的计算方法有很多种，在前苏联1973年标准中，烟气露点的计算公式为

$$t_1 = t_{sl} + \Delta t = t_{sl} + \frac{\beta \sqrt[3]{S_{ar,zs}}}{1.05\alpha_{fh}A_{ar,zs}} \tag{6-9}$$

式中　　t_1——酸露点，℃；

　　　　t_{sl}——水蒸气露点，℃；

　　　$S_{ar,zs}$——燃料中的折算硫分，%；

　　　$A_{ar,zs}$——燃料中的折算灰分，%；

　　　α_{fh}——飞灰系数，煤粉炉一般取0.85；

　　　β——修正系数，与锅炉的运行状况有关，当炉膛出口过量空气系数为 $1.2 \sim 1.25$ 时，$\beta = 121$；为 $1.4 \sim 1.5$ 时，$\beta = 129$。

烟气露点与燃料的含硫量有关。当折算硫分 $S_{ar,zs} < 0.4\%$ 时，烟气露点随 $S_{ar,zs}$ 的增大而增加得很快，但当 $S_{ar,zs} > 0.4\%$ 时，烟气露点随 $S_{ar,zs}$ 的增大就增加不多了。烟气露点要比水蒸气露点高得多，可达 $140 \sim 160$℃或更高。

烟气露点还可以用以下方法进行计算。

（1）当 $S_{ar,zs} > 0.25$ 时，可用式（6-10）计算烟气露点，即

$$t_1 = 120 + 17(S_{ar,zs} - 0.25) \tag{6-10}$$

（2）根据烟气中各组分分压力的计算公式为

$$t_1 = 162.7 + 27.6\lg p_{H_2O} + 9.35\lg p_{O_2} + 18.7\lg p_{SO_2} + 97500/t_h \tag{6-11}$$

式中　　p_{H_2O}、p_{O_2}、p_{SO_2}——烟气中 H_2O、O_2、SO_2 的分压力；

　　　　t_h——为炉内火焰平均温度，℃。

上式不但考虑了 H_2O、SO_2 含量对烟气露点的影响，而且考虑了 O_2 的作用以及火焰温度的影响。根据上式可知，当炉内火焰温度增高，或 SO_2 含量下降时，烟气的露点温度将下降。

（3）考虑灰中碱性氧化物含量的计算公式为

$$t_1 = t_{sl} + \frac{201\sqrt[3]{S_{ar,zs}}}{k} \qquad (6-12)$$

式中　k——与燃料中灰、CaO、MgO 含量有关的系数，由图 6-42 确定。

图 6-42 中横坐标为 R 的对数，R $= \dfrac{Q_{ar.net}}{10^3}S_{ar}\sqrt{\alpha_{fh}(A_{ar}+CaO_{ar})}$ 式中 S_{ar}、A_{ar}、CaO_{ar} 为燃料中收到基的含硫量、含灰量、及 CaO、MgO 的总含量（%）。若 $\lg R \leqslant 1$，则 $1/K = 0$，就表示烟气露点等于水露点温度。

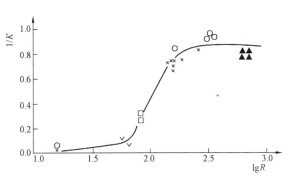

图 6-42　系数 K 和 R 的关系

当燃料含氯量较高时，烟气中 HCl 的含量将较大。这在以城市固体废弃物为燃料的锅炉中，尤其是医药垃圾较多时，烟气中会存在大量的 HCl。HCl 含量对露点升高起着一定的作用，但研究表明，HCl 对提高烟气露点的作用比 SO₂ 的作用要小。图 6-43 给出了 HCl 对烟气露点的影响情况。

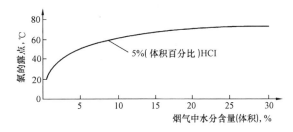

图 6-43　HCl 存在时对烟气露点的影响

三、影响腐蚀的因素

烟气中硫酸蒸气的存在显著的提高了烟气露点，当烟气温度低于烟气露点时，烟气中硫酸蒸气冷凝到受热面上，这样，由于受热面表面的金属氧化膜被酸溶解以及金属和电解液的相互作用而引起腐蚀。这种腐蚀包括化学腐蚀和电化学腐蚀。通常受热面所发生的腐蚀是不均匀的，这是因为烟气中 SO₃ 的浓度场不均匀、受热面上积灰不均匀及烟气冲刷也不均匀。因此腐蚀的强烈程度主要与烟气中硫酸蒸气的浓度以及受热面金属壁温有关。从这两个方面来看，影响腐蚀的因素包括：

（1）硫酸蒸气的凝结量。凝结量越大，腐蚀越严重。

（2）凝结液中的硫酸浓度。烟气中的水蒸气与硫酸蒸汽遇到低温受热面开始凝结时，凝结液中的硫酸浓度很大。随着烟气的流动会遇到温度更低的受热面，烟气中的水蒸气和硫酸蒸气还会继续凝结，但这时凝结液中的硫酸浓度却逐渐降低。硫酸浓度对受热面的腐蚀速度的影响如图 6-44 所示，开始凝结时产生的浓硫酸对受热面钢材的腐蚀作用很轻微，而当浓度为 56%，腐蚀

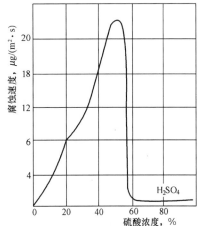

图 6-44　硫酸浓度对碳钢腐蚀速度的影响

速度最高。随着硫酸浓度的进一步降低，腐蚀速度也逐渐降低。

（3）受热面金属壁温。受热面壁面上凝结的酸量与金属壁面温度有一定的关系，图6－45所示为一台煤粉炉尾部受热面上凝结酸量随壁温的变化。受热面壁温除影响凝结酸量外，还直接影响腐蚀的化学反应速度。随着壁温增高，腐蚀化学反应速度增大。

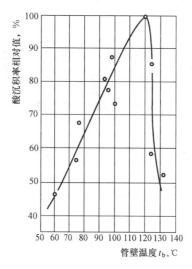 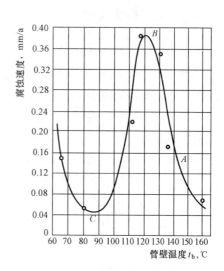

图6－45　凝结酸量与管壁温度的关系　　　图6－46　腐蚀速度与管壁温度的关系

由上可知，尾部受热面金属的实际腐蚀速度既与壁面上凝结的硫酸浓度有关，又与壁温有关。当锅炉负荷下降时，金属壁温亦下降，这样，受热面上冷凝的液体量也相应增加，进一步加重低温腐蚀。图6－46为一台煤粉炉尾部受热面腐蚀速度与壁温的关系。由图可知，腐蚀最严重的区域有两个：一个发生在壁温为水露点附近；另一个发生于壁温约低于酸露点15℃的区域。壁温介于水露点和酸露点之间，有一个腐蚀较轻的相对安全区。

形成上述腐蚀变化规律的原因是：顺着烟气流向，当受热面壁温到达酸露点时，硫酸蒸气开始凝结，腐蚀即发生，如图中 A 点附近。此时虽然壁温较高，但凝结酸量少，且浓度亦高，故腐蚀速度较低；随着壁温下降，硫酸凝结量逐渐增多，浓度却降低，并逐渐过渡到强烈的腐蚀浓度区，因此腐蚀速度是逐渐增大的，至图上 B 点达到最大；壁温继续降低，凝结酸量又逐渐减少，酸浓度也降至较弱腐蚀浓度区，此时腐蚀速度是随壁温降低而逐渐减小的，到 C 点达到最低。当壁温到达水露点时，壁面上的凝结水膜会同烟气中 SO_2 结合，生成亚硫酸 H_2SO_3，它对受热面金属也会产生强烈的腐蚀。此外，烟气中的 HCl 也会溶于水膜中，对受热面金属有一定的腐蚀作用，因此随着壁温降低，腐蚀又加剧。

四、低温腐蚀的减轻和防止

由上述可知，减轻和防止低温腐蚀的途径有两条：一是减少 SO_3 的生成量，这样不但露点温度降低，而且减少了酸的凝结量，使腐蚀减轻；二是提高空气预热器冷端的壁温，使其壁温高于烟气酸露点温度，至少应高于腐蚀速度最快时的壁温。实现前一途径有燃料脱硫，加入添加剂进行炉内脱硫，低氧燃烧等方法；实现后一途径的方法有热风再循环，加装暖风器等方法。

（1）脱硫。脱硫包括两部分内容：燃料燃烧前脱硫和燃烧中脱硫。燃烧前脱硫是指在燃料燃烧前根据煤中黄铁矿硫的密度与煤不同，通过重力洗选将煤中的硫分脱除。燃烧前脱除可以脱除部分黄铁矿硫，不能脱除有机硫。煤炭的洗选费用昂贵，而电站锅炉燃用的燃料量极大，因此在电站锅炉上使用洗选后的燃料目前并不现实。炉内脱硫作为一种脱硫技术在一些锅炉上得到应用。这种技术的应用降低了烟气中 SO_2 的浓度，提高了烟气露点，为减轻空气预热器的低温腐蚀大有好处。

（2）低氧燃烧。即在燃烧过程中用降低过量空气系数来减少烟气中的剩余氧气，以使 SO_2 转化为 SO_3 的量减少，但低氧燃烧必须保证燃烧的完全，否则将使锅炉的燃烧效率降低，影响经济性。同时，减少锅炉漏风，尤其是减少低温受热面的漏风。因为漏风将使进入空气预热器的烟气温度降低，从而使漏风处壁面温度大幅下降，导致严重的低温腐蚀和堵灰。

（3）采用降低酸露点和抑制腐蚀的添加剂。采用将添加剂——粉末状的白云石混入燃料中，或直接吹入炉膛，或吹入过热器后的烟道中，它会与烟气中的 SO_3 或 H_2SO_4 发生作用而生成 $CaSO_4$ 或 $MgSO_4$，从而能降低烟气中 SO_3 或 H_2SO_4 的分压力，降低酸露点，并减轻腐蚀。但反应生成的硫酸盐是一种松散的粉末，容易附在金属壁面上，必须加强除灰来予以清除。

（4）提高空气预热器受热面的壁温，这是防止低温腐蚀最有效的措施。通常可以采用热风再循环和暖风器（亦称前置式空气预热器）两种方法。图 6 - 47（a）及（b）是利用预热器出口处与送风机入口间的压差或利用再循环风机将一部分热空气送回送风机进口，与冷风混合以提高进风温度并进而提高预热器冷端金属温度。热风再循环只宜将空气预热器进口的风温提高到 50 ~ 65℃，否则会使排烟温度升高，风机电耗增加，使锅炉经济性下降。因此限制了它的应用。对于大容量锅炉，当燃用含硫量较高的燃料时，常采用暖风器预先加热空气的方法提高空气预热器的进口温度。图 6 - 47（c）是采用加装暖风器的方式。暖风器是利用汽轮机的抽汽来加热冷风的一种管式加热器，它装在空气预热器前的进风通道上。采用暖风器，空气预热器的进风温度提高，冷端壁温升高，可减轻低温腐蚀，但也会使排烟温度升高，降低锅炉效率。采用暖风器，由于利用了汽轮机的抽汽，可减少汽轮机的冷源损失，提高热循环效率，部分补偿锅炉效率的降低，故在大型锅炉机组中常采用。增设暖风器，也会增大空气侧的流动阻力，使送风机电耗增加。

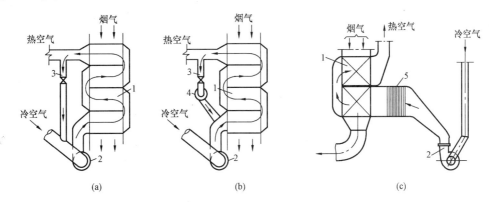

图 6 - 47　热风再循环及暖风器系统
（a）利用送风机再循环；（b）利用再循环风机；（c）加装暖风机
1—空气预热器；2—送风机；3—调节挡板；4—再循环风机；5—暖风器

（5）回转式空气预热器结构中常用的抗腐蚀措施。要避免腐蚀现象的产生，必须将冷端传热元件的壁温提高到烟气的酸露点以上，但这又会使锅炉效率降低。实际上，仅要求能控制金属的腐蚀速度，使受热面具有一定的寿命即可。应该指出的是，采用回转式空气预热器本身就是一个减轻腐蚀的措施，因它在相同的烟温和空气温度下，其烟气侧受热面壁温较管式空气预热器高，这就给减轻低温腐蚀带来了好处；同时，一般回转式空气预热器的传热元件沿其高度方向都分为三段，即热段、中间层和冷段（见图6-22），冷段最易受低温腐蚀。从结构上将冷段与不易受腐蚀的热段及中间段分开的目的在于简化传热元件的检修工作及降低维修费用，当冷端的波形板被严重腐蚀后，只需要更换冷端的蓄热板便可；此外，为增加冷端蓄热板的抗腐蚀能力，延长其更换周期，冷端的蓄热板常用耐腐蚀的低合金钢制成，而且其厚度较厚，一般为1.2mm。

第七章 除尘与除灰系统

第一节 概　　述

燃料中的灰分是不可燃烧的物质。燃料在燃烧室中燃烧时，其灰分要经历一系列的物理化学变化，灰分颗粒在高温下会部分或全部熔化，熔化的灰粒相互黏结而形成灰渣。被烟气从燃烧室带出去的灰粒，包括尚未完全燃烧的燃料颗粒，称作飞灰。灰渣与飞灰所占的比例决定于燃料中灰分的比例与燃料的燃烧方式。显然，燃料的灰分含量越大，每单位质量燃料所产生的灰渣与飞灰的量也越大。对煤粉炉而言，飞灰占绝大部分，约为90%左右。一座600MW的燃煤电厂，每天产生的灰、渣量可达千吨，燃烧劣质煤的巨型电厂，每天产生的灰、渣量将要超过万吨。

燃烧产物中含有飞灰和氧化硫、氧化氮等有害气体，首先对锅炉设备本身产生不利影响。因为飞灰会使锅炉受热面积灰，影响热交换，使锅炉出力降低。同时，飞灰中含有微小颗粒，会对锅炉受热面、烟道、引风机造成磨损。如果烟气中的飞灰不加以清除，引风机通常只能运行6个星期左右，不仅维修工作量大，风机寿命短，而且还降低整个机组的出力。飞灰中含有大量的有害气体（如氧化硫）还会限制锅炉尾部的排烟温度，增加排烟热损失，降低锅炉效率。

大量飞灰及有害气体排入大气会造成电厂周围环境污染，降低太阳的辐射强度，促进雾的形成，损害人的健康，加速机件的磨损，对附近其他工厂的产品质量也会产生极大影响。当露天变电站的设备上沉积较多煤灰时，可能发生短路，引起事故。在大气中含有大量氧化硫时，会形成"酸雨"，有害于人的健康和周围植物的生长，时间长了还会促进金属的腐蚀，损坏房屋的建筑结构。

对于燃烧室中形成的灰渣，不允许在灰斗和渣斗中堆积过多，灰渣堆满灰斗和渣斗会严重影响锅炉的正常工作。如渣在渣斗中堆积会引起炉膛结渣现象；灰在灰斗中堆积会使除尘器的除尘过程受到破坏，甚至可能导致锅炉事故。为此，必须对燃烧过程中产生的灰、渣进行清除，以确保发电厂的正常运行，保护周围环境。

同时，为了减轻锅炉排烟及飞灰对周围地区卫生条件的破坏，除了必须装设除尘器外，还要考虑有足够高度的烟囱，以使排烟及飞灰能随空气的流动散布于较大的地区并相应减弱其浓度，同时随着烟囱高度增加，还可以使飞灰在离开电厂较远的地方下落，减轻对电厂周围地区的危害。

火电厂对灰渣的处理是由不同的系统、设备和方式来完成的。常用的除尘设备有静电除尘器和布袋除尘器，常用的灰渣输送方式有水力输送和气力输送，它们组成不同的系统，以下就300MW火电机组应用较多的设备、系统和方式作简要介绍。

第二节　静电除尘器

静电除尘器是利用静电力实现气体中的固体粒子或液体粒子与气流分离的一种高效除尘装置，与其他除尘机理相比，电除尘过程的分离力直接作用在粒子上，而不是作用于整个气流上。因此它具有除尘效率高（可达 99% 以上）、能耗低（每 $1000m^3$ 烟气耗电 $0.2 \sim 0.8kW \cdot h$）、气流阻力小（$100 \sim 300Pa$）、耐高温（可达 $350℃$）、处理烟气量大（$10^5 \sim 10^8 m^3/h$）、可捕集的粒子粒径范围较宽（对 $0.1\mu m$ 的粉尘粒子仍有较高的除尘效率），及可实现微机控制和远距离操作等优点。但它的一次性投资费用高、钢材耗量大、占地面积较大、除尘效率受粉尘比电阻等物理性质限制、不适宜直接净化高浓度含尘气体，此外对制造和安装质量要求很高，需要高压变电及整流控制设备。

静电除尘器主要可以分为以下几种类型：按集尘电极结构型式有管式电除尘器和板式电除尘器；按气流在电除尘器中的流动方向有立式电除尘器和卧式电除尘器；按清灰方式有干式电除尘器和湿式电除尘器；按电晕极和集尘极在电除尘器中的配置位置有单区电除尘器和双区电除尘器等。

一、静电除尘器的原理

烟气在静电除尘器中的净化过程，大致可分为气体的电离、尘粒的荷电与沉积两个阶段。

1. 气体的电离

从下面的实验中可以清楚地说明这个问题。其装置如图 7-1 所示。金属圆管 1 接电源 3 的正极，导线 2 接电源 3 的负极，在电路中接一电流计 4。接通电源后，圆管内壁 1 为正极，导线 2 为负极，两极之间形成一个电场。在电场力作用下，两极之间空气中存在的少量自由离子便向异性电极方向运行，形成电流。开始时，电流是微弱的，随着电压逐渐升高，电场强度增大。由于离子运动的速度与电场强度成正比，随着电场强度的增大，离子运动的速度也增加，在单位时间内，由正负离子结合为中性原子的数量减少，而流向和到达电极的离子数便增加，即电流增加，如图 7-2 中的起始区。当电压升到某一定数值时，极间空气中的正负离子运动速度很高，来不及合成为中性原子，全部流向电极。继续提高电压，投入极间运动的离子数保持不变，故电流不再增加，即达到电流饱和区。若再进一步提高电压，靠近

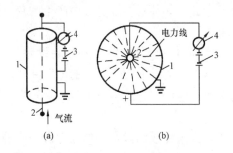

图 7-1　电场实验装置示意

(a) 轴测图；(b) 平面放大图

1—金属圆管；2—导线；3—电源；4—电流计

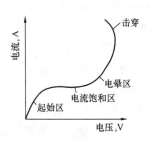

图 7-2　电流与电压
关系曲线

中心导线的离子便获得更高的速度，当它们撞击到空气中的中性原子时，能使这些原子中电子逸出成为正离子，与此同时逸出的电子和其他的中性原子相结合为负离子，这些新离子又与中性原子相碰撞，从而产生大量新离子，这即是电离现象。由于大量新离子参与极间运动，所以电流急剧增加（见图7-2电晕区）。

上述由圆管和导线组成的电场是一个非均匀电场。从图7-1中可以看出：越靠近中心导线，电场强度（垂直通过单位面积上的电力线数）越大，电场强度越大，离子运动速度也越大，因而能使其周围空气电离。显然，在离中心导线较远处，因电场强度小，离子的运动速度小，所以空气不会被电离。导线附近空气被电离的现象称为"电晕"。电晕现象的特征是发光，并伴有轻微的爆裂声。如果继续增加电压，电晕区就会扩大，电流也增加。当电压增加到极间空气都被电离时，就出现"击穿"现象。这时电路短路，电流急剧上升，电压急剧下降（见图7-2）。

综上所述，产生电晕的条件是有一不均匀电场存在。如果将实验中的圆管改成各种形状的板，如图7-3所示，也会形成非均匀电场，同样能产生电晕。但由两平行的金属板组成的电场，就不会产生电晕。这是因为两极板间的电场强度处处相等，不能在局部地区形成电晕。当电压超过电流饱和区时，极间空气就全部被电离（击穿）。

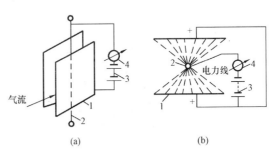

图7-3　板式电场

(a) 轴测图；(b) 平面放大图

1—金属板；2—导线；3—电源；4—电流计

2. 尘粒的荷电与沉积

为防止极间空气被击穿，静电除尘器都在电晕区工作，电晕区的范围一般限于距导线周围2~3mm处，其余的空间称为电晕外区，如图7-4所示。电晕区内的空气被电离后，生成正、负两种离子，由于同性相斥、异性相吸的静电特性，电离出来的正、负离子各自向电场中相反极性的方向移动，即正离子移向带负电的放电电极，而负离子则被吸向带正电的沉降电极。这时如果含尘气体从上述高压电场中通过，电场中的负离子在向沉降电极驱进过程中，与气流中的尘埃碰撞并吸附在尘粒上，这样使中性的尘粒带上了负电荷，同样带正电的离子在向放电极驱进过程中也会使部分尘粒带上正电而集中在放电极上，这就是尘粒荷电过程。由于电晕区的范围很小，因此与放电极性相同的负离子都是通过范围更大的电晕外区向集尘电极方向运动的，而进入极间的含尘气体中的大部分也是在电晕外区通过的，所以大多数的尘粒是带负电，是朝集尘电极方向运动并沉积在其上，只有少数的

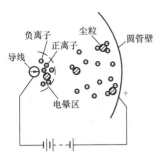

图7-4　静电除尘器
工作原理

尘粒会带正电而沉积在放电极导线上。

带有不同电荷的尘粒在电场力的作用下，被极性相异的电极吸引过去，并沉积在电极上同时失去电性，然后借助振打装置将电极抖动，使尘粒脱落掉入灰斗中，从而实现了尘粒从含尘气流中分离出来的目的。

二、静电除尘器的基本结构及其功能要求

电除尘器主要由两大部分组成，一部分是产生高压直流电的装置和低压控制装置；另一部分是电除尘器本体，它是对烟气进行净化的装置。

电除尘器的电源控制装置的主要功能是根据烟气性质和电除尘器内粉尘的黏附情况来随时调整供给电除尘器的最高电压，使之能够保持平均电压稍低于即将发生火花放电时的电压运行。国内通常采用的 GGAJ 02 型晶闸管自动控制高压硅整流设备，由高压硅整流器和晶闸管自动控制系统组成，它可将工频交流电变换成高压直流电并进行火花频率控制。

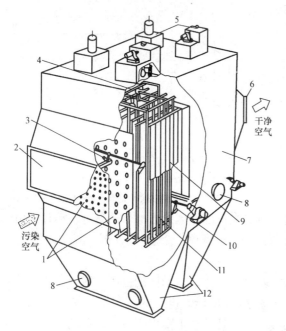

电除尘器的效率与供电电压有关，在发生火花放电的一瞬间，正、负极间电压下降，火花放电的扰动使极板上产生二次扬尘。运行经验表明，每一台电除尘器或每一电场都有一最佳火花率（每分钟产生的火花次数称为火花率），一般为 50～100 次/min。这时电压升高所得到的收益恰好和火花造成的损失相抵消。电压再升高，则收益不足以抵消损失。一般来说，电除尘器在最佳火花率下运行时，平均电压最高，除尘效率也最高。

电除尘器还有许多低压控制装置，这些都是保证电除尘器安全可靠运行所必不可少的。如温度检测和恒温加热控制，振打周期控制，灰位指标，高低灰位报警和自动卸灰控制，检修门、孔、柜的安全连锁控制等。

电除尘器本体的主要部件包括烟箱系统、阴极系统、阳极系统、槽板系统、储灰系统、壳体、管路、保温护壳和梯子平台等，图 7-5 为卧式电除尘器的本体结构。

图 7-5 卧式电除尘器的本体结构

1—气流分布板；2—进气烟箱；3—气流分布板的清灰装置；4—电晕极的清灰装置；5—绝缘子室；6—出气烟箱；7—除尘器外壳；8—观察孔；9—集尘极；10—集尘极的清灰装置；11—电晕极；12—集灰斗

烟箱系统包括进气烟箱和出气烟箱两部分。进气烟箱是烟道与工作室（即电场）之间的过渡段。烟气经过进气烟箱要完成由原烟道的小通流截面到工作室的大通流截面的扩散，使其达到在整个通流截面上气流分布的均匀。同时还有对于温度、湿度、流速、动静压及含尘浓度的测定。出气烟箱是已经净化过的烟气由工作室到烟道的过渡段。

阴极系统是发生电晕，建立电场的最主要构件，它决定了放电的强弱，影响烟气中粉尘荷电的性能，直接关系着除尘效率。另外，它的强度和可靠性也直接决定着整个电除尘器的安全运行。所以阴极系统是电除尘器设计、制造和安装的关键部位。必须选择良好的型线、合理的结构和适宜的振打。安装时要保证严格的极间距，确保整个阴极系统与除尘器其他部位的良好绝缘和足够的放电距离。

阳极系统与阴极线共同形成电场，是使粉尘沉积的重要构件。它直接影响电除尘器的效

率。

槽板系统是排列在电场后端对逃逸出电场的尘粒进行捕集的装置。同时它还具有改善电场气流分布和控制二次扬尘的功能。所以它对提高除尘效率有显著作用。

储灰系统是把从电极上落下来的粉尘进行收容和集中，并且排输到卸灰管道中去的装置。一般多采用斗式灰仓并配以电动格式排灰机。灰斗可用钢板或钢筋混凝土甚至砌块制成，根据电除尘器的大小，每个电场配置一到四个灰斗。灰斗倾角过小或斗壁加热保温不良则又会造成落灰不畅甚至结块堵塞。此外，对于不同黏附特性及露点温度的粉尘，其灰斗的设计要求也不尽相同。为了保证灰斗的安全运行，可以采用灰斗加热（蒸汽加热、电加热或热风加热）装置和灰位显示、高低灰位报警等检测装置。

壳体可分为两部分：一是承受电除尘器全部结构重量及外部附加荷载的框架；二是用以将外部空气隔开，独立形成一个电除尘环境的墙板。现代的电除尘器几乎都采用钢质壳体。一般壳体耗钢量占除尘器总耗钢量的 1/5 ~ 1/3，所以它是影响电除尘器经济性的举足轻重的因素。运行前后，电除尘器各构件要发生变形，所以电除尘器壳体下部的支座不能都与基础固定，而是只有一点固定，其余各点可以在指示方向上滑动。目前多采用聚四氟乙烯材料滑动式或球面铰柱头摆动式。

电除尘器的管路系统一般包括三个部分：一是蒸汽加热管路，由汽轮机抽汽级或其他蒸汽源引来蒸汽，通过紧贴在电除尘器外壁上的盘管对除尘器进行局部加热。一般灰斗加热多采用这种形式。二是热风保养管路，由空气预热器出口引来热风，穿过灰斗壁直接通入除尘器内部，作为停机时保养及水冲洗后烘干的热源。也有的在除尘器运行过程中持续地向电瓷轴、绝缘瓷支柱、瓷套管等部位引入少量热风进行吹扫，以防表面积灰。三是积灰冲洗管路，用管道与消防水源接通，停机时将水引入电除尘器内部对电极进行冲洗。

电除尘器装有保温护壳。保温不良不仅影响电除尘器的正常工作，而且还会导致和加重电除尘器的锈蚀。敷设质量差，使用寿命短，必将造成人力和物力的浪费。保温材料一般用热阻大、密度小、易敷设的材料，如岩棉板、矿渣棉毡、玻璃棉毡、微孔硅酸钙、蛭石板、珍珠岩板等。护壳材料要用耐腐蚀、抗老化、方便施工的板材，并且断面多呈凸凹槽形，如薄的镀锌钢板、薄的刷漆钢板、玻璃钢瓦楞板等。

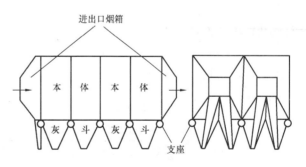

图 7-6　电除尘器外形

梯子平台既是通往除尘器各部位的通道，又是进行维护检修和测试采样的工作台。

图 7-6 为常用卧式静电除尘器外形。从整体看，它由进气烟箱、出气烟箱，除尘电场及灰斗等部分组成。本图所示为应用最多的双室四电场的结构。所谓室，指的是单独的气体通道；而独立的一组集尘极和电晕极并配以相应的一组整流器所组成的称为场。

三、阴极系统

阴极系统是电除尘器的心脏。它包括阴极绝缘支柱、阴极大框架、阴极小框架及电晕线、阴极振打传动系统、阴极振打轴、电缆引入室（变压器置于除尘器顶部时没有电缆引入室而有高压隔离开关）等六部分。由于阴极系统在工作时带高电压，所以阴极系统与阳极系

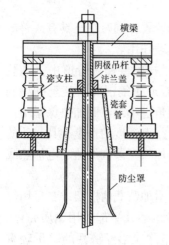

图 7-7　阴极绝缘支柱

统及壳体之间要留有足够的绝缘距离。

（一）阴极绝缘支柱

阴极绝缘支柱的作用有两个：一是承担电场内阴极系统的荷重及经受振打时产生的机械负荷。二是使阴极系统与阳极系统及壳体之间绝缘，并使阴极系统处于负高压工作状态。其结构如图 7-7 所示。

每个电场有四组绝缘支柱，安装在每个电场的前后大梁中。每组绝缘支柱由四个瓷支柱和一个瓷套管及阴极吊杆、防尘罩等组成。瓷支柱通过阴极吊杆和横梁承担了阴极系统的荷重及振打时的机械负荷。瓷套管和瓷支柱材质一样，但它不承压，只起绝缘作用。在瓷套管上部有一法兰盖，它和瓷套管上平面有 10mm 间隙，可以使大梁中的干净正压热空气从此进入瓷套管，对其进行热风吹扫，防止瓷套管内壁黏灰并结露。瓷套管内壁若黏灰并结露，将造成套管表面泄漏电流增大甚至沿面放电，从而使电除尘器工作电压下降，导致除尘效率降低。为防止此部分结露，通常在大梁中设有电加热器，使这部分的温度高于烟气露点 20℃ 左右。在瓷套管的下端有一防尘罩，它处于电场烟气中，其作用是一方面能防止烟气直接吹入瓷套管内部，以免造成瓷套管内壁黏灰。另一方面它也有一定的收尘作用，可以减少粉尘进入瓷套管内。阴极吊杆上端由一组螺母和球面垫圈固定在瓷支柱上，下端和阴极大框架相连接。每组瓷支柱均垂直安放在大梁中，瓷支柱的上法兰应等高（防止因高差引起各瓷支柱受力不均而损坏）。瓷套管、防尘罩都应和阴极吊杆同心（防止因不同心造成部分绝缘距离不够而放电）。

（二）阴极大框架

阴极大框架的作用是：承担阴极小框架、阴极线及阴极振打锤、轴的荷重，并通过阴极吊杆将荷重传到绝缘支柱上；按设计要求使阴极小框架定位。阴极大框架一般是用型钢拼装而成，如图 7-8 所示。它悬吊在多个电场前后的阴极吊管上，其上有用以安放阴极小框架的带有缺口的角钢（每相隔一同极距一个缺口），也有为固定阴极小框架而带螺孔的角钢

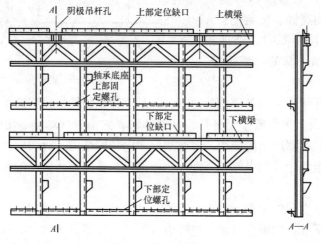

图 7-8　阴极大框架

（每相隔一同极距一个螺孔），另外在有振打轴一侧的大框架上还有轴承底座。

（三）阴极小框架

阴极小框架包括框架、电晕线（有的还有辅助电极）、阴极振打锤、承击砧、支架、定位螺栓等（如图7-9）。它的作用是：固定电晕线；产生电晕放电；对电晕极进行振打清灰。

1．框架

框架是由 $\phi33.5\times3.25$mm 钢管焊成的。为便于铁路运输，在宽度方向（沿电场烟气方向）分为两半制造，现场拼装成一体。拼装后的框架应作悬吊检查，平面度应不大于5mm。对锯齿形电晕线，为防止极线过长而发生断线，把框架沿高度方向分为四个间隔，每个间隔为 1.2～1.4m 左右。对鱼骨针线和 RS 线则把每个框架沿高度方向分为两个间隔，每个间隔为 2.5～2.8m 左右。为保证极线安装和小框架在大框架上安装的准确性，应用支架和定位螺栓把小框架固定在大框架上。为了对电晕极进行振打清灰，小框架上还装有阴极振打锤和承击砧。

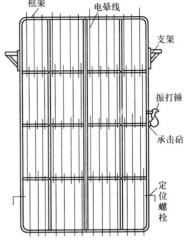

图7-9　阴极小框架

2．电晕极

电晕极是电除尘器最核心的部分，它是产生电晕的发源地，对于不同性质的烟气由于空间电荷的作用使电晕发生后所产生的效果亦不同。

3．电晕线

为了使电除尘器达到安全、经济、高效运行，电晕线应满足的基本要求有三点。

（1）不断线。为电厂锅炉设计的电除尘器最主要的特点是安全可靠，避免发生因电晕线断线造成电场短路，从而使除尘器处于停运或低效运行状态，这样不但达不到锅炉对除尘要求，而且会导致引风机的严重磨损而造成停炉事故。

（2）放电性能好，这里包含着三层意思。

1）起晕电压低。在相同条件下，起晕电压越低就意味着单位时间内的有效电晕功率越大，则除尘效率就越高。电晕线的起晕电压决定于自身的曲率，曲率越大的电晕线，起晕电压越低。

2）伏安特性好。这是指伏安特性曲线的斜率越大越好，即在相同的外加电压下，电流越大越好。这也就是说伏安特性好的电晕线对烟尘荷电的强度和几率大，除尘效率高。

3）对烟气条件变化的适应性强。这是指对烟气流速、含尘浓度、比电阻等适应性强，使电晕线在高烟速时效率下降的少，在含尘浓度高时不发生电晕封闭，在高比电阻黏尘时不产生反电晕等。

（3）电晕线强度好。高温下不变形，利于振打力的传递，清灰效果好。

电晕电压和放电强度对电晕线的材质要求不高，只要是良导体就可以，但与电晕线的几何形状却有着极为密切的关系。电厂电除尘器中采用的电晕线种类较多，规格不一，图7-10中示出的是目前常用的几种。

1）圆形电晕线。圆形电晕线实际上就是圆导线，它的放电强度与直径成反比，即电晕线直径越小，起始电晕电压越低，放电强度越高。但在实用上，直径不能太小，不然会因强

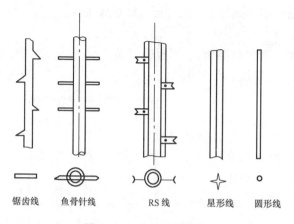

锯齿线　　鱼骨针线　　　RS 线　　　星形线　　　圆形线

图 7-10　电晕线的形状

度不够而断裂。为保证机械强度和耐磨蚀的要求，一般采用直径为 2.5～3mm 的耐热合金（镍铬线、不锈钢丝等）。美国的静电除尘器多采用圆导线作电晕线，上部自由悬吊，下部用吊锤拉紧。圆形电晕线也可做成螺旋线，安装时将其拉伸（保留一定弹性），绷到小框架上。

2）星形电晕线。星形电晕线是用 4～6mm 的普通钢材经冷拉扭成麻花形制成的，机械强度较高，不易断。星形电晕线四边有较长的尖锐边，起晕电压低，放电均匀，电晕电流较大，多采用框架结构，适用于含尘浓度低的场合。

3）芒刺形电晕线。芒刺形电晕线的特点是用点放电代替沿线全长上的放电，其起晕电压比其他形式极线低，放电强度高，在正常情况下比星形线的电晕电流高一倍。机械强度高，不易断线和变形。由于尖端放电，增强了极线附近的电风，可使除尘效率大为提高。适用于含尘浓度高的场合，在大型电除尘器中，常在第一、二电场内使用。

西欧一些国家通常采用星形或芒刺形电晕线，如 RS 电晕线就是芒刺形的一种形式。它用圆管（直径约为 21mm）作为支撑，交叉芒刺伸出在圆管的两侧。芒刺的放电强度比圆线和星形线高，同时圆管的刚度大，不断线，不变形，振打性能好。此外，芒刺点上也不易积灰。

4）锯齿形电晕线。锯齿形电晕线常用宽 7mm、厚 1.5mm 的带钢制作，可加工成带状、刀状或锯齿状。这种电晕线也属点状放电，其放电性能好，放电强度比星形线高，不易断线，不晃动，无火花侵蚀，清灰性能好，多采用框架式或桅杆式结构。

5）鱼骨针型电晕线　鱼骨针型电晕线从安全可靠性方面看是最好的；从放电性能看它介于锯齿线和 RS 线之间；从刚度、变形和清灰振打情况看它比 RS 线和锯齿线要差些；从制造工艺上看它比其他几种形式难度大些。

以上可看出每种电晕线都有自身的优缺点，对不同的烟气性质和除尘器结构应选择不同的电晕线，如一电场含尘浓度较高时，容易发生电晕封闭，应选鱼骨针线或 RS 线。烟气流速高时（接近于 1.3m/s），选择风速适应性强的锯齿线或鱼骨针线。飞灰比电阻很高时，在末电场选星形线等。此外还需指出，锯齿线安装时一定要使其尖部朝向阳极，这并不是为了放电的需要，而是为了一旦锯齿线断线，不至于倒向阴极板而造成短路（沿锯齿线宽度方向的惯性矩比其厚度方向的惯性矩大得多）。

4．辅助电极

它是用一组组管子构成的，通常和电晕线匹配使用，运行时带负电压，如图 7-11 所示。

在常规除尘器中，气体电离时正离子处于电晕极附近，不易向阳极运动，而在广大

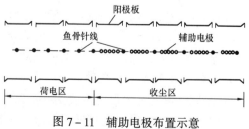

图 7-11　辅助电极布置示意

的电场空间里基本上被负离子占据。这样，正离子和粉尘相遇的几率与负离子相比就小得多。正离子的一部分打击电晕极产生二次电子，一部分吸附在电晕极表面造成电晕线肥大而减弱放电作用，还有一部分则随气流逸出除尘器。当有辅助电极时，后两部分正离子就会被靠近电晕线的辅助电极吸附。另外辅助电极和阳极之间还形成一段均匀电场，由于辅助电极本身不产生电晕，所以这个区域的电晕电流小，这就可以有效的防止高比电阻粉尘在阳极产生反电晕。由于在相同电压下均匀电场的场强比不均匀电场的场强大得多，所以在这个区域可能提高荷电离子的驱进速度。通常由电晕线加辅助电极共同组成阴极，这就形成了连续的双区，即电晕线区域主要使粉尘荷电，而辅助电极区域主要收尘。

（四）清灰装置

无论是电晕电极还是集尘电极，若沉积的粉尘过多而不能及时清除时，会造成电气条件恶化，直接影响除尘效果。因此在电除尘器中，通过清灰装置及时将沉积在极板上的粉尘抖落掉入灰斗并排出，是保证电除尘器连续有效地运行的重要环节之一。

锤击振打清灰是常采用的一种方式。振打清灰的效果与振打方式、振打强度及振打周期有密切关系。

振打方式一般可采用下部（或中部）摇臂锤振打、顶部振打或振动器连续颤动等。目前工程上最常采用的是下部摇臂锤振打方式。摇臂锤振打清灰装置是利用电动机带动回转轴，回转轴上按一定的角度交错安装有许多振打摇臂锤。当回转轴转动时，摇臂锤依次敲击在承打铁砧上，通过电极框架将振打力传到极板各点，使电极上的粉尘抖落。

振打强度的大小取决于摇臂锤的质量和摇臂长度。振打力的大小通常用垂直于极板面产生的加速度表示，其单位用重力加速度（g）的倍数表示。一般要求作用于极板表面各点的振打强度不应小于（$50 \sim 200$）g，作用于电极框架的振打强度不应小于（$400 \sim 500$）g。振打强度要选择恰当，若振打强度太小，不易将粉尘抖落，如振打强度过大，除易引起粉尘二次飞扬外，有可能使极板变形，改变极间距，破坏除尘器的正常运行。

当极板上沉积的粉尘达到一定厚度后，在振打机构作用下极板上的粉尘开始脱落，此时粉尘之间的分子力可以使脱落的粉尘成团块状掉入灰斗，减少二次扬尘，对清灰有利。但如果振打周期短，沉积在极板上的粉尘还没有积聚到足够厚度时，就以松散状的尘粒被连续振落，有被重新卷入气流的可能，从而降低除尘效率。相反，如振打周期过长，极板上沉积的灰层太厚，影响极板的电气性能，对除尘效果不利。因此工程应用上，必须根据电除尘器的形式、容量、粉尘的黏度及浓度等有关因素，通过试验或在实践中确定最佳的振打周期。

（五）阴极振打传动装置和振打轴

这部分主要包括绝缘瓷轴、挡灰板、行星摆线针轮减速机、保险片、振打轴、叉式轴承、拨叉等（如图 7 - 12 所示）。其主要作用是为阴极振打清灰提供动力。因传动装置在壳体外部，振打轴从除尘器侧部伸出，故名为侧部振打。

由于阴极系统在运行时是带高压的，所以它的动、静部分与阳极系统及壳体之间应有足够的绝缘距离，同时还必须把振打轴和壳体外部的传动装置绝缘，对后者是靠阴极绝缘电瓷轴来完成的。电瓷轴系电瓷制品，耐压 100kV（直流），耐温 150℃以上，承受扭矩 1000N·m。它安装在振打轴与传动装置之间。在电瓷轴两端装有一组万向联轴节，以吸收振打轴传来的热膨胀位移及电瓷轴两端的振打轴和传动装置的同轴度偏差。电瓷轴是容易损坏的部件，为保证它的安全，在传动装置上装有保险片，承受扭矩 800N·m。当轴负荷过载时，保险片损

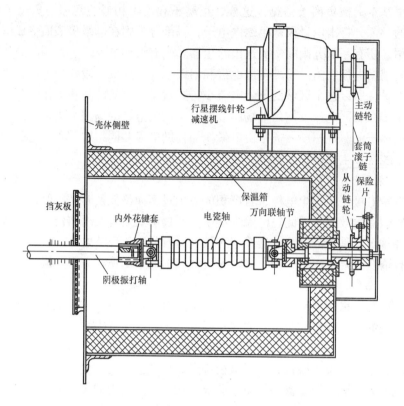

图 7 – 12　阴极振打传动装置与振打轴

坏，起到保护电瓷轴和行星摆线针轮减速机的作用。为使电瓷轴在长期运行中不因积灰、结露而造成电流泄漏过大或沿面放电，电瓷轴被置于一个保温箱中。保温箱内有电加热器，并用挡灰板把瓷轴与电场烟气隔开。挡灰板系聚四氟乙烯制品，耐高温且绝缘性能好。值得注意的是阴极保温箱内必须有电加热器，而且它与壳体的焊缝一定要做到不漏风，否则会造成挡灰板内侧严重积灰、结露而影响电场正常工作电压的升高。

保险片本是在设备过负荷时起作用的装置，正常运行时不应该损坏。有时出现非故障性断裂现象，可能由下列原因造成：

（1）保险片安装时与传动轴中心线不垂直，使保险片不是处于受拉力状态，而是处于拉扭的复杂受力状态，所以安装时保证保险片与轴中心线垂直乃是不可缺少的条件。

（2）由于传动装置是安放在露天，工作环境较差，加之有时还有停运时期，这就可能使传动部分从动链轮与内套之间锈死而造成从动链轮直接推动保险片转的现象，使保险片受挤压而损坏。为此可以适当加大这部分配合间隙的公差，消除锈死的影响。

（3）由于套间滚子链装得过紧，使从动链轮和套之间产生较大摩擦力，不利于从动链轮在内套上的空转，而可能发生从动链轮带动内套和轴转动而破坏保险片。对此需按图纸规定调整链子松紧程度。

对于行星摆线针轮减速机，减速比可以选用 $i = 3481$，也就是说每 2.5min 转一周，它的输出轴最大扭矩为 2000N·m。应当注意，安装时输出轴上的主动链轮不能用锤击，只能靠减速机上的螺丝压入，这是因为这种机构不允许承受轴向的冲击荷载。

阴极振打轴是制造厂内分段制造现场装成一体的，安装时应保证各轴的同轴度误差不超过 3mm。轴上装有拨动振打锤的拨叉（见图 7－13），它是在现场按阴极小框架位置定位，每隔一同极距分角度焊在轴上的。这种结构的优点是能保证振打锤都打在承击砧上，不发生由于安装不当或受热膨胀而造成打偏或打不上承击砧的现象。在振打轴与电瓷轴相连的一端有内外花键套，它除了起传递扭矩的作用外，还可以吸收振打轴热膨胀位移。现场安装时应注意，在内外花键套上要留出一定的热膨胀余量。振打轴安装在叉式轴承上，而叉式轴承又安装在阴极大框架上。安装必须使轴上的耐磨套与叉式轴承的托板接触良好，这样才能保证振打轴的正常运转，提高它的耐磨寿命。

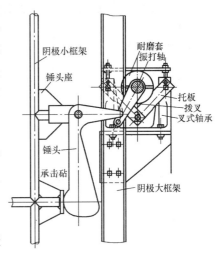

图 7－13　拨叉与振打锤

　　叉式轴承处于烟气中，它分两种：一种安装在振打轴中间位置，是整个轴的定位点，轴的热膨胀位移由此向两端延伸；另一种是分段安装在轴的各处，它们和轴耐磨套之间是游动的，不限制轴的热膨胀。叉式轴承的托板和耐磨套是磨损的一种偶件，由于托板更换方便，所以在设计时选材与耐磨套不同，使托板的耐磨性稍差于耐磨套。另外托板的形状做成两个侧面都带弧形，这样托板一个弧形面磨废后，可调另一面使用。磨损偶件一般都采用不同的碳素钢制造，运行时定期更换。

　　电晕极一般都采用连续振打。对于电晕极的振打加速度值应根据线型及烟气性质而定。过大的振打加速度值会加剧电晕极的疲劳损坏，过小则清灰效果差。对电厂除尘器而言，采用 RS 线和鱼骨针线其管上的加速度值一般为 $300g$ 左右为好，采用锯齿线（长度 1.5m）振打加速度值为 $150g$ 左右为好。具体数值应视烟气条件，现场做振打试验后做出决定。

　　应提及的是除尘器停运后振打机构应继续运行一段时间，把黏附在电极上的灰尘可能振打下来。在整个停运期间，还应定期开动振打机构，防止其转动部分锈死而引起再次启动时发生故障。

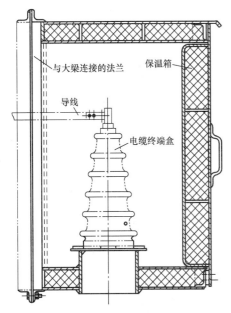

图 7－14　电缆引入室

（六）电缆引入室

　　电除尘器的高压电缆是通过电缆终端盒、导线和阴极绝缘支柱的阴极吊杆接通的。这样它们直接和除尘器本体中的大梁相通。电缆终端盒置于一个保温箱中，这个带有电缆终端盒的保温箱叫做电缆引入室（见图 7－14）。根据电力运行规程规定：电缆终端盒内油温最高允许温度是 50℃。这一要求可以从结构设计上来实现。

　　（1）由于大梁中的热空气是正压状态，而除尘器内烟气则是负压状态（一般为 －1960 ～ －4900Pa），这就使得大梁中的热空气容易进入除尘器内而烟气则不易进入大梁内。

　　（2）大梁内的阴极绝缘支柱加热的电加热器远

离电缆引入室，且电加热的功率也有限，所以这两个区域的温差较大。

（3）在电缆引入室下部电缆入口处留一个小孔，使外界冷空气从此进入电缆引入室，从而降低室内温度。

（4）电缆头在终端盒下部与外界大气相通。

由于除尘器本体很高，一般都在 20～30m 左右，为了限制电缆内浸渍剂的静压力因落差过大而过高，防止浸渍剂的流淌，必须按电力安装规程规定在电缆中部用制止式接头匣。国外现在已采用干式电缆代替油浸纸绝缘电缆。高压电缆引起的事故在除尘器总事故率中所占比例也较高，因此，目前把整流变压器放在除尘器顶部直接通过高压隔离开关和阴极相连的做法已普遍采用。这样就取消了高压电缆，避免了电缆事故，提高了除尘器的正常运转率。但是，整流变压器放在除尘器顶部后，检修和维护保养较为困难，也难以实现除尘器相邻电场的相互切换。另外，对整流变压器本身的漏油、防尘、防雨、防潮等工艺要求也更高了。

四、阳极系统

阳极系统由阳极板排、振打锤轴和阳极振打传动装置三部分组成。它的功能是捕获荷电粉尘，并在振打作用下使极板表面附着的粉尘成片状脱离板面，落入灰斗中，达到收尘的目的。

（一）阳极板的构造及悬吊方式

1. 阳极板的断面型线

阳极板通常又称收尘极板或沉淀极板。卧式电除尘器的阳极从它的形式来看，主要有板状和管状。断面形式是板状的极板，它的断面型线种类很多。

在处理高温烟气的电除尘器中，如果采用断面形式为板状的阳极板，较易产生变形，因此往往采用圆钢，把它排成一排，组成管帷式的阳极。在处理温度不高的烟气的常规电除尘器中，通常也采用管帷式阳极。管帷式阳极的重量要比板状极板重，而且振打时较易引起粉尘的二次飞扬，因此在设计中电场的风速不宜选得过高。

合理的断面型线对除尘器的效率影响是很大的，它应符合下列条件：

（1）具有较好的电气性能，极板面上的电场强度及电流密度分布均匀，火花电压高。

（2）集尘效果好，能有效地防止二次扬尘。

（3）振打性能好，清灰效果显著，当极板受到锤击振打后，沿极板能均匀地将振打加速度传递到整个板面，加强清灰效果。

（4）具有较好的机械强度，刚度好，不易变形。

（5）加工制作容易，金属耗量少。由于集尘板的金属消耗占整个静电除尘器总重的 30%～50%，因而要求极板做得薄而轻。极板一般采用 1.2～2mm 的钢板在连轧机上加工而成。

在我国电力系统所用的电除尘器中，多采用 Z 型和 C 型极板，如图 7-15 所示。

Z 型极板的断面型线在我国中、小型电除尘器中应用较多。

目前应用的 C 型极板，又可称为大 C 型极板，这是为区别于以前曾出现过的宽度为 230mm 的 C 型极板。目前国内生产的大型电除尘器几乎全部采用这种 C 型极板。

无论是 Z 型还是 C 型极板，从它的断面组成来看，基本上都是由两部分组成的。中间是凹凸面较小，比较平直的部分。两边做成弯钩形，这部分通常称为防风沟。设计这种断面型线的依据是：收尘电极如果采用平直板，则电板表面完全向气流暴露，其保存粉尘的性能

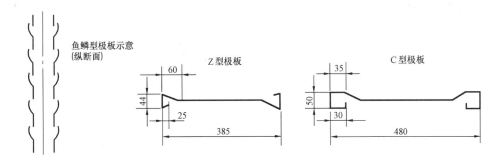

图 7 - 15　常用极板的断面形线

就很差。如果把电极屏蔽起来，也即把捕尘区屏蔽起来，防止气流直接吹到收尘电极表面，这样可以减少粉尘的二次飞扬，提高收尘效率。这也就是屏蔽型阳极。

C 型极板中间的平直部分还设计了几个较浅的凹凸槽，它们虽然也有点类似于屏蔽板条，但更主要的是加强了中间平直部分的刚度。因此从极板的断面型线来看，有了防风沟和中间加强筋，整个极板断面的刚度比平直的板无疑是大得多。

低比电阻粉尘在阳极表面易产生沿极板表面的滚动和反弹现象。在一般情况下，极板中间有凹凸的筋条即可。但在这种情况下，在极板中间沿极板长度再加一个屏蔽板条来增强屏蔽的效果，可以减少粉尘的反弹。

2. 阳极板的材质及防锈

阳极板的材质取决于被处理烟气的性质。发电厂用的电除尘器极板一般采用普通碳素钢板就可满足使用要求。用于电厂的极板，因为在电除尘器设计中已考虑到进入电除尘器的烟气温度高于烟气露点温度 20～30℃，极板在正常运行中不会出现腐蚀现象，因此极板是可以长期使用的。

对于当地空气湿度大，发电机组在电网中不是主力机组，有经常启停可能的电除尘器极板，仍可采用普通碳素钢板制造，但应采取一些辅助措施来防锈。目前较普遍采用的方法是在电除尘器中加装热风保养管路，停机时除尘器内通以热风，保持一定的温度，使之不受内外温差、空气湿度的影响。

3. 阳极板的悬吊及紧固方式

阳极板排是由若干块阳极板组成的，考虑到运行温度下阳极板排的热膨胀，因此阳极板排自由悬挂在除尘器壳体内，如图 7 - 16 所示。

单块阳极板的悬吊方式有两种。

（1）自由悬挂方式又称为偏心悬挂方式。极板的上、下端均焊有加强板，上端加强板的右方有孔，用销子与吊挂梁连接，使极板形成单点偏心悬挂。极板由于本身重力矩的作用而使极板紧靠在撞击杆的挡铁上。当振打后极板绕上端偏心悬挂点回转，下端加强板对于撞击杆有一相对运动，位移可达几毫米，极板下端的加强板与挡铁离开，当极板落下

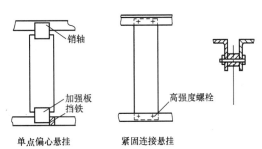

图 7 - 16　阴极板的悬挂、紧固方式

时再一次与挡铁撞击，从而振动极板。

单点偏心悬挂的极板振打时位移较大，板面振打加速度不大，但比较均匀，它的固有频率较低，因此清灰效果较好。这种悬挂形式比较适合于高温电除尘器，但安装中调整比较复杂。

（2）目前国内流行的悬吊方式是紧固连接型。这种悬挂方式上、下均采用螺栓把极板紧固。借助垂直于极板表面的法向力，使粉尘层克服法向的作用力而与极板分离。这种悬吊方式位移量小，振打加速度大，固有频率高，而且振打力从振打杆到极板的传递性能好。最小振打加速度在 $200g$ 左右，在安装中必须注意各个螺栓拧紧力要一致并采用高强度螺栓，拧紧力矩在 200N·m 左右。

（二）阳极振打装置

由于极板的断面型线不同，悬吊方式不同，因此振打装置的形式、振打的位置也是多种多样的。目前采用较多的是下部机械切向振打装置，它由传动装置、振打轴、锤头和轴承四个部分组成。

1. 传动装置

从理论上讲，粉尘荷电后在电场力的作用下向收尘极驱进。通常不希望粉尘马上脱离收尘极，而是希望粉尘积聚到一定的厚度成片地脱离收尘极。对此可从两方面来加以解决，一是控制振打力的大小，另一方面是采用周期性振打。要避免频繁地振打就要在传动装置上采用减速比大的减速机构，同时对各个电场的传动装置实行程序控制，以求达到合理的振打周期，获得理想的收尘效率。

传动装置的减速机构目前国内外普遍采用的是行星摆线针轮减速机，它的特点是减速比大，传动效率高，结构紧凑体积小，重量轻，而且故障少，寿命长。根据电除尘器振打的需要，设计中往往采用两级减速的针轮减速机，减速比为3481。根据摆线针轮减速机的设计要求，应特别注意使用中减速机的输出轴不能承受太大的轴向力。在安装、拆卸输出轴上的链轮时，切不可直接用锤击法把链轮装入或卸下，应当利用输出轴端面的螺孔旋入螺钉而压入链轮。同时根据减速机的设计要求，当减速比大于 1225 时，减速机均应在允许扭矩范围内使用，并在输出轴上装安全装置，以防止减速机承受过大的扭矩而受损坏。根据这一要求，设计中往往都设有保险装置，一般都是利用材料的拉伸性能或应力集中的原理加装保险片，当振打轴受阻产生过大的力矩时，保险片会断裂，从而保障减速机的安全。摆线针轮减速机的日常维护主要是注意润滑。可按长期连续运行情况考虑每两个月更换一次，维修时应参照使用说明书。

目前，国内电除尘器传动装置中，传动过程示意见图7－17。电动机经过行星摆线针轮减速机减速，通过链轮、链条传递动力。连板Ⅰ和链轮是固接的，它们在轴上转动，只有装上保险片，连板Ⅰ才能把动力继续传到连板Ⅱ。连板Ⅱ是通过键与轴连接的，这样才可以使轴转动。

设计中保险片的破坏往往是扭矩低于减速机输出轴允许的最大扭矩，一旦出现故障，保险片首先被破坏，从而确保振打机构的安全。从传动过程示意图中我们可知保险片断后，电动机、减速机、链轮、链条都仍在转动，但振打轴不再转。因此现场电气值班人员很难从仪

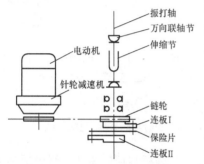

图7－17 振打传动装置传动示意

表中判断振打机构工作是否正常，值班人员一定要进行巡检。从振打轴露出护罩的指示盘上可以看出振打轴是否正常工作。

小型电除尘器的振打轴都比较短，轴受热后产生膨胀的位移量较小，因此在振打轴露出壳体外的一端不设吸收膨胀位移的伸缩节。大型电除尘器由于极板高，通道多，就必须采用能吸收轴向、径向位移的伸缩节。设计中考虑到伸缩大，在露天长期运行等不利条件，现在大多直接采用汽车的万向节总成，这样比较灵活、可靠。

2. 振打轴轴承

振打轴的轴承所要求的运动精度并不高，它在除尘器壳体内处于温度较高、空间充满含尘气体的条件下工作。对火电厂大型电除尘器而言，不允许轻易停炉检修，因此电除尘器振打轴承与其他机械行业中采用的轴承相比有它特殊的要求，这就是在最恶劣的环境下工作轴承必须可靠运行，并且使用寿命要高。一般多采用铸铁的滑动轴承，也有采用叉式轴承的。

叉式轴承的结构见图 7-18，振打轴与叉式轴承接触的部位装有耐磨套，该套浮动于叉式轴承的托板上。托板、耐磨套均经过热处理，可以提高使用寿命。托板磨损严重时，仅需将托板更换一个面即可重新使用，调换也较方便。从实际使用情况看，这种叉式轴承的使用寿命要比滑动轴承高 3~4 倍。

大型电除尘器的振打轴比较长，如果像小型的那样把轴的定位点设在壳体上，让轴受热后由此向内膨胀，则振打轴上离定位点最远的那个锤头与阳极承击砧的位置将相差很多。因此根据实际使用的情况，在轴承架

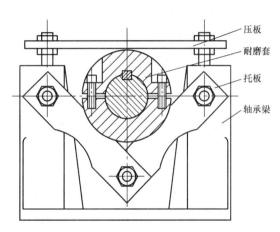

图 7-18　叉式轴承

上加了一块压板，这样就可以把轴的定位点适当地调整到轴的中部，让轴沿轴向朝两侧膨胀，使锤与承击砧的位置误差减小，提高振打效果。

3. 振打轴

采用机械切向振打装置的振打轴为了便于制造和运输，往往都是由几段轴用联轴节连接而成的。在振打轴上装有若干个振打锤，振打锤的结构形式很多，但它们都是利用振打锤的势能转变成动能而振打阳极板排的。这个转变过程见图 7-19。

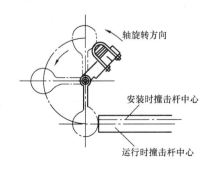

图 7-19　挠臂锤振打过程

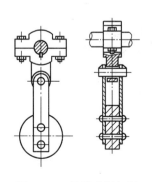

图 7-20　铆接式振打锤

从锤的结构形式来看基本上有整体锤和铆接式锤两种。图7－19为整体锤，图7－20为铆接式锤。

由于振打轴长期受冲击，铆接式的锤出现裂纹、断裂等故障的几率较整体锤要多，因此目前大多采用整体锤。

振打轴的安装中心应当比承击砧的中心低一些，当极板受热膨胀后锤头与承击砧中心基本重合，有利于振打力的传递。

锤的使用寿命除在设备中实际使用测定外，还可用疲劳试验来测定，由于材质、热处理方式不同，因此要求也不同，但一般均可达几十万次乃至一百万次以上。

在同一振打轴上，相邻的锤相互间错开一个角度，也即在径向上所有的锤按一定的角度间隔均布，这样可以使相邻两个板排不被同时振打，减少二次飞扬，并且使整个轴的受力均匀。

五、槽型极板系统

槽型极板是用厚度为1.5～2mm的钢板轧制成的槽状的收尘电极，由于电除尘器极间距不同而槽型极板外形尺寸也有所不同。

1. 带单独振打的槽型极板系统

这种带单独振打的槽型极板系统一般安装在每台电除尘器的末电场的出口处。因槽型极板的收尘效果明显，极板上的积灰较多，故必须进行定期振打除灰，以保证收尘效果。

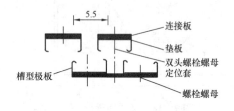

图7－21　槽型极板分组

（1）槽型极板分组。一般情况下按三块极板一组和一块极板一组顺序排列。三块极板一组的是沿气流方向看由前排两块极板与后排一块极板组成，后排另一块极板是一组。极板之间用隔套、螺栓、螺母、扁钢连接，以保证槽型极板的刚度，使其有较好的传递振打加速度的性能，参看图7－21。

（2）悬吊方式。各组槽型极板全部固定在两根槽钢上，这两根槽钢之间用角钢连接组成吊架。吊架通过定位架悬吊在末电场的出口处的窄大梁上。整个槽型极板系统与电场内气流方向垂直。定位架由钢板和角钢组成，其尺寸以不影响出气烟箱为准。窄大梁悬吊槽型极板的肋需进行局部加强，加强板可同时用来连接出气烟箱。各定位架之间距离为2～3m，如图7－22所示。

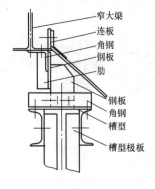

图7－22　槽型极板悬吊

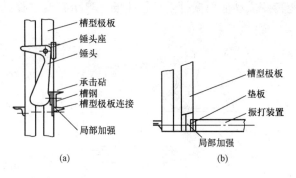

图7－23　槽型极板振打

（a）带单独振打装置；（b）不带单独振打装置

（3）槽型极板振打。

1）槽型极板的振打锤、拨叉、轴的结构与阴极系统的振打锤、拨叉、轴相同。由于槽型极板是横置在烟气中，故振打方式为法向振打。锤和承击砧均安装在第二排槽型极板上。为使其有较好的刚性，并且有较长的使用寿命，在安装锤和承击砧的部位用槽钢进行了局部加强，见图 7 - 23（a）。

因为槽型极板的位置在电场的出口处，故其振打加速度不宜过高，防止因振打造成的二次扬尘使逸出电场的粉尘增多。

2）槽型极板系统振打轴的位置。因为从阴极大框架吊杆中心到第一排槽型极板的外缘比较近，只有 500mm 左右，所以，槽型极板振打轴的位置要考虑与阴极系统的绝缘距离（因为阴极系统带负电运行而槽型极板接地运行）。要求阴极轴上的拨叉和槽型极板轴上的拨叉转动时的最小距离大于异极中心距，对常规电除尘器就是 150mm；阴极锤头拨动起来时与槽型极板轴的拨叉转动时的最小距离也要大于异极中心距。因此槽型极板振打轴的位置必须在最下层的柱支撑以下的位置。

振打轴的安装方法是通过小型的框架结构将槽型极板振打轴承、支座和轴承座吊挂在最下面一层的横向管支撑上。

2. 不带单独振打的槽型极板系统

一般安装在除末电场以外的各电场出口处。

（1）槽型极板系统分组。分组方式及相互连接方式与带单独振打的槽型极板基本相同。由于本身没有单独振打装置，故从阳极传递来的振打加速度比较小，而且位置又在极板的最下端，这样就要求极板之间连接强度高，因此将槽型极板背面的连接改用角钢连接。

（2）槽型极板的悬吊。基本上与带单独振打的槽型极板悬吊方式相同。由于没有出气烟箱在高度上的限制，吊架的结构比较简单而且没有定位架，如图 7 - 24 所示。

（3）槽型极板振打。每一电场的槽型极板下部的振打杆和后一电场的阳极板排振打杆相连。在槽型极板与振打装置的连接处用垫板进行局部加强，以保证振打加速度的传递，如图 7 - 23（b）所示。

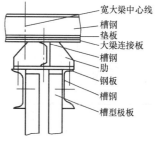

图 7 - 24　槽型极板悬吊

六、烟箱

烟箱包括进气烟箱、出气烟箱两部分。

电除尘器是通过烟道被连接到系统中的。通常烟气在电除尘器前后烟道中的流速为 8 ~ 13m/s，然而为保证电除尘器的除尘效率，烟气在电除尘器内电场中的流速应控制在 0.8 ~ 1.5m/s。因此烟气通过电除尘器时，是从具有小断面的通风管过渡到大断面的工作室，再由大断面的工作室过渡到小断面的通风管。断面的骤变，将会引起气流的脱流、旋涡、回流，从而导致电场中的气流极不均匀。为了改善电场中气流的均匀性，将渐扩的进气烟箱连到电除尘器电场前，以便使气流逐渐扩散；将渐缩的出气烟箱连到电除尘器的电场后，以便使气流逐渐被压缩。

（一）在进气烟箱内设置气流均匀装置

如果只靠进气烟箱扩散状的流道来使进入电场前气流均匀扩散是困难的。因为只有扩散角很小的流道，才能保证烟气均匀扩散。为适应电场及烟道对流速的不同要求，气流扩散面积比是给定的，并且这个比值较大，一般为 5.3～16.25。在这样大的扩散比之下，又要保证较小的扩散角，势必要求很大的烟箱长度。较长的扩散长度，一方面增加了阻力损失，另一方面制造时耗费钢材，而且更重要的是不允许设备的布置占地太大。另外，气流在进入电除尘器的进气烟箱前，由于气流与管壁的摩擦，气流经过曲率半径很小的弯头，管道中有粉尘沉积，这些原因会造成气流的严重紊乱，因此在进气烟箱扩散状的流道中加装气流分布装置是必不可少的。实践证明，设计合理的气流分布装置，可以在进气烟箱有较大扩散角的条件下，达到满意的气流均匀分布效果。

电除尘器内气流分布的均匀程度对除尘效率有很大影响。因为当气流分布不均匀时，局部区域将出现流速较高的串流区，另一区域将出现流速较低滞流区或涡流。在流速低处所增加的除尘效率，远不足以补偿流速高处所降低的效率，因而总效率降低了。

气流分布的均匀程度与除尘器进出口的管道形式及气流分布装置的结构有密切关系。当静电除尘器的安装位置不受限制时，气流应设计成水平入口，即气流由水平方向通过扩散型喇叭口进入除尘器，然后经过 2～3 层平行的气流分布板再进入除尘器的电场。在这种情况下，气流分布的均匀程度就取决于扩散角和分布板的结构。若除尘器的安装位置受到限制，需要采用直角（或竖井）入口时，可在气流转弯处加装导流板，然后经分布板再进入除尘器的电场。图 7-25 为气流分布装置的型式。

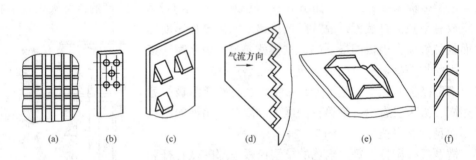

(a)　　(b)　　(c)　　(d)　　(e)　　(f)

图 7-25　气流分布装置

（二）进、出气烟箱的结构

1. 竖井式进气烟箱

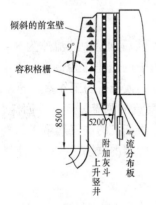

图 7-26　竖井式进气烟箱

竖井式进气烟箱的结构如图 7-26 所示。上升竖井是一个宽等于或略小于电场宽度的流道。竖井要求有足够的高度，使其沿宽度均匀分配气流。倾斜的前室壁是为了使经容积格栅所组成的全部通道的烟气流量相同。容积格栅设置在通向电场的烟气拐弯处，是为了使电除尘器高度方向均匀分配气流。容积元件将入口沿高度分成很多通道，每个通道先渐缩然后渐扩，以便通向电场拐弯处气流的扩散作用减弱。

通过容积格栅后气流是水平的，水平气流通过两层与之垂直的气流分布板，使气流沿电场截面均匀的分配。这种烟箱可以在很短的距离内促使气流转向，均流效果好，但耗用钢材比相同效果的水平喇叭口烟箱大。

另一种是如图 7-27 那样的竖井式烟箱。它的上升竖井可以不要求像图 7-26 那么长，下部烟道也没有那么宽，可加一个沿宽度方向的扩散段。在此扩散段中可根据气流分布的要求加装导流板。在上升竖井的上部与下部均设置导流板，其作用是将气流分成几束，每一束依导流板所调节的方向进行转向扩散。调整导流板的角度可以较大幅度的调整各束气流的流动方向，使气流沿电场的高度方向基本均衡。在进气烟箱与电场的交接处设置一层气流分布板，它可以把经过导流板调整的几束气流再分成更细小的气流，实际上起到较细微的调整作用。

2. 水平喇叭口烟箱

(1) 水平喇叭口进气烟箱。其结构如图 7-28 所示。

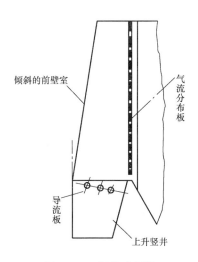

图 7-27　竖井式烟箱

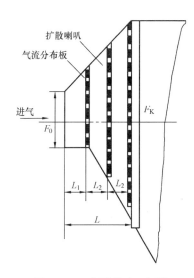

图 7-28　水平喇叭口烟箱

1) 扩散喇叭。扩散喇叭是由加肋的钢板密封焊接而成的气流通道。为保证其刚性，在组成喇叭的板壁之间加了两道管支撑（图中未注明），进口喇叭的底板与水平面的夹角应不小于 50°，以防进气喇叭底面积灰而破坏气流分布。

2) 气流分布板。国内最常见的气流分布板有三种形式：一种是在 $\delta = 3 \sim 5\text{mm}$ 厚的钢板上开 $\phi 40 \sim \phi 50$ 的圆孔；另一种是用扁钢搭编成可调的方孔；第三种是用钢板组成格栅状的蜂窝形。

多孔板一般通过挂钩自由悬挂在烟箱顶板上，两侧及下部与烟箱壁不连接，两侧依靠焊在竖撑上的定位挡铁来限制其大幅度摆动，只有微小摆动，这个微小摆动会产生一定的振打力。由于进入进气烟箱的粉尘尚未经过电场的捕集，因此粉尘粒度较粗，黏附在多孔板板面的黏附力较小，只要有很小的振动，就可对孔板有清洁作用。

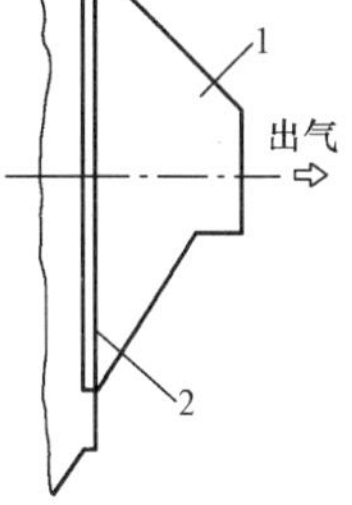

(2) 水平喇叭口出气烟箱。其结构如图 7-29 所示，水平喇叭口出气烟箱做成渐缩状流道。由于在出气烟箱与电场的交接断面都设置有槽型极板，槽型极板具有均布气流的作用，可以阻隔气流在出气烟箱被压缩而引起的回流旋涡对电场内气流分布的影响，因而可以保证在电场出口处气流

图 7-29　水平喇
叭口出气烟箱

1—收缩喇叭；

2—槽型极板

分布的均匀性。

考虑到电除尘器内有强烈的静电凝聚作用,在出气烟箱中,虽然粉尘的粒径很小,但仍有沉降,为防止出口喇叭的底部积灰,底板与水平面的夹角应大于60°。

七、储灰系统

储灰系统包括灰斗、插板箱、卸灰器和输灰系统。输灰系统分为干出灰和水冲灰两种。

(一)灰斗

1. 构造

灰斗通常设计为漏斗形。为运输方便一般将灰斗分为上、下两段制造,下段一般制造为整体,并且把蒸汽加热管也焊接在灰斗下段上。上段又分为四片或多片制造,各片之间用角钢或槽钢作为连接法兰,在现场先用螺栓连接,然后焊接。

通常灰斗的横肋已经能够满足运行中强度和刚度的要求,为了解决运输中的变形问题又增加了竖向肋。灰斗内部垂直于气流方向装有三块阻流板,防止烟气短路和因烟气短路在灰斗中产生的二次飞扬。阻流板中间一块尺寸较大,约占灰斗总高度的2/3以上,其余两块尺寸较小而且有一个倾斜角度。灰斗阻流板在安装时直接或通过一条角钢间接焊在灰斗壁上。

为确保灰斗内不积灰,灰斗内壁与水平面的夹角一般设计为60°~65°,有时甚至更大。

2. 灰斗与底梁的连接

灰斗上口有一由钢板焊成的双层法兰,高度约100~150mm,用以搭放在底梁的支架上。灰斗上口四周与底梁的上平面用薄钢板连接,所有接缝处均满焊,以保证除尘器的密封性。

3. 灰斗的堵灰问题

粉尘在除尘器的工作温度下流动性极强,一旦降低到一定温度,灰便吸潮或结块,造成灰斗堵灰。灰斗的位置在除尘器的最下端,是整个电除尘器温度最低的部位,故必须采取措施防止灰斗漏风及温度下降,以保证除尘器正常运行。

(1)灰斗外壁敷设保温层。防止热粉尘落入灰斗后温度下降,保温层的厚度与电厂所在地区的气候条件及所选用的保温材料、粉尘性质等因素有关。

(2)保温层外有的用镀锌铁皮或铝合金铁板作为外壳护板,在保温层外表面刷一层油漆。

(3)插板箱外壁保温材料采用石棉灰,既可以保温,又起一定的密封作用,防止冷空气进入灰斗。

(4)灰斗外壁安装加热装置,使粉尘温度保持在露点温度以上。加热装置可用电加热装置或蒸汽加热装置。电加热一般安装在每个灰斗四个侧壁外表面的下部,外敷保温层;蒸汽加热一般在灰斗下部直接焊接蒸汽加热管路,也同样在灰斗外壁敷设保温层。蒸汽加热管路分为进气管和回水管,除有总阀门外,对通向每个灰斗的进气和回水管路都有分阀门控制。蒸汽的压力一般为0.5~0.6MPa,蒸汽温度约为150~350℃,视电厂具体情况而定。

(5)灰斗侧壁与水平夹角大于灰的安息角(系指灰斗两个方向的侧壁中最小的夹角),一般为55°~60°,但当灰的黏性较大时,在可能的条件下可以加大到65°。

(6)灰斗内壁侧壁交角处加弧形板,弧形板与侧壁的焊缝要保证光滑,不得有焊渣毛刺等。

(7)有的灰斗在一个侧壁上装一个检查门。当灰斗内堵灰或有异物时,可由此捅灰或取出异物。

（8）灰斗下部外侧焊有承击砧，以备堵灰时将灰震落。

（二）插板箱

插板箱是为了取出意外落入灰斗的物体。插板箱由箱体、插板、驱动机构、检查门等构成。

1．箱体

由钢板焊接而成，用以安装插板、驱动机构及检查门之用。

2．插板

通常插板位于箱体的后部，当有物体落入而影响卸灰器工作时，转动手轮将插板移至灰斗口下方（即关闭位置），打开检查门将落下异物取出。

3．驱动机构

由齿轮、齿条、轴及手轮组成（也有的由丝杆、丝母及手轮组成），齿条安装在插板的下平面上，齿轮及手轮安装在轴上，齿轮齿条啮合，转动手轮，插板可作往复运动（即可将插板箱打开或关闭）。

4．检查门

检查门与箱体用螺栓连接，中间有密封垫防止漏风。插板箱用石棉灰保温，这样可以起密封作用，防止冷空气进入灰斗而造成堵灰现象。

（三）卸灰器和输灰系统

1．卸灰器

它装在插板箱下法兰口。卸灰器全部为铸铁件，其卸灰口为 400mm×400mm，电动机转速为 35r/min，连续卸灰量为 40t/h。输灰系统应该按卸灰器在连续卸量为 40t/h 时，能及时将灰排除干净来设计。

2．输灰系统

分为干排灰和水冲灰两种形式。若是干式出灰系统，在卸灰器下口应有一个三通管，平时一个管口出干灰，当电除尘器停机大修时，需对极板线进行水冲洗，这时应将出干灰的管口密封，防止水分进入输灰系统，使冲洗极板线的灰水从另一管口流出。水冲洗管路还可直接将灰斗内的灰由此排出。

第三节 袋式除尘器

我国从 2004 年开始实施 GB 13223—2003《火电厂大气污染物排放标准》，该标准对火电厂烟气排放物的浓度从 200～600mg/m³ 提高到 50～600mg/m³，处于大中城市的火电厂采用常规静电除尘器很难长期满足此要求，采用布袋除尘器则可以较好地解决这一问题。

一、概况

袋式除尘器是一种利用有机纤维和无机纤维过滤布（又称过滤材料）将含尘气体中的固体粉尘因过滤（捕集）而分离出来的一种高效除尘设备。因过滤材料多做成袋形，所以又称为布袋除尘器。

袋式除尘器具有较高的除尘效率，当滤布选择和结构设计较理想时，对大于 5μm 的粉尘可除去 99% 以上。如果设计和管理维护合理，除尘效率甚至可达 99.9% 以上。出口烟气粉尘浓度可达 50mg/m³ 以下，有时可达 10mg/m³。与静电除尘器相比，没有复杂的附属设备及技术要求，造价不太高，在高效率的除尘设备中属于结构比较简单、运行费用相对较低的设备。尤其是它对粉尘特性不敏感，不受粉尘比电阻的影响。这点对我国燃煤电厂尤为重要，因为锅炉一般很难始终保证在设计煤种下运行，造成现有电除尘器效率不高。据报道袋式除尘器在国外大型火电厂应用较多，以澳大利亚为例，大多数火电厂都使用袋式除尘器，而且有很多电厂的除尘器是由静电除尘器改为袋式除尘器，其理由主要为：

（1）当地燃煤的灰分较高，一般在 15% ~ 30%，含硫量较高，为 0.4% ~ 0.5%，灰分中，SiO_2 和 Al_2O_3 的含量在 85% 左右，Na_2O 的含量在 0.4% 左右。静电除尘器即使将电场增加到 5 ~ 6 电场也难以达到理想的环保要求。袋式除尘器适应性强，可以捕捉不同性质的粉尘，同时入口含尘浓度在一相当大的范围内变化时，对除尘效率和阻力的影响不大。

（2）袋式除尘器大多采用脉冲式清灰方式，效果理想，同时滤布大多采用耐温 190℃ 的 Ryton 材料，寿命都超过 3 万 h。

（3）袋式除尘器采用脉冲清灰方式气布比高达 0.018 ~ 0.022m/s，（气布比有时又称过滤速度 v，其定义为滤料单位过滤面积通过的气量，$v = Q/A$，Q 为通过袋式除尘器的气量，单位为 m^3/s，A 为袋式除尘器的过滤面积，单位为 m^2。）因此体积小、造价低，总的费用与静电除尘器相差不大。

（4）袋式除尘器的清灰方式可采用简单的 PLC 控制程序，按袋内的压差和时间自动控制。同时袋式除尘器的安装和换袋也相对方便，不需大型特殊专用工具。

（5）采用袋式除尘器有利于脱硫。袋式除尘器使用灵活，处理风量可由每小时几立方米到几万立方米，同时工作稳定，便于回收干料。

但是采用袋式除尘器后也带来一些值得注意的问题：

（1）设备阻力较静电除尘器增加，引风机风压加大，耗电量增加。

（2）运行中应注意在烟气的露点温度以上、滤布材料最高耐温度以下运行，系统设计中应考虑相应的措施予以保证。

（3）脉冲喷吹阀的性能和质量直接影响袋式除尘器运行的稳定性和可靠性，应选用新型有质量保证的脉冲阀。

（4）滤料是袋式除尘器中的主要部件，其造价一般占设备费用的 10% ~ 15% 左右，滤料需定期更换，增加运行维护费用，劳动条件欠佳。

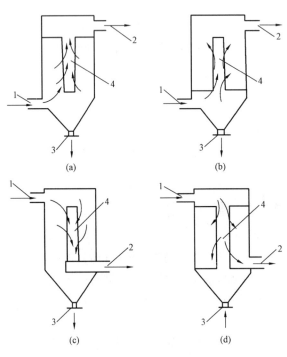

图 7-30　圆袋上进风、下进风、内滤式和外滤式除尘器示意

(a) 下进上排外滤式；(b) 下进上排内滤式；

(c) 上进下排外滤式；(d) 上进下排内滤式

1—进风口；2—排气口；3—排灰口；4—圆形滤袋

二、袋式除尘器分类

（1）按进风口位置来分有下进风和上进风两种。下进风即含尘气流由除尘器下部灰斗部分进入除尘器内，如图 7 – 30（a）、（b）所示。上进风为含尘气体由除尘器上部进入除尘器内，如图 7 – 30（c）、（d）所示。

采用上进风时，气流与粉尘下落方向一致，既有助于清灰又可减少设备阻力、提高除尘效率，但灰斗中的烟气温度低于露点温度时，粉尘易结块堵塞。当采用下进风时，除尘器结构较简单，但由于气流方向与粉尘下落方向相反，细微的粉尘还未落到灰斗中又被气流带到滤袋表面，使清灰效果降低，同时设备阻力增加。

（2）按含尘气体进气方式来分有内滤式、外滤式两种。内滤式即含尘气体由滤袋内向滤袋外流动，粉尘被分离沉积在滤袋的内侧表面，如图 7 – 30（b）、（d）所示。外滤式系含尘气体由滤袋外向滤袋内流动，粉尘被分离在滤袋外，滤袋内必须有骨架（滤袋框），以防滤袋被吹瘪。如图 7 – 30（a）、（c）所示。

（3）按照滤袋形式来分有圆袋（圆筒形）、扁袋（平板形）。一般采用圆袋时，往往将许多袋子分成若干组，便于分组清灰；圆袋直径在 120 ~ 300mm，最大直径 600mm；高度在 2 ~ 3m，最长在 12m。扁袋的宽度与长度一般为 1m × 2m，滤袋的厚度与滤袋之间的间隙为 25 ~ 50mm，其特点是可在较小的空间布置较大的过滤面积，排列紧凑，如图 7 – 31 所示。

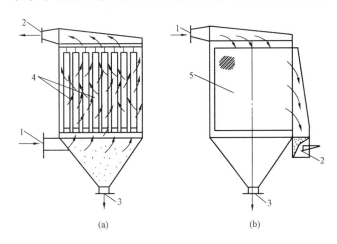

图 7 – 31　圆袋式与扁袋式除尘器示意

（a）圆袋式；（b）扁袋式

1—含尘气体入口；2—净化气出口；3—排尘口；4—圆形滤袋；5—扁形滤袋

（4）按除尘器内的压力可分为负压式和正压式两种。负压式即风机布置在除尘器后面，使除尘器处于负压，含尘气体被吸入除尘器进行净化，清洁的气体经过风机排入大气，可以防止风机被磨损。正压式则是含尘气体通过风机压入除尘器，除尘器在正压下工作。其管道布置紧凑，对外壳结构的强度要求不高，但风机易磨损。

（5）按清灰方式来分有机械振动、分室反吹、喷嘴反吹、振动反吹并用及脉冲喷吹五种。

1）机构振动是利用机械装置（包括手动、电磁或气动装置）使滤袋产生振动而清灰的袋式除尘器。它又有适合间歇工作的非分室结构和适合连续工作的分室结构两种。

2）分室反吹是指采取分室结构，利用阀门逐室切换气流，在反向气流作用下，迫使滤袋缩瘪或鼓胀而清灰的袋式除尘器。

3）喷嘴反吹是利用压气机提供高压气源，通过移动喷嘴进行反吹，使滤袋变形抖动并穿透滤料而清灰的袋式除尘器，均为非分室结构。

4）振动反吹并用即机械振动和反吹两种清灰方法并用的袋式除尘器。

5）脉冲喷吹是指以压缩空气为清灰动力，利用脉冲喷吹机构在瞬间内放出压缩空气，诱导数倍的二次空气高速射入滤袋，使滤袋急剧膨胀，依靠冲击振动和反向气流而清灰的袋式除尘器。根据喷吹气源压力的大小又分为低压喷吹和高压喷吹。

三、袋式除尘器的工作原理

袋式除尘器的主要作用是含尘气体通过滤袋时，粉尘被阻留在滤袋的表面，干净气体则通过滤袋纤维间的缝隙排走。其工作机理是粉尘通过滤布时产生的筛分、惯性、黏附、扩散和静电等作用而被捕集。

1. 筛分作用

含尘气体通过滤布时，直径大于滤布纤维间空隙的粉尘便被分离下来，称为筛分作用。

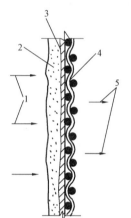

图 7 – 32　滤袋表面粉尘层过滤示意

1—含尘气流；2—粉尘层；3—初始层；4—滤布；5—净化后气流

当新滤布第一次使用时，纤维间的空隙较大，含尘气体较易通过，筛分作用不明显，除尘效率较低。使用一段时间后，滤布表面建立了一定厚度的粉尘层，筛分作用才显著。该粉尘层称为初始层，如图 7 – 32 所示。

2. 惯性作用

滤布纤维的空隙并非直通道，含尘气体通过时，气流可以绕过纤维，但粉尘却因惯性而直线撞击到纤维上被捕捉。粉尘颗粒直径大则惯性也大，气流速度高惯性也大，但气流速度太高，通过滤布的流量加大，粉尘有可能冲破滤布的薄弱处，造成除尘效率下降，所以应控制在一定的流速范围内。

3. 扩散作用

对于直径在 $0.2\mu m$ 以下的粉尘，会产生气体分子热运动的布朗运动，从而增加了粉尘与滤布表面的接触机会，使粉尘被捕集。这种扩散作用随气流速度的降低而增大，粉尘直径的减小而增强。

4. 黏附作用

当含尘气体接近滤布时，细小的粉尘仍随气流一起运动，若粉尘的半径大于粉尘中心到滤布边缘的距离时，则粉尘被滤布黏附而被捕集。滤布的空隙越小，这种黏附作用也越显著。

5. 静电作用

粉尘颗粒相互间撞击会放出电子产生静电，当含尘气体到达绝缘的滤布时，会使滤布充电。当粉尘和滤布所带电荷相反时，粉尘被吸附到滤布上，有利于除尘，但不利于清灰。反之亦然。所以，为保证除尘效率，应根据粉尘的电荷性质来选择滤布。一般静电作用上有在粉尘粒径小于 $1\mu m$ 时及过滤气流速度很低时才显示出来，在外加电场的情况下，可加强静电作用，提高除尘效率。

由以上可知，含尘气体通过滤布时，虽然是若干作用同时产生的结果，实际上是以筛分作用为主的。实质上，滤布是由各种纤维线所织成，而每根线都由许多丝所纺成，一般滤布经纬线之间的间隙约为 $300 \sim 700\mu m$，而一根线中的丝与丝之间的间隙也在 $100\mu m$ 左右。

而烟气中粉尘只有几微米或几十微米，所以用这样的滤布来过滤烟气中的粉尘是达不到预期效果的。袋式除尘器主要是以滤布为"骨架"，通过一段时间的使用，在若干种因素作用下在滤布表面聚积起初始层后，才能有效地过滤烟气中的粉尘。由此可见，袋式除尘器主要是利用烟气中的粉尘本身来过滤粉尘，其过滤效率几乎不受烟气中粉尘大小的影响。关键是初始层要积好，并且在运行过程中，特别是清灰时，要保护好初始层，否则净化效率将受到很大影响。

四、滤料

(一) 概述

袋式除尘器的主要元件是滤布，滤布和其他织物一样，是用细纱（即按螺旋方向纺出来的纤维）织出的织物。但用于烟气净化的滤布，是采用特殊织法，有些毛织滤布和化纤滤布还进行起绒和缩绒处理，因此在绒布表面上被无数相互交错的绒布层所覆盖，而脉冲袋式除尘器用的滤袋采用没有经纬线的压制毛毡滤布。为防止粉尘黏附在滤袋上，往往在滤袋表面覆盖一层聚四氟乙烯涂料，提高了除尘效率和设备可靠性。一般合成纤维的网孔为 $20 \sim 30\mu m$，如为起毛的则为 $5 \sim 10\mu m$，当滤袋经过一定时间的过滤操作后，由于黏附等作用，尘粒在网孔间产生架桥现象，使滤布的网孔变得更小，在滤料网孔及其表面形成粉尘层。在清灰后仍然保留一定厚度的粉尘，即初始层。所以只要设计、制造、安装得当，运行良好，特别是维护管理到位，就是 $0.1\mu m$ 的烟雾也能获得 99.9% 以上的除尘效率。

由除尘原理可知，袋式除尘器适宜捕集非黏性、非纤维性的粉尘。由于所用滤布受到温度、腐蚀性等的限制，袋式除尘器只能适用于净化腐蚀性小，温度低于 $300℃$ 的含尘气体。烟气温度也不能低于露点温度，否则会因结露而造成滤袋堵塞。

滤料对袋式除尘器性能的影响决定于织物原料、纤维和纱线的粗细、织造或毡合方式、织物厚度和孔隙率等。

(二) 滤料的材质

滤料纤维的原料一般有三种：即天然纤维、合成纤维和无机纤维。

(1) 天然纤维主要有棉、毛、丝、麻四种。各种纤维的直径、长度不同，捕集粉尘的范围不同，价格相差较大，但耐高温、耐酸性都较差，已逐渐被合成纤维取代。

(2) 合成纤维是利用煤、天然气、石油、空气、水等普通物质，经过化学合成和机械加工制造出来的。它们的特点是可抗虫蛀、不霉烂，并能制成任何细度，所以品种繁多、性能优良、用途广泛，适合捕集细微粉尘。

(3) 无机纤维主要有玻璃纤维、碳素纤维和金属纤维等。它们的共同特点是耐高温，分别为 260、800 和 $450℃$。其中应用最多的是玻璃纤维，按其直径不同又分初、中、高级纤维。它具有线膨胀系数小、尺寸稳定、表面光滑、不吸湿、易清灰、价格低等特点。但强度差、不耐磨，不宜净化含碘化氢的气体。

(三) 滤料的结构

按滤料的制作方法可分为以下几种。

1. 织物滤料

织物滤料的结构可分为编织物和非编织物。编织物的结构有平纹、斜纹和缎纹三种。

平纹布是由经纬纱一上一下交错编织而成。由于纱织交织点很近，纱线互相压紧，织成的滤布致密、受力时不易产生变形和伸长，所以其净化效率高，但透气性差、阻力大、清灰难、易堵塞。

斜纹布是由两根以上经纬线交织而成。织布中的纱线具有较大的迁移性，弹性大，机械强度略低于平纹织布，受力后比较容易错位。斜纹布表面不光滑，耐磨性好，净化效率和清灰效果都好，滤布不易堵塞，处理风量高，是织布滤料中最常用的一种。

缎纹布是由一根纬线与五根以上经线交织而成，其透气性和弹性都较好，织纹平坦。由于纱线具有迁移性，易于清灰，但其强度低，净化效率比前两者低。

2. 针刺毡滤料

针刺毡是纺布的一种，由于制作工艺不同，毡布较致密，阻力较大，容尘量小，但易于清灰，工业上应用较普遍。

（四）滤料选用

为了使袋式除尘器的除尘效率、压力损失，清灰周期等都达到设计效果，滤布应具有耐温、耐腐蚀、耐磨、捕尘效率高、阻力低、使用寿命长、成本低等特点。

1. 选用原则

选择滤布时必须考虑：

（1）滤布的容尘量要大，清灰后滤布上要保留一定量的容尘，以保证较高的滤尘效率。

（2）滤布网孔直径适中，透气性好，阻力小。

（3）滤布强度好，耐磨、耐温、耐腐蚀，使用寿命长。

（4）吸湿性小，容易清除黏附在滤布上的粉尘。

（5）制作工序简单、成本低。

上述要求很难同时满足，可根据除尘器要求的重点来选择滤布。

2. 选择方法

除尘是一项系统工程，该系统运行效果的好坏除与自身的性能和清灰方式有关外，还与锅炉的运行工况、风机选型、管道的布置等许多环节有关，袋式除尘器滤料的选择，需充分考虑各相关因素的影响。一般可按以下几种选择方法来考虑。

（1）根据含尘气体的特性来选择滤料。

1）含尘气体的温度。含尘气体温度的高低是选择滤料首先要考虑的问题。一般按连续使用温度把滤料分为三种：低于130℃的为常温滤料；130～200℃的为中温滤料；高于200℃为高温滤料。

2）含尘气体的湿度。当含尘气体中的水蒸气体积百分率大于8%或相对湿度大于80%时，称为湿含尘气体。为此宜选择表面光洁、滑爽、纤维材质等易清灰的滤料，如尼龙、玻璃纤维等，并对其表面进行硅油处理，或者在滤布表面上使用聚四氟乙烯（PTEF）等滤料进行涂布处理或覆膜。

同时注意烟气在高温、高湿工况下，会降低滤料的耐温能力，应控制在干或湿工况时的常用温度值下。

滤袋的形状宜采用圆形，以利于清灰。

3）含尘气体的腐蚀性，根据含尘气体的酸、碱度来选择耐腐蚀性的滤料。

（2）根据粉尘的性状选择滤料。

根据粉尘的性状来选择滤料时主要考虑以下几方面：

1）粉尘的性状和颗粒级配。一般粉尘有规则形和不规则形两种。规则形粉尘表面较光滑，比表面积相对小，滤袋对其不易拦截捕获，而不规则形正好相反。

对细颗粒粉尘宜选择纤维较细、短、卷曲的不规则断面型滤料，结构以针刺毡为优。如需用织物，则应使用斜纹或进行表面拉毛处理。对超细颗粒粉尘应采用具有密度梯度的针刺毡以及通过表面处理或需覆膜加工的滤料。细颗粒粉尘难捕获，捕集后形成的粉尘层较密实，孔隙率也小，不利于清灰；粗颗粒粉尘易捕获，捕集后形成的粉尘层较疏松，有利于清灰。当粗细颗粒粉尘共存时对过滤和清灰都有利。

2）粉尘的附着性和凝聚性。粉尘具有附着在其他尘粉或物体表面相互接触的特性，当悬浮尘粒彼此接触时就相互吸附而凝聚在一起。附着力过小，难于滤集；而附着力过大，则会形成粉尘凝聚，清灰就困难。因此，对附着力强的粉尘宜选用长丝织物滤料或经表面烧毛、压光镜面处理的针刺毡滤料，如尼龙、玻璃纤维滤料优于其他滤料。

3）粉尘的吸湿性和潮解性。黏性粉尘当其在湿度增加后，粒子的凝聚力、黏性力随之增加，流动性、荷电性随之减小，当黏附在滤袋表面时会造成清灰困难，日久粉尘层板结等问题。

4）粉尘的磨损性。表面粗糙、尖棱、不规则的尘粉比表面光滑球形尘粒的磨损性约大十倍。就耐磨而言，化纤滤料优于玻璃纤维滤料，膨化玻璃纤维比一般玻璃纤维好，细、短、卷曲型纤维优于粗、长、光滑性纤维。毡料优于织物，而织物中以缎纹织物为优，织物表面的拉绒也能提高滤料的耐磨性。表面涂覆、压光等处理亦然。

（3）根据袋式除尘器的清灰方式选择滤料。

1）脉冲喷吹类袋式除尘器。脉冲喷吹清灰属高动能型清灰方式，通常采用有骨架（袋笼）的外滤圆袋，此时应选择耐磨、抗张力强且较厚的滤料，如化纤或针刺毡（单位面积质量 500～650g/m²）。

2）分室反吹袋式除尘器。反吹清灰属低动能型清灰方式，采用质地轻软、易于变形和尺寸稳定的滤料。一般内滤式常用圆形无框架（可有防瘪环），滤袋直径为 120～300mm，应优先考虑缎纹、斜纹机制滤料，有时也可选用薄型针刺毡（厚 1～1.5mm，单位面积质量 100～400g/m²）。外滤式常用扁袋，菱形袋等，必须用支撑框架，可优先选择耐磨性和透气性较好的薄针刺毡或纬二重及双层织物滤料。

3）回转反吹袋式除尘器。它属中等动能清灰型，对采用外滤梯形滤袋，应选用比较柔软、结构稳定、耐磨性较好的滤料，优先选择中等厚度的针刺毡滤料（单位面积质量 350～500g/m²）。

五、常用气体反吹袋式除尘器

（一）概述

1. 分类

气体反吹式除尘器是利用气体反吹滤袋清除附着在滤袋上的粉尘的高效除尘设备。按反吹气体压力分为低压（小于5000Pa）和高压（0.5～0.6MPa）两种。低压反吹风袋式除尘器以回转反吹扁袋除尘器为代表，而高压反吹袋式除尘器则以脉冲喷吹袋式除尘器为代表。

脉冲喷吹袋式除尘器是一种周期性地向滤袋内或滤袋外喷吹高压空气来达到清除黏附在滤袋表面上的粉尘的一种高效率干式空气净化设备。滤袋的清灰可实现全自动，净化效率在99%以上，压力损失约为980～1176Pa，单位过滤面积的负荷在 180～240m³/（m²·h）。具有处理能力大、除尘效率高、滤袋寿命长等特点，但它需高压气源作清灰动力，耗电量大，对高浓度、含湿量大的烟气净化效果较低。

脉冲反吹袋式除尘器又有适合不同场合要求的除尘器，如组合式脉冲扁袋除尘器，圆筒脉冲袋式除尘器（可承受较高的正负压），库顶脉冲袋式除尘器、组合式脉冲袋式除尘器、气箱式脉冲袋式除尘器等。其中脉冲反吹袋式除尘器和回转反吹扁袋除尘器在过滤室中清灰、过滤同时进行，造成清除下来的灰又被滤袋吸滤，降低了除尘效率。

气箱式脉冲袋式除尘器综合分室反吹和脉冲喷吹清灰各类除尘器的优点，克服了分室反吹清灰强度不够、脉冲喷吹清灰和过滤同时进行的缺点，因而其除尘效率更高，同时延长了滤袋的使用寿命。

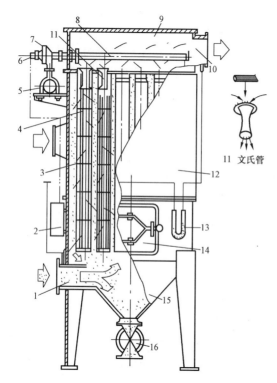

图 7-33 脉冲喷吹袋式除尘器的结构

1—进气口；2—控制仪；3—滤袋；4—滤袋框架；5—气包；6—控制阀；7—脉冲阀；8—喷吹管；9—净化箱；10—排气口；11—文氏管；12—除尘箱；13—U 形压力计；14—检修门；15—灰斗；16—卸灰阀

气箱式脉冲袋式除尘器通常由不同室数和每室的不同袋数组成多种不同规格。每室的袋数有 32、64、96 和 128 等。滤袋直径为 130mm，滤袋长度有 2～3m 左右，除尘效率可达 99.5% 以上，净化后的气体含尘浓度小于 100mg/m³。

2. 脉冲反吹清灰机构的自控装置

脉冲反吹清灰机构的自控装置分为定压和定时反吹两种方式。定压反吹即利用除尘器内清洁室与袋滤室（即滤袋花板分隔的上下两个室）之间的压差，由电控仪发出信号，以控制反吹风机、脉冲阀及悬臂回转机构。定时反吹即按预先调定的时间由电控仪自动发出信号，以控制反吹风机、脉冲阀及悬臂回转机构。

（二）常用气体反吹袋式除尘器的结构和工作原理

1. 脉冲喷吹袋式除尘

（1）脉冲喷吹袋式除尘器的组成。

脉冲喷吹袋式除尘器本体由上、中、下三部分组成：上部包括净气箱、排气口、喷吹管、文氏管、脉冲阀、控制阀及气包；中部即除尘箱，包括滤袋、滤袋框架及检修门；下部即灰斗及机架，其上有进气口及卸气阀。此外还有控制仪及 U 形压力计等附件。如图 7-33 所示。

（2）脉冲喷吹袋式除尘器的工作原理。

含尘气体进入装有若干滤袋的中部箱体，经过滤袋气体被净化并经文氏管进入上部箱体，由排气口排出。粉尘则被隔离在滤袋外表面，经过一定的过滤周期，进行脉冲喷吹清灰。每一排滤袋上部都有一根喷吹管，经脉冲阀与气包相接，喷吹管上的喷射孔与每条滤袋的上部敞开口相对应，敞开口安装有文氏管。当滤袋表面粉尘负荷增加，达到一定阻力时，由脉冲控制仪发出指令，按顺序触发各控制阀，开启脉冲阀，使气包内的压缩空气从喷吹管各喷孔中以接近声速的速度喷出一次空气流，通过引射器诱导比一次气流大5~7倍的二次气流一起喷入滤袋，造成滤袋瞬间急剧膨胀和收缩，引起冲击振动，同时产生瞬间反向气流，将附着在滤袋外表面上的粉尘吹扫下来，落入灰斗，并经排灰阀排出，各排滤袋依次轮流得到清灰。清灰过程中每清灰一次，称一个脉冲。脉冲宽度是喷吹一次所需的时间，约为0.1~0.2s。脉冲周期是全部滤袋完成一个清灰循环的时间，一般为60s左右。

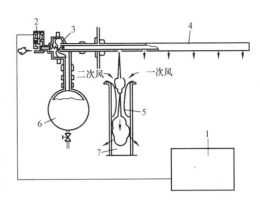

图7-34　喷吹系统
1—脉冲控制仪；2—控制阀；3—脉冲阀；4—喷吹管；
5—文氏管；6—气包；7—滤袋

(3) 喷吹系统。

1) 喷吹清灰系统。喷吹灰系统的组成如图7-34所示，它包括控制仪、控制阀、脉冲阀、喷吹管及压缩空气包等。

脉冲阀的一端接气包，另一端接喷吹管，背压室与控制阀相接。控制阀由脉冲控制仪控制，当脉冲控制仪无信号输出时，控制阀排气口被封住，脉冲阀处于关闭状态；当脉冲控制仪发出信号时，控制阀将脉冲阀打开，压缩空气由气包通过脉冲阀经喷吹管小孔喷入文氏管，进行清灰。

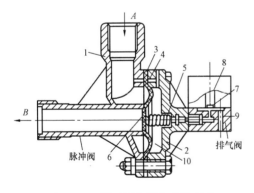

图7-35　脉冲阀与排气阀的结构
1—阀体；2—阀盖；3—波纹膜片；4—节流孔；5—复位弹簧；6—喷吹口；7—活动挡板；8—活动芯；9—通气孔；10—背压室

2) 脉冲喷吹机构。脉冲喷吹袋式除尘器按其处理风量的不同，装有几排至几十排滤袋，每排滤袋有一个执行喷吹清灰的脉冲喷吹机构，如图7-35所示。它由脉冲阀和排气阀两部分组成。脉冲阀的一端接气包，另一端接喷吹管，排气（控制）阀直接拧在脉冲阀的阀盖上。排气阀是由程序控制仪加以控制，当程序控制仪无信号发来时，排气阀的活动挡板处于封闭排气孔的位置，此时，气流通过节流孔进入脉冲阀的背压室，波纹膜片两侧气压均为气源压力。当程序控制仪发来信号时，排气阀的活动挡板即抬起，使背压室与大气接通而迅速泄压，波纹膜片两侧的压力发生变化，靠近脉冲阀一侧的压力仍为压缩空气压力，而排气阀一端压力为大气压，于是，波纹膜片被压向右侧，喷吹口打开，压缩空气进入脉冲阀进行喷吹清灰。信号消失后，活动挡板恢复到原来封闭排气孔的位置上，背压室的压力又回升至气流压力，波纹膜片重新封闭脉冲阀，喷吹即行停止。

3) 脉冲控制仪。脉冲控制仪是脉冲喷吹袋式除尘器的主要控制设备，它控制脉冲阀按程序的要求准确地进行喷吹。通过调整控制仪的脉冲周期和脉冲宽度，来保证除尘器的正常运行，因此其性能好坏直接影响清灰效果。目前常用的脉冲控制仪有电动、气动和机械控制仪等。与其配套使用的排气阀相应的有电磁阀、气动阀和机械阀。脉冲控制仪有开环脉冲控制和闭环脉冲控制两种方式，前者是由人工给定脉冲周期，定时喷吹清灰；后者是为避免喷吹次数过多，减少压缩空气波纹膜片和滤袋等不必要的损耗而采用自动调节清灰的方式，以改善和提高脉冲喷吹袋式除尘器的技术经济性能。

2. 气箱式脉冲袋式除尘器

(1) 气箱式脉冲袋式除尘器结构。

气箱式脉冲袋式除尘器由壳体、滤袋、灰斗、排灰装置、支架和脉冲清灰系统等部分组成。除尘器的进风口装在灰斗上，如图 7-36 所示。

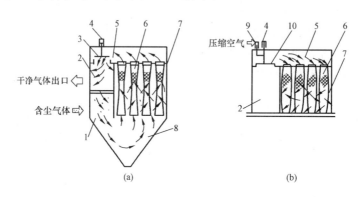

图 7-36　气箱式脉冲袋式除尘器
(a) 工作状态；(b) 清灰状态
1—进气口；2—出风口；3—阀板；4—提升阀；5—上部箱体；
6—滤袋组件；7—袋室；8—灰斗；9—脉冲阀；10—阀板

(2) 气箱式脉冲袋式除尘器的工作原理。

当含尘气体从进风口进入除尘器后，在进风口中间的挡板引导下，气流便转向流入灰斗，流速下降，由于重力作用，气体中的粗颗粒粉尘被分离出来，落入灰斗，起到预除尘作用。进入灰斗的气流随后折而向上，经过内部装有金属骨架的滤袋，粉尘被捕集在滤袋的外表面，净化后的气体进入滤袋上部的清洁室，最后从出风管排出。除尘器壳体用隔板分成若干独立的除尘室，每个除尘室由程序控制按照给定的时间间隔轮流进行清灰，每个除尘室装有一个提升阀，清灰时提升阀关闭，切断通过该除尘室的过滤气流，随即脉冲阀打开，向滤袋内喷入高压空气，以清除沉积在滤袋外表面上的粉尘。各除尘室的脉冲喷吹宽度和清灰周期，由清灰程序控制器自动连续进行。

(3) 气箱式脉冲与脉冲喷吹袋式除尘器的区别。

脉冲喷吹袋式除尘器是在同一除尘室内，各排滤袋依次轮流喷吹清灰，而且清灰时除尘过程照常进行。因此，清灰时吹下来的粉尘有部分会被邻近的滤袋再次捕集，对除尘效率产生不良影响，这种清灰又称在线清灰。而气箱式脉冲袋式除尘器清灰时是分室轮流进行的，即当某一室进行喷吹清灰时，过滤气流被切断，避免了喷吹清灰产生粉尘二次飞扬。这种清灰方式也称离线清灰。显然它可以捕集含尘浓度较高的气体，除尘效率也较高。

其主要特点是汇集了分室反吹和脉冲喷吹类除尘器的优点，单位体积处理风量大，系统阻力小，除尘效率高达 99.9%；可直接处理含尘浓度高达 $200g/m^3$ 的含尘气体，排气含尘浓度小于 50mg/m³；采用先进的 PLC 可编程控制器，定时或定阻自动喷吹清灰，实行自动运行，耗气量少，清灰彻底，且性能稳定；整机可分室换袋维修，随主机运转率达 100%。

3. 回转反吹扁袋除尘器

(1) 回转反吹扁袋除尘器的结构。

回转反吹扁袋除尘器结构示意如图 7-37 所示。除尘器采用圆筒外壳，梯形扁袋沿圆筒呈辐射状布置，反吹风管由轴心向上与悬臂管连接，悬臂管下面正对滤袋导口设有反吹风口，悬臂以扁袋除尘器中心为回转圆心，由回转机构带动缓慢旋转，对滤袋进行反吹清灰。

(2) 回转反吹扁袋除尘器的工作原理。

含尘气体以一定流速切向进入除尘器过滤室上部空间的蜗壳旋风卷，粗颗粒和凝集粉尘在离心力作用下沿筒体内壁落入灰斗，细微粉尘则随气流弥散在过滤室滤袋间空隙，被滤袋阻留在袋外，净化气体通过花板上滤袋导口进入清洁室，由排气口排出。附着在滤袋外表面的粉尘随着过滤过程的进行而逐渐增多，气流通过滤袋的阻力也逐渐加大。当达到一定阻力时，由反吹风机、脉动阀及旋臂组成的反吹清灰机构喷出足够动量的反吹气流，通过脉冲阀经转臂喷吹口吹入滤袋导口，阻挡过滤气流并改变袋内压力工况，引起滤袋实质性振动，拌落附着在滤袋外表面的粉尘，旋臂分圈逐个反吹。当滤袋阻力降到一定值时，自动停止反吹清灰机构运行。

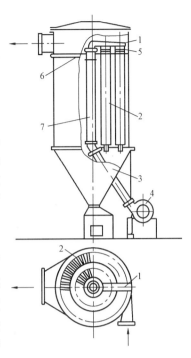

图 7-37　回转反吹扁袋除尘器结构示意

1—悬臂风管；2—滤袋；3—灰斗；
4—反吹风机；5—反吹风口；6—花板；
7—反吹风管

回转反吹扁袋除尘器在相同过滤面积下滤袋占用的空间体积小，即提高了单位体积的过滤面积。扁形滤袋性能好，寿命长，清灰自动化效果好，运行安全可靠，维修方便。

4. 气环反吹袋式除尘器

(1) 气环反吹袋式除尘器的结构。

气环反吹袋式除尘器是以高速气流通过气环反吹滤袋的方法达到清灰的目的。它主要由外壳体、气环箱，反吹风机、滤袋及排尘装置组成，如图 7-38 所示。

气环箱紧套在滤袋的外部作上下往复运动，运动速度约 7.8m/min，气环箱内侧紧贴滤袋处开有一条环形细缝（气环喷嘴），宽约 0.5~0.6mm。

(2) 气环反吹袋式除尘器的工作原理。

含尘气体由进气口引入上部箱体后进入滤袋内部，粉尘被阻留在滤袋内表面上（即内滤式），被净化后的气体则透过滤袋进入过滤室，经排气管排出。黏附在滤袋内表面的粉尘，被气环喷嘴喷出的高压气流吹掉，落入灰斗中，经卸灰阀排出。气环箱与气源相通，由机械传动装置带动上下往复运动。清灰耗用的反吹空气量约为处理含尘气量的 8%~10%，风压约为 3000~10000Pa。当处理含尘浓度高的粉尘时，反吹空气采用较高压力；当处理较潮湿的粉尘或较黏性的粉尘时，反吹空气可用加热器预热至 40~60℃，以提高清灰效果。

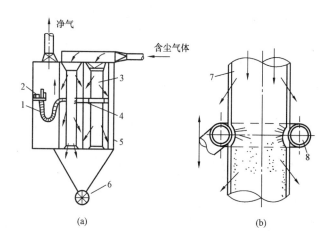

图 7 - 38 气环反吹袋式除尘器

（a）除尘器结构示意；（b）反吹清灰原理

1—软管；2—反吹风机；3—滤袋；4—气环箱；

5—外壳体；6—卸灰阀；7—滤袋；8—气环

第四节 锅炉吹灰系统及其运行

一、吹灰系统及吹灰器的布置

300MW 机组的 1025t/h 亚临界自然循环锅炉吹灰系统配有 52 只炉膛吹灰器、38 只长伸缩式吹灰器、2 只预热器吹灰器及 4 只烟温探针。吹灰器设备及吹灰程控系统是保证锅炉正常运行及性能参数必不可少的手段。

锅炉的吹灰系统由减压站、吹灰器、吹灰管道和疏水管道组成。

减压站包括电动截止阀、气动调节阀、弹簧安全阀等组成。从Ⅰ级喷水减温器后抽出的蒸汽，经气动调节阀后压力减至约 2MPa（视工况要求而定），然后送至各吹灰器。吹灰器前的压力约为 1.2~1.5MPa。

吹灰系统减压站示意如图 7 - 39 所示。

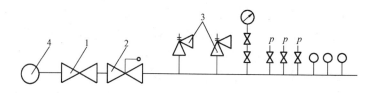

图 7 - 39 吹灰系统减压站示意

1—电动截止阀；2—气动调节阀；3—安全阀；4—汽源

吹灰器分布示意如图 7 - 40 所示。图中编号采用××/××表示时，斜线下方为右侧墙吹灰器，斜线上方为左侧墙吹灰器。

1. 炉室吹灰器布置

炉室共布置 52 只短伸缩式吹灰器，两侧墙各 3 层，每层 4 只，各层标高分别为 16.8、

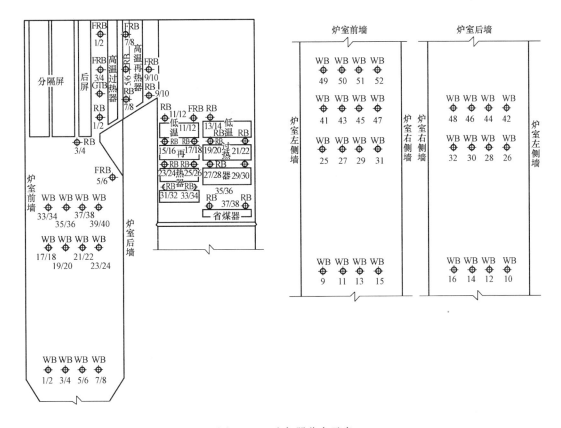

图 7 - 40 吹灰器分布示意

WB—炉膛吹灰器；RB—长伸缩式吹灰器；FRB—预留孔；GTP—烟温探针，仅布置在左侧墙

30.0、37.5m；前墙布置 4 层吹灰器，每层 4 只，各层标高分别为 16.8、30.0、37.5 和 41.66m 处；后墙为 3 层，每层 4 只吹灰器，标高与侧墙相同；在两侧墙标高 44.7m 分隔屏和后屏底部间的下方设置了一对高温长伸缩式吹灰器，在折焰角后下方设有吹灰器预留孔，以备实际运行的需要。

2. 对流受热面吹灰器布置

共布置了 38 只长伸缩吹灰器，一对布置在高温过热器前的水平烟道中；两对布置在高温再热器前；一对布置在水冷壁后墙排管前，靠近水平烟道底部上方，在运行中可清除该区沉积的灰；在低温再热器烟道中，除最上一组管束设置了一对吹灰器及一对吹灰器预留孔（FRB）外，其余三组管束上方均设置了两对吹灰器，为锅炉运行提供了方便；低温过热器共三组管束，第一组管束前上方布置一对吹灰器，第二及第三管束的上方布置两对吹灰器。

实际运行中煤种可能有所变动，故预留了一些吹灰孔，以增强其灵活性。整个后烟井的吹灰器布置数量是比较保守的，以满足运行要求。本锅炉布置了两台容克式空气预热器，在每台空气预热器的烟气侧出口处各布置了一只吹灰器。4 只烟温探针布置在炉膛出口的右侧墙，在锅炉启动阶段，烟温探针伸入炉内，以监测锅炉在升温升压阶段的炉膛出口烟温。烟温探针的型号为 TP - 500 型，其行程为 4500mm，适用于烟温不大于 570℃。一般在汽轮机并网前该处烟温应小于 540℃，如果超过 540℃时，则应适当降低燃油量。当汽轮机并网后，烟温大于 540℃，烟温探针应退出炉内以防止烧坏。

二、吹灰器主要技术参数及管道

1. 吹灰器主要技术参数

如表 7-1 所示。

表 7-1　　　　　　　　　　　吹灰器主要技术参数表

吹灰器名称	长伸缩式吹灰器	炉膛吹灰器	空气预热器吹灰器	吹灰器名称	长伸缩式吹灰器	炉膛吹灰器	空气预热器吹灰器
型　号	IK-525	IR-3	IK-AH	有效吹灰半径（m）	1.5~2	1.5~2	1.5~2
行程（mm）	6500	267	约1200	喷嘴数量	2	1	4
吹灰介质	蒸汽	蒸汽	蒸汽	喷嘴喉径（mm）	22~28	25.4	13~18
吹灰介质温度	350℃	350℃	350℃	喷嘴与吹灰管轴线夹角	90°或前倾15° 90°或后倾15°	后倾3°	90°
汽源压力（MPa）	约4	约4	约4	蒸汽耗量（kg/min）	约36~72	约65	约70
移动速度（mm/min）	1800~3500	310	约90	电机型号	YIK90S-4	A02-6324	A02-6324
转速（r/min）	18~35	2.5（同步）	—	电机功率（kW）	1.1	0.18	0.18
单台工作时间（min）	4~3	（4）	约14				

2. 吹灰管道（参见图 7-41）

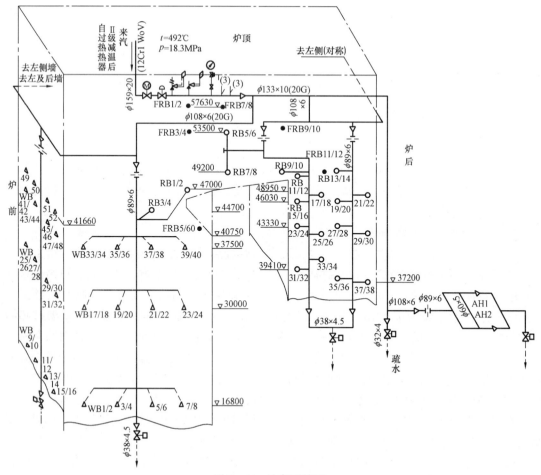

图 7-41　吹灰系统图

（1）RB1～RB38 为伸缩性长吹灰器；FRB1～FRB12 为伸缩性长吹灰器预留孔；WB1～WB52 为炉膛短吹灰器；AH1、AH2 为空气预热器吹灰器。

（2）数字序号表示：斜线上方表示左侧或前墙的对称位置；斜线下方表示右侧或后墙上的对称位置。

蒸汽从 I 级减温器引出后经减压站分成三路，一路至炉室吹灰管路，一路至对流受热面吹灰管路，另一路至空气预热器吹灰管路。

炉室吹灰管路分四条支路，即炉室前墙、炉室后墙、炉室左侧墙和炉室右侧墙，每一条支路的进口均设一流量孔板，减压站后的蒸汽经孔板后其汽压降至 1.18～1.47MPa。

减压站后的第二条吹灰管路是至对流受热面吹灰管路，它被分成四条支路，即后烟井左侧前墙、后烟井左侧后墙、后烟井右侧前墙和后烟井右侧后墙（此处的前后以后烟井隔墙为界）。每条支路进口各设置了一只流量孔板，使蒸汽进入吹灰器时压力为 1.18～1.47MPa。

减压站的另一条吹灰管路为空气预热器吹灰管路，蒸汽经流量孔板后分成左右两路通向布置在锅炉尾部左右两只容克式空气预热器上的吹灰器中，此时的蒸汽压力经节流后降至 0.98～1.47MPa。

3. 疏水管道

考虑到运行和操作方便，整个吹灰器系统设置了八条疏水管道：吹灰器总管疏水；四条炉室疏水管道；后烟井左右侧墙各一条；空气预热器左右吹灰管路合并为一条疏水管道。每一条疏水管路布置一只高温电磁阀进行疏水，疏水管路均接至锅炉两侧，以便与疏水母管相连。

三、吹灰器的运行

1. 吹灰周期

本锅炉的设计煤种为低挥发性贫煤，灰的软化及熔化温度均较高，灰的特性为弱结渣性。因此吹灰周期可暂定每班一次，以后考虑到实际燃煤的变化及运行条件，根据锅炉实际积灰程度定出吹灰的最佳周期，同时可按受热面不同积灰程度采用不同的吹灰次数，如水平烟道处可适当增加吹灰次数或延长吹灰时间。必须引起注意的是，如果因一段时间疏于吹灰而导致锅炉积聚了相当可观的飞灰，再进行吹灰不但会导致吹灰困难，而且会使设备受损。吹灰时锅炉应保持足够高的燃烧率，一般要求吹灰时锅炉负荷不低于 70%MCR，以便吹灰时不致将火吹熄。

2. 吹灰介质压力

前述的吹灰压力为一推荐范围，适用于试运行时的初始压力，最终的吹灰介质压力必须按吹灰效果并经过一段时间的运行试验才能决定。运行时应首先整定需要最高压力的吹灰器，一般为屏区和折焰角上部的长伸缩式吹灰器，根据吹灰压力及管路压降来调整供汽压力（可借助调节阀开度达到，其操作步骤参照程控说明）。由于每条吹灰管路前均装一只可调节的流量孔板，可用它来达到各吹灰器所需的吹灰介质压力。

在锅炉试运行或停运时，必须观察吹灰效果及管子受损情况，以便进一步调整吹灰器的投运次数和吹灰介质压力。

3. 吹灰顺序和时间

在正常的准备工作结束后具备了吹灰条件时，其吹灰顺序按如下步骤进行。

（1）提高炉膛负压（可开大引风机的开度），使炉膛出口处的负压值大致为 97.97Pa。

（2）开启吹灰器系统中的所有疏水阀门，然后打开调节阀前的电动截止阀，并给调节阀以开启信号，开启这两只阀的时间由各阀门动作时间而定。

（3）吹灰器系统的总管及支管的暖管、疏水所花的时间应按实际调试后定，按以往的经验为 15～20min，疏水结束后关闭疏水阀门，时间间隔按疏水阀动作的时间而定。

（4）进行空气预热器吹灰，两台吹灰器同时工作。

（5）受热面吹灰，由于本锅炉布置了 52 只炉室吹灰器和 38 只长伸缩式吹灰器，如果每次投入一对吹灰器，则整个吹灰时间相当长，需要三个多小时才能把整个吹灰器投运完毕。当然不一定每次都要把各个吹灰器轮流吹扫一遍，但为节省吹扫时间，建议每次同时投入两对吹灰器（即每次 4 只吹灰器），这样整个吹灰工作可在两小时内结束。

炉室吹灰顺序，建议原则上按烟气流动方向从前面往后面吹，不能颠倒，具体为：

1）左右侧墙。WB（1、2、5、6）→WB（3、4、7、8）→WB（17、18、21、22）→WB（19、20、23、24）→WB（33、34、37、38）→WB（35、36、39、40）。

2）前后墙。WB（9、10、13、14）→WB（11、12、15、16）→WB（25、26、29、30）→WB（27、28、31、32）→WB（41、42、45、46）→WB（43、44、47、48）→WB（49、50、51、52）。

3）长伸缩式吹灰器。RB（3、4）→RB（5、6、1、2）→RB（7、8、9、10）→RB（11、12、13、14）→RB（15、16、17、18）→RB（23、24、25、26）→RB（31、32、33、34）→RB（19、20、21、22）→RB（27、28、29、30）→RB（35、36、37、38）。

在实际运行中也可根据需要变动，其他型式的锅炉视吹灰器布置情况而定。

（6）待受热面吹灰结束后，向减压站系统发出关闭信号，先关闭减压站总门（电动截止阀）及调节阀，再打开所有疏水阀，约 20min 后再关闭。

按上述吹灰顺序完成对整台锅炉的吹灰过程花费时间较长，为节省总的吹扫时间，可在第（4）步对预热器进行吹灰的同时，对炉室进行吹扫，在对后烟井吹灰到某一过程时再次对预热器同时吹灰，亦可按实际运行情况不必每班对锅炉进行全部吹灰，可分批交错进行，但对水平烟道每班应进行吹灰，以免积灰。空气预热器由于烟温低，如不及时吹灰，波形板之间极易堵塞，因此每班应按上述顺序进行吹扫。

四、对吹灰的程序控制要求

吹灰的程序控制应满足以下的要求：

（1）对该锅炉吹灰的三个部分（空气预热器、水冷壁、对流烟道）的各个区域既能进行区域内单独循环吹灰，也可连在一起进行整体循环吹灰。

（2）当某一区域内局部积灰严重时，还应进行局部循环吹灰或一台单独吹灰。

（3）同时投入工作的吹灰器，在工作中若有一台发生故障，该台能自动停止运行，并能发出事故报警信号。同时其他吹灰器仍可正常进行工作，在动作结束后仍能成对地按原计划循环工作下去。

（4）每次启动减压阀后不管吹扫部位及吹扫时间长短，都要进行暖管及疏水一次。在同一次启动减压阀时间内若吹扫时间太长，为防止待吹的另一部分吹灰管内积水，应考虑有吹灰前再强制疏水一次的功能。

疏水时不能吹灰，以利吹灰质量，中间疏水时间可视实际情况调节，一般在 10min 之内。

（5）总燃料跳闸（MFT）、快速减负荷（RB）时，吹灰程控自动停止工作。

五、注意事项

（1）吹灰器只能吹扫管子上的松散沉积物，而不能去除长期沉积形成的坚硬堆积物，故吹灰器需要及时地、有计划地进行吹扫。在新锅炉经调试投入正常运行前应先确定每班一次的制度，待经过一段时期的试用，对照结灰速度，汽温、烟温的变化及管壁冲蚀程度，来选定适宜的吹扫周期，但绝不允许吹灰器长期不用。

（2）配用吹灰器的管路，减压阀、疏水阀、测量仪器等附件，须经调试合格后方可投入使用，使用后也要经常检查和维修，以保证都处在良好的工作状态中。

（3）吹灰时最好是在锅炉全负荷与 70% MCR 负荷之间进行，若吹扫时负荷过低，不仅易降低炉膛温度，同时对锅炉易造成危害。

（4）无吹扫介质时绝不允许投运吹灰器，若在吹灰过程中遇到失电、电动机故障或其他意外事故，应马上就地手动退回吹灰器，以免烧坏设备。

（5）吹灰器使用一年后应大修一次，在平常维修吹灰器时，也要维修吹灰器电动机。

（6）吹扫时最低压力不得低于 0.78MPa，以保证有足够的能力冷却吹灰管路。

（7）吹灰器的日常维护要求按吹灰器制造厂提供的说明书进行。

第五节　灰渣系统及其运行

火力发电厂的灰渣系统是指将锅炉灰渣斗中排出的炉渣、吹灰器吹下的灰和除尘器捕集下来的飞灰等废料经收集设备、输送设备排放至灰场或者运往厂外的全部过程。图 7-42 是火力发电厂灰渣系统的流程图。

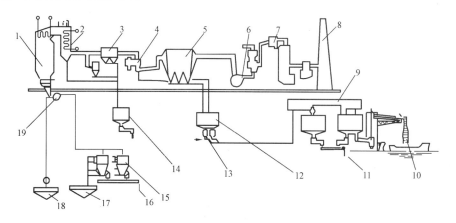

图 7-42　火电厂灰渣系统流程

1—锅炉；2—省煤器（再热器）；3—脱硝装置；4—空气预热器；5—电除尘器；6—引风机；7—脱硫装置；8—烟囱；9—分级系统；10—落管；11—出灰口；12—中间仓；13—仓泵；14—筒仓；15—脱水仓；16—出渣口；17—沉淀池；18—贮水池；19—灰渣泵

目前电厂的除灰方式，有水力、气力和机械三种基本除灰方式。除灰方式的选择是要根据炉型、除尘器类型、灰渣综合利用的要求、水量的多少及灰场的距离等因素来综合考虑。也可同时采用两种或三种联合的除灰方式。目前多数电厂采用的是水力除灰方式。随着灰渣综合利用程度的提高，气力除灰越来越被更多的电厂采用。

一、水力除灰渣系统

水力除灰渣是以水为输送介质，水泵将水提升压力后，水流与灰渣混合并通过灰沟或管道输送至灰场。水力除灰系统通常由排渣、冲渣、碎渣、冲灰、输送设备、输送管道和阀门等部分组成。水力除灰渣系统的机械化程度较高，灰渣能迅速、连续、可靠地排到储灰场，在运送过程中不会产生灰尘飞扬现象，因而有利于改善现场的环境卫生。

对大型电厂的煤粉炉，燃煤生成的灰约占整个灰渣量的80%~90%，而渣量仅占10%~20%，但渣的水力输送浓度不能过高，大多低于10%，而灰的输送浓度可提高到40%或更高，所以对远距离水力除灰系统多采用灰渣分除的方式，即将细灰和炉渣分别用单独的系统输送，如图7-43所示。

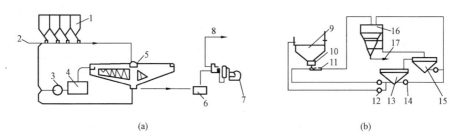

(a)   (b)

图7-43 自流沟灰渣分除系统
(a) 除灰；(b) 除渣

1—除尘器；2—冲灰水；3—循环水泵；4—循环水池；5—耙式浓缩机；6—灰渣池；7—柱塞泵；
8—至灰场；9—渣斗；10—碎渣机；11—喷射泵；12—除灰渣补给水泵；13—贮水槽；14—灰浆泵；
15—沉淀箱；16—脱水槽；17—至卡车或皮带输送机

(一) 除渣系统

1. 炉底渣系统

炉底渣由直接装在炉膛下部的两个渣斗收集，每个渣斗下装设一台水浸式刮板捞渣机连续将渣排出，经碎渣机破碎后落入渣沟。

捞渣机是连续高效的排渣机械，它与安装在渣斗下方的关断门相结合形成了一个独立的密封系统。由于密封条件的改善，相应地提高了锅炉的热效率。因为是连续除渣，所以系统排渣均匀，运行稳定，用水较少，同时也改善了运行人员的劳动条件。

每台捞渣机上设有连续补给冷却水源，使其壳体内保持一定的水容量，炉渣下落后即淬冷碎裂。正常运行时水温在60℃左右。若炉内结焦下落时，由于排渣量的增加，捞渣机内水温将超过60℃。此时安装在捞渣机上的温度触点将信号反馈到值班室，值班人员即开启补给水电动门，补充部分冷却水，当水温下降后应随即关闭电动门，及时控制冷却用水，保证运行经济性。

2. 渣斗内衬及水密封槽冷却水系统

锅炉渣斗密封槽及内衬设置了水封及连续冷却水，其水源接自全厂工业水泵出口的压力澄清水，以保证密封槽的清洁和内衬冷却水源畅通。密封槽反冲洗水接自密封冷却水泵至捞渣机的冷却水管，反冲洗排水直接排入捞渣机内。

3. 省煤器灰斗排灰

省煤器灰斗正常排灰量为总灰量的5%，采用箱式冲灰器连续排放。由于锅炉省煤器与空气预热器布置在同一平面上（仅上、下层之分），给省煤器灰斗排灰带来较大困难，只能采取箱式冲灰器高位布置方式，运行中应加强检查维护管理，严防管路泄漏。

4. 渣的脱水利用

当炉底渣综合利用时，由安装在渣沟上的切换闸门将渣排入渣浆小室的缓冲池内，由渣浆泵排入脱水仓内，装满后经6h脱水，使含水率降至23%左右即可排出，由汽车外运，脱水仓配置两个，交替进渣和排渣。

脱水仓的操作应严格按编制程序进行，不得随意改变操作程序，保证排渣阀门严密和密封圈完好。控制室设在两个脱水仓之间。

（二）除尘器细灰的排除及运行方式

1. 控制程序编制原则

为了提高排浆浓度，采取程序控制排灰方式，应按照下列编制原则操作：

（1）每炉除尘器分A、B两组，每组Ⅰ、Ⅱ、Ⅲ电场各分为三个单元，每一单元含四个灰斗。

（2）Ⅰ电场A、B两组共两个单元，交替运行，每单元运行时间整定为4h，排灰周期为8h。按计算灰量和排灰设备出力只需运行3h，间歇1h后再交替投入下一单元。预留此富裕时间是考虑适应煤质变化和排灰不均等因素的影响。

（3）Ⅱ、Ⅲ电场A、B两组共四个单元，每次允许一个单元排灰，运行时间整定为4h，实际排灰量间隔约0.5h。

（4）正常运行各单元均用时间继电器的整定值控制设备启动，用低灰位信号控制停止，高灰位信号用作报警及启动。

（5）电气除尘器故障时的排灰方式：

1）当Ⅰ电场发生故障时，仍有少量自然沉降灰量，可仍按原程序运行，运行时间整定值为4h。此时只是排灰时间缩短，低料位信号提前动作。

2）对应于Ⅰ电场故障的Ⅱ电场，此时排灰量增加，改用高灰位信号控制设备启动运行，仍以低灰位信号停止，每单元运行时间约4h。

3）Ⅲ电场仍维持原工况运行

（6）每单元的排灰设备均可解除连锁，在控制室内对设备单独进行远方操作。

2. 正常运行方式

系统运行框图如下：

除尘器灰斗 → 电动锁气器 → 电动三通挡板 → 空气斜槽 → 水力喷射泵 → 灰沟

除尘器灰斗内细灰，由电动锁气器卸入三通挡板甲侧，再落至空气斜槽，由经过加热的空气输送至水力喷射泵，混合成1:1.5左右的灰浆后排入灰沟。

空气斜槽具有磨损轻、维护方便、耗电省、结构简单、检修工作量少、用料省、无噪声、运行安全可靠等优点，但对其安装使用必须符合设计要求：

（1）输送灰料表面水分不得高于0.6%。

（2）倾斜布置斜度要求达到7%。否则，可能引起输送淤滞甚至堵塞。因此系统内设置了空气加热装置——电加热器，以保证进入空气的干燥，并通过密布孔隙的透气层到达灰料内，将灰料悬浮使其流态化而沿斜面下滑，达到输送的目的。

空气斜槽在运行中应注意以下几点：

（1）加热空气温度在 60 ~ 70℃为宜，过高易烤坏透气层编织物。

（2）空气斜槽与其他输送机械不同，输送量过少，灰层太薄，灰料流动状况过差。理想的灰层厚度为 40 ~ 100mm。

（3）在启动电动锁气器卸灰前，应先启动加热器及风机，5min 后再给灰，停止卸灰 15min 后再关闭加热器及风机，以保持透气层清洁。

（4）保证透气层的清洁干燥，是灰料输送流畅的重要因素。当锅炉需投油燃烧时，煤灰中带有黏结的悬浮物，如容易黏附在斜槽透气层上，使流动发生阻滞，此时宜采用箱式冲灰器排灰。

3.异常工况运行方式

系统运行框图如下：

电除尘器灰斗 → 电动锁气器 → 电动三通挡板 → 箱式冲灰器 → 灰沟

采用箱式冲灰器排灰方式，无疑要增加除灰用水量及电耗。因此应采用程控或控制室手操方式按所编程序投入运行。如以上两工况运行确有困难，则Ⅰ电场各箱式冲灰器只开一个冲灰水喷嘴进行连续排放，Ⅱ、Ⅲ电场因灰量较少，采用人工启停，间断运行，两电场每次只允许开启一个单元，以严格控制排灰水量。

（三）供水系统

冲洗水泵和密封冷却水泵系统一般设在主厂房固定端煤仓间内。水泵布置在地下，采用灌水方式运行。冲洗水泵安装三台，按冲灰冲渣的实际用水量可一台或两台同时连续运行，另一台备用。密封冷却水泵作为炉底渣的冷却水封用水，一台运行一台备用。

为了保证水力喷射泵进水水质的清洁，以免堵塞环形水室内喷嘴，每炉均配置一套双层砾石过滤器，其中一层运行，另一层反冲洗及备用。

各种泵均设有连锁装置，水泵、渣浆泵以及捞渣机、碎渣机的监视运行指示及故障声光信号等集中布置在两炉之间的磨煤机值班室小室内。

（四）灰渣向外排放系统

当采用灰渣混除时，炉底渣及除尘器下细灰经灰渣沟汇流灰渣泵房前的缓冲池内，由灰渣泵排入灰场。灰渣泵共装三组，每组均为三级串联运行。正常情况下只需要一组运行，两组备用。每组串联泵的末级均配有调速型液力耦合器，随时可调节流量工况的变化，达到安全经济运行的目的。泵房内还设有一级、二级轴封水泵，分别为一台运行、一台备用。第一级轴封水泵供一、二级灰渣泵的轴封用水；第二级轴封水泵供第三级灰渣泵的轴封用水，并相应与各级灰渣泵连锁。

二、气力除灰系统

气力除灰是一种以空气为载体，借助于某种压力设备（正压或负压）在管道中输送粉煤灰的方法。它与水力除灰相比具有以下特点：①可节省大量的冲灰水；②由于水与灰不接触，灰的固有活性及其他物化特性不受影响，对综合利用有利；③减少灰场占地面积也不会污染灰场周围环境及地下水；④设备简单、人员少、自动化程度较高；⑤动力消耗较大，管道磨损严重；⑥输送距离受限制。

目前应用较多且成熟的气力除灰方式主要有以下几种。

（一）大仓泵正压气力除灰系统

1．系统配置

大仓泵正压气力除灰系统由供料设备、气源设备和集料设备以及管道控制系统组成。供料设备由电动锁气器、干灰集中设备与仓式气力输送泵组成，多采用集中供料式，即多只灰斗共用一台仓泵。电动锁气器起着连续定量给料和隔绝上下空气的作用。干灰集中设备是将多只灰斗的灰汇集在一起，送到共用仓泵中，常用的有空气斜槽、螺旋输送机和埋刮板机等。

气源设备采用较多的是空压机组、罗茨风机或其他高压风机，集料设备多为结构简单的布袋除尘，它通常安装在灰库顶部。

2．系统布置

图7－44为某燃煤电厂大仓泵正压气力除灰系统图。该系统为单炉双电除尘器，每台电除尘器为双室三电场结构。系统设置粗、细两条输灰管道，分别将粗、细灰分输、分储至粗、细灰库。

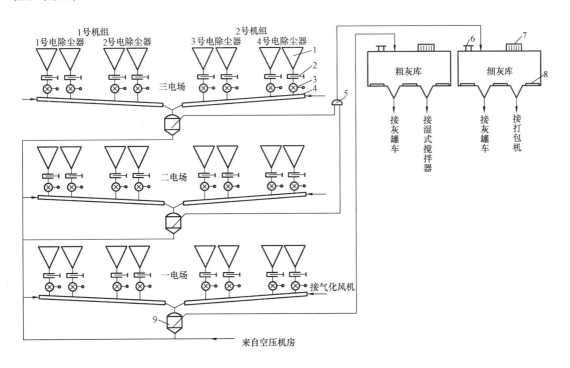

图7－44　大仓泵正压气力除灰系统
1—灰斗；2—插板门；3—电动锁气器；4—空气斜槽；5—出料阀；6—压力释放阀；
7—乏气布袋收尘器；8—库底气化板；9—大仓泵

以一电场粗灰为例：干灰分别从1、2号两台电除尘器的灰斗下来。1号电除尘器的4只灰斗的干灰经插板阀、电动锁气器进入一条空气斜槽，2号电除尘器4只灰斗的干灰经另外的插板阀、电动锁气器进入另一条空气斜槽。两条空气斜槽共用一台大仓泵，当干灰进入仓泵并与来自空压机的压缩空气混合后，形成具有较高压力的灰气流，随后沿输灰管道被送入粗灰库，库内乏气通过库顶布袋除尘器，细灰被过滤下来，清洁空气排入大气。灰库库顶还有一只压力释放阀，其作用是维持库内外压力差在设计范围之内。

由于二、三电场收集的干灰量只占 20% 左右，因此二、三电场的细灰先分别进入各自的仓泵和相应的支灰管，然后再汇集到同一条母管被送入细灰库。

由于该系统属正压运行，可以输送的容量较大（最大 200t/h）、距离较长（2000m 左右）、输送灵活；但其动力消耗大，系统密封要求严格，每台运行仓泵应当配一台空压机（即单机对单泵）。采用该系统的有宝钢、福州、昆明等电厂。

（二）负压气力除灰系统

1. 系统配置

该系统利用抽气设备的抽吸作用，使系统内产生一定负压，当灰斗内的干灰通过电动锁气器落入供料设备时，与吸入供料设备的空气混合，并一起吸入管道，沿输送管到达灰库，在灰库顶部，空气和干灰被分离设备分离，干灰落入灰库，清洁空气通过抽气设备重返大气。

负压气力除灰系统的供料设备装在电除尘器的每只灰斗下，它常用的是除灰控制阀或受灰器。目前采用除灰控制阀较多，控制阀与电除尘器灰斗间可只装设手动插板门。当采用除灰控制阀的系统配有多根分支管时，在每根分支管上应装设切换阀，且应尽量靠近输送总管。每根分支管终端还应设有自动进气门。

负压气力除灰系统的抽真空设备可选用回转式风机或真空泵，通常安装在灰库顶部。灰库顶部还设置有两级收尘器，第一级为高浓度旋风分离器，第二级为布袋收尘器，其排灰宜通过锁气器接入灰库。抽真空设备进口前的抽气管道上应设真空破坏阀，以保证系统设备的安全。

2. 系统布置

负压气力除灰系统如图 7-45 所示。由图可知该系统无需借助干灰集中设备，多只灰斗可以共用一条输灰母管，将灰同时或依次送入灰库。由于该系统是负压运行，也不需担心灰的泄漏问题。供料设备结构简单、体积小，占用空间高度小，适宜电除尘器灰斗下空间小不能安装仓泵的场合，且供料设备正处在系统始端、真空度低，对气封要求不高。而灰气分离设备处在系统末端，真空度高，对密封要求也高，使设备结构复杂。该系统出力和输送距离受真空极限的限制都不高（输送距离不超过 200m），因为浓度与输送距离越大、阻力也越大，要求输送管内的压力越低，空气也越稀薄，携载灰粒的能力也就越低。

广东珠江电厂一期 2×300MW 机组中 1 号炉除灰系统即采用负压干除灰系统。

（三）微正压气力除灰系统

图 7-46 是微正压气力除灰系统图。该系统利用风机产生 0.1~0.14MPa 的输送风压，使干灰通过气锁阀后直接送至灰库，也不需干灰集中设备。气锁阀可以调节灰斗与除灰管之间的压力，保证干灰能从压力较低的灰斗流入压力较高的除灰管道。该系统的输送量和输送距离都比负压系统大，同时简化了灰库库顶的灰气分离设备。不足之处在每个灰斗下需要较大空间来安装气锁阀，基建投资较高。

目前采用该系统的有南通、平圩、北仑港、吴泾、石洞口等电厂。

以上几种基本干式气力除灰系统各有其优缺点，具体应用时可以将它们进行组合，以获得较好的经济效益。

（四）高浓度气力除灰技术

目前人们共同关心的重要课题是如何提高灰气混合比，提高出力、降低能耗，减少空气消耗量和管道的磨损量。而输送管道中的灰气混合物的速度是一个重要因素，流速高能耗高磨损快，流速低易造成管内堵塞，针对这个难题相继推出实用的高浓度气力除灰技术（主要

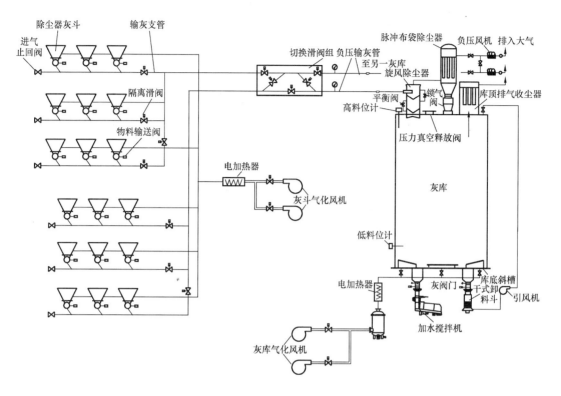

图 7-45 负压气力除灰系统布置

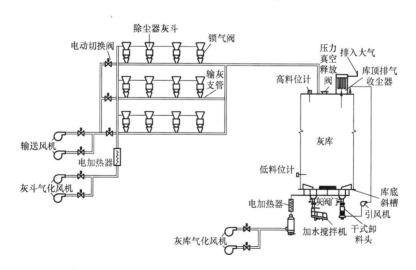

图 7-46 微正压气力除灰系统

针对正压系统）如紊流双套管系统、脉冲栓流系统、DEPAC 仓泵系统、芬兰纽普兰的 "L"泵、"T" 型泵、英国的克莱德 AV 泵、PD 泵等。

1. 紊流双套管气力除灰技术

采用紊流双套管的除灰系统与常规正压除灰系统基本相同，即通过仓泵把压缩空气的能量传递给被输送物料，克服沿程各种阻力，将物料送往储料库。不同点在于输送管道的结构特殊，使输送管的输送空气保持连续紊流，它是靠采用第二条管道来实现的。即大管道中套了一根小管道，且布置在大管道的上部，在小管道的下部每隔一定距离开有一扇形缺口，并在缺口处装有圆形孔板。正常输送时大管主要走灰，小管主要走气，压缩空气在不断进入和流出内套小管上特别设计的开口及孔板的过程中形成剧烈的紊流效应，不断扰动物料，低速输送会引起物料在管道中堆积，造成相应管道截面压力降低，迫使空气通过内套小管排走，

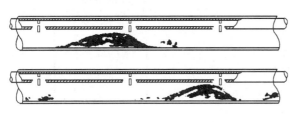

图 7 - 47　紊流管内的密相输送原理图

内套小管中的下一个开孔的孔板使"旁路空气"改道返回大管中，此时增强的气流将吹散堆积的物料，并使之向前移动，以这种受控方式产生扰动，从而实现低速输送物料而不堵管。图 7 - 47 为紊流双套管正压气力除灰系统工作原理图。

该项技术是由德国汉堡莫勒公司（MOLLER）研制成功。浙江嘉兴电厂 2 × 300MW 机组首次应用，其后河北三河电厂（2 × 350MW）、山西河津电厂（2 × 350MW）、华能江苏太仓电厂（2 × 300MW）的干灰气力除灰系统均相继采用。

2. 脉冲栓流气力除灰技术

脉冲栓流气力输送也是一种低流速、低能耗、低磨损、高浓度、高出力、高效率、物料适应范围广的气力输送技术。其采用脉冲栓流气力输送泵的工作原理是：将物料装入栓流泵罐内，在压缩空气作用下，物料从罐体排料口排出，进入排料管道，在管道中形成连续的较为密实的料栓。气刀在脉冲装置的控制下间歇动作，将料柱切割成料栓，在输送管中形成间隔排列的料栓和气栓，料栓在其前后气栓的静压差作用下移动，该过程循环进行，形成栓流气力输送。

该项技术由电力建设研究所研究并制造了栓流气力输送泵等关键设备，湖北汉川电厂（4 × 300MW）在 2 号机组除灰系统中安装了该系统。

3. 小仓泵气力除灰技术

目前国内应用小仓泵气力除灰技术的电厂已超过大仓泵系统，它主要有从瑞典菲达公司引进的 DEPAC 小仓泵正压气力除灰系统和从澳大利亚 ABB 公司引进的小仓泵正压气力除灰系统，它们的输送机理相近，性能优越。

小仓泵正压气力除灰系统是结合流态化和气固两相流技术研制的，是一种利用压缩空气的动压和静压能联合输送的高浓度、高效率气力输送系统。其输送技术的关键是必须将物料在小仓泵内得到充分的流态化，而且是边流态化、边输送，改悬浮式气力输送为流态化气力输送，因此系统整体性能指标较常规气力除灰系统好得多。

仓泵控制采用 PLC 程序控制。正常情况下，仓泵进料阀，进气阀和出料阀关闭，仓泵内部与除尘器灰斗相通，飞灰源源不断进入仓泵。当仓泵内料满，仓泵料位计发出料满信号，PLC 接到信号后发出指令，关闭进料阀，打开进气阀，压缩空气通过流化盘均匀进入仓泵，仓泵飞灰充分流态化，同时压力升高。当压力升高至双压力开关上限时，则仓泵出料阀打开，仓泵内灰气混合物通过出料阀进入输灰管道，并送至灰库，随着仓泵内灰量减少，仓泵内压力也随之下降，至双压力开关下限后，再延续一定时间吹扫管道，然后关闭进气阀和出料阀，打开进料阀，开始另一次循环。

该系统已在珠江电厂一期 2×300MW 机组中 2 号炉上应用，是从澳大利亚 ABB 公司引进的小仓泵正压浓相除灰系统。此外，江苏常熟电厂 2×300MW、四川广安电厂 2×300MW 机组也应用了国产的设备。

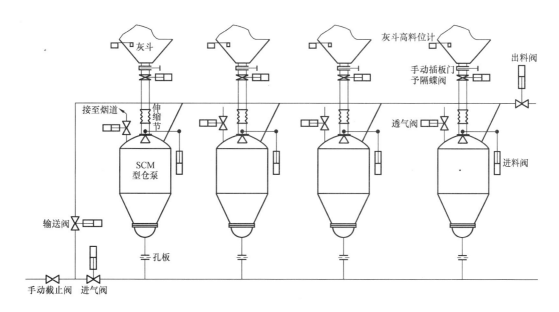

图 7-48　多泵制正压气力除灰系统示意

4. 多泵制正压气力除灰技术

多泵制正压气力除灰系统以 SCM 型上引式密相输送泵为发送设备，由多台仓泵组成一个输送单元，输送过程中同一单元的仓泵采取同步运行方式，一个输送单元的仓泵为一个运行整体，一个输送单元只设置一组进气阀组件、一个出料阀，其控制方式与对单台仓泵的控制类似。该系统示意如图 7-48 所示。江苏天生港电厂、江西景德镇电厂的干灰除灰系统均为此系统。

5. 助推式高浓度气力除灰技术

助推式高浓度气力除灰系统，是在输灰管道上按一定间隔距离分布安装若干只助推器。输送用气的一部分进入仓泵，它只是起到将物料推进管道的作用。另一部分空气通过助推器直接进入管道，这部分空气可使物料获得克服管道阻力所必须的能量。因被输送的物料在管道中呈集团流态或栓状流态，而非完全悬浮状态，物料运动速度低，克服管道阻力的能量主要是压能，从而可大大降低系统的耗气量，并可减小管道的磨损。即使物料在管道中发生停滞，无论输送距离有多远，助推器都能使之重新启动。

图 7-49 为美国空气动力公司 FD-CHEKI 型助推器结构原理图。该助推器具有止回功能，

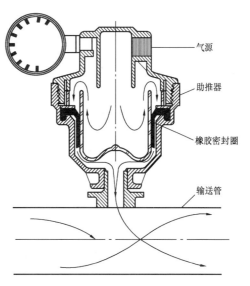

图 7-49　FD-CHEKI 型助推器结构原理

即只允许高压空气进入输送管，而被输送物料不会流回空气母管。助推器的沿程布置实际上是对物料进行分段输送，从而使输送系统运动更加稳定、可靠。图 7 - 50 为装有助推器的满管输送方式的除灰系统。

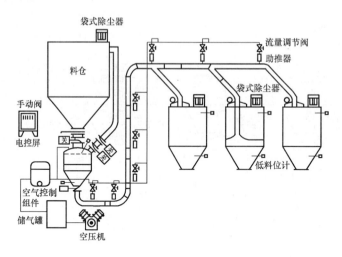

图 7 - 50　满管型助推式输送除灰系统

6. 纽普兰及克莱德气力输送技术

芬兰纽普兰（Pneuplan）公司和英国克莱德（Clyde）公司提供的高浓度密相干灰输送系统和设备相近。目前国内应用的电厂有云南曲靖电厂、太原第一热电厂、广东沙角 A 厂、贵州安顺电厂等。现以贵州安顺电厂采用的克莱德系统为例作简要介绍。该厂装机容量为 $2 \times 300MW$。

克莱德公司擅长生产正压浓相输送设备，其特点是输送灰气比大、速度低，气力除灰阀是采用该公司的专利——圆顶阀。

除灰系统采用中间仓集中两级输送，如图 7 - 51 所示。该电厂电除尘器为三电场，每电场有 8 个灰斗。电除尘器灰斗的干灰用 AV 泵分别集中至粗灰中间仓和细灰中间仓。其中一电场四台泵串为一组交错运行，直接进入粗灰仓，二、三电场八台泵串为一组，既可进入细灰仓，也可切换进入粗灰仓。中间仓容积较小，起过渡作用。中间仓设在两台炉之间，使第一级 AV 泵的输送距离尽量短，通过中间仓用两台 TD 泵供粗灰，一台 PD 泵供细灰，长距离输送至终端储运灰库，其中一台 TD 泵为备用。

圆顶阀是该公司的专利产品，泵的进、出口和排气阀均采用圆顶阀。圆顶阀的外壳是铸铁结构，内部两个不锈钢转轴上装有可旋转的圆顶部铸铁阀芯，在阀的顶部的夹圈上装有一个独特的冲

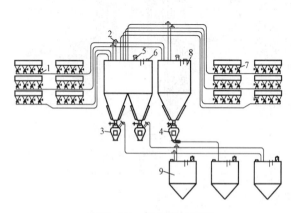

图 7 - 51　气力除灰系统

1—AV 泵；2—库顶切换阀；3—TD 泵；4—PD 泵；5—布袋除尘器；
6—压力释放阀；7—除尘器灰斗；8—中间灰库；9—灰库

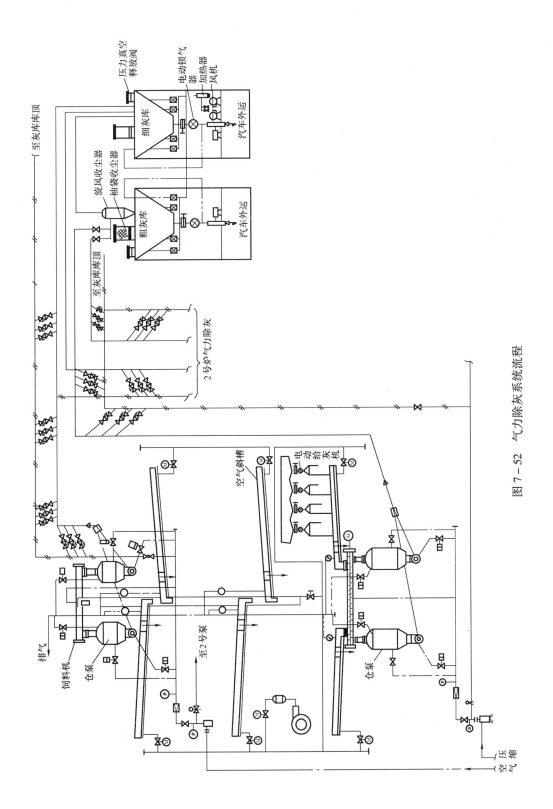

图 7 - 52　气力除灰系统流程

气密封圈。驱动装置有气缸和旋转叶轮两种形式。

运行时除尘器的灰由灰斗直接进入 AV 泵，第一个 AV 泵带有进气组件，称为主 AV 泵，最后一个带有出口圆顶阀的称为出口 AV 泵，中间没有这两种设备的称为副 AV 泵。

一、二电场除尘器灰斗内设有料位计，当一组灰斗某个灰位达到料位计高度时，该组所有 AV 泵开始进灰。三电场灰斗不设料位计，输送循环由时间控制。除灰开始时，AV 泵入口圆顶阀打开，落灰开始，当达到设定时间后，入口圆顶阀关闭，而后该组 AV 泵出口圆顶阀和进气阀打开，用压缩空气除灰到中间仓，当除灰管内压力将到设定值时，关闭出口阀和进气阀，完成一个除灰循环。AV 泵由程序控制自动工作。

PD 泵与 PD 泵的入口圆顶阀保持常闭。泵上方的灰中间仓内设置有料位计，当灰仓中的灰覆盖料位计时，除灰循环开始，泵的入口圆顶阀、排气圆顶阀打开，灰进入泵内。泵内也设有料位计，当灰位达到料位计高度时，PD 泵入口圆顶阀和排气阀关闭，进气阀打开，在出口阀关闭的情况下进行加压，当压力达到额定值时，出口阀打开将细灰输送到细灰库；而TD 泵当灰位达到料位计高度时，入口阀和排气阀关闭，进气阀和加压阀打开，对 TD 泵进行快速加压，同时打开出口阀，将粗灰输送至粗灰库。当除灰管道内压力降到设定值时，关闭出口阀和进气阀，打开排气阀，完成一个除灰循环。PD 和 TD 泵也是由程序控制自动工作。

（五）综合利用除灰系统

某电厂采用电除尘器时的气力除灰系统参见图 7 - 52。其运行流程为干灰由电场灰斗通过电动锁气器和电动三通挡板进入空气斜槽，然后经过饲料机到达仓泵，在仓泵的作用下，粗、细干灰沿着灰管分别被输送到粗、细灰库中，最后通过汽车外运。

在粗灰库顶部装有旋风分离器，其目的是将Ⅰ电场除下的部分细灰回收到细灰库。当旋风分离器分离效果较差，排除的细灰不符合要求时，则切除旋风分离器直接将灰排入粗

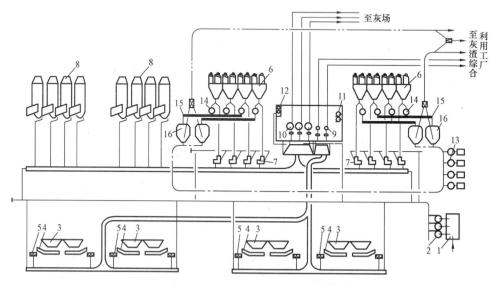

图 7 - 53　大型火电厂综合除灰系统

1—冲灰水池；2—冲灰水泵；3—渣斗；4—刮板除渣机；5—碎渣机；6—干式除尘器；7—箱式冲灰器；

8—湿式除尘器；9—渣泵；10—灰泵；11—轴封水泵；12—排污泵；13—空压机；14—电动锁气器；

15—螺旋输送机；16—仓泵

灰库。

　　图7-53为某大型电厂采用水力除灰和气力除灰的综合除灰系统。锅炉底部渣斗的炉渣被刮板除渣机排出，经碎渣机破碎后在水力冲击下沿渣沟流入灰渣泵房，同样湿式除尘器的灰也被排出沿灰管流入灰渣泵房，在灰渣泵的作用下输送至灰场或综合利用。干式除尘器排出的干灰经螺旋输送机进入仓泵，在气力作用下至灰库或综合利用。干式除尘器集灰斗下还装有切换挡板，通过箱式冲灰器可以改向水力除灰沟排灰。

第八章 锅炉送、引风机及一次风机

在火力发电厂中，需要许多风机配合主机运行，才能保证整个电厂的安全与经济运行。常用的风机有离心式和轴流式两种。按作用分为送风机、引风机、一次风机和排粉风机等。

目前，引进型300MW机组所用风机都不同程度地采用了新技术、新工艺和新材料以提高其运行的效率和可靠性。国内风机制造厂引进国外技术概况如表8-1所示。国内电厂送、引风机的使用情况如表8-2和表8-3所示。

表8-1 国内风机制造厂引进技术概况

制 造 厂	引 进 技 术			备 注
	国 别	公 司	风 机 类 别	
沈阳鼓风机厂	丹 麦	NOVENCO	VARIAX 动叶可调轴流式	
	德 国	KKK	AN 静叶可调轴流式	
	日 本	川崎	离心斜流式	
上海鼓风机厂	德 国	TLT	动叶可调轴流式	
武汉鼓风机厂	日 本	三菱	动叶可调轴流式	
成都电力机械厂	德 国	KKK	AN 静叶可调轴流式	
山东电力修造厂	英 国	HOWDEN	动叶可调轴流式	合作生产
陕西鼓风机厂	瑞 士	苏尔寿	轴流压缩机	合作生产

表8-2 国内300MW机组送风机使用情况

电 厂	型 式	型 号	制 造 厂	技 术 来 源
石横电厂	动叶可调轴流式	FAF20 - 10 - 1	上海鼓风机厂	引进技术
黄台电厂	机翼形双吸入口	FDF	日本三菱	
黄台六期工程	离心式	G4 - 80No31 $\frac{1}{2}$ F	成都电力机械厂	
邹县电厂	动叶可调轴流式	FAF23.7 - 13.3 - 1	上海鼓风机厂	引进技术
姚孟电厂1号、2号		FAF23.7 - 13.3 - 1	德国 TLT	
姚孟电厂3号、4号		AP1 - 20/12	德国 KKK	
元宝山电厂1号		AP1 - 28/18/23		
汉川电厂1号、2号		ASN - 2070/900	沈阳鼓风机厂	
沙岭子电厂		FAF20 - 10.6 - 1	上海鼓风机厂	引进技术
望亭电厂		ASN1950/1000	丹麦进口	
谏壁电厂		FAF23.7 - 13.3 - 1	上海鼓风机厂	进口转子
		FAF23.7 - 13.1 - 1		引进技术
石洞口电厂		FAF20 - 10 - 1	上海鼓风机厂	引进技术

表8-3 国内300MW机组引风机使用情况

电　厂	引风机型式	引风机型号	制　造　厂	技术来源
石横电厂	双吸双速离心式	$Y4-2\times73No28\frac{1}{2}F$	沈阳鼓风机厂	
黄台电厂	单级双吸离心式	AL15-R273DWDL	日本三菱公司	
黄台六期工程	双吸双支承单速离心式	$Y4-2\times73No28F$	成都电力机械厂	
邹县电厂1号、2号	动叶可调轴流式	SAF28-16-1	上海鼓风机厂	引进技术
姚孟电厂1号、2号		SAF28-16-1	德国TLT公司	
姚孟电厂3号、4号	静叶可调轴流式	AN28eb	德国KKK公司	
汉川电厂1号、2号	动叶可调轴流式	ANS-2880/1800	沈阳鼓风机厂	引进技术
元宝山电厂1号	静叶可调轴流式	AN31eb	德国KKK公司	
大坝电厂		AN31eb	成都电力机械厂	引进技术
沙岭子电厂		YZJ 3000/2140	成都电力机械厂	
渭河电厂		YZZ 3000/2100	山东电力修造厂	
望亭电厂	动叶可调轴流式	ASN-3000/2000	沈阳鼓风机厂	
望亭电厂（燃油机组）		ASN-3000/2000N	丹麦进口	
谏壁电厂		SAF28-18-1	德国进口	TLT公司
谏壁电厂		SAF28-18-1	上海鼓风机厂	引进技术
石洞口电厂		SAF28-16-1	上海鼓风机厂	引进技术

第一节　轴流式送风机

送风机的作用是向炉膛供给燃烧必需的空气，其风压一般不超过14715Pa（1500mmH$_2$O），所输送的空气是在接近室温下进行的，工作介质一般比较洁净，因此与一般通风机的要求相同。引进型300MW锅炉机组一般采用轴流式送风机，它具有结构紧凑，占地面积小，调节方便，可调叶片高效运行范围宽等优点。

下面以上海鼓风机厂、武汉鼓风机厂和沈阳鼓风机厂生产的送风机为例说明引进型300MW机组常用送风机的型式和参数，三厂家生产的送风机均为液压动叶可调轴流风机。

1．送风机的技术规范

（1）型式。液压动叶可调式，其型号分别为：

上海鼓风机厂，FAF22.4-12.6-1；

武汉鼓风机厂，ML-H1-R95/198；

沈阳鼓风机厂，ASN-2070/900。

武汉鼓风机厂生产的送风机和引风机装置性能规格如表8-4所示。

（2）送风机的技术参数如表8-5所示。

（3）布置及安装方式。上海鼓风机厂FAF22.4-12.6-1和武汉鼓风机厂ML-H1-R95/198送风机均采用卧式（水平）室内布置，进气室左右45°（与水平夹角）各一台，风机与电动机直接安装于混凝土基础上。送风机进气室前无弯道，扩压器后应尽量满足3倍左右当量直径的直管段，入口消声器布置在水平管道上。

表 8-4　　　　　　　**武汉鼓风机厂生产的送风机和引风机装置性能规格表**

项　目	内　容	送风机	引风机
主机参数	型　号	MI-H1-R95/198	ML-H1-R170/283
	转速（r/min）	1448	985
	飞轮力矩〔GD²/（kg·m²）〕	510	12000
主电机	型　号	Y500-54-4	YKK710-6
	功率（kW）	1000	1800
	同步转速（r/min）	1500	1000
	电压（V）	6000	6000
	联轴器	刚性	挠性
油站	油箱容积（L）	300	680
主润滑油泵	型　号	GB-B40	
	连接方式	弹性柱销联轴器	
冷却风机	型　号		9-26-11N04
	件数（台）		2
	电机功率（kW）		5.5
	电机转速（r/min）		2900
电动执行器	型　号	AP-P	AP-P

表 8-5　　　　　　　　　　　**送风机的技术参数**

制造厂	型　号	流量（m³/h）	压力（kPa）	进气温度（℃）	最高进气温度（℃）	密度（kg/m³）
上海鼓风机厂	FAF22.4-12.6-1	438621	3.129（全压）	20	40.8	1.205
武汉鼓风机厂	ML-H1-R95/198	375994	2.92（静压）	20		1.2
沈阳鼓风机厂	ASN-2070/900	468720	3.05			1

2. 送风机的结构简介

图 8-1~图 8-4 分别为 TLT 轴流式、三菱轴流式、ASN 轴流式和 VARIAX 轴流式送风机的结构简图，其结构基本类似。主要部件包括进气箱、主风筒、后风筒、扩压筒、转子、轴承箱、中间轴、挠性（TLT）或刚性（三菱）联轴器和操作机构等组成，辅助设备包括液压润滑站、罩壳和消声器等。

送风机的结构形式均为单级，动叶片可在静止或运行状态下用液压调节装置改变安装角，叶轮由轴承支撑，该轴承通过润滑装置不断地输入清洁的润滑油。为了使风机的振动不传至进、出气管路，在两端连接处装有膨胀节或采用挠性连接，电动机和风机用两个联轴器和一根中间轴相连，使转子检修起来比较方便。

三菱送风机的重要部件（如转子侧板、液压缸和联轴器等）的连接，均采用高强度螺栓，并规定相应的拧紧力矩。在进气箱的侧边开有人孔门，主风筒上边开有观察窗，操作人员可以随时观察风机的内部状态。

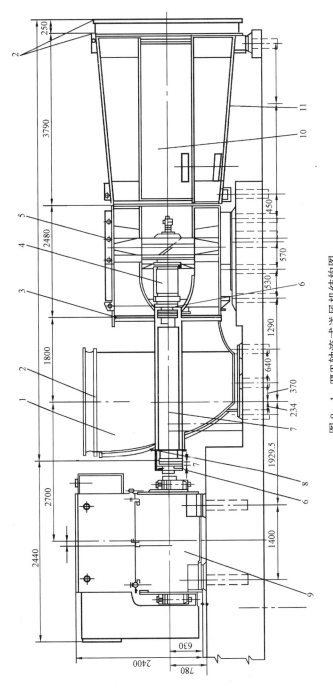

图 8-1 TLT 轴流式送风机结构图

1—进气箱;2—膨胀节;3—软性接口;4—主轴;5—动叶片;6—联轴器;7—中间轴;8—罩壳;
9—电动机;10—调节机构;11—扩压筒

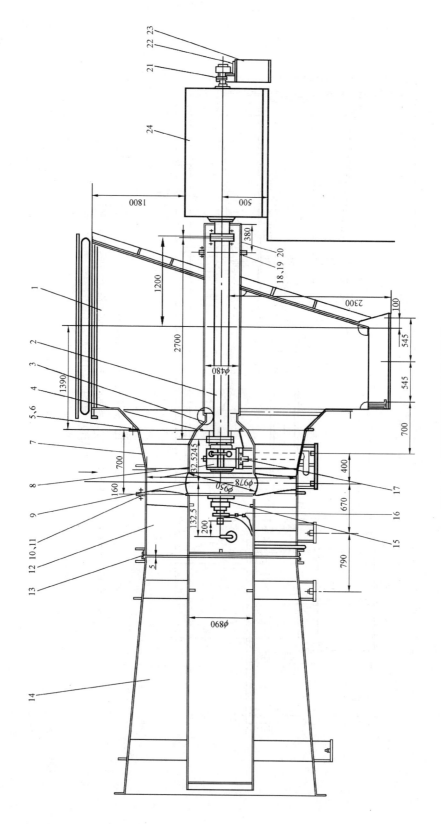

图 8-2 三菱轴流式送风机结构图

1—进气箱组;2—中间轴;3—接头;4—内六角头螺钉;5—六角头螺栓;6—螺母;7—主风筒组;8—轴承箱组;9—转子组;10—六角螺栓;11—螺母;12—后风筒组;13—密封带组;14—扩散筒组;15—液压缸缸组;16—液压缸缸油管组;17—轴承箱油管组;18—六角螺栓;19—螺母;20—中间轴护套;21—联轴器护罩;22—主润滑油泵组;23—主润滑油泵组底座;24—电动机组

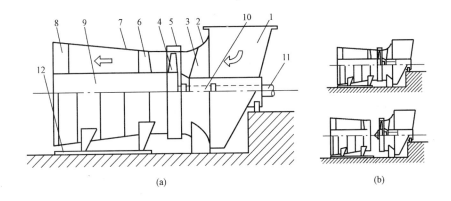

(a)   (b)

图 8 – 3   ASN 轴流式送风机结构图

（a）整体结构示意；（b）扩压器沿导轨移动

1—进气箱；2—集流器；3—前导叶；4—动叶片；5—机壳；6—后导叶；7—扩压器；

8—扩压器的支撑叶片；9—内芯筒；10—轴承箱；11—主轴；12—导轨

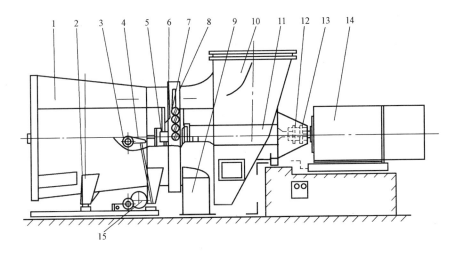

图 8 – 4   VARIAX 型单级动叶调节轴流式风机结构图

1—扩压器；2—拆卸滚筒；3—调节杆；4—拨叉；5—液压油缸；6—轮毂；7—叶片；8—叶轮
外壳；9—进风室支撑；10—进风室；11—主轴承组；12—联轴器；13—联轴器保护；14—主电
动机；15—伺服电动机

3. 送风机的性能曲线

图 8 – 5 为 TLT 轴流式送风机 FAF23.7 – 13.3 – 1 的性能曲线，η 为等效率曲线，β 为叶片角度。从图上可以看出，等效率线 η 与管路特性曲线几乎是平行的，因而在部分负荷时的运行效率较高，可以适应变工况运行。一般情况下 TLT 风机所表示的效率指从吸入口到扩压器出口的整机效率，因而可以说此种类型的风机是一种平均运行效率较好的节能风机。送风机失速线最低点是在设计工况以上的 5% ～ 10% 处，所有风机运行工况的失速线将是负荷从 100% 下降到最小负荷（ – 30°）时全部运行区域的 10° ～ 30° 以上，从而使风机能避开不稳定工况，保证风机的安全运行。

图 8 – 6 为三菱轴流式送风机 ML – H1 – R95/195 的性能曲线。

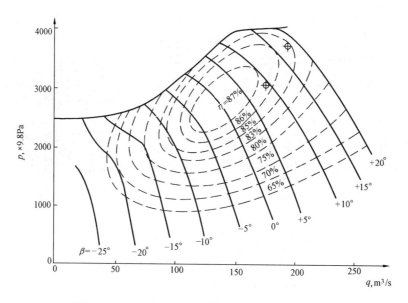

图 8 - 5   FAF237 - 13.3 - 1 轴流式送风机的性能曲线

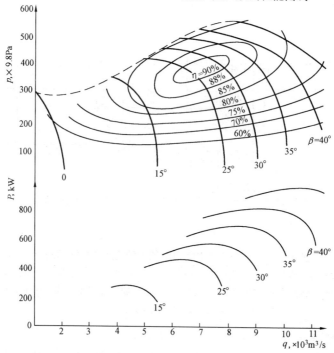

图 8 - 6   ML - H1 - R95/195 轴流式送风机的性能曲线

第二节　轴流式与离心式引风机、一次风机

一、引进型 300MW 机组常用引风机的型式和参数

引风机的作用是排除燃料在炉膛燃烧后所形成的烟气。对于燃煤锅炉，由于烟气中含有固体颗粒，容易使风机磨损，所以应选择耐腐蚀、耐高温和耐磨的材料或采取在叶片易磨损

部位堆焊硬质合金等措施，为了减少磨损，引风机的转速常常比送风机低。从经济性和耐磨性考虑，引风机常见的型式有离心式和轴流式，离心式的耐磨性优于轴流式。引进型300MW 机组中常用的轴流式引风机多由武汉鼓风机厂、上海鼓风机厂、沈阳鼓风机厂和成都电力机械厂等生产，而离心引风机则由沈阳鼓风机厂等生产。

1. 引风机的技术规范

(1) 型式。

1) 液压动叶可调轴流式。型号分别为：

上海鼓风机厂，SAF28 - 14.9 - 1；

武汉鼓风机厂，ML - H1 - R170/283，其装置性能规格见表 8 - 4。

2) 静叶可调轴流式。沈阳鼓风机厂和成都电力机械厂引进德国 KKK 公司技术 AN31ab

3) 离心式引风机。沈阳鼓风机厂生产的引风机型号为 Y4 - 2 × 73No281/2F。

(2) 引风机的技术参数。如表 8 - 6 和表 8 - 7 所示。

表 8 - 6　　　　　　　　　300MW 机组配套用轴流式引风机的技术参数

制造厂	流量 (m³/h)	压力 (kPa)	烟气温度 (℃)	密度 (kg/m³)
上海鼓风机厂	871852	3.05（全压）	127	0.9134
武汉鼓风机厂	972593	3.06（静压）	127	0.9134

表 8 - 7　　　　　　　　　沈阳鼓风机厂离心式引风机技术参数

项　目	单　位	高转速工况	低转速工况	项　目	单　位	高转速工况	低转速工况
流　量	m³/h	1015370	781200	介质密度	kg/m³	0.835	0.862
风　压	kPa	4180	2680	转　速	r/min	730	580
最高效率	%	85.5	85.5	电机额定电压	V	6000	6000
介质温度	℃	148	135	电机功率	kW	2000	2000

注　从性能看锅炉烟侧总阻力为 2180Pa，烟气量约 164100m³/h，两台引风机用低速工况可以满足锅炉需要。

(3) 布置及安装方式。轴流式引风机均采用卧式室内布置，引风机与电动机直接安装于混凝土基础上。上海鼓风机厂生产的引风机为垂直进气，而武汉鼓风机厂的引风机为进气室左右 45°（与水平夹角）各一台。

2. 引风机结构简介

图 8 - 7 所示为武汉鼓风机厂（三菱）轴流式引风机的结构图，与三菱轴流式送风机的结构基本相同，也为卧式布置，采用单级叶轮，主机由进气箱、主风箱、后风筒、扩散筒、转子组、轴承箱组，挠性联轴器和操作机构组等组成，辅助设备包括液压润滑站和冷却风机等。

引风机转子通过中间轴和挠性联轴器由安装在进气箱外的异步电动机驱动，进气箱的安装角度可以按用户的不同要求进行设计。为减轻风机重量，进气箱、主风箱、后风箱、扩压筒等定子部件均采用钢板焊接组成，具有足够的刚度和强度。主风筒和后风筒有水平中分

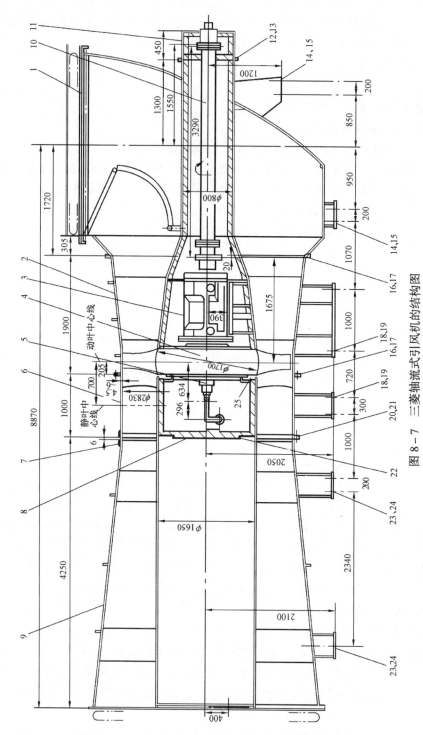

图 8-7　三菱轴流式引风机的结构图

1—进气箱；2—主风筒；3—轴承箱组；4—转子组；5—液压缸组；6—后风筒；7—密封带组；8—内筒盖板；9—扩散筒；10—挠性联轴器组；
11—联轴器护套；12、16、18、20、22、24—螺母；13、15、17、19、21—螺栓；14、23—地脚螺栓

面，卸去连接螺栓，移去上半部，即可拆装转子、轴承箱、调节机构和联轴器等。冷却风机的作用是向风机内筒送入冷却风，以降低风机内部温度及防止粉尘进入风机内部。

图 8-8 为 AN 系列轴流式风机结构图，AN 系列轴流式风机为子午加速式（我国电力系统又简称静叶调节）轴流风机。主要由转子、传动部、进气室、进气锥筒、进口导叶调节装置、主体风筒、后导叶风筒和扩压器组成。进气室、进气锥筒、叶轮主体风筒，后导叶风筒、扩压器等所有静止部件均为钢板焊接结构，并带有刚性好的拉筋和法兰。为便于检修，叶轮主体风筒水平剖分式结构，后导叶风筒为整体式结构，但对于引风机等输送含尘气流时，后导叶是用螺钉固定在外风筒上的，若

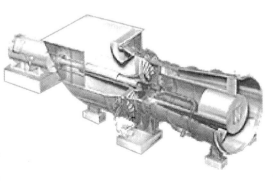

图 8-8　AN 系列轴流式风机结构图

因磨损需要更换时，只需松开外部的螺钉即可单个从径、向方向抽出更换。由于后导叶还起着支撑转子轴承的作用，所以应同时对称拆卸直径方向位置的两块叶片。

图 8-9 所示为沈阳鼓风机厂的离心式引风机的结构简图。Y4-2×73No28 1/2F 型引风机是在原有 Y4-73-11 型引风机的基础上加以改进的新型风机，其主要特点有：

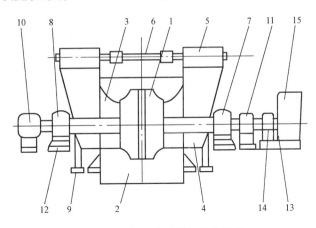

图 8-9　离心式引风机结构示意

1—转子；2—机壳；3—进风口；4—进气箱；5—调节器；6—导流器的联动组；7—止推轴承；8—支承轴承；9—支架；10—盘车装置；11—联轴器；12—轴承底座；13—防雨罩；14—润滑系统；15—电动机

（1）采用双向吸入，两端支承为 F 型，提高了运行中的抗振性，运行较平稳。

（2）为了提高风机效率和有较好的流动稳定性，采用了偏进风口，同时在设计时增加了适应于该型风机的进气室，使流动比较平顺，提高了效率。

（3）增大了翼型头部的实心部分，并在叶片靠后盘易磨损部位加焊防护板，在其他易磨损处堆焊耐磨层，同时把机壳的蜗壳板加厚，因而耐磨性能较好，提高了风机的可靠性。

（4）润滑系统采用意大利新比隆公司的技术，其主要部件均有备用，并有高位油箱用于保证安全停车，使风机运行安全、可靠。

（5）引风机能适应露天布置，露天部件（如导叶片的转轴）采用热浸镀锌工艺制造，但油站需布置于室内。

（6）引风机在出厂前须经过动平衡试验、性能试验、运转试验、超速试验、渗漏试验及水压试验，以保证产品质量。由于机壳、进风箱、进风口及轴承底座等部件的设计均考虑到安装及检修的方便，因而检修时间可缩短。

3. 引风机的性能曲线

图 8-10 为三菱轴流式引风机 ML-H1-R170/283 的性能曲线，η 为等效率曲线，β 为叶片角

度。其运行效率高是一个显著特点,最高效率可达91%,比有些外国公司的风机效率高1%~2%。

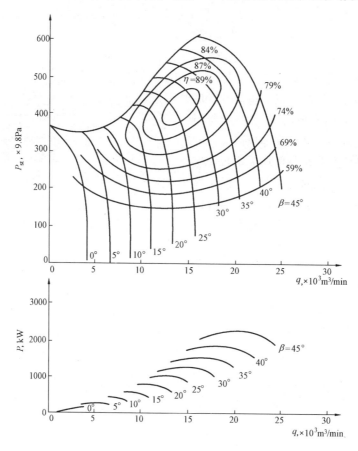

图8-10 三菱轴流式引风机的性能曲线

图8-11所示为离心式引风机Y4-2×73No28 1/2F的性能曲线,由于风机采用两种运行速度,配置2000/1000kW双速电机,在低负荷时的运行效率得到提高,从图上可以看到在低速和高速运行时的最高效率均达85.5%,流量范围在$600×10^3~1250×10^3 m^3/h$时,效率在80%以上。

二、一次风机

(1) 型式及布置方式。上海鼓风机厂生产的为1688AB/922型单吸离心式风机及PAF-17-12-2型动叶可调轴流式风机,而武汉鼓风机厂为8-40-11No17.5D型离心式通风机,轴向进气、出口角度左右旋45°。

(2) 一次风机的技术参数。表8-8和表8-9所示分别为上海鼓风机厂和武汉鼓风机厂生产的离心式一次风机的技术参数。

表8-8 离心式一次风机技术参数

制 造 厂	流 量 (m^3/h)	压 力 (kPa)	进气温度 (℃)	最高进气温度 (℃)	密 度 (kg/m^3)
上海鼓风机厂	94572	6.050（全压）	20	—	1.205
武汉鼓风机厂	94572	6.049（全压）	20	40.8	1.205

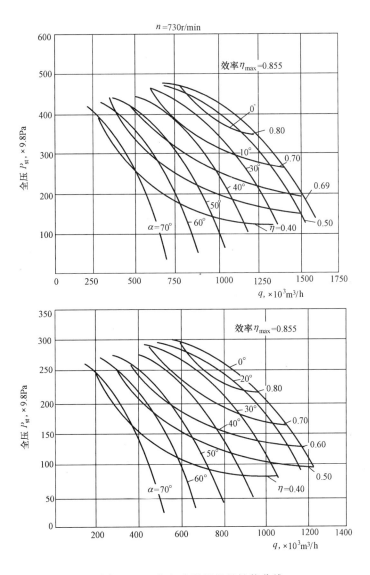

图 8 – 11 离心式引风机的性能曲线

（3）武汉鼓风机厂离心式一次风机结构图。如图 8 – 12 所示。

（4）武汉鼓风机厂离心式一次风机的性能曲线。如图 8 – 13 所示。

表 8 – 9　　　　　　上海鼓风机厂轴流式一次风机的技术参数

项　　　目	流　量（m³/h）	压　力（kPa）	进口温度（℃）	出口温度（℃）	空气密度（kg/m³）
运行工况	136000	6530.8	20	42	1.184
设计工况（MCR）	292000	11129.8	38	42	1.116

注　1　全压中未包括入口消音器阻力损失；

　　2　设计工况为最大负荷点，设计参数按美国 CE 燃烧公司规范所增加的流量裕量系数 1.25 和压头裕量系数 1.30；

　　3　采用开式循环冷却水系统，进口冷却水最高温度33℃。

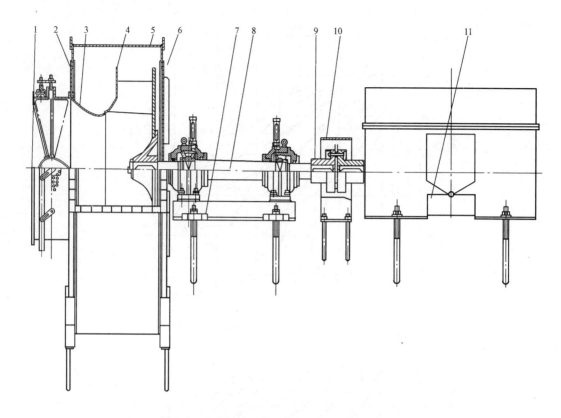

图 8-12　武汉鼓风机厂离心式一次风机结构图

1—调节门；2—前盖板组；3—进风口组；4—叶轮组；
5—机壳组；6—后盖板组；7—底座；8—传动组；
9—联轴器；10—联轴器扩罩；11—电动机

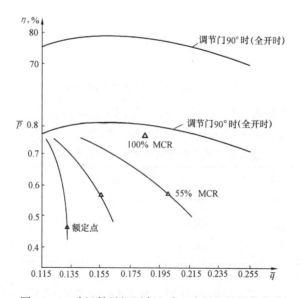

图 8-13　武汉鼓风机厂离心式一次风机的性能曲线

第三节　轴流式送风机与引风机的结构及特点

一、叶轮

叶轮是高速旋转件，是风机的心脏。

TLT 风机叶轮是焊接件，轮毂的关键部位是负荷环，由材料为 RST – 52 – 3 的钢锻后加工而成，环厚约 120mm，风机叶片、叶柄和平衡块的全部离心力都靠承载环承担，其他部件由厚 12mm 的 St – 2 普通钢板焊接而成，焊好后在车床上进行精加工。

轮毂除载荷外，部件不承受任何力，轮毂焊好后由制造厂对焊口进行全面的超声波探伤，不需要进行热处理。这种构件的优点是轮毂重量轻、强度高（载荷环用锻件）、加工容易等。轮毂由风机轮毂外环、载荷环、叶柄定位内环、轮毂端面盖板、筋板和叶轮轴颈盘焊接而成，形成空心轮毂。风机轮毂是在大型数控精密机床上加工的。

风机叶柄材料为 42CrMo4 锻件，是先在机床上进行粗加工，然后进行超声波探伤，合格后再在机床上进行精加工。平衡块由钢厂加工的厚钢板（经检验合格后）进行精密切割而成，然后在机床上打孔加工。

风机全部零部件（轮毂、各盖环）在组装前都在低速动平衡台上找好平衡后再进行组装。叶柄和推力轴承盒因存在螺纹加工误差需一个一个进行试装，若正好合适则可进行套装；若不合适如螺纹太紧，则须重新加工。当全部合适后在轮毂上进行组装。

组装前先在轴承上及轴承盒内涂满油膏。叶柄、轴承、曲柄和平衡块组装在轮毂上以后编号打上钢印。这些部件与轮毂的对应位置一旦确定以后大修时也不能改变。当叶柄组装好后，叶柄推力轴承盒应进行打压试验，试验油压不超过 $2 \times 10^5 Pa$，时间为 12h，如压力不降、一点不漏则证明密封严密，方为合格。

三菱公司对风机叶轮的设计不同于其他公司，轮毂和主轴设计为整体锻钢件，送风机轮毂材料相当于 40Cr 钢，引风机材料相当于 16Mn 钢。整体锻造的轮毂经过调整后，在卧式车床上只经一次装夹就可将轮毂内外圈及主轴各部位加工到位，这样就很好地保证了主轴与轮毂的同心度及垂直度的要求，而 TLT 风机则采用主轴与轮毂红套成一体的方式。相对来说，三菱风机更易于保证整体精度和使用的可靠性，最后在数控加工中心上精加工安装叶柄轴的等分孔，由于加工精度高，分度的误差小，为转子的安装和平衡打下了良好的基础。叶柄轴的螺纹采用滚制，加工精度好，不仅提高了螺纹的强度，而且互换性好，曲柄和叶片轴的连接，三菱风机为花键连接，比 TLT 风机用螺栓紧固连接相对安全可靠一些。

VARIAX 风机叶轮部件结构如图 8 – 14 所示，主要由叶片、轮毂、轮毂罩、支撑罩、液压调节装置等组成。叶片有 6 个叶片螺丝固定在叶片轴上，由平面球推力轴承支撑并将叶片和叶片轴的离心力传递到轮毂上。叶片轴底部装有调节臂，调节臂与液压调节系统相连，达到风机运行时，对叶片的安装角度进行调节的目的。轮毂采用焊接结构或墨铸铁铸造而成，叶片根据用途不同分别采用铸铝合金、锻铝合金或铸钢，在引风机的叶片前缘装有可更换的表面镀硬铬层的不锈钢防磨鼻，并在铝表面喷涂耐磨层，以提高叶片的防磨性能。

AN 系列轴流式风机转子由悬臂安装在短轴上的叶轮组成，叶轮是靠法兰用螺栓安装在短轴上的。叶轮为钢焊接结构，由叶片和轮毂组成。轮毂由碟形体、后盘和与叶轮轴线同心的芯筒组成，其空间刚性很好。用钢板压制而成的扭曲叶片直接焊接在轮毂上。对于高速风

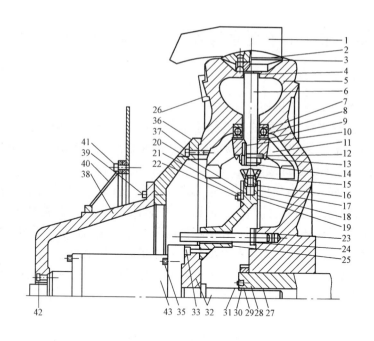

图 8-14 叶轮部件结构图

1—叶片；2—叶片螺丝；3、4—特弗隆环；5—轮毂；6—叶柄；7—平面推力轴承；8—防尘环；9—防尘盖；10—叶柄滑键；11—调节臂；12—垫圈；13、15—带锁扣螺母；14—锁紧垫圈；16—滑块锁子；17—滑块；18—锁环；19—带螺栓孔导环；20—带光孔的导环；21—螺帽；22—双头螺栓；23—衬套；24—导柱；25—调节盘；26—平衡块；27—轴衬；28—带锁孔螺帽；29—密封圈；30—毛钻圈；31—螺钉；32—支承轴颈；33、35、37、39、41、42—螺钉；34—轴；36—轮毂罩；38—支撑罩；40—防尘罩；43—液压缸

机，叶片的厚度可设计成从顶部到根部逐渐变厚的锥形叶片。用做引风机时，如叶片出现严重磨损，可在轮毂使用寿命内多次重新更换。

传动部分由轴承、中间矩轴、空心传动轴和联轴器组成。轴承采用滚动轴承，如有特殊要求也可采用滑动轴承。滚动轴承为整体结构，滑动轴承为水平剖分式结构。轴承体靠法兰安装在后导叶风筒的芯筒上，导叶通过风筒支承芯筒和轴承，并保持同心。滚动轴承采用油脂润滑及空气冷却，滑动轴承的润滑及冷却均采用压力油。轴承系统设有温度监控传感器。电动机的输出转矩由膜片式挠性联轴器传递。电动机与叶轮的半联轴器由空心传动轴连接；叶轮的半联轴器与叶轮由中间短轴连接。

二、主轴承箱的结构与组装

TLT 风机主轴承箱的材料为 GGG25 铸铁，其结构有两种，一是水平中分面结构的滑动轴承箱，另一种是整体结构的滚动轴承箱，前者用于大型风机上，后者用于中、小型风机上，也可根据用户的要求而选用，但绝大多数是采用后一种型式。送风机和引风机的轴承箱的结构基本上一样；只是引风机的轴承箱比送风机的大一些。

轴承箱壳体在组装前应将两端封闭进行 10^5Pa 的压力试验（试验介质为水，其中加发泡剂），时间为 15min，严密不泄漏方为合格，然后进行轴承箱组装。

风机的轴在组装前应进行打磨、清洗和擦光，在轴的两端进行镀铜处理，防止生锈，即刷上一层铜溶液，其溶液成分为 $CuSO_4 + H_2O + H_2SO_4$。主轴承为两个型式不同的滚柱轴承和滚球轴承。

组装后轴承箱组件的试运转：对于送风机轴承，加轴向推力、径向承力（与实际运转中的推力和承力相同），试转转速与风机实际转速相同，为 1000r/min。而对于引风机轴承，除了进行与送风机相同的步骤外，还须将试运转时间延长至 4~6h，润滑油以 8~12L/min 的油量加入，进入轴承的油压约 10^5Pa。

正常运转时一般温升为 25℃左右，试转时温度逐步上升，上到一个最高点后稍有下降，这是组装后新轴承试转的规律。轴承允许最高温度约 85~90℃，允许温升 60℃。在每个轴承上有三支温度计（共 9 支），供运行监视、报警和安全保护自动跳闸用。

最后将组装好的轴承箱灌满油进行 0.5×10^5Pa 的打压试验，严密不泄漏，15min 压力不降方为合格。

主轴承属于关键零部件，目前仍需要从德国进口。为了防止轴承过热，在风机壳体内部围绕主轴承的四周、风机壳体的上半部分和下半部分有通风孔，使之与周围空气相连，形成风机的自然冷却。在风机的外壳上还装有油位指示器，油位过低说明供油不足或断油，油位过高说明供油量过大，易造成从两轴端溢油。

三菱送风机主轴承采用滑动轴承，使用强制润滑，有两条供油渠道：一是由与主电机尾轴相连的主润滑油泵供油；二是油站中的压力油泵通过减压阀向轴承供油。引风机主轴承箱采用滚动轴承；由两个圆柱滚动轴承和一个向心推力球轴承分别承受转子的径向力和轴向力，轴承的设计寿命为 10 万 h，也采用强制供油润滑。每个主轴承的测温系统各由一对铂热电阻温度计和温度控制器组成，可以现场观察和遥测，温度控制带有报警装置功能，当轴承温度高于设定值时，可立即发出报警信号，及时地保护轴承不致烧损。在主轴承箱壳体上装有振动检测传感器，可以把风机振动值反映到中控室，使运行人员随时掌握风机的运行状态。

VARIAX 风机主轴承箱结构参见图 8-15，主要由主轴、轴承（叶轮端滚柱支承轴承一个，联轴器端支承和推力滚珠轴承共三个）、轴承壳、轴承箱、迷宫式密封和测振元件等组成。轴承箱设计成整体结构，刚性好，并易于保证轴承的同轴度，安装在进气室内筒内。

三、叶片

叶片是直接对介质做功的元件，它决定风机的性能和寿命。TLT 送风机叶片材料选用铸铝或铸铁，而引风机的叶片选用铸铁或铸钢（σ = 5.099MPa）等，在特殊需要的情况下，引风机叶片可喷涂厚 0.6~1mm 的耐磨材料。引风机叶片的使用寿命决定于烟气中的含灰量及颗粒的大小和形状。一般含灰量不大于 150mg/m³，叶片使用寿命为 12000h，若含尘量为 60~80mg/m³，则使用寿命可达 60000h 以上。

三菱送风机和引风机的叶片分别采用锻铝和锻钢材料。锻钢叶片表面需喷涂耐磨层，精锻后表面抛光，或者用数控铣床加工叶片表面。锻造叶片的强度一般都比铸造叶片高；而 TLT 风机所采用的锻造叶片，实际上是钢板热压成形焊接结构，制造过程复杂，而且在整体强度上也没有整体精锻叶片高。

每块叶片在轮毂上的最佳布置对转子的动平衡有很大的影响，三菱采用了回转体力矩平衡计测法，即将每块叶片分散在力矩平衡计测台上，叶片的重心位置和力矩平衡数据便自动输入与计测平台相连的计算机内，当一台风机的叶片计测完后，计算机就算出每块叶片在轮毂上的最佳排布位置，这一方法比 TLT 风机采用叶片按重量对称装配的方法更精确，对保证转子的平衡精度更有效可靠。

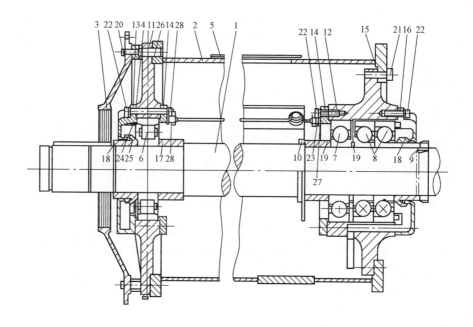

图 8 – 15　VARIAX 型单动叶调节轴流式风机主轴承内部结构图

1—主轴；2—轴承箱；3—迷宫密封；4—迷宫密封的固定螺栓；5—检查盖；6—滚柱轴承；7—滚球轴承；8—推力滚珠轴承；9—主轴螺母；10—甩油环；11、12—轴承壳；13、16—轴承壳外端盖；14—轴承壳内端盖；15—风机外壳；17、19—定距环；18—甩油环；20、21、22、23—垫圈；24—螺栓；25—回油挡板；26、27—石棉垫；28—装测量元件的六角螺纹接头

四、机壳

风机的机壳部分一般包括进气箱、主风筒、后风筒和扩散筒等。TLT 风机和三菱风机的结构形式从整体上没有多大的区别，所不同的是采取的质量措施有差异而已。三菱风机采用板筋焊接结构，相互间用螺栓连接，材料相当于国内 A3 钢，其主风筒在组装焊接时，采用了模板固定式焊接方法，即先将外风筒与内锥筒用模板点焊在一起固定和定位，再焊接静叶及支撑板等零件，焊完后连同模板一起作消除焊接应力处理。待其定形后再拆除固定模板，这样就很好地控制了焊接变形，主风筒的下半部，水平中分面和内锥筒与轴承箱配合面同时机械加工，以保证安装精度，这就免除了检修和更换转子时中心找正工作，主风筒上下两半合装后，内径在立式车床上加工，保证叶轮与风筒间隙在最佳设计值内。

五、联轴器

如图 8 – 16 所示为 TLT 风机的挠性联轴器的结构图。它是一种能补偿安装与运行偏差（轴偏差和轴向变动等）且起自平衡作用的联轴器。因此这类联轴器的安装要比其他形式的联轴器更方便，后者一般需要精确地校正。挠性联轴器没有受磨损的部件，由高强度弹簧钢制成，而精确吻合的弹簧板具有很强的抗弯曲变形能力，在结构上成对布置及允许被连接的两根轴在三个方向上变形，挠性联轴器既无需维护也无需润滑，即使运行温度超过 150℃对联轴器也无不利影响。

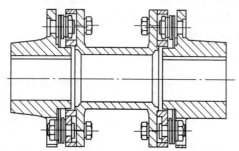

图 8 – 16　TLT 风机的挠性联轴器结构图

六、AN 静叶可调轴流风机特点

AN 静叶可调轴流风机优点如下：

（1）气动性能使用范围广，运行效率高。

1）国内引进的液压式动叶可调轴流通风机的压力系数仅为 0.2 左右，气流失速与最高效率区很近，使用范围窄。而静叶可调轴流风机恰恰相反，当气体进入集流器后，由于叶轮流道沿着气流方向很快收敛，气流产生子午加速，动能迅速增加，再通过后导叶和扩压器将动压转换为静压，使压力系数可以高达 0.4~0.5。

2）调节性能好，运行效率高。该机与离心风机比较，两者最高效率相近，可达 86.5% 左右，但离心式通风机调节效率却低得多，当风机在 50% 负荷工况下运行时，AN 系列轴流通风机的运行效率可大于 50%，而 Y4-73 型离心式风机只能达到 40% 左右，当气体进入 AN 系列轴流风机的进口弯管后，可以用转动静叶（即进口导叶或前导叶）进行调节。如果机组在额定工况点的流量不断减少，甚至接近喘振区或者在理论失速线以外工作时，势必出现严重振动而不得不被迫停车。这时，如果在 AN 系列轴流通风机叶轮的进口前面装有性能稳定装置，就可以保证风机在小流量范围内安全运行，这是其他类型的风机无法解决的。

（2）叶轮使用寿命长，耐磨性能好。AN 系列轴流风机的叶片为板式等强度的压制叶片，具有良好的耐磨性能，对烟气含尘量不敏感。我国电站锅炉系统的烟气含尘量较高，一般为 $200~400mg/m^3$。如果含尘量以 $400mg/m^3$ 计算，粒度大于 $25\mu m$ 的成分高达 10%，AN 系列叶片的使用寿命的设计值可以高达 11200h，而且叶片磨损后可以及时更换、修复，继续使用。对整个叶轮而言，使用寿命更成倍增加。此外，还通过气动设计对气流的流动方向加以控制，变集中磨损为均匀磨损，延长了叶片使用寿命。

（3）AN 系列风机可以在气温高达 500~600℃ 的范围内安全运行，这除了高温离心风机之外，其他类型的风机是不行的。

第四节　动叶片液压调节机构的工作原理

一、TLT 风机动叶片液压调节机构的工作原理

1. 叶片角度的调整

将风机的设计角度作为 0°，把叶片角度转在 -5° 的位置（即叶片最大角度和最小角度的中间值，叶片的可调角为 ±20°~-30°），这时将曲柄轴心和叶柄轴心调到同一水平位置，然后用螺丝将曲柄紧固在叶柄上，按回转方向使曲柄滑块滞后于叶柄的位置（曲柄只能滞后而不能超前叶柄），全部叶片按同样方式装配。这时当装上液压缸时，叶片角处于中间位置，以保证叶片角度开得最大时，液压缸活塞在缸体的一端；叶片角关得最小时，液压缸活塞移动到缸体的另一端。否则当液压缸全行程时可能出现叶片能开到最大，而不能关到最小位置；或者相反，只能关到最小而不能开到最大。

液压缸与轮毂组装时应使液压缸轴心与风机的轴心同心，安装时偏心度应调到小于 0.05mm，用轮毂中心盖的三角顶丝顶住液压缸轴上的法兰盘进行调整。

当轮毂全部组装完毕后进行叶片角度转动范围的调整，当叶片角度达到 +20° 时，调整液压缸正向的限位螺丝，当叶片达到 -30°，调整液压缸负向的限位螺丝，这样叶片只能在 -30°~+20° 的范围内变化，而液压缸的行程约为 78~80mm。当整个轮毂组装完毕再在低速（320r/min）动平衡台上找动平衡，找好动平衡后进行整机试转时，其振动值一般为 0.01mm 左右。

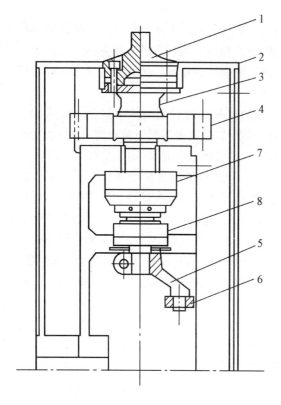

图 8-17　TLT 风机平衡块的工作原理图
1—叶片；2—轮毂；3—轴；4—平衡块；
5—曲柄；6—滑块；7—推力轴承；8—导向轴承

平衡块的工作原理参见图 8-17。

TLT 风机在每个叶柄上都装有约 6kg 的平衡块，它的作用是保证风机在运行时产生一个与叶片自动旋转力相反、大小相等的力。平衡块的计算相当复杂，设计计算中总是按叶片全关时（-30°）来计算叶片的应力，因为叶片全关时离心力最大，即应力最大。所以叶片在运行时总是力求向离心力增大的方向变化。有些未装平衡块的送风机关时容易，启动时打不开就是这个原因。

平衡块在运行中也是力求向离心力增大的方向移动，但平衡块离心力增加的方向正好与叶片离心力增加的方向相反而大小相等，这样就能使叶片在运行时无外力的作用；可在任何一个位置保持平衡，开大或关小叶片角度时的力是一样的。如果没有平衡块要想实现液压调节，液压缸就得做得很大，否则不易调整。

2. 液压调节机构的工作原理

图 8-18 所示为叶片液压调节的示意图。液压缸由叶片、曲柄、活塞、缸体、轴、主控箱（即控制阀）、带齿条的反馈拉杆、位置指示轴和控制轴等组成。

液压缸的轴线上钻有 5 个孔，中心孔是为了安装位置反馈杆，此反馈杆一端固定于缸体上，另一端通过轴承与反馈齿条连接，反馈齿条做轴向往返移动，带动输出轴（显示轴），输出轴与一传递杆弹性连接，在机壳上显示出叶片角度的大小，同时又可转换成电信号引到控制室作为叶片角度的开度指示，另一方面反馈齿条又带动传动控制滑阀（错油门）齿条的齿轮，使控制滑阀复位。液压缸中心周围的 4 个孔是使缸体做轴向往返运动的供油回路。叶片装在叶柄的外端，每个叶片用 6 个螺栓固定在叶柄上，叶柄由叶柄轴承支承，平衡块用于平衡离心力，使叶片在运转过程中可调。

液压缸的轴是固定在转子罩壳上并插入风机轴孔内随转子一同转动的，轴的一端装液压缸缸体和活塞（固定于轴上），另一端装控制头（即控制阀，它和轴靠轴承连接），在两轴承间被分割成两个压力油室，该轴和风机同步转动，而控制头则不转动，油室的中间和两端与轴间的间隙都是靠齿形密封环密封，而轴与控制阀壳靠橡胶密封，使油不致大量泄出或从一油室漏入另一油室。

控制滑阀装在控制头的另一侧，压力油和回油管道通过控制滑阀与两个压力油室连接。控制滑阀的阀芯与传动齿条铰接，传动齿条穿过滑块的中心与装配在滑块上的小齿轮啮合，和小齿轮同轴的大齿轮与反馈牙杆相啮合。在与伺服机构连接的输入轴（控制轴）上偏心地

360

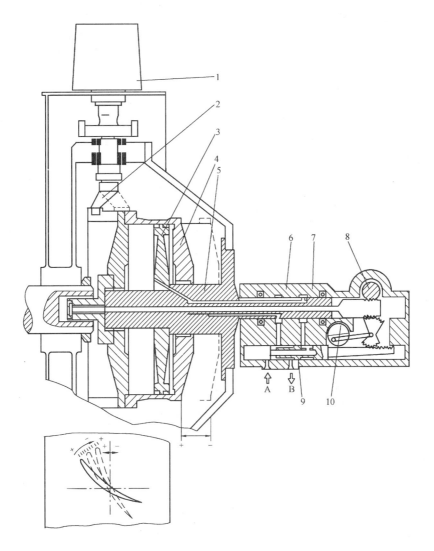

图 8 – 18　TLT 风机动叶片液压调节系统示意

1—叶片；2—调节杆；3—活塞；4—油缸；5—接收轴；6—控制头；

7—位置反馈杆；8—输出轴；9—控制滑阀；10—输入轴；A—压力油；B—回油

装有约 5mm 的金属杆嵌入在滑块的槽道中。

液压调节机构的动作原理如下：

（1）当信号从由伺服机构带动的输入轴输入要求"＋"向位移时，控制滑阀左移，压力油从进油管 A 经过通路 2 送到活塞左边的油缸中，由于活塞无轴向位移，油缸左侧的油压就上升，使油缸向左移动，带动调节杆偏移，使叶片向"＋"向移动。与此同时，位置反馈杆也随着油缸左移，而齿条将带动输入轴的扇形齿轮反时针转动，但控制滑阀带动的齿条却要求控制轴的扇形齿轮做顺时针转动，因此位置反馈杆就起到"弹簧"的限位作用。当调节力过大时，"弹簧"不能限制住位置，在一定时间内油缸的位移会自动停止，由此可以避免叶片角度调节过大，防止小流量时风机进入失速区。

（2）当油缸左移时，活塞右侧缸的体积变小，油压也将升高，使油从通路 1 经回油管 B

排出。

（3）当信号输入要求叶片"－"向移动时，控制滑阀右移，压力油从进油管 A 经通路 1 送到活塞右边的油缸中，使油缸右移，而油缸左边的体积减小，油从通路 2 经回流管 B 排出。整个过程正好与上述（1）、（2）过程相反，图 8－18 右下角所示即为叶片调节负终端时控制滑阀及进、出油的位置。

从上述的动作过程可以看出，当伺服机构带动输入轴正反转动一个角度时，滑块在滑道中正反移动一个位置，液压缸的缸体和叶片也相应在一定位置和角度下固定下来，这样输入轴正、反转动角度也可以换算成叶片的转动角度。

要注意的是液压缸的运动速度（即叶片角度的调节速度）与油压有关，油压越高运动速度越快（油压一般为 2.45～3.43MPa），油压太高，液压缸的强度和密封元件承受不了，压力太低且当低于 1.96MPa 时推不动液压缸。一般液压缸由一端运动到另一端，全程 100mm，约需 1min。如姚孟电厂 TLT 风机叶片角度从 －30°到 ＋20°（即由全开到全关）液压缸的行程为 80mm，还富余 20mm。而输入轴的传动速度只与伺服机构的速度有关，这样伺服机构的速度必须与液压缸的动作相匹配。如果伺服机构的动作太快，而调节叶片时要滞后一段时间才能达到被调的位置，这样就会造成调节时看不到参数的变化，造成过调或调节不足。如果伺服机构的动作速度与液压缸动作相匹配，就可以看到叶片的实际角度位置。液压缸的动作快慢受伺服机构的动作速度控制，所以叶片角度的变化也可以由输入轴转动角度的大小通过标定后显示出来。

二、三菱风机动叶片液压调节机构的工作原理

三菱风机的特点之一就是动叶柄上不加平衡锤，其设计出发点是：当风机运行出现人为的故障或断油时，能保证动叶自动缓慢地调至其合理位置，动叶在油压下降时从最大负荷位置自调到约 15°的位置（1/3 全开），采用此种设计方法基于以下几点考虑：

（1）在动叶轴上采用平衡块是为了抵消作用于动叶上的闭锁力矩。在有平衡块的情况下，开启动叶所需的驱动力较小，但动叶在开启和关闭时因操纵动叶的曲柄与液压缸存在着装配间隙，故而使得调节系统产生滞后现象。在没有平衡块的情况下，动叶调节机构上始终存在着闭锁力矩，这一闭锁力矩使调节机构的各运动构件始终保持连续接触，因而消除了滞后现象。图 8－19 为风机叶片有平衡块和无平衡块运行时叶柄的受力分析图。

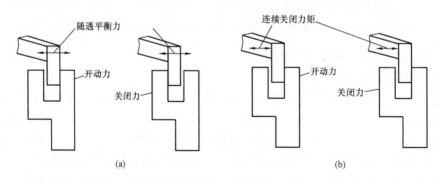

图 8－19 轴流式风机叶柄的受力图

（a）风机叶片带有平衡块时的叶柄受力图；（b）风机叶片无平衡块时的叶柄受力图

（2）不采用平衡块的另一原因是平衡块在动叶支承轴承上产生额外的离心力，这个离心力是由动叶支承轴承承担的，过大的离心力会增加轴承设计和制造的难度，减少轴承的使用寿命，这在设计中应避免。

（3）从系统运行方面来看，当一台风机处于断油情况时，动叶能缓慢关闭是一种安全合理的运行方式，当此风机动叶缓慢关闭时，与其并联风机的动叶会自动调节到最大开启位置。此时，为使锅炉内压力达到正常，需要锅炉的负荷（对于引风机情况），一旦系统达到稳定运行，则断油后风机可正常地退出运行而使锅炉仍保持稳定。若风机断油后动叶位置保持不变，或者更严重地说，动叶朝开启位置运行，此时则必须将一台正常运行的风机退出运行，在与断油风机并联运行的风机来不及做出相应反应前，这将导致50％的引风量突然消失，并将引起炉膛内大的扰动，且可能进而引起机组的紧急停机。

由于大多数动叶可调轴流风机均备有压力油和润滑油系统，若压力油供油发生故障，如并联油泵故障或供油管线破裂，均可导致因缺少润滑油而跳闸。三菱不加平衡块设计就是从有故障时能满足安全运行这一点考虑的。这一设计使得有故障的风机可正常地退出运行，避免了有故障的风机在失控情况下继续运行。

不加平衡块的方案，这是三菱公司研究了西欧制造的使用平衡块风机的各种利弊后决定采用的，已在三菱公司制造的三百余台风机上成功地使用。

三菱风机液压调节机构的工作原理是：电动执行器的传动柄根据中央控制室发出的信号而动作，其旋转运动由操作机构转变为阀芯的往复运动。阀芯上开有四道油槽，其中两道用于压力油进油（进油槽），一道用于压力油回油（回油槽），还有一道用于将泄漏油排出（排油槽）。阀套上开有两个出口，分别为开启侧出口和关闭侧出口，二者分别通往液压缸的开启腔和关闭腔。

当收到减小负荷信号时，阀芯向右按比例移动，此时，阀芯上的进油槽和回油槽分别与阀套上的开启侧出口和关闭侧出口相重合，其结果是压力油进入液压缸的开启腔，而液压缸关闭腔内的低压油则经过回油槽流出。因活塞固定在心轴上，故此时缸体和推力盘在液压力的作用下与阀芯一起向右移动。推力盘在向右移的过程中使曲柄转动了一个角度，从而使得动叶开度减小，这样就相应地减小了负荷。当所需的流量已满足时，也就是说，一旦缸体与阀芯位移相等，阀套上的开启侧出口就被阀芯完全关闭，使得液压缸的两个油腔既不进油又无回油，从而完成了动叶角度的调节，使叶片稳定在所调定的角度下运转，叶片角度的变化通过指示机构在风筒外的刻度上示出。

电动执行器带有行程限制开关和过

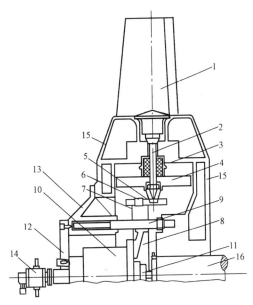

图 8-20 叶轮及动叶调节机构

1—叶片；2—叶片轴；3—推力轴承；4—平衡锤；5—拉臂；6—滑块；7—导环；8—调节盘；9—导杆；10—液压缸；11—支撑轴；12—支撑盖；13—轮毂盖；14—旋转油密封；15—轮毂；16—主轴

力矩保护装置，均有反馈信号送达中央控制室。行程开关应这样调定，即使从叶片角度指示刻度盘上示出的角度从动叶全闭位置（－25°）到动叶全开位置（＋20°）。本机的动叶从全闭到全开的全行程时间为30s。当收到增加负荷信号时，与上述情况相反，阀芯向左移动，压力油进入关闭腔，而开启腔则接通回油，从而可实现动叶开度的增大，使风机达到所需负荷。

三、ASN风机动叶片液压调节机构的工作原理

ASN风机动叶调节机构如图8-20和图8-21所示。叶片轴与平衡锤连接，并置在推力轴承上，平衡锤拉臂通过导环上的滑块可绕叶片轴摆动，带有导环的调节盘固定在液压缸端部的调节盘上，液压缸一端靠支撑轴支撑，另一端通过支撑盖、轮毂盖与轮毂相连接。伺服电动机通过传动机构、旋转油密封带动滑阀移动，通过滑阀改变液压缸两侧油压压差，使液压缸带动调节盘沿轴向移动，调节盘导环带动滑块，滑块驱使平衡锤拉臂带动叶片轴转动，以达到调节叶片安装角的目的。伺服电动机是根据锅炉燃烧参数通过计算机控制系统加以自动控制的。平衡锤的作用是在叶轮旋转时平衡叶片产生的关闭力矩，以减轻调节机构的负担。关闭力矩是指叶片质量分析在扭曲的空间平面上，叶轮旋转时，所产生的使叶片安装角减小的力矩，而平衡锤刚好产生一个与关闭力矩相反的力矩。这种调节灵敏度高，并在叶轮运转中自动进行，叶片安装角的调节范围为15°～55°，所用时间可根据需要为20、40、100s。这种调节可使轴流风机运行效率保持为83%～88%，节能效果十分显著。

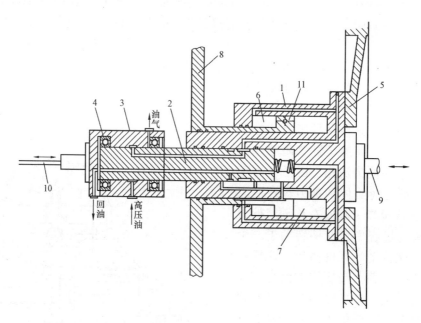

图8-21　液压缸调节示意

1—液压缸；2—滑阀；3—旋转油密封；4—轴承；5—调节盘；6、7—压力油；
8—支撑盖；9—支撑轴；10—调节机构拉杆；11—节流孔

四、AN系列轴流式风机前导叶调节装置

如图8-22所示为进口导叶调节装置，它的工作原理是以叶轮子午面的流道沿着流动方向急剧收敛，气流迅速增加，从而获得动能，并通过后导叶、扩压器，使一部分动能转换成

为静压能的轴流式通风机。进口导叶调节装置由两个半圆环组成。导叶用钢板制成翼型，导叶由油脂润滑轴承支撑，可沿其径向方向的轴线转动。为了便于检修，轴承可从筒外部取出，筒内轴承处有密封措施，以防轴承受到气流的温度影响。导叶轴与操作环通过夹紧杆相连，操作环本身刚度高，在滚轴上运行，并由外机壳上的摇臂支撑，其运动与外机壳同心。操作环可用电动、气动或液压进行操作，所有导叶都可同时调到所需的角度。

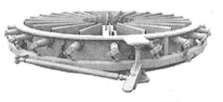

图 8-22　AN 风机前导叶调节装置

第五节　风机油系统及其保护装置

一、风机油系统

1. TLT 风机的油系统

每台风机各配有两套独立的油系统。一套由德国 TLT 公司随机配套，供风机主轴承和动叶片液压调节用；另一套是上海润滑设备厂制造的 XYZ-6G 型稀油站，供电动机轴承润滑用。

送风机和一次风机的润滑用油和控制用油由同一油系统供应，其系统如图 8-23 所示。

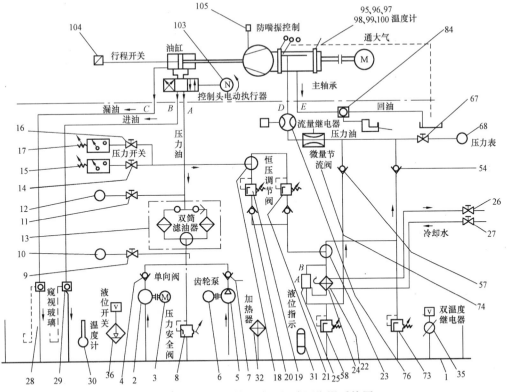

图 8-23　TLT 轴流式风机液压润滑系统图

1—油箱；25—齿轮油泵；20、21、37、47、54—单向阀；9、11、14、26、27、67—截止阀；10、12、68—压力表；13—双筒滤油器；15、17—压力开关；18、23—三通；28、29、84—窥视玻璃；30—温度计；31—液压指示器；32—加热器；35—双温度继电器；36—液位开关；58、73—压力安全阀；74—微量节流阀；76—流量继电器；95、96、97—电阻温度计；98、99、100—液体温度计；103—电动执行器；104—行程开关；105—防喘振控制当主泵发生故障时，备用泵即通过压力控制器（2.5MPa）自动接通，两台泵的电动机通过压力控制器连锁。油箱为防尘封闭式，有效容积约250L，耐压49kPa。泵将油从油箱吸出，经过双筒滤油器把压力油送到动叶液压调节机构。另一路经恒压调节阀及油冷却器送到主轴承供润滑之用，回油均返回油箱。

油泵出口的高压油（2.5~3.5MPa）经过滤油器供液压缸动力用，而低压油的油压为0.6MPa左右，供润滑用。油温低时不经冷却器冷却；油温高时阀门自动开启，油经冷却器冷却后向风机轴承供油。高、低压油均设有过压安全阀。油泵出口压力低于0.8MPa时自动启动备用油泵，低压油保护装置用于液压缸动力用油系统，因为油压低于2.5MPa时叶片角度调不动。

TLT风机液压润滑油系统设备清单如表8－10所示。

表8－10　　　　　　　　　　　　　TLT风机液压润滑油系统设备

项目	装置名称	技术参数	件数	制造厂	备注
1	有液位指示的油箱	250L	1	Kracht	耐压50kPa
2	齿轮泵1	$q = 23.8L/min$ $p = 3.5MPa$	1	Kracht	
3	电动机1	$P = 2.2kW$，$U = 220/380V$ 50Hz，1450r/min	1	Birkenbeul	
4	单向阀	RHD18－L	1		
5	齿轮泵2	$q = 23.8L/min$ $p = 3.5MPa$	1	Kfacht	
6	电动机2	$P = 2.2kW$，$U = 220/380V$ 50Hz，1450r/min	1	Birkenbeul	
7	单向阀	RHD18－L	1		
8	压力安全阀	型号 DBD10R1 A040 调节自 1.0~4.0MPa，$q = 47L/min$	1		调至3.5MPa
9	截止阀	$R = 1/2in$（1.27cm），DIN16271	1		
10	GM压力阀	0~6.0MPa，$D = 63mm$	1		
11	截止阀	DIN16271，$R = 1/2in$（1.27cm）	1		
12	GM压力表	0~6.0MPa，$D = 263mm$	1		
13	双筒滤油器	V2A，$40\mu m$	1		
14	双向截止阀	DIN16272，$R = 1/2in$（1.27cm）	1		
15	压力开关	调节范围0.05~3.0MPa	1	Herion 型号 6500 0820750	调至0.8MPa启动齿轮泵电动机2
16	双向截止阀	DIN16272，$R = 1/2in$（1.27cm）	1		
17	压力开关	调节范围0.05~30MPa	1	Heerion 型号 D500 0820750	调节至2.5MPa启动主电动机
18	三通阀	D312－H－T－N－R－10	1		

项目	装 置 名 称	技 术 参 数	件数	制 造 厂	备 注
19	恒压调节阀	调节范围 1.0~4.0MPa	1		调至 2.5MPa
20	单向阀	RHD18-L	1		
21	恒压调节阀	调节范围 1.0~4.0MPa	1		调节至 2.5MPa
22	单向阀	RHD18-L	1		
23	三通阀	D312-H-T-N-R-10	1		
24	水—油冷器	约 25120.8kJ/h	1		进油 60℃ 排油 45℃ 进水 30℃ 排水 36℃
25	油调节器		1	Amot-contr	
26	截止阀	$R=1/2''$（1.27mm）	1		
27			1		
28	窥视玻璃	$R=1/2''$（1.27mm）	1		按照 TCT 图号 4GA10270
29			1		
30	温度计	DIN1618，90~100℃	1		
31	液位指示器		1		见项目 1
32	加热器	220V，50Hz，1.2kW	1		
35	双温度继电器	型号 5111、321、321 000 162 双触点	1		用于加热器的开关
36	液位开关	型号 NS1/GFK×300	1		最小接触 200mm
54	单向阀	GHD18-L	1		
57			1		
58	压力安全阀	型号 SPV10112 调节范围 0.4~1.2MPa	1		调至 0.6MPa
67	截止阀	DIN16271	1		
68	GM 压力表	0~6.0MPa，$D=63$mm	1		指示范围 0~6.0MPa
73	压力安全阀	型号 SPV10A12 调节范围 0.2~1.2MPa	1		调至 0.6MPa
74	微量节流阀	型号微型 18AK3/8in（0.953cm） 调节范围 0.5~10L/min	1		调至约 8L/min
76	流量继电器	型号 HR15MI，R1/4in（0.635cm） 2~12L/min	1		调到 3~4L/min
84	窥视玻璃	NW50	1		
85	接线盒	按 SLP 629/4	1		
95	电阻温度计	WZPM-201 Pt10	1	上海自动化 仪表三厂	轴承温度 1. 报警：大于 90℃； 2. 主电动机断路：大于 110℃
96			1		
97			1		

项目	装 置 名 称	技 术 参 数	件数	制造厂	备 注
98	液体温度计	$U = 220V$ $I = 0.1A$	1	Motometer TLT 图纸 3GA3738	
99			1		
100			1		
103	电动执行器	DKJ – 210	1	上海自动化 仪表十一厂	
104	行程开关	LX19 – 111	1		用于判别叶片的关闭
105	防喘振控制	$U = 220V$ $I = 10A$	1	DPD1TM3SS	1. 报警 2.15s 后主电动机 断路

2. 三菱风机使用油脂的种类

如表 8–11 所示。

表 8–11　　　　　三菱风机使用油脂一览表

项　　目 ＼ 序　号		1	2	3
注油部位		油　箱	链式联轴器（油泵）	动叶支撑轴承
润滑剂		22 号汽轮机油 （SYB1201 – 60）	锂基润滑脂 Z1 – 4 （SY1412 – 75）	
注油量	送风机	300L	0.25kg/件	0.106kg/件
	引风机	680L	0.25kg/件	0.478kg/件
更换周期		每一检修周期	4000h	每一检修周期

3. 离心式风机的油系统

离心式风机的油系统由油站、高位油箱和润滑油管等组成；每台引风机配用一个 160L/min 油站强制供油，供轴承润滑用。油站型号为 LT – 160 型，采用意大利新比隆公司的技术制造。

每个油站由主油泵、备用油泵（辅油泵）、两个冷油器、两个滤油器和一个主油箱组成。油泵、冷油器和滤油器都是一台工作，一台备用，以保证安全运行。全部组件共用一个底座，构成一个整体装置。

油箱的油通过泵吸入过滤器，由润滑油泵加压，再经油冷却器、油过滤器和调压阀（调整工作所需油压）提供清洁的润滑油供系统使用，为防止油气烟雾过大，产生漏油现象，油站可视需要加设气液分离器，由排烟机将油雾通过分离器排出室外。

油系统各组件的维修、使用及结构特征如下：

（1）油箱。油箱内的油采用蒸汽或电加热，加热油温一般控制在 40℃ 左右，当超过 50℃ 时应关闭蒸汽阀。蒸汽加热器使用的蒸汽压力不得大于 2.94MPa，润滑油温达到 25℃ 时，油泵即可启动，为使油箱内上部油雾迅速排出，油箱上部设有充氮气节流孔板。氮气在孔板前压力为 1.96kPa，耗量 10m^3（标准）/d，油箱设有液位计、低液位报警开关、就地温度计等安全装置，还带有充油过滤、排油及放空的连接设施。

（2）油泵。油系统中使用两台相同容量和压力的油泵供油，一台为主油泵，一台为辅油泵，均为电动机拖动。每台泵均能满足整个系统所需的油容量，所以正常工作时一台运行，一台作为备用，辅油泵由压力报警开关自启动进行压力调节和补充油量。泵的吸入管线上装有过滤网，排出管线上装有止回阀及截止阀。两个泵的排出管线同接在一根管上进入冷却器。

（3）油冷却器。系统中采用两个冷却器，一个工作，一个备用。它们之间的进出口分别用两个三通阀连接，并用一个旁通管线把它们连接起来，同时接一根回油管线至油箱，以保持冷油器之间的压力相等和热油流动，有利于切换操作。

（4）油过滤器。由两个过滤器并列组合而成，每一过滤器的进出口分别用两个三通阀连成一整体，在工作时冷却油流入其中一个过滤器，另一个作为备用。每个过滤器能过滤油系统供给的全部油量，过滤细度为 $25\mu m$。过滤器配有差压计及差压变送器。当测得的差压超过 147kPa 时，仪表发出报警，说明滤芯堵塞严重，须更换滤芯。

（5）油站的连接管线。油泵出口至油冷却器进口的并联管路中安装有调节阀用以调节所需油量和初始油压。管线中设有压力表、温度计来观察进入油冷却器的油压和油温。油冷却器至油过滤器的油管线中设有温度计来测定油冷却器的冷却效果及监控油温度。上述管线中的阀门及油管为碳钢材质，经酸洗后接入设备系统。油过滤器出口至给油管线中设有调节阀，用以调节供给风机和电动机的油压。这段管线中的阀门及油管均为不锈钢材质，经清洗后接入设备系统。

（6）高位油箱。用于停电时保证安全停车。当两台油泵发生事故或因停电而停车时，由于风机转子的转动惯性很大，机器要经过一段时间才能停下，此时仍需有足够的油量来供给轴承润滑，这些油就由高位油箱供应。

高位油箱底部距风机中心线的高度应在 10m 以上。在润滑系统工作之前。高位油箱中必须充满油，充油的方法是：当油泵启动后，打开到高位油箱的入口阀门，直到观察到油通过检视计返回油箱时为止，然后关上入口阀。在油系统工作期间，依靠通过孔板的油量来维持高位油箱的正常液位和温度，一旦主油管的油压降低，止回阀就自动打开，让高位油箱的油补充润滑管线上的油压，以确保轴承的润滑。高位油箱上装设有低液位报警器，用于防止充油不足。

（7）润滑油管线。从过滤器出来的油直接进入主油管线，油压靠压力控制阀 PCV 维持在 196.1～245.2kPa。在每一个轴承的进油管上装一个流量调节器，用以控制轴承的润滑油压。支撑轴承的油压给定为 88.3～127.5kPa，推力轴承油压给定为 24.5～49.0kPa，当轴承的排油温度和入口温度差大于 20℃时，上述油压给定值须加大。当主油管线上的油压降到开关整定值（约 147.9kPa）时，辅助油泵自启动。此时到支撑轴承的润滑油压应为 49.0～58.8kPa。

（8）润滑油系统的安全装置和控制仪表。润滑油系统使用的安全装置和控制仪表如下：

1）PSA，润滑主油管线压力报警及辅助油泵启动；

2）PdA，过滤器之间的差压报警开关；

3）TE、TTA，冷油器后的测温元件和温度指示报警；

4）TI，轴承出口温度计；

5）PI，主油管线和轴承管线上的压力计；

6）FC，排油管线上的检视计。

仪表整定值的参考数据如表 8－12 所示。

表8－12　　　　　　　　润滑油系统仪表整定值的参考数据

油　　压（kPa）		压　力　开　关（kPa）	
润滑油主管线	196.1～245.2	主油管线油压报警及辅泵启动	147.9
径向轴承	88.3～127.5	过滤器之间最大报警压差	147.9
推力轴承	24.5～49.0	主油管油压停车	98.1
油　　温（℃）		温　度　开　关（℃）	
轴承入口最小工作值	35	停止油箱加热	50
轴承入口正常工作值	50	冷油器后高温润滑报警	55

（9）润滑油质。制造厂建议使用国产 30 号汽轮机油 Hu－30。它的主要性能及油质停用的标志如表 8－13 所示。

表8－13　　　　　　　　30 号汽轮机油的主要性能及油质停用标志

	主　　要　　性　　能			变质停用的标志	
1	50℃时黏度 4～5°E	5	灰分≤0.005%	1	黏性变化大于 15%～20%
2	酸值（mmKOH/g）≤0.02	6	无水溶性酸和碱	2	最大酸值＞0.04mg/g
3	闪点（开口）≥180℃	7	凝点≤－10℃	3	闪点（开口容器试验）＜160℃
4	无机械杂质			4	杂质＞0.1%（在油箱最低处取样）

油系统加油后，首先作 1000h 运转，以后每个月分析一次油的成分，要求油的物理性能不变，如果到达停用标志，应停止使用。通常在运转两年后进行第一次换油，排泄时最好保持油是热的，以免杂质沉积于管内。油箱排油后，用煤油或专门的冲洗油清洗底部，并用干的压缩空气吹干。正在运行的机器，润滑点处的油温不得超过 85～90℃。

二、喘振报警装置

每台风机均设有喘振报警装置。图 8－24 为 TLT 风机的喘振报警装置示意图，图中一支皮托管装于叶轮进口前，以控制喘振极限，并检查叶轮前的动压头。皮托管置于叶轮前方；开孔是背叶轮转向的，在正常情况下测到的是负压。若风机进入失速区工作，压力将转化为正压值。皮托管须经过标定，标定值为风机在最小叶片角（－30°）时的压力加上 2kPa，作为压力测量的传感值。当发生喘振时自动发信号，此时运行人员必须立即进行处理，喘振若持续 15s 后风机自动跳闸。消除喘振的办法是：立即增加喘振侧的风机负荷，降低正常运行侧的风机负荷或降低锅炉的负荷，若在 15s 内能消除喘振，就能保证安全运行，否则风机立即跳闸。

三、缩小轴流风机失速区域的方法及防失速装置

1. 缩小轴流风机失速区域的方法

最简单的防止失速的办法就是在风机进、出口之间加一旁路通道和挡板，如图 8－25 所示。让风机始终在大风量下稳定运行区运行，让管网所需的风量通过主管道送出，而把多余的风量经过旁路通道流回风机进口，使其在风机内部循环。旁路上的控制风门用来控制返风量，但这是最不经济的，既要增加风机的耗电量且还使运行控制复杂化。

成都电力机械厂于 1986 年引进了西德 KKK 公司的 AN 型轴流风机的制造技术，其中包

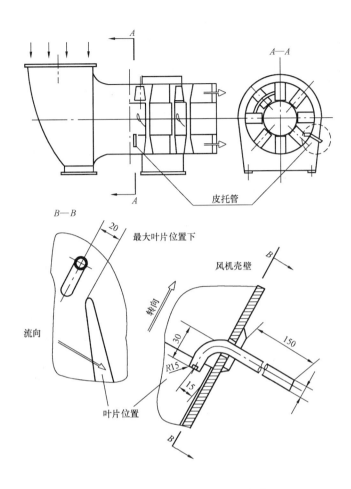

图 8 - 24　TLT 轴流式风机的喘振报警装置

括了带分流装置（KSE）的制造技术，带分流装置与不带分流装置时风机性能曲线的比较示于图 8 - 26。从图可见，带分流装置风机的失速区域大大小于未带分流装置的风机，使带分流装置风机的使用范围得到显著扩大（图中阴影部分为扩大区域）。但是风机的风压有所降低。

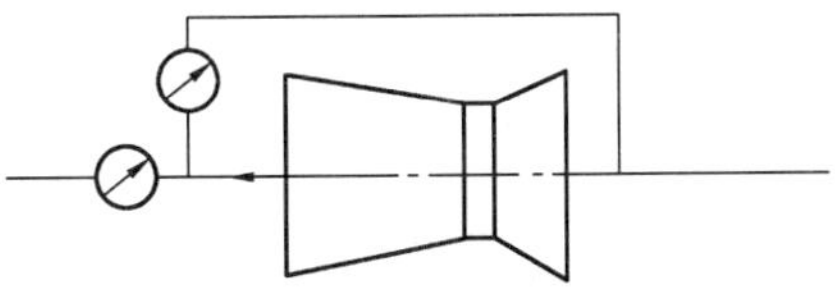

2. 轴流风机防失速装置

西安热工研究院有限公司在分析比较国外防失速方法及自身实践的基础上设计了"轴流风机防失速装置"。其目的是在不增加按常规设计的轴流风机轴向

图 8 - 25　防失速旁路和挡板

尺寸的前提下，在风机本体结构设计中，增加一个装置，将风机的失速区域大大缩小，从而避免风机在使用过程中发生失速。该装置如图 8 - 27 所示。它是由进口法兰 1、进口锥 2、外壳 3、导叶 4、内筒 5、出口法兰 6 和中分法兰 7 组成。进口法兰和出口法兰分别与外壳焊接，进口锥焊接在进口法兰上，导叶为圆弧形等厚叶片，导叶焊接在外壳与内筒上。该装置为上、下水平剖分式，用中分法兰将上、下两部分连接成一体。整个装置由进口法兰和出口法兰分别与轴流风机的调节器（若风机未设计有调节器，则装于风机进风箱）与风机转子外壳相连，如图 8 - 28 所示。

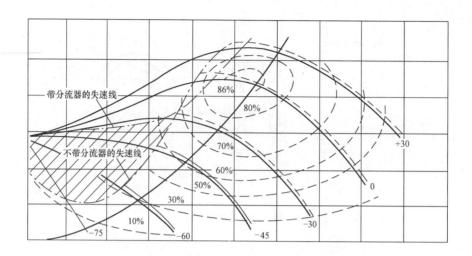

图 8－26 带分流器与不带分流器风机性能曲线比较

－－－－不带分流器的压力线束； —— 带分流器的压力线束

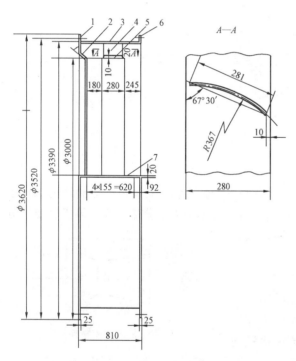

图 8－27 轴流风机防失速装置

1—进口法兰；2—进口锥；3—外壳；4—导叶；5—内筒；

6—后法兰；7—中分法兰

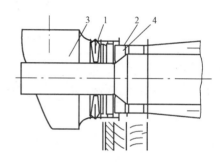

图 8－28 防失速装置的连接

1—进口调节门；2—转子外壳；3—进气室；

4—叶轮

当轴流风机叶轮叶片表面发生边界层分离阻塞流道时，叶轮叶片进口处压力升高了的扰动气流将进入由本装置外壳与内筒形成的环形通道，并在环形通道内的导叶作用下，消除旋转，再无干扰的引回叶轮前的主气流中，从而防止失速扩展，达到大大缩小轴流风机失速区域的目的。

该防失速装置与现有的空气分流器或 AN 型风机的 KSE 相近，但其外形尺寸

小。特别是轴向尺寸短，且可不要集流器来均匀叶轮前的气流，因而可不增加按常规设计的轴流风机轴向尺寸。经实验表明（比较图 8－29 和图 8－30），装有本装置的轴流风机，一般不可能再落入其失速区域运行，大大扩大了轴流风机的使用范围和应用领域。该装置可根据

轴流风机的外径和叶轮叶顶部弦长的大小进行相似设计，因而可适用于各种尺寸和各种轴流风机，特别是高、中压轴流风机，如电站锅炉的送、引风机。又由于其外形尺寸较小，不需增加已设计风机的轴向尺寸和改变转子支撑位置，因而还适用于已投运的轴流风机的改造。

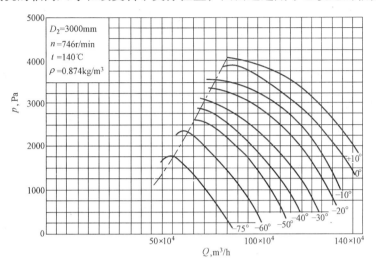

图 8-29　未装防失速装置风机特性曲线

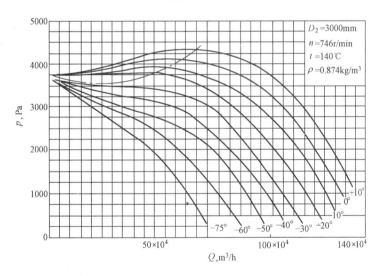

图 8-30　装有防失速装置风机特性曲线

　　如我国一台 300MW 火力发电机组的 YWJ300/2140 型静调轴流引风机在未装设本防失速装置时，在锅炉点火启动两台风机并车中，若操作不当就导致"抢风"现象（即有一台风机失速）。在并列运行过程中，若两台风机的调节风门开度相差大于 15% 时，也可能发生"抢风"现象。在装设本防失速装置后，在锅炉吹扫点火启动，两台风机并车以至机组各种运行工况下，乃至于两台风机调节门开度相差大于 30% 以上均未发生过"抢风"失速现象，经一万余小时的各种方式考验，该风机从未发生过失速。现该防失速装置已在多台引风机上得到应用。

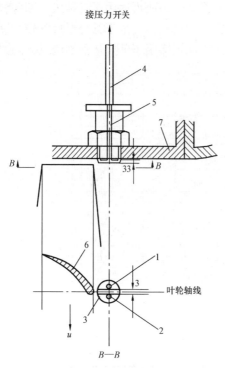

接压力开关

4

5

7

B | B

33

6

叶轮轴线

1

3

3

2

u

$B—B$

图 8–31 失速探针

1—高压测压孔；2—低压测压孔；3—隔片；

4—测压管；5—失速探针；6—叶片；7—机壳

3. 失速探针

失速探针是用来预测风机旋转脱流的监测装置。风机在出现旋转脱流时，使叶片前气流压力分布不均，这就给失速探针提供了测量信号，失速探针就是个差压计，用来测量叶片前气流的压力差。当压力差达到规定数值时，失速探针压力开关动作，输出信号，使保护装置动作。失速探针结构如图 8–31 所示。探针上有两个 6mm 的测压孔，在探针头部有一个高 3mm、宽 3mm 的隔片将这两孔相隔；两个测压孔分别与两根测压管相通，将压差信号传给压力开关。这个失速探针测量精度高，能在较小的压力差时使压力开关动作，并及时采取措施，避免轴流风机在旋转脱流区内工作。

第六节 风机的其他技术特点

一、系列化

TLT 风机采用零部件系列化而不是整机系列化，因而对于每台风机需进行单独设计，但由于零部件标准化，品种又齐全，所以适应范围广。TLT 公司的轴流风机的发展过程是由大型向小型、由多级叶轮向单级叶轮发展的；电站锅炉配套送风机、引风机均为动叶可调轴流式，叶轮为单级或双级。部件系列中叶轮直径有 32 挡，每挡对应 7 挡基本轮毂直径；叶片数一般为 16 ~ 24，但也有 12 片的；轴承箱轴颈有 11 挡；液压缸有 6 挡缸径、5 挡行程，可以根据不同的参数及要求利用积木块式设计，组成不同型号的风机。综合上述叶轮外径、轮毂直径、叶片形式、叶片数及级数（单级或双级）可以组合成 500 种不同性能规格的风机。性能范围如下：流量为 50 ~ 1400m³/s，压力为 1.96 ~ 14.7kPa（200 ~ 1500mmH$_2$O），效率为 85% ~ 89%，用流量作横坐标，压力为纵坐标，用上述数据构成的长方形范围内性能都较适当。

三菱轴流风机有卧式（MH – H、ML – H 型）和立式（MH – V、ML – V 型）两种，体积小，重量轻，容易适应电厂的配置。按压力的高低可以配置一级和二级叶轮，一级叶轮的送风机采用强制润滑的滑动轴承，二级叶轮采用滚动轴承，中间轴均采用空心钢管刚性连接。引风机不论一级或二级叶轮均采用滚动轴承结构，中间轴采用弹簧片式挠性联轴器，具有自动对中，适应性强的特点。

二、自动化程度

由于采用了动叶片液压调节机构，调节时动作迅速、灵敏度高、滞后作用小，驱动活塞能准确地调节叶片角度，所以对风量、炉膛负压的控制都很精确。叶片从全开到全闭的时间采用计算机控制，叶片的角度可以在控制室自动显示。

风机主轴承温度、调节油站的油温和压力都有仪表监视，并设有报警装置，当油温和压力超过设定值时，风机可以自动报警、跳闸。根据用户要求，还可以配有非接触式振动监测仪表和二次仪表进行监视。风机还设有旋转失速和喘振保护装置。

三、运行的可靠性

风机各主要部件如叶轮、导叶和主轴等分别进行了空气动力特性试验、结构强度试验、材料性能试验以及振动、工艺、声学、磨损等各种试验，并在使用条件下对整机的性能进行了实测，因而整体和零部件都比较安全可靠。TLT风机为了提高风机运行的可靠性，还采用了以下措施：①叶轮的动平衡分几次做，先将轮毂平衡做好，然后将叶片的转动部分装上、校好动平衡后，最后把叶片装上去后再做一次动平衡。②转动部分和液压调节机械装配好以后，在试验台上经过动作试验，再装在风机上使用。

三菱送风机和引风机重要部件的连接，如动叶与动叶轴（引风机）、转子侧板、液压缸、联轴器等，均采用高强度螺栓，并规定了相应的拧紧力矩。

进气箱壳体和主风筒壳体上开有差压信号测孔，通过所测得的差压值可由差压和流量关系式计算出风机的流量。该关系式由事先精确测量的差压、流量值后获得，它可以由制造厂提供，也可以在现场用精确测量方法获得，若没有曲线，可以近似地用式（8-1）对风机流量进行估算，即

$$q_V = 29.981 \sqrt{\Delta p} \qquad (8-1)$$

式中　Δp——压差，Pa；

　　　q_V——风机进口流量，m^3/s。

在风机的两端和进、排气管连接处都装有膨胀节，三菱风机的措施是在后风筒和扩散筒的连接处有一条拆装方便的橡胶围带，用不锈钢箍紧，这样就使风机与进、排气管互不干扰，有效地隔振、补偿热膨胀，且装拆方便。为了防止热量传入风机内部，风机内筒应衬有隔垫材料。风机的额定振幅最大不允许超过0.08mm。三菱风机还可加装消声机壳，使风机噪声不超过32dB，充分满足环保要求。

四、维修的方便性

机壳带有水平中分面。叶轮部位的上半部机壳仅在法兰处与下半机壳用螺栓连接，周向的两条接缝用柔质密封条封闭，这样便于迅速将机壳上盖吊开。叶轮自成一体，电机的轴并不穿过风机机壳而是用中间轴，因而在吊开机壳上盖后很快就可将叶轮吊出，不必拆卸与电机连接的联轴器。检修或更换转子的时间仅需8h左右，最短的记录为4h。风机主轴承箱设计成整体结构，轴承箱置于静叶筒内，用螺栓紧固在筒体上，静叶筒内筒体与轴承箱配合面及叶轮筒体同时加工，可以保证其安装精度，在转子维修或更换后，可免去对中找正工作。

由于三菱引风机叶片和叶柄采用两体结构，每块叶片都仔细称重并做好记录，更换叶片时只需配好叶片的重量，整个转子不需重新做好平衡，也不需拆卸轮毂。叶片损坏以后，还可以用焊接方法修补。

第七节 风机的运行与维护

一、轴流式风机的运行与维护

(一)概要

为了保证风机长期、安全和高效地运行，应严格地按有关说明进行操作，并应对风机认真进行日常保养。当风机和辅助设备出现故障时，应迅速采取适当措施。引风机不允许在下列状态下运行：①电除尘器未能调节到安装时所调定的正常状态；②由于电除尘器出故障而采取走旁路的方法。

(二)轴流式风机启动时的注意事项

启动风机时应严格按表8-14所列步骤操作和检查风机及辅助设备。

表8-14　　　　　　　　　　　　　　轴流式风机启动时的操作步骤

设　备	检　查　项　目	设　备	检　查　项　目
主　机	检查地脚螺拴有无松动； 检查动叶的异常磨损； 检查旋转部件上的不均匀粉尘黏附； 检查有无工具等物遗忘在风机内部； 密闭清灰门及检查孔	冷却风机	检查空气过滤器的阻塞情况； 操作：启动冷却风机； 检查振动及异常噪声； 检查出口挡板的漏风； 检查冷却风管的漏风； 使备用冷却风机的转换开关置于自动位置
油　站	检查油位； 检查油温； 操作：启动油泵； 检查振动及异常噪声； 检查漏油； 检查油位（部分油进入管道，油位相应降低）； 务必使油压保持其指定值； 使备用油泵转换开关置于自动位置	动叶操作机构	使电动执行器角度指示置于全闭位置
		主　机	保证轴承温度计工作正常； 检查漏油； 使动叶角度指示置于全闭位置； 操作：启动主机； 保证主机启动时间正常； 检查振动及异常噪声； 检查轴承异常温升； 务必做到平稳加载

(三)风机运行时的注意事项

运行中的日常检查及保养有助于及时发现故障，并能使风机长期稳定地运行。日常检查保养有关条款和间隔时间推荐数据如表8-15。执行日常或定期检查项目应在风机相同负荷（最好为MCR点）下进行必要的检测，这样有利于发现随时间推移而出现的变化。

当两台并联风机同时启动时，应使动叶在全闭位置，在达到全速后打开各自的调节风门，再同步增加两台风机的动叶角度，直至在需要的工况点稳定地运行。

如果仅启动一台风机，则另一台不投入运行的风机的调节风门应予关闭。

如果一台风机已在运行；另一台需要投入时则应将已运行风机的负荷减少，然后在动叶全闭和调节风门关闭的情况下，将风机启动。全速后打开调节风门，逐步开启动叶角度，在两台风机的负荷达到平衡时，同步调节两台风机的动叶角度，投入正常并联运行。

设 备	检 查 及 保 养		备 注
	项 目	间 隔	
主机	异常噪声；	1d	冷却器一个通断循环轴承的最高和最低温度
	轴承温度；	1d	
	振动；	1d	
	动叶开度；	1d	
	主电机电流；	1d	
	流量；	1月	
	风机进、出口压力	1月	
油站	压力油和润滑油进油油压；	1d	清洗滤油器；
	压力油和润滑油滤油器压差；	1d	
	润滑油流量；	1d	
	油箱油温；	1d	冷却器一个通断循环的最高、最低温度；
	润滑油进油温度；	1d	
	油箱油位；	1d	
	油泵振动及异常噪声；	1d	
	润滑油回油情况；	1月	轴承温度过高或主机振动过大时应随时检查；
	液压缸压力油泄漏；	1月	油箱贮油减少时，打开后风筒内筒泄油管上的排油阀检查；
	冷却器黏附污物；	1月	润滑油进油温度过高时，应随时清洗冷却器，检查进出口油温
	油泵的交替使用；	3~6月	
	清洗吸油口滤油器；	3~6月	油压过低或油泵产生异常噪声应随时清洗；
	清洗压力油管路滤油器	3~6月	滤油器压差过大时随时清洗
冷却风机（仅对引风机）	振动及异常噪声；	1d	主机温度过高时应随时清洗
	清洗空气过滤器；	3~6月	
	冷却风机的交替运行		

（四）停机注意事项

（1）除紧急停机外，正常停机时动叶开度应处于全闭位置。

（2）主电机切断电源后，即使在出口挡板完全关闭的情况下，因转子的惯性和挡板的漏风，风机仍需约 40min 才会完全停止转动。若必须使风机在短时间内停止转动，则应使动叶开度处于全开位置。

（3）当并联运行风机中的一台退出运行时，应先将该风机的动叶关闭，再切断主电机电源，关闭该风机的调节风门。

（4）风机完全停止转动后，将转子锁定，手动操纵现场控制盘使油泵停止运行。当确认主轴承温度降至环境温度后，再手动操纵现场控制盘使冷却风机停止运行。

（五）辅助设备的交替运行

引风机的冷却风机和油泵均是双配备，主机运行时有一台冷却风机和一台油泵投入运行（记为 A 冷却风机和 A 油泵），未投入运行的冷却风机和油泵作为备用（记为 B 冷却风机和 B 油泵）。若 A 冷却风机或 A 油泵出现故障时，则 B 冷却风机或 B 油泵会自动启动实现切换，反之亦然。这样既可保证主机正常运行，又可使出现故障的设备退出运行进行检查修理。

为了增加备用设备的工作可靠性，建议交替使用 A 设备和 B 设备（每3~6个月）。若因发电厂运行计划不允许停主机切换备用设备时，则辅助设备的切换应按下列步骤在风机负荷不变的情况下进行。在不停主机的情况，通过手动操纵现场控制盘实现备用设备的切换。在执行切换过程中，应与各有关方面保持通信联络，以便当切换过程出现意外情况时可立即停止备用设备的切换。

一般情况下，检修油泵和冷却风机以及链式联轴器加注油脂均在定期检修时进行。但是，若在运行的设备已出现故障或即将出现故障时，则可在备用设备实现切换后使其退出运行进行修理，损坏的设备在进行修理的过程中，应使其切换开关处于"断开"位置，修理完毕再将其重新置于"自动"位置。因此在对已损坏设备进行修理的过程中，备用设备是不可能自动启动的，操作者应注意这一点。

（1）油泵切换方式。如表8-16所示。

表8-16 A油泵切换到B油泵的步骤

步　骤	A　油　泵		B　油　泵	
	运行/停止	切换开关位置	运行/停止	切换开关位置
1	运　行	接　通	停　止	自　动
2	确认A油泵运行正常； 使压力油进油管并联的两组滤油器均投入使用			
3	运　行	接　通	运　行	接　通
4	确认A油泵和B油泵及其他设备均运行正常			
5	停　止	断开→自动	运　行	接　通
6	确认B油泵运行正常； 关闭压力油进油管并联滤油器中不再使用的浊油器			

注　1　B油泵切换到A油泵方法与上类同。

　　2　在执行切换油泵的第5步时，操纵切换开关（由断开到自动）应迅速准确。若在压力油油压低于4.12MPa（送风机的润滑油油压低于0.078MPa）或低于4.51MPa（引风机）情况下切换油泵，则A油泵停止运行后又会接着自动启动，切换操作时应注意到这一点。若油泵切换后油压稳定在4.61MPa（送风机）或5.49MPa（引风机）以上，则应使B油泵退出运行并找出原因。待修理完毕后再重新执行切换。修理B油泵前务必将B油泵的切换开关置于"断开"位置，B油泵修理后再将切换开关置于"自动"位置。

（2）冷却风机的切换方法。如表8-17所示。

表8-17 A冷却风机切换到D冷却风机的步骤

步　骤	A　冷　却　风　机		B　冷　却　风　机	
	运行/停止	切换开关位置	运行/停止	切换开关位置
1	运　行	接　通	停　止	自　动
2	确认A冷却风机运行正常			
3	运　行	接　通	运　行	接　通
4	确认A和B冷却风机运行正常；两个单向挡板均已打开			
5	停　止	断开→自动	运　行	接　通
6	确认B冷却风机运行正常； 保证A冷却风机出口单向挡板完全关闭； 确认主机轴承温度未增高			

注　1　B冷却风机切换到A冷却风机时方法步骤同上。

　　2　执行步骤5，A冷却风机切换到B冷却风机时，操纵切换开关（由断开到自动）应迅速准确。

（六）故障排除

风机出现故障时，可参考表 8-18 进行排除。

表 8-18   故障排除方法

故　障		产　生　的　原　因	检　查　项　目
主轴承温度过高		润滑油量不足； 冷却器的冷却水量不足； 冷却器内黏附污物； 轴承内有异物； 冷却风量不足（引风机）	适当调整减压阀增大油压； 检查冷却水量，检查水冷管是否阻塞； 清洗水冷管内部和外部； 检查轴承，若有异常则更改； 清洗空气过滤器； 调整冷却风管蝶阀开度
系统油压过低		油泵故障； 油泵吸入口不充满； 吸入口滤油器阻塞； 油箱油位过低； 溢流阀失灵； 液压缸阀心外间隙过大或液压缸工作状况不良 （排油量过大）	检查维修； 检查吸入管是否带入空气； 清洗滤油器； 加油并检查管路是否漏油； 调整或拆开检查； 检查阀芯处间隙并调整液压缸
系统油压过高		溢流阀工作异常； 溢流阀卸荷管路阻塞	调整或拆开检查； 检查并修理
备用油泵不运行		电气故障； 异物进入泵内卡住叶片	检查电路； 检查修理
异常噪声	主机	风机内有异物； 旋转件与静止件相干涉； 喘振	检查修理； 检查修理； 减小动叶开度使风机退出喘振区
	油泵	油泵内有空气； 产生空蚀现象	排出空气； 清洗吸入口滤油器
振动		风机未对中； 主轴承故障； 转子不平衡； 喘振； 风筒支板或底座板开焊	调整风机中心； 检查轴承、若有异常则更换轴承； 检查异常磨损、裂纹或粉尘、黏附情况； 检查有无螺栓、螺母脱落； 进行现场动平衡； 减小动叶开度使风机退出喘振区； 补焊
主轴承处漏油		润滑油量过大； 密封圈或密封片损坏； 润滑油回油管阻塞或空气闭塞； 冷却空气系统异常	检查润滑油进油管； 重新更换； 检查修理； 检查冷却风机、空气过滤器和挡板

故　障	产　生　的　原　因	检　查　项　目
动叶滞卡	轮毂内部调节机构损坏； 操作机构滞卡； 动叶支撑轴承缺油	修理或更换； 修理或更换； 更换润滑油或动叶支撑轴承
动叶角度 调节异常	铰接管接头和阀芯、阀套磨损； 活塞环和缸盖的 V 型密封损坏； 挠性软管损坏（漏油）； 动叶滞卡	更换磨损件； 更换； 更换； 按"动叶滞卡"故障处理

二、离心式风机的安装和运行中的注意事项

（1）安装电动机时应使电动机轴线与风机主轴线一致，两个半联轴器的同轴度不大于 0.05mm，联轴器端面的平行度不大于 0.10mm。

（2）将叶轮安装在轴盘上时，要注意按照叶轮和轴盘的相对位置将四个销钉和所有的螺栓装上，并拧紧螺母，螺栓与螺母均用防松垫片固定以免松动。

（3）叶轮与进风口的径向和轴向间隙应符合图纸规定。

（4）低位油箱的位置要低于主轴轴承箱，以便润滑油能顺利流回油箱。高位油箱应高出风机主轴中心线 5～6m。露天安装时要保温。

（5）安装盘车装置时，离合器 I 与离合器 E 同心度允许最大径向偏差 0.10mm，轴向倾斜角在 20′以内。

（6）润滑系统启动前要保证使用推荐牌号的汽轮机油充满主油箱，检查系统内各个阀门，控制器等是否处于规定的位置。例如，旁通阀是否关闭，控制阀和截止阀是否打开等。要根据《润滑油系统使用说明书》进行检查，并要求各个点的油压符合规定值。

（7）引风机正式运行前必须进行试运行，试运行须在安装完毕并检查合格后方能进行。引风机试运行前需要盘车，向轴衬里渗油后将离合器脱开，并将操作杆固定在关闭位置上用螺母锁紧。双速电动机在开车前应单独无负荷试运行，然后将半联轴器销钉与风机的半联轴器装好。执行机构与调节门连接后应空负荷试验开、闭导叶片。在 0°～90°的范围内导叶应灵活自如，不得有卡死现象。

（8）风机启动前应关闭调节门，首次启动后应立即停车，确定各部位无异常现象并无摩擦声之后才可以正式试运行。

风机启动达到正常转速后逐渐开大调节门（不准超过电机额定电流）至额定负荷运行 1～2h 后，停车检查轴承及其他部位，如一切正常，再运行 16～24h，即可结束试运行。风机在运行过程中轴承温度应不超过 65℃，振动不超过 0.08mm。

风机停机时，切断电源后不要关闭风门，让转子带负荷较快地停机。当轴承出口温度稳定在 40℃左右时，再关闭润滑油泵。

第九章 锅炉的启动与停运

锅炉启动是指锅炉由停运状态转变为运行状态的过程；停炉是启动的逆过程。锅炉的启动分为冷态启动和热态启动。有的机组把启动分为冷态启动、温态启动和热态启动三种方式。冷态启动是指锅内无表压，温度接近环境温度时的启动方式。这种启动通常是新装锅炉、锅炉经过检修或者经过较长时间停炉备用后的启动。温态启动和热态启动则是指锅炉还保持一定压力和温度情况下的启动。温态启动时，锅炉的压力和温度比热态启动时低。这两种启动是锅炉经过较短时间的停用后的重新启动，启动的工作内容与冷态启动大致相同，只是由于它们还具有一定的压力和温度，所以它们是以冷态启动过程中的某中间阶段作为启动的起始点，而起始点以前冷态启动的某些内容在这里可以省略，因而它们的启动时间可以较短。

锅炉启动和停运过程中工况变动是很复杂的，如果操作不当容易造成设备的损坏。如各部件温度和压力经常在变化，由于受热不均，部件金属可能因产生很大的热应力而被损坏；启动初期受热面管内工质流动尚不正常，流速很慢，受热面的冷却较差，管壁金属有超温的危险；同时启动初期燃烧也不易控制，容易发生炉膛灭火和爆燃。停炉是一个冷却过程，如果冷却过快，同样会产生过大的热应力而损伤设备。此外，启停过程中还会因排汽和放水而造成工质和热量的损失。

由此可知，锅炉在启停过程中存在着安全和经济两方面的问题。一般对启停过程的要求是：对于启动过程，在确保人身和设备安全的前提下，尽量缩短启动时间，以适应电网负荷的需要，并节约燃油和工质。对于停炉过程，确定合理的减负荷、降压和冷却速度，既能避免设备受损伤，又能保证设备及时得到检修（对于检修停炉而言）。

单元制系统锅炉和母管制系统锅炉的启动方式不同，母管制系统锅炉多采用额定参数启动方式，即锅炉先启动，待蒸汽参数达到或接近额定值时送入母管，然后启动汽轮机。随着机组容量的增大，单元机组逐渐取代了母管制机组，因此本章仅介绍单元制系统中锅炉的启动方式。单元机组一般采用滑参数启动方式。所谓滑参数启动是指在机组启动过程中，锅炉参数逐渐升高，汽轮机利用参数逐渐升高的蒸汽进行暖管、暖机、冲转、升速、带负荷，直至蒸汽参数达到额定值时，汽轮机带到额定负荷（或预定负荷）。

单元机组采用滑参数启动具有以下优点：

（1）启动时间短，经济性好。因为滑参数启动时，蒸汽管道的暖管和汽轮机的启动过程与锅炉的升压过程同时进行，使整个机组启动时间缩短，一方面减少了燃料和工质消耗，另一方面可尽早发电。

（2）启动过程设备损伤小。因各部件的加热过程是从低温到高温逐渐进行的，所以允许流过的蒸汽量大，使各部件膨胀较均匀。

大型机组常采用压力法滑参数启动。所谓压力法滑参数启动是指锅炉启动前将汽轮机主汽阀置关闭位置，使锅炉与汽轮机处于隔绝状态。锅炉点火产汽前汽轮机先抽真空，真空抽到主汽阀后。锅炉点火后待蒸汽压力和温度达到一定值时，再打开汽轮机主汽阀和调速汽阀进行汽轮机侧暖管、暖机和冲转。

第一节　自然循环汽包锅炉滑参数启动

单元制系统的锅炉，冷态启动过程大致分为以下步骤：启动前的准备，启动前的检查与试验，上水，点火，升温升压（同时暖管、汽轮机冲转、暖机、升速、并网），带负荷至额定值或预定值。现将冷态启动过程中的主要工作内容及要求叙述如下：

一、启动前的准备与检查工作

1. 启动前的准备

锅炉启动前应备有足够的燃煤、燃油和除盐水；各类消防设施应齐全，消防系统具备投运条件；大、小修后的锅炉，所有热力机械工作票已注销，临时设施已拆除，冷态验收合格。

2. 启动前的检查

锅炉启动前的检查内容主要有：车间内工作环境整洁，平台、楼梯、步道畅通；设备检查依照检查卡进行，主要对锅炉的汽水系统、烟风系统、制粉系统、燃油系统、燃烧系统、吹灰系统、压缩空气系统、除灰、除渣系统的设备进行检查。要求各种汽（气）、水、油阀门状态良好，开关位置正确；各烟、风门内部位置与外部指示一致；各种管道保温良好，支吊架齐全，外部颜色标记符合《电力工业技术管理法规》的规定；各膨胀指示器安装齐全，安装位置正确，指标刻度清晰，无任何影响膨胀的杂物及设施存在。

检查合格后方可送动力设备的动力电源及操作电源、仪表电源，投入相关仪表、各种连锁及保护。

3. 分部试运行

锅炉机组正式启动前，所有辅机及转动机械应经试运行合格。主要包括：烟风系统的引风机、送风机、空气预热器、冷却风机等；制粉系统的给煤机、磨煤机、排粉机、一次风机、密封风机等；燃油系统的油泵及油循环，油枪进、退机构及自动点火装置；燃煤系统的给粉机、一次风门、煤粉燃烧器及其摆动机构；压缩空气系统的转动机械；除灰、除渣系统的排灰泵、捞渣机、碎渣机等；电气除尘器振打装置、电场；蒸汽系统的吹灰器电动机，烟温探针进、退机构。

与上述各辅机有关的冷却水、润滑油系统，液压系统及遥控机构也都应试运行合格。

4. 水压试验

水压试验的目的是为了检验承压部件的强度和严密性。它分为工作压力试验和超压试验两种。

一般在承压部件检修后，如更换或检修过部分阀门、锅炉管子、集箱等，及锅炉的中小修后，都要进行工作压力水压试验。

而在遇到下列情形之一时应进行超压水压试验。

新装和迁移的锅炉投运时；停用一年以上的锅炉恢复运行时；锅炉改造、受压元件经重大修理时；锅炉严重超压达 1.25 倍工作压力及以上时；锅炉严重缺水后受热面大面积变形时；根据运行情况，对设备安全有怀疑时。

超压试验压力值按制造厂规定进行，制造厂没有规定时按 DL 612—1996《电力工业锅炉压力容器监察规程》的规定执行（参见表 9-1）。

表 9-1 锅炉超压试验压力

名　　　称	超 压 试 验 压 力
锅炉本体（包括过热器）	1.25 倍锅炉设计压力
再热器	1.50 倍再热器设计压力
直流锅炉	过热器出口设计压力的 1.25 倍且不得小于省煤器设计压力的 1.1 倍

水压试验范围包括一次汽系统，再热汽系统和锅炉本体部分的管道附件。汽包就地水位计只参加工作压力水压试验，不参加超压水压试验。

水压试验大致步骤如下（以某厂 1025t/h 锅炉为例）。

（1）一次汽系统的水压试验。关闭机侧主汽阀及高压旁路阀，关闭试验范围内的所有疏、放水阀，解列电磁释放阀，用给水旁路或减温水阀向锅炉上水（水温一般在 50~80℃），在 1.0MPa 前升压速度应缓慢，达到该压力后停止升压进行检查。如无异常，继续升压，在 6.0 及 12MPa 时应重复进行上述检查。

整个升压过程的升压速度按下列要求控制：当 $p \leqslant 10\text{MPa}$ 时，升压速度不高于 0.3MPa/min；当 $p > 10\text{MPa}$ 时，升压速度不高于 0.15~0.2MPa/min。

压力升至 18.83MPa 后，关闭上水阀，检查无泄漏，5min 降压不超过 0.5MPa 为合格。

若做超压试验，应以相同速度升至 23.54MPa，停止升压，关闭上水门，在此压力下保持 20min，降到工作压力再进行检查，检查期间压力应维持不变。超压试验的合格标准为：受压元件金属壁和焊缝没有任何水珠和水雾的泄漏痕迹；受压元件没有明显的残余变形。

水压试验结束后放水泄压速度应控制在 0.3MPa/min。

（2）再热系统的水压试验。关闭高压缸排汽止回阀、中压联合汽阀，并分别加堵板，关闭一、二级旁路阀和再热器系统各疏水阀，通过再热器减温水管向再热器系统充水充压。在 1.0MPa 以下，升压速度不超过 0.1MPa/min，1.0MPa 停止升压，检查若无问题，稳 15min 后，继续升压。在此阶段，升压速度应不高于 0.3MPa/min。升至 4.2MPa 后停止升压，并闭上水阀，5min 后压力不下降为合格。

5. 热工自动、连锁及保护的试验

炉膛安全监控系统（FSSS）、数据采集系统（DAS）、协调控制系统（CCS）、微机监控及事故追忆系统均应在锅炉启动前调试完毕；汽包水位监视电视、烟尘浓度监视、事故报警、灯光、音响通过调试，应均能正常投用；大、小修后的锅炉启动前应做连锁及保护试验。动态试验必须在静态试验合格后进行。辅机的各项连锁及保护试验应在分部试运行前做完。主机各项保护试验应在总连锁试验合格后进行。连锁及保护试验动作应准确、可靠。机组正常运行时，严禁无故停用连锁及保护，若因故障需停用时，应得到总工程师批准，并限期恢复。

6. 安全阀的整定与校验

安全阀是锅炉的重要保护装置，必须在热态下进行整定与校验，才能保证其动作准确可靠。

安全阀动作压力值的整定直接影响到锅炉运行的安全性和经济性。动作压力值调整得过高，当汽压超过工作压力很多时，安全阀仍不动作，则锅炉就有超压的危险；如动作压力值调得太低，则汽压刚达到或稍超过工作压力时，安全阀就会动作冒汽，如果安全阀频繁地动作冒汽，不仅会造成工质的损失，而且将引起阀门磨损漏汽。

安全阀的起座和回座压力和整定值均要以 DL 612—1996《电力工业锅炉压力容器监察规程》的规定为准。安全阀的起座压力见表 9 - 2。安全阀的回座压差，一般应为起座压力的 4% ~ 7%，最大不超过起座压力的 10%。制造厂有特殊规定的按制造厂规定执行。

表 9 - 2   安全阀起座压力

安 装 位 置		起 座 压 力	
汽包锅炉的汽包或过热器出口	额定蒸汽压力 $p < 5.9MPa$	控制安全阀	1.04 倍工作压力
		工作安全阀	1.06 倍工作压力
	额定蒸汽压力 $p \geqslant 5.9MPa$	控制安全阀	1.05 倍工作压力
		工作安全阀	1.08 倍工作压力
直流锅炉过热器出口		控制安全阀	1.08 倍工作压力
		工作安全阀	1.10 倍工作压力
再热器			1.10 倍工作压力
启动分离器			1.10 倍工作压力

注 1 对脉冲式安全阀，工作压力指冲量接同地点的工作压力，对其他类型安全阀指安全阀安装地点的工作压力。
  2 过热器出口安全阀的起座压力，应保证在该锅炉一次汽水系统所有安全阀中最先动作。

二、锅炉上水及蒸汽加热

在锅炉启动前的检查和准备工作结束后，确认机组具备启动条件时，才能向锅炉上水。此时，锅炉各汽水阀门、开关均应处于上水位置。

锅炉上水的水质应是除过氧的除盐水，符合给水的质量标准。锅炉上水温度不能太高。因为冷炉汽包金属温度接近室温，当高温水进入汽包时，汽包内表面与水接触，温度随即上升，而其外表面温度则升高较慢，因而形成内外壁温差。内壁温度高，有膨胀的趋向，但受到温度较低的外壁的限制，所以会产生压应力，相反，外壁则受到拉应力，这就是由内外壁温差而产生的热应力。如果进入汽包的水温过高，则其内壁金属有可能因承受太大的压力而产生塑性变形。当汽包再承受压力时金属又要受到拉应力，而当温差热应力和内压所引起的应力都比较大时，就可能导致汽包金属壁出现裂纹。此外，如进水温度太高，集箱或汽包与管子间的接口都可能由于过大的热应力而受到损伤。一般电厂采用除氧水箱中 104℃ 的除氧水作为锅炉上水，当水流经省煤器再进入汽包时，水温约为 70℃ 左右。

锅炉上水速度也必须适当控制。因为金属传热需要一定的时间，故上水速度越快，温差越大。上水所需的时间视水温、气候条件及锅炉型式等而定，大型锅炉规定的上水时间为：夏天不少于 2h，冬天不少于 4h。

锅炉上水的方式一般采用由给水管路的旁路给水管（称为点火给水管）直接向锅炉上水。采用旁路给水管上水，因为流量小，易于控制，可避免引起汽包水位过大的波动，同时能减轻对主给水调节阀的磨损。

一般当上水至最低可见水位附近时，停止上水（此时的水位称点火水位）。这样做是考虑到锅炉点火后，锅水将受热膨胀汽化，水位会逐渐升至正常水位。

为了能在启动初期建立稳定的水循环并缩短启动时间，节约点火用油，许多大型汽包锅炉在水冷壁下集箱安装有炉底蒸汽加热装置。它借用邻炉再热器冷段来汽或汽轮机抽汽来加热锅水，使之升至一定压力和温度后再进行锅炉点火。

上水结束后，应核对水位，如发现水位有上升或下降现象时，应检查给水阀、放水阀和排污阀的开关状态以及锅炉各处的严密性，并消除不正常情况。

三、锅炉点火

大型锅炉点火前需做的准备工作有：①投入炉前油系统；②启动回转式空气预热器、火检风机和点火风机；③投入炉底密封水和空气预热器下灰斗密封水；④投入暖风器运行；⑤联系热工投入火检装置及各种点火前应投入的自动及保护装置。

为了清除炉膛和烟道内的可燃气体，防止点火时发生爆燃，锅炉点火前应启动送、引风机进行通风吹扫工作。现代大型锅炉均采用程控吹扫，必须满足吹扫条件，程控装置才能执行点火指令。吹扫时间为 5～10min，吹扫风量一般为额定负荷风量的 30%。对于煤粉炉，还应对一次风管进行吹扫；对于油燃烧器，点火前应用压缩空气或蒸汽对其油管和油喷嘴进行吹扫，以保证油路畅通。吹扫完毕后，调节炉膛风压在 −50～−100Pa，准备点火。

下面以某厂采用的蒸汽雾化燃油系统为例，简要介绍锅炉点火的方法。该系统包括供给点火和暖炉用油的燃油管路系统、供给燃油雾化用的蒸汽管路系统以及供给油枪、高能点火器伸缩机构的气缸用压缩空气的管路系统，参见图 9−1。

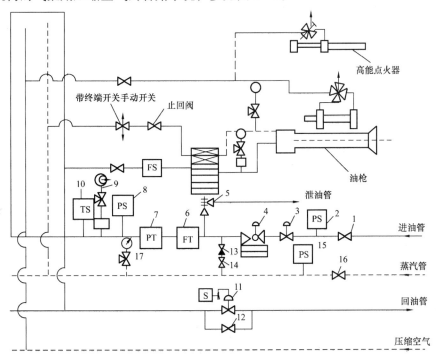

图 9−1　炉前油系统图

1—手动截止阀；2—压力开关；3—油调节阀；4—速断阀；5—调节系统泄油阀；6—流量元件；7—压力元件；8—压力开关；9—就地压力表；10—油温度开关；11—回油阀；12—手动截止旁通阀；13—止回阀；14—手动阀；15—压力开关；16—手动截止阀；17—仪表阀

本系统配用 Y 型蒸汽雾化喷嘴，雾化蒸汽压力不可调节，油枪和点火器采用气动执行机构。燃油和压缩空气的工作程序主要由锅炉燃烧器管理系统（BMS）和机组协调控制系统（CCS）来控制。本系统除作为检修隔离用的手动截止阀、炉前油系统吹扫阀和止回阀以及就地压力表等元件之外，各阀门及温度、压力、流量元件均作为 BMS 和 CCS 的逻辑执行元件。

点火前油系统吹扫完毕后可建立油循环，维持燃油温度、母管及油枪入口处油压在规定范围内。准备点火时，先送入压缩空气和辅助蒸汽。根据需要在油枪投入前开启油枪前油管手动截止阀。当接到点火指令，确认点火各项条件满足后，按下点按钮，程控系统将自动完成油枪推进、开启三用阀、点火器打火、燃油点燃、点火器熄火等各项工作。

当油枪投入时，应密切监视燃油及辅助蒸汽各参数变化，并予以及时调整。冷炉点火时，为防止发生熄火，应同时投入至少两支油枪，以便相互影响，使燃烧稳定。对于四角布置的燃烧器，应先点燃对角两支油枪，然后再点燃另一对油枪，如锅炉用油量较少，则可两对油枪切换使用，以保证炉膛各部分受热均匀；此外，投油枪顺序是：先下排，后中排，再上排。为保证燃油燃烧完全，投油时应注意风量的调节。

当锅炉参数达到一定值后应注意及时做好投粉前的各项准备工作。油燃烧器投入一定时间后，待过热器后烟温和热风温度达到一定数值，投入煤粉燃烧器。何时投入煤粉燃烧器，主要考虑以下几方面因素：

（1）煤种情况。如果燃用易燃煤，可早些投粉，否则稍晚一些，以免投粉不着。

（2）燃烧器情况。如果燃烧器采用了稳燃措施（如船形燃烧器），可早些投粉。

（3）对汽温、汽压的影响。由于煤粉一旦投入其数量不可能太少（煤粉浓度稀会影响着火），故煤粉投入后使得锅炉升温升压速度加快，因此一般选择在机组带上一定负荷，有了齐备的调节手段后进行。大型锅炉程控装置设置汽包压力必须达到一定值后才能投粉。

（4）燃烧的经济性。早些投粉可节约燃油，但投粉过早也不利，此时炉膛烟温较低，煤粉燃烧不完全，同样不经济。投入煤粉燃烧器的顺序一般遵循两个原则：一是先投油枪上面或紧靠油枪附近的喷口，二是由下层向上层逐层投运。投粉后应注意煤粉的着火情况，如投粉 5s 不着火，应立即切断煤粉，加强通风 5～10min，待提高炉膛温度后再投，如两次投粉不着火，应停止投粉，分析原因，严禁盲目试投。因为如屡次试投不着，炉膛中积聚了较多的煤粉，一旦再点燃，容易引起爆燃，这样不仅会使炉膛受损，还可能造成人身事故；如发生灭火，则必须重新吹扫后才能再投油点火；如投粉后着火不良，应及时调整风粉比。

当负荷达到 60%～70% 时，可根据着火情况，逐渐切除油枪。

四、锅炉升压

1. 升压过程和升压曲线

锅炉点火后，锅水吸热达到饱和状态时开始汽化，产生压力（对于有底部加热装置的锅炉，点火前已有压力）。从锅水汽化直到汽压升至工作压力的过程，称为升压过程。

由于水和蒸汽在饱和状态下温度和压力之间存在一定的对应关系，所以升压过程也就是升温过程。通常以控制升压速度来控制升温速度。

为了使汽包和受热面的升温不要过快，以免由于温差过大产生的热应力影响设备寿命，故升压过程中应严格控制升压速度。根据工质对升温速度的要求，可以绘制出升压过程中压力随时间变化的关系曲线，此曲线称为升压曲线。在锅炉升压过程中只要按升压曲线控制好升压速度，即可控制升温速度不超过规定范围。

　　锅炉升压的最初阶段要求升压速度特别缓慢，其原因为：①由于在升压初期投油枪少，燃烧弱，炉膛内火焰充满程度差，故蒸发受热面的加热不均匀程度较大；②由于炉墙和受热面的温度很低，故受热面内产汽量少，不能从内部促使受热面均匀受热，因而蒸发设备尤其是汽包容易产生较大的温差，从而产生较大的热应力；③压力愈低，升高单位压力时，相应的饱和温度升高值愈大（见表9-3）。

表9-3　　　　　　　　　　　不同压力下饱和温度对单位压力的变化率

绝对压力（MPa）	0.1~0.2	0.2~0.5	0.5~1	1~4	4~10	10~14
饱和温度平均变化率（℃/MPa）	205	105	55	23	10	3

　　在升压后阶段，汽包的上、下壁和内、外壁温差已大为减小，升压速度可以比升压初期快些，但由于压力升高所产生的机械应力较大，故后阶段的升压速度也不能太快。实际上汽轮机冲转以后，锅炉的升压速度主要根据汽轮机的需要来控制。汽轮机侧的吸管、暖机、冲转、升速和带负荷各阶段均对升压速度有限制。

　　由上可知，在锅炉升压过程中，升压速度不能太快，否则将影响锅炉各部件甚至汽轮机的安全，但如果升压速度太慢，则将延长机组启动时间，增加启动费用，这是不经济的；此外，对于调峰机组，如启动太慢，难以满足调峰要求。因此对于不同机组，应通过试验，确定升压过程各阶段的合适的升压速度，绘成启动曲线，作为启动时的依据。图9-2为某300MW机组的冷态启动曲线。

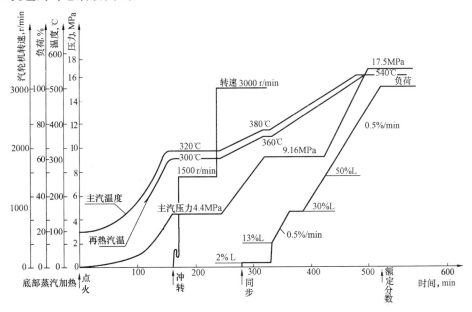

图9-2　300MW机组冷态启动曲线

　　2. 升压过程中锅炉的主要工作

　　不同锅炉升压过程中所做的工作不完全相同，但大型锅炉的工作内容大体是相似的。下面以某1025t/h锅炉的启动过程为例，介绍大型锅炉从开始升压至锅炉带满负荷整个升压过程中的主要工作。

当汽包压力升至 0.1MPa 时，冲洗汽包水位计一次，冲洗后应仔细校对水位，以保证指标正确。冲洗时操作应缓慢，人不要正对水位计。

当汽包压力升至 0.15~0.2MPa 时，空气已排尽，应关闭各空气门。

当汽包压力升至 0.2MPa 以上时，联系汽轮机开启高、低压旁路（旁路系统见图 9-3），旁路开启后，关闭再热器和过热器对空排汽门。

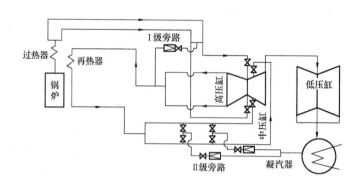

图 9-3　两级旁路系统

当汽包压力达到 0.5MPa 时，关闭过热器各疏水阀，再次冲洗就地水位计，并通知检修人员热紧螺丝和热工冲洗仪表管路。热紧螺丝是考虑到它们受热膨胀后可能松动，失去连接的紧密性。

当汽包压力升至 1.0MPa 时，通知汽轮机及化学运行人员投入连续排污扩容器运行；

当主汽压升至 4.9~5.88MPa、主汽温升至 300~360℃、再热汽温达 300~300℃ 时，冲转汽轮机，汽轮机冲转后，根据其升速、暖机的要求调整好汽压和汽温。

当汽轮机转速达 3000r/min 时，并网发电，此时锅炉应调整好燃烧，保持汽压的稳定。

根据机组负荷和蒸汽参数情况，做好制粉系统启动前的各项准备工作，一旦启动条件满足，即可启动制粉系统。

当汽机进行电动给水泵和汽动给水泵的切换工作时，锅炉应注意配合做好水位的调整工作。

当压力升至 9.8MPa 时，通知化学开始洗硅。在锅炉启动中，对锅水的含盐量进行严格控制，并根据锅水含盐量限制锅炉的升压，排除高浓度含硅锅水，保证蒸汽含硅量在规定范围内，这个过程称为洗硅。洗硅过程应停止升压，保持汽压不变，但负荷可以继续增加。根据化学分析，当锅水含硅量达到下一级压力的标准时，方可继续升压。不同压力下的锅水含硅量标准见表 9-4。

表 9-4　　　　　　　　　300MW 机组自然循环汽包锅炉锅水含硅量标准

压力（MPa）	9.8	11.8	14.7	16.7	17.7
锅水中 SiO_2 含量（mg/L）	3.3	1.28	0.5	0.3	

当油枪全停后方可投入电除尘器运行。最后，按启动曲线将负荷升至额定负荷或预定负荷。

3. 启动过程中对设备的保护

(1) 暖管。冷态启动前，主蒸汽管道、再热蒸汽管道、汽轮机自动主汽阀至调速汽阀间的导汽管、电动主汽阀、自动主汽阀、调速汽阀等的温度相当于室温。锅炉点火后利用所产生的低温蒸汽对上述设备及管道进行预热的过程称为暖管。暖管的目的是减少温差引起的热应力和防止管道水冲击。

暖管与升压过程是同时进行的。锅炉启动前将汽轮机电动主汽阀及其旁路阀置于全关位置，当锅炉产生的蒸汽达到一定压力后，开启主汽阀前疏水阀，则蒸汽开始在管内流动，由于管壁温度为室温，热蒸汽与管壁接触后将发生凝结，凝结的水和蒸汽一起经疏水阀排走；电动主汽阀后的管道、阀门和法兰在锅炉向汽轮机送汽的过程中进行暖管；再热蒸汽管道通过旁路系统进行暖管。

暖管时应注意疏水，如不及时排去暖管产生的凝结水，当高速汽流通过时便会发生水冲击，引起管道振动；如果凝结水被带入汽轮机会损坏汽轮机叶片；疏水合理还可帮助提高汽温、加快暖管；此外，因阀门、法兰为厚壁部件，且各部件厚薄不均，如加热过快易产生过大的热应力，所以暖管时还要注意暖管速度，暖管时温升速度一般不应超过 3～5℃/min。

（2）启动过程中对汽包的保护。锅炉上水和整个升压过程中，汽包受热是不均匀的，汽包壁温是不断变化的。在上水和炉底蒸汽加热期间，汽包下壁受水加热，温度上升，因而汽包下半部壁温高于上半部壁温。锅炉点火产生蒸汽后，汽包上半部与蒸汽接触，蒸汽对金属的凝结放热系数比汽包下半部水的放热系数大几倍，故汽包上半部壁温升高较快，使得上半部壁温高于下半部

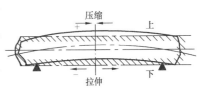

图 9-4　汽包上壁温高于下部壁温时的变形

壁温。这种上高下低的壁温差将使汽包趋向于拱背变形（如图 9-4 所示），而与汽包连接的管子是不可能让它自由变形的，这就必然要产生应力，汽包上部金属受到轴向压应力，下部金属受到轴向拉应力。温差越大，则应力越大。

目前 300MW 级的锅炉，有些汽包壁设有夹层，从汽水引出管出来的汽水混合物经夹层流入汽包，这样使得汽包上下壁温差大大减小。

升压过程中，汽包内外壁同样会产生温差。因为汽包内壁先受热，然后将热量逐渐向外壁传导，而导热需要一定时间，这就必然会产生内高外低的温差。这一温差使得汽包内壁受到压应力，外壁受到拉应力。另外，随着汽包压力的升高，汽包壁将承受越来越大的机械应力。

温差的大小与汽包内水循环情况和升压速度有关。当水循环尚未建立或不正常时，汽包内水的流动很慢，局部也可能不流动，汽包下半部水的传热很差。但是汽包上半部凝结放热仍很强，故造成了汽包壁温差增大；升压速度越快，工质升温速度也越快，造成汽包壁温差增大。特别是在压力低时，升压速度对汽包影响更大。

如前所述，升压过程也就是升温过程。当升压速度加快时，工质升温速度也加快，而汽包壁温差的大小很大程度上决定于升温速度，升温速度越快，温差越大。所以升压速度越快，温差越大。

由上述分析可知，使汽包产生热应力的原因是汽包壁存在温差，因此只要控制住温差就可以降低汽包热应力。锅炉启停过程和正常运行中，要求控制汽包任意两点间壁温差不超过制造厂家规定限额，厂家无规定时可控制在不大于 50℃ 的范围内。

在锅炉启动过程中，减小汽包壁温差有以下一些措施。

1）严格控制升压速度，发现温差过大时，应减缓升压速度或暂停升压。控制升压速度的主要方法是控制燃烧率（燃料的投入速度）。此外，还可以调节旁路阀的开度。

2）进行水冷壁下集箱的放水。从水冷壁下集箱进行定期或连续的放水，可促进汽包内的水循环，从而减小汽包壁温差。

3）维持燃烧稳定和均匀，避免由于受热不均而影响正常循环的建立。应对称地投入油枪或采用"小油量多油枪"等方法来使炉膛热负荷均匀。

（3）启动过程中对水冷壁的保护。升压初期由于水冷壁受热较弱，燃烧也不可能十分均匀，因此水冷壁各个管子的受热情况会存在一些差别，如果同一集箱上各并列水冷壁管金属温度不同，就会产生热应力，严格时下集箱会变形，管子会损坏，尤其是大型锅炉均采用膜式水冷壁，管子间的温差容易导致焊口拉裂。为此，通过正确选用和适当轮换点火油枪或燃烧器，加强下集箱放水等可使水冷壁受热趋于均匀。对于水冷壁下集箱装有蒸汽加热装置的锅炉，可适当延长加热时间。

水冷壁的受热膨胀情况可通过装在下集箱上的膨胀指示器加以监视。在升压过程中应定期检查并做好记录，如发现异常情况应暂缓升压，待查明原因处理后方可继续升压。

（4）启动过程中对过热器和再热器的保护。在冷炉启动之前，立式过热器管内一般都有停炉时蒸汽的凝结水或水压试验时留下的积水。点火以后，积水将逐渐蒸发；锅炉起压以后，部分积水也会被蒸汽带走。在积水全部蒸发或排除之前，某些管内无蒸汽流过，管壁金属温度接近于烟气温度；即使过热器管内已无积水，如蒸汽流量很小，管壁温度仍比烟温低不了多少。因此若要控制管壁不超温，必须控制烟温在一定范围内。通常在点火初期，控制炉膛出口温度不超过 540℃，为此，点火时一般应先投下排油枪，而且投入的燃料量也不能太多，增加不能过猛。同时，升压初期炉膛火焰充满度不好，温度场也很不均匀。这样蒸汽流量少，受烟气加热强的管子就可能发生超温损坏。所以升压初期，除要限制炉膛出口烟温外，还应尽力保持炉内燃烧工况稳定、火焰不偏斜且充满度好。为此，点火时应保持投入大于最低燃料的燃烧，同时用两对角油枪切换方式，保持炉膛出口左右两侧烟温差最大不得超过 50℃。

为尽可能排除停炉时过热器中的积水，对于包覆过热器可利用底部集箱疏水阀把水疏尽。环形集箱疏水阀、水平烟道包覆管下集箱疏水阀等，在锅炉启动时均应全开，等压力升高逐步关小，直到汽轮机冲转时才能将它们关死。

汽轮机冲转以后，过热器管内蒸汽流量已经能够较好地冷却管壁，此后控制壁温的方法主要是控制过热器出口蒸汽温度，同时注意控制各管子之间的热偏差数值在一定范围内，此时炉膛出口处烟温探针应退出。

启动过程中，再热器的保护主要与旁路系统的型式有关。无论采用何种旁路系统，在启动初期都应控制炉膛出口烟温不超过 540℃，这样再热器即使"干烧"也不会损坏。当锅炉产生蒸汽以后，对于最常见的采用串联两级旁路系统的再热机组（如图 9-3 所示），蒸汽可通过高压旁路经减温减压后流入再热器，然后经低压旁路流入凝汽器，使再热器得到充分冷却。对于采用一级大旁路的系统，汽轮机冲转前再热器无蒸汽流过，再热器处于"干烧"状态，因而应严格控制炉膛出口处的烟温不超过 540℃。

（5）启动过程中对省煤器的保护。在启动初期，锅炉只需间断上水。在不上水时，省煤器中可能会局部汽化，生成的蒸汽停滞不动，则该处管壁金属可能超温；间断上水时，省煤器内水温也间断变化，管壁金属将产生交变热应力，影响管子特别是焊缝的强度。

为了保护省煤器，一般锅炉都装有再循环管，即在汽包水侧与省煤器之前装一连通管，管上装有再循环阀。当锅炉停止上水时，开启再循环阀，使汽包与省煤器之间形成自然循环回路以冷却省煤器。

有些锅炉的省煤器相对吸热量较少，而将其布置在烟气入口温度较低的区域，此种锅炉不需设置再循环管也能保证安全。

（6）启动过程中对空气预热器的保护。启动过程中，烟气温度和流速随着锅炉负荷的增大而逐渐升高，空气预热器壁温和空气温度也随之逐渐上升，由于此过程中烟速和金属壁温均比正常运行时数值低，因此发生积灰和低温腐蚀的可能性比正常运行时大。

为防止启动过程中空气预热器积灰，现代大型锅炉一般要求锅炉点火后对空气预热器进行连续吹灰；为防止发生低温腐蚀，点火前应投入暖风器或热风再循环，以提高预热器入口空气温度，从而提高壁温。

对于回转式空气预热器，在启动过程中，有可能因各处温度上升不均匀而产生严重变形，因此锅炉点火前应事先投入低速回转，运行过程中严密监视其密封间隙的大小。

此外，启动过程要防止在空气预热器区域发生二次燃烧。二次燃烧主要是启动初期燃烧不完全的燃料带到尾部受热面积存下来，在烟温逐渐升高，燃料逐步氧化升温，达到自燃温度后发生的。因此启动时应密切监视空气预热器的出口烟温，若排烟温度不正常升高时，应立即停止启动。

4. 启动过程中水位的控制

启动过程中，锅炉工况变化比较频繁，各种工况变化都会引起水位的波动，若操作不当将引起水位事故。因此必须加强对水位的监视和调整。在点火至投入旁路系统阶段，一般来说水位调整较少；旁路系统投入后，尤其是汽轮机带上负荷后，锅水消耗量增多，将使水位下降，这就要求增加给水量，如此时就用主给水管路，因需给水流量较小，不易控制，因而采用管径较小的低负荷进水管上水。这时可以手动，也可以采用单冲量自动调节。当锅炉负荷较大时，应适时切换到主给水管路供水。待水位稳定后即可投入三冲量自动调节系统。

在启动汽动泵或进行电动泵、汽动泵的切换过程中应注意与汽轮机运行人员的配合，调节应缓冲，以避免水位发生突升突降的现象。水位自动调节过程中，如出现水位波动过大，应立即切至手动调节。

5. 启动过程中燃烧、汽压和汽温的配合

锅炉在升压过程中，主蒸汽温度和压力的配合不一定恰当，主蒸汽温度与再热汽温也可能会出现较大偏差。这就需要通过各种调整手段来进行协调配合。

主要调整方法有：改变燃料量，调整火焰中心，改变过量空气系数，调整旁路阀开度，甚至投减温水等。如何调整最合适，需通过不断摸索总结经验。

比如，当主蒸汽温度偏低而汽压较高时，应加强燃烧，同时联系汽轮机开大旁路。燃烧加强后汽温和汽压的上升速度均会加快，而旁路开大后汽温和汽压的上升速度都会变慢，甚至反而下降，调整的目的是希望汽温上升快一些，而汽压上升慢一些，这就需要使燃烧加强的程度和旁路的开度配合得当。

汽轮机冲转前或负荷很低时，最好不用减温水来控制汽温。这是因为蒸汽流量很小时，减温水喷入后，可能会经起过热器各管子之间的蒸汽流量分配不均，造成热偏差，或减温水

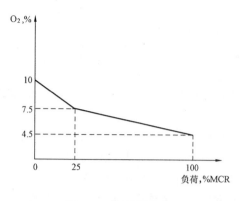

图 9-5 氧量设定值

不能全部蒸发，积存于个别管内形成"水塞"，使管子过热，造成不良后果。万一需要用减温水时，应尽量减小减温水的喷入量。

启动期间过量空气系数大小的选择，应综合考虑燃料燃烧时氧量的供应、炉膛及烟道内烟速的大小、炉膛加热的均匀程度以及蒸汽温度等多种因素，根据试验来确定。过量空气系数大小的选择与锅炉负荷有关，在启动初期，氧量值应比正常运行时大得多。图 9-5 是某 1025t/h 锅炉的氧量控制曲线，启动期间氧量值的选择应以该曲线为依据。

五、热态滑参数启动特点

1. 热态滑参数启动分类

对于单元机组，如制造厂没有特殊规定，一般以汽轮机调节级高压内缸壁温来划分启动方式：200℃以下为冷态；200～370℃为温态；370℃以上为热态。有时又将热态分为 370～450℃为热态，450℃以上为极热态。

有些国家是按停机时间来分类的：停机一周后再启动为冷态；停机 48h 为温态；停机 8h 为热态；停止 2h 为极热态。

2. 热态启动对蒸汽参数的要求

热态与冷态启动的区别在于冲转前汽轮机的金属温度水平不同。

热态启动时，应根据汽轮机高压缸和中压缸金属温度选择适当的与之相匹配的主蒸汽温度和再热蒸汽温度，通常要求主蒸汽温度高于汽轮机高压调节级内缸壁温 50～100℃；再热蒸汽温度高于汽轮机中压缸第一级处内缸壁温 30～50℃。此外，为防止蒸汽做功后由于温度下降发生凝结，要求过热蒸汽必须有 50℃以上的过热度；主蒸汽温度与再热蒸汽温度偏差不能过大，以防止汽轮机高、中压缸结合部位产生过大的热应力。

3. 热态启动时锅炉的控制特点

热态启动过程与冷态启动过程基本相同，但热态启动时要注意以下几点：

（1）锅炉无压力的热态启动和冷态启动相同；原有压力的热态启动，点火前省去了上水和蒸汽加热过程，此外，锅炉各疏水阀应在关闭位置，点火后，根据汽温情况，可开启部分疏水阀，配合控制升温升压，待高、低压旁路投入后，关小或关闭疏水阀。

（2）热态启动时，以往有些机组按照冷态滑参数启动曲线进行，根据高压内缸内壁金属温度，在曲线上找出对应的工况点和初始负荷，该蒸汽参数作为热态启动冲转参数，当冲转参数达到此值后，即可冲转汽轮机。汽轮机冲转后，以较快的升速率很快升速至 3000r/min，此后汽轮发电机应尽快并列带负荷，并列后以较快的速度将负荷加至起始负荷。达到起始负荷后，按冷态滑参数启动曲线升负荷。目前 300MW 以上机组一般有专门的热态启动曲线，所以升负荷是按热态启动曲线进行的。

（3）热态启动时，由于升速和接带负荷速度较快，且不准在起始负荷点之前作长时间停留，所以锅炉必须在汽轮机冲转之前做好加强燃烧的准备工作，以免延误时间造成金属冷却。汽轮机冲转后，为加快对汽轮机的冷却，应注意及时调整好燃烧，使蒸汽参数平稳。

第二节 锅炉的停运

一、停炉的基本要求和分类

锅炉停炉是指锅炉从运行状态逐渐转入停止燃烧、降压和冷却的过程。锅炉的停运过程实质上就是高温厚壁承压部件（如：汽包、高温过热器集箱、高温再热器集箱）的冷却过程，若停炉过程中参数控制不当，同样会产生较大的热应力，影响锅炉承压部件的使用寿命。因此要求在各种停炉方式下严格控制降温、降压速度，保证良好的水循环及水动力工况，从而保证锅炉的安全经济运行。

停炉的分类：按停炉的目的来分，可分为正常停炉和事故停炉两大类。

事故停炉又分为故障停炉和紧急停炉两种情况。根据事故的严重情况和紧迫程度，若需立即停炉，称为紧急停炉；若事故不甚严重，但锅炉已不宜继续运行下去，必须在一定时间内停止运行，则这种停炉称为故障停炉。

正常停炉又分为备用停炉和检修停炉两种情况。由于外界负荷减少，经计划调度，要求锅炉处于备用状态时，这样的停炉称为备用停炉；检修停炉则是按计划进行锅炉大、小修，以恢复锅炉性能的停炉。

按停炉方法来分，正常停炉有滑参数停炉和定参数停炉两种方式。

滑参数停炉是指锅炉和汽轮机联合停运，即在逐渐降低汽压、汽温的情况下，进行汽轮机和锅炉的减负荷，直至汽轮机解列，锅炉熄火。其主要优点为：停运过程中机组的蒸汽通流量较大，故对各部件的冷却较均匀，汽轮机热应力和热变形较小；由于蒸汽参数低，能缩短部件的冷却时间，便于及早开工检修；此外，能充分利用停运过程中的余热发电。

定参数停运是指在机组降负荷过程中，汽轮机前蒸汽的压力和温度尽量保持接近额定值的停运方式。一般情况下，机组停运热备用时，为尽量保证锅炉蓄热，以缩短启动时间，采用定参数停炉；计划检修停炉采用滑参数停炉，以使锅炉和汽轮机得到最大限度的冷却，使检修尽早开工，缩短检修工期。

对于事故停炉中的故障停炉，一般按正常停炉步骤进行，只是有时需加快停炉速度；紧急停炉则必须立即切断一切燃料。

二、单元机组滑参数停炉

1. 停炉前的准备

对于停炉检修或作为冷备用的锅炉，在停炉前应停止向原煤仓上煤，并将原煤仓中的煤用尽，以防止煤在其中结块或自燃。

停炉超过 3d 时，应将煤粉仓中的煤粉用尽，若不超过 3d、煤粉仓和给粉机又无检修工作时，煤粉仓应保持低粉位，并做好粉仓的密封工作，严密监视粉仓的温度，以防止煤粉发生自燃和爆炸。

停炉前还应做好下列准备工作：试设油枪并使其处于备用状态，以便在停炉过程中可随时投油稳燃；进行一次全面吹扫，以保持各受热面在停炉后处于清洁状态；对所有设备进行一次全面检查，若发现缺陷，应做好记录，以便在停炉后予以消除。

此外，应根据机组特性及停炉目的确定停炉方式和停炉参数。

2. 机组减负荷过程锅炉的操作要点

单元机组滑参数停运时，是在逐渐降低汽温和汽压的情况下进行汽轮机和锅炉的减负荷的。在整个停炉过程中，锅炉的负荷和蒸汽参数的降低主要按照汽轮机的要求，根据滑参数停运曲线进行。图9-6为某300MW机组的滑参数停炉曲线。

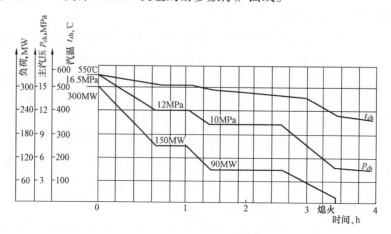

图9-6　300MW级自然循环汽包锅炉滑参数停炉曲线

接到机组停运指令后，按照停运曲线，逐渐减弱锅炉的燃烧，降压，减温。待汽轮机负荷快减完时，此时蒸汽参数较低，锅炉即可停止燃烧（也可适当提前）。

随着锅炉负荷降低，及时调整送风机、引风机的风量，保证一、二、三次风的协调配合，维持适当的炉膛负压。根据负荷及燃烧情况，将有关自动控制系统退出运行或进行重新设定，适时投油，稳定燃烧。煤、油混烧时，当排烟温度降至100℃时，逐个停止电除尘器各电场；锅炉全烧油时所有电场必须停止。

中间储仓式制粉系统的锅炉，应根据原煤仓煤位和粉仓粉位情况，适时停用部分磨煤机；根据负荷情况，停用部分给粉机。停用磨煤机前，应将该制粉系统余粉抽净，停用给粉机后将一次风系统吹扫干净，然后停用排粉机或一次风机。直吹式制粉系统的锅炉根据负荷需要，适时停用部分制粉系统，且吹扫干净。停用后的煤粉燃烧器应将相应的二次风门关小，停炉后关闭。根据蒸汽温度情况，及时调节或解列减温器。汽轮机停机后，再热器无蒸汽通过时，控制炉膛出口温度不大于540℃。

滑停过程中，在汽轮机高、中压缸膨胀许可和锅炉减温手段力所能及的情况下，应尽可能使滑停的蒸汽参数低一些，以缩短汽轮机的冷却时间。

锅炉蒸汽压力、蒸汽温度降至停机参数，电负荷降至汽轮机允许的最低负荷时，汽轮机打闸，发电机解列，锅炉切除全部燃料熄火。停用后的油枪应吹扫干净，但不得向无火的燃烧室内吹扫。

锅炉熄火后，维持正常的炉膛压力及30%以上额定负荷的风量，对炉膛吹扫5～10min。吹扫结束后，停止送、引风机及暖风器运行，关闭烟风系统的有关挡板。关闭各取样门、加药门、连续排污门，保持回转式空气预热器及点火、火焰检测装置、冷却风机运行，温度低于规定值时，停止其运行。解除高、低值水位保护，缓慢上水至最高可见水位，关闭上水阀，停止给水泵，开启省煤器再循环阀。

停炉后注意监视排烟温度，检查尾部烟温，防止自燃。

3. 减负荷过程的主要注意事项

锅炉减负荷过程中，对于水冷壁、过热器、再热器和省煤器，因为管内有正常的工质流动，一般管壁因热应力过大和超温而损坏的可能性较小。但是，对于汽包，在减负荷降压过程中，与启动过程一样，如操作不当，容易产生过大的热应力，从而影响汽包寿命。因此锅炉停炉减负荷过程中，重点保护的设备是汽包。

减负荷过程中，蒸汽压力逐渐降低，温度逐渐下降，汽包内壁是靠蒸汽的冷却而逐渐降温的。压力下降时，饱和温度也降低，与汽包上壁接触的是饱和蒸汽，受汽包壁的加热，形成一层微过热的蒸汽，其对流换热系数小，对汽包壁的冷却效果差，汽包壁温下降缓慢。与汽包下部接触的是饱和水，在压力下降时，因为饱和温度下降而自行汽化一部分蒸汽，使水很快达到新的压力下的饱和温度，其对流换热系数高，冷却效果好，汽包下壁能很快接近新的饱和温度。这样，和启动过程相同，出现汽包上壁温度高于下壁温度的现象。压力越低、降压速度越快，这种温差就越明显。因此应将汽包、下壁温差控制在规定范围内，否则需放慢降压、降温速度。

滑停过程中，锅炉的减负荷、降压速度是根据汽轮机的要求进行的，一般只是按停机曲线控制好负荷和汽压、汽温的下降速度，汽包的温差可维持在允许范围内。如发现汽包温差超限时，应减缓降压速度，但要保证蒸汽至少有50℃过热度。

停炉过程中，锅炉的减负荷、降压速度是根据汽轮机的要求进行的，一般只是按停机曲线控制好负荷和汽压、汽温的下降速度，汽包的温差可维持在允许范围内。如发现汽包温差超限时，应减缓降压速度，但要保证蒸汽至少有50℃过热度。

停炉过程中，如发生故障不能滑停时，可按紧急停运操作进行，待汽轮机打闸后，为保护过热器和再热器，开启高、低压旁路300min后关闭。

4. 停炉后的冷却与放水

锅炉停炉后的冷却是一个降压过程，如冷却方式不当，降压速度过快，将使汽包壁温差超过规定值。这一过程汽包产生的热应力有时比启动过程更大，因此必须严格控制降压速度。

锅炉停炉后一般采用自然冷却方式。在自然冷却状态下，汽包壁温大于90℃时，应尽量保持汽包高水位。一般停炉6h后，可开启引风机出、入口门进行自然通风冷却；18h后可启动送风机进行通风冷却，当烟温符合要求时，停止引风机。整个冷却过程中，汽包壁温差应在允许范围内。

在特殊情况下（如：有关受热面需进行抢修）可采用快速冷却。锅炉快速冷却过程中，工质温度、厚壁部件的金属温度难以控制，且易产生热偏差及各种应力，影响锅炉寿命。根据实际情况，锅炉可采用不同的快速冷却方法，但应在规程中详细规定，采用可靠的安全措施，严格控制降温、降压速度。当汽包任意两点间的壁温差接近或有超过规定值的趋势时，应立即停止快冷。

汽包压力降至大气压力，汽包壁温降至90℃时放水（采用该放水方式，应同时进行充氮保养）。如放水过早，炉内温度还较高，炉墙及受热面金属还蓄积一定热量，放水后水冷壁内没有工质冷却，使壁温升高，且温升是不均匀的，对水冷壁安全不利。

正常停炉检修时，一般采用带压放水，这样可以加快冷却速度。汽包压力在0.8MPa（表压力）以下，汽包壁温符合制造厂要求时进行带压放水。

三、单元机组定参数停炉

定参数停炉的操作要点：定参数停炉时，应尽量维持较高的锅炉过热蒸汽压力和温度，减少各种热损失。降负荷速率按汽轮机要求进行。降负荷过程中，逐渐关小汽轮机调速汽阀。随锅炉燃烧率的降低，蒸汽温度逐渐下降，应保持过热蒸汽温度符合制造厂及汽轮机要求，否则应适当降低过热蒸汽压力。

停炉后适当开启高、低压旁路或过热器、再热器出口疏水阀约 30min，以保证过热器、再热器有适当的冷却。

停炉前的准备及其他工作与滑参数停炉相同。

四、紧急停炉

锅炉运行中，当发生重大事故时，必须立即停止锅炉机组的运行。例如，锅炉严重缺水或满水、水冷壁爆破经加强给水仍不能维持锅炉正常水位、所有水位计都损坏，以及其他会危及设备和人身安全的事故等，均需紧急停炉。紧急停炉的大致步骤为：

（1）立即停止向炉膛供给所有燃料，锅炉熄火；

（2）将自动切换至手动操作；

（3）保持汽包水位，关闭减温水阀；

（4）维持额定风量的 30%，保持炉膛压力正常，进行通风吹扫。若引风机、送风机故障跳闸时，应消除故障后启动引风机、送风机通风吹扫。通风时间不少于 5min（若尾部烟道二次燃烧停炉时，禁止通风。若炉管爆破停炉时，应保留一台引风机运行）。

五、锅炉停用期间的保养和防冻

锅炉在停用期间的主要问题是防止受热面金属氧化腐蚀。氧的来源，一是溶解在水中的氧，另外就是外界漏入的空气中的氧。因此减少水中和外界漏入的氧，或减少氧与受热面金属接触的机会，就能减轻腐蚀。

锅炉保养方法有很多，其基本原则为：

（1）不使空气进入停用锅炉的汽水系统；

（2）保持金属内表面干燥；

（3）在金属表面形成具有防腐作用的薄膜（钝化膜）；

（4）使金属表面浸泡在含有保护剂的水溶液中。

下面简要介绍几种常用的保养方法：

（1）充氮或充气相缓蚀剂法。该种保护方法是采用向锅炉内充氮气或气相缓蚀剂，将氧从锅炉受热面内驱赶出来，使金属表面保持干燥和与空气隔绝，从而达到防止金属腐蚀的目的。

（2）保持蒸汽压力法。此保护方法一般用于短期停炉设备用。停炉后维持汽包压力大于 0.3MPa，以防止空气进入锅炉，达到防腐的目的。汽包压力降至 0.3MPa 时，点火升压或投入水冷壁下集箱蒸汽加热，在整个保护期间保证锅水品质合格。

（3）保持给水压力法。当锅炉停止运行以后，降压至 1~1.5MPa 时，使锅内充满给水，然后保持压力 0.5~1MPa，要每天分析水中的溶氧一次，使其保持含氧量合格。

（4）余热烘干法。正常停炉后，待汽包压力降至 0.8~0.5MPa 时，开启放水阀进行全面快速放水。压力降至 0.2~0.15MPa 时，全开空气门，对空排汽阀、疏水阀，对锅炉进行余热烘干。当锅炉本体需进行检修或不具备其他保养条件时使用此法。

（5）真空干燥法。真空干燥法是在锅炉采用热炉放水、余热干燥后，再利用汽轮机的真空系统对锅炉受热面抽真空，使其中残余的水分进一步蒸发和抽干，从而达到防止金属腐蚀的目的。

采用带压放水余热烘干法、真空干燥法防腐时，在烘干过程中，禁止启动引风机、送风机通风冷却。

（6）联氨法。联氨防腐法是用除氧剂联氨（N_2H_4）配成保护性水溶液充满锅炉。锅炉停炉后不放水，而是用加药泵将联氨和氨水（NH_4）注入锅炉内，使汽水系统各部分充满浓度均匀的联氨和氨水溶液。

（7）碱液法。碱液防腐法是在锅炉中充满一定浓度的碱溶液，使金属表面生成一层保护膜，以抑制溶解氧对金属的腐蚀。所用的碱为氢氧化钠（$NaOH$）或磷酸三钠（Na_3PO_4）等。碱液的浓度应使 pH 值大于 10。

上述防腐方法均指防止锅炉受热面汽水侧的腐蚀。其实对于长时间停用的锅炉，其受热面烟气侧的腐蚀有时也很严重，同样应引起重视，炉膛和烟道内应保持干燥状态，应除去烟道、受热面等的积灰。

锅炉冬季应做好防冻措施，防冻应注意以下几方面问题：

（1）冬季应将锅炉各部分的伴热系统、各辅机油箱加热装置、各处取暖装置投入运行，确保正常。

（2）冬季停炉时，应尽可能采用干式保养。若锅内有水，应投入水冷壁下集箱蒸汽加热。

（3）锅炉停运时，备用的冷却水应保持畅通或将水放净，以防管道冻结。

（4）厂房及辅机室门窗关闭严密，设备系统的各处保温完好，发现缺陷应及时进行消除。

（5）根据实际情况制订具体防冻措施。

第三节 控制循环锅炉启停特点

控制循环锅炉是在自然循环汽包锅炉的循环回路中加上循环泵构成的，其结构与自然循环汽包锅炉区别不大，故启停方式与自然循环汽包锅炉也基本相同，但因其水循环属强制流动，所以又有一些不同之处。由于多了一套循环泵系统，因此启停中增加了循环泵系统的操作内容。

一、锅水循环泵的启停

1. 锅水循环泵冷却水系统的作用及组成

锅水循环泵电机的定子和转子是用耐水的绝缘电缆作为绕组的，绕组浸沉在冷却水中，电机运行时产生的热量通过冷却水带走，并且此冷却水通过电机轴承的间隙，因此它既是轴承的润滑剂，又是轴承的冷却介质，该冷却水称之为一次冷却水（也称高压冷却水）。一次冷却水分别取自凝升泵出口的低压水源和给水母管来的高压水源。

一次冷却水系统是个闭合的循环回路，冷却水温度升高后，需采用另一股冷却水来把它的热量带走。用来冷却一次冷却水的冷却水，我们称之为二次冷却水（也称低压冷却水）。二次冷却水取自机组公用的轴封冷却水系统，机组轴封冷却水为闭合循环系统，能够实现恒定温度和进、回水稳定差压的自动调节。一、二次冷却水系统见图 9 – 7。

2. 锅水循环泵的启动（以上锅 1025t/h 锅炉为例）

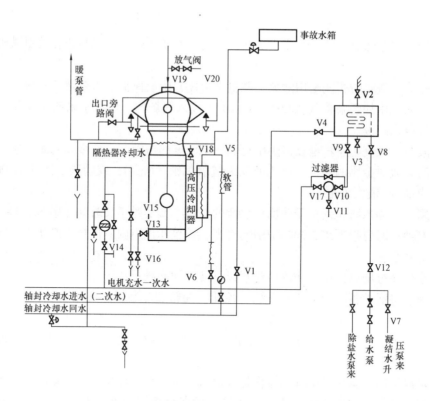

图 9-7　锅水循环泵一、二次冷却水系统

V1、V2、V3、V4——一次冷却器二次水出水阀、空气阀、放水阀和进水阀；V5、V6—高压
冷却器二次水侧空气阀、进水阀；V7——次水充水总阀；V8、V9—一次冷却器一次进水阀
和出水阀；V10—过滤器入口阀；V11—过滤器放水阀；V12—一次水进水总阀；V13—电动
机充水隔绝阀；V14—电动机充水一次门总阀；V15—电动机充水二次阀；V16—电动机放
水阀；V17—过滤器出口阀；V18—高压冷却器一次管路空气阀；V19、V20—锅水泵泵体空气阀

　　锅水循环泵启动前应做好检查及一、二次冷却水系统的冲洗和充水工作。对一、二次水系统进行冲洗过程中应注意各阀门操作的先后次序，待冲洗完毕，经化验水质合格后可分别对二次水系统和一次水系统进行充水投用。

　　完成上述工作，满足下列条件后可启动锅水循环泵：①汽包上水至+200mm；②确认锅水循环泵有足够的净正吸入压头后对泵壳进行排空气；③锅炉上水时能保持锅水循环泵连续充水；④高压回路无泄漏；⑤电动机内水温在20℃，测量电动机的绝缘值大于200MΩ，可送上电源；⑥二次冷却水流量足够；⑦开启泵出口阀，检查电动机内腔温度泵壳与锅水间的温差值应在规定范围内；⑧检查电动机无异常情况。

　　锅水循环泵的启动操作步骤如下。

　　(1) 对于大修后启动：①合上锅水循环泵的操作开关，锅水循环泵启动，运行5s后，立即停止泵的运行（即为点动泵）。电动机转到全速大约需1min，如果5s后电动机仍不转，应立即按停止按钮，且在20min内不准再次启动。在冷却期间，应查找启动失败的原因，予以纠正。②隔15min后，再次启动电动机，使锅水泵转5s，在转动期间检查电流、差压和泵旋转方向。③暂停15min后，再次启动电动机运行20min，在此期间应进行下列检查：振动值大小；有无摩擦声；电动机电流、电压及内腔温度、一次水温是否在正常范围内；电动机法兰、一次冷却水管路及冷却器有无泄漏等。

（2）如果是备用泵启动，只要在确认启动条件成立的情况下，按下列步骤进行。

1）冷态启动。①启动电动机；②按上述锅水循环泵的启动第③条中的要求和项目进行检查；③当锅水所含杂质的浓度达到允许值时，可停止对锅水循环泵电动机的清洗。

2）热态启动。在锅炉已带有压力的情况下启动锅水循环泵时必须使泵在热备用状态下进行启动，在按启动前检查项目进行全面检查之后，按下述要求进行：①打开出口旁路阀以预热泵壳；②启动电动机；③关闭旁路阀。

3. 锅水循环泵的停运

锅水循环泵的正常停运：①将电动机操作开关置"停止"位置（锅水循环泵惰走时间约为 2.5s）；②锅水循环泵停运后，继续保持二次冷却水的正常运行，并监视高压冷却器及隔热器来的二次冷却水的温度，应不超过规定值。如电动机温度不正常升高时应查明原因进行处理。

二、锅水循环泵的正常运行维护

1. 锅水循环泵运行中的监视项目

主要监视项目有电动机充水温度、低压冷却水流量和温度锅水循环泵及电动机振动值、泵壳与锅水温差、锅水循环泵进出口压差和锅水循环泵电动机电流值。

2. 锅水循环泵运行中注意事项

（1）为了确保锅水循环泵电动机冷却水不受污染，在下列情况下，锅水循环泵电动机要进行连续充一次水：①锅炉酸洗或水洗时；②电动机高压冷却水有泄漏时；③电动机温度高时；④锅水压力低时。

（2）当锅水循环泵电动机法兰及高压水阀门、管路有泄漏时，泵侧的高温高压锅水将经轴颈间隙倒入电机中，电动机的温度就会不正常地升高，严重时电动机会很快烧坏。这时在进行锅水循环泵电动机高压水冲洗时，要注意充水高压水压力值必须高于锅炉的汽包压力方能进行充水。若发现高压充水装置跳闸时，应迅速关闭电动机的充水隔绝阀，防止高温高压锅水倒回至低温电机腔内（虽有止回阀，但有时止回阀会失灵或发生泄漏）。

（3）二次冷却水必须保持充足，以保证冷却效果。

（4）一台锅水循环泵运行可带 60% MCR 负荷，两台锅水循环泵运行可带 100% MCR 负荷，在点火初期，锅水温度变化较快，为了不使泵壳温度和入口锅水温度之差大于规定值，在点火初期，锅水循环泵应轮换运行。在锅炉冷态下启动锅水循环泵，电动机电流接近额定值，但随着锅炉汽温汽压的升高，电动机电流会逐渐减小。因此锅炉冷态下可投入两台或三台泵运行，以减少锅水循环泵的轮换次数。

三、控制循环锅炉启停特点

（1）控制循环锅炉在锅水循环泵推动下，整个启动过程中能保持低参数、大流量的水循环，大大改善了加热条件，使汽包受热比较均匀，尤其是汽包采用了夹层结构，水冷壁出来的汽水混合物自上而下流入分离器，因此汽包上下壁温差很小，升温升压率受汽包温差限制，只要符合汽轮机的升温升压要求即可，从而大大缩短了启动时间。

（2）点火时炉膛内热负荷的不均匀不会影响水冷壁的安全。这是因为启动初期的循环倍率较大，管内有足够的水流动，而且锅炉经循环泵混合后进入水冷壁，锅水温度较均匀。因此控制循环锅炉点火启动过程中，无需采取特殊的改善水冷壁受热情况的措施就能保证水冷壁的安全。

（3）因控制循环锅炉领先锅水循环泵对省煤器进行强制循环，由于循环水量大，保护可靠，故在低负荷时省煤器再循环阀可保持全开状态。在 25%～30% 额定负荷之后，再关闭再循环阀。

（4）锅炉启动前上水时应上至汽包最高可见水位，这是因为在第一台锅水循环泵启动以前，水冷壁出口集箱到汽包这一管段的上部管内是没有工质的，第一台锅炉循环泵启动后，将要由一部分锅水来充满这一管段，然后整个水循环才能连续进行，这样势必造成汽包水位有个陡降，使水位跌至正常水位附近。

（5）因控制循环锅炉的水循环主要是由循环泵提供动力，故运行中汽包水位低一些不会影响水循环的安全。

（6）目前国内引进美国 CE 公司技术制造的控制循环锅炉，在过热器系统中设有一套5%旁路系统，在启动过程中该旁路全开，直到汽轮发电机组并网后才关闭，起到加快机组启动速度和对过热器系统进行疏水的作用。

第四节　直流锅炉启停特点

一、直流锅炉启动特点

1. 启动速度快

厚壁部件的热应力是限制机组启停速度的主要因素，直流锅炉无汽包，只有集箱、阀门等少量厚壁部件，因此它的启停速度可比汽包锅炉更快些。现代大型机组均采取滑参数方式启动，其启动速度还要受到汽轮机要求的限制。

2. 建立一定的工质流量和压力

直流锅炉启动时，由于没有自然循环回路，受热面冷却只能靠一开始点火就不间断地向锅炉上水，并保持一定的流量和压力。因此点火初期须建立一定的工质流量和压力。

3. 冷态清洗

直流锅炉由于进入锅炉的给水是一次蒸发完毕的，无法像汽包炉那样设置排污装置。为了避免有杂质沉积在锅炉管壁上或被蒸汽带入汽轮机中，直流锅炉在点火前一定要进行冷态清洗。

4. 工质膨胀问题

汽包锅炉的过热器、省煤器和水冷壁各受热面之间有汽包作为固定的分界点，而直流锅炉的各受热面是在启动过程中逐步自然形成的，因此某些受热面的工质总是存在由水变成蒸汽的过程，因蒸汽的比体积比水的比体积大很多倍，所以水变成蒸汽时，工质将产生体积膨胀现象，膨胀处的工质将管内汽化点以后的工质向锅炉出口排挤，使进入分离器的工质流量比锅炉入口流量大很多。

二、直流锅炉的启动旁路系统

1. 启动旁路系统的作用

直流锅炉设置启动旁路系统的目的是为了满足对锅炉和给水系统进行循环清洗、建立启动压力和启动流量、回收工质和热量等要求，同时还能起到保证锅炉各受热面参数正常和满足汽轮机各种状态启动的作用。

2. 启动旁路系统的组成

启动旁路系统的类型很多，如图9-8所示的系统为国产300MW机组亚临界压力直流锅炉的启动旁路系统。

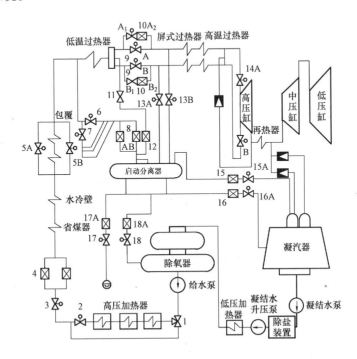

图9-8　1025t/h直流锅炉启动旁路系统示意

1—高加进口三通阀；2—高加出口隔绝阀；3—省煤器进口隔绝阀；4—省煤器进口调节阀；5A、5B—过热器旁路阀；6—包覆出口至启动分离器进口隔绝阀；7—节流管束进口隔绝阀；8A、8B—包覆出口至启动分离器进口调节阀；9A、9B—低温过热器出口至前屏热器进口的隔绝阀；10A₁、10B₁—低温过热器出口旁路隔绝阀；10A₂、10B₂—低温过热器出口旁路调节阀；11、12—低温过热器出口至启动分离器进口隔绝阀、调节阀；13A、13B—启动分离器至前屏过热器进口隔绝阀；14A、14B—高温过热器出口至汽轮机进口电动主汽阀；15、15A—启动分离器汽侧至凝汽器的减压调节阀、隔绝阀；16、16A—启动分离器水侧至凝汽器的减压调节阀、隔绝阀；17、17A—启动分离器水侧至地沟的隔绝阀、调节阀；18A、18—启动分离器水侧至除氧器的减压调节阀、隔绝阀

三、亚临界压力直流锅炉冷态滑参数启动

下面以上锅1025t/h锅炉启动过程为例，简要介绍直流锅炉的启动过程（系统参见图9-8，启动曲线参见图9-9）。

直流锅炉的冷态启动主要有以下几个阶段。

1. 冷态汽水系统循环清洗

直流锅炉运行时，给水中的杂质除部分随蒸汽带走外，其余都沉积在受热面上。锅炉停用时，内部还会有因腐蚀而生成的氧化铁。冷态清洗就是用一定温度的除氧水进行循环清洗，以除去这些污垢。清洗分两个阶段进行。

（1）低压系统的循环清洗流程为：凝汽器→凝结水泵→除盐设备→凝结水升压泵→低压加热器→除氧器→凝汽器。

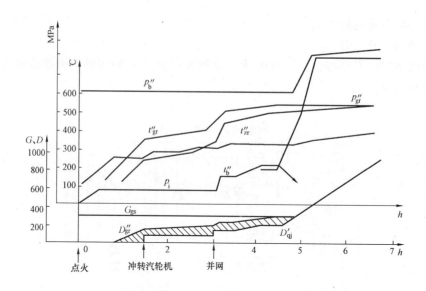

图 9-9　300MW 机组 UP 型直流锅炉启动曲线

p''_b—包覆管受热面出口工质压力；t''_{gr}—过热器出口汽温；t''_{zr}—再热器出口汽温；t''_b—包覆管受热面出口工质温度；p''_{gr}—过热器出口蒸汽压力；p_i—启动分离器压力；G_{gs}—给水流量；D''_{gr}—过热器出口蒸汽流量；D'_{qj}—汽轮机进汽量

（2）锅炉上水。当低压系统清洗结束，炉前水中含铁量小于 $50\mu g/L$ 后，即可向锅炉上水。向冷态锅炉上水时，上水速度可比汽包锅炉快些，但为了防止上水时对锅炉管系的压力冲击，在给水泵出水阀开启前应维持给水泵的转速在最低转速。上水流量一般不大于 200t/h。当锅炉上满水后，可缓慢调节包覆出口至启动分离器进口调节阀 8A 和 8B（以后简称"包分调"）和低温过热器出口至启动分离器进口的调节阀 12（以后简称"低分调"），使包覆出口压力以不大于 0.6MPa/min 的速率缓慢升至 7MPa，与此同时，缓慢调整给水流量至 300t/h。开始上水时启动分离器内的水质较差，可通过启动分离器水侧至地沟的隔绝阀 17 排去；当水质基本透明时，即可转大循环进行工质回收。启动分离器压力可控制在 0.5～1MPa。

（3）高压系统的循环清洗流程。高压系统的循环洗涤是利用温度较高的除盐水对锅炉管系及系统进行冲刷，使氧化铁和可溶性盐类被水带走，达到清洗的目的。其流程为：

凝汽器→凝结水泵→除盐设备→凝结水升压泵→低压加热器→除氧器→给水泵→高压加热器→省煤器→水冷壁→包覆过热器管系→低温过热器→启动分离器→凝汽器。

当省煤器进口水中的 Fe、SiO_2 含量、导电度、pH 值以及启动分离器出口水中 Fe 的含量达规定值时，水质合格，高压系统循环清洗结束。

2．建立启动压力和启动流量

直流锅炉启动时，依靠不间断地向锅炉上水，以保证给水连续地强迫流经所有受热面，达到对受热面冷却和对受热部件加热的目的。因此直流锅炉在点火之前必须建立一定的启动压力和启动流量。

如前所述，锅炉上水后，通过调节有关阀门使包覆出口压力维持在 7MPa，流量保持 300t/h 左右。高压系统清洗后，工质仍按原回路循环，仍维持这个压力和流量，此启动流量一直维持到切除分离器后汽轮机升负荷时为止。

启动压力是指在启动过程中,锅炉本体受热面内工质所具有的压力。在一定的启动流量下,启动压力高,则汽水密度差小,因而对改善水动力特性、防止脉动和减少启动时汽水膨胀量等都是有利的;但是启动压力高,会导致给水泵的电耗增大,阀门前后的压差也增大,以致加剧了阀门的磨损,并引起振动和噪声。启动压力的大小最终是综合考虑各种因素来确定的。

在一定的启动压力下,启动流量越大,则工质流过受热面的质量流速越大,这对受热面的冷却、水动力特性的稳定,以及防止汽水分层等都是有利的;但启动流量越大,则启动时间越长,启动中的工质损失和热量损失也越大;同时,启动旁路系统的设计容量也要加大。相反,如果启动流量过小,则受热面的冷却及工质流动的稳定性得不到保证。因此在保证受热面冷却可靠和工质流动稳定的前提下,启动流量尽可能选得小一些。实践证明,合理的启动流量为额定蒸发量的30%左右。

3. 锅炉点火

直流锅炉点火时,燃烧系统和风烟系统的操作与汽包锅炉基本相同,但汽水系统有些特殊要求,现简述如下:

(1) 在锅炉点火前或点火后的短时间内,水温较低,如果此时全靠调节阀来调节给水流量,由于阀前、阀后压差很大,部分水经过阀门后会经历一个汽化又凝结的过程,这一过程会产生很大的噪声和振动,为此,在管道上装设了节流管束,这样包覆出口至启动分离器之间的压降就由节流管束和"包分调8A和8B"共同承受,减小了"包分调8A和8B"前后的压差,从而可减轻噪声和振动。由于"低分调12"前无节流管束,为了保护阀门,在点火前应将低温过热器出口至启动分离器进口的隔绝阀11(以后简称"低分进")和"低分调12"关闭,包覆管的压力由"包分调8A和8B"来维持。

(2) 在点火升温过程中,应严格控制包覆出口及水冷壁各点升温速率不大于规定值,下辐射水冷壁每片管屏的出口温度与各管屏出口温度之差不大于规定值,如超过则应停止升温。

(3) 锅炉点火后,应对启动分离器有关管道进行暖管,以免后阶段投入时发生管道振动。

4. 锅炉本体升温、升压

随着水温升高155℃后,将节流管束解列,与此同时,开启"低分进11",并稍开"低分调12",使低温过热器内有少量工质流过。当包覆温度升高到160℃时,可将包覆出口压力升高至16MPa,此时仍保持给水流量不变。

5. 启动分离器升压及过热器、再热器的通汽

随着水温的逐渐升高,进入分离器的水汽化量增大,压力也逐渐升高,当压力达1~1.5MPa,且水位正常时,即可缓慢开启启动分离器至屏进口的隔绝阀13A和13B(以后简称"分出"),向过热器、再热器及蒸汽管道供汽暖管。确定何时向过热器和再热器通汽,主要考虑以下因素:

(1) 防止过热器管壁温度剧变;

(2) 防止管道水冲击;

(3) 防止主蒸汽温度的两侧偏差;

（4）有利于过热器和再热器的暖管。

6. 热态清洗

热态清洗的主要目的是进一步除去水中的氧化铁。水温在 260～290℃时，氧化铁在水中溶解能力最强，超过 290℃后，就开始在受热面上沉积。因此热态清洗时一定要通过燃烧调整控制好水温。热态清洗循环回路与高压系统冷态清洗时相同。

热态清洗水质合格且征得汽轮机运行人员同意后，开启分离器到除氧器的阀门向除氧器给水箱供水，进行工质和热量的回收。

7. 汽轮机冲转及发电机并网

当汽轮机前的蒸汽参数达到冲转参数时，调整好高、低压旁路开度，进行汽轮机的冲转，随后根据汽轮机的要求依次进行暖机、升速、并网带负荷。

在此过程中要求汽压平稳，汽温缓慢上升。可通过调整燃烧及高、低压旁路开度来保证蒸汽参数。

8. 工质膨胀

随着燃烧的进行，工质温度逐渐上升，待炉内辐射受热面的某处首先达到其压力下的饱和温度时，工质的膨胀开始，至进入启动分离器前的受热面出口处工质温度也达到其压力下的饱和温度时，膨胀高峰过去；而当该处工质开始过热时，则膨胀结束。

膨胀阶段参数的控制将直接影响到启动的安全，因为膨胀量过大时，将使锅炉包覆过热器和启动分离器压力、水位都难以控制，控制不当甚至会引起锅炉超压和启动分离器满水。因此在这一阶段中，必须合理地控制燃料投入速度和及时调整分离器进口调节阀的开度，以及分离器各排泄通道的排泄量。

9. 切除分离器

切除分离器是直流锅炉启动过程中的一项关键性操作。这个阶段既要防止主蒸汽温度的大幅度波动，特别是防止温度的降低，又要防止各受热面管壁超温。为了防止切除分离器过

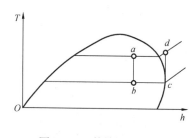

图 9 - 10　等焓切换示意

程中汽温的大幅度波动，目前均采用"等焓切换"的方式。"等焓切换"是指在切除启动分离器的过程中始终保持低温过热器出口旁路调节阀 10A2 和 10B2（以后简称"低调"）前后的工质焓相等。如图 9 - 10 所示。切换时低温过热器出口至屏过热器进口隔绝阀 9A 和 9B（以后简称"低出"）前的工质状态达到 d 点，节流后到 c 点，从而实现了"等焓切换"。当包覆出口压力为 16MPa、低温过热器出口温度为 375～380℃，"低调"前的蒸汽焓与压力为 3.5～4MPa 时启动分离器出口的饱和蒸汽焓值基本相等。

切换前的操作方法是适当增加燃料量，调节"低分调 12"及"包分调 8A、8B"，使低温过热器出口蒸汽温度和包覆出口蒸汽压力达到上述数值，此时，"等焓切换"条件具备，可进行切换操作。

切换操作实际上是一个将"分调"的流量逐渐转移到"低调"上去的过程。在此过程中汽轮机调速汽阀和汽轮机旁路保持固定开度，"低调 10A2 和 10B2"按一定速率开大，在"低分调 12"维持低温过热器出口温度和"包分调 8A、8B"维持包覆出口压力的过程中，"低分调 12"和"包分调 8A、8B"逐渐关小。由于"分调"阀门的逐渐开大，在切分初期起

到了保持过热器压力的作用，在切分后期则使过热器压力逐渐升高。当启动分离器压力逐渐下降至低于过热器压力时，"分出"止回阀动作关闭，分离器停止向过热器供汽，锅炉转入纯直流运行。

10. 过热器升压

启动分离器切除后进行过热器升压，过热器升压一般可分为两个阶段：第一阶段采用保持汽轮机调速汽阀开度不变，逐渐关小高、低压旁路的方法进行升压；第二阶段高、低压旁路关闭后，采用关小汽轮机调节汽阀的方法进行升压。不论在第一阶段还是第二阶段的升压过程中，当高、低压旁路或汽轮机调速汽阀逐渐关小时，过热器和包覆管压力都将上升。在过热器升压过程中，应调整减温水和燃烧，使过热器各点的汽温均随压力的上升而逐渐升高。

11. 升负荷

锅炉应根据机组的升负荷曲线，按比例地增加燃料量、给水量和风量，使机组负荷逐渐升至满负荷或预定的负荷。

四、直流锅炉停炉

直流锅炉停炉可分为投入分离器和不投入分离器两种停运方式，下面仅介绍投入分离器的停炉方式。采用该方式停炉大致分下列五个阶段（仍以上海锅炉厂1025t/h锅炉为例）：

停炉过程参见图9-11所示的停炉的曲线。

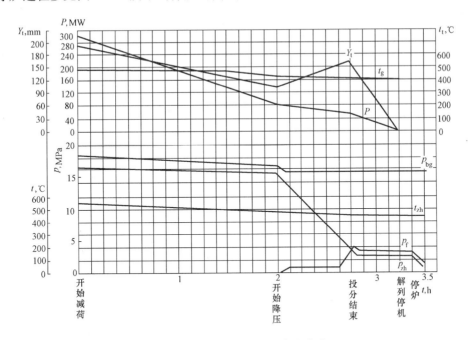

图9-11　机组正常停用参考曲线

P—发电机负荷；Y_t—汽轮机调速汽阀开度；t_g—汽轮机高压缸汽温；p_{zh}—主蒸汽压力；

t_{zh}—主蒸汽温度；p_f—启动分离器压力；p_{bg}—包覆过热器出口压力

1. 定压降负荷至100MW

在此阶段中逐渐关小汽轮机调速汽阀开度，同时锅炉减少燃料量和给水量，按一定的速率降负荷。在降负荷的过程中维持过热器出口压力基本不变，锅炉本体压力则随着负荷的降低而逐步降低。在此过程中，根据燃料量及时调整风量，根据包覆出口及低温过热器出口温度调整燃料量与给水的比例，并通过对减温水的调整，维持主蒸汽温度正常；调整烟气挡板和再热器减温水量，维持再热蒸汽温度在正常范围内。

负荷减至100MW时，注意进行调整，使各参数保持在规定范围内，为下一步过热器降压作准备。此时，应微开有关疏水对启动分离器所属管道进行暖管，为投入启动分离器做准备。

2. 过热器降压

过热器降压操作由减少燃料量、开大汽轮机调速汽阀或高、低压旁路开度等综合手段来完成，各项操作应尽量协调配合，使降压过程汽压、汽温的下降速度平稳并保持在规定范围内。在过热器压力降低的同时，包覆出口压力也随之下降，当包覆压力稍有下降后，应调整关小"低调10A2、10B2"（参见图9-8），维持包覆出口压力在一定值。

在过热器降压过程中应对启动分离器本体进行暖管。

3. 投入启动分离器

当主蒸汽压力降至一定值时，就可以投入启动分离器。其操作大致步骤为：继续缓慢减小燃料量，并将"低调10A2、10B2"按一定速率逐渐关小，此时通过逐渐开大"包分调8A、8B"维持包覆压力不变。启动分离器因进入工质，压力逐步升高。由于"包分调8A、8B"的逐步开大，使流过低温过热器的蒸汽量减少，低温过热器出口温度将逐步上升，当低温过热器温度达到规定值后开启"低分进11"，调节"低分调12"维持低过出口温度在一定范围内。而后"低调10A2、10B2"继续关小，用"包分调8A、8B"维持包覆管压力，用"低分调12"维持低温过热器出口温度，用启动分离器水侧至凝汽器的减压调节阀16A维持分离器水位，用启动分离器汽侧至凝汽器的减压调节阀15A控制分离器升压速度。按此方式，在逐步提高分离器压力的同时继续降低过热器压力，当启动分离器压力大于"分出13"后压力时，"分出13"止回阀打开，过热器由启动分离器和"低调10"同时供汽。分离器投入后，继续按上述方式关小"低调10"，将"低调10"的流量逐步转移到"低分调12"及"包分调8"上去，直到"低调10A2、10B2"关闭，然后关闭"低出"旁路隔绝阀10A1、10B1。此时过热器已全部由启动分离器进行供汽。

在投入分离器的整个过程中，应始终保持低温过热器出口温度在一定范围内不变，以满足等焓切换的需要。

4. 发电机解列和汽轮机停机

启动分离器投入后继续减少燃料量，维持给水量和包覆出口压力不低于规定值。当机组负荷降到很小时，可将发电机与系统解列，然后停止汽轮机运行。

汽轮机停运后，继续用高、低压旁路降低主蒸汽压力，以维持过热器和再热器的通汽冷却，降压速度控制在规定范围内。

5. 熄火停炉

汽轮机停运后，锅炉继续减少燃料量，减至一定程度熄火停炉。在熄火前为充分冷却水冷壁应始终保持给水量，水冷壁降温率不大于2℃/min。熄火后继续向本体以小流量进水，使锅炉本体各受热面均匀冷却。

第十章　锅炉的运行调整

第一节　锅炉运行调整的任务

单元机组是炉—机—电纵向串联构成一个不可分割的整体，其中任何一个环节运行状态的变化都将引起其他环节运行状态的改变。所以，炉—机—电的运行维护与调整是互相联系的。但是，在正常运行中各环节的工作又各有特点，如锅炉侧重于调整，汽轮机侧重于监视，而电气则从事与单元机组的其他环节以及外界电力系统的联系。

锅炉机组运行的好坏在很大程度上决定着整个电厂运行的安全性和经济性。为此，必须认真监视某些重要运行参数，必要时对自动装置的工作进行干预并及时调整。

电站锅炉的产品是过热蒸汽。因此锅炉运行调整的任务就是要根据用户（汽轮机）的要求，保质（压力、温度和蒸汽品质）、保量（蒸发量）并适时地供给汽轮机所需的过热蒸汽，同时锅炉机组本身还必须做到安全与经济。

由于汽轮发电机组随时都在随外界负荷的变化而变化，因而锅炉机组也必须相应地进行一系列的调整，使供给锅炉机组的燃料量、空气量、给水量等做相应的改变，保证其与外界负荷变化相适应。否则，锅炉的蒸发量和运行参数就不能保持在需要和规定的范围内，严重时将对锅炉机组和整个电厂的安全和经济运行产生重大影响，甚至危及设备和人身安全，给国家带来重大损失。即使在外界负荷稳定的时候，锅炉内部某些因素的改变也会引起锅炉运行参数的变化，这同样要求锅炉进行必要的调整。可见，锅炉机组在实际运行中总是处在不断的调整之中，它的稳定只是维持在一定范围内的相对值。所以，为了锅炉运行的安全和经济就必须随时监视其运行状况，并及时地、正确地进行适当的调整。对运行中的锅炉进行监视和调整的主要内容有：

（1）使锅炉的蒸发量适应外界负荷的需要；

（2）均衡给水并维持汽包的正常水位；

（3）保持锅炉过热蒸汽压力和温度在规定的范围内；

（4）保持锅水和蒸汽品质合格；

（5）维持经济燃烧，尽量减少热损失，提高锅炉机组的热效率。

第二节　锅炉工况变动的影响

锅炉工况是指锅炉运行工作状况。锅炉工况可以通过一系列的工况参数来反映，如锅炉的蒸发量、工质的压力和温度、烟气温度和燃料消耗等。一定的运行工况，对应着确定的工况参数。

锅炉在运行中，如果工况参数一直保持不变，这种工况称为稳定工况。在实际运行中，绝对的稳定工况是没有的。只要锅炉的工况参数在较长时间内变动很小，就可以认为锅炉处于稳定工况下。若在某一稳定工况下锅炉的效率达到最高值，则此工况称为锅炉的最佳运行工况。

当一个或几个工况参数发生改变，锅炉就会由一种稳定工况变动到另一个稳定工况，其变化过程称为动态过程或过渡过程。在动态过程中，各参数之间变化的关系，称为锅炉的动态特性，它可以通过动态特性试验来测定，并作为整定自动调节系统及设备的依据。锅炉在稳定工况下参数之间称为静态特性，它可以通过静态特性试验确定，其目的是为了确定锅炉的最佳运行工况，并作为运行调整的依据。

锅炉机组主要是按照额定负荷进行设计的。设计时预定了一些工作条件和指标，如燃料性质、给水温度、过量空气系统和各种热损失等。但实际运行中，锅炉是不可能完全在设计工况下进行的。因此，运行人员只有充分了解工况变动对锅炉的工作及其主要运行参数的影响，才能更好地进行调整和选择经济工况，确保机组设备的安全运行。

每个因素的改变都会对锅炉工况产生一定的影响，几个因素同时改变时，各种影响相互交错，很难分辨各因素的影响情况。为此，我们假定其他条件不变，而就下面各因素分别改变时，锅炉静态特性影响的简单情况进行定性分析。这时我们认为，几个因素同时改变时给锅炉工作所带来的总影响，就是每一个因素单独改变时的影响总和。

一、锅炉负荷的变动

锅炉在运行中，随着外界负荷的变动其负荷（蒸发量 D）也在一定范围内变动。它的变动将对锅炉的工况参数产生一定的影响。

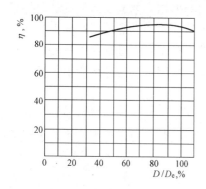

图 10-1 锅炉效率与负荷的
关系示意

（一）对锅炉效率的影响

当过量空气系数不变时，锅炉效率 η_{gl} 与负荷 D 之间的关系如图 10-1 所示。由图中可以看出，在较低负荷下，锅炉效率随负荷增加而提高；达到某一负荷时，锅炉效率为极大值，该负荷就是经济负荷。超过经济负荷时，锅炉效率则随负荷升高而降低。

当锅炉负荷增加时，燃料消耗量相应增加，炉膛出口烟气温度 θ'_1 升高，锅炉排烟温度 $\theta_{py}(t_{py})$ 也升高，造成排烟损失 q_2 增大。另外，由于负荷增加，炉内温度也提高，而且空气总量的增加，使炉内气流扰动增强，混合条件得到改善，提高了燃烧效率，使化学不完全燃烧损失 q_3 和机械不完全燃烧损失 q_4 减少，此时锅炉散热损失 q_5 也相对减小。在经济负荷以下时 $q_3 + q_4 + q_5$ 热损失的减小值大于 q_2 的增加，故锅炉效率提高。当锅炉负荷增加到经济负荷时，$q_2 + q_3 + q_4 + q_5$ 热损失达到极小值，锅炉效率为最高。锅炉的经济负荷通常为额定负荷的 80% 左右。当超过经济负荷以后，则因过分缩短了可燃质在炉内停留的时间，$q_3 + q_4$ 热损失要么减小值小于 q_2 的增加值，要么反而增大，而 q_2 总是增加的，故此时锅炉效率是降低的。

（二）对燃料消耗量的影响

如果不考虑锅炉排污、自用饱和蒸汽和中间再热等情况，根据热平衡关系，锅炉的燃料消耗量为

$$B = \frac{D(h''_{gr} - h_{gs})}{\eta_{gl}Q_r} \qquad (10-1)$$

式中 D——锅炉的蒸发量，kg/s；

h''_{gr}——过热器出口蒸汽焓，kJ/kg；

h_{gs}——给水热焓，kJ/kg；

η_{gl}——锅炉热效率，%；

Q_r——相应于每千克燃料输入炉内的热量，kJ/kg。

如果 h''_{gr}、h_{gs}、Q_r 和 η_{gl} 都不变，则燃料消耗量随负荷成正比例的增加，即

$$B_2/B_1 = D_2/D_1 \qquad (10-2)$$

式中 B_1、B_2——第一、二工况燃料耗量，kg/s；

D_1、D_2——第一、二工况锅炉蒸发量，kg/s。

实际上在负荷变动时，η_{gl} 是要变化的。在经济负荷以下时，燃料消耗量增加比 B_2/B_1 略小于负荷增加比 D_2/D_1；在经济负荷以下时，B_2/B_1 略大于 D_2/D_1。由于此比值的变化不大，因此可以粗略认为燃料消耗量 B 随锅炉负荷 D 呈比例增减。

（三）对锅炉辐射传热的影响

炉内传热量随负荷增减而增减，但对应于单位负荷的辐射换热量随负荷增加而减少。因此，高负荷下，纯辐射过热器出口蒸汽温度下降，水冷壁燃料单位蒸发率 D/B 下降。炉膛出口温度和炉内辐射热量的相对变量（$\Delta T''_1/T''_1$ 和 $\Delta Q_f/Q_f$）与燃料相对变量 $\Delta B/B$ 的关系按下两式规律变化，即

$$\frac{\Delta T''_1}{T''_1} = 0.6\left(\frac{T_a - T''_1}{T_a}\right)\frac{\Delta B}{B} \qquad (10-3)$$

$$\frac{\Delta Q_f}{Q_f} = -0.6\left(\frac{T''_1}{T_a}\right)\frac{\Delta B}{B} \qquad (10-4)$$

式中 T_a——绝热燃烧温度，K；

T''_1——炉膛出口烟温，K。

由上两式可知，$\Delta T''_1/T''_1$、$\Delta Q_f/Q_f$ 与 $\Delta B/B$ 的变化规律，完全取决于 T_a、T''_1 值。$\left(\dfrac{T_a - T''_1}{T_a}\right)$、$\left(\dfrac{T''_1}{T_a}\right)$ 值越大，$\Delta B/B$ 对 $\Delta T''_1/T''_1$、$\Delta Q_f/Q_f$ 影响越大，即辐射传热性越显著。

（四）对对流传热的影响

对流传热方程为：$Q_d = HK\Delta t/B$。如上所述，相对辐射吸热量随负荷增加而相对减少。那么，对流吸热量必随负荷增加而相对增加，即 $Q_{d2} > Q_{d1}$，而且 $\dfrac{B_2Q_{d2}}{B_1Q_{d1}} > \dfrac{D_2}{D_1}$，即总对流吸热量的增加比大于负荷的增加比。这一点也可用对流传热的关系式说明。负荷增加时，燃烧室出口及烟道各部的烟气温度都相应升高，使得 Δt 有所增大，而烟气、空气、工质的流速几乎正比于负荷的增加而加大，故传热系数 K 值显著提高，致使 $\dfrac{K_2\Delta t_2}{K_1\Delta t_1} > \dfrac{B_2}{B_1}$。可见，当锅炉负荷增加时，对流过热器的出口蒸汽温度，省煤器出口的水温和空气预热器出口的空气

温度以及锅炉的排烟温度都将升高。图 10 - 2 所示为负荷增加时锅炉各温度的变化情况。

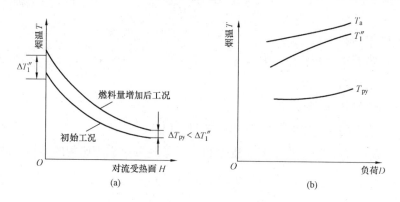

图 10 - 2   锅炉负荷增加时烟温变化情况
(a) 对流烟道的烟温变化；(b) 锅炉的烟温变化

二、给水温度变动

锅炉的给水是由除氧器水箱经给水泵加压，通过高压加热器后送来的。所以，当高压加热器运行情况改变时，例如，加热器故障使用，受热面清洁度改变等，给水温度 t_{gs} 也会随之变化。单元机组的负荷 D 变化，也会引起给水温度 t_{gs} 的变化。根据公式 $h''_{gr} - h_{gs} = \frac{B}{D} Q_r \eta_{gl}$ 可知，当给水温度降低时，如果燃料性质 Q_r 和过热蒸汽温度 t''_{gr}（与 h''_{gr} 成比例）保持不变，考虑到给水温度对锅炉热效率 η_{gl} 的影响可以忽略不计，则给水温度 t_{gs} 的变化只引起锅炉负荷 D 或燃料消耗量 B 的变化。如果保持燃料消耗量 B 不变，锅炉的蒸发量 D 将要减少；如欲维持锅炉的负荷，则燃料消耗量 B 必须增加。

给水温度 t_{gs} 降低时，锅炉的热力工况与上述锅炉负荷增加时相似，即炉膛出口烟温和烟气量增加。因此，增加了每千克燃料在对流受热面区域的放热量 Q_d，另一方面又使单位工质的燃料消耗量 B/D 增加。所以，在对流受热面中，工质的吸热 BQ_d/D 增加，工质出口温度升高，而炉膛辐射吸热减小。

给水温度 t_{gs} 降低，使省煤器的传热温差加大，烟气流速的增加又使传热系数提高，二者均使省煤器的对流吸热量增多，排烟温度 t_{py} 降低，排烟损失 q_2 减少。但是，q_2 的减少抵消不了在相同负荷、正常给水温度情况下燃料消耗量增加的损失和凝汽热损失（高压加热器故障停用后，排入凝汽器的蒸汽量将增多）。所以，对整个电厂而言，经济性仍然是下降的。可见，在非特殊的情况下，电厂的给水加热器均不应解列。

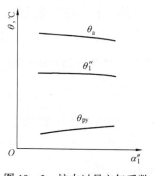

图 10 - 3   炉内过量空气系数对烟温的影响

三、过量空气系数 α''_1 的变动

（一）送风量改变而漏风量不变

（1）在其他条件不变时，增大炉膛出口过量空气系数 α''_1，炉膛内的理论燃烧温度 $\theta_a(T_a)$ 要下降，锅炉的排烟温度 θ_{py} 要升高，而炉膛的出口烟温 θ'_1 改变较小，如图 10 - 3 所示。

（2）锅炉在某一负荷时，若其过量空气系数可使 $q_2 + q_3$

+ q_4 热损失之和为最小，则此过量空气系数称为最佳过量空气系数 α''_{zj}。当过量空气系数小于最佳值时，增加送风量可以增加燃料与空气的接触，有利于完全燃烧，使 q_3 和 q_4 热损失的减少量大于 q_2 的增加量，η_{gl} 可提高；当过量空气系数超过最佳值时，由于炉内温度的下降和燃料在炉内的停留时间缩短，要么 q_3 + q_4 热损失减少很小，要么 q_3 + q_4 热损失反而增加（当过量空气系数过大时），而 q_2 热损失总是随着过量空气系数的增大而增加，所以锅炉的热效率 η_{gl} 是降低的，如图 10 – 4 所示。

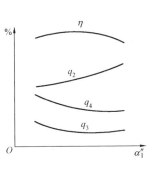

图 10 – 4　炉内过量空气系数对锅炉热效率和热损失的影响

（3）过量空气系数 α''_1 增加时，炉膛平均温度降低，故炉内辐射传热减少，辐射式过热器和再热器出口汽温降低；而对流受热面因烟速 w_y 提高，传热系数增大，所以传热量增大，对流过热器和再热器的出口汽温提高。

（二）送风不变而漏风量改变

负压制粉系统漏风和炉膛漏风量增加，其影响与加大送风量情况一样，且漏入冷风危害性更大。此外，漏风点位置不同，产生的影响亦不相同。燃烧器和炉膛下部漏风，对理论燃烧温度降低影响较大，炉内传热减少更多，如果漏风过大，可能危及燃料的着火和稳定燃烧，并降低炉膛的出口温度。如果漏风点在炉膛上部，则对炉内辐射传热和燃料着火与燃烧影响较小，但对炉膛出口烟温降低作用较大。对流烟道的漏风将降低当地及以后烟道的烟温和减小温压，因而受热面吸热减少，锅炉效率降低。漏风点离炉膛出口越近，漏风对传热减少和锅炉效率降低也越严重。总体说来，漏风对锅炉受热面壁温的影响均较小。

四、燃料性质的变动

进入锅炉燃料的性质，例如燃料的灰分和水分可能发生变动，在某些时候还可能改烧煤种。当燃料产地和品种改变时，燃料的发热量、挥发分、水分、灰分及其性质等都会变动，因而对锅炉工况的影响相当复杂，这里不予全面讲述。下面仅介绍灰分和水分的变动对锅炉工况的影响。

（一）燃料灰分的变动

燃料灰分增大时，可燃物含量就相对减少，故 1kg 燃料的发热量、燃烧所需要的空气量和生成的烟气量都比设计值减少。如果保持燃料消耗量不变，由于燃料发热值降低，炉内总放热量随之减少，因而锅炉蒸发量减少。同时，炉膛出口的烟气温度也下降，烟气量减少，因此对流吸热量显著减少。如果保持蒸发量不变，则必须增加燃料的消耗量。增加燃料消耗量以后，可以使各部位的烟气温度、烟气总体积和流速、受热面的吸热量和过热蒸汽温度等都恢复到原来的设计值。

燃料灰分增大时，由于灰分会妨碍可燃质与空气的接触，所以 q_4 损失可能增大，锅炉热效率会稍有降低。同时，灰分增大还会加剧对流受热面的磨损，并容易造成积灰甚至堵灰。如果新燃料中灰分的软化温度 ST 降低，在燃烧调整时，应注意控制炉膛出口烟气温度，防止炉膛出口附近的受热面结渣。

（二）燃料水分的变动

燃料水分增加使其低位发热值显著降低，因为水分增大不但减少了燃料的可燃质含量，而且增大了蒸发水分所用的热量损失。水分增加，着火热大大增加，炉内理论燃烧温度

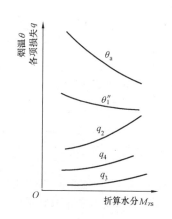

图 10 - 5　燃料折算水分 M_{zs}
对锅炉工作的影响

$T_a(\theta_a)$ 显著降低，这不但使未完全燃烧损失增加，而且对燃料在炉内的着火、燃烧和热力过程的稳定性都会带来不利的影响。

水分与炉内过量空气系数对烟温、传热和排烟损失等的影响在性质上相似。但由于水的比热容比空气大得多，而且水分还要吸收大量的汽化潜热使其蒸发，所以它的增加对炉内温度下降和排烟损失的增大影响要比过量空气增加时严重得多，由它引起炉内辐射传热量份额减少和对流传热量份额的增加的影响也要大得多。图 10 - 5 所示为燃料折算水分对锅炉工作的影响。

在运行中必须保证锅炉蒸发量满足外界负荷需要。当燃料水分增加时，必须增加燃料耗量，这样锅炉的排烟温度和容积均增加，所以 q_2 热损失增大，η_{gl} 下降。另外，烟速 w_y 增大，对流传热系数 K 提高，吸热量增加，因此对流特性的过热器、再热器、省煤器和空气预热器内的工质出口温度均要升高。在飞灰数量和性质不变时，对流受热面的飞灰磨损也要加剧。

第三节　负荷分配、蒸汽参数的变化与调整

一、锅炉的负荷分配

几台锅炉同时投入运行，或负荷增加需决定新投入哪台锅炉，或负荷减少要决定停用哪台锅炉，都需要按最经济的原则来分配锅炉负荷。锅炉间负荷分配的方法有：

（1）按锅炉机组的额定负荷比例分配。这种方法最简单，但并不经济，特别是各台锅炉的型式、参数、性能相差悬殊时更不经济。因此这种方法只适用于各台锅炉性质、参数基本相同时。

（2）按锅炉机组总热效率最高的原则分配。这种方法是按锅炉机组热效率之和为最高来分配，为此，热效率较高的锅炉首先承担基本负荷，效率低的锅炉承担变动负荷。这种方法比前一种方法经济，但因低效率锅炉负荷经常变动，因此设备总的经济性还不是最好的。

（3）按燃料消耗量微增率相等的原则分配。锅炉机组负荷每增加 1 t/h 时，每小时燃料耗量的增加值 Δb 称为燃料耗量的微增率，$\Delta b = \Delta B / \Delta D$，每台锅炉的 Δb 值可由锅炉燃料耗量的特性曲线 $B = f(d)$ 求得。这样，按 $\Delta b_1 = \Delta b_2 = \Delta b_3 = \cdots$ 来分配负荷是最经济的。

按（3）分配锅炉间的负荷是最经济的，但此运行方式要求负荷调整相当精确。因此在实际中一般都用（2）调负荷。

蒸汽参数是蒸汽质量的重要指标。因此也是锅炉运行中必须监视和控制的主要内容之一。

蒸汽温度的控制与调节见第五章。以下主要讨论汽压的变化与调整。

二、汽压波动的影响

汽压波动过大会直接影响到锅炉和汽轮机的安全与经济运行。由于单元机组没有母管及相邻机组的缓冲作用，蒸汽压力对机组的影响突出，所以在锅炉运行中，汽压总是作为监视

和控制的主要运行参数之一。

汽压降低使蒸汽做功能力下降，减少其在汽轮机中膨胀做功的焓降。当外界负荷不变时，汽耗量必须增大，随之煤耗增大，从而降低发电厂运行的经济性，同时，汽轮机的轴向推力增加，容易发生推力瓦烧坏等事故。蒸汽压力降低过多，甚至会使汽轮机被迫减负荷，不能保持额定出力，影响正常发电。某些资料表明，当汽压较额定值低5%时，汽轮机的汽耗率将增加1%。

汽压过高，机械应力大，将危及锅炉、汽轮机和蒸汽管道的安全，当安全阀发生故障不动作时，则可能发生爆炸事故，对设备和人身安全带来严重危害。当安全阀动作时，过大的机械应力危及各承压部件的长期安全性。安全阀经常动作不但排出大量高温高压蒸汽，造成工质损失和热损失，使运行经济性下降，而且由于磨损和污物沉积在阀座上，也容易使阀关闭不严，造成经常性的泄漏损失，严重时需要停炉检修。

汽压变化对汽包水位和蒸汽温度等主要运行参数也有影响。当汽压降低时，由于相应的饱和温度下降，会使部分锅水蒸发，引起锅水体积"膨胀"，故汽包水位要上升。反之锅水体积要"收缩"，汽包水位下降。如果汽压的变化是由于负荷变动所引起，那么上述水位变化只是暂时现象。例如，当负荷增加瞬时引起汽压下降，造成汽包水位上升时，在给水没有增加之前，由于蒸发量大于给水量，故水位很快会下降。由此可知，汽压变化对水位有直接影响，在汽压急剧变化时，这种影响尤为明显。若运行调整不当或误操作，容易发生满水或缺水事故。

汽压变化对汽温的影响一般是汽压升高时过热蒸汽温度也要升高。这是因为，当汽压升高时，相应的饱和蒸汽焓值增加，在燃料耗量未改变时，锅炉的蒸发量要瞬时减少（因水中的部分饱和蒸汽凝结），通过过热器的饱和蒸汽数量减少，在传热系数、传热面积和传热温差基本不变的情况下，平均每千克蒸汽的吸热量必然增大，导致过热蒸汽温度升高。

汽压的变化速率对锅炉也有影响，其影响主要有以下三点：

（1）汽压的突然变化，例如负荷突然增加使汽压下降，汽包水位升高，汽包的蒸汽空间高度和容积会突然减小，蒸汽携带能力增加（蒸汽速度提高），可能造成蒸汽大量携带锅水，使蒸汽品质恶化和过热汽温降低（若是由于燃烧恶化引起汽压突然降低时，一般不会增加蒸汽的机械携带）。

（2）汽压的急剧变化还可能影响锅炉水循环的安全性，变化速率和幅度越大，影响越严重。根据高压锅炉研究的结果，不致引起水循环破坏的允许汽压下降速度，建议不大于 $(0.25 \sim 0.3)$ MPa/min，锅炉在中等负荷以下时，压力升高率不大于 0.25MPa/min。

（3）汽压经常反复地变化，使锅炉承压受热面金属经常处于交变应力的作用下，如果再加其他应力（如温差热应力）的影响，可能导致受热面金属发生疲劳损坏。

影响汽压变化速率的因素主要有：

（1）负荷变化速度。负荷变化速度是影响汽压变化速率最主要、也是最大的因素。此时，汽压变化的速率反应了锅炉保持或恢复规定汽压的能力。对于单元制机组，汽轮机（外界）负荷的变化将直接影响到锅炉的工作。外界负荷变化速度越快，引起锅炉汽压变化的速率也越高。

（2）锅炉的蓄热能力。锅炉的蓄热能力是指当外界负荷变化而燃烧工况不变时，锅炉能够放出热量或吸收热量的大小。锅炉的蓄热能力越大，汽压变化速度越小。

当外界负荷变动时，例如负荷增加时，锅炉的蒸发量由于燃烧调整滞后而跟不上需要，因而汽压下降，其对应的饱和温度和热焓降低。这样，降压前锅水（及工质蒸发系统金属）对应的饱和焓较降压后锅水对应的饱和热焓高，两焓之差就是降压后新工况余下的热能，此热量将使部分锅水自汽化，产生所谓的"附加蒸发量"补偿外界负荷增加，减缓汽压下降。由于锅炉的蓄热能力是有限的，所以靠它来满足负荷增加，阻止汽压的下降能力也有限。尤其是对于大容量、高参数的强制循环锅炉，其相对蓄热能力比自然循环锅炉小，所以汽压变化速率相对较大。汽包锅炉蓄热能力大，对维持汽压变化速度有利；但如果需要主动改变锅炉出力时，由于蓄热能力大，将使得锅炉出力和参数的反应也较迟缓，因而不能迅速跟上工况变动的要求，显然这也是不利的。

（3）燃烧设备的惯性。燃烧设备的惯性是指从燃料开始变化到炉内建立起新的热负荷平衡所需要的时间。燃烧设备的惯性大，当负荷变化时，汽压变化的速率就快，变化幅度也越大。

燃烧设备的惯性与调节系统的灵敏度、燃料的种类和制粉系统的形式有关。燃烧调节系统灵敏，则惯性小。由于油的着火、燃烧比煤粉迅速，因而惯性较小。直吹式制粉系统因为改变给煤量到出粉量的变化要有一定时间，而仓储式制粉系统只要改变给粉量就能很快适应负荷的需要，所以直吹式系统的惯性较大。

如上所述，汽压过高、过低或变化速率过大，对锅炉及整个电厂的运行都是不利的。因此锅炉运行规程中均规定了过热蒸汽允许的波动范围。例如，SG1025/18.2－M319型锅炉规定汽压变化范围是（17.2±0.2）MPa，当汽压达到18.2MPa和16.3MPa时，为保证锅炉和电站运行安全，则发出报警，锅炉负荷调节速度要求在定压运行时不大于$5\% \mathrm{min}^{-1}$，滑压运行时不大于$3\% \mathrm{min}^{-1}$。

三、影响汽压变化的主要因素

汽压的变化实质上反应了锅炉蒸发量与外界负荷之间的平衡关系。因外界负荷、炉内燃烧工况和换热情况、锅内工作情况经常变化而引起锅炉蒸发量的不断变化，所以汽压的变化与波动是必然的。汽压的稳定是相对的，不稳定才是绝对的。

引起锅炉汽压发生变化的原因有外部原因，称为"外扰"，也有锅炉内部原因，称为"内扰"。

1. 外部扰动

外扰是指外部负荷的正常增减及事故情况下的甩负荷，它具体反映在汽轮机所需蒸汽量的变化上。

在锅炉汽包的蒸汽空间内，蒸汽是不断流动的。一方面蒸发受热面产生的蒸汽不断流入，另一方面蒸汽又不断流出汽包，经过热器向汽轮机供汽。当供给锅炉的燃料量和空气量不变，燃烧工况不变时，燃烧放热量就一定；如果受热面吸热量也一定，锅炉单位时间的产汽量也就一定。蒸汽压力是容器内气体分子碰撞器壁的频率和动能大小的宏观量度，气体的分子数量越多、分子的运动速度越大时，产生的蒸汽压力就越高。反之，蒸汽压力就低。当外界负荷增加时，送往汽轮机的蒸汽量增多，若此时锅炉蒸汽容积内的蒸汽分子数量得不到足够的补充，汽压就必然下降。若此时能及时地调整燃烧工况和给水量，使产生的蒸汽量相应地增加，则汽压就能较快的恢复至正常数值。由上述可知，从物质平衡的角度看，汽压的稳定取决于锅炉产汽量与汽轮机的需要汽量的平衡。产汽量大于或小于用汽量，锅炉的汽压就要升高或降低，两者相等，汽压就稳定不变。

2．内部扰动

内扰是指锅炉机组本身的因素引起的汽压变化。这主要是指炉内燃烧工况的变动（如燃烧不稳定或失常）和锅炉工作情况（如热交换情况）变动。

在外界负荷不变时，汽压的变化主要决定于炉内燃烧工况的稳定。当燃烧工况稳定时，汽压的变化是不大的，其数值可保持在允许的变化范围内。若燃烧不稳定或失常，那么炉内热强度将发生变化，使蒸发受热面的吸热量改变，因而水冷壁产生的蒸汽量改变，引起汽压发生变化。

此外，锅炉热交换情况的改变也会影响汽压的稳定。我们知道，在炉膛内，传热过程总是伴随着燃烧过程同时进行的。燃料燃烧释放出的热量主要以辐射传热的方式传递给上升管受热面（炉内对流换热量一般约占总换热量的 5%），使管内工质升温并蒸发成蒸汽。因此，如果换热条件变化，使受热面内工质的吸热量改变，那么必然会影响产汽量，引起汽压变化。水冷壁管外积灰、结渣以及管内结垢时，热阻就加大，蒸发受热面的换热条件恶化，产汽量减少，引起汽压下降。所以，为了保持正常的热交换，应当根据运行情况，正确地调整燃烧，及时地进行吹灰、排污，保持受热面的内、外清洁。

3．怎样判断内扰或外扰

无论是内扰和外扰，汽压的变化总是与蒸汽流量的变化密切相关。因此在运行中，当蒸汽压力发生变化时，除了通过"电力负荷表"来了解外界负荷是否发生变化外，通常是根据汽压和蒸汽流量的变化关系来判定引起汽压变化的原因。

(1) 如果蒸汽压力 p 与蒸汽流量 D 的变化方向相反时，这通常是外扰的影响，这一变化规律无论是对单元机组或是并列运行的机组都是适用的。当 p 值升高的同时 D 值反而减少，说明外界要求用汽量减少；当 p 值降低，同时 D 值增加，说明外界用汽量增加，这均属外扰。

(2) 如果蒸汽压力 p 与蒸汽流量 D 的变化方向一致时，这通常是内扰影响的表现。例如当 p 值下降的同时 D 值也减少，说明燃料燃烧的供热量不足；p 值上升的同时 D 值亦增加，说明燃烧供热量偏多，这都属于内扰。但是必须指出，判断内扰的这一方法，对于单元机组而言仅只适用于工况变化的初期，即在汽轮机调整汽门未动作之前。当调整汽门动作之后，p 与 D 的变化方向则是相反的。比如当外界负荷不变时，如锅炉燃料量突然增加（内扰），最初汽压上升，同时蒸汽流量增加，但是当汽轮机为了维持额定转速和电频率而自动关小调速汽门以后，蒸汽流量将减少，而此时蒸汽压力却在继续升高，反之亦然。这一点在运行中应予以注意。

四、汽压控制与调节

由上述可知，控制汽压在规定的范围内，实际上就是力图保持锅炉蒸发量和汽轮机负荷之间的平衡。汽压的控制与调节是以改变锅炉蒸发量作为基本的调节手段。只有当锅炉蒸发量已超出允许值或有其他特殊情况发生时，才用增加或减少汽轮机负荷的方法来调整。

外界负荷的变化是客观存在的，而锅炉蒸发量的多少则是可以由运行人员通过对锅炉的燃烧调节来控制的。当负荷变化时，例如负荷增加，如果能及时和正确地调整燃烧和给水量，使蒸发量也相应地随之增加，则汽压就能维持在正常的范围内，否则锅炉蒸汽压力就不能稳定并且下降。因此对汽压的控制与调整，就是运行人员如何正确地调整锅炉燃烧工况和给水，控制其蒸发量，使之适应外界负荷需要的问题。对汽压的调整，实质上就是对锅炉蒸发量的调节。下面仅就负荷变化对汽压（即蒸发量）实施调整的一般方法进行说明。

当负荷变化时，例如当负荷增加（此时蒸汽流量指示值增大）使汽压下降时，必须强化燃烧工况，即增加燃料供给量和风量。当然此时还必须相应地增加给水量和改变减温水量。增加燃料供给量和风量的操作顺序，一般情况下最好是先增加风量，然后紧接着再增加给粉量。如果先增加给粉量而后增加风量，并且风量增加较迟，则将造成较多的不完全燃烧损失，甚至造成堵管。但是，由于炉膛中总是保持有一定的过量空气量，所以在某些实际操作中，例如当负荷增加较多或增加速度较快时，为了保持汽压稳定使之不致有大幅度的下跌，并促其尽快恢复正常汽压，此时可以先增加供粉量，然后紧接着再适当地增加风量。在低负荷情况下，由于炉膛内过量空气较多，因而在负荷增加时也可以先增加供粉量，后增加送风量。

增加风量时，应先开大引风机入口挡板，然后再开大送风机的入口挡板，否则可能出现火焰和烟气喷出炉外伤人（炉膛内出现正压燃烧）的情况，并且恶化锅炉房的卫生条件。送风量的增加，一般都是增大送风机入口挡板的开度，即增加总风量。只有在必要时，才根据需要再调整各个（或各组）喷燃器前的二次风门挡板。

增加燃料量的方法是同时或单独地增加各个运行燃烧器的燃料供给量，即增加给粉机或给煤机（直吹式制粉系统）的转速。如负荷增加较多，则增加燃烧器的运行只数。

燃煤锅炉如果装有油燃烧器，必要时还可以将油燃烧器投入运行或加大喷油量，以强化燃烧，稳定汽压。但是如果控制油时的操作不方便或者受燃油量的限制时，则不宜采用投油或加大喷油量的方法来调整汽压。

当负荷减少使汽压升高时，则必须减弱燃烧。此时应先减少燃料供给量，然后再减少送风量，其调整方法与上述汽压下降时相反。在异常情况下，当汽压急剧升高，单靠燃烧调节来不及时，通常均采用开启向空排汽门，以尽快降压，保证锅炉安全运行。

由此可见，汽包锅炉中调节锅炉的蒸发量（用以调节压力）依靠调节燃烧来实现，与给水量无直接关系，给水量是根据汽包水位变化来调节的。

直流锅炉的汽压调整与汽温调整是不能分开的。直流锅炉送出的蒸发量等于给水量，只有给水量改变才会发生锅炉蒸发量的变化，燃料量变化引起的炉内放热量变化并不直接引起锅炉蒸发量的改变。因此，它的汽压调整首先应调节给水量来实现，然后再调节燃料供给量、送风量，以保持其他参数不变。调节给水量以保持压力稳定时，必然引起过热汽温的变化，因而在调压过程中，必须校正过热汽温。即当外界负荷增加使汽压下降时，应同时调节燃料量 B 与给水质量流量 G，保持 B/G 比例，才能在满足负荷要求的同时，维持主蒸汽压力与主蒸汽温度稳定。

第四节 锅炉燃烧的调整

炉内燃烧调整的任务可归纳为三点：

（1）保证燃烧供热量适应外界负荷的需要，以维持蒸汽压力、温度在正常范围内。

（2）保证着火和燃烧稳定，燃烧中心适当，火焰分布均匀，不烧坏燃烧器，不引起水冷壁、过热器等结渣和超温爆管。燃烧完全，使机组运行处于最佳经济状况。

（3）对于平衡通风的锅炉来说，应维持一定的炉膛负压。

（4）使 NO_x、SO_x 及锅炉各项排放指标控制在允许范围内。

保证锅炉安全与经济运行是锅炉燃烧调整的前提条件和归属。煤粉的正常燃烧，应具有光亮的金黄色火焰，火色稳定和均匀，火焰中心在燃烧室中部，不触及四周水冷壁；火焰下部不低于冷灰斗一半的深度，火焰中不应有煤粉分离出来，也不应有明显的星点，烟囱的排烟应呈淡灰色。如火焰亮白刺眼，表示风量偏大，这时的炉膛温度较高；如火焰暗红，则表示风量过小，或煤粉太粗、漏风多等，此时炉膛温度偏低；火焰发黄、无力，则是煤的水分偏高或挥发分低的反应。

300MW 单元机组锅炉的燃烧调整控制工作原理如图 10-6 所示。从图中可知，来自机组负荷协调控制系统中锅炉主控制器发出的指令，直接按预先设置的静态配合同时去调整燃料量和进风量，并以送风机的位置指令作为引风调整的前馈信号，使引风机同时按比例动作，达到使锅炉对机组负荷变化尽量做出快速响应的目的。从图中还可看出，在调节燃料量时是在比较主控制指令与进风量后，取两者中幅度值较小的为依据；反之，在调节送风量时，又以主控制指令与燃料量中较大者为依据。其目的是保证在任何情况下炉内空气量不致偏少，以利于安全和经济燃烧。

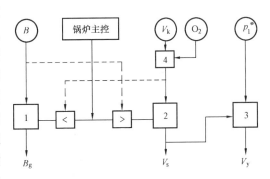

图 10-6　燃烧调节原理图

B, V_k, O_2, p_f—燃烧率（供热），一、二次风总流量，烟气中氧量和炉膛负压信号；

1、2、3—给煤 B_g、送风 V_s 和引风 V_y 的调节装置

因为按主控指令一次作的各种调整都不可能达到互相精确地配合，所以，在调整时还要根据各被调参数的偏差反馈分别作精确的修正。如在将小值选择出来的前馈信号直接送达燃煤调整机构的同时，还把当时的实际燃料耗量也反馈给燃料量调节机构，这样燃料调节机构就根据两者差别的大小发出的燃料调节信号进行燃料调整。

燃烧过程是否正常，直接关系到锅炉运行的可靠性，例如燃烧不稳定将引起蒸汽参数的波动。燃烧火焰偏斜会造成炉内温度场和热负荷不均匀，如过大，可能引起水冷壁局部区域温度过高，出现结渣甚至超温爆管；引起过热器热偏差过大，也可能产生超温损坏。炉膛温度过低则着火困难，燃烧不稳，容易造成炉膛灭火、放炮等。

燃烧过程的经济性要求保持合理的风、煤配合，一、二、三次风配合，送、引风机配合，同时还要求保持较高的炉膛温度。这样才能实现着火迅速，燃烧完全，减少损失，提高机组的效率。对于现代火力发电机组，锅炉效率每提高 1%，将使整个机组效率提高约 0.3%~0.4%，标准煤耗可下降（3~4）g/（kW·h）。为此，在运行操作时应注意保持适当的燃烧器一、二、三次风配比，即保持适当的一、二、三次风的出口速度和风率，以建立正常的空气动力场，使风粉均匀混合，保证燃料良好着火和稳定燃烧。此外，还应优化燃烧器的组合方式和进行各燃烧器负荷的合理分配，加强锅炉风量、燃料量和煤粉细度等的调节，使炉膛保持适当的负压，减少漏风等。保证锅炉始终保持既安全又经济的状态运行。

锅炉运行中经常碰到的燃烧工况变动是负荷或燃料品质的改变，当发生上述变动时，必须及时调节送入炉膛的燃料量和空气量，使燃烧工况得到相应的加强或减弱。

在高负荷运行时，由于炉膛温度高，煤粉着火和风煤混合条件均较好。故燃烧一般比较稳定。为了提高锅炉效率，可根据煤质等具体情况，适当降低过量空气系数运行。过量空气系数减小后排烟热损失必然降低，而且由于炉膛温度提高并降低了烟速，使煤粉在炉膛内停留的时间相对延长，只要过量空气系数控制适当，不完全燃烧损失就不会增加，锅炉效率便可得到提高。

低负荷时，由于燃烧减弱，投入的煤粉燃烧器可能减少，炉膛温度和热风温度均较低，火焰充满程度差，为了减少不完全燃烧损失，锅炉风量又往往偏大，使燃烧稳定性、经济性都下降。因此低负荷时，在风量满足要求的情况下，应适当降低一次风风速，使着火点提前，并适当降低二次风的风速，以增强高温烟气的回流，利于燃料的着火和燃烧；在燃用低挥发分的煤种时可采用集中火嘴增加煤粉浓度的方式，使炉膛热负荷相对比较集中，以利于燃料的点燃和各火嘴火焰的相互引燃。

一、影响燃烧的因素和强化燃烧的措施

1. 影响燃烧的因素

（1）燃料品质的影响。锅炉燃烧设备是按设计煤种设计的，煤质特性不同，燃烧器的结构特性也就不同。因此锅炉正常运行中一般要求燃煤的品质与燃烧设备和运行方式相适应，但在锅炉实际运行中，燃煤品质往往变化较大。由于任何燃烧设备对煤种的适应总有一定的限度，因而燃煤品质的较大变化，对燃烧的稳定性和经济性均将产生直接的影响。

燃料中挥发分含量越多，煤粉就越容易着火。这是因为，挥发分是气体可燃物，其着火温度较低，因此挥发分越多，着火温度越低，煤粉就越易于着火。大量挥发分析出、着火燃烧时可以放出大量热量，造成炉内高温，有助于焦炭的迅速着火和燃烧。挥发分含量减少，煤粉的着火温度便将相应升高。着火温度升高，着火热就增大，因而燃用挥发分低的煤种时着火就困难，达到着火所需的时间就较长，着火距离就较远。在相同的风粉比条件下，挥发分降低，煤粉火焰中火焰传播的速度就显著降低，从而使火焰扩展条件变差，着火速度减慢，燃烧稳定性降低。对于挥发分很低的无烟煤而言，如含氧量较高时，则较容易着火。此外，挥发分的含量对煤粉的燃尽也有直接的影响。通常燃煤的挥发分含量越高，越容易着火，燃烧过程越稳定，不完全燃烧损失也就越小。

灰分过高的煤着火速度慢，燃烧稳定性差，而且燃烧时由于灰分容易隔绝可燃质与氧化剂的接触，因而多灰分的煤燃尽性能也较差。煤的灰分越高，由于加热灰分造成的热量消耗增多，使燃烧温度下降。此外，固态飞灰随烟气流动，则会使受热面磨损和堵灰；熔化的灰还会在受热面上形成结渣，影响各受热面传热比例的变化；燃烧器喷口结渣时，不但影响燃烧器的安全运行，而且还将对炉内燃烧工况产生直接的影响。

水分对燃烧过程的影响主要表现在水分多的煤引燃着火困难，且会延长燃烧过程，降低燃烧室温度，增加不完全燃烧及排烟热损失。因为煤燃烧时，水分蒸发需要吸收热量，使煤的实际发热量降低，着火热增加，燃烧温度下降。此外，煤的水分过高时还将影响煤粉细度及磨煤机的出力，并将造成制粉系统堵煤或堵粉，严重时甚至引起燃烧异常等故障情况。

（2）煤粉细度的影响。煤粉越细，比表面积越大，在其他条件相同的情况下，加热时温升越快，挥发分的析出、着火及化学反应速度也就越快，因而越容易着火。煤粉细度越细，所需燃烧时间越短，燃烧也就越完全。

（3）一次风的风量、风速、风温的影响。正常运行中，减少风粉混合物中一次风的数量，一方面相当于提高煤粉的浓度，将使煤粉的着火热降低；另一方面在同样高温烟气量的回流下，可使煤粉达到更高的温度，因而可加速着火过程，对煤粉的着火和燃烧有利。但一次风量过低，则往往会由于着火初期得不到足够的氧气，使反应速度反而减慢而不利于着火的扩展。一次风量应以能保证煤粉的正常输送及满足挥发分的燃烧为原则。

一次风速过高，则将降低煤粉气流的加热程度，使着火点推迟，容易引起燃烧不稳，且煤粉燃烧也不易完全；特别是低负荷时，由于炉内温度较低，甚至有可能产生火焰中断或熄火，此时，便应设法调整降低一次风速。但一次风速过低则会造成一次风管堵塞，而且着火点过于靠前，还可能烧坏喷燃器。一次风温越高，则煤粉气流达到着火点所需热量就越少，着火点提前，着火速度就越快。但一次风温过高，对于燃用高挥发分的煤种时，往往会由于着火点离燃烧器喷口过近而造成结渣或烧坏喷燃器。反之，一次风温过低，则会使煤粉的着火点推迟，对着火不利。

（4）燃烧器特性的影响。对于同一台锅炉而言，燃烧器出口截面越大，混合物着火燃烧离开喷口距离就越远，即火焰相应拉长。小尺寸燃烧器能增加煤粉气流点燃的表面积，使着火速度加快，着火距离缩短，一方面将使炉膛出口温度不致过高，另一方面又能使燃烧完全。直流燃烧器着火区的吸热面积虽较小，但由于出口能得到炉膛中温度较高烟气的混入和加热，因而在着火条件上还是比较好的。直流燃烧器组织切圆燃烧时，后期煤粉与空气的混合较充分，而且可以根据不同燃料对二次风混入迟早的不同要求，进行结构和布置特性上的设计，以满足不同燃料对混合的不同要求，改善燃尽程度。旋流燃烧器着火区的吸热面积大、着火条件好，能独立着火燃烧，特别是在大型锅炉上采用时可有效地解决炉膛出口烟气的偏斜问题。但对煤种的适应性较差。

1025t/h 亚临界自然循环锅炉和 1025t/h 控制循环锅炉都是采用四角布置切圆燃烧方式，其燃烧器大多是采用美国燃烧工程公司技术设计的直流式宽调节比摆式燃烧器，简称 WR 燃烧器。在 WR 燃烧器中，煤粉流过煤粉管道与燃烧器连接的最后一个弯头时，由于离心力的作用，大部分煤粉紧贴着弯头的外沿进入煤粉喷嘴，放置在 WR 燃烧器煤粉喷管中心的隔板将煤粉流分成浓淡两股，并将其保持到出喷嘴以后的一段距离，从而提高了喷嘴出口处的煤粉浓度。WR 燃烧器在煤粉喷嘴内安装有一个"V"型钝体，煤粉混合物射流流过钝体时在钝体的下游形成一个稳定的回流区，使火焰不断稳定在回流区中。因此采用 WR 燃烧器有助于煤的着火和稳定燃烧，尤其是低负荷工况下的稳定燃烧。

（5）锅炉负荷的影响。锅炉负荷降低时，炉膛平均温度降低，燃烧器区域的温度也要相应降低，这将对煤粉气流的着火不利。当锅炉负荷降低到一定值时，为了稳定燃烧，必须投用油枪进行助燃。无助燃油时煤粉能稳定着火和燃烧的锅炉允许最低负荷，与锅炉本身的特性、所燃用的煤种和燃烧器的型式等有关。燃用低挥发分煤种或劣质烟煤时，其最低稳燃负荷值便要升高；燃用优质烟煤时，其值便可降低。锅炉全烧煤时的允许最低负荷，应通过燃烧试验来确定。

（6）过量空气系数的影响。炉膛过量空气系数过大，将使炉膛温度降低，对着火和燃烧都不利，而且还将造成锅炉排烟热损失的增加。过量空气系数过小时，又会造成缺氧燃烧，使燃烧不完全。

（7）切圆燃烧时切圆直径的影响。直流燃烧器切圆燃烧时选择合适的切圆直径，将有助于获得比较理想的炉内空气动力工况，气流在炉膛中间形成旋转火球，高温烟气可以补充到喷燃器的射流根部，使着火稳定，并能避免气流发生偏斜贴壁等不良情况。切圆直径过小时，气流接近对冲喷射，使燃烧不稳定。切圆直径过大时，由于补气条件差且受到邻组喷燃器气流的冲击，容易使气流偏斜贴壁引起结渣，而且中间无风区过大，使火焰充满程度变差。此外，由于火炬旋转动量较高，炉膛出口烟气残余旋转仍较大，使出口烟气速度场分布不均匀，断面烟气温差增大，因而容易造成过热汽温、再热汽温的热偏差。

（8）一次风与二次风配合的影响。一、二次风的混合特性也是影响着火和燃烧的重要因素。二次风在煤粉着火以前过早地混合，对着火是不利的。因为这种过早的混合等于增加了一次风量，将使煤粉气流加热到着火温度的时间延长，着火点推迟。如果二次风过迟混入，又会使着火后的燃烧缺氧。故二次风的送入应与火焰根部有一定的距离，使煤粉气流先着火，当燃烧过程发展到迫切需要氧气时，再与二次风混合。

（9）燃烧时间的影响。燃烧时间对煤粉燃烧完全程度影响很大，燃烧时间的长短主要决定于炉膛容积的大小，一般来说，容积越大，则煤粉在炉膛中流动时间越长，此外，燃烧时间的长短还与火焰充满程度有关，火焰充满程度差，就相当于缩小了炉膛容积，使煤粉颗粒在炉膛中停留的时间变短。

燃用低挥发分的煤种时，一般应适当加大炉膛容积，以延长燃烧时间。此外炭粒的燃尽，占了燃烧过程的大部分时间和空间，因此尽量缩短着火阶段，可以增加燃尽阶段的时间和空间，将有利于炭粒的燃尽。

2. 良好燃烧的必要条件

综上所述，影响燃烧的因素很多，而良好的燃烧，必须具备以下条件：

（1）供给完全燃烧所必须的空气量；

（2）维持适当高的炉膛温度；

（3）空气与燃料具有良好的混合；

（4）有足够的燃烧时间。

3. 强化煤粉燃烧的措施

根据对影响着火和燃烧因素的分析，强化煤粉燃烧，一般可采取如下措施：

（1）采用性能良好的燃烧器。如：采用 WR 燃烧器、钝体稳燃器、稳燃腔煤粉燃烧器、水平浓淡燃烧器、双通道自稳式煤粉燃烧器、多功能直流燃烧器、大速差同向射流燃烧器、扁平射流燃烧器等。

（2）提高热风温度，保持合适的空气量。

（3）根据煤种，控制合理的一次风量。

（4）选择适当的气流速度，以保证适当的着火点位置。

（5）根据燃烧过程的发展，及时送入二次风，做到既不使燃烧缺氧，又不降低火焰温度。

（6）保持着火区的高温，强化高温烟气的卷吸。

（7）选择适当的煤粉细度。

（8）维持远离燃烧器的火炬尾部具有足够高的温度，以增强燃尽阶段的燃烧程度。

（9）采用同心反切圆燃烧方式。将一层二次风射流沿着与一次风射流相反的旋转方向射入炉膛，加强炉膛内燃料和空气的混合，减少一次风贴壁和炉膛出口烟气残余旋转。

二、煤粉细度的确定

煤粉细度不但影响煤粉的着火和燃烧条件，而且对燃烧的经济性也将产生直接的影响。煤粉越细，燃烧越快、越完全，不完全燃烧损失越低。燃烧细的煤粉时还可降低炉膛过量空气系数，使排烟热损失减少。但磨制细的煤粉需要消耗较多的电能和制粉设备的金属；反之，煤粉越粗，则制粉设备的电耗及金属损耗可越少，但不完全燃烧损失就要增大。适当的煤粉细度可使排烟热损失和机械不完全燃烧损失（$q_2 + q_4$）以及制粉设备的电耗和金属消耗（即设备磨损）的总和为最小。总损失最小时的煤粉细度，称为煤粉的"经济细度"。

影响煤粉经济细度的因素有煤种特性、制粉系统特性、燃烧设备的型式和完善程度以及运行工况等。

煤中挥发分的含量是决定煤粉经济细度的主要因素。当锅炉燃煤的挥发分含量较多时，由于相对容易燃烧，故煤粉可以适当粗一些。当煤中含有较多的灰分时，由于灰分会阻碍燃烧，此时就要求煤粉适当细一些。

当制粉设备磨制出的煤粉均匀性较好时，由于煤粉中粗粉含量相对较少，因而煤粉便可适当粗一些，即煤粉的经济细度可相对变粗。

对于既定的锅炉设备和燃用煤种，其煤粉的经济细度可通过试验来确定。

三、不同煤种的燃烧调整原则

1. 无烟煤

无烟煤是挥发分最低的煤种，它的可燃基挥发分在 10% 以下，而固定碳较高，因此不易着火和燃尽，在燃烧无烟煤时，为保证着火，必须保持较高的炉膛温度，一次风量、一次风速应低些，这样对着火有利。但一次风速不能过低，否则气流刚性差，卷吸力量小，严重时反而不利于着火和燃烧，同时还有可能造成一次风管内气粉分离甚至堵塞。二次风速应高些，二次风速较高才能有利于穿透和使空气与煤粉充分混合，并能避免二次风过早混入一次风，影响着火。各组二次风门开度可采用倒宝塔形，即上二次风开大、中二次风较小，下层二次风门开度最小。这是因为在燃烧器区，随烟气向上运动，烟速逐渐增加，易使上二次风射流上翘，开大上二次风，且提高上二次风风速，对混合有利。下二次风关小，以提高炉膛下部温度，对着火引燃有利，但风速应以能托住煤粉为原则。此外，煤粉细度应适当控制得细些，一般 R_{90} 可在 8% ~ 10%，并应提高磨煤机出口温度，这样对着火和燃烧有利。贫煤的挥发分含量为 10% ~ 19%，其着火性能比无烟煤要好些。

2. 烟煤

通常烟煤的挥发分和发热量都较高，灰分较少，容易着火燃烧，因而一次风量和风速应高些。二次风速可适当降低，使二次风混入一次风的时间推迟，将着火点推后以免结渣或烧损喷燃器。燃烧器最上层和最下层的二次风门开度应大些较好。这是因为最上层二次风除供给上排煤粉燃烧所需的空气外，还可以补充炉膛中未燃尽的煤粉继续燃烧所需要的空气，另外还可以起到压住火焰中心的作用，最下层二次风能把分离出来的煤粉托起继续燃烧，减少机械不完全燃烧损失。

3. 劣质烟煤

劣质烟煤是水分多、灰分多，发热量低的烟煤。这种煤的挥发分虽较高，但是由于煤的灰分高，水分又多，燃用该煤时，将使炉膛温度降低，而且挥发分又被包围不易析出，因此这种煤着火比较困难，着火后燃烧也不易稳定。由于灰分的包围，煤粉也难以燃尽，燃烧效果不好，同时由于灰分多，炉内磨损、结渣等问题较为突出。

总之，燃用劣质烟煤，必须解决着火困难，燃烧效果差、磨损结渣等问题。燃用劣质烟煤的配风方式与燃用无烟煤相似，一次风量与一次风速应低些，二次风速可高些。一般一次风率为20%～25%，一次风速为20～25m/s，二次风速可高些，一般为40～50m/s。

4. 褐煤

褐煤是发热量低，水分多，灰分多，挥发分高，灰熔点低的劣质煤，由于褐煤的水分高，煤的干燥就比较困难，并使炉内烟气量增大，烟气流速增高，加上灰分多，因而极易造成受热面的严重磨损。褐煤灰熔点低，在炉内容易发生结渣。

燃用褐煤时的配风原则与燃用烟煤时基本相同。但一次风量、一次风速和二次风速的数值，一般比燃用烟煤时要高一些。

四、煤粉量的调整

（1）对配有中间仓储式制粉系统的锅炉，因制粉系统的出力变化与锅炉负荷没有直接关系，所以当锅炉负荷改变而需要调节进入炉内煤粉量时，只要通过改变给粉机转速和燃烧器投入的只数（包括相应的给粉机）即可，而不必涉及制粉系统的负荷变化。

当负荷变化较小时，改变给粉机转速就可以达到调节的目的。当锅炉负荷变化较大时，改变给粉机转速不能满足调节幅度，此时应先采用投入或停止燃烧器的只数做粗调，然后再通过改变给粉机的转速做细调。但投、停燃烧器应对称，以免破坏整个炉内的动力工况。

当投入备用的燃烧器和给粉机时，应先开启一次风门至所需开度，并对一次风管进行吹扫，待风压指示正常后方可启动给粉机送粉，并开启二次风，观察火焰是否正常。相反，在停用燃烧器时，应先停给粉机并关闭二次风，而一次风应在继续吹扫数分钟后再关闭，防止一次风管内出现煤粉沉积。为防止停用燃烧器因过热而烧坏，可将一、二次风门保持微小开度，以作冷却喷口之用。

给粉机转速的正常调节范围不宜过大，若调得过高，不但煤粉浓度过大容易引起不完全燃烧，而且也容易使给粉机过负荷发生事故；若转速调得太低，在炉膛温度不高的情况下，因煤粉浓度低，着火不稳，容易发生炉膛灭火。此外，各台给粉机事先都应做好转速—出力特性试验，运行人员应根据出力特性平衡操作，保持给粉均匀，应避免大幅度的调节。任何短时间的过量给粉或中断给粉，都会使炉内火焰发生跳动，着火不稳，甚至可能引起灭火。

（2）配有直吹式制粉系统的锅炉，一般都装有3～5台中速磨或高速磨，相应地具有3～5个独立的制粉系统。由于直吹式制粉系统出力的大小直接与锅炉蒸发量相匹配，故当锅炉负荷有较大变动时，即需启动或停止一套制粉系统。在确定制粉系统启、停方案时，必须考虑到燃烧工况的合理性，如投运燃烧器应均衡、保证炉膛四角都有燃烧器投入运行等。

若锅炉负荷变化不大，可通过调节运行中的制粉系统出力来解决。当锅炉负荷增加，要求制粉系统出力增加时，应先开大磨煤机和排粉机的进口风量挡板，增加磨煤机的通风量，利用磨煤机内的少量存粉作为增负荷开始时的缓冲调节；然后再增加磨煤机的给煤量，同时开大相应的二次风门，使燃煤量适应负荷。反之，当锅炉负荷降低时，则减少给煤量，同时减少通风量以及二次风量。由此可知，对于带直吹式制粉系统的煤粉炉，其燃料量的调节是用改变给煤量来实现的，因而其对负荷改变的响应频率较仓储式制粉系统较慢。

在调节给煤量及风门挡板开度时，应注意辅机的电流变化，挡板开度指示、风压的变化以及有关的表计指示变化，防止发生电流超限和堵管等异常情况。

五、风量的调整

锅炉的负荷变化时，送入炉内的风量必须与送入炉内的燃料量相适应，同时也必须对引风量进行相应的调整。

1. 送风调整

进入锅炉的空气主要是有组织的一、二、三次风，其次是少量的漏风。送入炉内的空气量可以用炉内的过量空气系数 α 来表示。α 与烟气中的 RO_2 和 O_2 含量有如下近似关系：

$$\alpha = \frac{RO_2^{max}}{RO_2} \ 及 \ \alpha \approx \frac{21}{21 - O_2} \quad\quad (10-5)$$

对于一定的燃料，RO_2^{max} 值是一个常数，烟气中 RO_2 值与 CO_2 值又近似相等，所以对于各种燃料都可以制定出相应的过量空气系数与烟气中 CO_2 和 O_2 的关系曲线。控制烟气中的 CO_2 和 O_2 含量，实际上就是控制过量空气系数的大小。锅炉控制盘上装有 CO_2 量表或 O_2 量表，运行人员可直接根据这种表计的指示值来控制炉内空气量，使其尽可能保持炉内为最佳 α，以获得较高的锅炉效率。

考虑到测点的可靠和方便，实际锅炉上 CO_2 量表或 O_2 量表的取样点通常是装在后面烟道而不是炉内。因此在使用 CO_2 量表或 O_2 量表监视炉膛送风量时，必须考虑测点到炉膛段的漏风 $\Delta\alpha$ 的影响。

当排烟损失 q_2，化学未完全燃烧损失 q_3 和机械未完全燃烧损失 q_4 之和为最小值时，则锅炉处在最佳过量空气系数下运行。最佳过量空气系数值的大小与锅炉设备的型式和结构、燃料的种类和性质、锅炉负荷的大小及配风工况等有关，应通过在不同工况下锅炉的热平衡试验来确定。但一般在 $0.75 \sim 1.0$ 额定蒸发量范围内，最佳 α''_1 值无显著变化。对于一般固态排渣煤粉炉，在经济负荷范围内，炉膛出口过量空气系数最佳值：无烟煤、贫煤和劣质烟煤为 $1.20 \sim 1.25$；烟煤和褐煤为 $1.15 \sim 1.20$。锅炉在运行中，除了用表计分析、判断燃烧情况之外，还要注意分析飞灰、灰渣中的可燃物含量，观察炉内火焰及排烟颜色等，综合分析炉内工况是否正常。

如火焰白炽刺眼，风量偏大时，CO_2 量表计指示值偏低，而 O_2 量表计的指示值偏高；当火焰暗红不稳，风量偏小时，CO_2 量表计值偏大而 O_2 量表计值偏小，此时火焰末端发暗且有黑色烟炱，烟气中含有 CO 并伴随有烟囱冒黑烟等。CO_2 量表计值偏低而 O_2 量表计值过高，可能是送风量过大，也可能是锅炉漏风严重，因此在送风调整时应予以注意。

风量的调节方法，就总风量调节而言，目前电厂多数是通过电动执行机构操纵送风机进口导向挡板，改变其开度来实现的。除了改变总风门外，有些情况下还需要借助改变二次风挡板的开度来调节。如某燃烧器中煤粉气流浓度与其他燃烧器不一致时（可从看火门中观察到），即应用改变燃烧器的二次风门挡板开度来调整该燃烧器送风量。

大容量锅炉都配有两台送风机。锅炉增、减负荷时，若风机运行的工作点在经济区域内，出力在允许的情况下，一般只要调整送风机进口挡板开度改变送风量即可。如负荷变化较大，需要变更送风机运行方式，即开启或停止一台送风机时，合理的风机运行方式应按技术经济对比试验结果确定。当两台风机都在运行而需要调整风量时，一般应同时改变两台风机进口挡板开度，使烟道两侧流动工况均匀。在调整风机的操作中，应注意观察电机电流和电压、炉膛负压和 CO_2 量表计值或 O_2 量表计值的变化，以判断是否达到调整的目的。高负荷时，应防止电机电流超限危及设备安全。

运行中，当锅炉的负荷增加时，燃料量和风量调整顺序一般应是先增加送风量，然后紧接着再增加燃料量。在锅炉减负荷时，则应先减燃料量，然后紧接着减送风量。但是，由于炉膛中总保持有一定的过量空气，所以当负荷增幅较大或增速较快时，为了保持汽压不致有大幅度的下跌，在实际操作中，也可以酌情先增加燃料量，紧接着再增加送风量；在锅炉低负荷运行时，因炉膛中过量空气相对较多，因而在增负荷时，也可采取先增加燃料量后增加送风量的操作方式。

应当说明的是，在现代锅炉中，常用氧量表作为风量调节的依据。因为和 CO_2 含量相比，烟气中最适当的含 O_2 量与燃烧的化学成分和质量无关。而且燃烧实践表明，当发生煤粉自流，排粉机带粉增多而使风量相对减少时，由于风量过小使燃烧不完全，有大量的 CO 产生，CO_2 含量大为减少，因此相对地烟气中 CO_2 含量就减少。如果用 O_2 量表就不会出现这种反常的变化，只要空气量小，O_2 量值肯定小。

2. 炉膛负压及引风调整

炉膛负压是反映燃烧工况正常与否的重要运行参数之一。目前国内、外煤粉炉基本上都采用平衡通风方式，炉膛风压稍低于环境大气压力。由于炉内高温烟气有自拔风力的作用，因而自炉底到炉顶烟气压力是逐渐增高的。另外，由于引风作用，烟气离开炉膛后沿烟道流动需要克服沿程流动阻力，所以压力又逐渐降低，直到最终由引风机提高压头从烟囱排出。这样，整个炉膛和烟道内的烟气压力呈负压，其中以炉顶的烟气压力为最高（负压最小），炉膛的负压表测点就装在炉顶出口处。这样，只要炉顶保持合适的负压值，就不会出现烟气外漏的现象，也不会出现漏风偏大的情况。

在单位时间内，如果从炉膛排出的烟气量等于燃料燃烧产生的实际烟气量时，则进、出炉膛的物质保持平衡，炉膛压力就保持不变。否则，炉膛负压就要变化。例如，在引风量未增加时，先增加送风量，就会使炉膛压力增大，可能出现正压。当锅炉负荷改变使燃料量和风量发生改变时，随着烟气流速的改变，各部分负压也相应改变，负荷增加，各部分的负压值也相应增大。

当燃烧系统出现故障或异常情况时，最先反映的就是炉膛负压表变化。例如，锅炉出现灭火，首先反应的是炉膛风压表指针剧烈摆动并向负方向甩到底，并产生报警，然后才是汽包水位、蒸汽流量和参数指示的变化。在运行中，因燃烧工况总有小量的变化，故炉内风压是脉动的，风压指针总在控制值左右晃动。

当燃烧不稳定时，炉内风压将出现剧烈脉动，风压表指针大幅度摆动，同时风压表报警装置动作。此时，运行人员必须注意观察炉膛火焰情况，分析原因，并做适当调整和处理。实践表明，炉膛负压表大幅度摆动，往往是炉膛灭火的先兆。

锅炉引风量的调整是根据送入炉内的燃料量和送风量的变化情况进行的。它的具体调整操作方法与送风机类似。当锅炉负荷变化需要进行风量调整时，为了避免出现正压和缺风现象，原则上是在负荷增加时，先增加引风，然后再增加送风和燃料；反之，在减负荷时，则应先减燃料量，再减送风量。

对负压运行的锅炉，由于炉内烟气经常有变动，而且炉膛同一截面上的压力也不一定相等，因此，为了安全起见，进行引风调整时，以炉膛风压表值为 -30Pa 左右为好；在运行人员即将进行吹灰、清渣时，炉膛负压值应比正常值大一些，约为 -50～-80Pa。

六、燃烧的调整与运行

1. 燃烧器出口风速、风率的调整

保持适当的一、二、三次风出口速度和风率，是建立良好的炉内动力工况，使风粉混合均匀，保证燃料正常着火和燃烧的必要条件。一次风速过高会推迟着火，过低则可能烧坏喷口，并可能在一次风管造成煤粉沉积。二次风速过高或过低都可能直接破坏炉内正常动力工况，降低火焰的稳定性。三次风对主燃火焰和它本身携带煤粉的燃烧都有影响。燃烧器出口断面尺寸和风速决定了一、二、三次风率。风率也是燃烧调整的主要内容。例如，一次风率增大，着火热就增大，着火时间延迟，显然这对低挥发分燃料是不利的；对高挥发分燃料着火并不困难，为保证火焰迅速扩散和稳定要求有较高的一次风率。

不同的燃烧和不同结构的燃烧器，对一、二、三次风速和风率匹配比要求不同。表10–1为四角布置直流燃烧器的配风条件。

表10–1　　　　　　　　　　　四角布置直流燃烧器配风条件

名　称	无烟煤	贫煤	烟煤	褐煤	名　称	无烟煤	贫煤	烟煤	褐煤
一次风出口速度(m/s)	20~25	20~30	25~35	25~40	三次风出口速度(m/s)	50~60	50~60	—	—
二次风出口速度(m/s)	40~55	45~55	40~60	40~60	一次风率(%)	18~25	20~25	25~40	20~45

采用炉膛四角布置直流燃烧器是目前国内、外较普遍使用的方式。由于这种燃烧方式是靠四股气流配合组织的，所以他们的一、二次风速及风率的选择都会影响炉内良好的动力工况，因此必须注意四股气流整体配合的调整。由于四角布置直流燃烧器的结构、布置特性差异较大，故其风速的调整范围也较宽，此时一、二次风出口速度可用下述方法进行调整：

(1) 改变一、二次风率百分比。

(2) 改变各层燃烧器的风量分配，或停掉部分燃烧器。例如，可改变相应上、下两层燃烧器的一次风量及风率，或上、中、下各层二次的风量与风速。在一般情况下，减少下排二次风量，增加上排二次风量，可使火焰中心下移，反之则可抬高火焰中心。

(3) 有的燃烧器具有可调的二次风喷嘴出口风速挡板，改变风速挡板的位置即可调整风速，而保持风量不变或变化很小。

运行中判断风速或风量是否适当的标准：第一是燃烧的稳定性，炉膛温度场的合理性和对过热汽温的影响；第二是比较经济指标，主要是看排烟损失 q_2 和机械未完全燃烧损失 q_4 的数值大小。

近年来，在300MW单元机组的锅炉中，国外发展了一种W火焰的燃烧方式。这种燃烧方式要求相配合的两只燃烧器下倾角一致，其对应的一、二次风率和风速应基本相等，以保持完整的W火焰，使炉内处于良好的动力工况，保证燃烧火焰的稳定和燃料的完全燃烧。这种燃烧器的一、二次的调整方法与四角布置的直流燃烧器基本类同。

2. 燃烧器的运行方式

燃烧工况的好坏，不仅受到配风工况的影响，而且也与燃烧器的负荷分配及投、停方式有关。

为了保证正确的火焰中心位置，避免火焰偏斜，一般应使投入运行的各个燃烧器的负荷尽量分配均匀、对称，即将各燃烧器的风量和给粉量调整到一致。但在实践中，各喷嘴的给粉量不可能做到完全相同。此外，由于结构、安装、制造及布置方式的不同，各燃烧器的特

性也不可能完全相同。适应高负荷的燃烧器未必适应低负荷；各燃烧器对煤种的适应性及对汽温、火焰分布、结渣等的影响也不一样。如距离过热器较近的喷嘴或燃烧工况较差的喷嘴运行时，汽温容易偏高；在高负荷运行时四周容易结渣的燃烧器在低负荷下运行时，它的燃烧工况都往往较好。

根据实际经验，锅炉在较低负荷运行的情况下，只要能维持着火和燃烧过程的稳定性，应采用减少每个喷嘴的燃料供给量，尽量实施多喷嘴对称投入运行的燃烧方式。当然，此时亦应将风量相应减少，以保证此时的燃烧仍然在最佳的风粉比关系下工作。这样不但有利于火焰间的相互引燃，便于调节，容易适应负荷变化；而且这样运行对风粉混合、火焰充满度也较好，可使燃烧比较稳定和完全。当燃料挥发分较低不能维持着火和燃烧的稳定时，除了保证风粉比最佳关系外，应考虑采用集中火嘴，并改变配风率，增加煤粉浓度的运行方式，这样可使炉膛热负荷集中，利于燃料的着火和燃烧。

四角布置的摆动式直流燃烧器对调节燃烧中心位置、改变汽温和煤粉的燃烧完善程度是有相当作用的，故应注意充分利用这种燃烧器倾角可调的特点。一般在保证正常汽温的条件下，可尽量增加其下倾角，以取得较高的燃烧经济性，但应注意避免冷灰斗因温度过高而结渣。

进行上述的调整时，判断调整措施的好坏除了燃烧的稳定性、炉膛出口烟温及炉内温度分布和燃烧经济性外，还应注意炉膛两侧燃烧产物 RO_2 等是否均衡，以及过热汽温分布、汽包两侧锅水含盐浓度及水位是否均衡。

高负荷时，由于炉膛热负荷高，着火和燃烧均比较稳定，其主要问题是汽温高，容易结渣等。因此在高负荷运行中应注意保持汽温稳定，同时力求避免结渣。锅炉在低负荷运行时，炉膛热负荷低，容易灭火。因此首先应注意保持燃烧的稳定性及对汽温的影响，其次才考虑经济指标。为了防止灭火，可适当减小炉膛负压值，调整燃烧量和风量要均匀，避免风速过大的波动，对燃烧不好的喷嘴加强监视等。必要时，可投入油枪助燃，稳定火焰。

除了被迫停用的情况外，有时锅炉在低负荷运行时，为了保持燃烧器一、二次风速的合理性，需要停用一部分燃烧器。在正常工况下到底停用哪些燃烧器为好，需要根据设备特性通过试验分析对比确定。燃烧器的投、停对锅炉运行的影响一般都较燃烧器的负荷分配不均更为显著。由于燃烧器的结构种类不同，布置方法多种多样，因此对于燃烧器的投、停方式很难做出统一的具体规定，但一般可参考下述原则确定：

（1）为了稳定燃烧以适应锅炉负荷需要和保证锅炉蒸汽参数的情况下停用燃烧器，这时经济性方面的考虑是次要的。

（2）停上、投下，可以降低火焰中心，有利于燃烧燃尽和降低汽温。

（3）在四角布置燃烧方式中，宜分层停用或对角停用，在非特殊的情况下，一般不缺角运行。

（4）需要对燃烧器进行切换操作时，应先投入备用燃烧器，待运行正常以后才能停用运行的燃烧器，防止燃烧火焰中断或减弱。

（5）在投、停或切换燃烧器时，必须全面考虑其对燃烧、汽温等方面的影响，不可随意进行。

在投、停燃烧器或改变燃烧器的负荷过程中，应同时注意其风量与煤量的配合。运行中对停用的燃烧器，要通以少量的空气进行冷却，保证喷口安全。

当煤粉燃烧器中心管装有油枪时，应尽量避免在同一燃烧器内进行油、粉混烧。因为油、粉混烧时，油滴很容易黏附煤粉，特别是在油嘴雾化不好时更是如此，加之油、煤燃烧抢风，都会影响煤粉的燃烧完全，使经济性下降，同时也容易引起结渣和在过热器区域或尾部烟道中再燃烧，使安全性降低。

第五节　汽包水位的控制与调整

维持锅炉汽包水位正常是保证锅炉和汽轮机安全运行的重要条件之一。

当汽包水位过高时，由于汽包蒸汽容积和空间高度减小，蒸汽携带锅水将增加，因而蒸汽品质恶化，容易造成过热器积盐垢，引起管子过热损坏；同时盐垢使热阻增大，引起传热恶化，过热汽温降低。汽包严重满水时，除引起汽温急剧下降外，还会造成蒸汽管道和汽轮机内的水冲击，甚至打坏汽轮机叶片。汽包水位过低，则可能破坏水循环，使水冷壁管的安全受到威胁。如果出现严重缺水而又处理不当，则可能造成水冷壁爆管。

300MW 单元机组的锅炉，汽包中存水量相对较小，容许变动的水量就更少。如果锅炉给水中断而继续运行，在 10 ~ 30s 内汽包水位计中的水位就会消失。即使是给水量与蒸发量不相平衡，在几分钟内也可能出现锅炉缺水或满水事故。可见对于这类容量较大的锅炉，汽包水位在运行中必须严密监视，同时也要求给水系统和给水调整必须十分可靠。

自然循环锅炉的汽包水位，一般定在汽包中心线下 50 ~ 150mm 范围内，容许变动范围为 ±50mm。对于强制循环汽包锅炉，汽包的低水位限制取决于循环泵的工作，但一般来说其水位波动的幅度没有自然循环锅炉要求那样严格。自然循环锅炉汽包的最高、最低水位，应通过热化学试验和水循环试验确定。最高允许水位应当比临界水位稍低，以保证蒸汽品质；最低允许水位应不影响水循环安全。

一、影响水位变化的主要因素

锅炉运行中，汽包水位是经常变动的。引起水位变化的原因一是锅炉外部扰动，如负荷变化；另一个是锅炉内部扰动，如燃烧工况的改变。出现外扰和内扰时，汽包物质平衡遭到破坏，即给水量与送汽量的不平衡；或者工质状态发生变化（锅炉压力变化时，工质比体积和饱和温度随之改变），两者都能引起水位变化。水位变化的剧烈程度随扰动量增大、扰动速度加快而增强。

1. 锅炉负荷

汽包水位首先取决于锅炉负荷的变动量和变化速度。因为它不仅影响蒸发设备中水的耗量，而且还会造成压力变化，引起锅水状态改变。例如，当锅炉负荷突然增加，压力下降时，在给水量和燃烧调整尚未作相应调节之前，汽包水位 H 的变化如图 10 - 7 所示。从图中可看出：汽包水位 H 开始先升高，然后再逐渐降低。此时，若不及时增加给水，汽包水位将会急剧下降到正常水位以下，甚至出现缺水事故。汽压下降的结果，一方面造成汽水比体积增大，水位上升；另一方面也使工质饱和温度相应降低，使蒸发管金属和锅水放出它们的

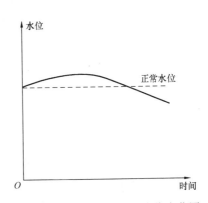

图 10 - 7　负荷突然增大时水位变化图

蓄热量，产生所谓附加蒸发量，从而使锅水内的汽泡（含汽率）数量增加，汽水混合物体积膨胀，促使水位很快上升。这种水位暂时上升的现象通常称为虚假水位。因为它并非表示锅炉贮水量的增加。相反，此时贮水量正在变少。随着锅水耗量的增加，在给水量未增加和蒸汽逸出水面后，水位也就随之下降。随着给水调整和燃烧调整的实施，汽包水位和蒸汽压力又很快恢复正常。

实际上虚假水位只有在锅炉工况变化较大，速度较快时才能明显察觉出来。在锅炉出现熄火和安全阀起跳等情况下，虚假水位将达到很大的程度，如果处理不当就会发生水位事故。在负荷突然增加而出现虚假水位时，一般处理应是首先增加风、煤，强化燃烧，恢复汽压。然后再适当加大给水量，以满足蒸发量的需要。如果虚假水位严重，不加限制就会造成满水事故。这时，可适当减少给水，待水位开始下降时，再加强给水，恢复正常水位。

2. 燃烧工况

在锅炉负荷和给水未变的情况下，炉内燃烧工况变动多数是由于燃烧不良，给粉不稳定引起的。燃烧工况变动不外乎燃烧加强或减弱两种情况。当燃烧增强时，锅水汽化加强，工质体积膨胀，使水位暂时升高。由于产汽增加，汽压升高，相应的饱和温度提高，锅水中的汽泡数量又有所减少，水位又下降。对于单元机组，如果这时汽压不能及时调整而继续升高，由于蒸汽做功能力提高而外界负荷又不变，因此汽轮机调节汽门将关小，减少进汽量，保持功率平衡，由于给水量没变，所以汽包水位又要升高。

汽包水位的变化速度可根据蒸发区内汽水容积和质量平衡式作近似分析。假定蒸发区内所有的工质压力和温度相等且处于饱和状态，由此可得：

$$V' + V''_s + V''_w = V' + V'' \tag{10-6}$$

$$G_e - D_s = \frac{d}{d\tau}(V'\rho' + V''_s\rho'' + V''_w\rho'') \tag{10-7}$$

或

$$G_e - D_s = V'\frac{\partial\rho'}{\partial\tau} + \rho'\frac{\partial V'}{\partial\tau} + (V''_s + V''_w)\frac{\partial\rho''}{\partial\tau} + \rho''\left(\frac{\partial V''_s}{\partial\tau} + \frac{\partial V''_w}{\partial\tau}\right) \tag{10-7a}$$

式中　V'、V''——分别为蒸发区内水容积和汽容积；

V''_s、V''_w——分别为汽包蒸汽容积和蒸发区内水中的含汽容积；

ρ'、ρ''——饱和水和饱和蒸汽密度；

G_e、D_s——汽包进水量和蒸汽输出量；

τ——时间；

V——蒸发区的总容积；

H——汽包水位。

因为 $\Delta V' + \Delta V''_w = F\Delta H, \Delta V''_s = -F\Delta H, \frac{d}{d\tau} = \frac{\partial}{\partial p}\cdot\frac{\partial p}{\partial\tau}$，所以，由式（10-6）和式（10-7a）可得：

$$\Delta G_e - \Delta D_s = \left[V'\frac{\partial\rho}{\partial p} + (V-V')\frac{d\rho''}{dp}\right]\frac{dp}{d\tau} + (\rho'-\rho'')F\frac{dH}{d\tau} - (\rho'-\rho'')\frac{dV''_w}{d\tau} \tag{10-8}$$

将式（10-8）整理后即得到水位变动速度的计算式，即

$$\frac{dH}{d\tau} = \frac{\Delta G_e - \Delta D_s}{F(\rho' - \rho'')} - \frac{V'\frac{\partial \rho'}{\partial p} + (V - V')\frac{\partial \rho''}{\partial p}}{F(\rho' - \rho'')} \cdot \frac{dp}{d\tau} + \frac{1}{F}\frac{dV''_w}{d\tau} \qquad (10-8a)$$

上式右边第一项表示流量不平衡引起的水位变动速率，它与不平衡量呈正比；第二项表示压力变动引起工质密度改变造成水位的变化，可看出水位变化方向与压力变化的方向相反；第三项反映水中含汽量对水位变化的影响，水中含汽量增多，汽包水位升高。

二、汽包水位的监视与调整

汽包水位是通过水位计来监视的。在 300MW 单元机组的锅炉中，除了在汽包两端各装一只就地的一次水位计外，通常还装有多只机械式或电子式二次水位计（如差压计、电接点式、电子记录式水位计等），其信号直接接到操作盘上，增加水位监视。有的锅炉还有工业电视监视汽包水位。

300MW 单元机组的锅炉汽包水位多采用给水自动调节，而二次水位计的准确性和可靠性均能满足运行要求，二次水位计的形式和数量又多，同时还设有高、低水位报警与跳闸，因此在正常运行时可以将二次水位计作为水位监视和调整的依据。

在用水位计监视水位时，还需要时刻注意蒸汽量和给水量（以及减温水量）数值之差是否在正常范围内。此外对于可能引起水位变动的运行操作，如锅炉排污，投、停燃烧器，增开给水泵等，也需予以注意，以便根据这些工况的改变可能引起水位变化的趋势，将调整工作做在水位变化之前，从而保证运行中汽包水位的稳定。

给水调整的任务是使给水量适应锅炉的蒸发量，维持汽包水位在允许的范围内变化。最简单的调节办法是根据汽包水位的偏差 ΔH 来调整给水阀开度实现，在自动控制中就是采用单冲量自动调节器，如图 10-8（a）所示。

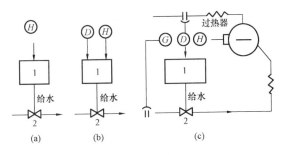

图 10-8　给水自动调节示意

（a）单冲量调节；（b）双冲量调节；（c）三冲量调节
1—调节机构；2—给水阀

单冲量调节的主要问题是，当锅炉负荷和压力变化时，由于水容积中蒸汽含量和蒸汽比容改变而产生虚假水位时，调节器会指导给水调整阀朝错误的方向动作。所以它只能用于水容量相对较大或负荷相当稳定的锅炉上。

在双冲量给水调节系统中，除了水位信号 H 外，又增加了蒸汽流量信号 D，如图 10-8（b）所示。当锅炉负荷变化时，信号 D 比信号 H 提前反应，以抵消虚假水位的不正确指挥，故双冲量调节系统可用于负荷经常变动和大容量的锅炉上。但是这种调节系统还不能反映和纠正给水方面的扰动带来的影响，例如给水压力变化所引起的给水量变化带来的影响。

完善的给水调节系统是三冲量的调节系统，如图 10-8（c）所示。这种系统中又增加了给水量 G 信号。此系统对给水量的调节，综合考虑了蒸发量与给水量相平衡的原则，又考虑了水位偏差大小的影响，所以既能够补偿虚假水位的反应，又能纠正给水量的扰动。

300MW 单元机组的锅炉通常都配备有单冲量给水调节系统和三冲量给水调节系统两种。在锅炉启动和低负荷运行时，投入单冲量调节系统；当锅炉转为正常运行时，给水调节即自动切换，投入三冲量给水自动调节系统运行。

三、锅炉的水位事故

锅炉的水位事故有满水事故、缺水事故和汽水共腾三种。满水事故又分为轻微满水和严重满水两种。当水位高于规定的最高水位,但水位计上仍有读数时为轻微满水;如水位高到水位计已无读数时,则称为严重满水。缺水事故同样也分为轻微缺水事故和严重缺水事故两种。汽水共腾是指锅水含盐量达到或超过临界值,使汽包水面上出现很厚的泡沫层而引起水位急剧膨胀的现象。

300MW单元机组的锅炉水位事故,主要是由于自动给水控制或调节机构失灵、受热面汽水管道破损、排污不当或排污门损坏,以及运行人员的过失所引起的。只要运行人员加强责任心,密切监视水位变化,正确判断和处理水位变化情况,水位事故完全可以防止。

1. 满水事故

如果水位报警器发出警报,每种水位计指示正值增大,给水流量不正常的大于蒸汽流量,过热汽温偏低,则是轻度满水事故。如果此时水位计已无读数,过热汽温又急剧下降,而且主蒸汽管道有水击声,法兰和汽轮机轴封处向外冒汽,则是锅炉发生严重的满水事故。

若判明为轻微满水事故时,应将自动给水切换为手动给水,减小给水量,开启事故放水门,如无事故放水门则开启下集箱放水门;如过热汽温下降,应解列减温器,必要时可打开过热器疏水门,通知汽轮机运行人员打开汽轮机侧主蒸汽管道上的疏水门;同时还应降低锅炉负荷。

如经过上述处理仍无效,且证实为严重满水事故,应立即停炉。并且继续放水,严格监视汽包水位。当水位在水位计上重新出现后,可陆续关闭放水门,保持正常水位。在事故原因查明而且故障原因已经消除后,锅炉可重新点火运行,恢复正常供汽。

2. 缺水事故

如果水位警报器发出警报,各水位计指示负值增大,给水流量等于或小于蒸汽流量,过热蒸汽温度上升,此时为轻微缺水。如果水位计已无读数,给水流量明显小于蒸汽流量,则是锅炉出现了严重的缺水事故。

若为轻微缺水,应将自动给水切换为手动给水,开大给水门,增大向炉内的进水量。必要时可投入备用给水管路,通知司泵提高给水压力,逐渐恢复正常水位。若判明锅炉确定是严重缺水事故时,应严格禁止向锅炉进水,并应立即停炉。因为在严重缺水时,水循环不正常,部分水冷壁管可能已经干烧、过热,在此情况下,如果强制进水,巨大的温差热应力加上大量的水突然蒸发成蒸汽,压力突然升高,会造成水冷壁管爆破。

3. 汽水共腾

如果水位报警器发出报警,各水位计水位指示正值增大,且水位波动剧烈;过热蒸汽温度急剧下降,主蒸汽管道有水击声,法兰和汽轮机汽封冒白汽,锅水品质和蒸汽品质恶化,而给水流量与蒸汽流量又相适应,则是出现了汽水共腾。

若判明为汽水共腾,应当立即降低锅炉的负荷,开大连续排污和定期排污门,并开启锅炉的事故放水门,同时加强锅炉给水,改善锅水品质。此时应保持汽包稍低的正常水位,以减少蒸汽带水;将减温器解列,打开过热器和主蒸汽管道的疏水门,通知汽轮机运行人员打开汽轮机侧主蒸汽管道和疏水门;通知化验人员连续化验汽、水品质,直到正常。经过上述处理以后,若汽水共腾现象已经消除,而且汽、水品质均合格,可以恢复正常运行。

第六节　单元机组的变压运行

单元机组的运行方式有两种，即定压运行和变压运行。定压运行是指汽轮机在不同运行工况下工作时，只依靠改变调节汽门的开度、改变新汽数量来适应外界负荷变化的运行方式，此时无论汽轮机负荷如何变化，进入汽轮机的主蒸汽压力和温度是不变的，维持在额定值范围内。这是一种通常使用的运行方式，在 300MW 单元机组中也得到广泛使用。

变压运行亦称滑压运行，它是依靠改变进入汽轮机的主蒸汽压力（同时也改变了进入汽轮机的新蒸汽量），来适应外界负荷的变化。而无论汽轮机负荷如何变化，它的主汽门和调节汽门的开度总保持不变，主汽门保持全开（与定压运行一样），调节汽门也基本上保持全开。进入汽轮机的主蒸汽温度维持额定值不变。处在变压运行中的单元机组，当外界电负荷变动时，在汽轮机跟随的控制方式中，变动的指令直接下达给锅炉的燃烧调节系统和给水调节系统，锅炉就按指令要求改变燃烧工况和给水量，使出口主蒸汽的压力和流量适用外界负荷变化后的需要。而在定压运行时此指令是送给汽轮机调节系统改变调节汽门的开度。

变压运行时，机组的负荷愈低，主蒸汽的压力也愈低，进入汽轮机的蒸汽流量也有所减少。然而，此时蒸汽的比体积却是增大的，这样，进入汽轮机内蒸汽的容积流量近乎不变。由于此时汽轮机调节汽门的开度和第一级通流截面都不变，因而就相对减少了蒸汽进入汽轮机的节流损失，同时也改善了汽轮机高压缸蒸汽流动状况。因此变压运行时汽轮机的内效率较定压运行时高。负荷越低，这个优点越突出。并且采用全周进汽节流调节的汽轮机比一般喷嘴调节的汽轮机更为有利。

变压运动机组均采用变速给水泵。在低负荷运行时，给水泵不仅流量减少，而且给水压头也降低，因此给水泵的功率消耗可减少，见图 10-9。300MW 机组在 50% 负荷下运行时，变压运行给水泵的功率消耗仅为定压运行时的 55%。如果变压运行采用定速给水泵，在部分负荷下工作时，给水泵多余的压头将消耗于给水阀的节流损失，同时还加剧了阀门的磨

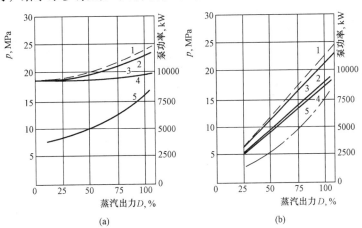

图 10-9　变压和定压运行时机组内工质压力和给水泵功率

(a) 定压运行；(b) 变压运行

1—给水泵出口压力；2—锅炉进口压力；3—锅炉出口压力；

4—汽轮机进口压力；5—给水泵所需功率

损，显然这是不适宜的。

蒸汽压力的降低也意味着工质的能量品位下降，相对做功能力减小，从而降低了机组的循环热效率。可见，影响单元机组变压运行经济性的因素有正反两个方面，因此必须综合考虑。一般认为，对于亚临界参数，一次再热的 300MW 单元机组，在额定负荷的 70% 以下采用变压运行方式是经济的，在此负荷以上采用定压运行方式较好。

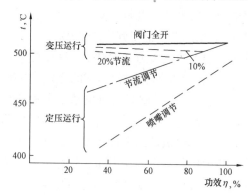

图 10 – 10 变压和定压运行时汽轮机第一级后汽温的变化

变压运行可以实现各种负荷下一、二次汽温基本不变，还因为汽轮机进汽阀全开和第一级通流面积不变，因而，汽轮机内部工质温度变化不大。图 10 – 10 是汽轮机第一级后蒸汽温度的变化情况。

由图可知，定压运行时温度变化大，而变压运行时温度变化较小。这样，变压运行减小了变负荷时汽轮机受到的热应力和热变形，从而可容许汽轮机的负荷变化率大为提高。例如，复合循环锅炉采用变压运行时，其允许的负荷变化速度约为定压运行时的两倍，可达到每分钟 10% 的额定负荷。同时，由于汽轮机高压缸的排汽温度几乎不变，随着负荷减小和蒸汽压力的降低，蒸汽的比热容值减小，这样就能使再热蒸汽温度在更大的负荷变化范围内维持其额定值不变，从而提高了锅炉适应低负荷运行的能力，也进一步提高了低负荷机组运行的经济性。

变压运行时机组内部工质压力与定压运行时相比有显著不同，见图 10 – 9。变压运行时机组的高压部件均在较低的机械应力下工作，因而可延长机组的使用寿命。同时，由于汽轮机高、中、低压缸各级的汽温稳定，因此也可进一步提高汽轮机的安全可靠性。

对汽包锅炉单元机组，采用变压运行对外界负荷变化率的限制主要是锅炉的适应性差。一方面由于外界负荷变化首先要调整燃烧和给水，改变锅炉的汽压和蒸汽流量，而汽包锅炉的蓄热量多，热惯性大，这就限制了汽压的变化速度，即限制了锅炉适应外界负荷变化的速率。所以，这种机组采用变压运行，一般不宜做调峰机组。另一方面，由于锅炉的工作压力随时要随外界负荷的变化而改变，这时锅炉蒸发受热面或汽包的饱和温度也要随之而变，与之接触的金属壁温也将随之改变。这样，在这些金属中将产生热应力或交变热应力。负荷变化的幅度越大，速度越快，产生的热应力也越大。因此，为了机组运行的安全可靠，必须限制负荷变化的幅度和速率。由此可见，带汽包锅炉的单元机组采用变压运行方式比直流锅炉和复合循环锅炉的变压运行效果要差，而且实现变压运行也比较困难。

直流锅炉可以很好地实现变压运行，但必须注意低负荷、低压力对锅炉水动力学稳定性、两相介质分配的均匀性和汽水分层等的不良影响。超临界参数的锅炉，还应注意压力降到临界值以下时是否会发生膜态沸腾、汽水分配不匀和汽水分层等问题。

第七节 锅炉的热平衡及各项热损失

提高锅炉的热效率和汽轮机的热效率是提高整个机组热效率的主要措施。为了提高机组的热效率，就锅炉运行而言，一方面应通过运行调整尽量减少各种损失，提高锅炉的效率；另一方面，则应提高蒸汽参数、降低再热蒸汽的流动阻力及减少再热减温水的流量等，以尽量提高汽轮机的热效率。

一、锅炉的热平衡

锅炉的热平衡是指输入锅炉的热量与锅炉输出热量之间的平衡。输出热量包括用于生产具有一定热能的蒸汽的有效利用热量和生产过程中的各项热量损失。

如果把输入的热量即燃料燃烧所放出的热量看成100%，则可以建立以百分数表示的热平衡方程式：

$$100 = q_1 + q_2 + q_3 + q_4 + q_5 + q_6 \qquad (10-9)$$

式中　q_1——锅炉有效利用热量占输入热量的百分数，%；

　　　q_2——排烟热量损失占输入热量的百分数，%；

　　　q_3——化学不完全燃烧热量损失占输入热量的百分数，%；

　　　q_4——机械不完全燃烧热量损失占输入热量的百分数，%；

　　　q_5——锅炉散热热量损失占输入热量的百分数，%；

　　　q_6——灰渣物理热量损失占输入热量的百分数，%。

研究锅炉热平衡，可以找出引起热量损失的原因，提出减少损失的措施，以便有效地提高锅炉的热效率。

二、锅炉热效率

锅炉热效率，按计算方法的不同，可分为正平衡效率和反平衡效率，见式（10-10）、式（10-11）。

$$\eta_b = \frac{Q_1}{Q_i} \times 100 = q_1 \qquad (10-10)$$

式中　η_b——锅炉热效率，%；

　　　Q_1——燃料的有效利用热量，kJ/kg；

　　　Q_i——燃料输入锅炉的热量，kJ/kg；

　　　q_1——锅炉有效利用热量占输入热量的百分数，%。

由式（10-9）和式（10-10）又可得

$$\eta_b = q_1 = 100 - (q_2 + q_3 + q_4 + q_5 + q_6) \qquad (10-11)$$

式中所有符号的意义同前。

从式（10-10）可知，锅炉的正平衡效率是指有效利用热量占输入热量的百分比。采用正平衡法求锅炉效率时，只要知道输入热量 Q_i 和有效利用热量 Q_1 便可求得，计算过程中不能反映锅炉的各项热损失，因而无法从中分析各项热损失的原因和寻找降低损失的方法，加上求输入和有效利用热量常会有较大的误差，因而发电厂常用反平衡求效率。由式（10-11）可知，采用反平衡法求锅炉效率时，必须先求得各项热损失，这就是有利于对各项损失进行分析。

三、锅炉的各项热损失和降低各项热损失的措施

1. 排烟热损失

排烟热损失是锅炉各项热损失中最大的一项。由于烟气离开锅炉的最后受热面排向大气时，尚具有相当高的温度，这部分热量将随烟气排入大气而不能得到利用，因而造成排烟热损失。

影响排烟热损失的主要因素是排烟量和排烟温度。排烟量大，排烟温度越高，则排烟热损失就越大。一般排烟温度每增高 $15 \sim 20℃$，将使排烟热损失增加约 1%。

排烟温度的高低，与锅炉的受热面积有关。降低排烟温度，虽然可以降低排烟热损失，但必须增加锅炉尾部的受热面积。其结果使锅炉金属耗量和烟气流动阻力增加，引风机电耗也相应增大；而且为了布置更多的受热面，锅炉的外形尺寸也得加大。此外，排烟温度的降低还受到尾部受热面酸性腐蚀的限制，当燃用含硫量较大的燃料时，为避免和减少锅炉尾部受热面的低温腐蚀，有时还不得不采用较高的排烟温度。因此合理的排烟温度应综合考虑排烟热损失、受热面金属消耗费用、引风机电耗及防止低温腐蚀等因素，并通过技术经济比较来确定。目前，大型电站锅炉的排烟温度一般约在 $110 \sim 150℃$ 范围内。

锅炉运行中，当某些受热面上发生结渣、积灰或结垢时，烟气与这部分受热面的传热将减弱，使锅炉排烟温度升高。所以运行时应及时进行吹灰除渣，经常保持受热面的清洁，以降低排烟热损失，提高锅炉效率。

锅炉排烟量的大小，一般与燃料中的水分、炉膛过量空气系数及锅炉的漏风量等因素有关。燃料中的水分越多、过量空气系数越大、锅炉漏风越严重则排烟容积即排烟量就越大。此外，烟气中的水蒸气将带走很多的热量，过大的过量空气系数及锅炉漏风，不仅增大了排烟容积，而且还将使排烟温度升高，因而增大了排烟热损失，与此同时，排烟量的增多，还导致了引风机电耗的增加。

炉内过量空气系数 α 过大或过小，都会对锅炉的效率产生直接的影响（即锅炉各项热损失总和发生变化）。因为一般说来，q_2 将随 α 的增加而增加，而 q_3、q_4 却随 α 的增加而降低，因此最合理的过量空气系数，应使 q_2、q_3、q_4 之和为最小，此时的 α 被称为最佳过量空气系数。锅炉运行中所谓的低氧燃烧，就是要求锅炉经常保持最佳的过量空气系数，以防止尾部受热面的低温腐蚀，降低送风机和引风机的电耗，保持较高的锅炉效率。

2. 机械不完全燃烧热损失

机械不完全燃烧热损失是由飞灰和炉渣中的残碳所造成的热损失。锅炉运行中，由于部分固体燃料颗粒在炉内未燃尽就以飞灰形式随烟气排出炉外或随炉渣进入灰斗中，因而造成了机械不完全燃烧热损失。

机械不完全燃烧热损失是燃煤锅炉的主要损失之一，通常仅次于排烟热损失。影响这项损失的主要因素是炉灰量和炉灰中残碳的含量。其中炉灰量主要与燃料中灰分含量有关，而炉灰中的残碳含量则与燃料性质、煤粉细度、燃烧方式、炉膛结构、过量空气系数、锅炉运行工况以及司炉的操作调整水平有关。固态排渣煤粉炉的 q_4 约为 $0.5\% \sim 5\%$。显然，煤中灰分和水分越少、挥发分含量越多、煤粉越细，则 q_4 越小。炉膛结构不合理（容积小或高度不够）以及燃烧器的结构性能差或布置位置不恰当，都会影响煤粉在炉内停留的时间及风粉混合质量，而使 q_4 增大。锅炉负荷过高将使煤粉来不及在炉内烧尽，而负荷过低则炉温降低，都会使 q_4 增大。运行中炉内过量空气系数适当，炉膛温度较高时，q_4 较小；当过量空气系数减少时，一般会使机械不完全燃烧热损失增大。

总之，从运行调整的角度来说，要减少机械不完全燃烧热损失，就应根据煤种的变化及时做好锅炉的燃烧调整工作，经常保持最佳的炉膛过量空气系数和合适的煤粉细度。

3. 化学不完全燃烧热损失

化学不完全燃烧热损失是指排烟中残留的可燃气体，如 CO、H_2、CH_4 等未放出其燃烧热而造成的损失。在煤粉炉中，q_3 一般不超过 0.5%；燃油炉的 q_3 约在 1%～3% 之间。

影响化学不完全燃烧热损失的主要因素是燃料的挥发分含量、炉内过量空气系数、炉膛温度、炉膛结构以及炉内空气动力工况等。

一般燃料中的挥发分高，炉内可燃气体的量就多，当炉内空气动力工况不良时，就会使 q_3 增加。

炉膛容积过小、高度不够、烟气在炉内流程过短时，将使一部分可燃气体来不及燃尽就离开炉膛，从而使 q_3 增大。此外，CO 在低于 800～900℃ 的温度下很难燃烧，因此当炉膛温度过低时，即使其他条件均好，q_3 也会增加。

炉内过量空气系数的大小和燃烧过程的组织方式，将直接影响炉内可燃气体与氧气的混合工况，因而它们与化学不完全燃烧热损失密切相关。若过量空气系数过小，则可燃气体将由于得不到充足的氧气而无法燃尽；若过量空气系数过大，则又会使炉内温度降低，不利于燃烧的进行，所有这些都会造成 q_3 的增大。因此根据燃料性质和燃烧方式，控制合理的过量空气系数，是运行调整减少 q_3 的主要措施。

4. 散热损失

锅炉运行时，炉墙、金属结构，以及锅炉机组范围的烟风道、汽水管道和集箱等的外表温度高于周围环境温度，这样就会通过自然对流和辐射向周围散热。这部分散失的热量，就称为散热损失。散热损失的大小，主要决定于锅炉容量、锅炉外表面积、炉墙结构、管道保温以及周围的空气温度等。

显然，锅炉结构紧凑、外表面积小、保温完善时，q_5 较小；锅炉周围空气温度低时，q_5 较大。由于锅炉容量的增加幅度大于其外表面积的增加幅度，所以大容量锅炉的 q_5 较小。对于同一台锅炉来说，负荷低时 q_5 较大，这是因为炉壁面积并不随负荷的降低而减少，炉壁温度降低的幅度也比负荷降低的幅度要小。

5. 灰渣物理热损失

灰渣物理热损失是由于从锅炉排出的炉渣还具有相当高的温度而造成的热量损失。它的大小与燃料的灰分、炉渣占总灰量的份额、排渣方式以及炉渣温度等因素有关。简言之，q_6 的大小主要决定于排渣量和排渣温度。当燃料中的灰分高或炉渣占总灰量的比例大时，这项热损失就大。液态排渣炉，由于其排渣量和排渣温度均大于固态排渣炉，故此项热损失就要比固态排渣炉大。事实上，液态排渣炉的 q_6 必须考虑，对于固态排渣煤粉炉来说，只有当燃用高灰分煤 $\left(A_{ar} > \dfrac{Q_{ar.net}}{419}\%\right)$ 时才考虑计入 q_6。

四、锅炉净效率

锅炉运行中需消耗一定的自用汽、水及电能，由于各炉的设备和运行条件、情况不同，故自用热耗和电耗的量也不相同。为了能全面反映锅炉机组运行的经济性，有时还采用锅炉净效率来作为锅炉经济性的指标。

锅炉的净效率是考虑了锅炉自身需用的热耗和电耗后的效率，可由下式计算得到，即

$$\eta_{net} = \frac{\eta_b \cdot Q_i}{Q_i + \Sigma Q_{zy} + \dfrac{b_s}{B} \times 29310 \Sigma P} \times 100 \tag{10-12}$$

式中　η_{net} ——锅炉净效率,%;

η_b ——锅炉热效率,%;

Q_i ——燃料输入锅炉的热量，kJ/kg;

ΣQ_{zy} ——由于锅炉自用汽、水所消耗的热量，kJ/kg;

b_s ——发电标准煤耗，kg/(kW·h);

B ——锅炉燃料消耗量，kg/h;

ΣP ——锅炉自用电耗量，(kW·h)/h。

锅炉自用电耗量是指锅炉所属各辅机的电量消耗。为降低这部分消耗，应采用合适的煤粉细度和适当的过量空气系数。尽量减少预热器和锅炉的漏风，因为预热器的漏风，一方面将使送风量增大，送风机电耗增大；另一方面，还将使烟气量增大，引风机电耗也增大；同样，锅炉各部分的漏风，将增大烟气量和引风机的电耗。此外，减少受热面的结渣和积灰，以降低烟气的流动阻力是降低引风机电耗的一个常用措施。为降低给水泵的能量消耗，应尽量降低汽水系统的流动阻力和节流损失，如降低给水调整门前、后的压差等。

锅炉的自用水和自用汽通常是指排污水、蒸汽吹灰用汽、暖风机用汽、燃油加热用汽、雾化蒸汽用汽、蒸汽驱动辅助设备的用汽及由于泄漏造成的各项汽水损失等。为此，锅炉运行中必须杜绝七漏，并采取一切措施，在不降低效果的情况下，尽量减少自用汽水的消耗量。

第八节　锅炉的燃烧调整试验

一、锅炉燃烧调整试验的目的和内容

为了保证锅炉燃烧稳定和安全经济运行，凡新投产或大修后的锅炉，以及燃料品种、燃烧设备、炉膛结构等有较大变动时，均应通过燃烧调整试验，确定最合理、最经济的运行方式和参数控制要求，为锅炉的安全运行、经济调度、自动控制及运行调整和事故处理提供必要的依据。

锅炉燃烧调整试验一般包括炉膛冷态空气动力场试验、锅炉负荷特性试验、风量分配试验、最佳过量空气系数试验、经济煤粉细度试验、燃烧器的负荷调节范围及合理组合方式试验及一次风管阻力调平试验等项目。

二、锅炉燃烧调整试验应具备的条件

进行锅炉燃烧调整试验前应具备下列条件：

（1）具有有关技术部门批准的试验大纲和详细的试验计划、项目、步骤、方法、操作要求和注意事项；

（2）锅炉机组各主、辅机能正常运行，出力能满足试验要求；

（3）具有足够的符合试验要求的燃料；

（4）消除影响试验正确性的缺陷；

（5）停用或隔绝影响试验正确性的系统或设备；

（6）试验所需加装的设备、测点已加装完毕，并经有关技术部门鉴定验收符合要求；

（7）准备好试验所需的仪表、仪器及有关测试设备，并对其准确性和测试精度事先进行

校验、标定、应能符合要求；

（8）所有参加试验的人员（包括试验测试人员和运行有关人员等）熟悉试验的目的、内容、方法、步骤、要求及安全注意事项。

三、锅炉燃烧调整试验的一般技术要求

锅炉热态试验的煤种应采用锅炉的实用煤种。试验期的燃煤品质不应有较大的变动。给水温度应和设计值相近。

试验前，先将锅炉各运行参数调整到试验所要求的数值，经稳定一定时间后方可开始试验。试验期间要求保持不变的参数，其波动范围应符合 GB/T 10184—1988《电站锅炉性能试验规程》的规定。

设备的实际状态、受热面的清洁程度及燃料特性等如与预先规定的条件发生偏离，则应记录在试验报告中。试验期间应停止一切有可能干扰试验工况的操作（如吹灰、除焦、排污等），如因试验时间过长必须进行某些操作时，也应在试验记录中加以说明。

各单项试验，每改变一种工况一般应重复试验两次，如两次试验的结果相差过大，则应重新试验。对较次要工况的试验也可只做一次，但如发现与一般规律不符时也应重新试验。锅炉负荷特性试验，在每种负荷下应至少重复试验两次。

试验期间对参数的观测次数原则上应根据实际可能和取得平均值的需要而定。对参数测量和记录的间隔时间，按 GB/T 10184—1988《电站锅炉性能试验规程》规定：主要参数为 5 ~ 15min，次要参数一般为 30min，烟气分析的间隔时间为 15 ~ 20min，煤粉取样为每个试验工况不少于两次。固体燃料应在整个采样期间均匀间隔取样，采样的有效时间与锅炉试验工况的时间相等，但采样开始和结束的时间应视燃料从取样点到送入炉膛所需的时间而适当提前。炉渣的取样，应在整个试验期间连续或等时间间隔进行，以保证样品的代表性。取样时间可视具体方法而定，但采样次数应不少于 10 次。

四、锅炉燃烧调整试验的方法和要求

1. 炉膛冷态空气动力场试验

炉膛冷态空气动力场试验是在冷炉状态下观察燃烧器和炉膛的空气动力工况，即燃料、空气和燃烧产物三者的运动情况的一项试验。

在正常运行锅炉的炉膛中，尤其是燃烧器出口的气流伴随着强烈的燃烧和传热过程所发生的复杂运动是冷态试验无法完全模拟的。但是如能满足炉膛及燃烧器出口射流的冷热态模化要求，还是可以通过冷态试验比较直观地检查炉内气流的分布、扩散、扰动、混合等情况，从而帮助发现和分析一些问题的。

炉膛冷态空气动力场试验的观测方法通常有飘带法、纸屑法、火花法和测量法等几种，这些方法，分别利用布带、纸屑和自身能发光的固体微粒及测试仪器等显示气流方向、微风区、回流区、涡流区的踪迹。有时往往将几种方法同时使用，如利用测速管测量射流的速度，利用火花法（或飘带法、纸屑法）来观察射流的运动轨迹、气流形式和射程等。

在炉膛冷态空气动力场试验中，对炉膛气流和燃烧器射流的主要观测内容有：

（1）炉膛气流的主要观测内容：

1）炉内气流或火焰的充满程度；

2）炉内气流的动态情况以及观察是否有冲刷管壁、贴壁和偏斜等现象；

3）炉内各种气流的相互干扰情况。

（2）四角布置的直流式燃烧器的主要观测内容：

1）射流的射程及沿轴线速度衰减的情况；

2）切圆的位置及大小；

3）射流偏离燃烧器几何中心线的情况；

4）一、二次风离喷口的混合距离及各射流的相对偏离程度等；

5）喷口倾角变化对射流混合距离及相对偏离程度的影响等。

（3）旋流式燃烧器的主要观测内容：

1）射流属开式气流还是闭式气流；

2）射流的扩散角及回流区的大小和回流速度等；

3）射流的旋流情况及出口气流的均匀性；

4）一、二次风的混合特性；

5）调节风门对以上各射流特性的影响。

2．锅炉负荷特性试验

锅炉负荷特性试验通常包括锅炉最大负荷、最低稳燃负荷及经济负荷等项试验。

（1）锅炉最大负荷试验。锅炉最大负荷试验是为了检验锅炉机组可能达到的最大负荷，并预计在事故情况下锅炉的适应能力。

试验时按不大于规定的加负荷速率逐渐将锅炉负荷升至试验所需的最高值，并保持 2h 以上。其间应注意锅炉各辅机、热力系统、各调温装置及自控装置的适应能力；注意汽水系统的安全性、各受热面的金属温度、蒸汽参数，炉水和蒸汽的品质、减温水流量、各段风烟温度和风烟系统的阻力等应无越限或不正常的反应。

（2）锅炉最低稳燃负荷试验。锅炉最低稳燃负荷试验的目的，是为了确定燃煤锅炉在不投油或气体燃料助燃时，能够长期稳定燃烧所能达到的最低负荷。

试验时按额定负荷 5%～10% 的幅度逐级降低锅炉负荷，并在每级负荷下保持 15～30min，直到能保持燃烧稳定的最低限（或按协议规定的数值或降至锅炉的保证最低稳燃负荷）。降负荷过程中应密切监视炉膛内燃料的着火情况、炉膛负压及过量空气系数（或氧量）的变化。在每级负荷下均应对各主要运行参数进行测量和记录。最低稳燃负荷下的试验持续时间应不少于 2h，必要时还可进行一些短时的扰动调节，以考验该负荷下锅炉燃烧的稳定性以及汽包锅炉水循环的可靠性和直流锅炉水冷壁运行的安全性。

为了保证试验过程的安全，试验前需检查和确认火焰监测系统和灭火保护装置的性能良好；锅炉运行人员应熟悉试验操作的要求和有关的安全措施并掌握事故处理的正确方法。

（3）锅炉经济负荷试验。锅炉的经济负荷试验，通常是在以上两项试验的过程中进行。通过对各级负荷下参数的测量、记录和计算，得出其中锅炉净效率最高的负荷范围，即为该锅炉的经济负荷。

3．风量分配试验

按照锅炉实际使用的煤种，通过风量分配试验确定合理的一、二、三次风风率和各层二次风的分配原则。

风量分配试验一般可结合锅炉负荷特性试验进行。针对锅炉燃烧器的类型及实用煤种，二次风门开度分别采用倒宝塔、腰鼓及均匀型等分配方式进行试验，通过试验找出各种不同负荷下大风箱风压及各风门开度的合理值。

4. 最佳过量空气系数试验

所谓最佳过量空气系数是指锅炉的排烟热损失、化学不完全燃烧热损失和机械不完全燃烧热损失三者之和，即（$q_2 + q_3 + q_4$）为最小时的过量空气系数。

试验时在保持一次风量不变的情况下，依靠改变总风量或二次风量来调整锅炉的过量空气系数。在每一个预定的试验工况下，按锅炉反平衡热效率试验的要求，对有关项目进行测量、记录，依此计算整理出各试验工况下的 q_2、q_3、q_4 值。通过在不同负荷和不同过量空气系数下的多次试验，找出各种负荷的最佳过量空气系数值。

5. 经济煤粉细度试验

经济煤粉细度是指在排烟热损失和机械不完全燃烧热损失（即 $q_2 + q_4$）以及制粉设备的电耗和金属消耗的总和为最小时的煤粉细度。

试验一般在额定负荷的 80% ~ 100% 时进行。试验前先调整保持锅炉各运行参数稳定，然后分阶段调整改变煤粉细度至每个预定的试验范围，在每一工况下，按锅炉反平衡净效率试验要求，对各有关项目进行测量、分析、取样及记录，通过计算整理出各试验工况时的 q_2、q_4 损失和制粉系统的电耗，并从中确定最经济的煤粉细度。

6. 燃烧器的负荷调节范围及合理组合方式试验

该项试验的目的是为了找出燃烧器出力的调节范围，以确定锅炉在不同负荷下运行燃烧器的合理数量（即不同负荷下制粉系统的投运台数）和运行燃烧器的合理组合方式。

试验时应分阶段调整锅炉负荷，对预定的各种组合方式进行逐项试验，并注意各工况时炉内燃烧的稳定性、各项热损失、蒸汽和风烟系统各参数以及安全性最差的受热面的特征参数等的变化情况。

当燃烧器出力超过调节范围而使燃烧工况变差时应增加或减少燃烧器的投运数量，在增、减燃烧器时，试验各种组合方式对锅炉安全经济的影响。

7. 一次风管阻力调平试验

锅炉各一次风管在现场布置时由于长度、弯头数量、垂直高度等的不同造成各管道阻力的原始差异。由于管道阻力不同，将造成各一次风管中风量和煤粉量的分配不均匀，给锅炉燃烧工况及安全经济运行带来不良的影响，因此必须通过试验调整，将锅炉各一次风管的阻力调平。

一次风管阻力的调平试验一般先在冷炉状态下进行，冷态调平后再在热态下进行复测和重新调整，从而达到各一次风管的阻力在热态时基本相等。

第十一章 锅炉的运行故障及其防治

目前我国电厂的主力机组 200MW 机组和 300MW 机组的平均可用率分别是 76.7% 和 78.5%，它们的最好指标则分别达到 92.5% 和 90.7%，而最差的指标却只有 53.5% 和 67.7%。如果将平均可用率都提高到 82%，一年可多发电 130 亿 kW·h，这相当于新建一座 1480MW 大型火电厂，可节约数十亿元的投资。电厂的可用率低与电厂的事故停运密切关联，电厂的事故停运不仅使其本身遭受损失，而且对国民经济造成的损失更大，同时对人民的生活也带来直接的影响。

火电厂的事故有相当大的一部分是由于锅炉事故引起的。对我国部分 200～300MW 机组非计划停运事故的统计分析表明，锅炉方面的事故约占电厂非计划停运总时数的一半，而锅炉的事故又以水冷壁管、过热器管、再热器管和省煤器管（俗称四管）泄漏为最多，约占电厂事故停运总时数的三分之一，其次是灭火放炮和炉膛结渣。因此，为了提高电厂和国民经济的效益，必须努力提高锅炉的运行可靠性和可用率，减少事故。

电站锅炉的可靠性是指锅炉在规定的条件下、规定的工作期限内应达到规定性能的能力。所谓规定条件，是指燃料品种、运行方式、自控要求、给水品质、气象条件等；规定的工作期限是以锅炉允许工作多少小时数来表达的，如目前对大型电站锅炉主要承压部件的使用寿命规定为 30 年，受烟气磨损的对流受热面使用寿命为 10 万 h；规定的性能则是指设计的蒸发量，一、二次蒸汽的压力和温度、锅炉热效率等。

锅炉发生事故的原因很多，如设备的设计、制造、安装和检修的质量不良，运行人员技术不熟练、工作疏忽大意以及发生故障时的错误判断和错误操作等。运行人员的责任，首先是要积极预防事故，尽力避免锅炉事故的发生。当锅炉发生事故时，应按下述总原则处理：

（1）消除事故的根源，限制事故的发展，并解除对人身安全和设备的威胁。

（2）在保证人身安全和设备不受损害的前提下，尽可能保持机组运行，包括必要时转移部分负荷至厂内正常运行的要求，尽量保证对用户的正常供电。

（3）保证厂用电源的正常供给，防止扩大事故。

（4）单元机组锅炉在事故紧急停炉时，不应立即关闭主汽门，应等汽轮机停运后再关闭锅炉主汽门，以保证汽轮机的安全。

第一节 制粉系统的故障及其处理

300MW 单元机组中的锅炉制粉系统现在有两种，一种是中间储仓式，另一种是直吹式。采用中间储仓式制粉系统的锅炉，一般配有 3～4 台钢球磨煤机，相应地有 3～4 套独立的制粉系统；采用直吹式制粉系统的锅炉，通常配有 4～5 台中速磨煤机。为了保证供粉的可靠，通常有一套系统作为备用。当有两套以上的系统出现故障，将迫使机组只能在部分负荷下运行，严重时，机组可能被迫停运（中间储仓式制粉系统在短时间停运时不会出现上述情况）。

制粉系统在实际运行中容易出现的故障和事故主要有燃料的自燃和爆炸、断煤和堵粉、制粉系统的机械故障等。

一、制粉系统的自燃和爆炸

在制粉系统中，凡是发生煤粉沉积的地方，就是煤粉自燃和爆炸的发源地。在系统中容易产生积煤和积粉的地方通常是管道转弯处、水平管道中和粉仓中。一旦发生煤粉沉积，煤粉就开始发生缓慢的氧化反应，放出热量使温度升高，继而又加快氧化反应，放热、升温。经过一定的时间之后，该区域的温度可能达到自燃温度，在不断供给输粉空气的条件下煤粉即发生自燃。如果该区域积粉较多，在氧化升温中放出的燃料挥发分也多，达到可燃条件下煤粉即发生自燃。并可能出现爆炸，使局部压力突然升高。通常爆炸压力可达到 0.35MPa 以上，一般制粉系统的设备和管道是按 0.15MPa 压力设计，而且因爆炸压力波是按当地音速传递，速度很快，可达到 340m/s。所以，如果系统没有防范措施，爆炸压力可能立即对系统的设备和管道造成损坏。因此对制粉系统的爆炸危险必须予以足够的重视，并采取积极的防范措施。

1. 煤粉自燃和爆炸的影响因素

(1) 燃料的挥发分。当燃料的 $V_{daf} < 10\%$ 时，一般没有自燃和爆炸的危险。当 $V_{daf} < 20\%$ 时，由于燃料属于反应能力很强的煤，此时燃料挥发分析出的温度和着火温度均较低，容易自燃，所以有严重的爆炸危险。因此对燃用烟煤和褐煤的锅炉的制粉系统发生爆炸的可能性应特别予以注意。

(2) 气粉混合物的浓度。气粉混合物只有在一定的浓度范围内才有爆炸的危险。例如烟煤，气粉混合物的浓度只有在 $0.32 \sim 4kg/m^3$ 范围内才会发生爆炸，而浓度在 $1.2 \sim 2kg/m^3$ 时，发生爆炸的危险性最大，当气粉混合物中氧含量小于 15% 时，通常没有爆炸危险。

(3) 煤粉细度。即使容易发生爆炸的煤种，如果煤粉直径较大通常也不会发生爆炸。例如烟煤，如果煤粉当量直径大于 $100\mu m$ 时一般也没有爆炸危险。但实际上，制粉系统磨制的煤粉直径一般小于此值，所以有爆炸危险。煤粉直径越小，发生爆炸的危险性越大。

(4) 煤粉中的水分。实践证明，煤粉中的水分含量也是发生煤粉自燃和爆炸的重要因素。磨制煤粉的最终水分 M_{mad} 的确定是一个比较复杂的问题，它既要考虑到制粉系统的安全可靠，又要照顾制粉的经济性。M_{mad} 高，可避免煤粉的爆炸性，但过高又使磨煤机出力下降、输粉和燃烧困难，并可能使煤粉仓板结成块或压实，而且还容易造成落粉管、给粉机堵塞，引起给粉不匀或断粉。M_{mad} 过低，特别是烟煤和褐煤，又容易引起自燃和爆炸。目前国外计算标准推荐：无烟煤和贫煤，$M_{mad} < M_{ad}$；烟煤，$0.5M_{ad} < M_{mad} \leqslant M_{ad}$；褐煤，$M_{ad} < M_{mad} \leqslant M_{ad} + 8$。

(5) 气粉混合物温度。气粉混合物只有达到着火温度才能燃烧。爆炸危险只有遇到火源引发才能发生。制粉系统的自燃是引爆的主要火源，如果煤粉含有油质或其他引燃物，容易引发煤粉自燃。

2. 自燃及爆炸事故的现象

(1) 检查门处有火星。

(2) 自燃处的管壁温度异常升高。

(3) 煤粉温度异常升高。

（4）制粉系统负压突然变为正压。

（5）爆炸时有响声，从系统未严密处向外冒烟，防爆门鼓起或损坏。

（6）爆炸后，如果磨煤机入口到排粉机入口之间的防爆门破裂，爆破侧系统负压降低，三次风压增大；若排粉机出口防爆门破裂，则三次风压降低，如为乏气送粉则是一次风压降低。

（7）炉膛内负压变正压，燃烧火焰发暗，严重时可能出现火焰跳动或灭火。

3．自燃及爆炸的预防措施

（1）经常检查和处理设备缺陷，少用水平管道，管道弯头部分应平整光滑，消除制粉系统气粉流动管道的死区和系统死角，避免煤粉沉积自燃。

（2）气、粉混合物流速不应过低，防止煤粉重力和摩擦阻力的分离，形成煤粉沉积。

（3）锅炉停用时间较长时，应将煤粉仓内煤粉用尽。

（4）保持制粉系统的稳定运行，严格控制磨煤机出口温度，保持煤粉细度和最终水分在规定范围内。消除粉仓漏风、定期进行降粉。

（5）在制粉系统中容易出现煤粉沉积的部位，如管道弯头、煤粉分离器上部、煤粉仓上部等，设置防爆门，在运行时防爆门上不得有异物妨碍其动作。

（6）对原煤加强管理，经常检查原煤质量，清除煤中引燃物（如雷管等），严防外来火源。

4．自燃及爆炸的处理

制粉系统煤粉自燃时的处理方法：

（1）磨煤机入口发现火源时，加大给煤，同时压住回粉管的锁气器，必要时用灭火装置灭火。

（2）减少或切断磨煤机的通风。

（3）停止磨煤机、给煤机和排粉机。用二氧化碳进行灭火，在重新启动前应打开人孔门和检查孔进行全面检查，确认系统内已无火源后，再行干燥启动。

制粉系统爆炸后的处理方法：

（1）停止制粉系统的运行，同时注意防止锅炉灭火。

（2）清除各部火源，确认其内部火源全部消失后才允许修复防爆门。

（3）在系统恢复运行前，应对系统内的设备和管道进行全面检查、修复，然后按制粉系统正常启动的要求和步骤投入运行。

煤粉仓自燃爆炸时的处理方法：

（1）停止向煤粉仓送粉并严禁漏粉，关闭煤粉仓吸潮管，对粉仓进行彻底降粉；

（2）降粉后迅速提高粉位，进行压粉；

（3）经降粉后煤粉仓温度仍继续上升，且继续处理还无效时，应使用灭火装置；

（4）修复损坏的防爆门。

二、制粉系统断煤

1．断煤的原因

（1）给煤机发生故障。

（2）原煤水分过大、煤中有杂物或煤块过大，造成下煤管堵塞。

（3）原煤仓无煤或堵塞。

2．断煤的现象

(1) 磨煤机出口温度升高，磨煤机进出口压差减小，进口负压值增大，出口负压值减小。

(2) 磨煤机电流减小，排粉机电流增大，同时出口风压力升高。

(3) 钢球磨煤机中有较大的金属撞击声。

(4) 断煤信号动作。

3．断煤的预防

(1) 注意原煤水分变化情况，若水分过大应改变配煤比例或采取其他措施减少原煤水分或改供较干的煤。

(2) 经常检查原煤仓存煤及下煤情况，检查给煤机运行情况和落煤管、锁气器的动作情况是否正常。

(3) 设置干煤棚，储存一定数量的干煤。

(4) 不得停止碎煤机、煤筛的运行，保证制粉系统进口煤块尺寸不大于规定值。

(5) 注意断煤信号。

4．断煤的处理

(1) 适当关小磨煤机入口热风门，加大磨煤机入口冷风量，以控制磨煤机出口温度，保证运行安全。

(2) 消除给煤机故障，疏通落煤管。

(3) 煤仓堵塞时，应设法疏通仓内存煤；如煤仓无煤，应迅速上煤。

(4) 如果短时间不能恢复供煤时，应停止磨煤机运行。

三、制粉系统的堵塞

1．磨煤机的堵塞

由于调整不当、风量过小、供煤过多或原煤水分过大等，均有可能造成磨煤机堵塞。

当出现磨煤机堵塞后，磨煤机的进出口压差将增大，其入口负压值减小或变正压，出口负压值增大且温度大幅度下降；磨煤机电流增大且摆动，严重满煤时电流反而减小，出入口向外冒粉，球磨煤机撞击声减小且低哑；排粉机电流减小，出口风压降低。

确认磨煤机堵煤后应减少或暂停给煤，适当增加磨煤机的通风量，并开大其出口风门进行抽粉并加强对磨煤机大瓦的温度监视。若处理无效时，可采用间停间开磨煤机的方法加强抽粉。若仍然无效，应停止制粉系统运行，打开人孔门扒出煤粉；当入口管段堵塞时，应停机敲打或打开检查孔疏通。

2．粗粉分离器堵塞

粗粉分离器堵塞时，磨煤机的出入口压差减小，向外跳粉；粗粉分离器出口负压增大，三次风压力降低；回粉管温度降低，锁气器不动作；堵塞严重时排粉机电流下降，磨煤机出力加大，煤粉变粗。

当粗粉分离器出现堵塞时，应活动回粉管锁气器，疏通回粉管；适当减少给煤，增加系统通风，此时应注意磨煤机出口温度，必要时可开大粗粉分离器的调节挡板。如堵塞严重，经处理无效时，应停止磨煤机运行，打开人孔盖进行内部检查，清理杂物，进行疏通。

3．旋风分离器堵塞

旋风分离器堵塞时，入口负压减小，出口负压增大。排粉机电流加大，锅炉蒸汽压力和温度升高。锁气器动作不正常，煤粉仓粉位下降。

当发生旋风分离器堵塞时，应立即停掉排粉机，关小磨煤机入口热风门，开启冷风门；检查煤粉筛，清除筛上杂物和煤粉；活动锁气器，疏通落粉管。检查旋风分离器下粉挡板位置是否正确。处理无效时，应停止磨煤机运行，切断制粉系统风源，打开手孔门进行疏通。

4. 一次风管的堵塞

当一次风管发生堵塞时，被堵的一次风管压力会出现先增大后减小的现象，此时炉膛负压值也增大。如堵塞严重，给粉机的电流要增大，甚至发生电动机保险熔断。被堵塞的一次风管燃烧器喷口来粉少或断粉，锅炉汽压和负荷减小，如有多根一次风管堵塞，可能引起燃烧火焰跳动或产生炉膛灭火。

当出现一次风管堵塞时应立即停止被堵风管的给粉机，启动备用给粉机。对堵塞的一次风管进行敲打，同时开大一次风门，提高一次风压或者用间开间关一次风门的方法对其进行吹扫。如果提高一次风压仍不能吹通时，可用压缩空气分段地进行吹通。在吹扫处理的过程中，应密切注意锅炉汽压和汽温的调整，注意炉膛燃烧状况，防止燃烧不稳定或炉膛灭火。

四、转动机械的故障

转动机械易出现的故障主要为：振动大、串轴和摩擦、轴承温度过高，各部机件损坏或脱落、电气故障等。

如机械振动超过规定，应加强监护；若危及安全时，应立即停机、查找原因进行检修，如机件损坏或脱落应进行修复或更换。当轴承温度上升快或过高时，应先检查冷却水是否畅通，油位是否正常，如不正常则再加油或换油并加大冷却等工作。经处理后如温度仍继续上升，而且超过规定值时，则应立即停机进行彻底检查，找出原因并消除。如属电气设备事故，应按电气设备运行故障处理的有关规定处理。

为了保障锅炉机组的安全运行，在300MW的锅炉机组中目前都设置了一套比较完善的自动控制安全连锁系统。例如，在带有中间储仓式制粉系统的锅炉机组中，当引风机事故停运时，自控系统即连锁切断相应的送风机、给粉机，防止出现炉膛正压燃烧，避免炉膛火焰和高温烟气喷出，引起火灾和人员伤害。当采用乏气送粉系统时，如果排粉风机因故障停运，连锁系统就自动切断相应的给粉机、给煤机和磨煤机，防止制粉系统出现堵煤和堵粉。当磨煤机故障停运时，自动连锁就立即停止给煤机运行，同时关闭干燥风门，防止堵煤和系统喷粉、燃烧等故障。

五、实例介绍

（一）给粉机出粉不匀

某电厂装有4台国产改进型300MW机组，均配备1025t/h亚临界压力自然循环汽包锅炉，其制粉系统为钢球磨中间储仓式。

1. 事故经过及处理

事故前，运行工况为1、3、4号机组运行，2号机组大修，全厂总出力650MW，3号机组带负荷210MW。1时53分该炉炉膛负压以较大幅度摆动，突然由 - 1000Pa摆至1750Pa，炉膛压力保护动作，锅炉灭火。2时04分启动甲、乙送风机吹扫炉膛点火。2时15分启动丁排粉机时，炉膛压力保护再次动作。2时25分再次启动点火，2时48分又因主蒸汽温度低（465℃），机高差达 - 1.3mm，保护动作跳闸，发电机解列。锅炉保留两油枪维持不灭火。4时15分汽轮机冲转，4时31分并列，增负荷。5时整，锅炉全部停油，机组恢复正常。处理过程中系统周波最低至 49.86Hz，1、4 号机组带满负荷，未对外拉电。

2. 事故原因分析

(1) 造成该次事故的主要原因是乙粉仓近期温度较高，局部煤粉结块，虽采取过措施，但未得到彻底解决，造成卡、堵给粉机，下粉不匀。事故时 7 台给粉机出现间断下粉现象，使灭火保护动作。

(2) 当炉膛压力大幅度波动时，司炉未能及时投油助燃。

(3) 恢复过程中再次灭火是由于运行人员操之过急，投粉过快，造成风粉配合不当所致。

3. 事故措施

(1) 召开专门会议，解决粉仓温度高，出粉不匀问题；

(2) 给粉机出现卡堵现象，要及时消缺；

(3) 加强技术培训，提高运行人员素质及事故处理能力。

锅炉煤粉管道的范围是从磨煤机出口至燃烧器进口。有时，由于煤粉管道设计不合理或者所用燃料性能不佳，会造成煤粉管堵塞，从而影响锅炉安全运行。

(二) 煤粉爆燃

某厂装有 4 台 300MW 机组，配备 1025t/h 亚临界压力自然循环锅炉。其制粉系统为钢球磨中间储仓式。

1. 事故经过及处理

事故前，运行工况为 1、2、4 号机组并网运行，3 号机组大修，全厂负荷 900MW。1 号炉甲、乙、丁磨煤机及甲、乙、丁排粉机运行，18 只给粉机运行。因丙组给粉机有几只不正常，于 5 月 10 日 8 时 30 分，锅炉检修排粉机班组织人员处理。与运行联系并做好安全措施后，先处理 13 号给粉机，打 110mm×250mm 的手孔盖，用工具往外掏堵住的结块。当掏出结块后，煤粉流出，工作人员即撤出给粉间，随后煤粉自燃，引着了对面 2 号角的热控电缆，在场人员很快将火扑灭。10 时 13 分，司炉发现主蒸汽压力、流量、汽包水位表失灵，紧急停炉保护动作，锅炉灭火，10 时 15 分发电机与系统解列停机。系统周波由 49.95Hz 降到 49.45Hz，电网对外拉电。停炉后，厂部立即组织抢修，将烧坏的 30 根和受损的 49 根热控电缆各更换 25m 一段，对粉仓进行了彻底处理，于 5 月 12 日 11 时 32 分发电机并入系统运行。该次事故使机组停运了 49h，少发电 1440 万 kW·h，电网对外拉电 672 万 kW·h。

2. 事故原因分析

由于近期该炉上劣质煤较多，致使燃烧不好而结焦，而在运行调整时，丙组运行时间短，使丙粉仓温度局部升高、结块。给粉机下粉不正常，出现卡涩，虽不断组织处理，但无根本好转，粉仓温度高到 180℃，作掏粉处理时，由于粉温高，流出的热粉遇空气氧化引燃。

3. 事故对策

(1) 运行部要严格执行制粉系统定期切换和降粉制度，将粉温控制在允许值以内。若运行中出现粉温高，处理措施要完善，必要时应降负荷清仓处理。

(2) 若给粉机出现卡涩，检修应及时消缺。

(3) 加强对来煤的搭配，以保证燃烧稳定。

第二节 锅炉灭火与烟道再燃烧

锅炉的灭火、放炮和烟道再燃烧是锅炉常见的燃烧事故，若处理不当，将会造成锅炉设备的严重损坏和人员伤害，危害极大。

一、炉膛的灭火放炮

当炉膛内的放热小于散热时，炉膛的燃烧将要向减弱的方向发展，如果此差值很大，炉膛内燃烧反应就会急剧下降，当达到最低极限时就出现灭火。300MW 机组的锅炉均为平衡通风，在正常工作时，引风机与送风机协调工作维持炉内压力略低于当地大气压。一旦锅炉突然熄火，炉内烟气的平均温度约在 2s 内从 1200℃ 以上降到 400℃ 以下，造成炉内压力急剧下降，使炉墙受到由外向内的挤压而损伤，这种现象称为内爆。如果燃料在炉内大量积聚，经加热点燃后出现瞬间同时燃烧，炉内烟温瞬间升高，引起炉内压力急剧增高，使炉墙受到由内向外的推压损伤，这种现象称为爆炸或外爆，俗称放炮或打炮。锅炉发生灭火放炮时，对炉膛产生的危险性最大，可造成整个炉膛倾斜扭曲，炉墙拉裂，轻者也会减少炉膛寿命；其次对结构较弱的烟道也可能造成损坏。一般说来，锅炉容量愈大，事故造成的危险也愈大。自从 300～600MW 以上的锅炉问世以来，破坏性很大的熄火与爆炸事故曾多次发生，破坏严重时，修复需数月之久。70 年代初期，国外开始重视这个问题，对内爆过程进行了理论研究和现场试验，并采取了各种预防措施。例如，将炉墙承受挤压的强度从过去的 2900Pa 左右增大到 6865Pa 左右；将承受外推力的强度提高到 9800Pa 以上。

锅炉的灭火和放炮是两种截然不同的燃烧现象。炉膛发生灭火时，只要处理恰当，一般不会发生放炮。但是，如果锅炉发生灭火时，燃料供应切断延迟 30s 以上，或者切断不严仍有燃料漏入炉膛，或者多次点火失败，使得炉内存积大量燃料，而在点火前又未将积存燃料清扫干净，此时炉内出现火源或重新点火，就可能发生锅炉放炮事故。

1. 灭火原因与预防措施

（1）燃煤质量太差或种类突变。燃煤水分和杂质过多，易于出现黏结和堵煤，造成燃料供应不均匀或中断，引起灭火。煤种突变，如挥发分减少，水分和灰分增多，则燃料的着火热增加，着火延迟或困难，如跟不上火焰的扩散速度就发生灭火。煤粉过粗，着火也困难，也可能引起灭火。因此对燃烧劣质煤必须采取相应的措施，如提高煤粉干燥程度和细度，定期将燃煤工业分析结果及时通知锅炉运行人员，以便及时做好燃烧调整工作等。

（2）炉膛温度低。炉膛温度低，容易造成燃烧不稳或灭火。燃用多灰分、高水分的煤，送入炉内的过量空气过大或炉膛漏风增大等都不利于燃烧，而且增加散热，使炉温下降；低负荷运行时，炉膛热强度下降，炉温下降，而且炉内温度场不均匀性增加，负荷过低时，燃烧将不稳定；开启放灰门，或其他门、孔时间过长，使漏风增大，都会引起炉温降低。上述情况均可能形成灭火。

要提高炉膛温度，首先要保证着火迅速，燃烧稳定。为此，在运行中应关闭炉膛周围所有的门、孔，在除灰和打渣时速度应快，时间不能过长，以减少漏风。在吹灰打渣时，可适当减少送风量，若发现燃烧不稳定，应暂时停止吹灰或打渣。锅炉运行时，炉膛负压不能太大，避免增大漏风。保证检修质量，维持炉子的密封性能。锅炉低负荷火焰不稳定时，可投油喷嘴运行以稳定火焰。如果锅炉正常运行时炉温过低，可适当增设卫燃带，减少散热，以提高炉膛温度。

（3）燃烧调整不当。一次风速过高可导致燃烧器根部脱火，一次风速过低可导致风道堵塞，这两种情况都会造成灭火。一、二次风相位角太小，会导致燃烧不稳定；直流燃烧器四角气流的方向紊乱也会造成火焰不稳；一次风率的大小，过量空气的多少，都会影响燃烧火焰的稳定性，以上情况都可能造成灭火。所以应根据煤种和运行负荷情况，正确调整燃烧工况，防止灭火。

（4）下粉不均匀。给煤机或给粉机下煤、下粉不匀，会影响燃烧的稳定性。造成给煤机下煤不均的原因有：煤湿、块大、杂质多、煤仓壁面不光滑。形成给粉机送粉不匀的原因是：煤粉仓粉位太低，煤粉颗粒表面存在一层空气膜，十分光滑，流动性强。粉位太低，粉仓下部煤粉的压力小，使给粉机出粉少；当仓壁上堆积的煤粉塌下来时，下部煤粉压力增加，给粉机下粉增多或煤粉自流。因此粉仓粉位太低时，就会出现来粉忽多忽少或给粉中断、自流现象，造成燃烧不稳或灭火。另外，煤粉在仓内长期积存，会使煤粉受潮结块、下粉不匀或发生氧化自燃、爆炸等现象。

针对上述情况，在上煤时应将煤内杂物清除；进入给煤机的原煤直径应在 20mm 左右；原煤仓和煤粉仓应定期清扫，保持壁面光滑；粉位应保持适中，并应进行定期降粉以保证煤粉新陈代谢；在锅炉需进行较长时间停运时，应在停炉前有计划地将煤粉仓内的煤粉烧完。

（5）机械设备事故。在 300MW 机组的锅炉中，因设有自动控制连锁系统，所以，当引风机、送风机、排粉风机、给粉或制粉系统出现故障或电源中断，直吹式制粉系统的给煤机、磨煤机、排粉机等出现故障或电源中断，都会造成燃料供给中断，引起锅炉灭火。

（6）其他原因。水冷壁管发生严重爆漏，大量汽、水喷出，可能将炉膛火焰扑灭；炉膛上部巨大的结渣块落下，也可能将炉膛火焰压灭等。所以，应及时打渣和预防结渣，防止大渣块的形成。

2. 灭火现象及处理

（1）灭火现象。炉膛灭火时有以下现象可供判断：炉膛负压突然增大许多，一、二次风压减小；炉膛火焰发黑；发出灭火信号，灭火保护动作；汽压、汽温下降；在灭火初期汽轮机尚未减负荷前，锅炉蒸汽流量增大，然后减少，汽包水位先升高后下降。若为机械事故或电源中断引起灭火时，还将出现事故鸣叫、故障机械的信号灯闪光等。

（2）灭火的处理。炉膛灭火以后，应立即切断所有的炉内燃料供给，停制粉系统，并进行通风，清扫炉内积粉，严禁增加燃料供给挽救灭火的错误处理，以免招致事态扩大，引起锅炉放炮。将所有自动改为手动，切断减温水和给水，控制汽包水位在 −50 ~ −75mm。将送、引风机减至最低负荷值，可适当加大炉膛负压。查明灭火原因并予以消除，然后投油枪点火。着火后逐渐带负荷至正常值。若造成灭火原因不能短时消除或锅炉损坏需要停炉检修，则应按停炉程序停炉。若某一机械电源中断，其连锁系统将自动使相应的机械跳闸，此时应将机械开关拉回停止位置，对中断电源机械重新合闸，然后逐步启动相应机械恢复运行，如重新合闸无效，应查找原因并修复。如只有一台引风机事故停运，可将锅炉降负荷运行。

如果出现锅炉放炮，应立即停止向锅炉供给燃料和空气，并停止引风机，关闭挡板和所有因爆炸打开的锅炉门、孔，修复防爆门。经仔细检查，烟道内确无火苗时，可小心启动引风机并打开挡板，通风 5 ~ 10min 后，重新点火恢复运行。如烟道有火苗，应先灭火，后通风、升火。如放炮造成管子弯曲、泄漏、炉墙裂缝，横梁弯曲、汽包移位等，应停炉检修。

二、烟道再燃烧

1. 产生烟道再燃烧的原因及预防措施

烟道再燃烧是烟道内积存了大量的燃料，经氧化升温，最后发生的二次燃烧。造成烟道内积存大量燃料的原因及预防措施有：

（1）燃烧工况失调。煤粉过粗、煤粉自流、下粉不匀或风粉混合差、炉底漏风大等，都会造成煤粉未燃尽而带入烟道积存；燃油中水分大、杂质多，来油不匀或油温低使黏度高、油嘴堵塞或油嘴质量不好，造成油的雾化质量不高以及燃油缺氧燃烧形成裂解等，都将造成燃油燃烧不善，使油滴或碳黑进入烟道积存。

为避免上述原因造成的烟道燃料积存，运行时应按燃料的性质控制各项运行指标，严密监视燃烧工况，及时调整燃烧，对不合格的或损坏的燃烧设备，必须及时修理或更换。

（2）低负荷运行。锅炉处在低负荷下长时间运行时，由于炉膛温度低，燃烧反应慢，使机械未完全燃烧值增大；同时低负荷运行时，烟气流量小、烟速低，烟气中的未完全燃烧颗粒也容易离析，沉积在对流烟道中，以致形成烟道再燃烧。所以锅炉应尽量避免长期低负荷运行。

（3）锅炉的启动和停炉频繁。锅炉启动和停炉频繁，容易引起烟道再燃烧。因为在锅炉启、停时，炉膛温度低，燃烧工况不易稳定，炉内温度不均匀，所以燃料不容易燃尽。加之此时烟气流速低，过剩氧量多，容易出现烟道的燃料积存和再燃烧。因此应在锅炉启停时仔细进行监督和调整燃烧，尽量维持燃烧稳定。对经常启停的锅炉，要注意保温。

（4）油煤混燃。在锅炉启、停或低负荷运行时，可能形成油、煤混烧，这种抢风尤为突出；同时，在混烧时，油粉可能发生互相黏附，而且两种燃料射流又互相影响。因此炉内正常动力工况和燃烧工况受到干扰，由此会招致燃烧恶化，加之此种混烧通常是在炉温较低的情况下出现的，所以燃料均不易燃尽，当它们进入烟道中时，油腻和未燃尽的煤粉同时附着在受热面上，沉积更容易，所以容易形成二次燃烧。

锅炉运行时，应尽量避免油、煤混烧。如果为稳定燃烧需要投油时，应尽量避免一次风管的油枪投入。注意燃烧调整，确保油嘴雾化良好，加强监视，发现异常应及时改变燃烧方式。

（5）加强吹灰。及时对烟道吹灰，可以将少量沉积燃料吹走，减少烟道再燃烧的机会。

2. 烟道再燃烧的现象及处理

（1）烟道再燃烧的表现。烟道发生再燃烧时，将有以下现象：烟道内温度和锅炉排烟温度急剧升高，烟道负压和炉膛负压波动或成正比，严重时烟道防爆门动作，烟道阻力增大；从烟道门、孔或引风机不严密处冒出烟气或火星，引风机外壳烫手，轴承温度升高；烟囱冒黑烟；再热器出口汽温、省煤器出口水温、空气预热器出口热风温度升高；二氧化碳和氧量表计指示不正常等。

（2）烟道再燃烧的处理。如果汽温和烟温升高，而汽压和蒸发量又有所下降时，应检查燃烧情况，观察燃烧器喷口燃烧情况是否正常，一、二次风配合比例是否恰当，油嘴雾化是否良好。若与油、煤混烧时，应将油或煤粉停掉，改为单一燃烧方式。

如果烟气温度急剧升高，各种表象已能判定确为烟道某处发生再燃烧时，应立即停炉。同时应停止引风机、送风机运行，停止向炉内供应燃料。严密关闭烟道挡板及其周围的门、孔。打开汽包至省煤器的再循环门以保护省煤器，打开启动旁路系统并打开事故喷水以保护过热器和再热器。

向烟道通入蒸汽进行灭火，在确认烟道再燃烧完全扑灭后，可启动引风机，开启挡板，抽出烟道中的蒸汽和烟气。待炉子完全冷却以后，应对烟道内所有受热面进行全面检查，清除隐患。

三、实例介绍

因燃烧劣质煤引起锅炉灭火实例如下。

1. 事故现象

某厂一台 1025t/h 单炉膛亚临界压力 UP 型直流锅炉，投运已有 5 年。事故当时锅炉出力为 250MW，监盘司炉发现炉膛负压突然甩足。同时，两只火焰监察 CRT 显示火焰消失，氧量达到极值，机组运行工况 CRT 实势趋势看到机组功率及主蒸汽压力大幅度下降，运行判断为锅炉熄火，即手动 MFT，紧急停运机组。在再次启动过程中，发现点火困难，炉膛负压大幅度晃动（－350～500Pa），并发现除尘器有大量煤粉，此情况以前未发生过。

2. 原因分析

（1）停机后作了煤样分析，测出挥发分偏低（$V_{ad} = 9.74\%$），而灰分偏高（$A_{ad} = 34.64\%$），大大低于设计煤种指标原设计煤种 $V_{ad} = 15\% \sim 16\%$，$A_{ad} = 26.7\%$，煤质差，煤粉着火困难，着火点推迟，造成锅炉燃烧恶化，是导致锅炉熄火的主要原因。

（2）该厂助燃用重油来源偏紧，经常在油罐油标尺 3m 以下，规定到 1m 左右不能供油，所以一般只能在夜间低负荷时投油枪助燃。白天基本不用油助燃，助燃油源不足是造成事故的次要原因。

（3）该厂无混煤条件，因该炉型已老化，制造厂不再生产，故未考虑改进措施。

3. 对策

（1）改善设备条件。对于煤种多变的锅炉，建议加装多功能煤粉稳燃器，以稳定燃烧劣质煤时的炉内燃烧工况。

（2）提高运行人员素质。定期进行反事故演习，以提高应变能力，对各种异常情况作出正确的判断。

（3）加强锅炉运行各环节的管理。如煤种变更、设备缺陷处理等应及时反映到运行，以帮助运行人员在碰到异常情况时作出正确判断。

（4）应根据本厂情况，制定切实可行的燃用劣质煤时的安全措施。

第三节　锅　炉　的　结　渣

结渣是锅炉运行中较普遍的现象，尤其燃烧劣质煤时，结渣的情况更显著。为此，应对结渣的危险、原因和防治予以了解。

一、结渣对锅炉运行的危险

1. 结渣引起过热汽温升高，甚至会导致汽水管爆破

锅炉结渣后，某些部分的管子会过热而超过它的允许温度引起爆管。特别是过热器受热面，为了降低锅炉的制造成本，在设计时允许的承受最高温度往往比正常运行值仅留有几十度裕量，如果此时受热面结渣，则受热面极易发生因热阻增大、传热不良、管壁冷却不好造

成超温爆破。如果炉内结渣，炉膛部分的吸热减少，进入过热器的烟温升高，可能造成过热器超温爆管。水冷壁结渣后，循环回路各并列管子受热不匀，不但会引起锅炉的正常水循环遭到破坏，而且亦可能出现水冷壁冷却不良而超温爆管。

2. 结渣可能造成掉渣灭火、损伤受热面和人员伤害

锅炉结渣严重时，炉内会形成大块渣，当渣块的重力大于其黏结力时，渣块自行下落可能压灭炉膛火焰；大渣块落下还会砸坏炉底管和水冷壁下集箱，造成设备损坏。在大渣块下落时，还会出现炉膛正压，火焰外喷，造成火灾和人员伤害事故。结渣后炉内温度升高，耐火材料易脱落，易使炉墙松动，锅炉设备寿命缩短。

3. 结渣会使锅炉出力下降，严重时造成被迫停炉

受热面结渣后，吸热量和蒸发量就会减少，为了保持锅炉出力则必须加大燃料的供给，因此造成炉膛热强度增加，汽温上升。当温度上升超过其调节范围时，为了保证汽温符合要求，此时被迫降低出力。同时，炉膛热强度增加，又会促进结渣加剧，这种恶性循环的结果，只能是被迫停炉。

4. 结渣使排烟损失增加，锅炉热效率降低

焦渣是一种绝热体，渣块黏附在受热面上就会使其吸热大为减少，造成排烟温度升高，排烟损失增加。结渣后锅炉出力下降，为了保持额定出力，燃料量就要增加，使煤粉在炉内的停留时间缩短，因此 q_4 损失增加；当空气量不足时，q_3 也会增加。因此锅炉热效率下降。

二、结渣的形成机理及影响因素

煤中灰分随着温度升高开始发生变形，随后出现软化和熔化状态。软化或熔化的灰粒如果黏附在某一温度较低的受热面上，就形成结渣。灰分的结渣与灰的熔融特性和黏结性有直接关系。

1. 灰分的熔融特性

灰的熔融特性被认为是测定煤的结渣、积灰性能的一个重要指标。这是因为熔融特性是最为直观地表现煤灰结渣积灰的测试手段，因此各国均在广泛应用。

灰分的熔融特性测定目前常见的有两种方法：一种是中国、独联体、美、英等国采用的等腰三角锥体标准灰样法；另一种是德国、捷克等采用的 $\phi3$ 正圆柱体标准灰样法。

在熔融特性温度中，软化温度 ST 最为重要。这是因为：

（1）变形温度和熔化温度较难测准，而软化温度却易于测准。

（2）结渣过程与软化温度关系密切。当灰粒温度 t_h 低于软化温度 ST 时碰撞到受热面，灰粒不会形成结渣，只能形成积灰，且易于吹扫。当灰粒温度接近软化温度时碰到受热面时，所形成的多是疏松多孔的积灰，在自重和吹灰器的作用下一般也可以脱落。而当灰粒温度高于软化温度遇到受热面，并有一定时间凝结时，受热面就会形成难以清除的渣。

我国的灰分熔融特性温度可在实验室按 GB219—1974 测定。目前国内判别燃烧煤种是否易于结渣的灰分特性温度的范围是：当 ST > 1350℃ 时，燃煤为不易结渣煤；当 ST < 1350℃ 时，燃煤为易结渣煤。根据我国动力用煤结渣特性的长期试验研究，有人按最优分割法提出 ST 对结渣的判定：ST > 1390℃ 时为轻结渣煤，ST = 1260～1390℃ 时为中等结渣煤，当 ST < 1260℃ 时为严重结渣煤。

灰分的熔融特性温度主要与灰分的组成成分和存在的介质气氛有关。

（1）煤灰成分对熔融特性的影响。灰分的熔融特性首先与其组成成分有关，表 11-1 是

我国部分煤的煤灰组成。

长期以来，研究结渣的传统方法是对煤灰平均取样，利用煤灰颗粒的平均性质计算结渣的指标，来判断煤的结渣倾向。由此得出的一般规律是：煤灰中高熔点的成分越多，灰的熔点越高，结渣的可能性就小。实践证明，这种认为基体中的矿物质均匀分布的基本研究方法得出的结论，在生产中起到了一定的指导作用。但是，这种研究方法得到的结论与实际情况还有较大的差别，故用以判别结渣倾向的分辨率尚不很高。

表 11-1　　　　　　　　　　　　我国部分煤的煤灰成分

产　地	成　分（占灰分的质量百分数）							
	Fe_2O_3	CaO	MgO	Na_2O	K_2O	SiO_2	Al_2O_3	TiO_2
抚　顺	3.75	5.52	0.53	1.24	1.24	56.10	24.75	3.65
阜　新	7.04	1.41	0.75	2.37	2.37	65.15	21.52	1.01
平　庄	19.17	9.72	1.78	0.78	0.78	35.74	17.06	1.10
鸡　西	5.79	0.71	0.47			61.38	27.65	1.48
大　同	20.66	3.26	1.34			51.63	17.76	0.90
西　山	6.96	2.71	0.65	0.29	0.23	45.54	40.04	1.30
峰　峰	2.75	7.43	0.86			44.66	39.02	1.746
开　滦	4.44	1.65	0.62	0.26	0.26	56.73	38.96	
焦　作	3.58	6.12	1.07			48.70	32.94	1.34
鹤　壁	2.97	8.73	0.64			45.91	35.39	1.26
平顶山	2.82	2.70	0.43			60.56	30.39	1.26
金竹山	8.27	4.25	2.37			53.98	24.66	
铜　川	12.06	2.01	0.40			45.16	36.05	1.82
淄　博	32.5	2.56	0.25			51.24	10.60	
枣　庄	29.6	17.22	1.02			22.6	15.03	0.54
淮　南	3.35	1.22	0.48			56.36	35.38	1.25
淮　北	2.77	2.00	0.80	0.56	0.56	55.21	35.78	1.38

煤是由有机物和无机物所组成的。煤中的无机物主要是矿物质，它通常分为两种，内部矿物质和外部矿物质，俗称内部灰分和外部灰分。内部灰分又包括原生灰分和次生灰分。原生灰分是植物中含有的不可燃部分，它在煤中分布均匀，且含量很少，一般只占煤重量的1%～3%；次生灰分是在煤的碳化期间与煤生成的同时、同地和相同条件下被水或空气带入的矿物质，如浮土等，它是煤灰分的主要来源之一，在煤中分布一般也比较均匀。内部矿物质在燃烧性能上相似，而且很难靠选矿方法将其分离出。

外部灰分是在煤硬化以后，通过缝隙进入矿层或在开采及运输、储存过程中混入的矿石、泥、沙等物质，它在煤中占有较大的比重，而且变化范围较大，分布也不均匀。不过在某种程度上它可以用简单、机械的方法除掉大部分。

由于煤中无机矿物质颗粒来源不一，所以实际上在磨制煤粉时会增大无机物颗粒的析出能力。国外的研究资料表明：煤磨碎后，约有40%～70%的颗粒为只含有固有矿物质的纯煤，20%～40%的煤颗粒含有固有矿物质和外来矿物质，10%～40%的颗粒为纯外来矿物质。图 11-1 为煤破碎中矿物质偏析简图。

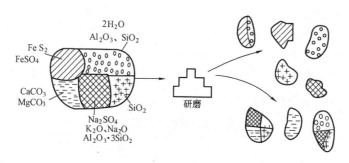

图 11-1 煤破碎中矿物质偏析简图

从图中可以看出，煤磨碎后，某些颗粒只富集某种矿物质。可见煤块磨制成粉后，每一给定颗粒的组成熔融特性将只取决于煤粒的局部成分，而不代表煤块的平均组成。在悬浮燃烧的炉膛中，煤粉一旦进入炉内，每一颗粒结渣倾向将由其本身的物质状态（熔化或固态）、空气动力特性和黏附特性所决定。

煤灰中的难熔成分多为酸性氧化物，熔点多在 1500~2000℃ 之间，如 SiO_2 为 1470℃，Al_2O_3 为 2015℃。煤灰的组成中，也有一些是易熔的化合物，主要是碱金属化合物，它们的熔点多在 1000℃ 以下，如 K_2O、Na_2O 的熔点为 700℃。

铁是评价炉膛结渣的重要因素之一，过去通常采用煤灰中铁的总量来评价，但实际上矿物的形态在结渣过程中有重要作用。如铁的化合物熔点，按它们存在的形态，Fe_2O_3 熔点可达 1600℃，Fe_3O_4 熔点为 1540℃，FeO 的熔点为 1377℃，FeS 的熔点为 1194℃，FeS_2 为 750℃，而 $FeCO_3$ 的熔点只有 600℃。铁在煤中的存在形态多是黄铁矿 FeS_2、碳酸盐 $FeCO_3$ 和少量的三氧化二铁 Fe_2O_3，而黄铁矿多离散在较重的煤粒中，它在燃烧时易形成一种 FeS 熔化球体，其阻力小、密度高，很容易从烟气中分离出去碰撞到炉墙、水冷壁，继而发生反应形成低熔点化合物，造成受热面结渣；或者 FeS 氧化后形成 FeO，然后与 SiO_2 作用形成低熔点铁橄榄 $2FeSiO_4$（熔点为 1065℃），可见 FeS_2 是引起结渣的重要因素之一。如发现煤中 FeS_2 偏析严重，则燃用该煤种的锅炉也容易结渣。

另外，许多实验证明，低熔点、高热值的煤在燃烧过程中，煤中的矿物质被燃烧释放的热量熔化，会形成矿物釉。这种矿物釉遮盖着整个燃烧表面并且有一定的表面张力。当具有一定表面张力的釉质碰到受热面时，它将铺展其上造成结渣。生成釉质越多，釉质曲率半径越大，表面张力也越大（理论证明表面张力与曲率半径的平方成正比），釉质与壁面的黏结力越强，结渣程度也越高。釉质粒径在 0.5~1mm 即容易形成结渣。

（2）介质气氛对熔化特性的影响。灰熔点与其存在的介质气氛也有关系。在氧化气氛中，FeO 会被氧化生成 Fe_2O_3，所以，在氧化气氛中铁的氧化物通常以 Fe_2O_3 形态存在。但在半还原气氛中（带 CO 气氛中），Fe_2O_3 会还原成 FeO，故其熔点迅速下降。对于高黄铁矿的煤种，氧化气氛中的熔点与半还原性气氛中的熔点差值可以达到很大的数值。对我国部分煤的试验研究结果表明：同一煤种，半还原气氛中灰分的熔化特性温度 DT、ST、FT 均比氧化气氛下低，一般约低 30~300℃；氧化物气氛下的凝固点也均高于半还原气氛下灰的凝固点，温差范围为 30~80℃。

煤灰中有些金属氧化物如 CaO、MgO 等，其本身的熔点很高，约为 2600~2800℃，但在高温作用下它们往往与其他成分，如 FeO、SiO_2、Al_2O_3 等结合，生成低熔点共晶体，熔点在 $1000 \sim 1200℃$ 之间。

总之，煤灰是多种化合物组成的。按其化学性质可分酸性化合物（如 SiO_2、Al_2O_3、TiO_2 等）和碱性氧化物（如 Fe_2O_3、CaO、Na_2O、K_2O 等）。通常灰中酸性成分增加，熔点会提高；碱性成分增加，灰熔点将下降。

2. 灰渣黏度

灰渣黏度随温度变化的规律是表示灰分在高温条件下物理特性的另一指标。熔化的灰分随着温度下降，其黏度升高。当温度下降时，灰渣在狭窄的温度范围内从液态转变为固态，而无明显的塑性区，此灰渣属于短渣。温度下降时，在相对较宽的温度范围内，灰渣黏度逐渐增加，呈现塑性状态，但仍无明确的相变温度和塑性区界限，属于长渣。图 11－2 是美国 CE 公司的试验曲线。

图中曲线 1 表示灰渣在很窄的温度范围内，黏度变化很大，是短渣，短渣不易产生受热面结渣；曲线 3 表示灰渣在较宽的温度范围内，黏度变化才较大，是长渣，长渣易使水冷壁形成严重结渣；曲线 2 介于上述两者之间，它可使水冷壁形成不太严重的结渣。灰渣黏度可用专门的高温灰渣黏度计测定，在无条件测定时，可按图 11－3进行估算：首先计算煤灰硅比 G，在 G 标尺中找到该点，然后将该点与 A 标尺上的 $1430℃$ 点相连，交 B 线为 R 点，在 A 尺上找到给定温度点与交点 R 连接并延长与 C 标尺相关，C 标尺的交点即为给定温度下的黏度。

灰分的黏度也与灰分存在的介质气氛有关。研究表明：熔灰在降温过程中，同一煤种的灰分在还原气氛中的结晶速度低于氧化气氛中的结晶速度。这一结果表明，处在还原气氛中的熔灰，可在更低的温度下使水冷壁等受热面形成结渣。

煤粉在炉内燃烧时，处于高温火焰中的灰分一般为熔化或软化状态，具有黏性。正常情况下，这时的灰粒还在空间悬浮着。在火焰扩散传播过程中，

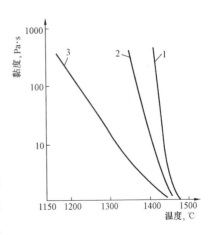

图 11－2 氧化气氛下炉膛水冷壁上灰渣的黏温特性

1—轻微结渣；2——般性结渣；3—严重结渣

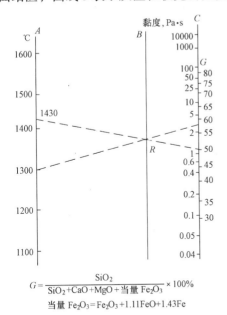

$$G=\frac{SiO_2}{SiO_2+CaO+MgO+当量\ Fe_2O_3}\times100\%$$

当量 $Fe_2O_3=Fe_2O_3+1.11FeO+1.43Fe$

图 11－3 计算灰渣黏度的线算图

由于烟气向受热面传热，温度下降，胶质状态的灰粒将被冷却、凝固而失去黏结性，此时灰粒接触到受热面或炉墙不会黏结其上形成结渣。

管壁上黏结一层渣以后，其表面粗糙度增加，黏附性能提高，所以更易于灰渣的黏结。同时，因灰渣层传热性能很差，温度迅速升高，将造成悬浮空间的熔化和软化灰粒固化进程延长，从而使到达渣层的灰粒不容易固化，这样就更容易形成新的结渣。可见，结渣过程是一个自动加剧的恶性循环过程。

3. 结渣的判定

结渣是固体燃料在燃烧放热、传热和运动过程中发生的，它不仅与煤灰的熔化特性、存在气氛有关，还与煤灰本身的物理、化学特性有关。目前国内、外判定结渣的指标除 ST 之外，主要还有下列几项：

（1）碱酸比 B/A

$$\frac{B}{A} = \frac{Fe_2O_3 + CaO + MgO + Na_2O + K_2O}{SiO_2 + Al_2O_3 + TiO_2} \qquad (11-1)$$

酸性氧化物具有较高的熔点，碱性氧化物则熔点较低。碱酸比反映了灰分中所含各种金属氧化物在燃烧过程中化合和形成低熔点盐的倾向。碱酸比越高，ST 越低，煤的结渣倾向越大。目前国内按 B/A 判别结渣的范围见表 11-2。

表 11-2　　　　　　　　　　　按 B/A 判别结渣范围

目前国内判定准则		分割法判定准则	预测结渣情况
B/A	< 0.4	< 0.206	轻
	0.4 ~ 0.7	0.206 ~ 0.4	中
	> 0.7	> 0.4	重

（2）硅铝比 SiO_2/Al_2O_3。虽然 SiO_2 和 Al_2O_3 都是酸性氧化物，具有提高灰熔点的作用，但 SiO_2 比 Al_2O_3 更能促进灰熔点降低。这是因为含硅的氧化物群和硅酸盐矿物群与其组分会形成比铝酸盐共熔体灰熔点还要低的低熔点共熔体。例如，Na_2SiO_3 的熔点为 877℃，K_2SiO_3 的熔点为 977℃，钙铁橄榄石 $Ca \cdot FeO \cdot SiO_2$ 的熔点为 1100℃，而 $CaO \cdot Al_2O_3$ 的熔点却为 1500℃。所以，SiO_2/Al_2O_3 提高，ST 会明显降低，结渣倾向增加。目前国内按硅铝比判别结渣的范围见表 11-3。

表 11-3　　　　　　　　　　　按硅铝比判别结渣范围

目前国内判定准则		分割法判定准则	预测结渣情况
SiO_2/Al_2O_3	< 1.7	< 1.87	轻
	2.8 ~ 1.7	2.65 ~ 1.87	中
	> 2.8	> 2.65	重

（3）硅比 G。计算公式为

$$G = SiO_2 / (SiO_2 + CaO + MgO + 当量Fe_2O_3) \qquad (11-2)$$

当量 $Fe_2O_3 = Fe_2O_3 + 1.11FeO + 1.43Fe$。在 $SiO_2/Al_2O_3 = 1 \sim 4$ 时，用硅比 G 判别结渣倾向较准确。因为硅比的分母多为助熔剂，SiO_2 多，意味着灰熔点较高，所以结渣倾向降低。目前国内按硅比判定结渣的准则见表 11-4。

表 11-4　　　　　　　　　　　按 B/A 判别结渣范围

目前国内判定准则		分割法判定准则	预测结渣情况
G	72 ~ 80	> 78.8	轻
	65 ~ 72	66.1 ~ 78.8	中
	50 ~ 65	< 66.1	重

（4）灰黏度判定指数 R_{VS}。计算公式为

$$R_{VS} = \frac{T_{250泊} - T_{1000泊}}{97.5 \times f_s} \tag{11-3}$$

式中　　$T_{250泊}$——氧化气氛下黏度为 250 泊（poise）时的灰渣温度；

　　　　$T_{1000泊}$——还原气氛下黏度为 1000 泊时的灰渣温度；

　　　　f_s——与测定的平均温度有关的因子。

用灰黏度作为预测结渣倾向被认为是较可靠的结渣指标。该判定指数推荐的数值界限为：$R_{VS} < 0.5$ 为轻度结渣；$R_{VS} = 0.5 \sim 0.99$ 为中等结渣；$R_{VS} = 1 \sim 1.99$ 为强结渣；$R_{VS} > 2.0$ 为严重结渣。

$Na_2O + K_2O$ 在煤灰碱性份额中占的比例不大，但因强碱金属对灰的熔化温度及炉膛结渣倾向的影响与其灰中的比例成比例，且大多钠化合物低于 900℃ 时就熔化，它为灰粒黏附提供了黏结剂。为此，德国 EVT 公司依据经验推出 K_V 值的补充判定结渣公式，即

$$K_V = (S_V + 0.5)(0.5 + Na_2O + K_2O) \tag{11-4}$$

$$S_V = S - 0.33 SO_3 \times A_{ar}/100$$

推荐值为：$K_V < 4$ 是不结渣煤；$K_V > 4$ 为结渣煤。

对我国煤种而言，氧化铝 Al_2O_3 含量在煤中一般仅次于 SiO_2，它对灰分的熔化特性影响通常也较大。Al_2O_3 含量高的煤，灰熔点会显著提高，因而炉内结渣的倾向减小。这主要是因为 Al_2O_3 大多有难熔的酸性复合物高岭土 $Al_2O_3 \cdot 2SiO_2 \cdot 2H_2O$ 存在而引起。我国煤中 $Al_2O_3 > 15\%$ 时，ST 就明显提高；当 $Al_2O_3 > 36\%$ 时，不管灰中其他成分如何变化，ST $> 1500℃$。

三、结渣的原因

1. 燃烧器的设计和布置不当

燃烧器的设计和布置不当是影响锅炉结渣的重要原因之一。300MW 的锅炉机组一般设计有两组燃烧器。如果每组燃烧器设计的高宽比过大，射流的刚性就较弱。对于四角布置切圆燃烧方式的锅炉，因背火侧补气条件差，与补气较好的向火面形成压差；加之上角射流的冲击，因而火焰会形成较大的偏转，严重时还可能出现火焰刷墙。这时由于熔灰得不到足够的冷却就与水冷壁接触，因而出现背火侧的结渣。同时，由于燃烧中心风粉混合的不均匀，产生局部 CO 还原气氛，使灰熔点降低，所以加剧结渣。当两组燃烧器之间的间距设计较小时，射流进入炉膛将会形成风帘，从而使射流刚性急剧下降，此时容易出现射流贴墙燃烧，产生炉墙大面积结渣。

燃烧器布置不当造成结渣有两个方面，当燃烧切圆设计过大时，由于射流两面补气条件差别加大，压差增加，可能出现火焰贴墙燃烧形成结渣；如燃烧器布置过高，火焰上移，可能引起炉膛上部和出口受热面结渣，特别是对于燃烧无烟煤的锅炉，因火焰较长，燃烧器布置过高更容易出现上部结渣和受热面超温损坏现象。

2. 过量空气系数小和混合不良

过量空气系数过小加之风粉混合不好，必将出现炉内 CO 还原气氛的增加，使灰熔点降低。这时，虽然炉膛出口烟气温度并不高，仍然可能出现强烈的结渣现象，即使燃烧挥发分较高的煤，如果风量不足、混合不匀，也会使结渣加剧。

3. 未燃尽的煤粒在炉墙附近或黏到受热面上继续燃烧

当炉膛温度偏低或一次风率过大时，燃料的燃烧速度将下降，燃尽时间延长，此时容易出现燃尽期发生在炉膛出口附近或炉墙附近，甚至黏附在炉墙上继续进行，这样炉膛上部或炉墙附近温度升高，灰分在未固化之前就接触到受热面，黏结其上形成结渣。

4. 炉膛高度设计偏低，炉膛热负荷过大

炉膛高度设计偏低时，燃料的后燃期将延续到炉膛上部，甚至炉膛出口以后，如上所述，这将引起屏式过热器甚至高温对流过热器的结渣或超温损坏。当炉膛热负荷设计过大时，炉内温度水平也提高，如受热面出现内部结垢或外部积灰时，熔灰就可能在得不到充分的冷却固化前接触到受热面，形成结渣。

5. 运行操作不当

对于切圆燃烧方式，如果投用或停用的燃烧器喷口不对称或同层射流速度差异偏大、送粉不匀等，都会出现炉膛火焰偏斜，炉内温度场不均匀性增大，容易产生高温区域的熔灰黏附受热面形成结渣。如果燃烧器下层风不适当地调整而过大，上层风又过小，使火焰不适当的抬高，容易造成炉膛上部结渣。一次风煤粉气流速度过大或过小，燃烧都会发生在炉墙附近，引起燃烧器区域结渣。

6. 吹灰和清渣不及时

炉内的某些受热面上积灰以后，不但灰污面温度提高，而且表面变得粗糙，此时一旦有黏结性的灰粒碰上去，就容易附在上面。如清渣不及时，结渣就会迅速扩散，形成严重结渣，可导致被迫停炉打渣。

7. 其他原因

燃烧器制造质量不高、安装中心不正或位置偏离过大、喷口烧坏没有更换等，都会造成火焰不对称或偏斜，形成炉膛结渣。如吹灰器短缺或转动、伸缩不灵，不能形成正常吹灰，也容易使受热面黏附灰粒，形成结渣。

四、结渣的防治

1. 正确设计燃烧器和选择假想切圆

设计燃烧器和选择假想切圆的原则应是，在保证一次风射流引射和卷吸高温烟气，使其迅速着火和稳定燃烧的前提下，提高射流刚度、减少偏转，避免出现在炉墙附近燃烧，尤其不能出现射流贴墙燃烧。为此，在设计燃烧器时，应控制单组燃烧器的高宽比 H/B 一般不要大于8。为避免产生风帘，两组燃烧器之间的有效间距通常不应小于1100mm，这样可减小射流两面的压差，提高射流刚度，防止射流靠墙或贴墙。在选择四角射流假想切圆时，考虑到射流进入炉膛后不可避免地要产生较大偏转，因此切圆直径不宜过大，一般以600～800mm较为合适。根据实验研究和我国目前的运行实践表明，燃烧器选择上述数值在正常运行调整时，一般可避免射流偏转而引起的炉膛结渣。

2. 炉膛出口烟温

当有充足的空气量时，控制炉膛出口烟温是避免炉膛结渣的又一重要方面。炉膛出口烟温控制在 $\theta''_1 = ST - (50 \sim 100℃)$ 以内，一般可避免炉膛上部的结渣。为使炉膛出口烟温不会过高，可采用调整燃烧和适当减小炉膛热强度的方法。

（1）合理配风。合理配风的唯一标准是风、粉混合均匀，着火迅速和燃烧稳定、迅速、完全。这样，炉膛出口烟温就会降低。配风不当使火焰中心上移，炉膛出口烟温高；火焰中心下移，将使冷灰斗附近温度升高。因此在运行中应注意配风，使火焰中心保持在炉膛中心。

（2）减少炉膛热强度。提高锅炉效率可减少燃料消耗，保证给水参数，减少锅炉饱和蒸汽的用量等均可达到降低炉膛热强度的目的。为了避免炉膛热强度过大，应禁止锅炉在较大的超负荷工况下运行。

3．保持适当的空气量

过量空气量太大，烟气量增加，火焰中心上移，炉膛出口烟温升高；过量空气量太小，燃烧将不完全，还原气氛增强，同时飞灰可燃物也增加，两者都为结渣创造了条件。所以，应保持适当的过量空气系数，一般认为：$V_{daf} > 20\%$ 时，$\alpha''_1 = 1.20$ 左右；$V_{daf} < 20\%$ 时，$\alpha''_1 = 1.25$ 左右比较适当。

4．保持合适的煤粉细度和均匀度

煤粉过粗会延迟燃烧过程，使炉膛出口烟温升高，同时烟气中会出现未完全燃烧的煤粒，这样会造成结渣。煤粉过细，粉灰易于浮黏壁面，影响受热面传热。

5．加强运行监视

运行中，可根据仪表指示和实际观察来判断结渣。炉膛结渣后，煤粉消耗量增加，炉膛出口烟温升高，过热汽温升高且减温水量增大，锅炉排烟温度升高；炉膛出口结渣时，炉膛的负压值还会减小，严重时甚至有正压出现。此时应及时清渣，防止事故扩大。运行中保证及时吹灰也是防止结渣的有效措施。

6．其他

如果燃料多变时，应提前将煤质资料送给运行人员，以便及时进行燃烧调整。在检修时，应根据结渣部位和程度进行燃烧器调整，更换或修复损坏的燃烧器。如结渣严重，可将原有卫燃带适当减少。

五、实例介绍

水冷壁大面积掉焦实例如下。

某电厂安装 4 台 300MW 机组，全部配备自然循环汽包锅炉，分别投运 4～8 年。

1．事故经过及处理

事故前，工况为 1、2、4 号机组与电网并列运行，3 号机组处于节日消缺开机过程中，全厂有功出力 580MW，其中 1 号机组负荷 180MW。3 时 00 分 1 号炉负压突然大幅度摆动，炉膛压力由 –80Pa 摆至 1750Pa，紧急停炉保护动作，甲、乙送风机跳闸，锅炉灭火。运行人员就地检查，锅炉渣斗及炉底密封处大量蒸汽冒出，并有大量灰水混合物溅出，渣斗内落满焦。3 时 03 分汽轮机挂闸，3 时 05 分启动甲、乙送风机吹扫炉膛，锅炉点火，4 时 00 分负荷带至 180MW，事故时系统周波最低为 49.85Hz，全厂出力未变。

2．事故原因分析

（1）锅炉水冷壁掉大焦将火砸灭是该次事故的直接原因。该锅炉自大修后结焦严重，在该次事故发生半月前曾停炉 5 天进行除焦，点火后结焦问题仍未解决，带高负荷时结焦尤为严重。事故发生前一天 18 时 50 分为迎负荷高峰，负荷带至 300MW，23 时 00 分高峰过后将负荷降至 220MW，至当天 0 时 30 分负荷再次降至 180MW，由于炉膛温度及锅炉热负荷的变化，于 3 时 00 分水冷壁管结焦突然大面积脱落，将火砸灭。

（2）该锅炉长期燃烧中、低灰熔点的煤种，是该次事故的间接原因：该炉子的原设计煤种按"洗中煤∶南屯原煤∶唐村小槽煤 = 0.58∶0.32∶0.10"的比例混合，该设计煤种 C_{ar} =

42.18，灰分 A_{ar} = 32.60，水分 W_{ar} = 11.67，挥发分 V_{daf} = 42.07，此元素成分接近于褐煤，即碳化程度低，灰分、水分、挥发分含量均较高，而其灰熔点为：DT = 1280℃、ST = 1376℃、FT = 1382℃，属于中熔灰分的煤。在事故前相当一段时间，由于唐村小槽煤来煤较多，所以燃运人员在配煤时大大增加了小槽煤的比例，而唐村小槽煤的灰熔点为：DT = 1050℃、ST = 1080℃、FT = 1120℃，这样低灰熔点的煤，当然容易结渣。一旦发生结渣，由于渣层表面粗糙，渣与渣之间的黏附力大，渣粒很容易粘上去；同时，由于传热热阻增大而使炉内烟气温度和壁面温度升高，更有利于渣粒黏结，所以结渣过程自动加剧。

（3）运行人员技术素质低是该次事故的隐患原因：长期以来，一些运行人员不重视对运行工况的分析，例如一、二次风速比，燃烧器倾角高低，燃烧切圆直径大小等运行调整对锅炉运行安全性的影响，在该锅炉运行中，燃烧器倾角偏高，燃烧器切圆直径偏大，造成火焰中心位置过高，高温火焰贴壁燃烧，引起炉膛上部和局部水冷壁结渣。如果运行人员能勤分析、勤调整、勤处理，亦可避免该次事故的发生。

3. 事故对策

（1）加强运行监视，正确地进行燃烧调整。如：各燃烧器风粉混合均匀；保持炉内最佳过量空气系数和经济煤粉细度；保持火焰中心位置适当，防止局部区域温度过高；及时吹灰和打渣，防止轻微结渣后恶化。

（2）调低喷燃器倾角，降低炉膛出口烟气温度；缩小燃烧切圆直径，减少局部水冷壁结渣。

（3）下次停炉检修时，做一次冷风动力场试验。

第四节　过热器管和再热器管的爆漏及其防治

四管爆漏是电厂常见的事故之一，省煤器管的磨损爆漏及其防治见第六章。以下讨论过热器管和再热器管的爆漏及其防治。过热器和再热器通常都布置在锅炉烟温较高的区域。300MW 机组的锅炉过热器和再热器，由于工质吸热量大，受热面较多，总有一部分布置在炉膛的上部，直接承受炉膛辐射，因此工作条件比较恶劣。特别是屏式过热器的外圈管，它不但受到炉膛火焰的直接辐射，热负荷较高，而且由于屏管结构的差别，其受热面积大，流阻大，流量小，其工质焓增常比平均值大 40% ~ 50% 以上，所以很容易发生超温爆管。

再热器实际上是一种中压过热器，其工作原理与过热器相同，所以一般不单独讨论，但是由于中压蒸汽的比热容较小，所以它对热偏差比过热器更敏感。而且由于受到流阻损失要求的限制，不能采用过多的交叉和混合措施，因此使得再热器工作条件比过热器还要差。所以，再热器受热面总是布置在烟温稍低的区域，并采用大管径和多管圈结构。

一、过热器管和再热器管爆破的原因

过热器和再热器损坏主要有高温腐蚀和超温破坏等。

1. 高温腐蚀

过热器（再热器）管的高温腐蚀有蒸汽侧腐蚀和烟气侧腐蚀。

（1）蒸汽侧腐蚀（内部腐蚀）。过热器管子在 400℃ 以上时，可产生蒸汽腐蚀。化学反应过程如下，即

$$3Fe + 4H_2O = Fe_3O_4 + 4H_2 \tag{11-5}$$

蒸汽腐蚀后所生成的氢气，如果不能较快地被汽流带走，就会与钢材发生作用，使钢材表面脱碳并使之变脆，所以有时也把蒸汽腐蚀叫做氢腐蚀。反应式如下，即

$$2H_2 + Fe_3C = 3Fe + CH_4 \qquad\qquad (11-6)$$

$$2H_2 + C（游离碳）= CH_4 \qquad\qquad (11-7)$$

CH_4 积聚在钢中，产生内压力，使内部产生微裂纹，即钢材变脆。

(2) 烟气侧腐蚀（外部腐蚀）。在高温对流过热器和高温再热器出口部位的几排蛇形管，管子壁温通常都在 550℃ 以上，因此会发生烟气侧腐蚀。这种腐蚀是由燃煤中的硫分和煤灰中的碱金属（钠 Na、钾 K）所引起的。煤灰分中的碱金属氧化物 Na_2O 和 K_2O 在燃烧时会挥发、升华，微小的升华灰靠扩散作用到达管壁并冷凝呈液态附在壁面上。烟气中的 SO_3 与这些碱性氧化物在壁面上化合生成硫酸盐，即

$$M_2O + SO_3 = M_2SO_4 \qquad\qquad (11-8)$$

管壁上的硫酸盐再与飞灰中的氧化铁及烟气中的三氧化硫作用生成复合硫酸盐，即

$$3M_2SO_4（结积物）+ Fe_2O_3（飞灰）+ 3SO_3（烟气）= 2M_3Fe（SO_4）_3 \qquad (11-9)$$

液态复合硫酸盐有向低温处积聚的特性，因而可使腐蚀过程不断进行。其反应过程为

$$Fe + 2M_3Fe（SO_4）_3 = 3M_2SO_4 + 3FeS + 6O_2 \qquad\qquad (11-10)$$

$$3FeS + 5O_2 = Fe_3O_4 + 3SO_2 \qquad\qquad (11-11)$$

$$3SO_2 + O_2 + \frac{1}{2}O_2 = 3SO_3 \qquad\qquad (11-12)$$

$$3M_2SO_4 + Fe_2O_3（飞灰）+ 3SO_3 = 2M_3Fe（SO_4）_3 \qquad\qquad (11-13)$$

将式 (11-10) ~ 式 (11-13) 的左边与右边分别相加，消去相同各项，则得

$$Fe + \frac{1}{2}O_2 + Fe_2O_3（飞灰）= Fe_3O_4 \qquad\qquad (11-14)$$

以上各化学式中 M 代表 Na 和 K。

从式 (11-14) 可见，虽然烟气侧的高温腐蚀化学反应经过很多中间过程，但是实质上还是铁的氧化过程。

过热器管内部腐蚀和外部腐蚀的结果，使壁厚减薄，应力增大，以致引起管子产生蠕变，使管径胀粗，管壁更薄，最后导致应力损坏而爆管。

2. 过热器管与再热器管超温

过热器管与再热器管的超温损坏在 300MW 的锅炉中也常有发生，特别是过热器管的超温爆破，更是目前过热器损坏的主要原因。

(1) 过热器（再热器）管超温损坏的原因。过热器管材在 400℃ 以上和应力的长期作用下都会发生蠕变，使管子胀粗而逐渐减薄，然后形成微裂纹，当积累到一定程度时即发生爆破。锅炉在正常运行时，过热器出现少量的蠕变是允许的，它不影响使用寿命。但是如果过热器长期超温，蠕变过程就加快，而且超温越多，应力越高，蠕变也就越快，因此会使管子在很短的时间内就发生爆管。

过热器管材多为珠光体耐热钢，它们的金相结构为铁素体和珠光体。珠光体中片状渗碳体在高温上促使其碳原子扩散，并向着表面能量低的状态变化，因此片状渗碳体就要力求变为球状，小球要力求变成大球（大球表面积小）。因为晶界上的分子作用力小，扩散速度较大，所以球状碳化物首先在晶界上析出。温度越高，时间越长，晶界上球状碳化物越多。球

化会使管材的高温强度下降。

过热器多为合金钢管，合金元素的原子溶入铁的晶格中。当温度在 500℃ 以上和应力作用下，合金元素的原子活动能力增强，它就力求从铁素体中移出，使铁素体贫化，同时还进行着碳化物的结构、数量和分布的改变，碳化也力求变得更加稳定，结果使钢的高温强度下降，温度越高，强度下降也越多。

从上面分析可以看出，过热器管超温后，蠕变加速和材质结构变化均导致其强度迅速降低，因此在工质压力的作用下就易发生爆破损坏。

(2) 过热器管超温的影响因素。影响过热器超温的原因首先是热偏差。在 300MW 机组的过热器管组中，偏差管的工质焓增和烟温偏差，严重时可能使偏差管管壁温度比管组平均值高出 50℃ 以上，因此偏差管容易发生爆管。

炉膛燃烧火焰中心上移也是造成过热器超温的主要原因之一。燃煤性质变差，如挥发分降低，R_{90} 增大；炉膛漏风增大；燃烧器上倾角过大；燃烧配风不当，如过量空气系数过大，上二次风偏小，下二次风偏多；炉膛高度设计偏低，燃烧器布置偏高等，都会引起火焰中心上移，造成过热器管超温。

炉膛卫燃带设计过多，运行时水冷壁管发生积灰或结焦而未清除，锅炉超负荷工况下运行等，会使炉膛出口烟温升高，引起过热器超温。

过热器本身积灰或结渣，均会增加传热阻力，使得传热变差，管子得不到充分冷却，这也是造成过热器管超温的重要原因。过热器管内结垢，也会造成热阻增大，使其容易发生超温。

3. 过热器（再热器）管磨损及其他

过热器管爆破除高温腐蚀和超温损坏以外，磨损也是原因之一。过热器的磨损原因与省煤器相似，这里就不再重述。需要说明的是，在过热器区域，因为流过的烟气温度较高，所以灰分的硬度也较低；而且过热器管通常都是顺列布置，因此灰分对过热器管的磨损要比省煤器轻得多。故而，过热器管的磨损爆管通常不是损坏的主要原因。

过热器管损坏除了上述原因之外，还有以下因素：制造缺陷，安装、检修质量差，主要表现是焊接质量差；过热器管的管材选用不符合要求；低负荷时减温未解列，造成水塞以致管子局部超温等。

二、过热器管、再热器管的损坏及其防治

1. 过热器管与再热器管的损坏及处理

过热器管爆破以后，在过热器区域有蒸汽喷出的声音，蒸汽流量不正常地小于给水流量，燃烧室为正压，烟道两侧有较大的烟温差，过热器泄漏侧的烟温较低，过热器的汽温也有变化。再热器损坏的现象与过热器损坏的现象相似，其差别在于，再热器损坏时，在再热器区有喷汽声，同时汽轮机中压缸进口汽压下降。

过热器管或再热器管爆破时，应及时停炉，以免破口喷出的蒸汽将邻近的管子吹坏，致使事故扩大，检修时间延长。只有在损坏很小，不会危及其他管子时，才可以短时间运行到备用炉投入或调度处理过后再停炉。

2. 过热器管（再热器）的爆管防治

根据上述分析，可以找出防治过热器管爆破的防治方法：

(1) 高温腐蚀的防治。高温腐蚀的程度主要与温度有关，温度越高，腐蚀也越严重。另

外，腐蚀程度也与腐蚀剂的多少有关，腐蚀剂越多，腐蚀也越重。可见要完全防止高温腐蚀，只有去掉灰中的 Na_2O 和 K_2O 等升华灰成分，这显然是做不到的。通常只有在燃煤供应允许的情况下，选用升华成分较小的煤，以减轻过热器管的腐蚀程度。同时，要想将过热器管温度降到 500℃ 以下，使升华灰完全固化以达到防腐目的也不可行，所以只有控制管壁温度才是行之有效的办法，这样做虽然不能完全防止高温腐蚀，但可以减轻腐蚀程度，延长管子使用寿命。

将过热汽温限制在一定的范围内，可达到控制管壁温度的目的。我国现在趋向于将汽温规定为 540℃/540℃；国外目前基本上也将汽温控制在 560℃ 以下。高温腐蚀最强烈的温度区是 650~700℃，因此应合理选择过热器与再热器布置的区域，使金属壁温维持在危险温度以下。

为了防止过热器管内的氢腐蚀，过热器内工质应有相当的质量流速，不过它比保证过热器管冷却所需要的管内工质流速通常要低，所以防止氢腐蚀一般不成问题。

（2）超温爆管的防治。引起过热器管超温的原因，归结起来有三个方面，即烟气侧温度高，管内工质流速低，管材耐热度不够（包括错用管材）。为了防止超温，应减小管组的热偏差。为了防止燃烧火焰中心上移引起过热器管超温，除了锅炉设计应保证炉膛高度，燃烧器布置高度适当外，在运行中应注意燃烧器上倾角不能过大；燃烧配风应当合理；炉膛负压不能太大，以免漏风过大；注意调节汽温；同时应注意及时清除受热面的积灰和渣焦，特别是过热器本身的积灰和渣焦，因为过热器积灰和结渣不但使传热恶化，而且容易形成烟气走廊，加大管组的热偏差，同时造成走廊两侧过热器管的磨损加剧；如果炉内卫燃带过多，应在停炉检修时适当打掉一部分；还应注意不能使锅炉长期超负荷运行；过热器管材应符合要求等。

（3）其他防治。为了防止过热器的磨损爆管，过热器区域的烟速应选择适当，通常不应超过 14m/s。严格监视过热器制造、安装、检修质量，特别是焊接质量关应把好。在运行中应密切监视过热器的运行情况，如果发现异常应及时调节和处理，保证过热器的正常运行。

三、实例介绍

引进型锅炉末级再热器泄漏实例如下。

1. 现象

某电厂一台按美国 CE 公司技术制造的国产控制循环锅炉于 1987 年 6 月投产，在 1996 年 3 月 24 日 23 时 50 分发现 47m 处有泄漏声，判断为末级再热器泄漏，3 月 25 日 3 时 30 分停炉，检查发现末级再热器第 4 排第 6 根管子距顶棚 1.5m 处爆漏，将相邻第 3、7 根管子吹漏，18 根管子减薄，共 26 根管子从距顶 0.5m 处向下 2.5m 更换，当时分析认为由于锅炉设计原因，末级再热器南侧烟温较高，使末级再热器长期处于极限温度下运行，造成管壁氧化，减薄直至爆漏。

另外一台同类型控制循环锅炉于 1992 年 12 月在另一家电厂投产，在 1995 年 2 月 15 日，当时负荷 270MW，A、B、C、D 四台磨煤机投产，给水泵 A、B 运行，在 22 时 15 分检查发现 46.6m A 侧炉内漏汽声，补水量增大，经分析为再热器泄漏，经批准于 2 月 16 日停炉，经查为 A 侧第 3 排处第 4 号管下部弯头焊破，破口长达 90mm，后将上述损坏管段全部更换。

2. 原因分析

锅炉水平烟道两侧存在烟温差。

（1）大型锅炉四角布置的直流燃烧方式是我国普遍采用的一种形式，切圆燃烧方式的主要特点是炉内气流旋转，由此引起在炉内中央低压区卷吸炉内介质，形成燃料、空气和烟气的强烈混合，造成良好的燃烧条件。气流的旋转使火焰自上游点燃下游邻角气流，促使煤粉着火，这种旋转气流呈螺旋状上升一直到炉膛出口，延长了煤粉颗粒在炉内的行程，有利于煤粉的燃尽。试验表明，虽然随着气流的旋转上升，旋转速度逐渐减弱并趋于均匀，但在炉膛出口的折焰角下方仍然存在气流的旋转，当切圆为逆时针旋转时，炉膛出口烟速右侧高于左侧，反之，左侧高于右侧。炉膛上部的大屏，对旋转气流起到了一定的分隔和消旋作用，但因大屏块数较少，布置不尽合适，因此残余旋转气流将影响水平烟道入口的速度分布，在水平烟道宽度方向的烟速偏差会引起烟温偏差，因为烟速低的烟气通过同一等长烟道的时间要比烟速高的长，所以每 1kg 烟气放热多，温降大，烟温自然低，所以在炉内气流呈逆时针旋转的情况下，水平烟道右侧下部属高温区，受热面吸热最多，因而右侧的汽温要比左侧高，右下侧的管壁温度最高，处于最危险的状态。

（2）由理论计算得出炉内实际切圆直径大，炉膛出口气流残余扭转大，而炉内实际切圆大小取决于假想切圆直径、二次风与一次风的动量比、锅炉负荷、二次风配风方式、燃烧器摆角大小等因素。假想切圆直径大，则实际切圆直径大，炉膛出口气流残余扭转大。二次风与一次风的动量比大，则同角二次风射流对一次风的引射作用大，以及上游二次风射流对一次风的外推力作用大，故实际切圆直径大，炉膛出口气流残余扭转大。锅炉负荷降低时，部分燃烧器停运，炉内气流旋转的外推力减小，因此低负荷时的实际切圆比高负荷时的小。燃烧器摆动时，燃烧器喷出射流与水平面成一定的夹角，分成垂直与水平方向分速度，由于水平分速度和切向旋转动量矩小，使外推力减小，故实际切圆直径和炉膛出口气流残余扭转减小。

（3）当燃煤质量下降和燃烧工况变坏时，炉内火焰中心上移，这不仅缩短了旋转气流在炉内的行程，而且增大了炉膛出口气流残余扭转动量矩，计算表明，当炉膛出口烟温升高时，在相同的烟速偏差情况下，水平烟道两侧的烟温差也会增加。

（4）再热汽温反映敏感。由于再热蒸汽的比热容比过热蒸汽的比热容小得多，同样 1kg 蒸汽，要获得 1kJ 的热量，再热蒸汽的温升比过热蒸汽的温升大，在热偏差条件相同时，再热器容易产生过大的温度偏差，致使管壁超温。

3.对策

（1）运行中监视末级再热器管壁温度不得超过 575℃，锅炉启动时炉膛出口烟温不得超过 538℃。

（2）部分再热器管子的材料用 SA213 – T91 代替钢研 102。

（3）燃烧器顶部二次风、上部二次风、E 层燃料风和 CD 层二次风 6 层空气喷嘴反切 25°，减少炉膛出口的烟气温度偏差。

（4）在再热器系统加装节流圈，在烟温高的一侧增大节流圈孔径，以增大其蒸汽流量，在烟温低的一侧，则减小节流圈孔径以减小其蒸汽流量。

（5）在屏式再热器与末级再热器之间增设中间混合集箱并左右交叉混合，以减少水平烟道两侧烟温、汽温差，但是再热器阻力可能会超过 0.2MPa，降低热经济性。

（6）在结构设计方面有如下建议：

1）由于其沿炉膛和水平烟道宽度方向的烟温和烟速分布一般比较均匀，因而采用前墙或前后墙对冲布置的旋流燃烧器；

2）在选择炉膛高度尺寸时，考虑到实际运行条件下由于煤种多变，煤质下降导致炉膛出口烟温常常偏高的情况，可适当增加炉膛高度，有利于减少炉膛出口气流的残余扭转。

（7）割去一部分再热器受热面管子。

第五节　水冷壁管的爆漏及其防治

水冷壁管的爆破损坏也是锅炉常见的事故之一，亦应引起注意与防范。

一、水冷壁管爆破的主要原因

300MW 锅炉机组水冷壁爆破的主要原因有超温、腐蚀、磨损和膨胀不均匀产生拉裂等。

1. 超温爆管

水冷壁管的外壁温度可由下式计算，即

$$t_{wb} = t + q\left(\frac{1}{\alpha_2} + \frac{\delta_{js}}{\lambda_{js}} + \frac{\delta_g}{\lambda_g}\right) \tag{11-15}$$

式中　　t_{wb}——管子外壁温度，℃；

　　　　t——管内工质温度，℃；

　　　　q——管外壁热流密度，kW/（m²·s）；

δ_{js}、λ_{js}——管子壁厚及其导热系数，m、kW/（m·℃）；

δ_g、λ_g——管内水垢厚度及其导热系数，m、kW/（m·℃）；

　　　　α_2——管子内壁对工质的放热系数，kW/（m·℃）。

由式（11-15）可知，水冷壁的管壁温度是由两部分组成的：一是管内工质的温度，另一部分则是管外壁热流密度没有被工质吸收而使管外壁温度升高的部分。从式中还可知道，热阻越大，管外壁升温也越高。锅炉在正常运行时，因 t 值不高、α_2 很大、δ_g 值极小，所以管壁温度并不高，受热面是安全的。但是如果燃烧调整不当，锅水品质不好，则可能发生管壁超温爆管。

若炉膛燃烧发生在水冷壁附近，或贴墙燃烧时，该区域的热负荷将很高，它不但会引起水冷壁结渣，而且由于该区域水冷壁汽化中心密集，则可能在管壁上形成连续的汽膜，即产生膜态沸腾。因此传热系数 α_2 急剧下降，传热恶化，即产生了第一类传热危机。当出现这类危机时，管壁温度突然上升，会导致超温爆破。在直流锅炉蒸发段的后段，此区热负荷不是很高，但管内含汽率却较高，管壁上的水膜较薄，此时，由于管子中心汽柱流速较高，可能将水膜撕破，或因蒸发使水膜部分消失，或全部消失。因此管壁与蒸汽直接接触，而此时工质质量流速又不很大，因此 α_2 也明显下降，出现了所谓的第二类传热危机，导致壁温升高，也可能使管子爆破。如果锅水品质不符合要求，将会使管内结垢，δ_g 值增大，而 λ_g 值又很小，由式（11-15）可知，此时 t_{wb} 也将增大，可能导致水冷壁超温爆管。

在自然循环锅炉水冷壁并列管组成的循环回路中，实际上由于热负荷及结构特性的偏差，各根上升管的循环特性是不相同的，热负荷高的管子循环水速大，热负荷低的管子循环水速小。如热负荷偏差很大，则在热负荷小的管中，其循环水速可能很小，甚至出现循环停滞、自由水面或倒流等水循环故障。停滞时，管中的汽泡只能靠本身的浮力缓慢上升，而且容易在管子弯头处产生汽泡积累；自由水位面以上，管子得不到水的冷却；倒流速度如果与汽泡上浮速度相等，汽泡在管内相对静止等，所有这些都会使管壁得不到足够冷却，从而可导致水冷壁超温爆破。

2. 腐蚀损坏

（1）管内垢下腐蚀。垢下腐蚀也称酸碱腐蚀，这是因为锅水中的酸性和碱性盐类破坏金属保护膜的缘故。

在正常运行条件下，水冷壁管内壁覆盖着一层 Fe_3O_4 保护膜，使其免受腐蚀。如果锅水 pH 值超标，就会使保护膜遭到破坏。研究表明，当 pH 值为 $9 \sim 10$ 时，保护膜最稳定，管内腐蚀最小；当 pH 值过高时，易发生碱性腐蚀；当 pH 值过低时，又会发生酸性腐蚀。

当锅水中有游离的 NaOH 时，锅水的 pH 值升高，引起碱性腐蚀。反应式如下，即

$$Fe_3O_4 + 4NaOH = 2NaFeO_2 + Na_2FeO_2 + 2H_2O \tag{11-16}$$

当锅水中有 $MgCl_2$ 或 $CaCl_2$ 时，pH 值升高，引起酸腐蚀。反应式如下，即

$$MgCl_2 + 2H_2O = Mg(OH)_2 + 2HCl \tag{11-17}$$

$$CaCl_2 + 2H_2O = Ca(OH)_2 + 2HCl \tag{11-18}$$

$$Fe + 2HCl = FeCl_2 + H_2 \uparrow \tag{11-19}$$

当氢在垢与金属之间大量产生时，氢可扩散到金属中与其中的碳结合形成甲烷 CH_4，并在金属内部产生内压力，引起晶间裂纹，使金属产生脆性爆裂损坏。

（2）管外高温腐蚀。当水冷壁外有一定的结积物，周围有还原性气氛，管壁有相当高的温度时，就会发生管外腐蚀。水冷壁的管外腐蚀有硫化物型和硫酸盐型两种，其中以硫酸盐型最常见。

硫化物型管外腐蚀主要发生在火焰冲刷管壁的情况下。这时，燃料的 FeS_2 黏在管壁上受灼热而分解成 S，S 与金属反应生成 FeS，随后氧化生成 Fe_3O_4。其反应过程如下，即

$$FeS_2 \xrightarrow{\text{灼热}} FeS + S \tag{11-20}$$

$$Fe + S \Longrightarrow FeS \tag{11-21}$$

$$3FeS + 5O_2 \Longrightarrow Fe_3O_4 + 3SO_2 \tag{11-22}$$

上述过程生成的 SO_2 或 SO_3，又与碱性氧化物 Na_2O 或 K_2O 作用生成硫酸盐 Na_2SO_4 或 K_2SO_4。可见硫化物腐蚀与硫酸盐腐蚀是同时发生的。

当水冷壁的温度在 $310 \sim 420℃$ 时，其表面会生成 Fe_2O_3，即

$$2Fe + O_2 = 2FeO \tag{11-23}$$

$$4FeO + O_2 = 2Fe_2O_3 \tag{11-24}$$

与过热器的管外腐蚀一样，其后它们又与碱性硫酸盐 Na_2SO_4 和 SO_3 反应生成复合硫酸盐 $Na_3Fe(SO_4)_3$。与过热器腐蚀不同的是，由于水冷壁管温度较低，此外的复合硫酸盐呈固态，加之固态排渣炉的炉壁附近 SO_3 并不多，所以一般腐蚀也较轻。如果渣层脱落，则暴露到表面的复合硫酸盐受到高温又分解为氧化硫、碱金属硫酸盐和氧化铁，使上述过程重复，因而将加剧腐蚀过程，致使水冷壁管因腐蚀爆破的可能性加大。

3. 磨损爆管

水冷壁管易受磨损的部位主要是一次风口和三次风口的周围。吹灰器的冲刷也可能使水冷壁损坏。

在一次风粉混合物中，每千克空气中含有 $0.2 \sim 0.8kg$ 的煤粉，当一次风以 $20 \sim 40m/s$ 的

速度喷入炉膛时，如果燃烧器安装角度不对或缩进太多，设计的切圆太大或偏斜，燃烧器喷口结渣、烧坏或变形，以及稳燃器安装不当等，都会使煤粉气流冲刷水冷壁管，使其磨损减薄导致爆破。三次风中煤粉含量约为 0.1~0.2kg（煤粉）/kg（空气），而三次风速通常又在50m/s 以上，所以当三次风口安装不当、结渣、烧坏或变形后，亦会冲刷水冷壁致使其磨损爆管。现代锅炉均装设有蒸汽吹灰装置，如果吹灰前吹灰器未疏水，在吹灰时凝结水就要冲扫到水冷壁上，使其冷却龟裂，产生环状裂纹而损坏。如进汽压力调节失控超过设计值，也会导致水冷壁磨损而爆管。

4．其他损坏形式

冷炉进水时，水温、水质或进水速度不符合规定；锅炉启动时升压、升负荷速度过快；停炉时冷却过快，放水过早等，都会使水冷壁管产生过大的热应力，致使爆管。

水冷壁管因受热不均匀，膨胀受阻也会拉裂爆管。被拉裂的部位通常以炉膛四角和燃烧器附近居多。例如燃烧器大滑板与水冷壁在运行中膨胀不一致，经多次启、停的交变应力作用后，就会从焊点处拉裂水冷壁致使爆破。

水冷壁选用钢材不当，焊接质量不符合要求，弯管质量不高，使管壁变薄等，也都有可能使水冷壁产生爆管。

二、水冷壁爆破处理及防治

水冷壁管爆破以后，会有如下现象：汽包水位下降；蒸汽压力和给水压力均下降；炉内有爆破声；炉膛呈正压，有烟气喷出炉膛；炉内燃烧火焰不稳或灭火；给水流量不正常地大于蒸汽流量；锅炉排烟温度降低等。

如果水冷壁管爆破不甚严重，不至于在短期内扩大事故，且在适当加强给水后能维持汽包正常水位时，可采取暂时减负荷运行，待备用炉投入后或调度处理后再停炉。但在这段时间内，应加强监视，密切注意事故发展情况。如果爆管严重，无法保持汽包正常水位，或燃烧很不稳定，或事故扩大很快，则应立即停炉。此时，锅炉引风机应继续运行，抽出炉内蒸汽。停炉后如加强给水，汽包水位可以维持，则应尽力保持水位；否则，应停止给水。

为了提高水冷壁管的运行安全性和可靠性，应根据其爆管的原因，采用不同方法防治。

1．超温爆管的防治

300MW 单元机组的锅炉通常都在亚临界压力以上，设计时应控制循环倍率 K 不能太小；直流锅炉应仔细确定传热恶化的临界干度，使膜态沸腾发生在热负荷较小的区域。为了防止传热恶化，首先应降低受热面的热负荷。在运行时应调整好燃烧火焰中心位置，不能出现贴墙燃烧。设计时可采取减小水冷壁管径、增加下降管截面等，提高水冷壁管内工质的质量流量，提高 α_2 值；也可在蒸发管内加装扰流子，采用来复线管或内螺管等，使流体在管内产生旋转和扰动边界层，提高 α_2。

为了防止出现循环故障带来的超温爆管，除要求燃烧稳定，炉内空气动力状况良好，炉内热负荷均匀外，还应避免锅炉经常在低负荷下运行，而且设计时水冷壁管组的并列管根数不能太多，管子组合亦应合理。例如，将炉膛四角受热较弱的管子，炉墙中部受热较强的管子，分别组成独立的回路。

2．腐蚀防治

为了防治水冷壁管的垢下腐蚀，应加强化学监督，提高给水品质，保证锅水质量，尽量减少给水中的杂质和锅水的 NaOH 含量，防止凝汽器泄漏，保证锅炉连续排污和定期排污的正常运行。对水冷壁管应定期割管检查，并根据情况进行化学清洗和冲洗等。

为防止水冷壁的管外腐蚀，应改善结积物条件。控制管壁温度，防止炉膛局部热负荷过高，以防水冷壁温度过高，加剧腐蚀。保持炉膛贴墙为氧化气氛，冲淡 SO_2 的浓度，以降低腐蚀速度。也可以在水冷壁管表面采用热浸渗铝技术，提高其抗腐蚀性能。

3. 磨损爆管防治

防止水冷壁管的磨损主要是切圆设计不能太大；燃烧器设计与安装角度应正确；应组织好炉内空气动力场，要求配风均匀，注意运行调整，防止切圆偏斜。运行时如燃烧器喷口或附近结渣应及时清除，如燃烧器烧坏或变形，应及时修复或更换。吹灰器在吹灰前应先疏水，吹灰蒸汽压力应控制在设计值范围。

4. 其他防治

为了防止锅炉启动、停止运行时损坏水冷壁管，在锅炉点火、停炉时，应严格按规程规定进行。

为了保证受热面的升温自由膨胀，在安装和检修时，在水冷壁管自由膨胀的下端应留有足够的自由空间，并采取措施防止异物进入，以免管子膨胀受到顶或卡而使其破坏。

应注意加强金属监督工作，防止错用或选用不合格的管材。在制造和安装、检修时应严把质量关，尤其应保证焊接质量符合要求，确保水冷壁管运行的安全。

三、实例介绍

国产改进型锅炉水冷壁高温腐蚀实例如下。

1. 现象

某厂国产改进型 1025t/h 单炉膛亚临界压力 UP 型直流炉于 1988 年 2 月投产运行，在累计运行 23000h 余后，在 1991 年 4 月 26 日 12 时 00 分至 14 时 00 分，锅炉运行人员发现在 21m（属于下辐射燃烧区）有严重泄漏声，于 4 月 27 日 22 时 40 分解列。停炉检查发现：后墙下辐射 22～24m 之间，第 34 屏第 10～13 根管子因严重减薄需调换。在锅炉标高 19～25m 涉及 15 个管屏的管子壁厚均有不同程度的减薄，从原壁厚 5.5mm 减薄到 2.2～4.3mm，爆破口壁厚仅剩 1mm 左右，被迫停炉调换管子 406 根。对损坏管子进行金相分析，向火面与背火面组织均为铁素体加珠光体，金属组织正常，表面结垢主要是 Fe_3O_4 和含有 FeS 的硬垢属高温硫腐蚀。水冷壁高温腐蚀位置基本都在锅炉标高 19～25m 燃烧器区域内，而且都在燃烧器向火侧，约占每个墙面的一半靠右侧的一边。

该厂腐蚀管的表面沉积物为多层结构，最外层是疏松灰渣或油垢，下面是一层褐色氧化铁皮的腐蚀产物，呈纵向条状，质地硬而脆，腐蚀层剥落后的金属表面光泽为蓝黑色，外形近似"塔"状。

2. 原因分析

（1）形成腐蚀壁面"塔"状的原因，初步分析是由于向火侧水冷壁端面受气流冲刷，灰渣不易黏附。而水冷壁两侧与鳍片间的凹处，气流冲刷不到，又受涡流作用，易使熔化后的灰粒或未燃尽的油滴黏附在该处，为腐蚀创造了条件。经过一定时间，水冷壁端面比两侧壁面的腐蚀程度要低得多。

（2）对造成此类腐蚀的原因作进一步分析为：由于该锅炉燃烧器按贫煤设计，要求一次风喷嘴相对集中，形成高温着火区。在炉膛靠燃烧器中心前后墙布置的看火孔处，实测火焰温度在 1600℃ 左右，最高可达 1700℃。这样易于产生一个高温缺氧的还原性气体区域，并且该厂燃用的煤种主要是晋东南、晋中、西山、潞安、长治等贫煤，燃煤的含硫量年平均值在 1.1% ~ 1.4% 之间，高于设计值（0.3%）。由于燃用晋煤量约占全年燃煤量的 20% ~ 30%，而晋中煤含硫量达 2% ~ 3%，实际入炉煤由于混煤不均，也会出现含硫量大于 2% 的状况。该厂用自制的"L"形状烟气取样水冷枪对高温腐蚀的水冷壁管附近进行烟气取样，其烟气中含氧量基本在 0.5% ~ 2%，还原性气氛 CO 含量在 2% ~ 3%，而且在烟气中均存在 H_2S 成分，最高达 5.0mg。另外，根据锅炉冷态空气动力场试验表明，一次风明显被二次风气流挤向水冷壁侧。

以上这些条件都促使燃料中 FeS_2 随灰粒或煤粒粘到管壁上受到灼热而分解成 FeS + S，在还原性气体中，游离态硫可单独存在，当管壁温度高达 350℃ 及以上时，游离态硫和铁会生成硫化亚铁，而硫化亚铁可进一步氧化成磁性氧化铁，从而使金属管壁受到腐蚀。

另外，FeS 与烟气中的 O_2 反应生成 FeO 和 [S]，硫原子 [S] 透过 FeO 和内层的 Fe 继续反应成 FeS，这样反复循环，致使管壁不断减薄直至爆管。

在硫化亚铁氧化成磁性氧化铁的过程中，还生成 SO_2 和 SO_3，而它们同碱氧化物作用将生成硫酸盐，因此实际上硫化物型与硫酸盐型高温腐蚀是同时发生的。

发生硫酸盐型高温腐蚀的管子表面有大量的硫酸盐和复合硫酸盐，其形成过程为：在壁温为 310 ~ 420℃ 时，管壁被氧化，使受热面外表形成一层 Fe_2O_3 和极细的灰粒污染层，在高温火焰的作用下，灰分中的碱土金属氧化物（Na_2O、K_2O）升华，靠扩散作用到达管壁并冷凝在壁面上，与周围烟气中的 SO_3 化合生成硫酸盐。管壁上的硫酸盐与飞灰中的 Fe_2O_3 及烟气中的 SO_3 作用，生成复合硫酸盐，复合硫酸盐在 550 ~ 710℃ 范围内呈液态（550℃ 以下为固态，710℃ 以上则分解出 SO_3 而成为正硫酸盐），液态的复合硫酸盐对管壁有强烈的腐蚀作用，尤其在 650 ~ 700℃ 时腐蚀最强烈。

另一种途径是碱金属的焦硫酸熔盐腐蚀，因为灰渣中的 $M_3Fe(SO_4)_3$ 在高温热态时可热解出 SO_3，它与 M_2SO_4 形成液态的 $M_2S_2O_7$ 焦性硫酸盐，它在硫酸盐中含量只要有 5% 即可发生强烈的腐蚀作用，且在水冷壁壁温 310 ~ 400℃ 范围内呈液态性质，如灰垢中 SO_3 增多，腐蚀的速率就会加快。

3. 处理对策

(1) 调换泄漏水冷壁管。

(2) 将金相分析的结论反馈给制造厂。

(3) 改进燃烧工况，进行燃烧调整，解决火焰冲刷炉墙及切圆偏斜的现象。保持适当的氧量，如小于 5% 的运行氧量指标，则调整配风方式，消除高温区域缺氧现象，使之不能形成还原性气体区域来防止腐蚀，如采用打开原本关闭的周界风，拆除二次风喷嘴向水冷壁侧的封板等。

(4) 提高金属的抗腐蚀能力，如采用耐腐蚀的高合金钢，在管外敷设碳化硅涂料等。

(5) 对碳钢管进行渗铝，普遍采用液体渗铝（即热浸渗铝）法，该法是将被处理的钢件浸入熔融（730 ~ 750℃）铝液中，当表面黏挂一定的铝层后，取出冷却，再送入空气加热炉中进行高温处理，使钢件表面的铝原子加速向金属基体内扩散。钢件经热浸渗铝后，正常的渗层结构应由三部分组成，外层是铝原子浓度较高的氧化铝壳，中间层是铝铁合金区，内层则是基本金属。为获得良好的渗铝层，处理前必须对被渗部件的表面进行预处理，使渗前表面达到活化状态，以利于铝原子吸附黏挂。

如某电厂 6 号炉（苏制 670t/h）水冷壁区域高温腐蚀现象严重。1988 年 8 月开始在水冷壁上使用渗铝管，运行 64000h 后，小修时对渗铝管进行了检查，未发现渗铝管的腐蚀减薄情况。

（6）采用一次风微向反偏转来减小一次风切圆直径，可使一次风射流相对于二次风气流偏离水冷壁面较远，形成风包粉气流，减少煤粉燃烧对水冷壁附近的氧量消耗，防止未燃尽的可燃物冲刷水冷壁，有利于改善水冷壁表面的还原性气氛。上海石洞口电厂改造经验表明，燃烧器改造偏转角度不宜过大，应小于 5%，此外燃烧器角度改造还应逐层进行，以便在改造过程中，观察改造后对汽温及其他参数的影响，该厂采用此技术后，水冷壁高温腐蚀现象明显减轻。

（7）保证四角燃烧器每角各喷嘴风量分配均匀，并保证向各燃烧器均匀输送煤粉，由于锅炉一般由多台磨煤机供应煤粉，而一次风管长短不一，弯头数量各不相同，因此各一次风管阻力和煤粉均匀分布就难以保证。气粉混合物通过磨煤机、分离器或弯头等装置时，都会产生不同程度的旋转，这将使煤粉浓度和颗粒度分布不均匀更加严重。为了防止由于风粉分配不当、煤粉浓度不均而引起的高温腐蚀和磨损，应尽量减少煤粉管道的弯头及长度，并力图使通往各燃烧器的煤粉管道阻力相近，并尽量消除煤粉管道内气流的旋转。比较简单的办法是在产生气流旋转后的管道装设十字形的整流装置，这样阻力不大，效果好。对于因弯头而引起的煤粉惯性分离所产生的分布不均现象，可用加装导流板予以减轻，并应避免周期性地将个别给粉机停掉。

（8）避免管内结垢。防止炉膛局部热负荷过高，合理布置受热面及通过运行调整以降低受热面的壁温。

（9）锅炉燃烧器应对称均匀地投入，保证火焰中心适宜，不冲刷水冷壁，将各给粉机进行热态调整，要求各给粉机在最低转速时（各给粉机不必一致），下粉量基本相等并进行限位，同层给粉机第一次投入时，均应在最低转速下运行，待 4 只全部投运后才允许利用"同调"进行调节，禁止在运行中将"同调"解除进行个别给粉机调节，反之"同调"因维修暂时解除，亦仍禁止各给粉机单独调节。增、减负荷都应采用"同调"或自动调节。

参 考 文 献

1 范从振主编 . 锅炉原理 . 北京：水利电力出版社，1986

2 陈学俊，陈听宽 . 锅炉原理（第二版）. 北京：机械工业出版社，1991

3 林宗虎，张永照 . 锅炉手册 . 北京：机械工业出版社，1989

4 林宗虎，徐通模 . 实用锅炉手册 . 北京：化学工业出版社，1999

5 岑可法，樊建人 . 燃烧流体力学 . 北京：水利电力出版社，1991

6 徐通模等 . 锅炉燃烧设备 . 西安：西安交通大学出版社，1990

7 丁尔谋主编 . 发电厂低循环倍率塔式锅炉 . 北京：中国电力出版社，1996

8 华东六省一市电机工程（电力）学会编 . 锅炉设备及其系统 . 北京：中国电力出版社，2001

9 中国动力工程学会，火力发电厂设备技术手册（第一卷，锅炉），北京：机械工业出版社，2000

10 樊泉桂，魏铁铮，王军编著 . 火电厂锅炉设备及运行 . 北京：中国电力出版社，2001

11 容銮恩等 . 电站锅炉原理 . 北京：中国电力出版社，1997

12 容銮恩等 . 燃煤锅炉机组 . 北京：中国电力出版社，1998

13 哈尔滨普华燃烧技术开发中心 . 大型煤粉锅炉燃烧设备性能设计方法 . 哈尔滨：哈尔滨工业大学出版
社，2002

14 西安电力学校 . 火力发电厂高压锅炉及运行 . 北京：水利电力出版社，1979

15 岑可法，樊建人，池作和，沈珞婵著 . 锅炉和热交换器的积灰、结渣、磨损和腐蚀的防治原理与计算 .
北京：科学出版社，1994.

16 郭立君 . 泵与风机，北京：水利电力出版社，1986

17 杨诗成，王喜魁 . 泵与风机 . 北京：中国电力出版社，1990

18 稄敬文 . 除尘器 . 北京：水利电力出版社，1981

19 林明清等 . 通风除尘 . 北京：化学工业出版社，1982

20 黎在时 . 静电除尘器 . 北京：冶金工业出版社，1993

21 谭天佑，梁凤珍 . 工业通风除尘技术 . 北京：中国建筑工业出版社，1991

22 原永涛 . 火力发电厂气力除灰技术及应用 . 北京：中国电力出版社，2002

23 吴忠标 . 大气污染控制工程 . 北京：科学出版社，2002

24 熊振湖等 . 大气污染防治技术及工程应用 . 北京：机械工业出版社，2003

25 唐敬麟等 . 除尘装置系统及设备设计选用手册 . 北京：化学工业出版社，2004

26 刘家钰 . 电站风机改造与可靠性分析 . 北京：中国电力出版社，2002